机械设计实用机构图册

张丽杰　徐来春　主编

化学工业出版社
·北京·

本书是一本兼具实用性、典型性和启发性的机械设计机构图册。书中对各种常用和典型机构、零部件的工作原理、功用、设计禁忌及应用等做了系统介绍。本书内容共3篇23章，包括机构基础和基本构件、机构设计图例和机构运动分析与仿真三篇。

第1篇包括机构的基本知识，传动机构类型、特点及应用，实现功能的机构和结构等基础性内容。第2篇包括平面连杆机构，凸轮机构，齿轮机构，轮系，间歇运动机构，螺旋机构，挠性传动机构，组合机构，机器人机构，连接轴和轴上零部件，气动、液动机构，电磁机构和光电机构等。第3篇主要介绍机构运动分析与仿真方法，并列举了仿真设计的典型实例。本书内容丰富，叙述精炼，以图为主，表格化风格，突出实用性。

本书是机械设计人员及相关技术人员快速查阅和参考的简明工具书，旨在解决机械设计中的各类设计问题，并激发创新设计思路，也是广大相关专业院校师生拓展应用知识的宝贵资料。

图书在版编目（CIP）数据

机械设计实用机构图册/张丽杰，徐来春主编. —北京：化学工业出版社，2019.9（2023.2重印）

ISBN 978-7-122-34514-1

Ⅰ.①机… Ⅱ.①张…②徐… Ⅲ.①机械设计-图集 Ⅳ.①TH122-64

中国版本图书馆CIP数据核字（2019）第092779号

责任编辑：张兴辉　　文字编辑：陈　喆

责任校对：王素芹　　装帧设计：王晓宇

出版发行：化学工业出版社（北京市东城区青年湖南街13号　邮政编码100011）

印　　装：北京盛通数码印刷有限公司

787mm×1092mm　1/16　印张25¾　字数589千字　2023年2月北京第1版第2次印刷

购书咨询：010-64518888　　售后服务：010-64518899

网　　址：http://www.cip.com.cn

凡购买本书，如有缺损质量问题，本社销售中心负责调换。

定　　价：118.00元

前言

机构和零件是机械产品的核心，其设计的实用性和创新性决定了其先进性。作为一名机械设计人员，要想设计出更多、更新的机械装置，除掌握专业知识外，还得正确合理选择典型机构并能将它们灵活地应用、组合、升级创新，这就需要一本图册作为参考。为此，本书系统搜集整理了各种常用、实用、典型、创新机构及零部件，并对它们的工作原理、功能用途、应用图例、设计禁忌等内容进行了全面系统的介绍，从实用性和工程性的角度编写此书。

本书依托大量工程实例，以图为架，以文作结，尽力阐明实例的工作原理、功能用途、设计禁忌和选用要点等，对开拓机械设计思路，灵活运用机构有所帮助。对机械工程技术人员来说也是一本实用的、有参考价值的工具书。本书内容全面、图文翔实、深入浅出、分析透彻，便于理解，也是广大相关专业院校师生拓展应用知识的宝贵资料。

本书由张丽杰、徐来春任主编，谢霞、杨甫勤、徐柳、刘雅倩、王晓燕任副主编，参加编写工作的还有郝振洁、张健、陶泽南、白丽娜、王文照、孙爱丽、柴树峰、张晓丽、马超、谢坤。全书由朱诗顺主审。

编著者殷切希望广大读者在使用过程中，对本书的不足之处提出批评并指正。

编著者

目　录

第 1 篇

机构基础和基本构件

第 2 篇

机构设计图例

第3篇 机构运动分析与仿真

第 1 篇

机构基础和基本构件

第1章 机构的基本知识

1.1 机器、机构与构件

(1) 机器

在生产过程和日常生活中，人们广泛使用着名目繁多的各种机器。它们虽然有着不同的构造和用途，但都是由许多不同的机构和构件组成的。组成机器的各个部分都有着确定的相对运动，能代替人类的劳动去做有用的功（如各种机床可以加工零件、起重机吊起重物等），或进行能量转换（如内燃机将热能转换为机械能）。任何一部完整的机器，其主体都是由原动部分、传动部分和执行部分组成的。

(2) 机构

在机器中使用的机构类型很多，但它们大都由刚性体所组成（有的机构使用挠性体，如传动带、链条等），且组成机构的各刚性体之间互相做有规律的相对运动，各刚性体在完成运动的传递和变换的同时，也完成力的传递和变换。因此可以说，机构是一个具有一定相对运动的刚性体的组合系统。通常把机器和机构统称为机械。

(3) 构件

在机构中，参与运动的刚性体称为机构的构件。构件与零件是有区别的，构件可以是单一的零件，也可以是由若干零件连接而成的刚性结构。

构件之间用运动副按照一定的规律进行连接就组成了机构，否则构件就会失去全部运动，而成为一个不能运动的机械结构，见图 1-1。

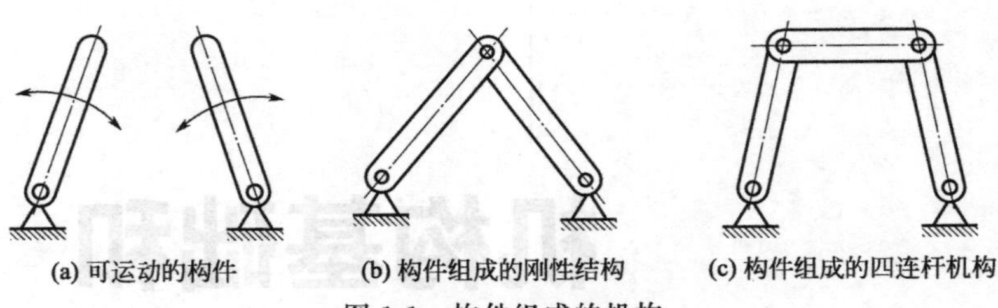

(a) 可运动的构件　(b) 构件组成的刚性结构　(c) 构件组成的四连杆机构

图 1-1　构件组成的机构

构件可以用简图表示。用简图表示构件时，只要把与运动有关的连接方式及主要长度用简单的线条表示出来即可。

1.2 运动副与运动链

机器中的每一个构件，至少必须与另一构件相连接，绝无孤立存在的构件。两个构件之间的这种连接，显然不应构成刚性系统，而是在两构件之间仍能产生某些相对运动。我们将由两个构件组成的这种仍能产生某些相对运动的连接称为运动副。运动副可以用来约束或限制构件的自由运动，即除去构件不需要的运动，而保留所期望达到的运动。显然，这取决于构件间相互连接的方式，即取决于运动副的结构。

按其运动范围划分，运动副有空间运动副和平面运动副两大类。在一般的机器及机械设备中常使用的是平面运动副。

平面运动副的分类见表 1-1。

表 1-1 平面运动副的分类

类别		特点	举例	优缺点
按运动形式分	转动副	两构件之间的相对运动为转动	①轴与轴承的连接 ②曲轴和连杆的连接	—
	移动副	两构件之间的相对运动为移动	①气缸和活塞组成的运动 ②滑块与导槽组成的运动	—
	螺旋副	两构件之间的相对运动为螺旋运动	螺杆与螺母构成的运动	—
按接触的方式分	低副	组成运动副的两构件为面接触	①轴与轴承的接触 ②气缸与活塞的接触	①由于是面接触，承载能力大 ②容易加工和维修 ③为滑动摩擦，效率低
	高副	组成运动副的两构件以点或线接触	①凸轮机构 ②圆柱直齿轮的线接触	①可以得到多种形式的运动 ②接触处的压力较高，容易磨损，寿命低

用运动副将两个以上的构件连接起来就成了运动链。运动链有两种形式，即开链和闭链。在开链中首尾两构件不相连接，在闭链中首尾两构件相连。机构是封闭的运动链。

1.3 机构图示方法

在工程实践中，要说明机器的工作原理、运动、构造以及制造和使用、维修等问题，最清晰、明确、简洁的“语言”即是工程图样。表示机械运动和工作原理的图形通常有机构运动简图、机构装配图、机构构造图、机构轴测构造示意图、机构轴测简图五种。

1.3.1 机构运动简图

机构的运动仅取决于运动副的类型和位置，而与构件的形状无关，因而描述机构运动原理的图形，可以用表征运动副类型（运动副元素形状）和位置的简单符号以及代表构件的简单线条来画出。如果要准确地反映机构运动空间的大小或要用几何作图法求解机构的运动参数，则运动副的位置要与实际机构中的位置相同或成比例关系，这样画出的简图称为机构运动简图。

（1）运动副、构件简图的表示方法

常用运动副和构件的表示方法如表 1-2 所示。

表 1-2　常用运动副和构件的表示方法

类别	两运动构件所形成的运动副	两构件之一为机架时所形成的运动副
转动副	1,2—活动构件	1—固定构件;2—活动构件
移动副	1,2—构件	1,2—构件
齿轮		
凸轮		凸轮从动件的符号
圆柱副		
螺旋副		
球销副		

续表

类别	两运动构件所形成的运动副	两构件之一为机架时所形成的运动副
空间球面副	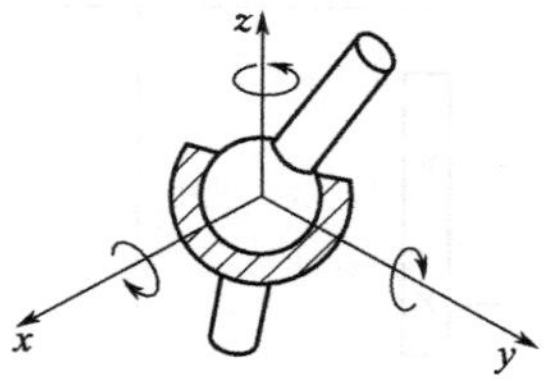	
空间线高副	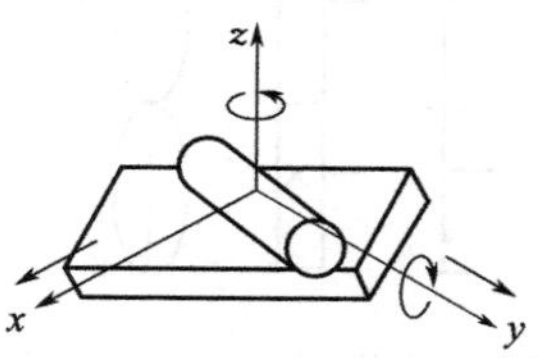	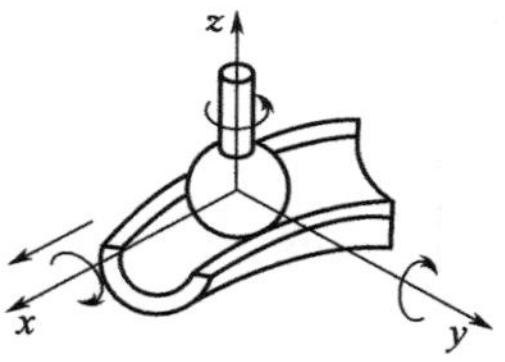
空间点高副	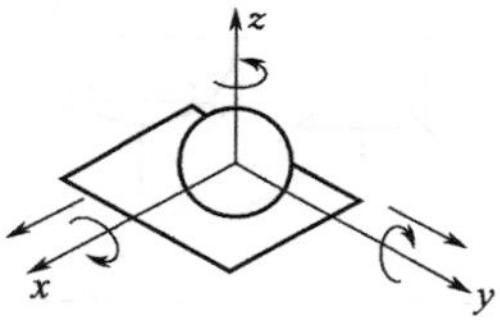	

	双副元素构件	三副元素构件	多副元素构件
构件	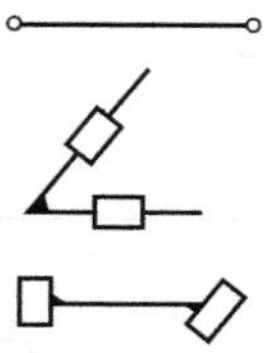	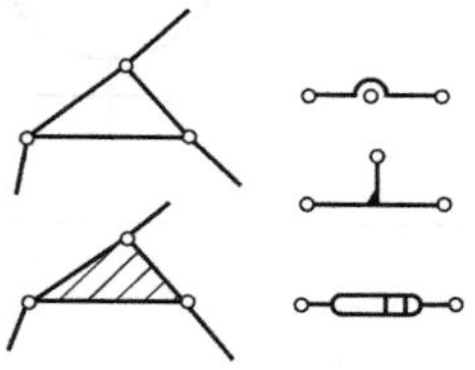	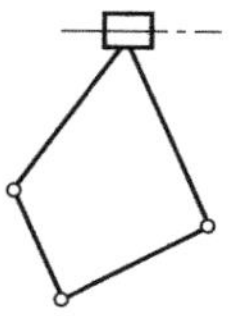

(2) 机构简图的表示方法

常用机构的简图符号见表 1-3。

表 1-3　常用机构的简图符号

名称	简图符号	
	盘状凸轮	移动凸轮
平面凸轮机构	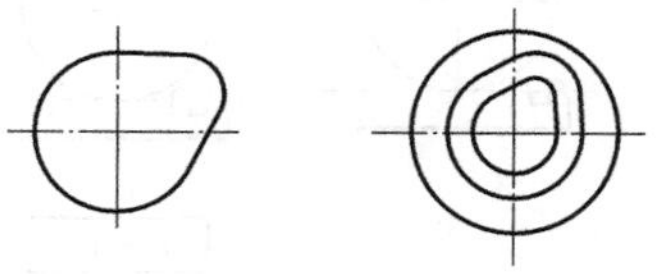	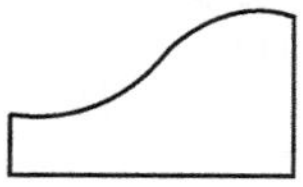

续表

名称		简图符号	
		外啮合	内啮合
齿轮机构	圆柱齿轮机构	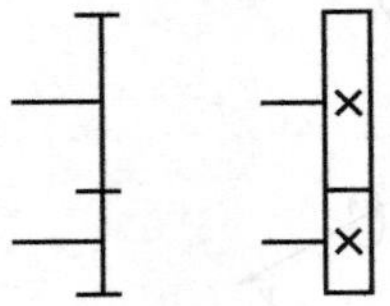	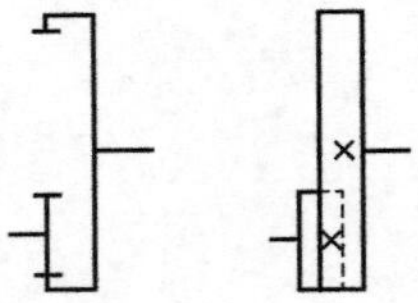
	非圆齿轮机构	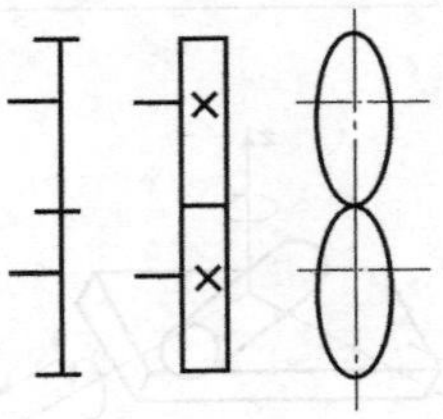	
	圆锥齿轮机构	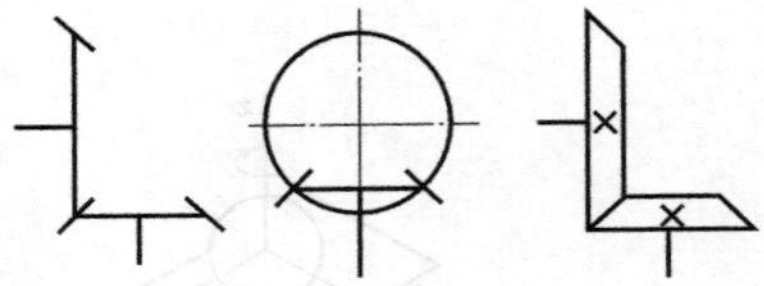	
	交错轴斜齿轮机构	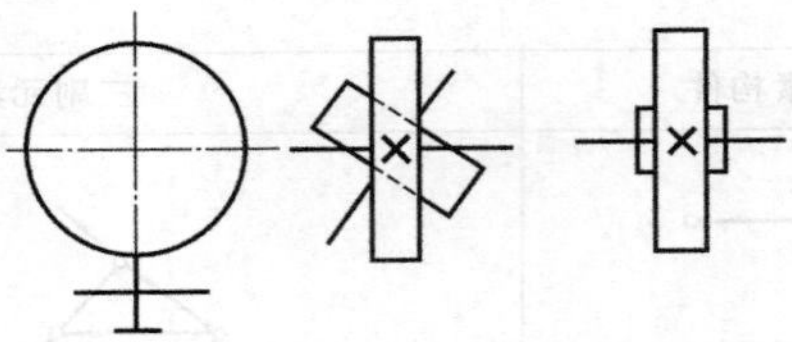	
	蜗杆蜗轮机构	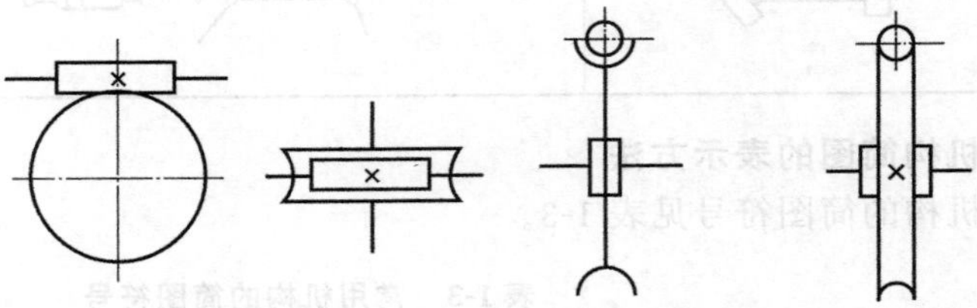	
	齿轮齿条机构	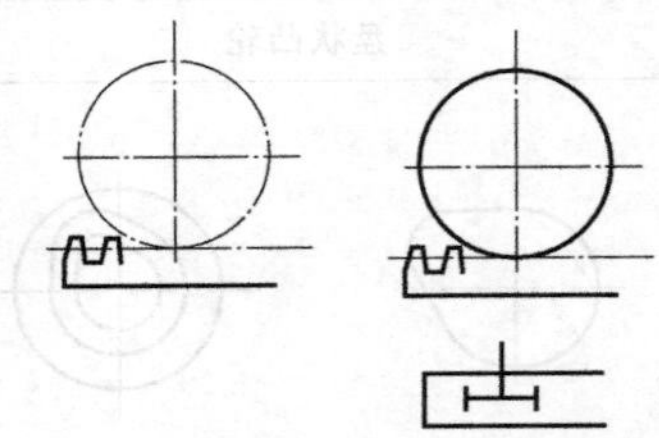	

续表

名称		简图符号	
槽轮棘轮机构	槽轮机构		
	棘轮机构		
挠性传动机构		带传动	链传动
原动机	通用符号（不指明类型）		
	电动机（一般符号）		
	装在支架上的电动机		

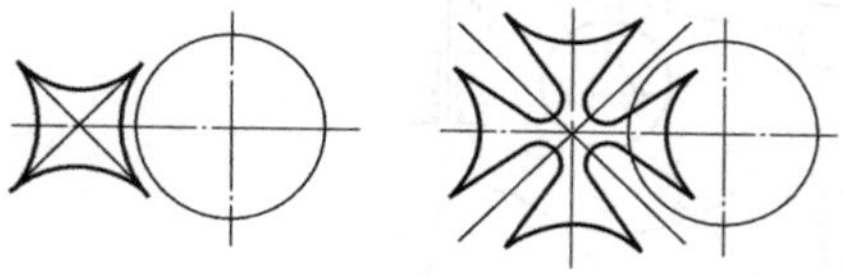

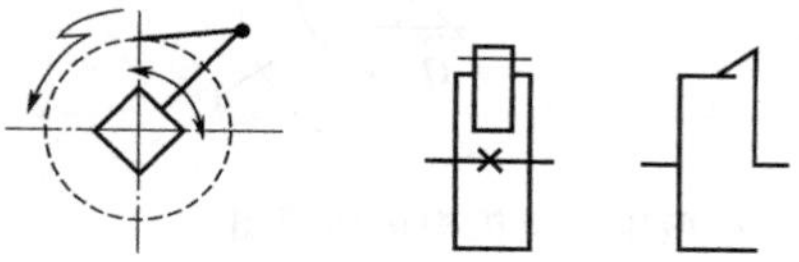

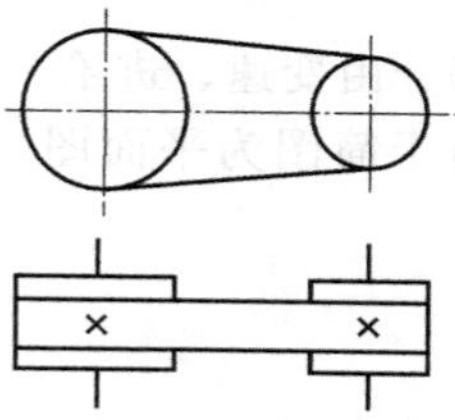

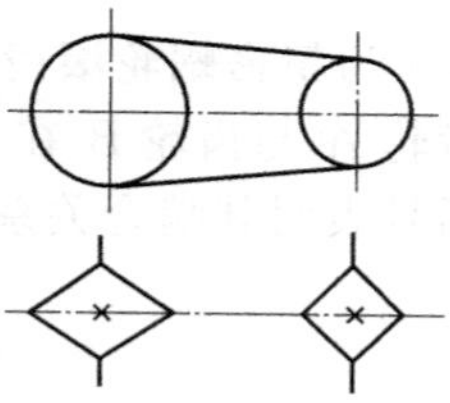

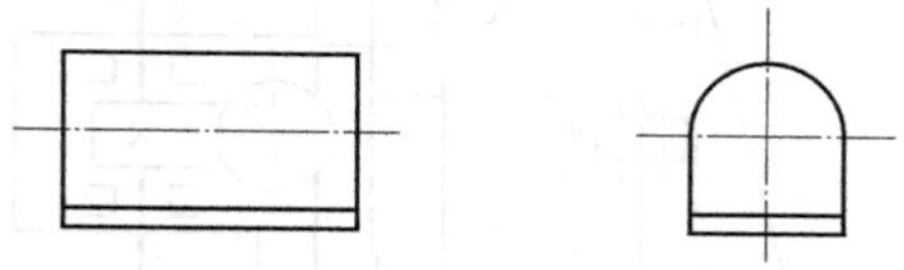

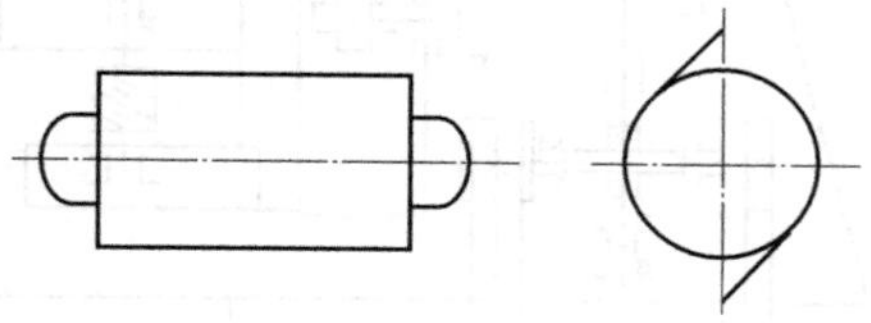

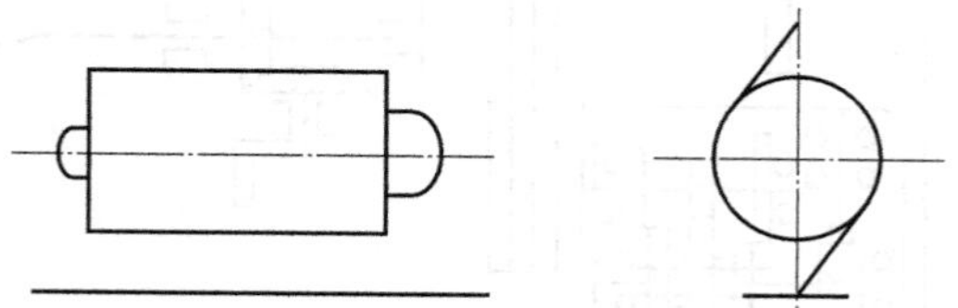

（3）机构简图的作用

设计工作机构时，首先就是要绘制机构运动简图，其主要作用有以下几个方面。

① 表达机构设计的目标　设计机器时，首先是要确定采用怎样的运动方式来实现机器的功能，接着是要选择或创造合适的机构来实现要求的运动，最后，是确定机构与运动有关的尺寸，以较好地实现要求的运动规律，使机构有良好的工作特性。这一工作的结果，是以机构的运动简图来表达的。

图 1-2 为小型压力机机构运动简图。图 1-3 为颚式破碎机压碎机构运动简图。

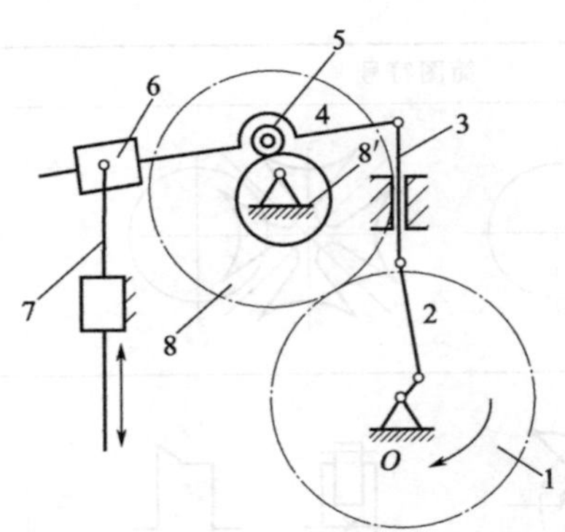

图 1-2 小型压力机机构运动简图

1,8—齿轮；2—连杆；3—滑杆；4—摆杆；
5—滚子；6—滑块；7—压杆；8′—槽凸轮

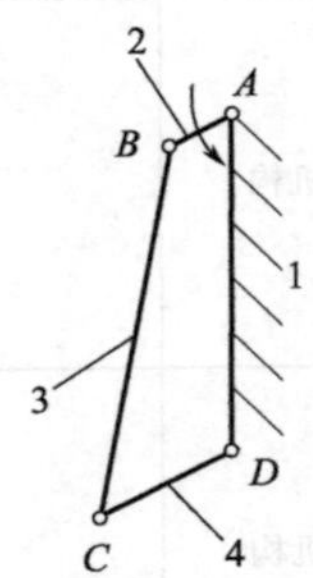

图 1-3 颚式破碎机压碎机构运动简图

1—机架；2—曲柄；
3—连杆；4—摇杆

图 1-4 为精密蜗轮滚齿机简图。其传动部分由变速、进给、滚削三部分组成。在传动系统中，齿轮 A 与齿轮 B 在空间直接啮合，由于简图为平面图，所以分开画出，以求清晰，但应用括号表明其啮合关系。

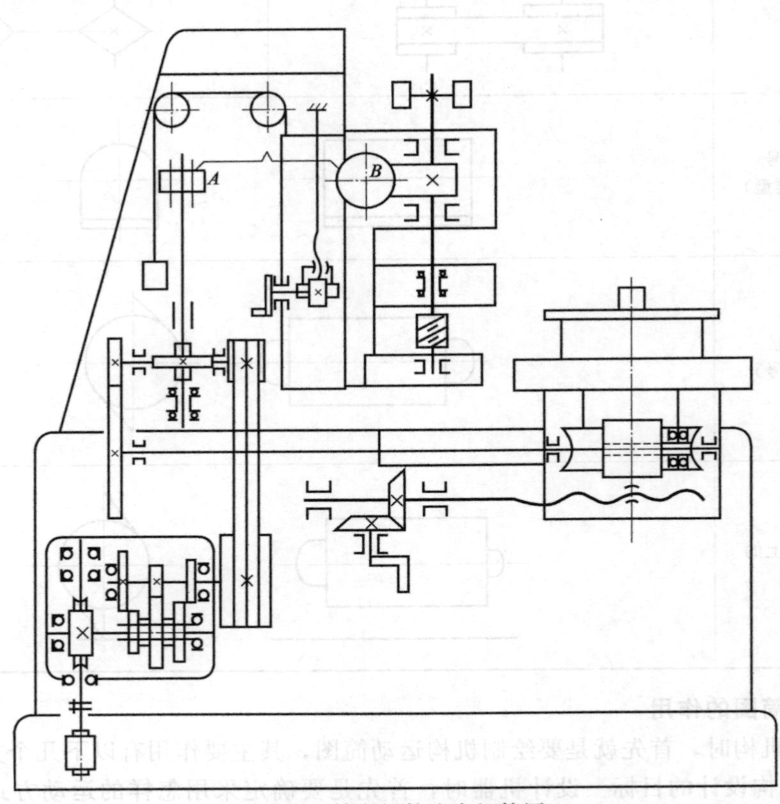

图 1-4 精密蜗轮滚齿机简图

② 作为构造设计的依据 对机器的运动部分作具体的零部件构造设计时，首先应保证其运动特性不变。因此，构造设计是在已确定的机构运动简图的基础上进行的（图 1-5）。图 1-5(a) 中构件 2 的导槽呈圆弧状，则可绘制成图 1-5(b) 所示的机构。也可以说，

图 1-5(a) 即是依据图 1-5(b) 所示的机构运动简图，按空间尺寸限制条件作构造设计时采用的变通办法。

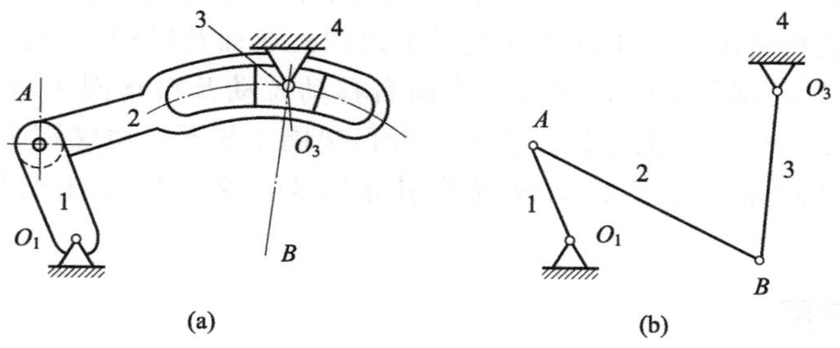

图 1-5　转动副 B 尺寸变化的简图差异

1—曲柄；2—连杆；3—滑块［图（b）中为摇杆］；4—机架

③ 作为运动分析的“模型”　机构运动简图上仅保留了与运动有关的要素，如转动副的中心是相连两构件的同速点，移动副的导轨方位是相连两构件相对运动的方位等，必须通过这些点去求出构件的运动参数。所以运动简图可使问题突出，分析路线醒目明了。

机构运动简图在力作用相当的情况下才可以同时作为力分析的模型，如图 1-6 所示两机构，从运动观点看是完全相同的，而从移动件移动副中的受力情况看，却是有所不同。所以要作为受力分析的模型，应根据具体构造，从力传递过程中构件接触情况变化的角度来进行简化。如图 1-6 所示，若已是力分析的模型，则可知，图 1-6(a) 的滑块上有倾侧力矩作用，而图 1-6(b) 则没有。一般来说，运动简图只是进行运动分析的“模型”。

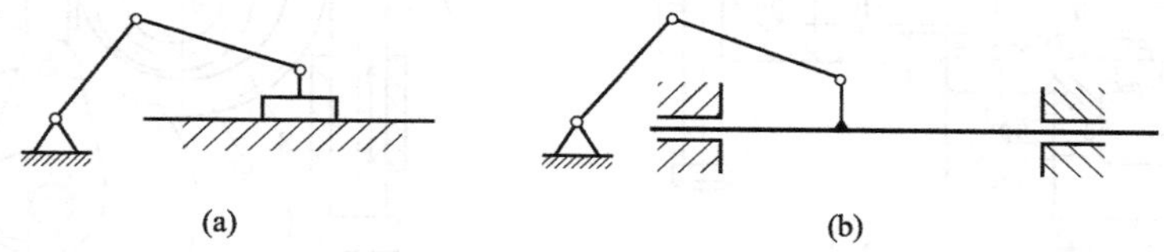

图 1-6　运动模型与力模型

④ 在技术文件中用来说明机器的运动功能　因为它能简洁、直观、明了地表示出机器中各构件间的相互运动关系，文字叙述或语言叙述均无法替代。

⑤ 用作机器“专利”性质的判别　当对发明作专利审查时，要确定该发明是否为机构发明，首先就得从机构运动简图上进行判别。图 1-7 所示是压缩机与泵机构对照，图 1-7(a) 是一泵机构，图 1-7(b) 是一压缩机专利。它们的机构运动简图相同，如图 1-7(c) 所示。因而压缩机专利不是机构的发明，最多是一种实用新型构造的专利。

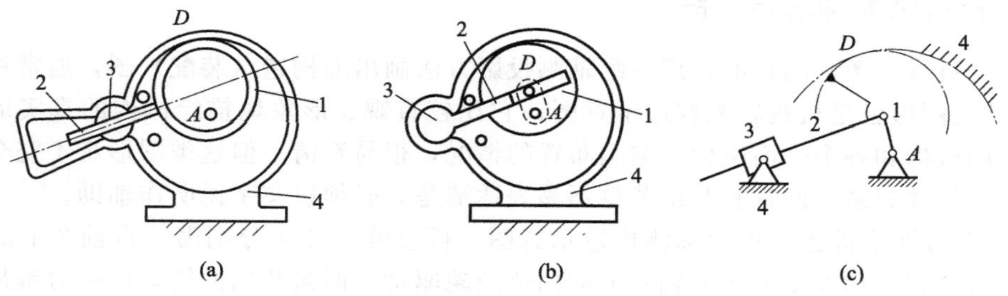

图 1-7　压缩机与泵机构对照

1—偏心轮；2—导杆［图（b）中为滑块］；3—滑块［图（b）中为导杆］；4—机体

1.3.2 机构装配图

机构装配图是指表达机构的结构形状、装配关系、工作原理和技术要求等的图样。

图 1-8 是夹具机构装配图，工件 8 在钻模上以内孔端面及键槽与定位法兰盘 3 和定位块 10 相接触定位。当转动螺母 5 时，螺杆 9 将向右移动拉动开口垫圈 1 将工件 8 夹紧。当松开螺母 5 时，螺杆 9 在弹簧 4 的作用下左移，开口垫圈 1 松开，绕螺钉 7 转动开口垫圈即可取下工件 8。钻套 2 用来确定钻孔的位置并引导钻头，它被固定在夹具本体 6 上的钻模板上。

1.3.3 机构构造图

机构构造图实际上就是按照《机械制图》标准，用平行投影的方法得到的含有机构部分的装配图，或将与运动无关的部分形状作了删减的装配图。

图 1-9 为小型压力机的机构构造图，主动件是偏心轮 1′，绕轴心 A 回转。输出构件是压杆 7，做上下往复移动。机构中偏心轮 1′和齿轮 1 固连一体；齿轮 8 和偏心圆槽凸轮 8′固连一体绕 H 轴转动；滚子 5 与杆 4 组成销、孔活动配合的连接，滚子在凸轮槽中运动。

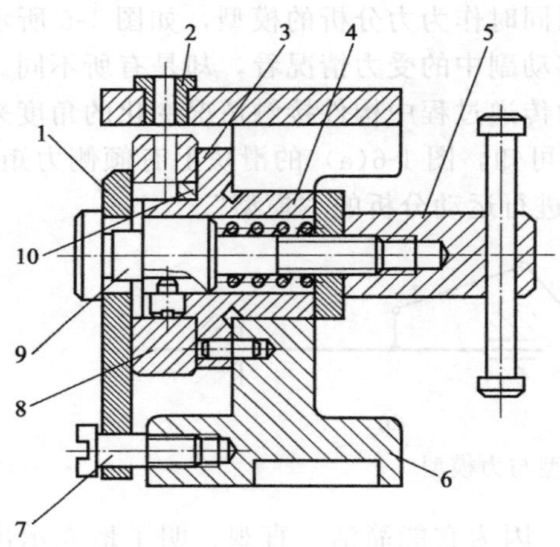

图 1-8 夹具机构装配图

1—开口垫圈；2—钻套；3—定位法兰盘；4—弹簧；5—螺母；6—夹具本体；7—螺钉；8—工件；9—螺杆；10—定位块

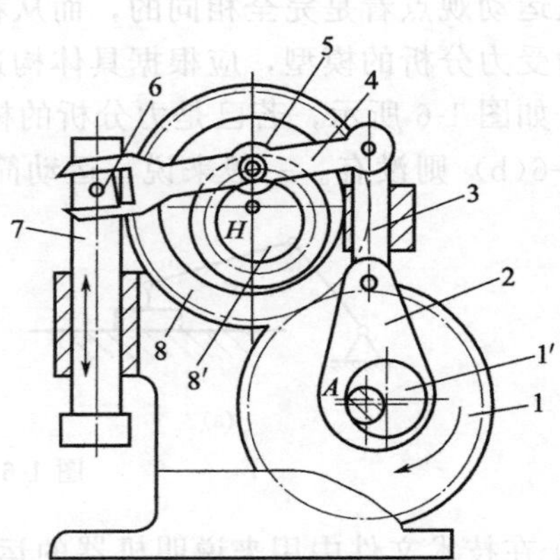

图 1-9 小型压力机机构构造图

1,8—齿轮；1′—偏心轮；2—连杆；3—滑杆；4—摆杆；5—滚子；6—槽凸轮；7—压杆；8′—凸轮

1.3.4 机构轴测构造示意图

按照《机械制图》的标准，用三维轴测投影方法画出的构造（装配）图，通常称为“立体图”。这类图形就是机构轴测构造示意图，它比较直观、形象地描绘机构的真实形象。特别对于空间机构和各个平面机构在空间布置的情况，很易看清。但这类图形难于完全表达清楚其正确的尺寸关系，而且有些细节也不易表达清楚，必须以文字说明作辅助。

图 1-10 为纸箱折边机构的轴测构造示意图。折叠臂 1 和 4 分别由垂直轴 8 上的两个凸轮驱动；折叠臂 2 和 3 则由水平轴 6 上的两个凸轮驱动。两组凸轮的转动由一对锥齿轮 7 保持同步，各折叠臂动作的顺序则由凸轮轮廓决定。当纸箱输送到位后，折叠臂 1、4 挡住纸箱的左右两盖，而臂 2、3 合拢，将纸箱的上下两盖折叠。然后 4 将右盖折叠，最后，臂 1

将左盖折叠，且靠左盖上预涂的胶水将左右盖粘合在一起。

图 1-11 为可变导程的螺旋送进机构的轴测构造简图。若希望它在公制系统、英制系统都能应用，或使用步进电动机、旋转编码器驱动，而希望一个脉冲的移动量是可变的，则需要有效地变更螺旋导程，应用图示机构可满足这一要求。

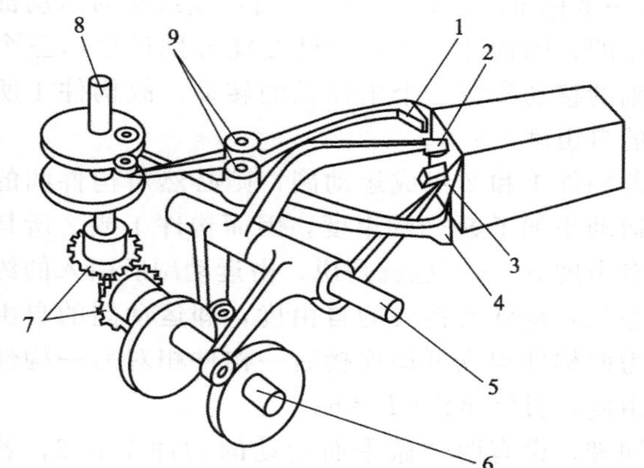

图 1-10　纸箱折边机构的轴测构造示意图
1～4—折叠臂；5,6—水平轴；
7—锥齿轮；8—垂直轴；9—销轴

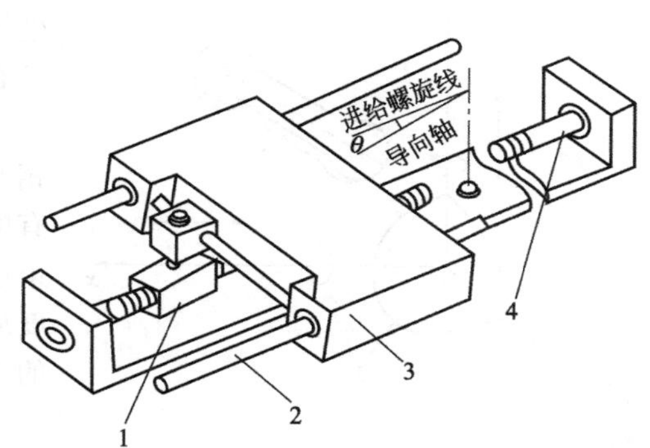

图 1-11　可变导程的螺旋送进机构的轴测构造简图
1—螺母；2,4—丝杠；3—滑板

1.3.5　机构轴测简图

机构轴测简图能更清楚地表示出机构构件或运动副所在的运动平面，其中转动副圆形符号在不同平面内的表示方法，即椭圆长短轴的方位和转动副轴线的方位最能显示机构构件的运动平面。但是，在一般位置上构件的图示尺寸并不是它的真实尺寸。这种主要用来简明地表示机构各构件间的空间位置关系和运动关系的简图就是机构轴测简图，也就是主要起到机构简图的作用。

图 1-12 为可变导程螺旋送进机构的轴测简图。

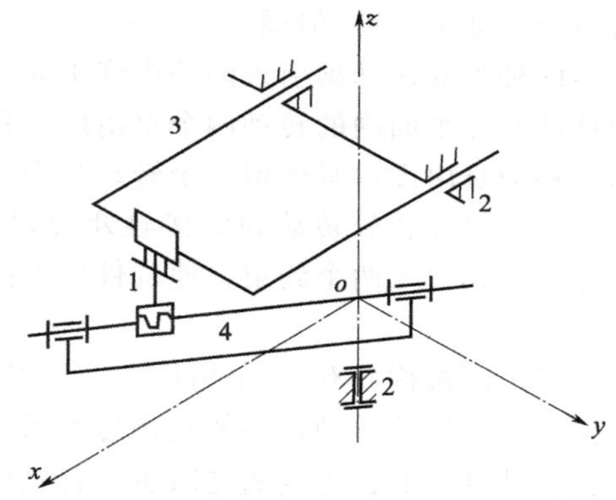

图 1-12　可变导程螺旋送进机构的轴测简图
1—螺母；2,4—丝杠；3—滑板

1.4　机构自由度

机构的各构件之间应具有确定的相对运动。显然，不能产生相对运动或无规则乱动的一堆构件难以用来传递运动。为了使组合起来的构件能产生运动并具有运动确定性，有必要探讨机构自由度和机构具有确定运动的条件。

1.4.1　机构的自由度

一个做平面运动的自由构件具有三个自由度。因此，平面机构的每个活动构件，在未用运动副连接之前，都有三个自由度，即沿 x 轴和 y 轴的移动以及在 xOy 平面内的转动。当两构件组成运动副后，相互间的相对运动便会受到某些限制，这些限制的程度称为相对约束度或简称为约束度，用符号 S 表示；而尚存的相对运动称为运动副自由度，用符号 F 表示。

设有构件 1 和 2，若将构件 2 与图 1-13 所示直角坐标系相固连，则当构件 1 尚未与构件 2 组成运动副时，它在坐标系中相对构件 2 的运动完全是自由的，构件 1 相对构件 2 的每一个自由度都对应着沿某一坐标轴的移动和绕某一坐标轴的转动。设每一自由度或相对运动都是独立的，则构件 1 相对构件 2 能分别产生沿三个坐标轴的移动和绕三个坐标轴的转动，故构件 1 所具有的自由度 $F=6$。

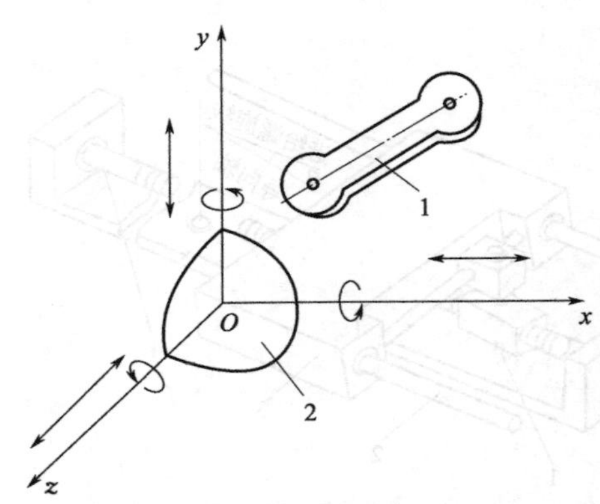

图 1-13　运动构件的自由度
1,2—构件

若构件 1 和 2 组成运动副，则必然对构件间的相对运动添加了 S 个约束度，因而构件 1 或 2 所具有的自由度 $F<6$。也就是说，由运动副所引入的约束度必然是构件所丧失的自由度，即运动副的自由度应为两构件构成可动连接后一构件相对另一构件的自由度，且满足 $S+F=6$。

同理，设有两个做平面运动的构件 1 和 2，若将构件 2 与直角坐标系相固连，则当构件 1 尚未与构件 2 组成运动副时，构件 1 在平面内的运动是自由的，它具有的自由度为 $F=3$。组成运动副后，由于添加了 S 个约束度，必然使构件间的某些独立的相对运动受到限制。构件 1 的自由度 F 必将减少，即 $F<3$，但满足 $S+F=3$。

不同种类的运动副引入的约束度不同，所保留的自由度也不同。移动副约束了沿一轴方向的移动和在平面内的转动两个自由度，只保留了沿另一轴方向移动的自由度；转动副约束了两个移动自由度，只保留一个转动自由度；高副则只约束沿接触处公法线方向移动的自由度，保留了绕接触处转动和沿接触处公切线方向移动两个自由度。也可以说，在平面机构中，每个低副引入两个约束，使构件失去两个自由度；每个高副引入一个约束，使构件失去一个自由度。

设某平面机构共有 K 个构件。除去固定构件，则活动构件数为 $n=K-1$。在未用运动副连接之前，这些活动构件的自由度总数为 $3n$。当用运动副将构件连接组成机构之后，机构中各构件具有的自由度随之减少。若机构中低副数为 P_L 个，高副数为 P_H 个，则运动副引入的约束总数为 $2P_L+P_H$。活动构件的自由度总数减去运动副引入的约束总数就是机构自由度 F，即计算平面机构自由度的公式为 $F=3n-2P_L-P_H$。由公式可知，机构自由度取决于活动构件的件数以及运动副的性质和个数。

1.4.2　机构具有确定运动的条件

机构的自由度也就是机构相对机架具有的独立运动的数目。由前述可知，从动件是不能独立运动的，只有原动件才能独立运动。通常每个原动件具有一个独立运动，因此，机构具有确定运动的条件是：机构中原动件的数目等于自由度数，即 $F\geqslant0$ 且等于原动件数。

1.4.3　常见机构自由度计算实例

常见机构自由度计算实例如表 1-4 所示。

表 1-4　常见机构自由度计算实例

名称	机构运动简图	构件、运动副数	自由度计算
曲柄滑块机构		$K=4$ $n=3$ $P_L=4$ $P_H=0$	$F=3n-2P_L-P_H$ $=3\times3-2\times4=1$
铰链五杆机构		$K=5$ $n=4$ $P_L=5$ $P_H=0$	$F=3n-2P_L-P_H$ $=3\times4-2\times5=2$
五杆运动链		$K=5$ $n=4$ $P_L=6$ $P_H=0$	$F=3n-2P_L-P_H$ $=3\times4-2\times6=0$
凸轮机构		$K=3$ $n=2$ $P_L=2$ $P_H=1$	$F=3n-2P_L-P_H$ $=3\times2-2\times2-1=1$
凸轮连杆机构		$K=8$ $n=7$ $P_L=9$ $P_H=1$	$F=3n-2P_L-P_H$ $=3\times7-2\times9-1=2$

1.4.4　计算平面机构自由度时应注意的问题

计算平面机构自由度时，必须正确了解和处理下列几种特殊情况，否则不能准确计算出与实际情况相符的机构自由度。

(1) 复合铰链

两个以上的构件同时在一处用转动副连接就构成复合铰链，如图 1-14 所示。

图 1-14(a) 表示了三个构件在运动简图上 A 处组成转动副，但它应视为分别由构件 1 和 2 以及构件 1 和 3 组成的转动副，如图 1-14(b) 所示。因此在 A 处的转动副数应计为 2。因此，如果 K 个构件在同一处用转动副连接，那么该复合铰链有 (K-1) 个转动副。

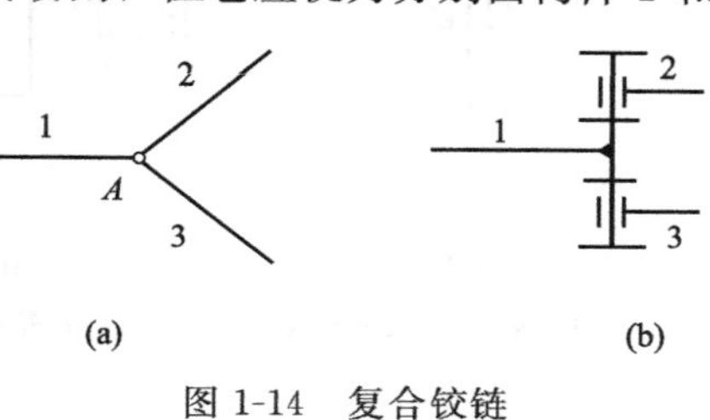

图 1-14　复合铰链
1～3—构件

图 1-15 所示为振动式传送机构运动简图，此机构中 C 处是复合铰链，该复合铰链有两个转动副。因此该机构的自由度 $F=3n-2P_L-P_H=3\times5-2\times$

$7-0=1$。

（2）局部自由度

在某些机构中，常常存在某些不影响输入件与输出件之间运动关系的个别构件的独立运动的自由度，通常将这种自由度称为局部自由度或多余自由度。在计算机构自由度时，应将此局部自由度除去不计。局部自由度如图 1-16 所示。

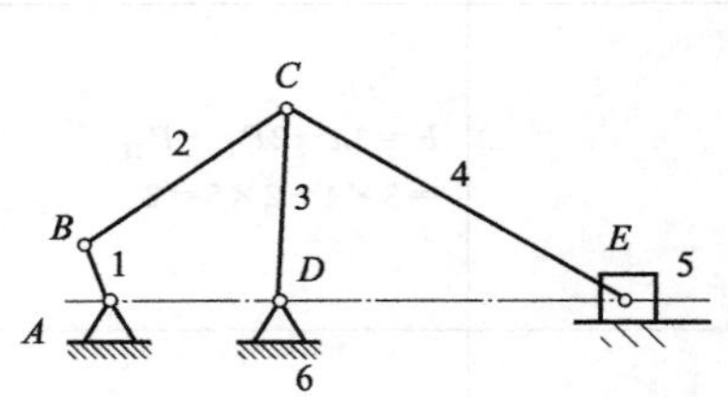

图 1-15　振动式传送机构运动简图

1—曲柄；2,4—连杆；3—摇杆；5—滑块

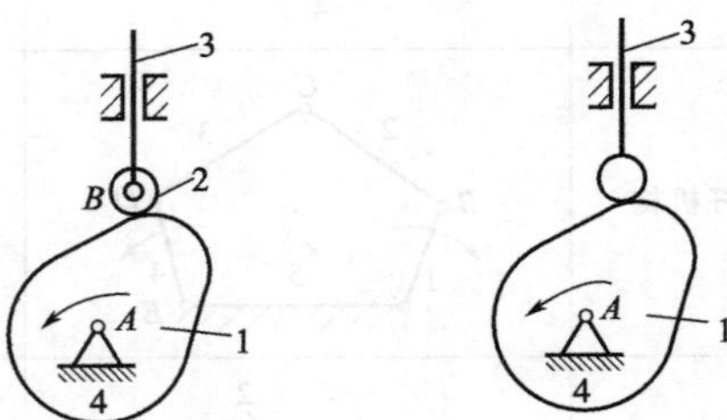

图 1-16　局部自由度

1—凸轮；2—滚子；3—从动杆；4—机架

图 1-16(a) 所示为滚子直动从动件盘型凸轮机构，从动杆 3 端部的滚子 2 绕轴线 B 的独立转动不影响输入杆（凸轮 1）和输出杆（从动杆 3）之间的运动关系，故该机构可以转化为图 1-16(b) 的形式，即将滚子与从动件 3 固连在一起，此时该机构的自由度 $F=3n-2P_L-P_H=3\times2-2\times2-1=1$。

机构中的局部自由度常用于以滚动摩擦代替滑动摩擦来提高机械效率以及用于减少高副运动副元素的磨损。

（3）虚约束

在运动副引入的约束中，有些约束对机构自由度的影响是重复的，对机构运动不起任何限制作用。这种重复但对机构不起限制作用的约束称为虚约束或消极约束。在计算自由度时应当除去不计。

平面机构中的虚约束常出现在下列场合。

① 两构件之间组成多个导路平行的移动副时，只有一个移动副起作用，其余都是虚约束（图 1-17）。如图 1-17(a) 所示，A、B、C 是三个导路平行的移动副，其中只有一个移动副起作用，其余两个都是虚约束。

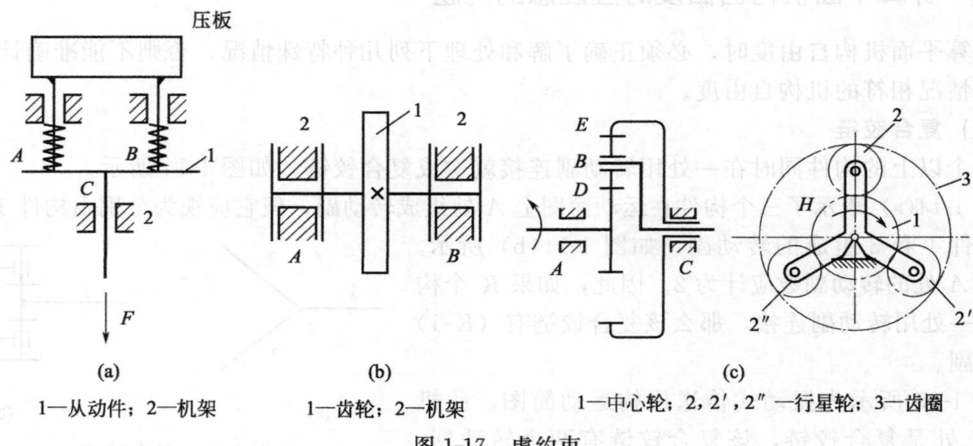

1—从动件；2—机架　　1—齿轮；2—机架　　1—中心轮；2，2′，2″—行星轮；3—齿圈

图 1-17　虚约束

② 两构件组成多个轴线重合的转动副时，只有一个转动副起作用，其余都是虚约束。如图 1-17(b) 所示，两个轴承支撑一根轴只能看作一个转动副。

③ 机构中传递运动不起独立作用的对称部分。如图 1-17(c) 所示轮系，中心轮 1 通过三个均匀分布的小齿轮 2、2′和 2″驱动内齿轮 3，其中有两个小齿轮对传递运动不起独立作用，但第二个和第三个小齿轮的加入，使机构增加了两个虚约束。

1.5 机构的分类

1.5.1 执行动作和执行机构

为了实现机械的某一生产动作过程，可以将它分解成几个动作，这些动作称为机械的执行动作，以便与其他非生产性动作区别开来。

完成执行动作的构件称为执行构件，它是机构中许多从动件中能实现预期执行动作的构件，故亦称为输出构件。

实现各执行构件所需完成的执行动作的机构称为执行机构。一般来说，一个执行动作由一个执行机构完成，但也有用多个执行机构完成一个执行动作，或者用一个执行机构完成一个以上的执行工作的。

在机械运动方案的确定过程中，对于执行动作多少为宜、执行动作采用何种形式以及各执行动作间如何协调配合等都可以成为富于创造型设计的内容。采用什么样的执行机构来巧妙地实现所需的执行动作，这就要求深入了解各类机构的结构特点、工作性能和设计方法，同时也要有开阔的思路和创新的能力，以便创造性地构思出新的机构来。

1.5.2 执行构件的基本运动和机构的基本功能

进行机械设备的创新设计，就是采用各种机构来完成某种工艺动作过程或功能，因此，在设计中需要对执行构件的基本运动和机构的基本功能有一全面的了解。

(1) 执行构件的基本运动

常用机构执行构件的运动形式有回转运动、直线运动和曲线运动三种，回转运动和直线运动是最简单的机械运动形式。按运动有无往复性和间歇性，执行构件的基本运动形式如表 1-5 所示。

表 1-5　执行构件的基本运动形式

序号	运动形式	举例
1	单向转动	曲柄摇杆机构中的曲柄、转动导杆机构中的转动导杆、齿轮机构中凸轮
2	往复摆动	曲柄摇杆机构中的摇杆、摆动导杆机构中的摆动导杆、摇块机构中的摇块
3	单向移动	带传动机构或链传动机构中的输送带(链)移动
4	往复移动	曲柄滑块机构中的滑块、牛头刨机构中的刨头
5	间歇运动	槽轮机构中的槽轮、棘轮机构中的棘轮，凸轮机构、连杆机构也可以构成间歇运动
6	实现轨迹	平面连杆机构中的连杆曲线、行星轮系中行星轮上任意点的轨迹

(2) 机构的基本功能

机构的功能是指机构实现运动变换和完成某种功用的能力，利用机构的功能可以组合成完成总功能的新机械，如表 1-6 所示机构的基本功能。

表 1-6　机构的基本功能

序号	基本功能	举例
1	转动⇄转动	双曲柄机构、齿轮机构、带传动机构、链传动机构
	转动⇄摆动	曲柄摇杆机构、曲柄摇块机构、摆动导杆机构、摆动从动件凸轮机构
	转动⇄移动	曲柄滑块机构、齿轮齿条机构、挠性输送机构、
	转动⇄单向间歇转动	螺旋机构、正弦机构、移动推杆凸轮机构
	摆动⇄摆动	槽轮机构、不完全齿轮机构、空间凸轮间歇运动机构
	摆动⇄移动	双摇杆机构
	移动⇄移动	正切机构
	摆动⇄单向间歇运动	双滑块机构、移动推杆移动凸轮机构、齿轮棘轮机构、摩擦式棘轮机构
2	变换运动速度	齿轮机构(用于增速或减速)、双曲柄机构(用于变速)
3	变换运动方向	齿轮机构、蜗杆机构、锥齿轮机构等
4	进行运动合成(或分解)	差动轮系、各种二自由度机构
5	对运动进行操纵或控制	离合器、凸轮机构、连杆机构、杠杆机构
6	实现给定的运动位置或轨迹	平面连杆机构、连杆-齿轮机构、凸轮-连杆机构、联动凸轮机构
7	实现某些特殊功能	增力机构、增程机构、微动机构、急回特性机构、夹紧机构、定位机构

1.5.3　按功能对机构分类

在机械原理教科书中，为了系统地研究各类机构的设计理论和方法，将机构按结构特点进行分类，如分成凸轮机构、齿轮机构、连杆机构、组合机构等。但是，在实际的机械设计时，要求所选用的机构能实现某种动作或有关功能，因此，从机械设计需要出发，可以将各种机构，按运动转换的种类和实现的功能进行分类。通过如此分类的机构图例资料，便于设计人员的选用或得到某种启示来创造新机构。

表 1-7 中简要介绍了机构按功能进行分类的情况。

表 1-7　机构的分类

序号	执行构件实现的运动或功能	机构形式
1	匀速转动机构(包括定传动比机构、变传动比机构)	摩擦轮机构 齿轮机构、轮系 平行四边形机构 转动导杆机构 各种有级或无级变速机构
2	非匀速转动机构	非圆齿轮机构 双曲柄四杆机构 转动导杆机构 组合机构 挠性件机构
3	往复运动机构(包括往复移动和往复摆动)	曲柄摇杆往复运动机构 双摇杆往复运动机构 滑块往复运动机构 凸轮式往复运动机构 齿轮式往复运动机构 组合机构

续表

序号	执行构件实现的运动或功能	机构形式
4	间歇运动机构（包括间歇转动、间歇摆动、间歇移动）	间歇转动机构（棘轮、槽轮、凸轮、不完全齿轮等机构） 间歇摆动机构（一般利用连杆曲线上近似圆弧或直线段实现） 间歇移动机构（由连杆机构、凸轮机构、齿轮机构、组合机构等来实现单侧停歇、双侧停歇、步进移动）
5	差动机构	差动螺旋机构 差动棘轮机构 差动齿轮机构 差动连杆机构 差动滑轮机构
6	实现预期轨迹机构	直线机构（连杆机构、行星齿轮机构等） 特殊曲线（椭圆、抛物线、双曲线等）绘制机构 工艺轨迹机构（连杆机构、凸轮机构、凸轮-连杆机构等）
7	增力及夹持机构	斜面杠杆机构 铰链杠杆机构 肘杆式机构
8	行程可调机构	棘轮调节机构 偏心调节机构 螺旋调节机构 摇杆调节机构 可调式导杆机构

第2章

传动机构类型、特点及应用

2.1 机械传动的功用及类型

机械机构的工作需要输入动力才能实现。动力是由原动机提供的，如电动机和柴油机等。通常条件下，原动机的转速、速度和运动形式都是固定不变的。由于工作的不同需要，机械机构的转速、速度和运动形式往往和原动机的这些参数不相吻合，因此需要通过机械传动机构来协调它们之间的关系。通过传动机构可实现增速、减速、变速和改变运动形式、力及力矩的大小。可见，机械传动是机械工程的重要组成部分。

根据工作原理，机械传动形式如表 2-1 所示。

表 2-1 机械传动形式

机械传动类型			传动举例或说明
摩擦传动	摩擦轮传动		圆柱平摩擦轮传动 圆柱槽摩擦轮传动 圆锥摩擦轮传动
	挠性摩擦传动		平带、V带、圆带传动 绳及钢丝绳传动
	摩擦式无级变速传动		刚性式:滚子-平盘式、菱锥-锥轮式等 挠性式:带式、齿链式等
啮合传动及推动	齿轮传动	圆柱齿轮传动	齿形曲线:渐开线、圆弧齿轮 齿向曲线:直齿、斜齿、人字齿轮 啮合形式:内啮合、外啮合、齿轮与齿条
		圆锥齿轮传动	齿形曲线:渐开线、圆弧齿轮 齿向曲线:直齿、斜齿、曲线齿轮 啮合形式:内啮合、外啮合、平面啮合
		轮系	定轴轮系、周转轮系(动轴轮系)、混合轮系 例如:渐开线齿轮行星传动,摆线针轮行星传动,谐波传动
		非圆齿轮传动	可实现主、从动轴间传动比按周期性变化的函数关系
	蜗杆传动	圆柱蜗杆传动	普通圆柱蜗杆传动(阿基米德螺旋面、渐开线螺旋面、延伸渐开线螺旋面蜗杆) 齿纹面圆柱蜗杆传动(轴截面和法截面圆弧齿蜗杆)
		圆弧面蜗杆传动	单包络和双包络蜗杆传动
		锥蜗杆传动	解决大传动比变速换挡问题,效果比较好
	挠性啮合传动		链传动(套筒滚子链、套筒链、齿形链)、带传动(同步带)
	螺旋传动		摩擦形式:滑动、滚动、静压 头数:单头、多头
	连杆机构		曲柄摇杆、双曲柄摇杆、曲柄滑块、曲柄导杆机构正弦机构、正切机构
	凸轮机构		移动凸轮、圆柱凸轮、盘形凸轮
	组合机构		齿轮-连杆、齿轮-凸轮、凸轮-连杆等机构

2.2　常见传动机构的特点及应用

常见传动机构的特点及应用如表 2-2 所示。

表 2-2　常见传动机构的特点及应用

类型	特点	应用
圆柱齿轮传动	①传动运动准确可靠，传递速度范围较大，且功率适应性强 ②使用效率较高，寿命长，结构紧凑 ③能在空间任意配置的两轴之间传递运动和动力 ④不能无级变速，两轴之间的距离也不能过大 ⑤有振动和噪声，且加工成本高	齿轮传动在现代化机器及机械装置中应用最为广泛
锥齿轮传动	轮齿排列在锥体外表面上，并由大端向小端逐渐收缩，按齿形分为直齿、斜齿和曲齿。可传递两相交轴的运动和动力	直齿锥齿轮的设计、制造和安装均较简便，故应用最为广泛。曲线齿锥齿轮由于传动平稳，承载能力较好，故常用于高速重载的传动，如汽车、拖拉机中的差速齿轮等
蜗杆传动	①传动平稳，运动精度高，噪声和振动较小 ②减速传动比大 ③效率较低，故不易传递较大功率，也不宜长期工作 ④需要铜材加工	一般用于大传动速比减速装置，即蜗杆主动而蜗轮从动。在离心机和内燃机增压器等少数机械中，则用作增速传动，即蜗轮主动而蜗杆从动。在机床、冶矿机械、起重机械、船舶及仪表等工业中广泛应用
行星齿轮传动	①是周转轮系的一个分类，有自转和公转两种运动 ②用较简单的齿轮可以获得很大的传动比，且体积小 ③行星齿轮的效率范围很大，随结构形式不同而变化	在机械工业中常用在减速机构、增速机构、变速机构及自动调速机构上
螺旋传动	①具有良好的减速性能 ②对主动件施加不大的转矩，便可获得很大的推力；机械效率高 ③传动均匀、平稳、准确，且有自锁性能	常用在螺旋压力机、起重机等机械中，在机床刀架传动工作台的进给机构及调整机构中也有广泛的应用
谐波齿轮传动	①零件少，体积小，重量轻 ②传动比大，范围广，一般单级传动比范围为 1.002～500 ③承载能力较好，磨损小 ④传动平稳，无噪声，传动效率高 ⑤传动精度高，封闭性能好	可以用作减速及增速机构，目前在机械制造、冶金、发电设备、矿山、造船、起重运输及国防工业等各部门得到了越来越广泛的应用
带传动	①带传动具有挠性，可吸收振动、缓和冲击，故运动平稳无噪声 ②结构简单，且可实现较远距离的能量传递 ③制造安装和维护方便，不需要润滑 ④过载后可自行打滑，对整机有保护作用 ⑤传动比不精确	广泛应用于金属切削机床、起重运输机械和动力机械等各种设备
链传动	①能获得准确的平均传动比，传动效率高，承载能力大 ②两轴的中心距较齿轮传动远 ③作用于轴和轴承上的载荷较带传动小 ④只能在平行轴之间传递运动及动力 ⑤运转瞬时速度不均，冲击、振动和噪声较大 ⑥无过载保护装置	广泛应用于金属切削机床、农业机械、矿山机械、纺织机械、汽车、船舶、摩托车、自行车、复印机等各种固定式机械和运输机械中

续表

类型	特点	应用
凸轮机构	①凸轮机构是依靠自身的轮廓形状，通过接触方式传递运动，只要改变轮廓形状，就可以改变运动规律 ②结构简单、紧凑 ③加工比较困难，且使用中磨损比较严重，多用在传递动力不大的场合	广泛应用于自动化程度较高或动作复杂的机械中，如靠模仿形加工机床、自动机床、缝纫机等
平面连杆机构	①可实现要求的运动动作和一定的运动轨迹 ②能把运动传到较远的地方 ③构件数目较多时，累积误差较大	是应用较早而又广泛的一种机构，在原动机、工作机、仪表操作装置上应用较广，特别是在纺织机、印刷机和包装机等轻工机械上应用较多

2.3 机械传动选型主要参考参数

机械传动选型主要参考参数如表 2-3 所示。

表 2-3 机械传动选型主要参考参数

传动类型		传动比	传递功率/kW	速度/(m/s)	效率
齿轮传动	渐开线圆柱齿轮传动	单级 1～8，最大到 10 两级到 45 三级到 75	25000，最大 10^5	150，最高 300	—
	圆弧齿轮传动（单圆弧、双圆弧）	单级 1～8，最大到 10 两级到 45 三级到 75	高速传动可达 6000； 低速传动输出转矩达 1.2MN·m(117.7t·m)，功率达 5000	100	
	锥齿轮传动	1～8	直齿：370 曲线齿：3700	直齿：<5 曲线齿：>5 ≥40 需磨齿	—
	准双曲面齿轮传动	1～10，用于代替蜗杆传动时可达 50～100	735	>5	—
蜗杆传动	圆柱蜗杆传动（普通圆柱、圆弧圆柱）	8～80	200	v_s≤15～35	—
	环面蜗杆传动	5～100	4500		—
	锥蜗杆传动	10～359	—		—
带传动	胶帆布平带	—	小于 500	带速 v<30	0.83～0.98
	普通 V 带	—	小于 700	v<25～30	0.87～0.92
	窄 V 带	—	大于普通 V 带	大于普通 V 带	0.90～0.95
	同步齿（梯形齿）形带	—	小于 300	v<50	0.93～0.98
链传动	链轮传动	5～15	—	v<40～100	0.85～0.9
	套筒滚子链	6～10	—		—
	齿链	<15			—

第3章

实现功能的机构和结构

3.1 直线运动导向及直线运动传动机构

直线运动导向及直线运动传动机构见表 3-1。

表 3-1 直线运动导向及直线运动传动机构

功能	名称	机构简图	结构特点
直线运动导向	直线滚动导轨		上、下导轨体之间由可做自动循环的滚动体隔开，滚动体与导轨接触，导轨做相对滚动直线移动，可承受垂直于导轨面的力及侧向力矩。国内有多家生产厂提供不同规格、尺寸的产品
	直线运动球轴承导轨		由直线运动球轴承组件、圆柱轴、球轴承外套座组成，由并列两组导轨构成独立导轨副，可承受垂直于两轴中心线平面的力及侧向力矩。国内有多家轴承厂提供不同规格、尺寸的产品
	滚动花键导轨		由花键轴、花键套、滚珠及自循环件组成，分别有三列滚珠传递正、反向转矩，花键轴和花键套可做相对直线运动，可承受径向载荷和传递转矩。由专门生产厂提供不同规格的产品
		工作台 床身	滚动导轨块是由滚子、导轨块体、限位弹簧钢带等组成独立的滚动件，可将其安装于运动件的基准面上，使其与没有安装导轨块的导轨面组成滚动导轨副，产生相对的直线滚动运动。这种滚动导轨副的刚性高、承载力大、行程不受限制
	轴承滚动导轨		将滚动轴承安装于运动件的基准面上，使轴承在固定导轨面上做接触滚动。其特点是结构安装简单、经济耐用，适用于大行程、高刚度、高承载能力的场合

续表

功能	名称	机构简图	结构特点
直线运动导向	滑动导轨		有两个矩形滑动面，一个V形、一个矩形滑动面，一个燕尾形滑动面等几种不同的滑动导轨，加工精度要求较高，且摩擦力较大
	平面四连杆机构		由4个构件通过4个转动轴承副连接而成，结构简单、可靠，用于行程小、平行移动、垂直于移动方向的平面位置允许变换的场合
直线运动传动	液压缸、气缸传动		由可动活塞和缸体内孔导向组合而成。用液压缸可得到大的输出力。气缸虽然输出力小，但系统及气缸结构简单
	丝杠、螺母传动		由螺母和丝杠构成，可采用丝杠转动轴向定位、螺母移动，或者反过来丝杠移动、螺母转动轴向定位。有滑动丝杠螺母副和滚动丝杠螺母副。滚动丝杠螺母副的转矩小，灵活轻便，可消除螺纹间隙，由专业生产厂供货，要求合理选用、计算，不需自行设计
	齿条齿轮传动		用齿轮齿条构成传动副，当齿轮转动时，齿条做直线移动，可得到较高的速度，结构简单
	带或链传动		由带轮与带或链轮与链条组成，带轮或链轮使带或链做直线运动，适合于高速及较高速的传动

3.2 回转运动机构及回转运动和直线运动的变换机构

回转运动机构及回转运动和直线运动的变换机构见表3-2。

表3-2 回转运动机构及回转运动和直线运动的变换机构

功能	名称	机构简图	结构特点
回转运动	轴与滚动轴承		适用于高转速。摩擦力小，采用不同类型的轴承可达到不同承载力。寿命长，经济，使用方便，有各种标准轴承供选用
	轴与滑动轴承		结构较简单。承载力大时，其磨损发热也大。除小载荷轴承外，一般需自行设计

续表

功能	名称	机构简图	结构特点
回转运动和直线运动的变换	曲柄滑块机构	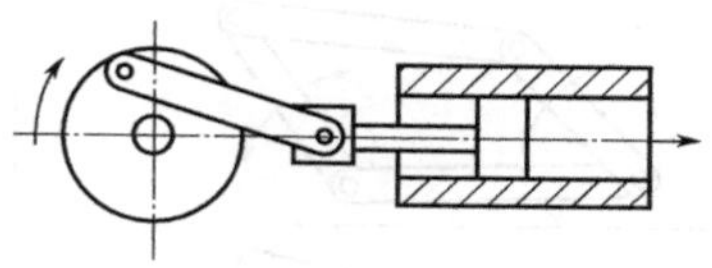	用于回转运动和往复直线运动的转换
	凸轮机构	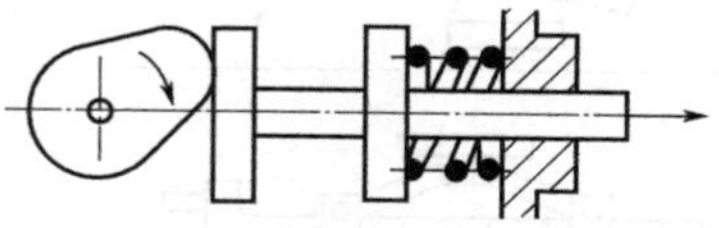	用于周期性改变行程位置。凸轮为主动件，滑杆回程需弹簧力，摩擦磨损较大。多数自动化设备已采用伺服电动机控制的“电子凸轮”代替

3.3 上下直线运动、平行移动机构

上下直线运动、平行移动机构见表 3-3。

表 3-3　上下直线运动、平行移动机构

功能	机构简图	结构特点
直线运动球轴承支承方式	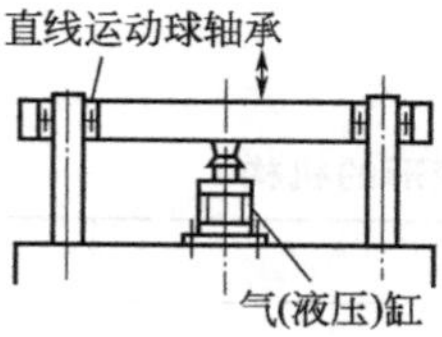	安装在横梁上的两个直线运动球轴承，在两根直立导杆上滑动。横梁(或负载)的上、下移动由气(液压)缸实现
螺母套上下移动方式	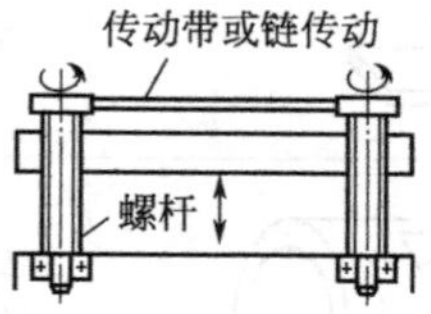	安装在横梁上的两个螺母套与两根直立螺杆组成螺旋副。当带或链传动使螺杆转动时，横梁即做上下移动。若用滚珠丝杠，则运动精度更高
连杆方式	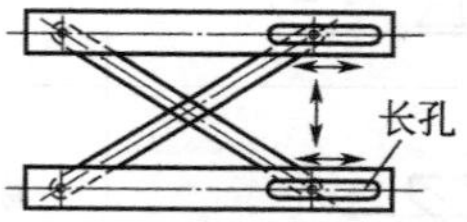	采用两根水平和两根斜置的四连杆机构，在无导向情况下也可实现上下移动。斜杆的一端只能转动，另一端与滑块相连，滑块在水平杆的长槽内滑动
杠杆支承方式	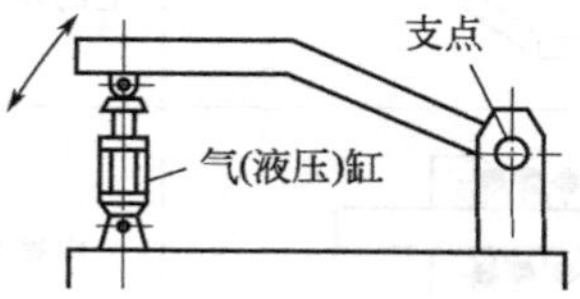	杠杆的转动支点可用轴承支承，杠杆末端由气(液压)缸做上下移动。末端移动量不宜大，上下移动时末端的水平方向有少量移动，此方式动作可靠

3.4 实现动作转换的机构

实现动作转换的机构见表 3-4。

表 3-4 实现动作转换的机构

功能	名称	机构简图	结构特点
摆动与摆动、转动与摆动转换	连杆机构	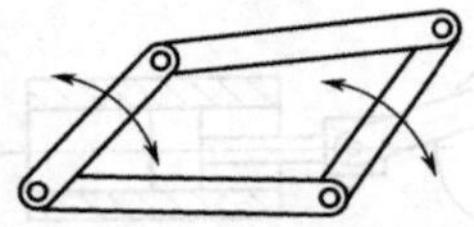	结构简单，由 4 根连杆件即可实现由摆动到移动的运转转换
力及位移的放大缩小	杠杆机构		结构简单，改变杠杆两边力臂比例，即可实现放大及缩小。动力由摆动液压马达或摆动气马达实现
转动与上下移动转换	千斤顶机构	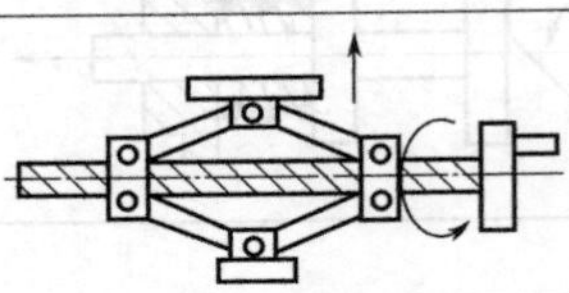	与螺杆套在一起的两个带关节的螺母，其螺纹旋向相反（左、右旋螺纹）。螺杆转动时，连杆机构上下移动
垂直与水平位移转换	关节滑动机构	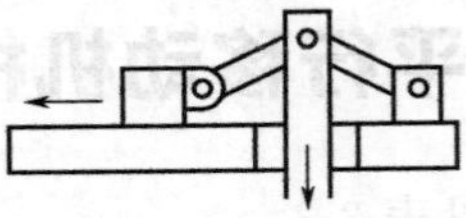	垂直方向的微小位移，可产生水平方向的大载荷，用于模型合模

3.5 产生各种变形的机构

产生各种变形的机构见表 3-5。

表 3-5 产生各种变形的机构

功能	名称	机构简图	结构特点
单方向变形	平行平板机构	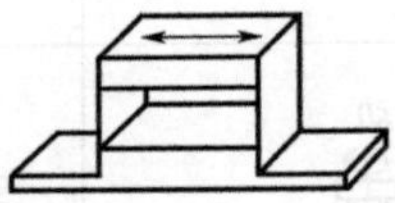	变形件为弹簧片，可产生单向微小变形，用于定位、微调、测力
扭转变形	辐射平板机构	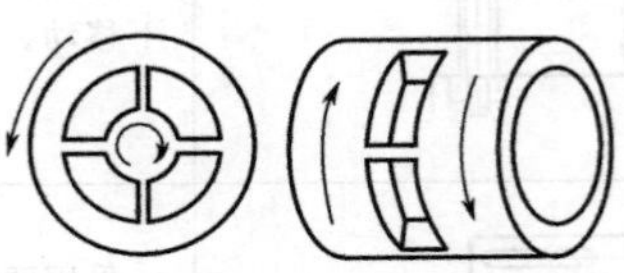	辐射平板为板弹簧或片弹簧，外套件与中心轴做相对扭转时，因扭矩产生微小变形
两方向变形	挠性棒机构	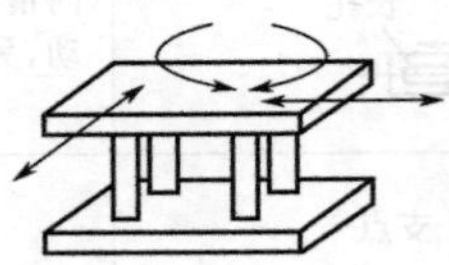	易变形的挠性棒，因受两个方向的力或力矩作用而产生两个方向上的拉压变形或扭转变形
螺旋压缩弹簧变形	自复位机构	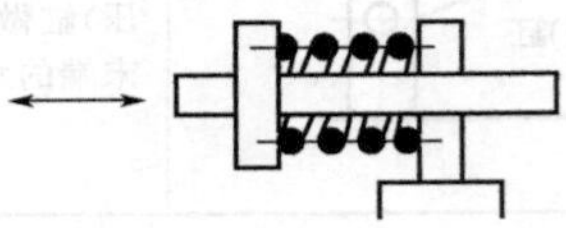	由螺旋压缩弹簧产生复位力
	压缩机构	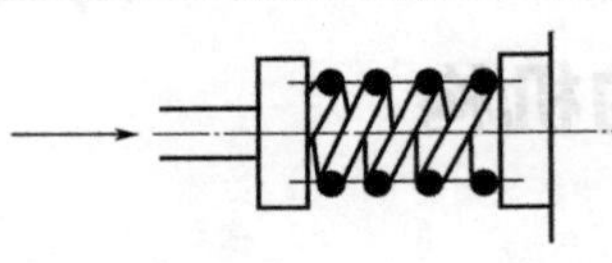	压缩弹簧变形产生作用力

续表

功能	名称	机构简图	结构特点
构件弹性变形	夹紧机构	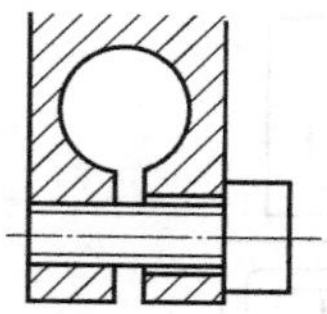	当拧紧螺钉时，由于构件孔两侧的薄壁产生变形，孔径收缩而夹紧圆柱体，用于圆柱体固定
	微调机构	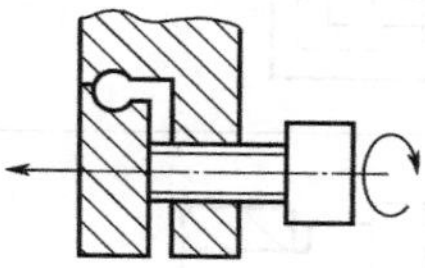	当拧紧螺钉时，构件下方的金属板因上面的薄壁处产生变形而产生微小变形，螺钉转动无接触间隙
变形放大缩小	杠杆机构	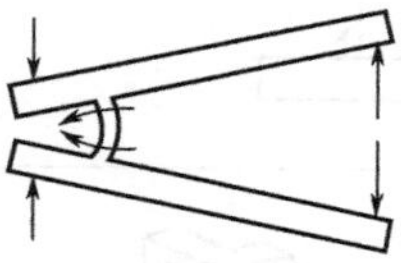	以杠杆的形式产生扩大或缩小的变形，可达到无间隙的变形结果

3.6　实现承载功能的结构

实现承载功能的结构见表 3-6。

表 3-6　实现承载功能的结构

功能	结构简图	结构特点
承载重载荷	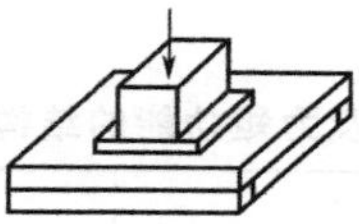	可在钢架上安装各种零、部件
承受内压力	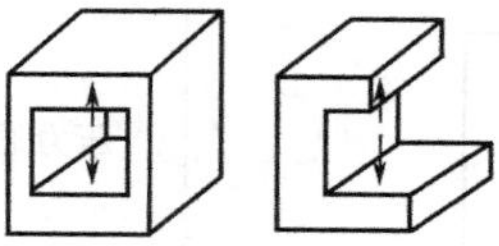	为承载内部机构的反作用力，结构做成封闭或开口箱体。封闭箱体的刚性最好
	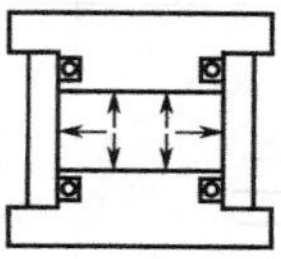	内部制成圆柱面的封闭结构，刚度大增
接合处承力	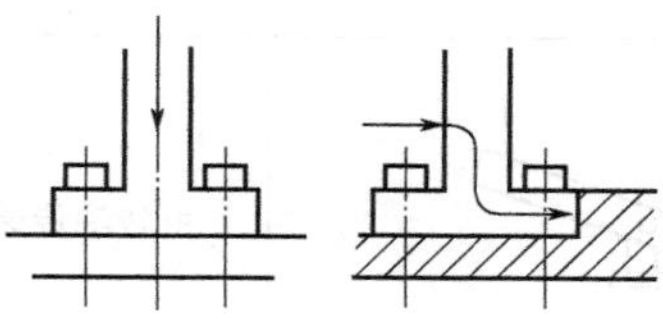	在承载方向制出与力垂直的结构面，外作用力大部分由垂直面承受，螺栓基本上只起固定作用

续表

功能	结构简图	结构特点
力作用线封闭	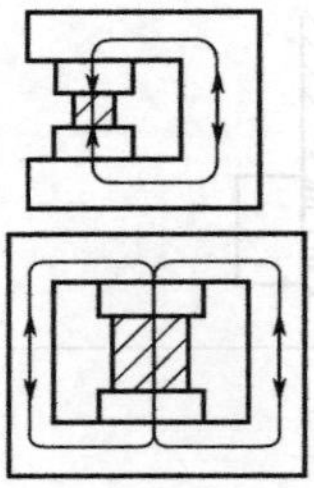	应使力的作用线封闭，使反力由两侧结构分担，可避免中心部位受力后倾斜
使受力平衡	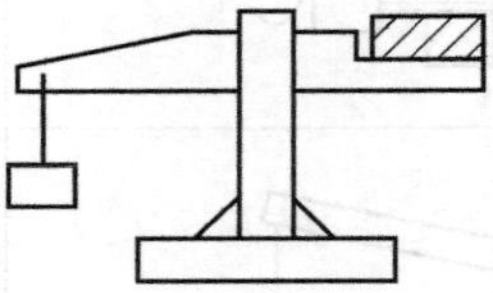	立柱两侧力矩相抵消
提高刚度	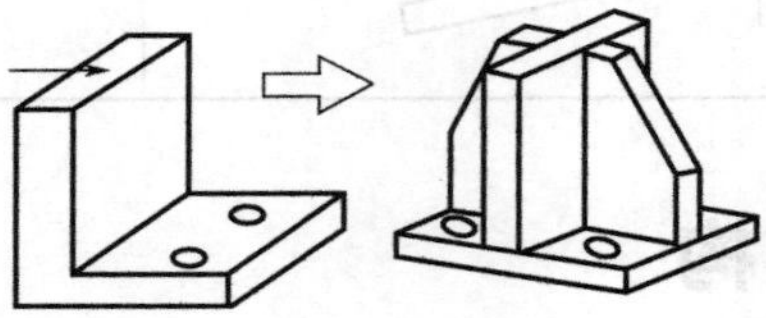	为避免受力后变形，承力面两面加肋，刚度大为增加

3.7 实现传递力及力矩功能的结构

实现传递力及力矩功能的结构见表 3-7。

表 3-7 实现传递力及力矩功能的结构

功能	结构简图	结构特点
传递压力	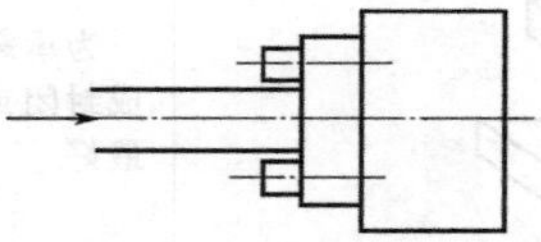	压力通过压杆传递至连接面，连接面受压
传递拉力	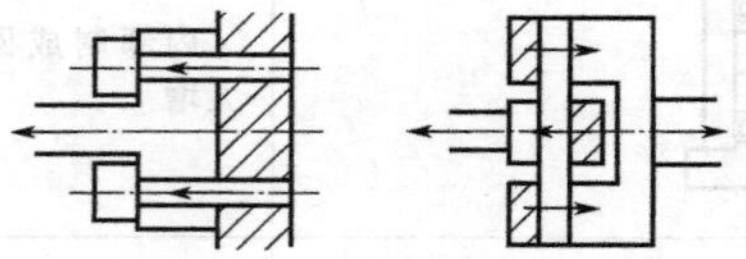	通过拉力使连接面受压，该压力传递至螺钉头
传递力矩	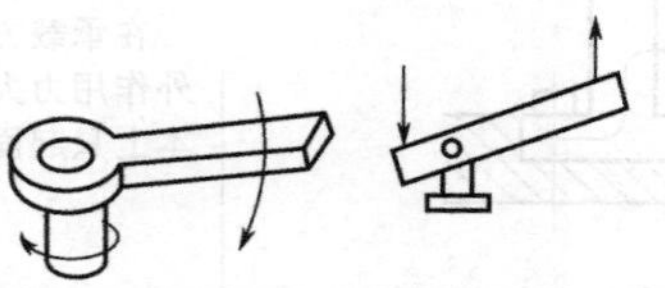	由转轴传递手柄或杠杆的力矩

续表

功能	结构简图	结构特点
传递摩擦力	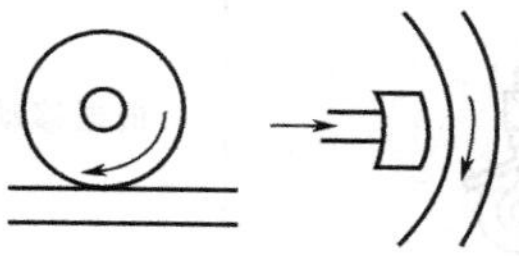	通过给轮子施加压力，将轮子的摩擦力传递出去
传递转矩	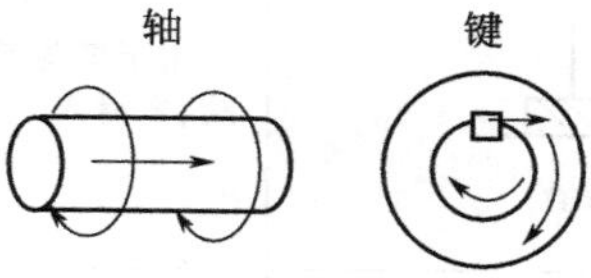 轴　键	通过中心轴，将外转矩传递出去
	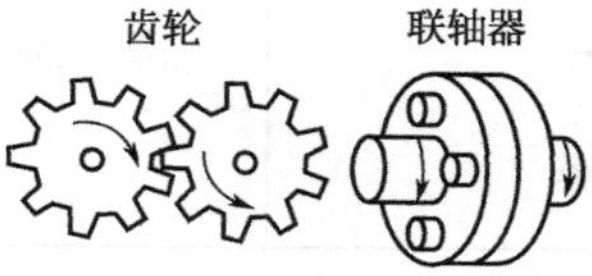 齿轮　联轴器	通过齿轮或联轴器，将转矩从一轴传至另一轴

3.8　实现定位功能的机构及结构

实现定位功能的机构及结构见表 3-8。

表 3-8　实现定位功能的机构及结构

功能	机构、结构简图	结构特点
有底座、水平放置	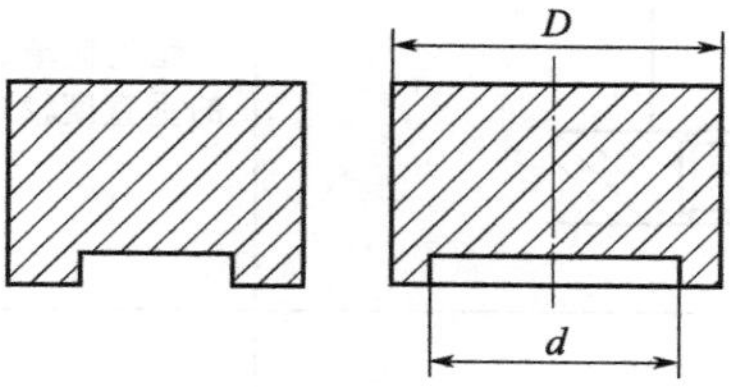 D d	底座与水平面的接触面，一般均为周边凸出，中间凹入，以保持稳定
相对基座的水平调节	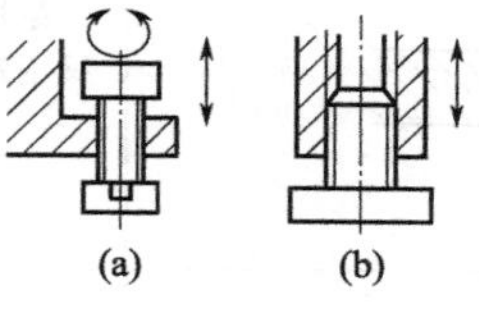 (a)　(b)	如图(a)所示，螺钉可在上面调节，但机械需有凸边；如图(b)所示，螺钉须在侧面调节，但机械不需凸边
固定在地基上	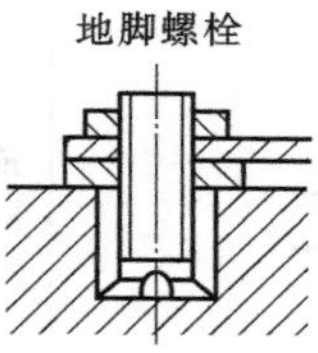 地脚螺栓	将地脚螺栓埋入地基中，螺栓与机械固定拧紧

续表

功能	机构、结构简图	结构特点
水平面可移动	小脚轮 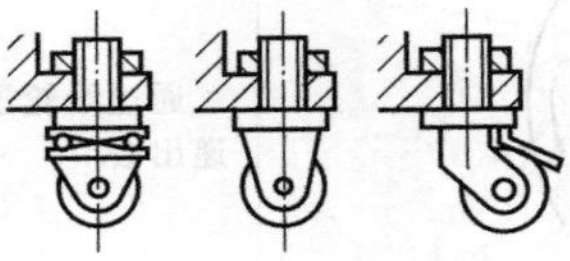	根据移动及转动要求，选用不同脚轮
防振	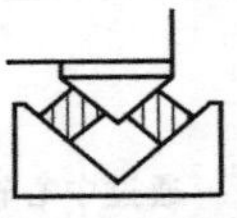 (a) 减振橡胶 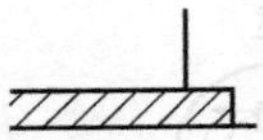　(b) 消振垫	用于减振或消振的材料，通常采用硬橡胶、木材等
保持吊装位置	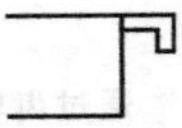 (a) 钩 　(b) 吊环螺栓	吊装时，可用于穿挂钢丝绳

3.9 实现零件固定、连接功能的结构

实现零件固定、连接功能的结构见表 3-9。

表 3-9　实现零件固定、连接功能的结构

功能	结构简图	结构特点
轴固定	用螺纹固定 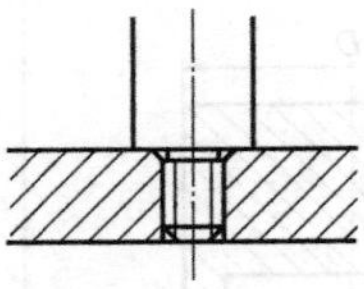	结构简单、零件少，可使轴定位，但轴的垂直度较难控制
	用螺杆、螺母固定 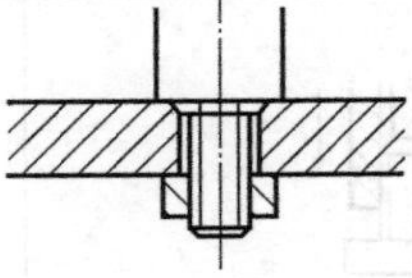	结构简单，轴在垂直方向的垂直度比只用螺纹固定时好
轴与板座固定	用螺钉固定 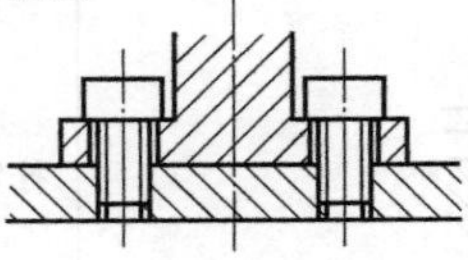	与底座接触面大，结构较稳定，但不能承受水平方向剪切力

续表

功能	结构简图	结构特点
轴、管、线固定	夹紧 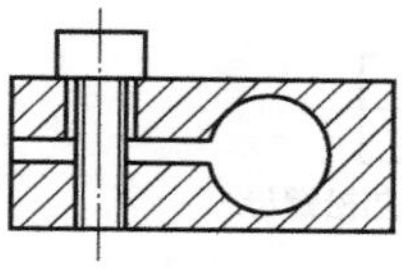	靠开口弹性块固定轴，可将轴固定在任意位置上
	用弹性夹头夹紧 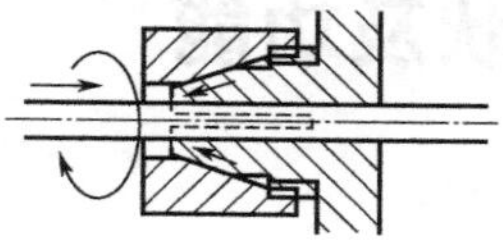	在圆锥头上开出与轴线平行且通过轴线的沟槽，锥面压紧时，内孔收缩夹紧
	用金属环与橡胶环夹紧 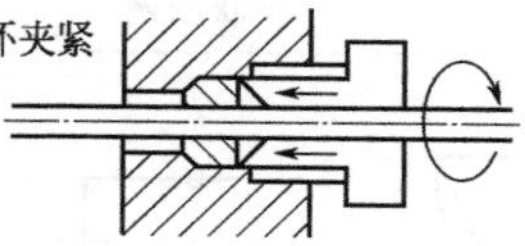	管件固定时用金属环，线材固定时用橡胶环

3.10　实现零件间位置配合功能的结构

实现零件间位置配合功能的结构见表 3-10。

表 3-10　实现零件间位置配合功能的结构

方式	图例	结构特点
轴、孔配合	配合 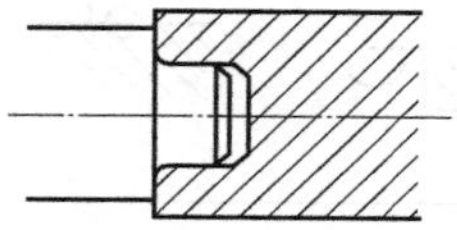	通过轴孔配合，使两轴的轴线重合。配合包括间隙、过渡、过盈
高度相等	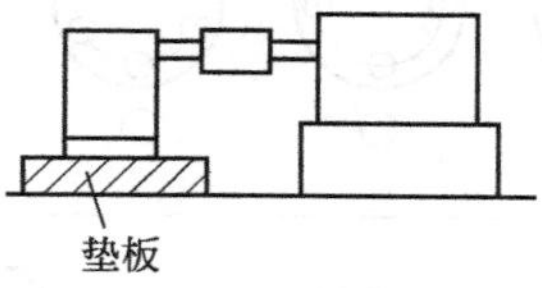 垫板	使用垫板，可使左右两边高度一致。根据高度差配磨垫板
定位	定位销 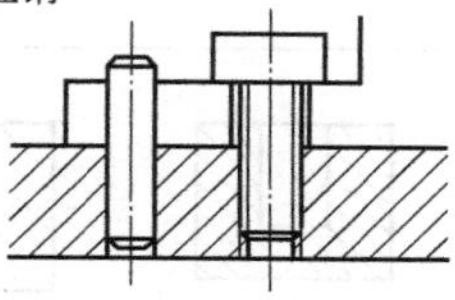	上下连接件的位置确定后，先拧紧螺钉，然后用销钉定位

续表

方式	图例	结构特点
微调位置	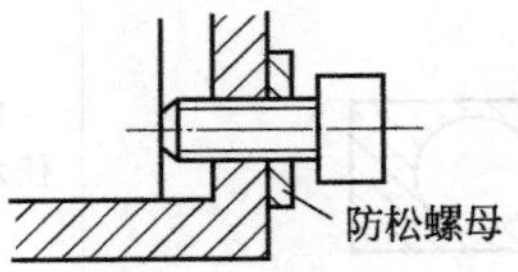 防松螺母	用螺钉将位置调整好后，拧紧放松螺母固定

3.11 各种零件的基本形状及功能

各种零件的基本形状及其功能见表 3-11。

表 3-11 各种零件的基本形状及其功能

形状类别名称		形状图例	功能
各种形状面	外表面(平面、圆柱面、圆锥面)	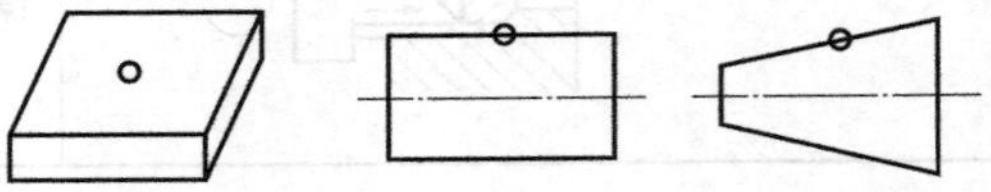	用于装饰等辅助功能
	接触面(平面、圆柱面、圆锥面)	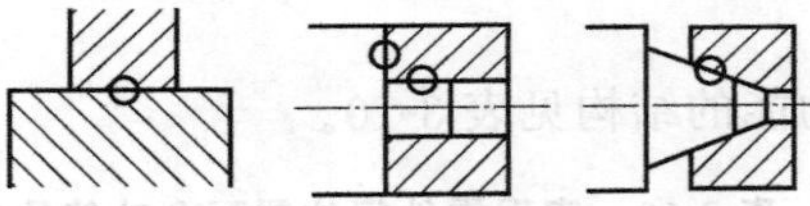	用于配合、安装等
	滑动面(圆柱面、平面)	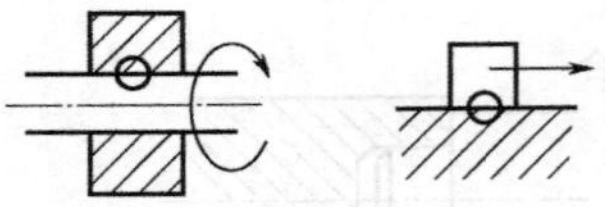	支承或导向
各种孔	圆周排练孔	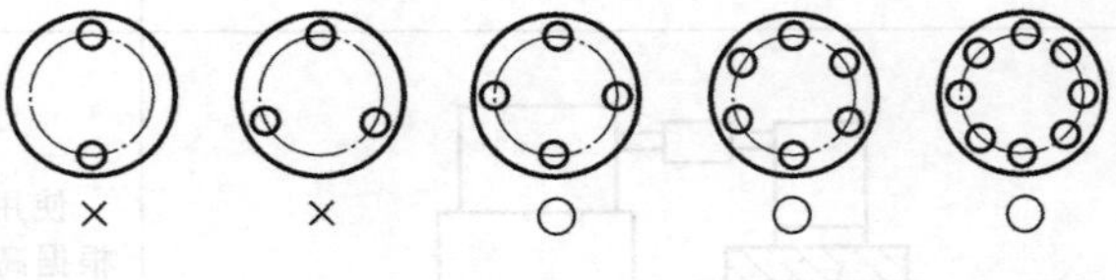 × ×	用于安装、紧固、定位
	直线排列孔	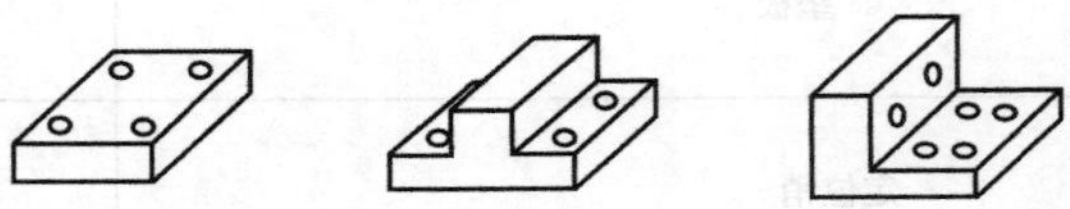	用于安装、紧固、定位
	盲孔	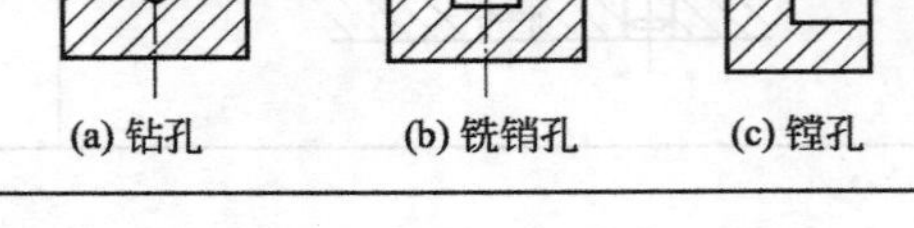 (a) 钻孔 (b) 铣销孔 (c) 镗孔	用于定位或安装

续表

形状类别名称		形状图例	功能
各种孔	台阶孔	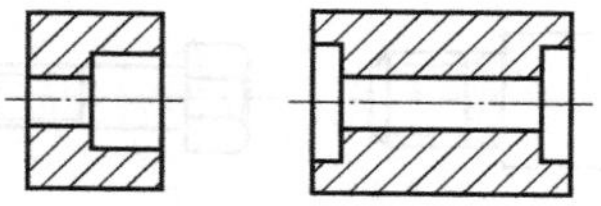	用于定位或安装
各种沟槽	导向及传递转矩槽	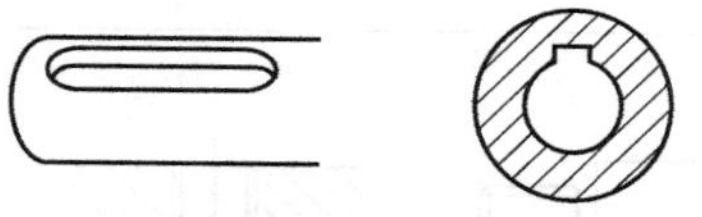 (a) 键槽导向槽　(b) 孔中键槽	用于导向、传递转矩
	密封圈槽	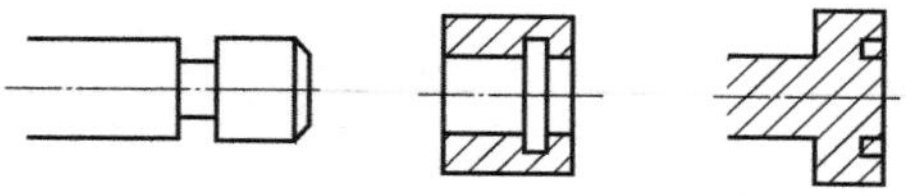 (a) 轴上O形槽　(b) 孔中O形槽　(c) 端面O形槽	用于密封圈的安装
	导向及紧固槽	块体沟槽 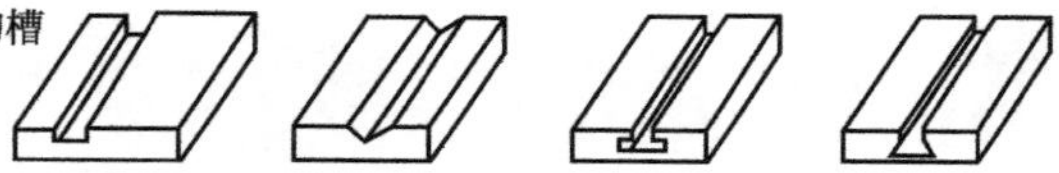	用于导向、紧固或安装定位
	安装、定位槽	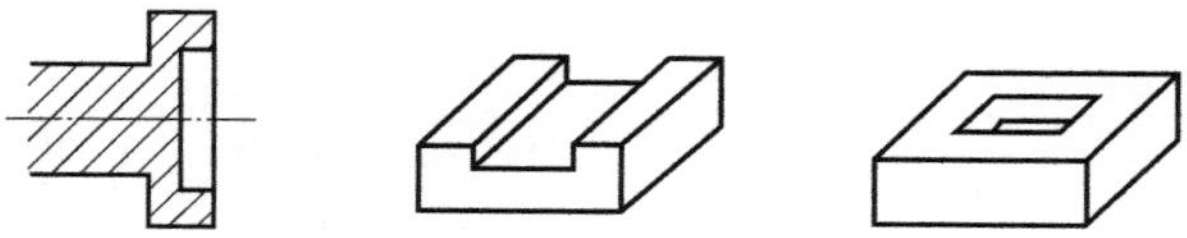 (a) 端面挖空　(b) 块体挖空	用于安装、定位
倒角	内外倾斜角	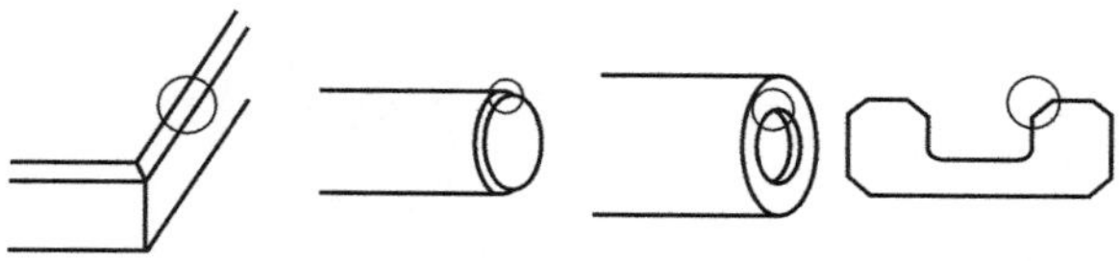 (a) 端面倒角　(b) 圆柱端面倒角　(c) 孔内倒角　(d) 沟槽倒角	使零件易于插入、安装，也为了保护安装面及操作安全
	内外倒圆角	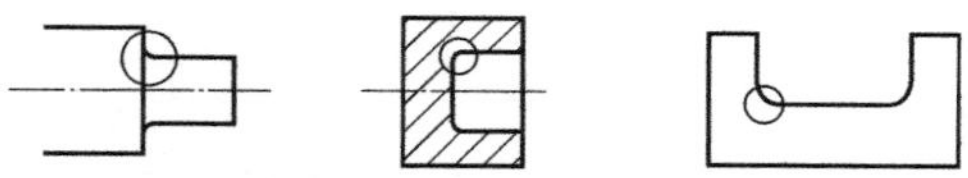 (a) 轴段间倒角　(b) 孔底倒角　(c) 沟槽倒角	用于防止应力集中，增加强度

续表

形状类别名称		形状图例	功能
螺纹	不完全螺纹	(a) 不完全螺纹　(b) 标准六角头螺栓　(c) 螺纹孔	用于不需将螺纹部分完全拧入的情况，方便加工，增加强度
	完全螺纹	退刀槽 (a) 开退刀槽所形成　(b) 板上螺纹孔　(c) 镗削孔	用于必须将螺纹完全拧入，端面需接触的情况

第 2 篇

机构设计图例

第4章

平面连杆机构

4.1 概述

平面连杆机构是由一些刚性构件用低副（转动副、移动副）相互连接而组成的在同一平面或相互平行平面内运动的机构，又称低副机构。由于连杆机构间用低副连接，接触表面为平面或圆柱面，因而压强小、便于润滑，磨损较小，寿命长，适用传递较大动力；同时易于制造，能获得较高的运动精度，还可用作实现远距离的操纵控制。因此，平面连杆机构在各种机械、仪器中获得了广泛应用。平面连杆机构的缺点是：不易精确实现复杂的运动规律，且设计较为复杂；当构件数和运动副数较多时，效率较低。

4.1.1 平面四杆机构的基本类型

平面连杆机构构件的形状多种多样，不一定为杆状，但从运动原理来看，均可用等效的杆状构件来替代。最常用的平面连杆机构是具有四个构件（包括机架）的低副机构，称为四杆机构。构件间用四个转动副相连的平面四杆机构，称为平面铰链四杆机构，简称铰链四杆机构。铰链四杆机构是四杆机构的基本形式，也是其他多杆机构的基础。

根据有无曲柄和曲柄的多少，铰链四杆机构一般分为曲柄摇杆机构、双曲柄机构和双摇杆机构三种基本类型。

（1）曲柄摇杆机构

具有一个曲柄和一个摇杆的铰链四杆机构称为曲柄摇杆机构，如图 4-1 所示。

在图 4-1 所示曲柄摇杆机构中，取曲柄 AB 为主动件，并做逆时针等速转动。当曲柄 AB 的 B 端从 B 点回转到 B_1 点时，从动件摇杆 CD 上之 C 端从 C 点摆动到 C_1 点，而当 B 端从 B_1 点回转到 B_2 点时，C 端从 C_1 点顺时针摆动到 C_2 点。当 B 端继续从 B_2 点回转到 B_l 点时，C 端将从 C_2 点逆时针摆回到 C_1 点。这样，在曲柄 AB 连续做等速回转时，摇杆 CD 将在 C_1C_2 范围内做变速往复摆动。即曲柄摇杆机构能将主动件（曲柄）整周的回转运动转换为从动件（摇杆）的往复摆动。

（2）双曲柄机构

具有两个曲柄的铰链四杆机构称为双曲柄机构，如图 4-2 所示。在双曲柄机构中，两个连架杆均为曲柄，均可做整圈旋转。两个曲柄可以分别为主动件。在图 4-2 所示双曲柄机构中，取曲柄 AB 为主动件，当主动曲柄 AB 顺时针回转 180°到 AB_1 位置时，从动曲柄 CD 顺时针回转到 C_1D，转过角度 φ_1；主动曲柄 AB 继续回转 180°，从动曲柄 CD 转过角度 φ_2。显然 $\varphi_1>\varphi_2$，$\varphi_1+\varphi_2=360°$。所以双曲柄机构的运动特点是：主动曲柄匀速回转一周，从动曲柄随之变速回转一周，即从动曲柄每回转的一周中，其角速度有时大于主动曲柄的角速度，有时小于主动曲柄的角速度。

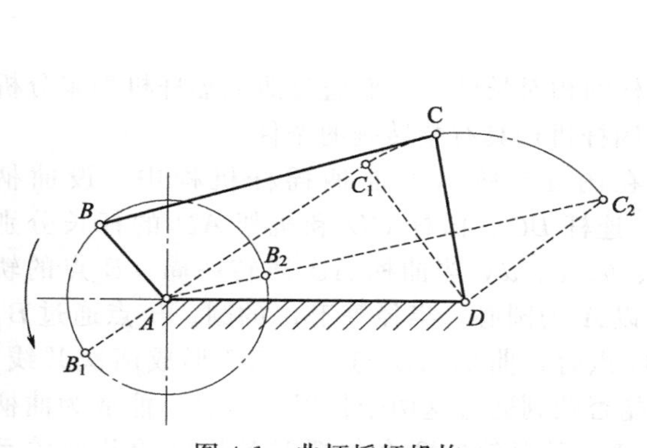

图 4-1　曲柄摇杆机构

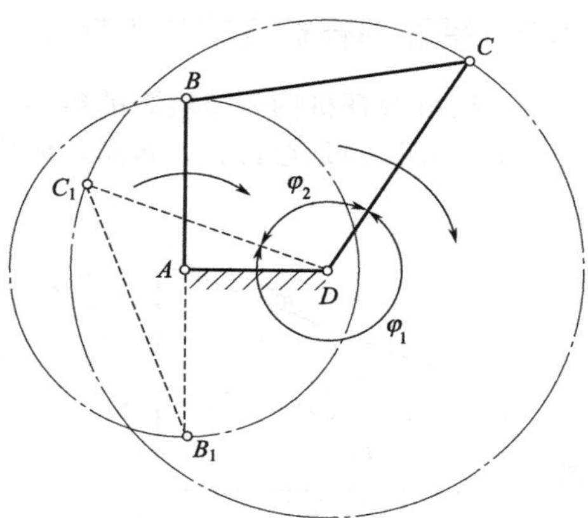

图 4-2　双曲柄机构

对于双曲柄机构来说，当连杆与机架的长度相等且两个曲柄长度相等时（图 4-3），若曲柄转向相同，称为平行四边形机构，如图 4-3(a) 所示；若曲柄转向不同，称为反向平行双曲柄机构，简称反向双曲柄机构，如图 4-3(b) 所示。

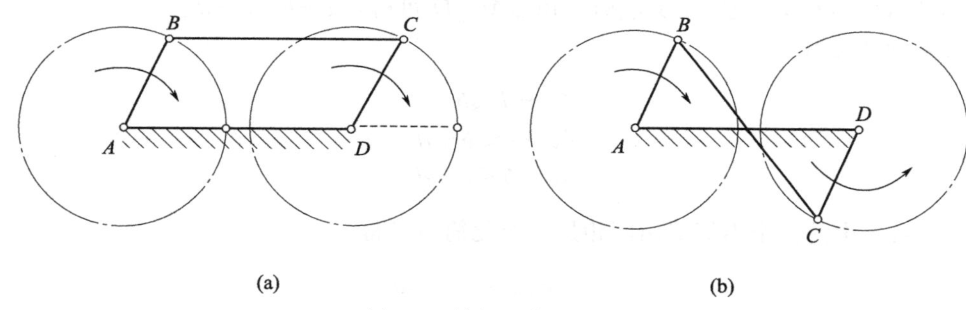

图 4-3　等长双曲柄机构

平行四边形机构的运动特点是：两曲柄的回转方向相同，角速度相等。反向平行双曲柄机构的运动特点是：两曲柄的回转方向相反，角速度不等。

平行四边形机构在运动过程中，主动曲柄 AB［图 4-3(a)］每回转一周，两曲柄与连杆 BC 出现两次共线，此时会产生从动曲柄 CD 运动的不确定现象，即主动曲柄 AB 的回转方向不变，而从动曲柄 CD 可能顺时针方向回转，也可能逆时针方向回转，使机构变成反向平行双曲柄机构，导致不能正常传动。为避免这一现象，常采用的方法有：一是利用从动曲柄本身的质量或附加一转动惯量较大的飞轮，依靠其惯性作用来导向；二是增设辅助构件；三是采取多组机构错列等。

(3) 双摇杆机构

具有两个摇杆的铰链四杆机构称为双摇杆机构，如图 4-4 所示。

在双摇杆机构中，两摇杆可以分别为主动件。当连杆与摇杆共线时（图 4-4 中 B_1C_1D 与 C_2B_2A），机构处于死点位置。图 4-4 中的 φ_1 与 φ_2 分别为两摇杆的最大摆角。

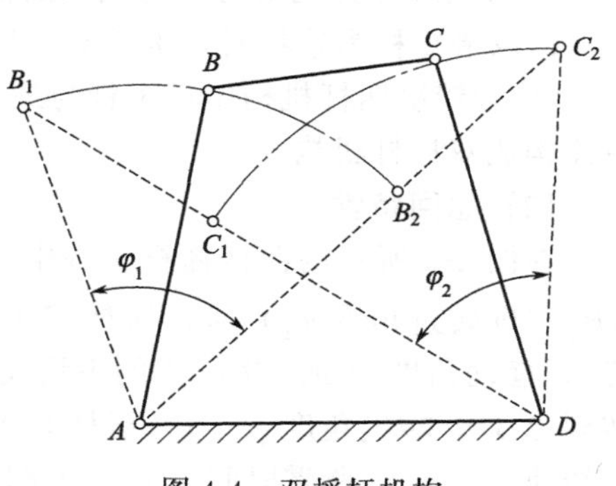

图 4-4　双摇杆机构

4.1.2 平面四杆机构的基本特性

(1) 铰链四杆机构有整转副的条件

铰链四杆机构是否具有整转副，取决于各杆的相对长度。下面通过曲柄摇杆机构来分析铰链四杆机构具有整转副的条件。

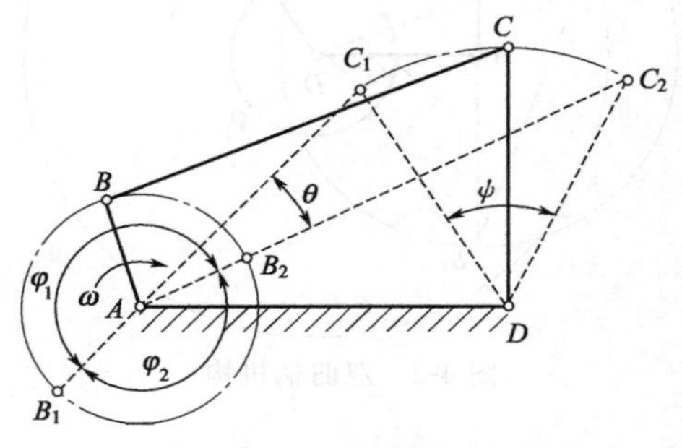

图 4-5 曲柄摇杆机构

在图 4-5 所示的曲柄摇杆机构中，设曲柄 AB、连杆 BC、摇杆 CD 和机架 AD 的杆长分别为 a、b、c、d，当曲柄 AB 回转一周，B 点的轨迹是以 A 为圆心，半径等于 d 的圆。B 点通过 B_1 和 B_2 点时，曲柄 AB 与连杆 BC 形成两次共线，AB 能否顺利通过这两个位置，是 AB 能成为曲柄的关键。下面就这两个位置时各构件的几何关系来分析曲柄存在的条件。

当构件 AB 与 BC 在 B_1 点共线时，由 ΔAC_1D 可得：$b-a+c\geqslant d$；$b-a+d\geqslant c$（AB、BC、CD 在极限情况下重合成一直线时为等于）。

当构件 AB 与 CD 在 B_2 点共线时，由 ΔAC_2D 可得：$a+b\leqslant c+d$。

综合两种情况有

$$\begin{cases}a+d\leqslant b+c\\a+c\leqslant b+d\\a+b\leqslant c+d\end{cases}\tag{4-1}$$

将式(4-1) 中的三个不等式两两相加，经化简后可得

$$a\leqslant b;a\leqslant c;a\leqslant d\tag{4-2}$$

由式(4-1) 与式(4-2) 可得铰链四杆机构有整转副的条件。

① 连架杆与机架中必有一个是最短杆。

② 最短杆与最长杆长度之和必小于或等于其余两杆长度之和。

上述两个条件必须同时满足，否则铰链四杆机构中无曲柄存在。

根据曲柄存在条件，可以推论出铰链四杆机构三种基本类型的判别方法。

① 若铰链四杆机构中最短杆与最长杆长度之和小于或等于其余两杆长度之和，则：

a. 取最短杆为连架杆时，构成曲柄摇杆机构；

b. 取最短杆为机架时，构成双曲柄机构；

c. 取最短杆为连杆时，构成双摇杆机构。

② 若铰链四杆机构中最短杆与最长杆长度之和大于其余两杆长度之和，则无曲柄存在，只能构成双摇杆机构。

(2) 急回特性

在图 4-5 所示的曲柄摇杆机构中，曲柄 AB 以等角速度 ω 顺时针回转，自 AB_1 回转到 AB_2（即转过角度 φ_1）时，摇杆 CD 自 C_1D（左端极限位置）摆动到 C_2D（右端极限位置），摆动角度为 ψ，设 C 点的平均线速度为 v_1，所需时间为 t_1，当曲柄 AB 继续由 AB_2，转到 AB_1，转过角度 φ_2 时，摇杆 CD 自 C_2D 摆回到 C_1D，摆动角度仍为 ψ，设 C 点的平均线速度为 v_2，所需时间为 t_2。由图不难看出 $\varphi_1>\varphi_2$，所以 $t_1>t_2$，即 $v_2>v_1$，即曲柄

AB 在做等速转动时，摇杆 CD 在 C_1D 与 C_2D 的极限位置间做摆角为 φ 的往复摆动，且往复两次摆动所用时间不等，平均速度也不相同。通常摇杆由 C_1D 摆动到 C_2D 的过程被用作机构中从动件的工作行程，摇杆由 C_2D 摆动到 C_1D 的过程作为从动件的空回行程，以使空回行程的时间缩短，有利于提高生产率。

曲柄摇杆机构中，曲柄虽做等速转动，而摇杆摆动时空回行程的平均速度却大于工作行程的平均速度（即 $v_2>v_1$），这种性质称为机构的急回特性。机构的急回特性用急回特性系数 K（又称行程速度变化系数）表示

$$K=\frac{\text{从动件空回行程平均速度}}{\text{从动件工作行程平均速度}}=\frac{v_2}{v_1}=\frac{\dfrac{C_2C_1}{t_2}}{\dfrac{C_1C_2}{t_1}}=\frac{t_1}{t}=\frac{\varphi_1}{\varphi}=\frac{180°+\theta}{180°-\theta} \tag{4-3}$$

式中　K——急回特性系数；

θ——极位夹角，摇杆位于两极限位置时，两曲柄所夹的角。

由式(4-3) 可得

$$\theta=180°\frac{K-1}{K+1} \tag{4-4}$$

机构有无急回特性，取决于急回特性系数 K。K 值越大，急回特性越显著，也就是从动件回程越快；$K=1$ 时，机构无急回特性。

急回特性系数 K 与极位夹角 θ 有关，$\theta=0°$，$K=1$，机构无急回特性 $\theta>0°$，机构有急回特性，且 θ 越大，急回特性越显著。

(3) 死点位置

在铰链四杆机构中，当连杆与从动件处于共线位置时，如不计各运动副中的摩擦和各杆件的质量，则主动件通过连杆传给从动件的驱动力必通过从动件铰链的中心。也就是说驱动力对从动件的回转力矩等于零。此时，无论施加多大的驱动力，均不能使从动件转动，且转向也不能确定。我们把机构中的这种位置称为死点位置。

在取摇杆为主动件、曲柄为从动件的曲柄摇杆机构中（图 4-6），当摇杆 CD 处于 C_1D、C_2D 两极限位置时，连杆 BC 与从动件曲柄 AB 出现两次共线，这两个位置就是死点位置。

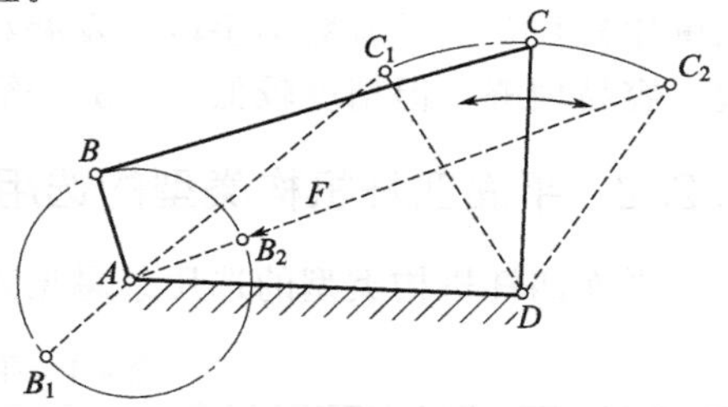

图 4-6　曲柄摇杆机构的死点位置

实际应用中，在死点位置常使机构从动件无法运动或出现运动的不确定现象。如图 4-7 所示的缝纫机踏板机构，踏板 CD（即摇杆，为主动件）做往复摆动时，连杆 BC 与曲轴 AB（即曲柄）在两处出现共线，即处于死点位置，致使曲轴 AB 不转或出现倒转现象。

对于传动机构来说，机构有死点位置是不利的，应采取措施使机构顺利通过死点位置。对于连续回转的机器，通常可利用从动件的惯性（必要时附加飞轮以增大惯性）来通过死点位置，如缝纫机就是借助于带轮的惯性通过死点位置的。

在工程上，有时也利用死点位置的特性来实现某些工作要求。图 4-8 所示为一种钻床连杆式快速夹具。当通过手柄 2（即连杆 BC）施加外力 F，使连杆 BC 与连架杆 CD 成一直线，这时构件连架杆 AB 的左端夹紧工件 1，撤去手柄上的外力后，工件对连架杆 AB 的弹力 T 因机构处于死点位置而不能使其转动，从而保证了工件的可靠夹紧。当需要松开工件时，则必须向上扳动手柄，使机构脱出死点位置。

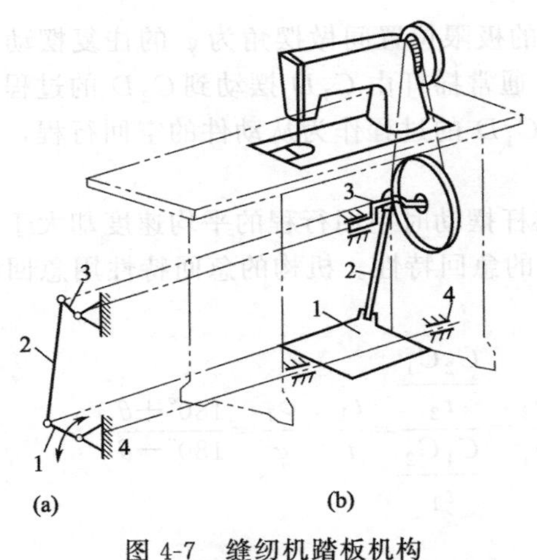

图 4-7　缝纫机踏板机构

1—踏板；2—连杆；3—曲柄；4—机架

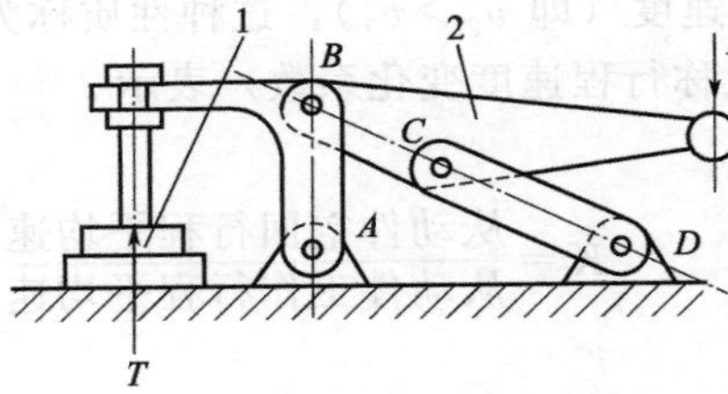

图 4-8　利用死点位置夹紧工件

1—工件；2—手柄

4.2　平面四杆机构设计

4.2.1　平面四杆机构设计的基本问题和方法

平面四杆机构设计的主要内容是：根据工作要求选择合适的机构类型，再按照给定的运动条件和其他附加要求（如最小传动角 $\gamma_{\min}$ 等）确定机构运动简图的尺寸参数。

生产实践对四杆机构的要求是多种多样的，给定的条件也各不相同，归纳起来，主要有以下两类问题：①按照给定从动件（连杆或连架杆）的运动规律（位置、速度、加速度）设计四杆机构；②按照给定点的运动轨迹设计四杆机构。

四杆机构设计的方法有解析法、图解法和实验法。解析法精度高，但解题方程的建立和求解比较烦琐，随着数学手段的发展和计算机的普及，该方法逐渐得到广泛应用；图解法直观，容易理解，但精度较低；实验法简易，但常需试凑，费时较多，精度亦不太高。

4.2.2　平面四杆机构类型的选用禁忌

平面四杆机构类型的选用禁忌见表 4-1。

表 4-1　平面四杆机构类型的选用禁忌

禁忌类型	构件名称	应用图例及说明
构件结构尺寸设计禁忌	空心截面机架	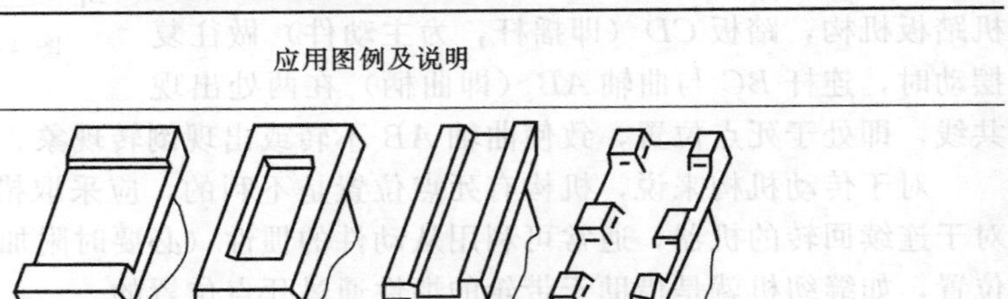 连杆机构中的固定构件是机架。在机器（或仪器）中支承或容纳零、部件的零件称为机架。机架是机器的基础零件，例如机座、床身及箱体等。机器的许多重要零部件直接或间接固定在机架上而保持其应有的相对位置。根据机架截面形状的不同，有方形截面机架、圆形截面机架、铸铁板装配式机架。无论圆形、方形，还是矩形，空心截面都比实心的刚度大，故机架一般设计成空心形状

续表

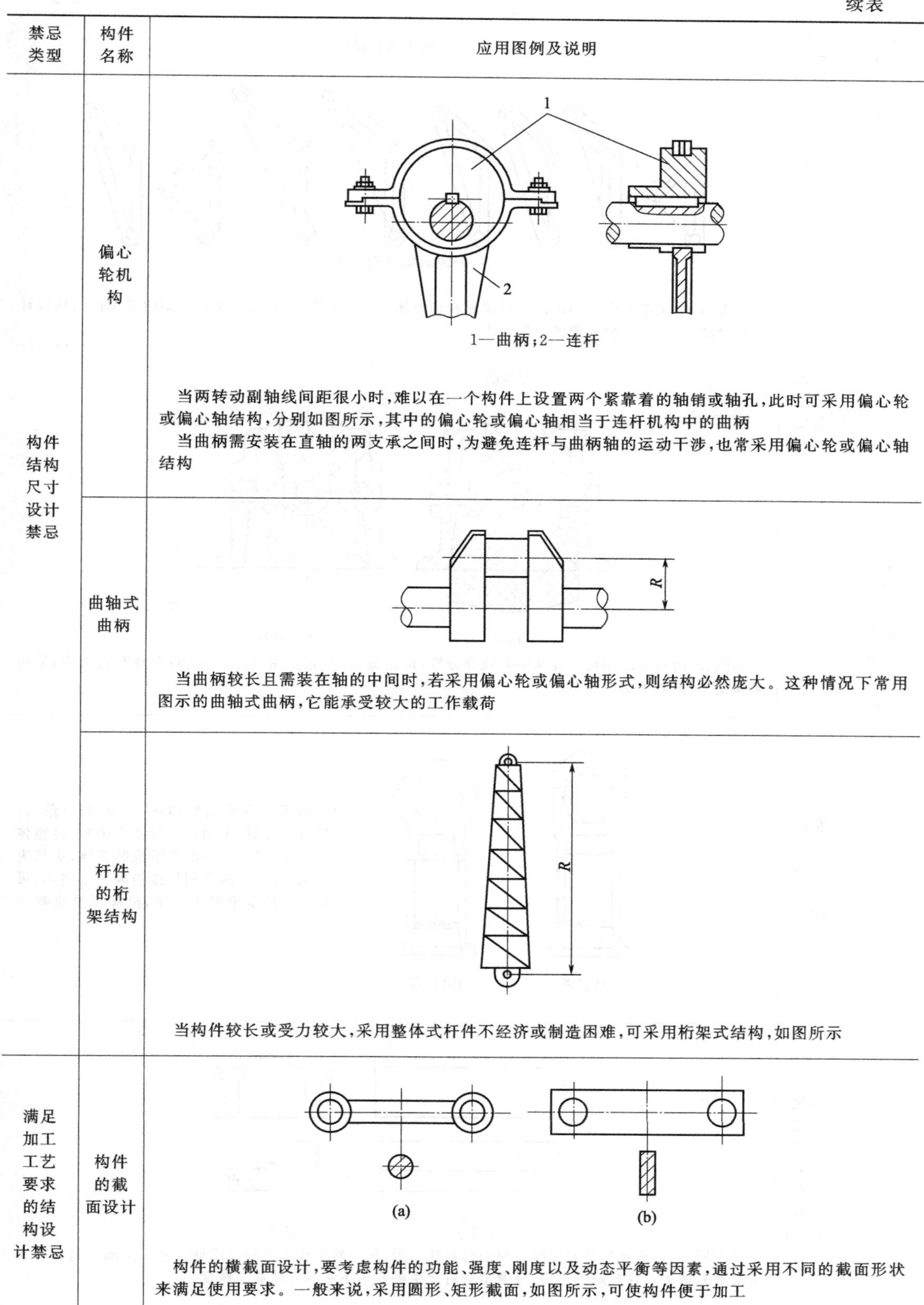

禁忌类型	构件名称	应用图例及说明
构件结构尺寸设计禁忌	偏心轮机构	1—曲柄;2—连杆 当两转动副轴线间距很小时,难以在一个构件上设置两个紧靠着的轴销或轴孔,此时可采用偏心轮或偏心轴结构,分别如图所示,其中的偏心轮或偏心轴相当于连杆机构中的曲柄 当曲柄需安装在直轴的两支承之间时,为避免连杆与曲柄轴的运动干涉,也常采用偏心轮或偏心轴结构
	曲轴式曲柄	当曲柄较长且需装在轴的中间时,若采用偏心轮或偏心轴形式,则结构必然庞大。这种情况下常用图示的曲轴式曲柄,它能承受较大的工作载荷
	杆件的桁架结构	当构件较长或受力较大,采用整体式杆件不经济或制造困难,可采用桁架式结构,如图所示
满足加工工艺要求的结构设计禁忌	构件的截面设计	(a)　(b) 构件的横截面设计,要考虑构件的功能、强度、刚度以及动态平衡等因素,通过采用不同的截面形状来满足使用要求。一般来说,采用圆形、矩形截面,如图所示,可使构件便于加工

续表

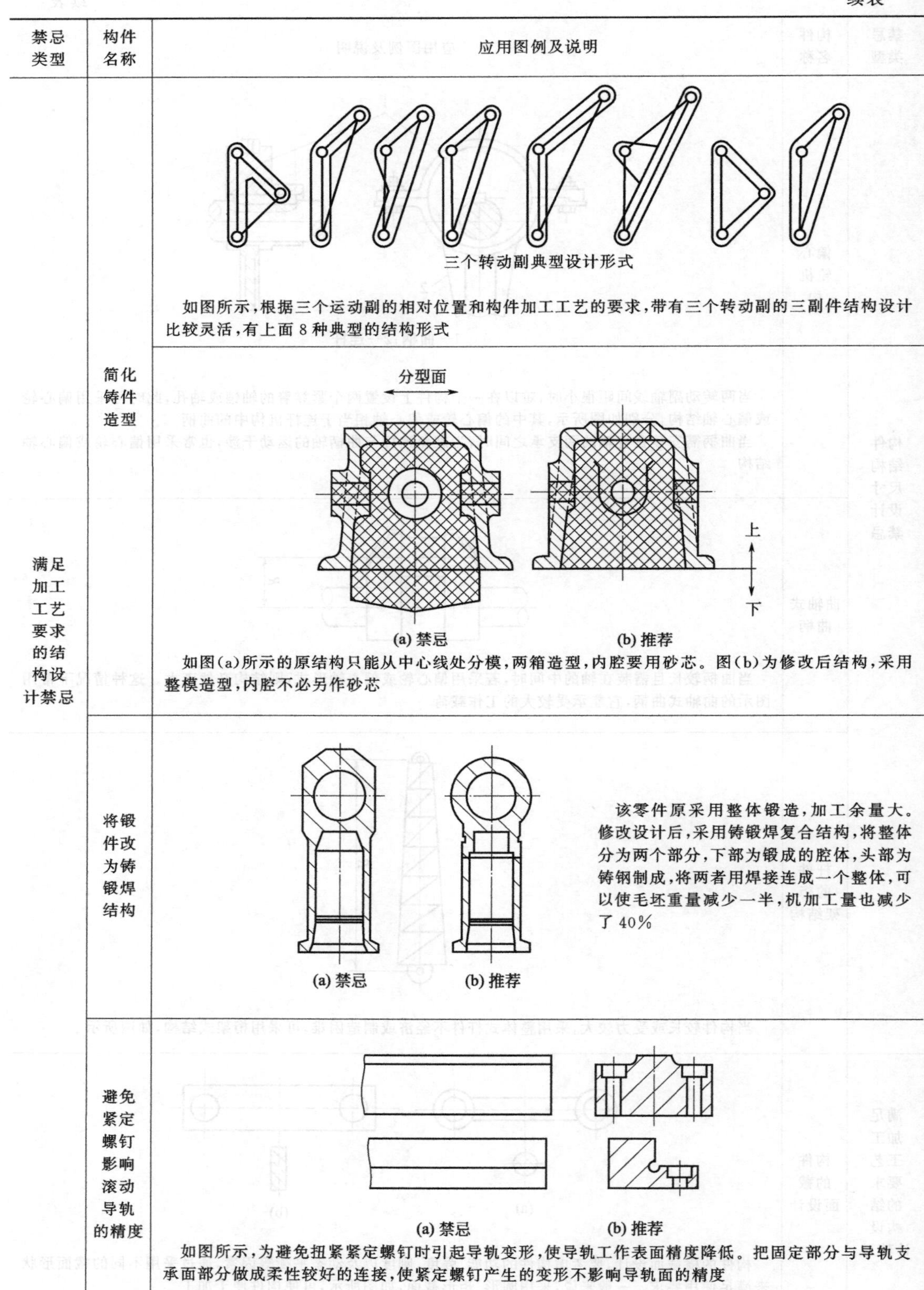

禁忌类型	构件名称	应用图例及说明
满足加工工艺要求的结构设计禁忌	简化铸件造型	三个转动副典型设计形式 如图所示，根据三个运动副的相对位置和构件加工工艺的要求，带有三个转动副的三副件结构设计比较灵活，有上面8种典型的结构形式
		(a) 禁忌 (b) 推荐 如图(a)所示的原结构只能从中心线处分模，两箱造型，内腔要用砂芯。图(b)为修改后结构，采用整模造型，内腔不必另作砂芯
	将锻件改为铸锻焊结构	该零件原采用整体锻造，加工余量大。修改设计后，采用铸锻焊复合结构，将整体分为两个部分，下部为锻成的腔体，头部为铸钢制成，将两者用焊接连成一个整体，可以使毛坯重量减少一半，机加工量也减少了40% (a) 禁忌 (b) 推荐
	避免紧定螺钉影响滚动导轨的精度	(a) 禁忌 (b) 推荐 如图所示，为避免扭紧紧定螺钉时引起导轨变形，使导轨工作表面精度降低。把固定部分与导轨支承面部分做成柔性较好的连接，使紧定螺钉产生的变形不影响导轨面的精度

续表

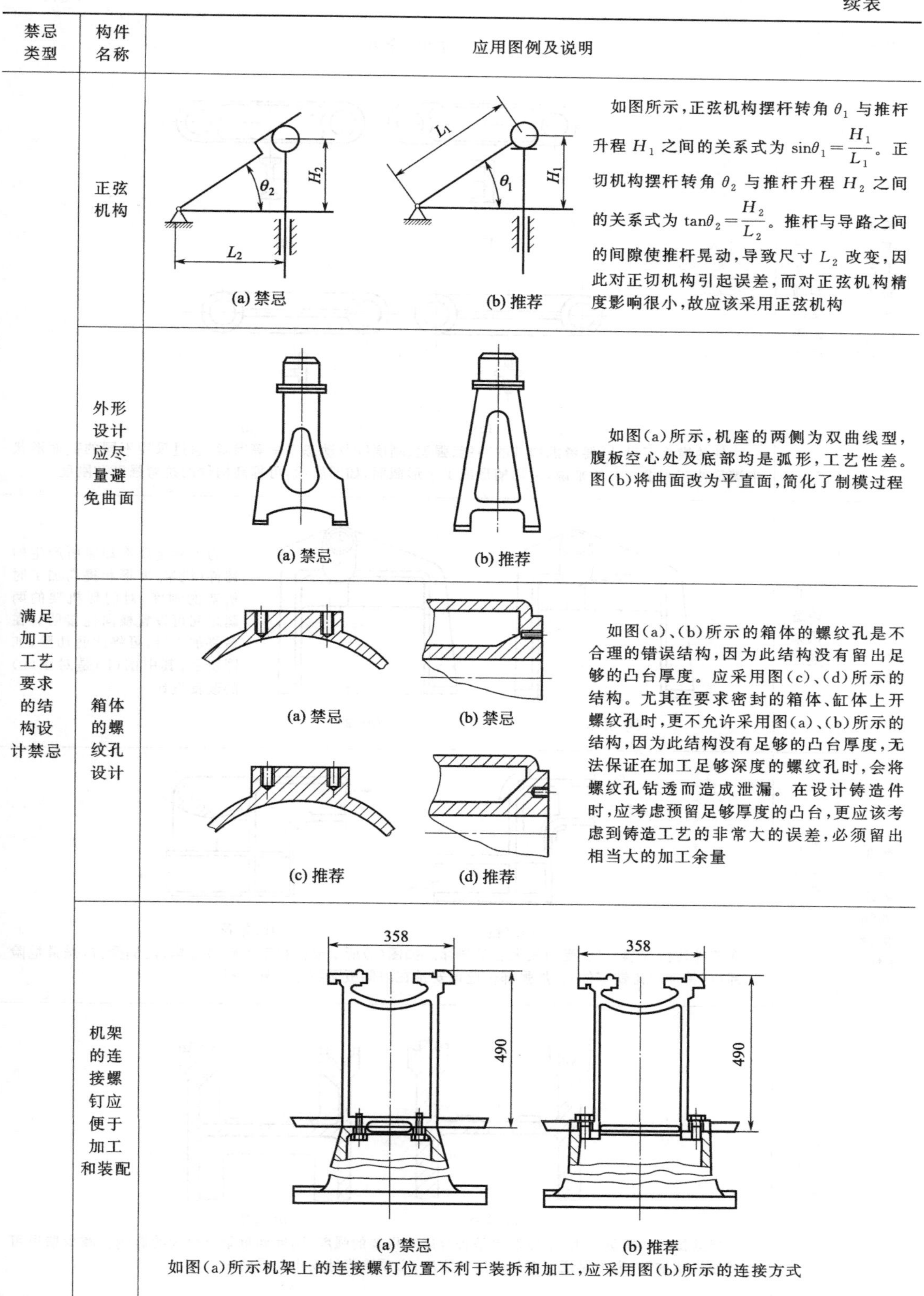

禁忌类型	构件名称	应用图例及说明
满足加工工艺要求的结构设计禁忌	正弦机构	(a) 禁忌　(b) 推荐 如图所示，正弦机构摆杆转角 θ_1 与推杆升程 H_1 之间的关系式为 $\sin\theta_1=\dfrac{H_1}{L_1}$。正切机构摆杆转角 θ_2 与推杆升程 H_2 之间的关系式为 $\tan\theta_2=\dfrac{H_2}{L_2}$。推杆与导路之间的间隙使推杆晃动，导致尺寸 L_2 改变，因此对正切机构引起误差，而对正弦机构精度影响很小，故应该采用正弦机构
	外形设计应尽量避免曲面	(a) 禁忌　(b) 推荐 如图(a)所示，机座的两侧为双曲线型，腹板空心处及底部均是弧形，工艺性差。图(b)将曲面改为平直面，简化了制模过程
	箱体的螺纹孔设计	(a) 禁忌　(b) 禁忌　(c) 推荐　(d) 推荐 如图(a)、(b)所示的箱体的螺纹孔是不合理的错误结构，因为此结构没有留出足够的凸台厚度。应采用图(c)、(d)所示的结构。尤其在要求密封的箱体、缸体上开螺纹孔时，更不允许采用图(a)、(b)所示的结构，因为此结构没有足够的凸台厚度，无法保证在加工足够深度的螺纹孔时，会将螺纹孔钻透而造成泄漏。在设计铸造件时，应考虑预留足够厚度的凸台，更应该考虑到铸造工艺的非常大的误差，必须留出相当大的加工余量
	机架的连接螺钉应便于加工和装配	(a) 禁忌　(b) 推荐 如图(a)所示机架上的连接螺钉位置不利于装拆和加工，应采用图(b)所示的连接方式

续表

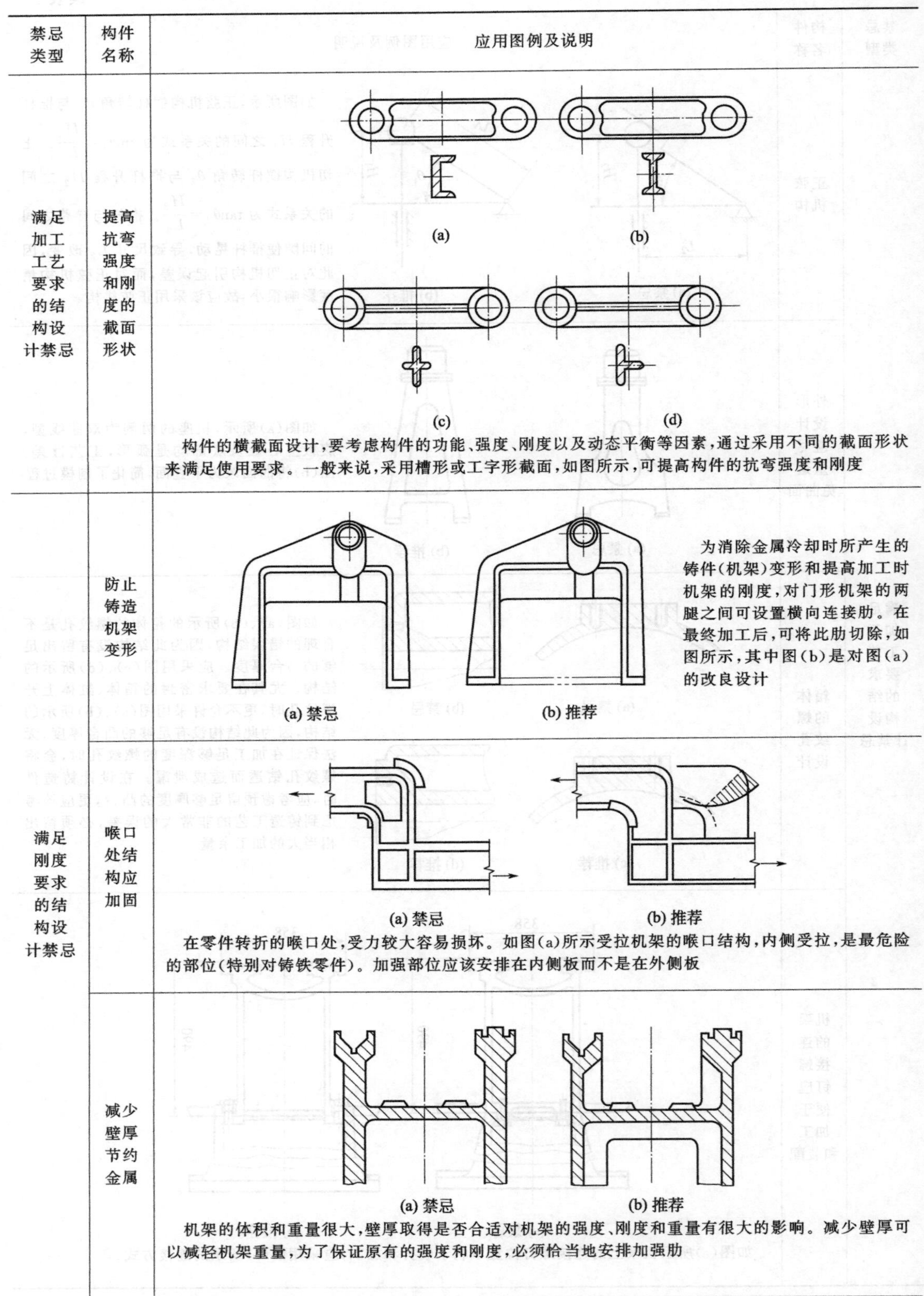

禁忌类型	构件名称	应用图例及说明
满足加工工艺要求的结构设计禁忌	提高抗弯强度和刚度的截面形状	(a) (b) (c) (d) 构件的横截面设计，要考虑构件的功能、强度、刚度以及动态平衡等因素，通过采用不同的截面形状来满足使用要求。一般来说，采用槽形或工字形截面，如图所示，可提高构件的抗弯强度和刚度
满足刚度要求的结构设计禁忌	防止铸造机架变形	(a) 禁忌 (b) 推荐 为消除金属冷却时所产生的铸件(机架)变形和提高加工时机架的刚度，对门形机架的两腿之间可设置横向连接肋。在最终加工后，可将此肋切除，如图所示，其中图(b)是对图(a)的改良设计
	喉口处结构应加固	(a) 禁忌 (b) 推荐 在零件转折的喉口处，受力较大容易损坏。如图(a)所示受拉机架的喉口结构，内侧受拉，是最危险的部位(特别对铸铁零件)。加强部位应该安排在内侧板而不是在外侧板
	减少壁厚节约金属	(a) 禁忌 (b) 推荐 机架的体积和重量很大，壁厚取得是否合适对机架的强度、刚度和重量有很大的影响。减少壁厚可以减轻机架重量，为了保证原有的强度和刚度，必须恰当地安排加强肋

续表

禁忌类型	构件名称	应用图例及说明
满足刚度要求的结构设计禁忌	壳体应该有足够的刚度以避免振动	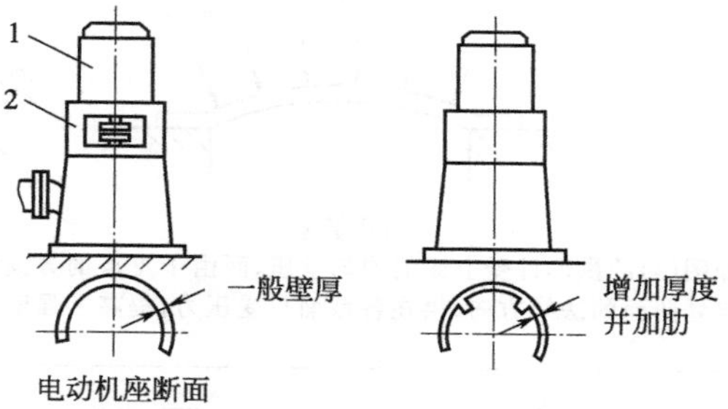 一般壁厚 增加厚度并加肋 电动机座断面 (a) 禁忌　(b) 推荐 1—电动机；2—电动机座 如图(a)所示，电动机 1 装在电动机座 2 上经联轴器带动水泵。由于电动机座刚度不足，振动和噪声很大。图(b)增加电动机座的厚度，并在其内部增加了肋，提高了刚度，使振动和噪声显著降低
满足强度要求的结构设计禁忌	较长的机械零部件能随温度变化自由变形	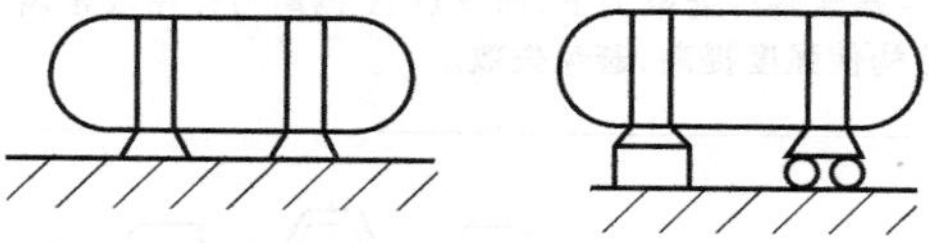 (a) 禁忌　(b) 推荐 如图所示较长的机械零部件或机械结构，由于温度变化，长度变化较大，必须考虑这些部分能自由伸缩。如采用可以自由移动的支座，或可以自由胀缩的管道结构
	加强底座的抗扭转能力	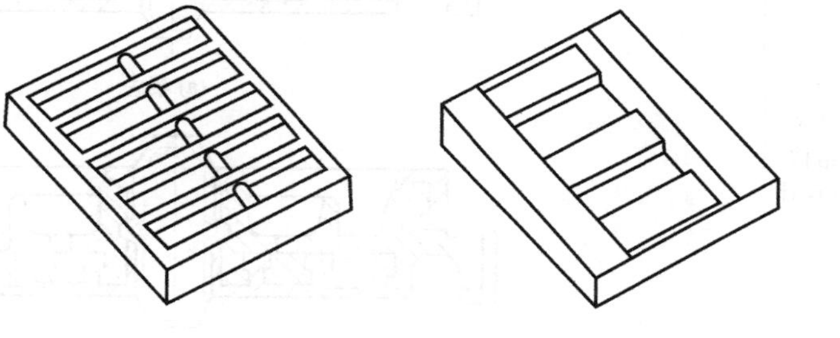 (a) 禁忌　(b) 推荐 图所示为两种底座的结构模型，一种是由细杆组成的框架形结构，另一种是由曲折的板构成的板形结构。框架形结构扭转刚度差，无法承受生产、吊装、运输时由于不均匀受力产生的扭转载荷。改为板形结构，底座的抗扭转刚度显著得到改善
	机座的支承点应与肋相连	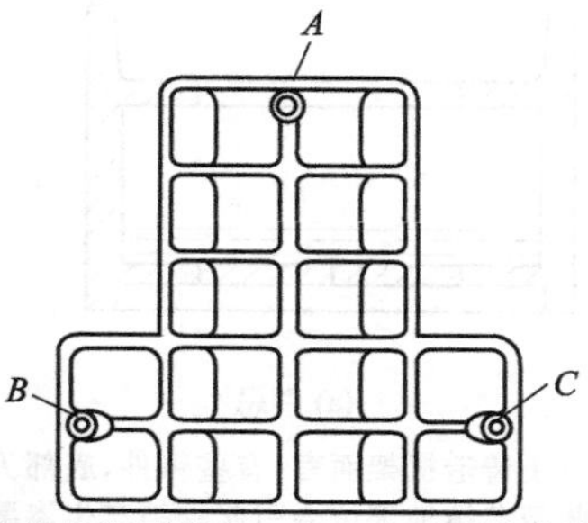 A　B　C 机器底座至少由 3 点支承，较大的底座可以有 4 个、6 个或更多的支点支承，但增加调平的困难。这些支点应该与肋相连，如图中的 A、B、C 点

续表

禁忌类型	构件名称	应用图例及说明
满足强度要求的结构设计禁忌	使用拱形构件应注意拱的支点	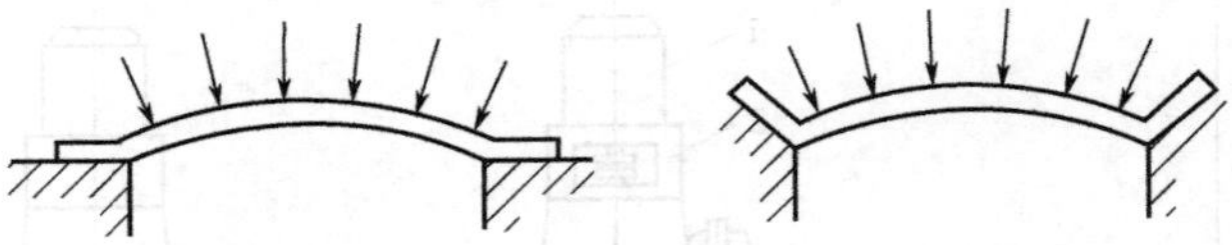 (a) 禁忌　(b) 推荐 如图(a)的拱形件受上面的均匀承压,而由于支点的方向它的作用只相当于曲梁。图(b)支持面沿支点处曲面的法线方向,拱在各截面只受压力,提高了强度
	避免零件受弯曲应力	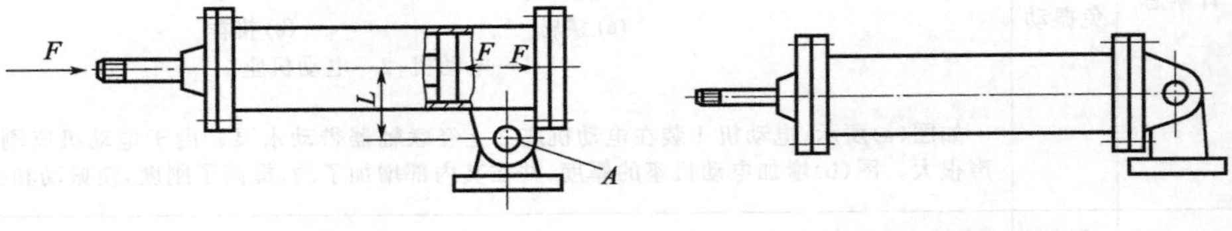 F　F　F　L　A (a) 禁忌　(b) 推荐 图(a)所示气缸左端活塞杆受推力 F,而支点 A 偏离力作用线距离为 L。由此产生弯矩 FL,使阀杆弯曲,改为图(b)结构使强度提高,避免失效
满足装配要求的结构设计禁忌	省去型芯结构的设计	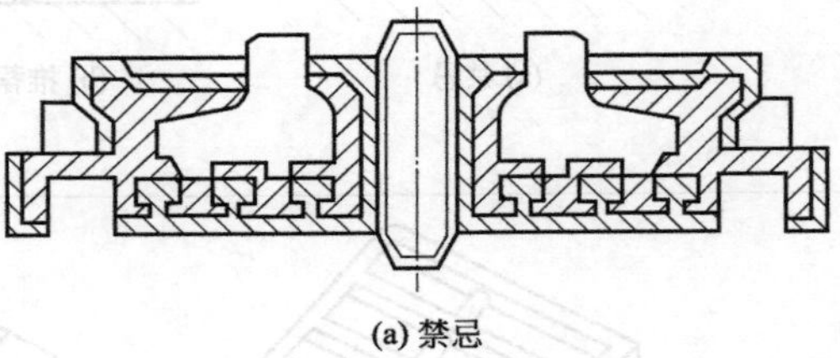 (a) 禁忌 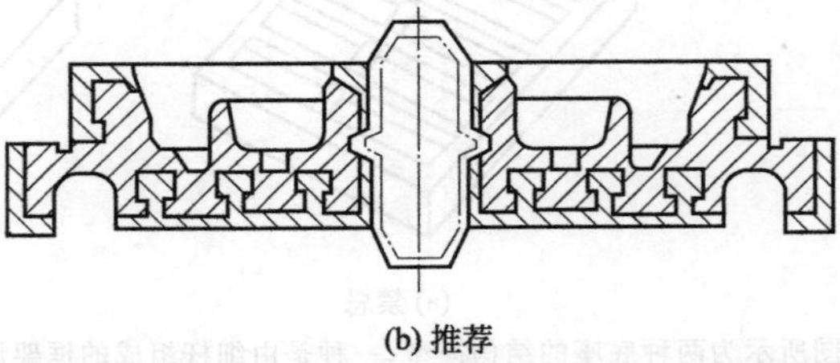 (b) 推荐 如图所示,对于铸造机架而言,通过结构的改进,省去型芯,可以简化铸型的装配
	防止渗漏的结构	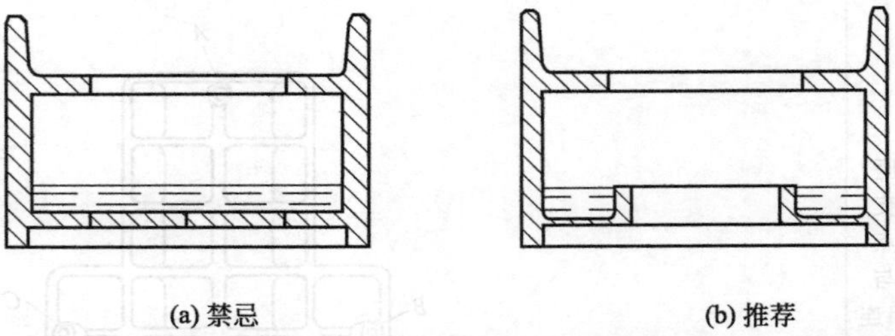 (a) 禁忌　(b) 推荐 如图所示,对于铸造机架而言,有些铸件,底部为油槽,要注意防漏,在铸造油槽时,安装型芯撑以支持型芯,而这些型芯撑地部位会引起缺陷产生渗漏,槽底面应设计成有高凸台边的铸孔,而油槽部分的型芯可通过型头固定,避免缺陷

续表

禁忌类型	构件名称	应用图例及说明
满足装配要求的结构设计禁忌	改变内腔结构保证芯铁强度和便于清砂	(a) 禁忌　(b) 推荐 对于需要用大型芯铸造的床身、立柱等，在布肋时应考虑能方便地取出芯铁。如图所示坐标镗床立柱，原设计肋板之间的空间较宽，为加补该处强度，需将芯铁做成城墙垛的形状，这种形状不利于清理和回收，改进后的结构比较合理，如图(b)所示
满足热处理要求的结构设计禁忌	焊缝位置设计禁忌	(a) 禁忌 (b) 推荐 ①对于焊接机架而言，避免相互壁厚差很大的部分焊接 如果焊接部位两侧的壁厚差别太大，由于热容量的差别而形成熔敷时的温度差和熔敷后的冷却速度差，容易形成熔敷不完全 ②对于焊接机架而言，避免焊缝互成十字、会合、集中在一处 几条焊缝会合的地方容易出现不完全焊接，所以焊缝要尽量成 T 字形，应避免十字焊缝或多条焊缝聚集在一起，如图(a)所示。尽量使焊缝部位互相错开，不要汇集在一处，如图(b)所示 ③单面焊接时，避免在内面产生毛刺 对于不能在内侧去毛刺的部分，要在内侧加上衬板，以防止在内侧产生毛刺 ④避免热影响区互相靠近 为了避免这种情况，最好使各焊缝相互离开 ⑤对于机架而言，固定式机器的机架、箱体和结构较复杂的机架多用铸铁制造，受力较大的用铸钢件，生产批量很小或尺寸很大铸造困难的用焊接机架。为了减轻机械或仪器重量用铸铝做机架，而要求高精度的仪器(如高精度经纬仪)用铸铜机架，以保证尺寸稳定性。载荷较轻的机器可以用塑料机架

4.3 平面四杆机构应用图例

4.3.1 平面连杆机构应用图例

平面连杆机构应用图例见表 4-2。

表 4-2　平面连杆机构应用图例

机构名称		运动分析	应用图例及说明
曲柄摇杆机构	雷达天线俯仰角调整机构	曲柄为主动件，天线固定在摇杆上随摇杆摆动	天线　C　2　3　ω　A　B　1　D　4 1—曲柄；2—连杆；3—摇杆；4—机架 主动件曲柄 1 缓慢地匀速转动，通过连杆 2，使摇杆 3 在一定角度范围内摆动，则固定在摇杆 3 上的天线也能做一定角度的摆动，从而达到调整天线仰俯角大小的目的，从而达到搜索信号的目的

续表

机构名称		运动分析	应用图例及说明
曲柄摇杆机构	搅拌机机构	主动件曲柄1回转，从动摇杆3往复摆动，利用连杆2的延长部分实现搅拌功能	1—曲柄；2—连杆；3—摇杆；4—机架 此搅拌机机构要求连杆2延长部分上E点的轨迹为一条卵形曲线，实现搅拌功能
	缝纫机踏板机构	图(a)为其机构运动简图。踏板1（原动件）往复摆动，通过连杆2驱使曲柄3（从动件）做整周转动，再经过带传动使机头主轴转动。踏板（摇杆）为主动件，通过连杆驱使曲柄转动	(a) (b) 1—踏板；2—连杆；3—曲柄；4—机架 在实际使用中，缝纫机有时会出现踏不动或倒车现象，这是由于机构处于死点位置引起的。一般情况下，对于传动机构来讲，死点是不利的，应采取措施使机构能顺利通过死点位置。对于缝纫机的踏板机构而言，它在正常运转时，是借助安装在机头主轴上的飞轮（即上带轮）的惯性作用，使缝纫机踏板机构的曲柄冲过死点位置
	颚式破碎机机构（动颚固连在摇杆上）	曲柄为主动件，通过固连在连杆的动颚将矿石压碎。当带轮1带动偏心轴2转动时，悬挂在偏心轴2上的动颚3，在下部与推杆4相铰接，使动颚做复杂的平面运动。在动颚3和固定颚5上均装有颚板6	(a) (b) (c) 1—带轮；2—偏心轴；3—动颚；4—推杆；5—固定颚；6—颚板；7—物料 它上面加工有齿。当活动颚板做周期性的往复运动时，两个颚板时而靠近，时而远离。靠近时破碎物料7，远离时物料在自重下自由落出。由机构运动简图(b)可以看出，此类颚式破碎机机构是通过固连在连杆上的动颚将矿石压碎 图(c)是另外一类颚式破碎机的机构运动简图。曲柄AB带动连杆BC和摇杆CD运动。可以看出，它与前一类颚式破碎机虽采用了相同的机构，但工作原理不同，它是通过固连在摇杆上的动颚将矿石压碎

续表

机构名称		运动分析	应用图例及说明
曲柄摇杆机构	夹紧机构	曲柄为主动件，将固连在摇杆上的夹具利用死点位置将工件夹紧	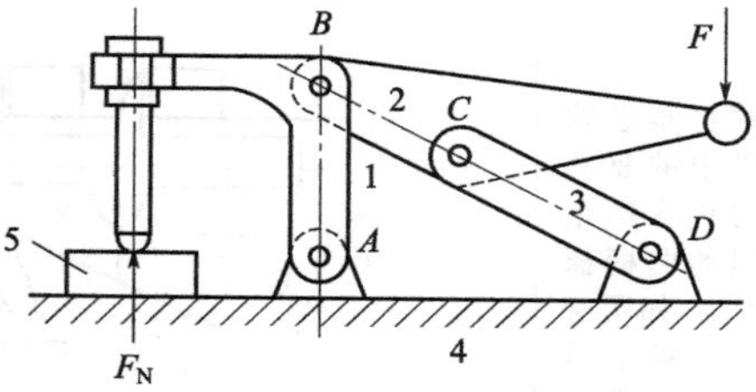 1—曲柄；2—连杆；3—摇杆；4—机架；5—工件 如图所示的夹紧机构，扳动手把 2(连杆)，柄 1 和杆 3(摇杆)均逆时针方向旋转，这时与柄 1 连接的压头将工件 5 压住，当工件被夹紧时，连杆 2 和杆 3 共线，即铰链中心 B、C、D 共线，在 F_N 力的作用下，杆 2、3 为从动杆，此时机构出现死点位置而自锁。工件加在柄 1 上的反作用力 F_N 无论多大，也不能使杆 3 转动。这就保证在去掉外力 F 之后，仍能可靠地夹紧工件。当需要取出工件时，只需向上扳动 2 上的手柄，即能使整个机构运动而松开夹具
	汽车前窗刮雨器机构	曲柄为主动件，雨刷与摇杆相连，完成刮雨工作	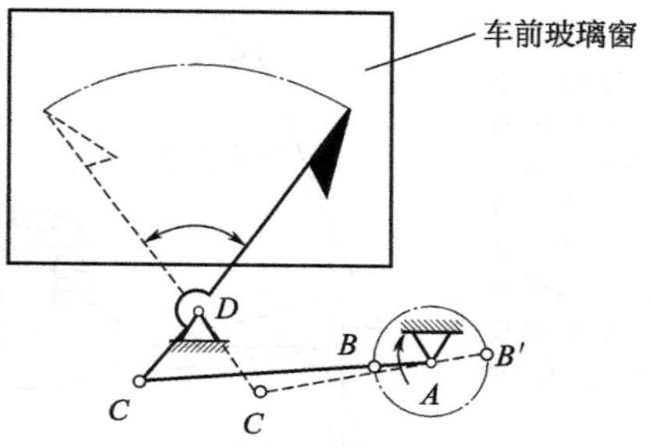 汽车刮雨机构 汽车前窗刮雨器机构是一个曲柄摇杆机构，如图所示。电机驱动主动件曲柄 AB 转动，使连杆带动摇杆左右摆动。摇杆绕 D 点的摆动可以驱动安装在摇杆延长部分的雨刷完成清扫挡风玻璃上雨水的动作
	摄影机抓片机构	原动件为曲柄，摄影机抓片与连杆相连完成工作	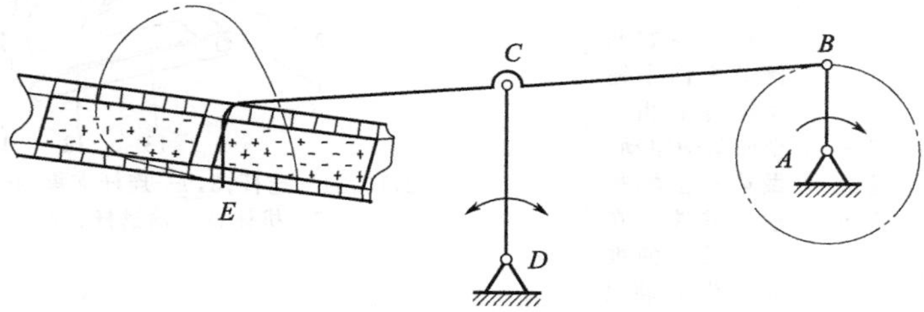 摄影机抓片机构 摄影机抓片机构是曲柄摇杆机构，如图所示。原动件为曲柄且做匀速转动，摇杆为从动件，在一定角度范围内做变速往复摆动，连杆延长部分上的 E 点沿点画线所示的卵形曲线运动。可以看出，摄影机抓片是利用曲柄摇杆机构中连杆的延长部分来实现的

续表

<table>
<tr><th colspan="2">机构名称</th><th>运动分析</th><th>应用图例及说明</th></tr>
<tr><td rowspan="3">曲柄摇杆机构</td><td>钢板步进输送机的驱动机构</td><td>钢材步进输送机中的驱动机构包含两个相同的曲柄摇杆机构，如图所示。曲柄1通过连杆2驱动摇杆3摆动。当曲柄1整周转动时，连杆2上的E点沿点画线所示的卵形曲线运动</td><td>连杆曲线
1—曲柄；2—连杆；3—摇杆；4—机架；5—推杆；6—钢材
若在E和E′上铰接推杆5，则当两个曲柄同步转动时，推杆也按此卵形轨迹平动。当E(E′)点行经卵形曲线上部时，推杆做近似水平直线运动，推动钢材6前移。当E(E′)点行经卵形曲线的其他部分时，推杆脱离钢材沿左面轨迹下降、返回和沿右面轨迹上升至原位置。曲柄每转一周，钢材就前进一步。在实际设计中，还会利用急回运动的特点使其回程速度加快，以提高钢材步进输送机的生产率</td></tr>
<tr><td>纹板冲孔机的冲孔机构</td><td>摇杆向下摆动至水平位置时，滑块向右平移至冲针上方并固不动。摇杆继下摆，滑块打击冲针实现冲制小孔的功能</td><td>曲柄摇杆机构
电磁铁
滑块机构
冲针
纹板冲孔机的冲孔动作是由曲柄摇杆机构和电磁铁操纵的曲柄滑块机构的组合运动来实现的。当曲柄摇杆机构的摇杆向下摆动至水平位置时，滑块向右平移至冲针上方并固定不动。摇杆（又称打击板）继续下摆，滑块（又称榔头）打击冲针实现冲制小孔的功能。当这两个机构动作不协调，摇杆从水平位置向下摆动时，滑块不在冲针上方位置或滑块虽已到位但摇杆却向上摆动，都不能完成冲孔工艺动作</td></tr>
<tr><td>步进送料机构</td><td>机体左右两侧共有两个输送杆，它们由一个原动轴驱动，做同步运动，被输送零件6在输送爪5的推动下沿导轨4到达指定位置</td><td> 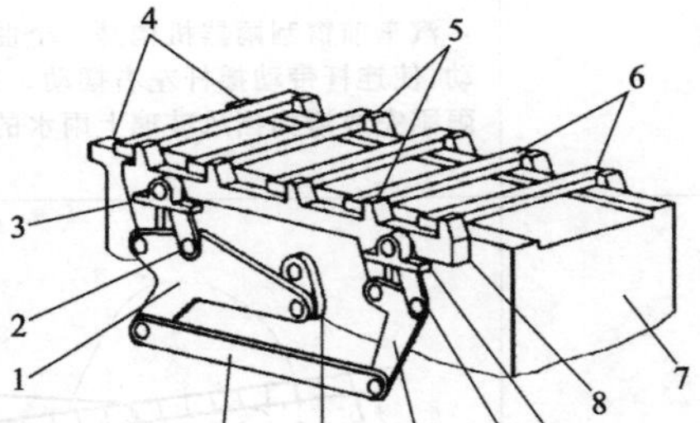1，2，10，11—连杆；3，9—连杆支承；4—导轨；5—输送爪；6—零件；7—机体；8—输送杆；12—原动件；13—连接杆
驱动机构由连杆机构构成。在机体7上固定有两个连杆支承3和9，在支承3上装有连杆2和连杆1，在支承9上装有连杆11和连杆10，通过连接杆13将连杆1和连杆11连接起来
当原动轴转动而原动杆12使连杆1摆动时，输送杆8的运动轨迹在上部是直线，一个循环的运动轨迹好像是压扁变形的D字
机体左右两侧共有两个输送杆，它们由一个原动轴驱动，做同步运动，被输送零件6在输送爪5的推动下沿导轨4到达指定位置</td></tr>
</table>

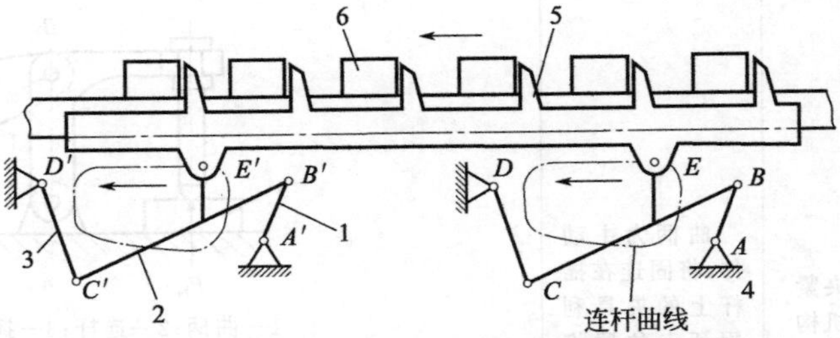

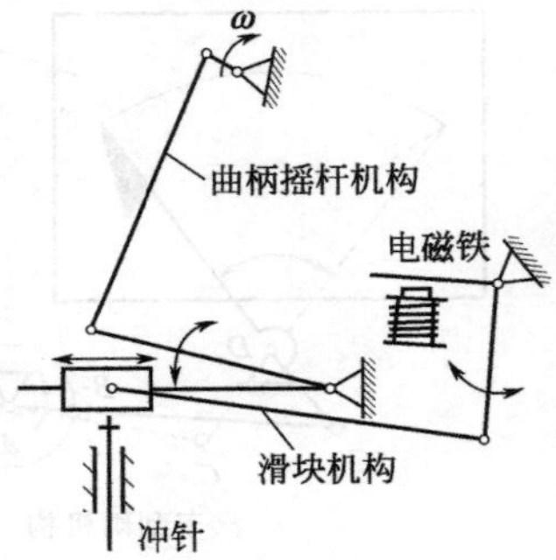

续表

<table>
<tr><th colspan="2">机构名称</th><th>运动分析</th><th>应用图例及说明</th></tr>
<tr><td rowspan="3">双曲柄机构</td><td>惯性筛机构</td><td>主动曲柄 AB 等速回转一周，从动曲柄 CD 变速回转一周，使筛子 EF 获得加速度，筛子内的物料因惯性而来回抖动，从而将被筛选的物料分离</td><td> 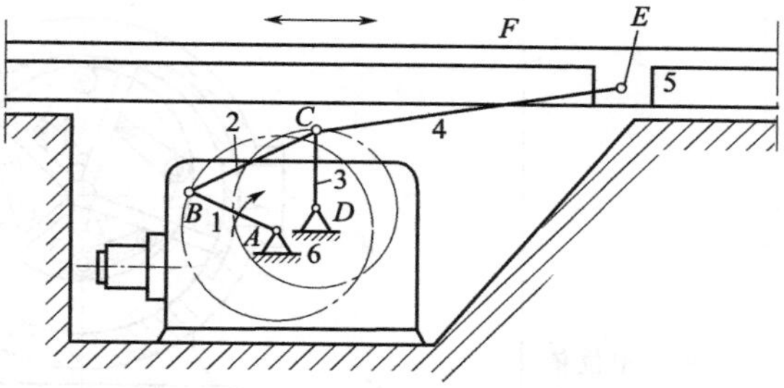1—原动曲柄；2，4—连杆；3—从动曲柄；5—滑块（筛子）；6—机架

惯性筛主体机构是双曲柄机构，图所示为惯性筛主体机构的运动简图。这个六杆机构也可以看成是由两个四杆机构组成。第一个是由原动曲柄 1、连杆 2、从动曲柄 3 和机架 6 组成的双曲柄机构；第二个是由曲柄 3（原动件）、连杆 4、滑块 5（筛子）和机架 6 组成的曲柄滑块机构
惯性筛主体机构的运动过程为主动曲柄 AB 等速回转一周时，从动曲柄 CD 变速回转一周，使筛子 EF 获得加速度，产生往复直线运动，其工作行程平均速度较低，空程平均速度较高。筛子内的物料因惯性来回抖动，从而将被筛选的物料分离</td></tr>
<tr><td>机车车轮联动机构</td><td>平行双曲柄机构的应用</td><td> 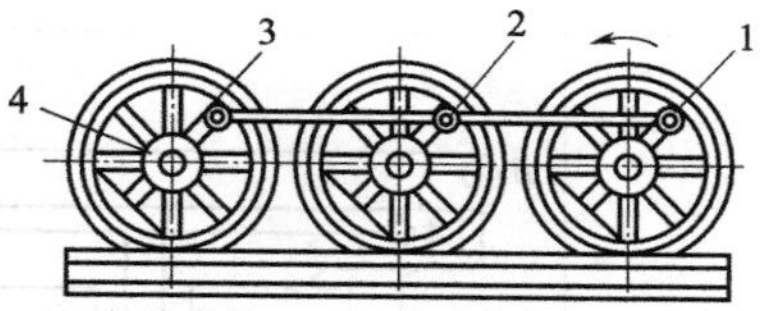1—主动车轮；2，3—从动车轮；4—机架

该机构是利用平行四边形机构的两曲柄回转方向相同、转速相等、角速度相等的特点，使被联动的各从动车轮与主动车轮 1 具有完全相同的运动。由于机车车轮联动机构还具有运动不确定性，所以利用第三个平行曲柄来消除平行四边形机构在这种位置的运动不确定状态。另外，当机构处于死点位置，驱动从件的有效回转力矩为零，此时机构不能运动，实际机构中，为使机构通过死点位置，可采取一些措施</td></tr>
<tr><td>摄影平台升降机构</td><td>平行双曲柄机构的应用</td><td> 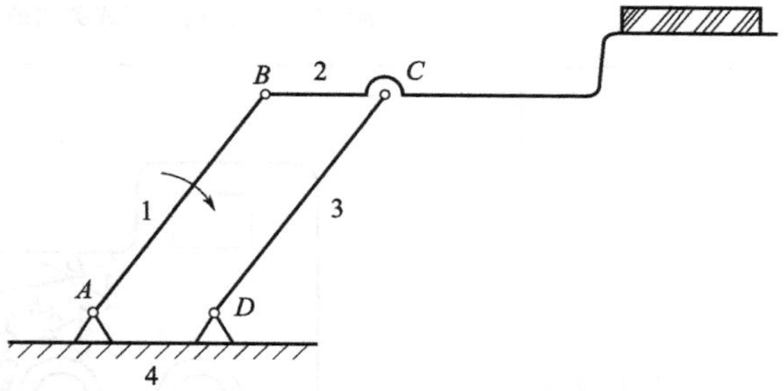1，3—连架杆；2—连杆；4—机架

摄影平台升降机构也是平行四边形机构，它是根据平行四边形机构的特点（即两连架杆等长且平行、连杆做平动）以及平行四边形机构的运动特性（即连杆始终与机架平行的原理），使摄影平台升降移动
如图所示的摄影平台升降机构：连架杆 AB、CD 等长且平行，连杆 BC 始终与机架平行且上下移动。摄影平台升降机构是利用连杆 BC 的延长部分实现摄影平台升降的功能</td></tr>
</table>

续表

<table>
<tr><th colspan="2">机构名称</th><th>运动分析</th><th>应用图例及说明</th></tr>
<tr><td rowspan="3">双曲柄机构</td><td>旋转式水泵机构</td><td>是由相位依次差90°的四个双曲柄机构组成</td><td>(a)
(b)
1—原动曲柄；2—连杆；3—从动曲柄；4—机架
旋转式水泵是由相位依次相差90°的四个双曲柄机构组成，如图(a)所示。图(b)是其中一个双曲柄机构的运动简图。当原动曲柄1等角速顺时针转动时，连杆2带动从动曲柄3做周期性变速转动，因此相邻两从动曲柄(隔板)间的夹角也周期性地变化。转到右边时，相邻两从动曲柄(隔板)间的夹角及容积增大，形成真空，于是从进水口吸水；转到左边时，相邻两隔板的夹角及容积变小，压力升高，从出水口排水，从而起到泵水的作用</td></tr>
<tr><td>公共汽车车门启闭机构</td><td>反平行四边形机构的应用</td><td> 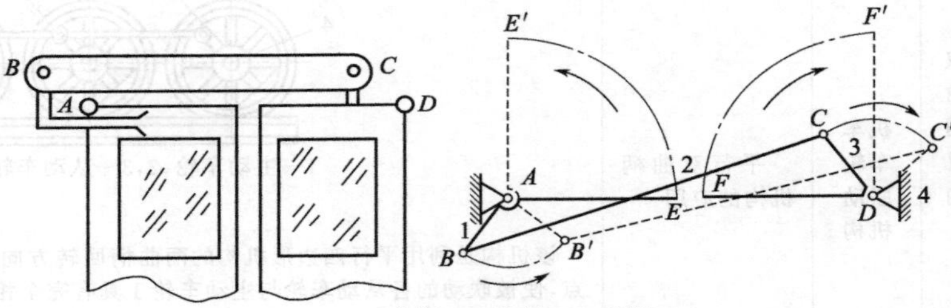1,3—曲柄；2—连杆；4—机架
公共汽车车门启闭机构就是反平行四边形机构，如图所示。两曲柄AB和CD的转向相反，角速度也不相同，牵动主动曲柄的延伸，使两曲柄同时转动，进而实现使固连在曲柄上的两扇车门同时打开或关闭的过程</td></tr>
<tr><td>挖土机铲斗机构</td><td>平行双曲柄机构的应用</td><td>连板　液压缸　铲斗
挖土机铲斗机构
如图所示的挖土机铲斗机构，是平行双曲柄机构，连杆BC在连板上固定。液压缸通过K点可以驱动由AB、CD构成的平行双曲柄机构，进而使铲斗实现上下移动</td></tr>
</table>

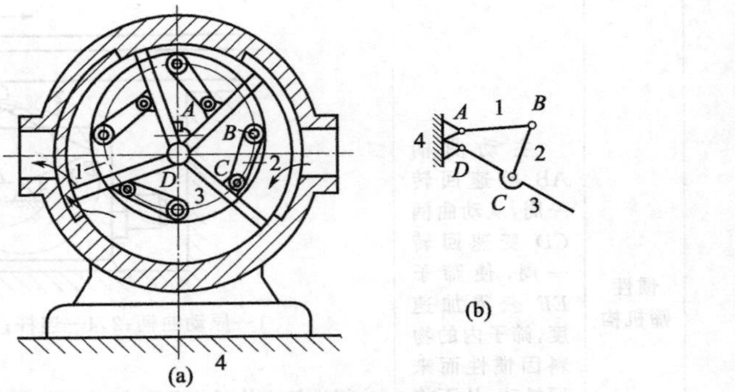

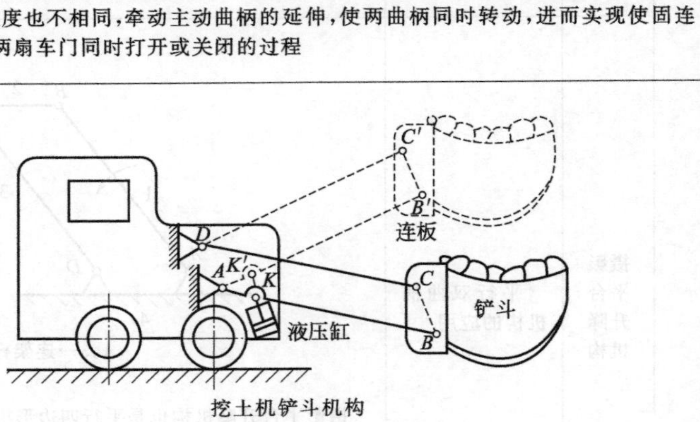

续表

机构名称		运动分析	应用图例及说明
双曲柄机构	冲床双曲柄机构	多杆机构(两个四杆机构)的组合应用	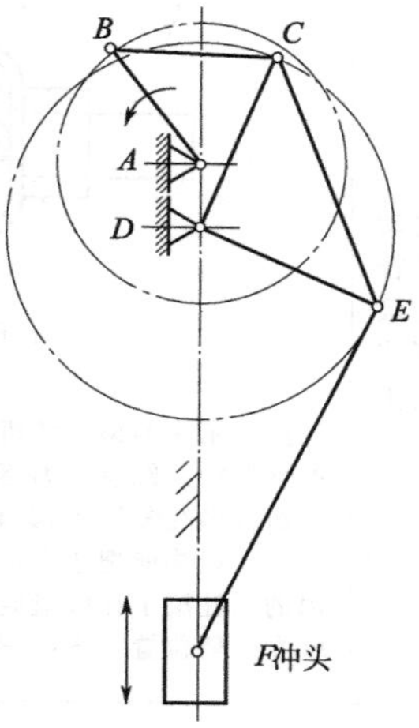 冲床双曲柄机构如图所示,B 点走过的轨迹是一个圆弧,DC、DE 杆长相等,DC、DE、CE 三杆焊接为一个固定的三角架 该冲床双曲柄机构也可以看成是由两个四杆机构组成。第一个是由主动曲柄 AB、连杆 BC、从动曲柄 DC 和机架 AD 组成的双曲柄机构;第二个是由曲柄 DE(主动件)、连杆 EF、滑块(冲头)和机架 DF 组成的曲柄滑块机构 该机构的运动过程为:主动件曲柄 AB 匀速回转,从动曲柄 DC(或 DE)变速回转。构件 CDE 带动冲头 F 上下移动工作。由于曲柄 DE 是变速回转,所以冲床双曲柄机构具有急回运动特性
	回转半径不同的曲柄联动机构	不等长双曲柄机构的应用。该机构设有一个与两个曲柄机构轴心连线相平行的导向槽,滑块 4 与该导向槽相配合。连杆 3 把两个曲柄与上述滑块连在一起,连杆 3 通过轴 B 固定在滑块 4 上,并能自如摆动。连杆上部借助轴 A 与小曲柄轮 2 直接相连,而连杆的下端则通过连接杆并借助轴 D 与大曲柄轮 6 相连,图中 1 为机架	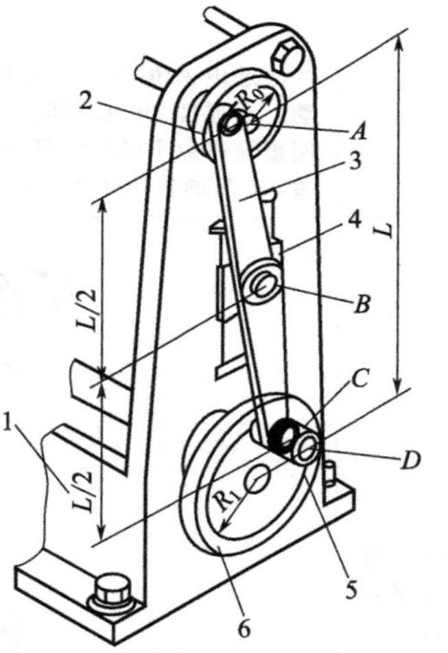 1—机架;2—小曲柄轮;3—连杆;4—滑块;5—导向槽;6—大曲柄轮 设两个曲柄机构的轴心距离为 L,只要选定连杆的中点 B,即 $AB=BC=\frac{1}{2}L$,那么,由于连接杆的作用,就可使半径不同(如 $R_0<R_1$)的两个曲柄机构同时运动而不产生干涉。连接杆的长度可以任意选定。整个机构的速度比是相等的,但瞬时角速度不同

续表

机构名称		运动分析	应用图例及说明
双曲柄机构	苏格兰槽机构	曲柄为主动件，通过连杆（销或圆柱滚子）驱动滑杆往复运动，输出正弦波形运动	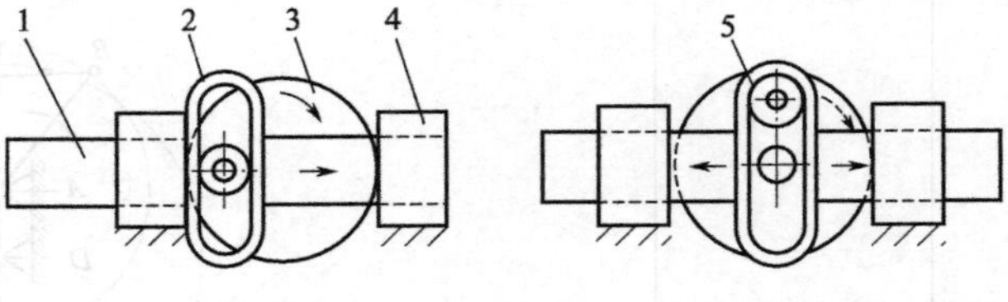 (a) (b) 1—滑杆；2—滑槽；3—圆盘；4—套筒；5—圆柱滚子轴承 图所示为苏格兰槽机构，除了它的线性输出运动是正弦函数，此机构类似于简单的曲柄机构。圆盘 3 为驱动旋转时，其边上的销或者圆柱滚子在滑槽中产生转矩，这使得滑杆做往复运动，其轨迹是正弦波形 该机构能把边上带圆柱滚子的圆盘旋转运动转变为带有滑杆的槽的往复运动，槽内的圆柱滚子在圆盘旋转时会产生力矩。图(a)是当圆柱滚子在 270°时滑杆的位置，框在左侧位置。图(b)是当圆柱滚子在 0°时滑杆的位置，框在中间位置
双摇杆机构	两摇起重机机构	杆不等长的双摇杆机构应用。起重机吊臂中的双摇杆机构，即重物平移机构，如图所示	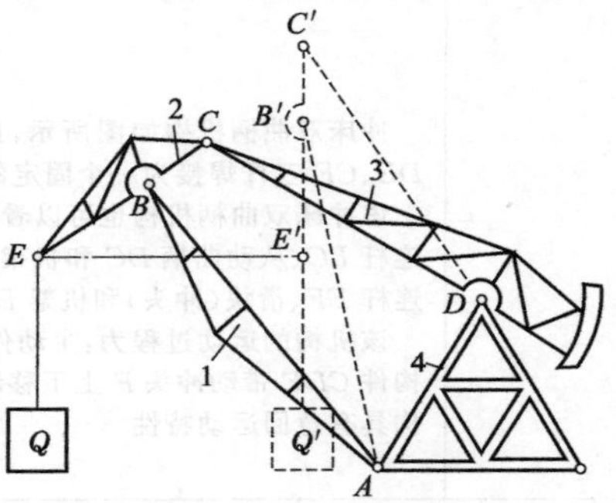 1,3—摇杆；2—连杆；4—机架 通过由 $ABCD$ 构成的双摇杆机构的运动可以使起重机悬吊在 E 处的物体做平移运动。当摇杆 DC 摆动时，连杆 CB 的延长线上悬挂重物的点 E 在近似水平线上移动，使重物避免不必要的升降，以减少能量消耗。连杆 CB 延长线上的点 E 的选择要合适，点 E 的轨迹才为近似的水平直线
	汽车前轮换向机构	两摇杆长度相等的双摇杆机构的应用	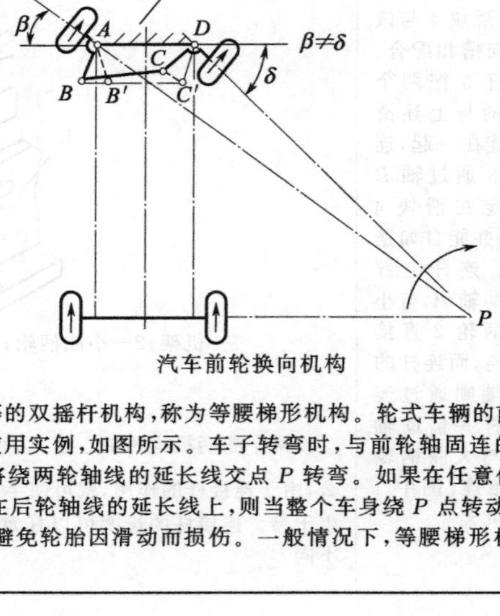 汽车前轮换向机构 两摇杆长度相等的双摇杆机构，称为等腰梯形机构。轮式车辆的前轮转向机构就是等腰梯形机构的应用实例，如图所示。车子转弯时，与前轮轴固连的两个摇杆的摆角 β 和 δ 不等，车辆将绕两轮轴线的延长线交点 P 转弯。如果在任意位置都能使两前轮轴线的交点 P 落在后轮轴线的延长线上，则当整个车身绕 P 点转动时，四个车轮都能在地面上纯滚动，避免轮胎因滑动而损伤。一般情况下，等腰梯形机构可以近似地满足这一要求

续表

<table>
<tr><th colspan="2">机构名称</th><th>运动分析</th><th>应用图例及说明</th></tr>
<tr><td rowspan="2">双摇杆机构</td><td>飞机起落架机构</td><td>死点位置在双摇杆机构中的应用</td><td> 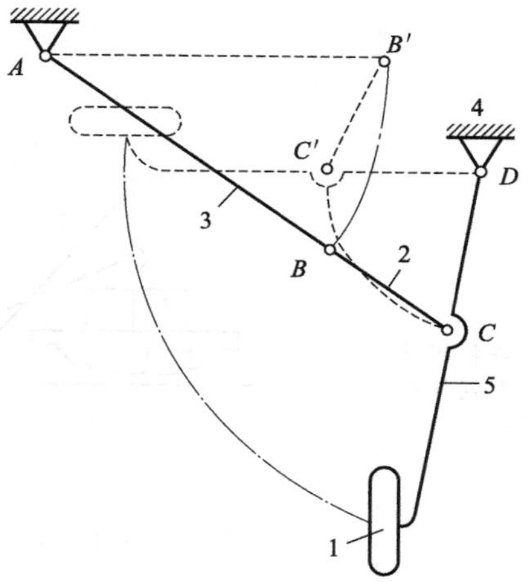1—着陆轮；2—连杆；3—主动摇杆；4—飞机起落架舱；5—从动摇杆
飞机起落架机构是双摇杆机构，如图所示。飞机着陆前，需要将着陆轮 1 从飞机起落架舱 4 中推放出来，如图中实线所示；飞机起飞后，为了减小空气阻力，又需要将着陆轮收入飞机起落架舱中，如图中虚线所示。这些动作是由主动摇杆 3，通过连杆 2、从动摇杆 5 带动着陆轮来实现的
工程实践中，常利用死点来实现特定的工作要求。例如本实例的飞机起落架机构，飞机着陆时，构件 AB 和 BC 处于一条直线上，无论机轮所在的摇杆 DC 受多大的力，起落架都不会反转，使降落可靠</td></tr>
<tr><td>摆动式供料器机构</td><td>两摇杆不等长的双摇杆机构应用</td><td> 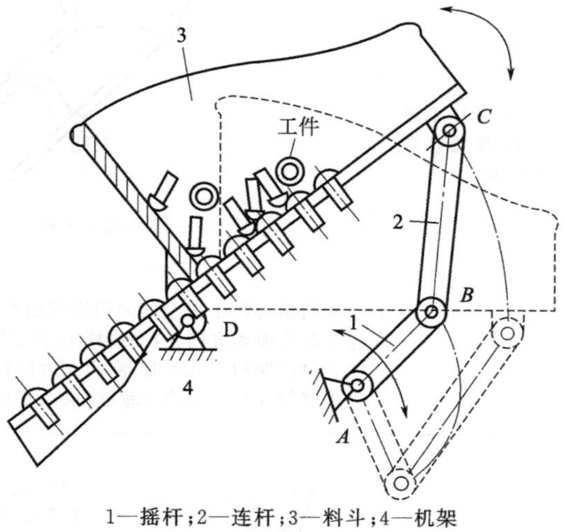1—摇杆；2—连杆；3—料斗；4—机架
如图所示，可以分析出其主体机构 $ABCD$ 组成双摇杆机构。当主动摇杆 1 摆动时，经连杆 2 带动从动摇杆（即料斗 3）往复摆动，使装在其内的工件翻滚，工件杆身随机落入料斗底缝。每当摆至上面位置时，如图中实线所示，由底缝导向的工件便沿着斜面向下移动，直至进入接受槽中</td></tr>
</table>

续表

机构名称		运动分析	应用图例及说明
双摇杆机构	造型机翻转机构	两摇杆不等长的双摇杆机构应用	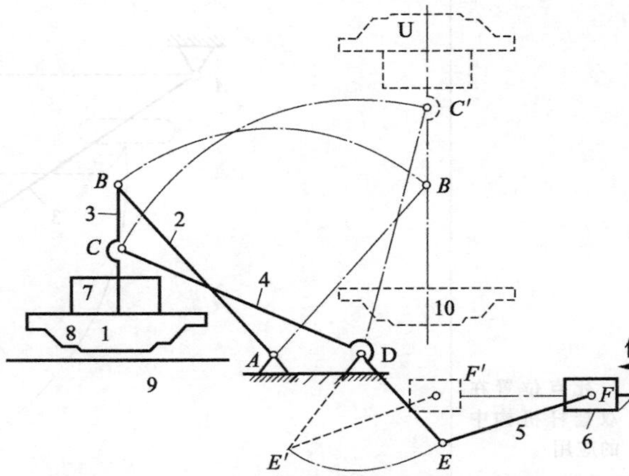 1—机架；2，4—摇杆；3，5—连杆；6—活塞（滑块）；7—砂箱；8—翻台；9—振实台；10—托台 铸工车间翻台振实式造型机的翻转机构是双摇杆机构，如图所示。它是应用一个铰链四杆机构来实现翻台的两个工作位置的。在图中实线位置Ⅰ，砂箱7与翻台8固连，并在振实台9上振实造型。当压力油推动活塞6时，通过连杆5使摇杆4摆动，从而将翻台与砂箱转到虚线位置Ⅱ。然后托台10上升接触砂箱，解除砂箱与翻台间的紧固连接并起模
	闸门启闭机构	两摇杆不等长的双摇杆机构应用	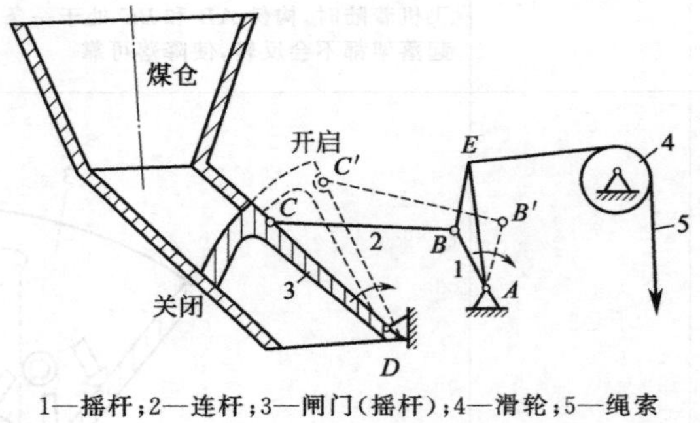 1—摇杆；2—连杆；3—闸门（摇杆）；4—滑轮；5—绳索 图所示为用于煤仓的闸门启闭机构，图中实线为关闭位置，开启时拉下绳索5，由滑轮4改变绳索方向，拉动摇杆1，通过连杆2使闸门3（摇杆）也同向摆动。当摇杆1由位置AB摆动至AB'时，闸门3由位置CD摆至$C'D$，此时煤仓闸门完全开启，关闭时由于闸门3的重心偏于垂线左方，利用重力即可使闸门自动摆回至原来位置
	可逆坐席机构	两摇杆不等长的双摇杆机构应用	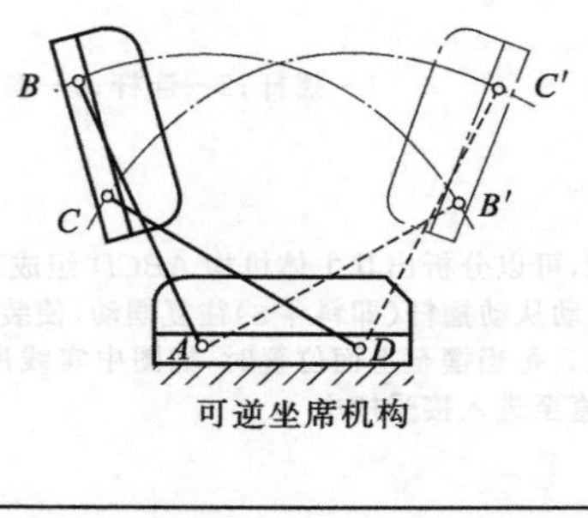 可逆坐席机构 可逆坐席机构是双摇杆机构，如图所示，坐席底座AD为机架，坐席靠背通过两连架杆与底座铰接，根据需要可改变靠背的方向

续表

机构名称		运动分析	应用图例及说明
双摇杆机构	用平行四边形机构作小臂驱动器的关节式机械手	平行四边形双摇杆机构应用	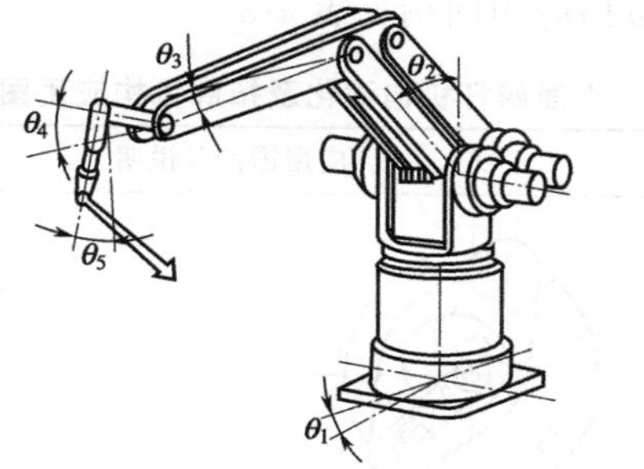 如图所示，是用平行四边形机构作小臂驱动器的关节式机械手。该机械手有 5 个自由度，即躯体的回转(θ_1)、手臂的俯仰和伸缩(θ_2、θ_3)、手腕的弯转和滚转(θ_4、θ_5)。该机械手的特点是其第 3 关节(θ_3)的驱动源安装在躯体上，用平行四边形机构将运动传给小臂。这样安排驱动源，是为了减轻大臂的重量，增加手臂的刚度，因而提高手腕的定位精度
	针对小的线性运动的双向限位机构	双向限位的线性位移机构	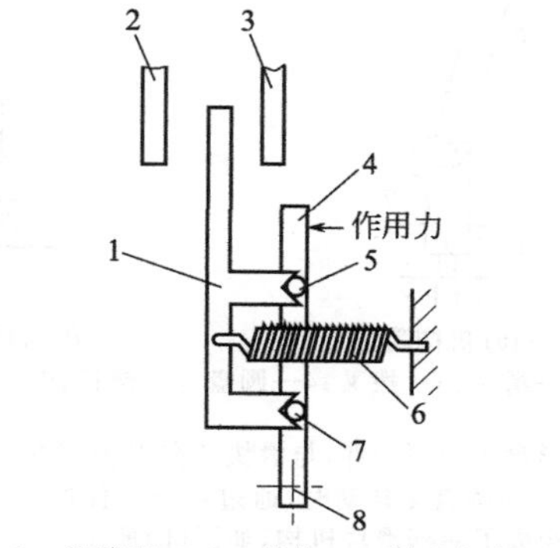 1—悬臂杆；2，3—挡块；4—输入杠杆；5，7，8—支点；6—弹簧 双向限位的线性位移机构是针对小的线性运动的双向限位机构，它也可被用在旋转运动中，如图所示。输入杠杆 4 可以绕支点 8 转动，当在输入杠杆 4 上施加一个力时，运动直接通过支点 5、7 传到悬臂杆 1 上，悬臂杆通过弹簧 6 与这两个支点紧密接触。当悬臂杆碰到可调挡块 2 时，悬臂杆绕支点 5 旋转，并且脱离支点 7，从而压紧弹簧。当撤销作用力时，输入杠杆 4 沿相反方向运动直到悬臂杆碰到挡块 3，这使悬臂杆绕支点 7 旋转，而支点 5 脱离悬臂杆
	双向限行程限位机构	在仪器和控制设计中应用广泛，用于输出运动到达极限位置时进行限位	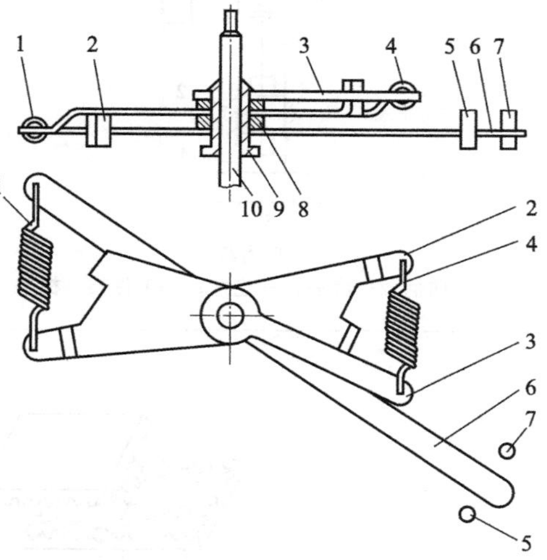 1—弹簧；2—支架；3—芯轴杠杆；4—弹簧；5，7—挡块；6—悬臂杆；8—垫圈；9—衬套；10—芯轴 图所示为双向限行程限位机构，当芯轴 10 旋转时，运动由芯轴杠杆 3 传递到支架 2，芯轴杠杆通过弹簧 4 与支架 2 产生联系，然后支架 2 通过弹簧 1 拉动悬臂杆，直到杠杆到达挡块 5 或 7 的位置。例如，当芯轴逆时针旋转时，悬臂杆最终停留在挡块 7 的位置。如果芯轴杠杆继续推动支架，弹簧 1 将被压紧，起到过载保护的作用

4.3.2 平面四杆机构演化及拓展机构应用图例

平面四杆机构演化及拓展机构应用图例见表 4-3。

表 4-3 平面四杆机构演化及拓展机构应用图例

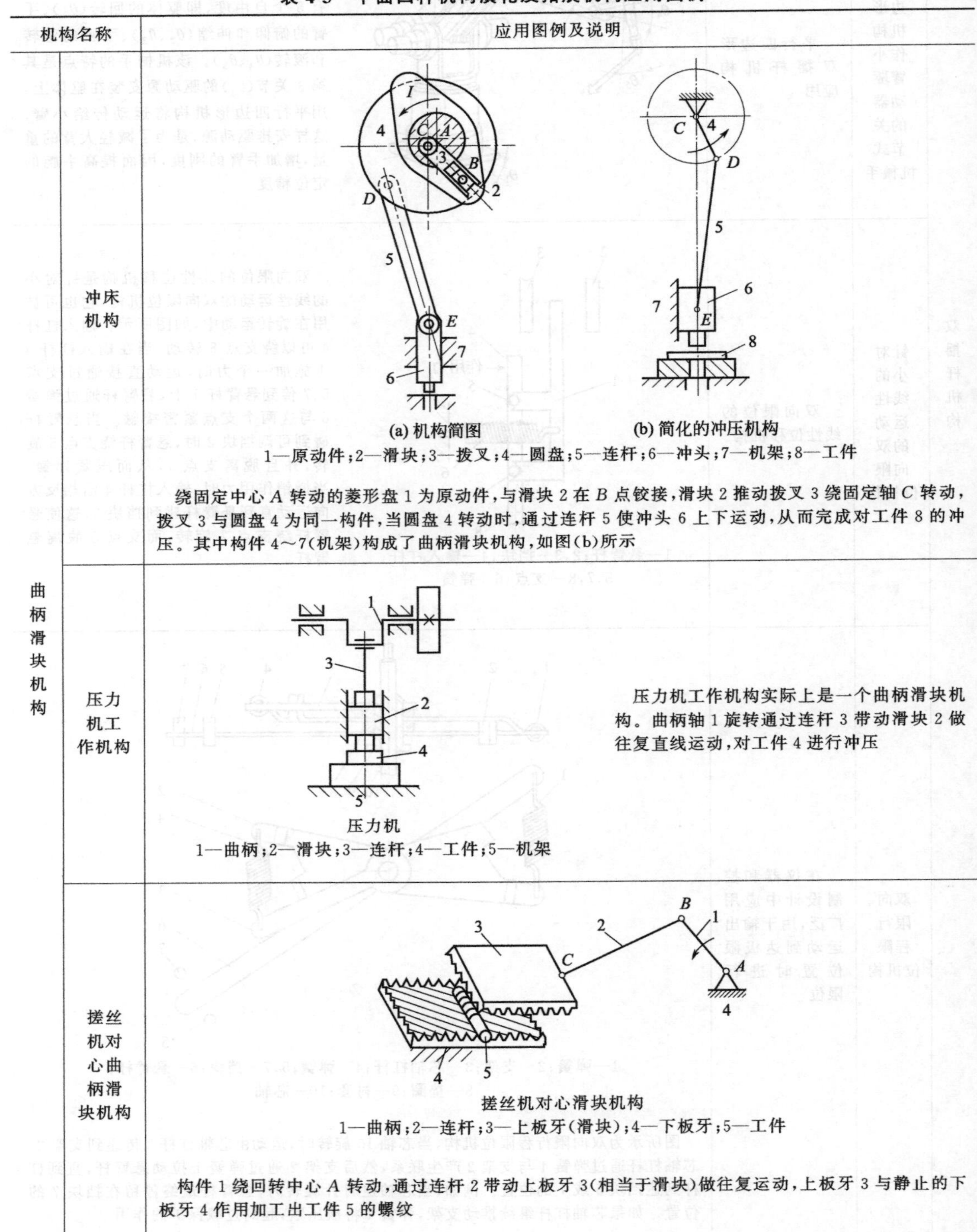

机构名称		应用图例及说明
曲柄滑块机构	冲床机构	(a) 机构简图 (b) 简化的冲压机构 1—原动件；2—滑块；3—拨叉；4—圆盘；5—连杆；6—冲头；7—机架；8—工件 绕固定中心 A 转动的菱形盘 1 为原动件，与滑块 2 在 B 点铰接，滑块 2 推动拨叉 3 绕固定轴 C 转动，拨叉 3 与圆盘 4 为同一构件，当圆盘 4 转动时，通过连杆 5 使冲头 6 上下运动，从而完成对工件 8 的冲压。其中构件 4～7(机架)构成了曲柄滑块机构，如图(b)所示
	压力机工作机构	压力机 1—曲柄；2—滑块；3—连杆；4—工件；5—机架 压力机工作机构实际上是一个曲柄滑块机构。曲柄轴 1 旋转通过连杆 3 带动滑块 2 做往复直线运动，对工件 4 进行冲压
	搓丝机对心曲柄滑块机构	搓丝机对心滑块机构 1—曲柄；2—连杆；3—上板牙(滑块)；4—下板牙；5—工件 构件 1 绕回转中心 A 转动，通过连杆 2 带动上板牙 3(相当于滑块)做往复运动，上板牙 3 与静止的下板牙 4 作用加工出工件 5 的螺纹

续表

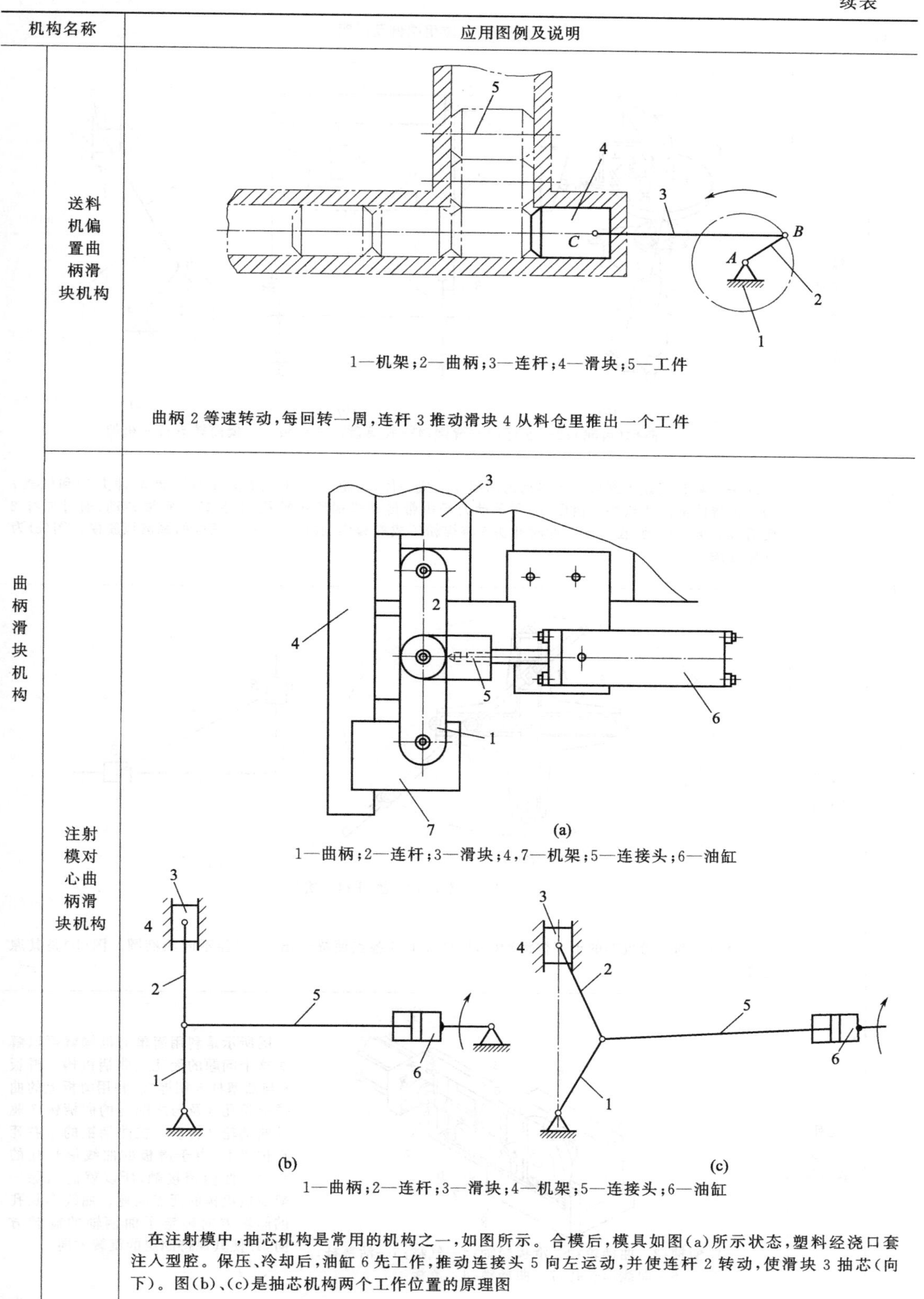

机构名称		应用图例及说明
	送料机偏置曲柄滑块机构	1—机架；2—曲柄；3—连杆；4—滑块；5—工件 曲柄 2 等速转动，每回转一周，连杆 3 推动滑块 4 从料仓里推出一个工件
曲柄滑块机构	注射模对心曲柄滑块机构	(a) 1—曲柄；2—连杆；3—滑块；4，7—机架；5—连接头；6—油缸 (b)　(c) 1—曲柄；2—连杆；3—滑块；4—机架；5—连接头；6—油缸 在注射模中，抽芯机构是常用的机构之一，如图所示。合模后，模具如图(a)所示状态，塑料经浇口套注入型腔。保压、冷却后，油缸 6 先工作，推动连接头 5 向左运动，并使连杆 2 转动，使滑块 3 抽芯(向下)。图(b)、(c)是抽芯机构两个工作位置的原理图

续表

机构名称		应用图例及说明
曲柄滑块机构	蜂窝煤机偏置曲柄滑块机构	(a) (b) (c) 1—曲柄(齿轮);2—连杆;3—滑梁;4—脱模盘;5—冲头;6—模筒转盘;7—机架 冲头 5 和脱模盘 4 都与上下移动的滑梁 3 连成一体,齿轮 1、连杆 2、滑梁 3(脱模盘 4、冲头 5)和机架 7 构成偏置曲柄滑块机构。由图(b)所示动力经由带传动输送给齿轮机构,齿轮 1 整周转动,通过连杆 2 使滑梁 3 上下移动,在滑梁下冲时冲头 5 将煤粉压成蜂窝煤,脱模盘 4 将已压成的蜂窝煤脱模。图(c)为其原理图
	双滑块机构	(a) (b) 1,3—滑块;2—连杆;4—机架 当滑块 1 和 3 沿机架的十字槽滑动时,连杆 2 上的各点便描绘出长、短径不同的椭圆。图(b)是其原理图
	无死点曲柄机构	1—曲柄轴;2—曲柄轮;3—滑板销轴;4—气缸;5—活塞杆;6—曲线形长孔;7—曲柄销;8—滑板 图所示是利用简单的机构就可以解决这个问题的无死点曲柄机构。滑板 8 与活塞杆 5 相连接,利用滑板上的曲线形长孔 6 及与之配合的曲柄销 7 驱动曲柄轮 2 转动。在曲柄销的左右死点位置上,由于滑板的曲线形长孔的斜面和曲柄销接触,所以就能消除一般曲柄机构的死点问题。曲线形长孔的倾斜方向确定了曲柄轴的旋转方向,并使其保持固定的旋转方向

续表

机构名称		应用图例及说明
曲柄滑块机构	曲柄垂直运动机构	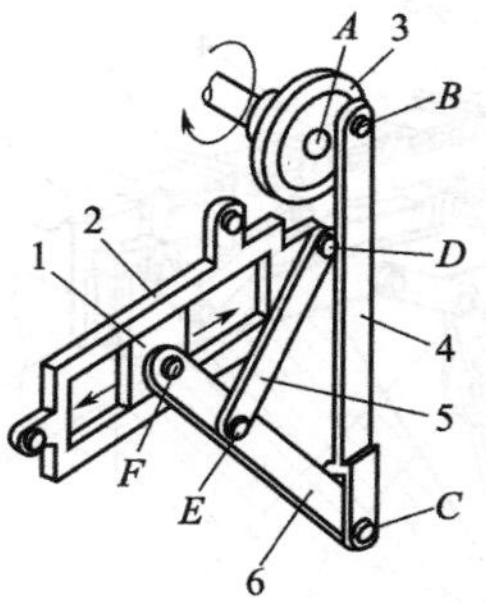 1—滑块；2—导轨；3—曲柄轮；4—连杆；5，6—连接杆 6 为连接杆 X，其一端与连杆 4 的下端相连，另一端与滑块 1 相连，滑块可在滑动导轨 2 中沿水平方向滑动。此外，在曲柄轮 3 的轴 A 的正下方设一个固定支点 D，再将 5 连接杆 Y 的一端连在 D 点，另一端与连接杆 X 上的 E 点相连。当 $EC=FC/2=ED$ 时，则随着曲柄轮的旋转，连杆下端点 C 就做上下垂直运动
	曲柄滑块式转向机构	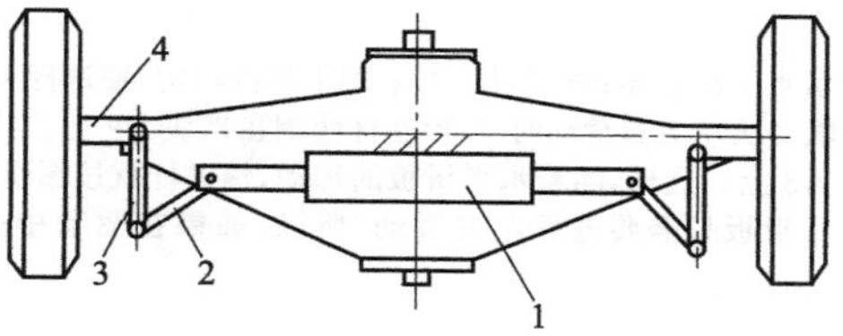 1—转向油缸；2—连杆；3—转向节臂；4—转向节 转向机构中，除采用双梯形机构外，还有曲柄滑块式转向机构，如图所示。它的最大特点就是不使用双梯形机构，它的油缸是横贯式的，缸体固定在桥体上，使转向桥成为独立的部件。 采用这种机构的优点：结构紧凑、降低了制造成本；维修性好；转向系设计简单、参数少、容易保证动作的准确性，便于总体布局
导杆机构	牛头刨床主体机构	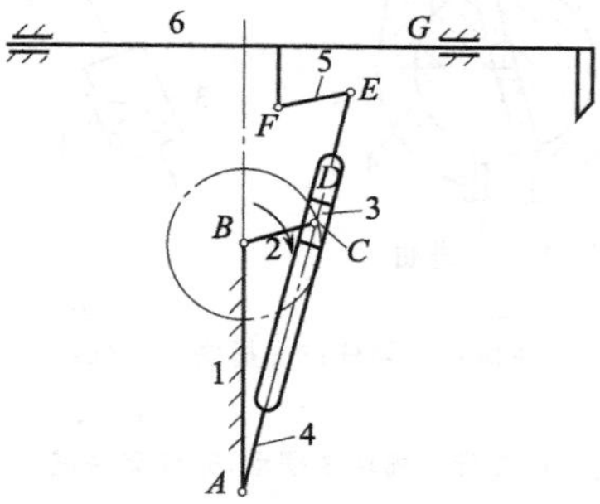 1—床身(机架)；2—齿轮；3—滑块；4—导杆；5—连杆；6—滑枕 图所示为牛头刨床机构图，牛头刨床的动力是由电机经皮带、齿轮传动使齿轮 2 绕轴 B 回转，再经滑块 3、导杆 4、连杆 5 带动装有刨刀的滑枕 6 沿床身 1 上的导轨槽做往复直线运动，从而完成刨削工作
	旋转油泵	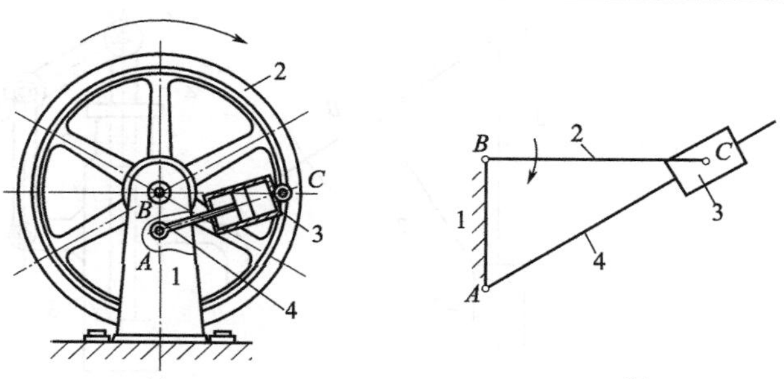 (a)　(b) 1—机架；2—主动件；3—活塞；4—导杆 图示的旋转油泵主体结构中，当主动件 2 转动时，杆 4 随之做整周转动，使活塞 3 上部容积发生变化，从而起到泵油的作用

续表

<table>
<tr><th colspan="2">机构名称</th><th>应用图例及说明</th></tr>
<tr><td>导杆机构</td><td>采用水平滑板的步进送料机构</td><td> 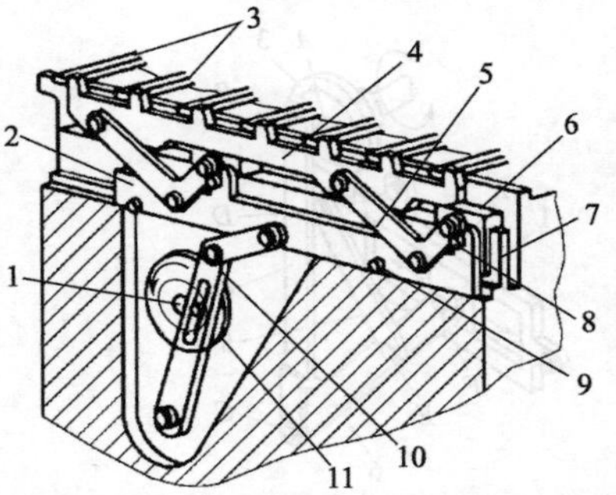
1—驱动轴；2—滑板；3—工件；4—输送杆；5—连杆；6—滑块；7—导轨；8—挡块 A；9—挡块 B；10—驱动臂；11—曲柄轮

如图所示水平滑板步进送料机构，采用了导杆机构，输送杆 4 由 L 形连杆 5 连接在水平滑板 2 上，当水平滑板沿导轨 7 从左向右滑动时，L 形连杆倾倒在挡块 B9 上，当水平滑板从右向左滑动时，L 形连杆升起并靠到挡块 A8 上。这样，随着水平滑板的运动，输送杆就按图示的轨迹运动，将零件 3 按需要输送
由于水平滑板只需要进行左右滑动，所以，如果在驱动中采用快速退回机构，就能缩短输送杆返回时间</td></tr>
<tr><td rowspan="2">摇块机构和定块机构</td><td>摆动式油泵</td><td> 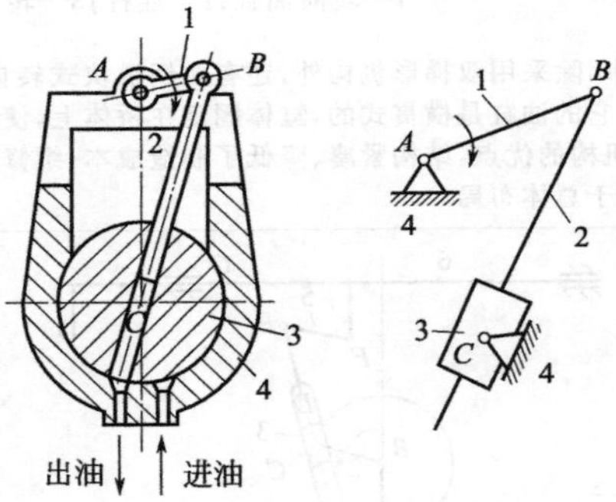
(a) (b)
1—曲柄；2—导杆；3—摇块；4—机架

杆 1 为原动件做连续回转，通过构件 2 带动摇块 3 摆动，完成交替进出油功能</td></tr>
<tr><td>抽水唧筒</td><td> 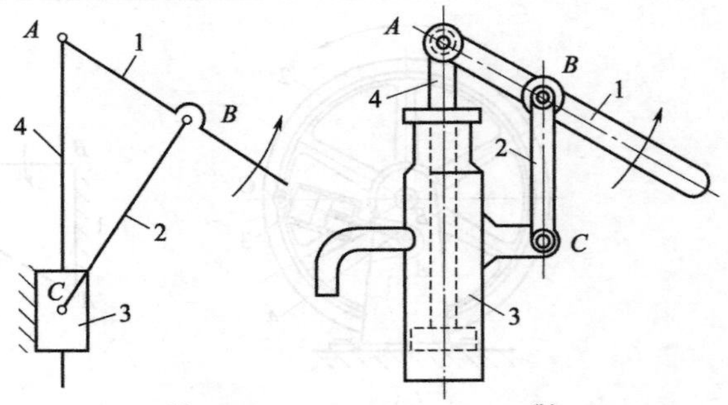
(a) (b)
1—曲柄；2—连杆；3—缸体（机架）；4—活塞（滑块）

当曲柄 1 往复摆动时，活塞 4（移动滑块）在缸体 3（机架）中往复移动将水抽出。图(b)是其原理图</td></tr>
</table>

续表

机构名称		应用图例及说明
摇块机构和定块机构	自动翻卸料装置	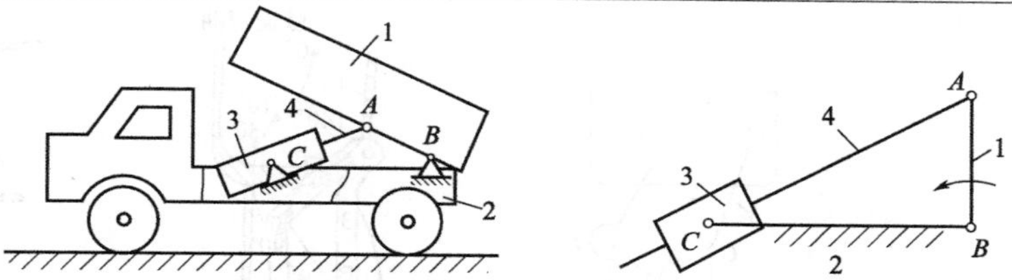 (a)　(b) 1—车厢；2—车架(机架)；3—油缸(定块)；4—活塞(导杆) 图所示为自动翻转卸料机构，是摇块机构的应用，当油缸 3 中的压力油推动活塞杆 4 运动时，车厢 1 便绕回转副中心 B 倾斜，当达到一定角度时，物料就自动卸下
多杆机构	六杆推料机构	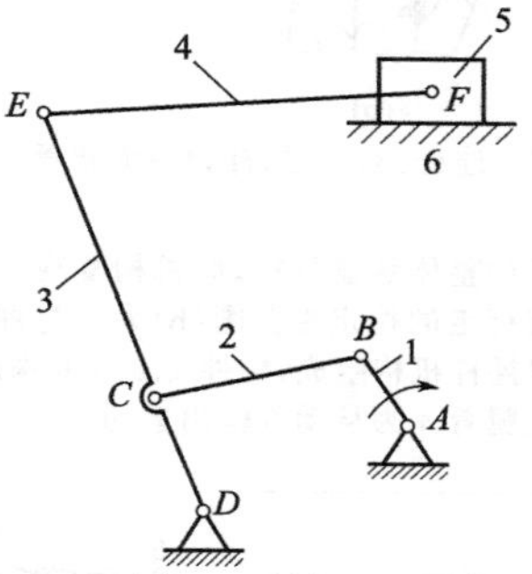 图所示为钢料输送机构的运动简图，它是六杆机构，构件 1、2、3、6 为曲柄摇杆机构，构件 3、4、5、6 为摇杆滑块机构，杆 1 为主动件，滑块 5 为输出件，采用六杆机构可以增大滑块的行程 1—曲柄；2，4—连杆；3—摇杆；5—滑块；6—机架
	六杆增程式抽油机机构	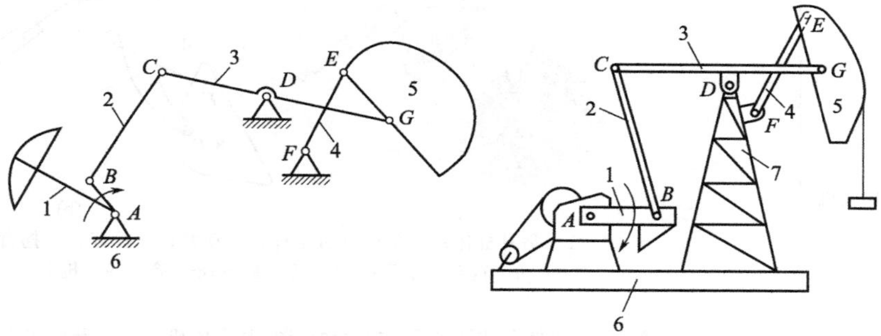 (a)　(b) 1—曲柄；2—连杆；3—游梁；4—摆杆；5—驴头；6—底座；7—支架 如图所示为六杆增量式抽油机机构。此机构由两个四杆机构组成，曲柄 1、连杆 2、游梁 3 和底座 6(支架 7 与底座 6 连为一体)构成曲柄摇杆机构；游梁 3、摆杆 4、驴头 5 和支架 7(底座 6)构成交叉双摇杆机构。动力由机构前部的带传动传递给曲柄 1，曲柄 1 为主动件通过连杆 2 带动游梁绕铰链 D 摆动，配合摆杆 4 是驴头做平面复杂运动，从而完成抽油工作
	小型刨床机构	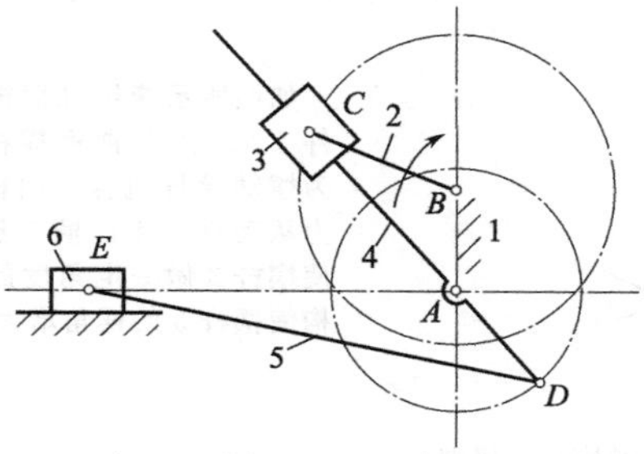 图所示为小型刨床机构，它的主体机构是由转动导杆机构和曲柄滑块机构构成的。构件 1、2、3、4 为转动导杆机构，构件 1、4、5、6 为曲柄滑块机构。构件 2 为主动件，滑块 6 为工作件，输出运动 1—机架；2—曲柄；3，6—滑块；4，5—连杆

续表

<table>
<tr><th colspan="2">机构名称</th><th>应用图例及说明</th></tr>
<tr><td rowspan="3">多杆机构</td><td>假肢膝关节</td><td> 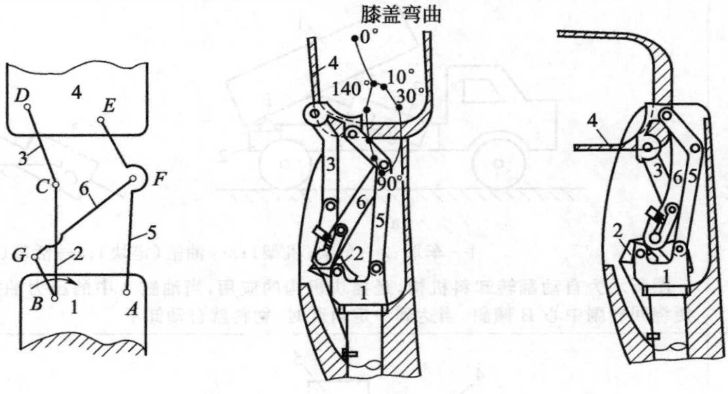膝盖弯曲
(a) (b) (c)
1—胫骨；2，6—连杆；3，5—摇杆；4—大腿骨
如图所示，机构图是为膝盖断掉的人设计的整体膝盖机构，此机构复现大腿骨 4 与胫骨(即假腿构件 1)之间的相对转动中心的移动轨迹，以保持行走的稳定性。图(b)为 0°弯曲即伸直位置，图(c)为 90°弯曲位置。图(a)为其机构示意图。由两个双摇杆机构组成，构件 1、2、5、6 构成双摇杆机构，构件 2、3、4、5 构成双摇杆机构。其中构件 2 为主动件，大腿骨 4 为从动件输出运动</td></tr>
<tr><td>装载机</td><td> 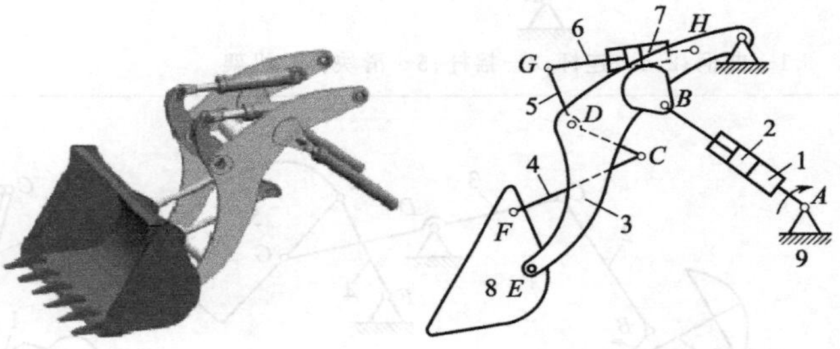(a) (b)
1—举升缸体；2—举升缸活塞杆；3—动臂；4—拉杆；5—摇臂；
6—转斗缸活塞杆；7—转斗缸体；8—铲斗；9—机架
图(a)为装载机机构立体图，图(b)是它的运动简图，其主体机构由举升缸体 1、举升缸活塞杆 2、动臂 3、拉杆 4、摇臂 5、转斗缸活塞杆 6、转斗缸体 7 和铲斗 8 构成，其中动臂 3 左右对称安装耳板，此耳板固连在动臂 3 上，与转斗缸体 7 通过高副连接，前车架可视为与地固定，不参与运动。构件 1、2、3、9 构成摇杆滑块机构，构件 3、5、6、7 构成摇杆滑块机构，构件 3、4、5、8 构成双摇杆机构，举升缸体 1 为主动件，铲斗 8 为输出构件。此八杆机构在一个工作周期内完成受斗、升举、翻斗、收斗、下降、放平六个动作</td></tr>
<tr><td>缝纫机摆梭机构</td><td> 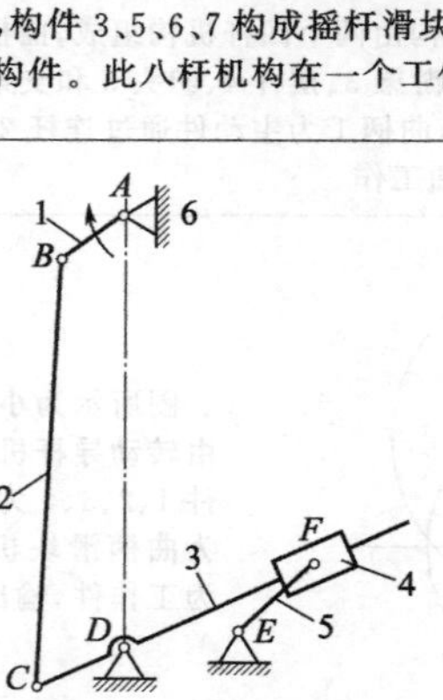1—曲柄；2—连杆；3，5—摆杆；4—滑块；6—机架
如图所示缝纫机摆梭机构是六杆机构，构件 1、2、3、6 为曲柄摇杆机构，构件 3、4、5、6 为摆动导杆机构。曲柄 1 为主动件，摆杆 5 为从动件。当曲柄 1 连续转动时，通过杆 2 使摆杆 3 做一定角度的摆动，再通过导杆机构使摆杆 5 的摆角增大</td></tr>
</table>

续表

机构名称		应用图例及说明
多杆机构	插齿机机构	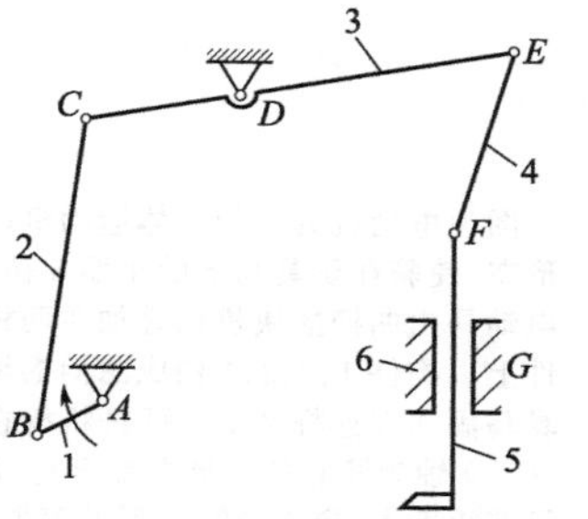 1—曲柄；2,4—连杆；3—摆杆；5—滑杆；6—机架 图为插齿机的主传动机构，它是六杆机构，构件 1、2、3、6 为曲柄摇杆机构，构件 3、4、5、6 为摇杆滑块机构，利用此六杆机构可使插刀在工作行程中得到近于等速的运动
	插床插削机构	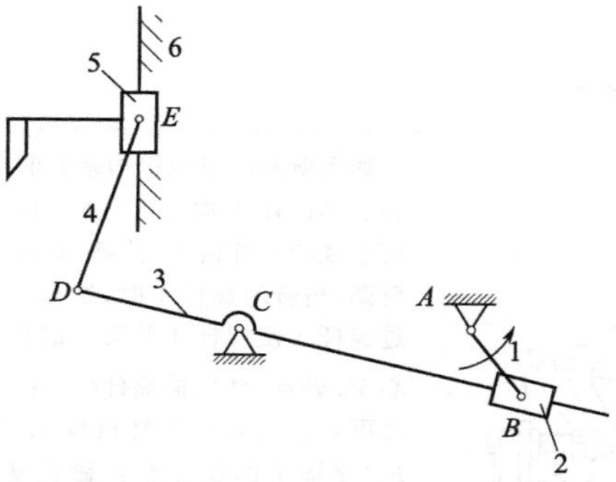 1—曲柄；2,5—滑块；3—摆杆；4—连杆；6—机架 图为插床插削主体机构，它是六杆机构，构件 1、2、3、6 为摆动导杆机构，构件 3、4、5、6 为摇杆滑块机构。杆 1 为主动件，滑块 5 固接插刀，完成插削动作
	摆式飞剪机机构	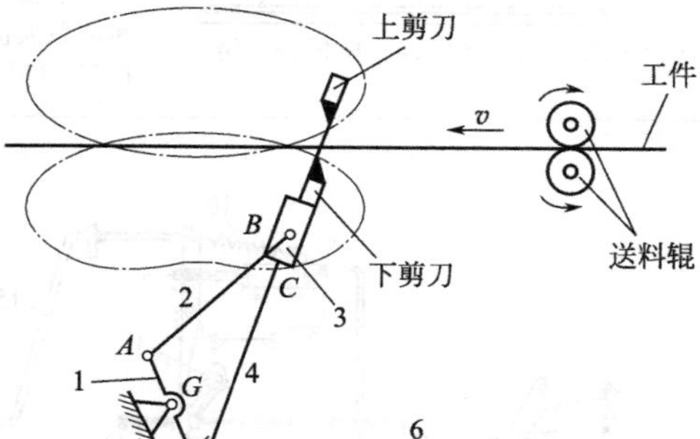 1—主动曲柄；2,5—连杆；3—下剪架滑座（滑块）；4—龙门剪架（连杆）；6—曲柄；7—机架 图为摆式飞剪机机构，它是七杆机构。当主动曲柄 1 绕 G 点转动时，GH 带动龙门剪架 4 上下左右摆动，GA 经小连杆 2 带动下剪架滑座 3 沿龙门剪架 4 上下移动，从而使装于剪架 4 的上剪刃及装于滑座 3 的下剪刃开启与闭合。同时，曲柄 6 绕 F 点转动，经连杆 5 带动龙门剪架 4 绕 H 点摆动，以保证上下剪刃在剪切时与工件同速水平移动，即实现同步剪切。此外，将下剪刃与滑座 3 做成可分离的，当调整为 GA 转两周滑座只上推下剪刃一次并完成剪切时，则空切一次，亦即剪切工件长度为原来定长的 2 倍

续表

机构名称		应用图例及说明
多杆机构	电动玩具马主体机构	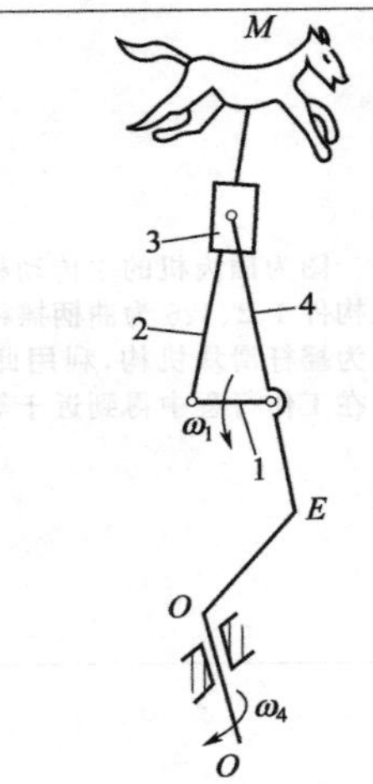 1—曲柄；2—连杆；3—摇块；4—转动杆 图为电动玩具马的主体运动机构。它能模仿马的奔驰运动形态，使骑在玩具马上的小朋友仿佛身临其境。实际上，这种电动马由曲柄摇块机构叠加在两杆机构绕 $O—O$ 轴转动的构件上。构件 1、2、3、4 构成曲柄摇块机构，曲柄 1 为原动件，玩具马固连在连杆 2 上。两杆机构在此作为运载机构使马绕以 $O—O$ 轴为圆心的圆周向前奔驰，而构件 2 的摇摆和伸缩则使马获得跃上、窜下、前俯、后仰等姿态
	停歇时间可调的八杆机构	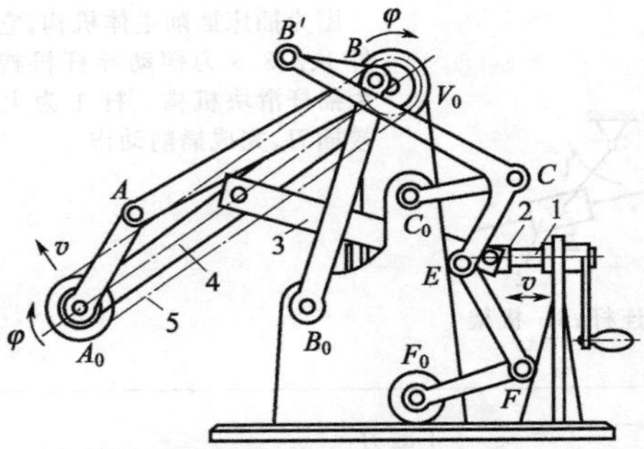 1—螺杆；2—螺母；3—连杆；4—摆杆；5—链 如图所示的可调机构是由曲柄摇杆机构 A_0ABB_0 和后接四杆机构 $B_0B'CC_0$ 以及双杆组 $EF-FF_0$ 所组成的八杆机构，曲柄 A_0A 的机架铰链 A_0 位置可调；当转动螺杆 1 时，螺母 2 做轴向移动，从而通过连杆 3 使摆杆 4 及其上的机架铰链 A_0 绕固定中心 V_0 转动，使曲柄摇杆机构的机架长 $\overline{A_0B_0}$ 成为无级可调。当后接四杆机构 $B_0B'CC_0$ 运动时，连杆 BC 平面上的连杆点 E 做往复运动，它所描绘的部分连杆曲线为近似于半径为 EF 的圆弧，连杆点 E 通过这段圆弧时，从动摆杆 F_0F 近似停歇。通过调节可以在从动摆杆摆角保持不变的情况下使停歇时间从最大值调至为零。链 5 用于将主动链轮（中心在 V_0）的转动传至从动链轮（主动曲柄 A_0A）
	汽车起重机油门操纵系统	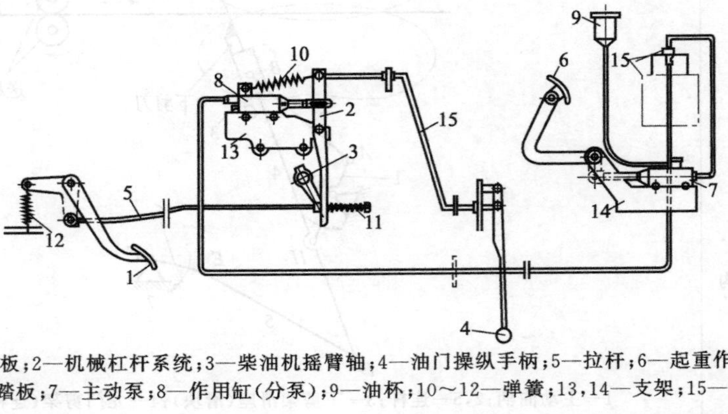 1—油门踏板；2—机械杠杆系统；3—柴油机摇臂轴；4—油门操纵手柄；5—拉杆；6—起重作业驾驶室中的油门踏板；7—主动泵；8—作用缸（分泵）；9—油杯；10～12—弹簧；13，14—支架；15—闸线拉索 汽车起重机的各工作机构的工作速度取决于液压油的流量，流量由液压泵的转速来决定，液压泵的转速又由发动机的转速决定。为了能在操作各工作机构动作的同时通过改变发动机的转速来调节工作机构的工作速度，在起重作业驾驶室和支腿机构操纵阀的下方分别设置油门操纵机构，与汽车的原油门操作机构共同组成油门操纵系统。图所示的 QY8 型汽车起重机油门操纵系统由多杆机构组成 在汽车行驶中，司机通过油门踏板 1 控制油门，从而控制车速；在收放支腿时，可扳动手柄 4，通过闸线拉索 15 控制油门，从而控制收放支腿的速度；在吊装作业时，则通过踏板 6 控制油门

续表

<table>
<tr><th colspan="2">机构名称</th><th>应用图例及说明</th></tr>
<tr><td>多杆机构</td><td>侧装式整体自装卸车起重装置</td><td> 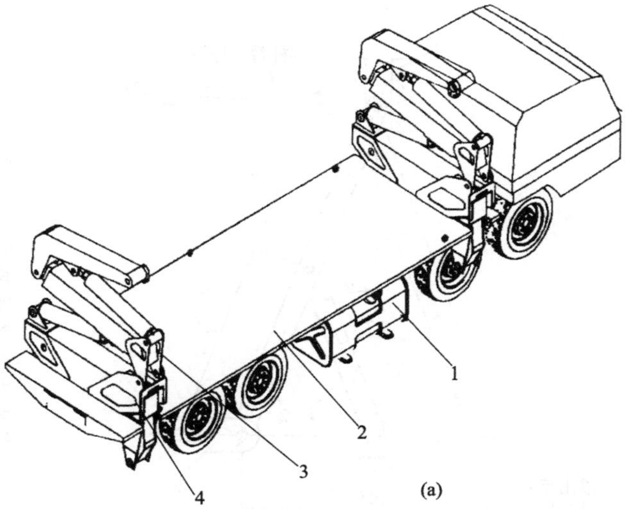(a)
1—底盘；2—副车架；3—吊臂；4—支腿 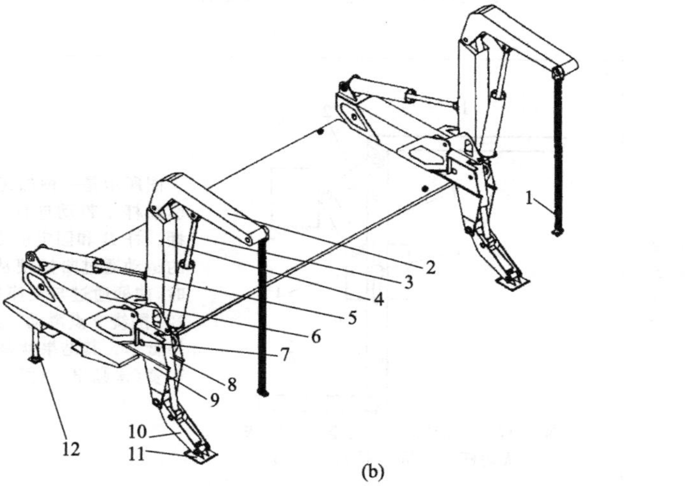

(b)
1—起重链条；2—上臂；3—上臂油缸；4—下臂；5—下臂油缸；6—固定支腿；7—水平油缸；8—摆腿油缸；9—活动支腿；10—摆腿；11—支脚；12—垂直油缸

侧装式整体自装卸车可利用自身的装卸系统自装卸集装箱(车对地作业方式)，也能为其他集装箱运输车装卸集装箱(车对车作业方式)，其组成如图(a)所示。图(b)为起重装置
底盘采用陕汽牌 SX1380A(8×4)型汽车二类底盘。除底盘外，其余部分简称为起重装置。两套起重臂采用折叠式摆臂结构，都是由多杆机构构成，臂架中心与支腿中心处在同一平面内，分别布置在驾驶室后方和车架尾部。上装部分通过副车架连接在底盘的大梁上
起重装置的动力源由底盘提供。装卸作业时，底盘发动机的动力经取力器驱动双联齿轮油泵旋转，油泵从油箱吸入液压油，因旋转运动在出油口产生的压力油分别流向前、后电液比例控制阀。拨动遥控盒上的控制手柄，改变压力油的流动方向，控制各执行油缸的伸缩动作，带动各执行机构展开或收回
该车装卸作业时，伸缩水平油缸带动活动支腿在固定支腿内腔伸出或缩回，伸缩摆腿油缸带动小摆腿绕活动支腿下铰点转动将支脚支撑在地面上，改变水平油缸和摆腿油缸的动作顺序，可以使摆腿插入平板车或半挂车的底部，完成车对车的装卸作业。支腿最大跨距为 2.6m
此外，该车底盘上还配备有自救装置，主要用于车辆在崎岖不平的道路上行驶陷入泥坑时，能实施自救和他救，其液压源与后装卸机构共用，通过一个二位三通换向阀进行选择</td></tr>
</table>

续表

机构名称		应用图例及说明
多杆机构	埃文斯连杆机构	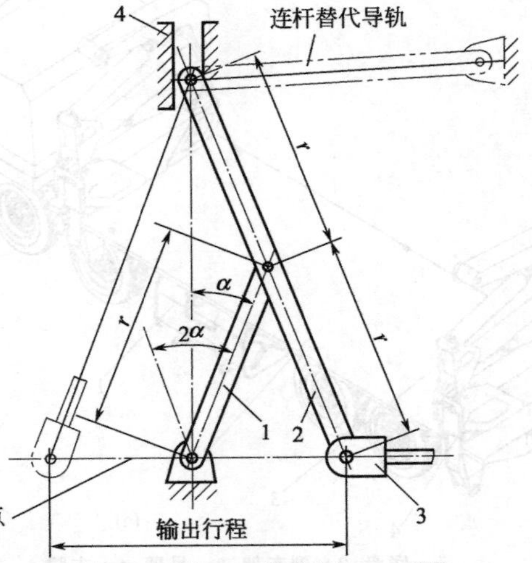 1—驱动杆；2—连杆；3—从动摆杆；4—导轨 图所示为埃文斯连杆机构。该机构有一个最大约40°摆动角的驱动臂，对于相对短的滑轨来说，该机构的往复输出行程是很大的。在谐振运动中，输出运动是真正的直线运动。如果不需要精确的直线运动，连杆可以代替导轨。连杆越长，输出运动就越接近直线运动。如果连杆长度与输出运动行程相等，则来自直线运动的偏差仅仅只有输出运动行程的0.03%
	加速减速连杆机构	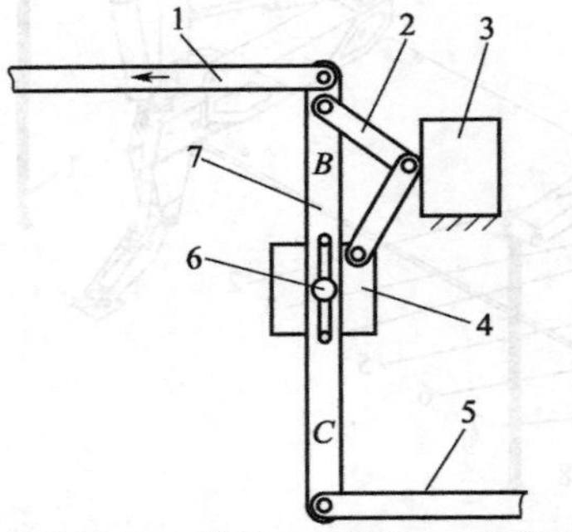 1—驱动杆；2—曲柄；3—支座；4—定块；5—从动杆；6—固定销；7—连杆 图所示是一种加速减速连杆机构。以恒速往复运动的驱动杆1带动连杆7(BC)绕着固定块上的固定销6摇摆。杆B和固定块之间的曲柄2与支座3接触。驱动杆的运动通过曲柄使从动杆B减速。当驱动杆向右运动时，曲柄通过与支座接触而被驱动。转动时带槽的连杆BC围绕支点滑动。这样对杆BC来说可以延长臂B、缩短臂C。其结果就是使从动杆5减速。回程时曲柄通过弹簧(未画出)返回，其作用是使从动杆返程加速
	加速减速连杆机构	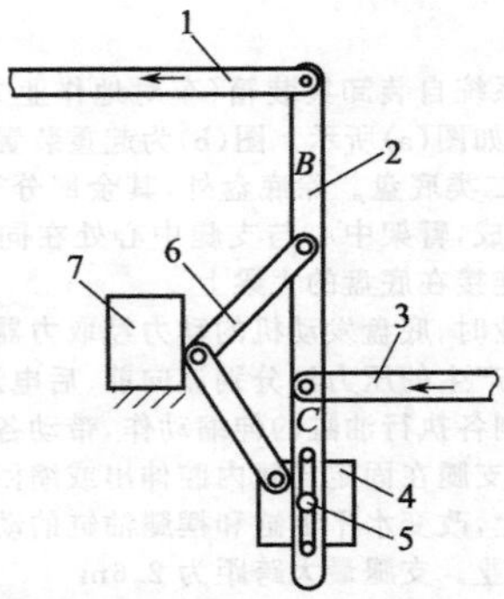 1—驱动杆；2—连杆；3—从动杆；4—定块；5—固定销；6—曲柄；7—支座 驱动杆和从动杆产生同向运动，这里加速方向是箭头方向，减速发生在返回行程，当曲柄运动变平时，加速影响减少

续表

机构名称		应用图例及说明
多杆机构	加速减速连杆机构	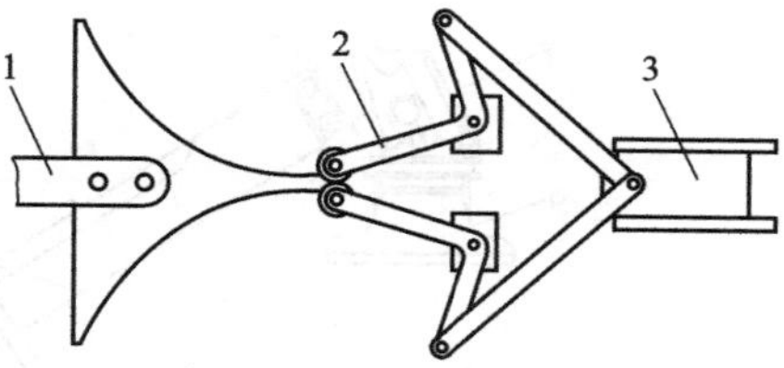 1—驱动杆；2—钟形曲柄；3—从动滑块 如图所示，当驱动杆端部的曲面构件使两个滚子产生分离时，钟形曲柄产生加速运动，同时也使滑块产生加速运动。必须用弹簧使从动构件返回以便构成完整系统
	剧场舞台升降表演台八连杆机构	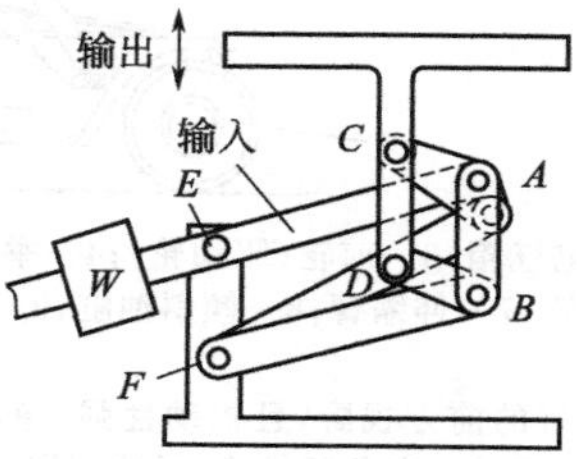 如图所示的八连杆机构中，连杆 AB 总是平行于 EF，连杆 CD 总是平行 AB。因此，CD 将总是平行于 EF。而且由于连接是成比例的，C 点将做近似直线运动。最后的结果是，当输出平台直上、直下运动时，其保持水平状态。配重允许将其用于剧场舞台的升降表演台
	平行杆耦合机构	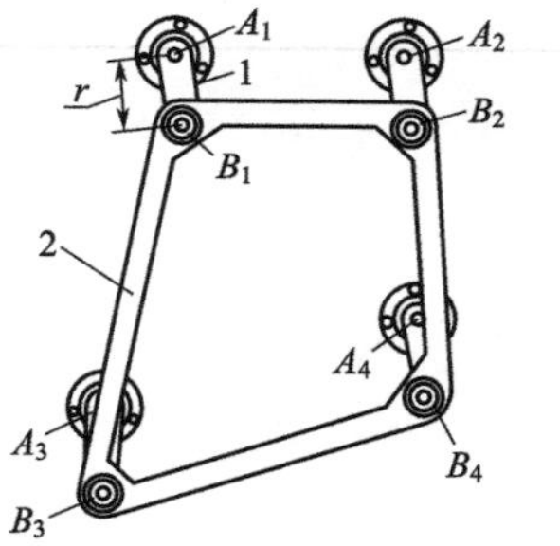 1—曲柄；2—机架 图所示为平行杆耦合机构。消除间隙的设计使这种平行杆耦合机构具有精确、低成本的特点，它可以取代齿轮或者链条驱动的机构，尽管链条驱动也能使平行轴旋转。任意多于两个的轴都可以靠其中任意一个轴来驱动，但需要完全满足下面两个条件： ①所有曲柄必须有相同的长度 r ②轴 A 和机架支点中心 B 形成的两个多边形框必须一致。这个机构的主要不足是它的动力不平衡，这样就限制了它旋转的速度。为了削弱振动对机构产生的影响，机架应该以实际要求的强度为准，尽量减轻它的重量
	打字机驱动机构	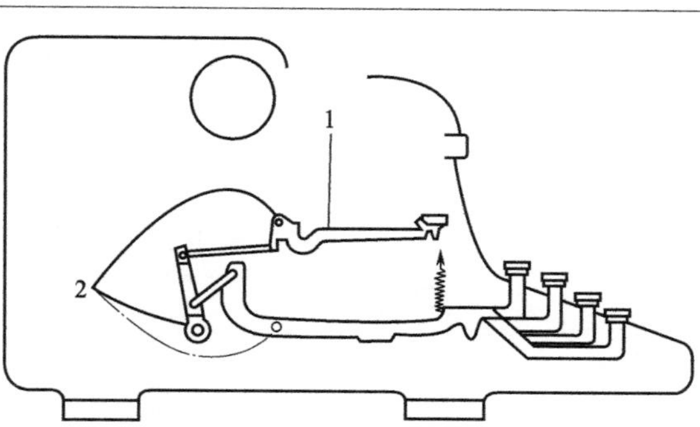 1—打字杆；2—支点 图所示为打字机的驱动机构。这个驱动机构增大了打字员的手指力量，在圆滚处把轻击转变成有力的重击。与机架相连的有三个支点。这样安排是为了使按键在敲击时可以自由移动。图示机构实际上是一系列连杆机构中的两个四连杆机构。许多打字机有这样一系列的四连杆机构

续表

机构名称		应用图例及说明
多杆机构	集装箱正面吊	1—后轮(转向轮);2—电气箱;3—前轮(驱动轮);4—举升油缸; 5—司机室;6—固定臂;7—伸缩臂;8—倾斜油缸;9—吊具 升高度一般可达4层箱高,比叉车具有更好的前方视野,且机动性强、稳定性好,轮压较低,堆码层数高,作业效率高,作业幅度大,可隔排吊箱,也可沿一定角度吊箱,场地利用率高,适应狭窄通道作业。一般用于集装箱吞吐量不大的集装箱码头,特别适用于码头集装箱堆场,包括堆场与主装卸机械之间的集装箱水平运输,或者集装箱货场、中转站和铁路场站的集装箱集散点

第5章

凸轮机构

凸轮机构是由具有曲线轮廓或凹槽的构件，通过高副接触驱动从动件实现预期运动规律的一种机构。它广泛地应用于各种机械，特别是自动机械、自动控制装置和装配生产线中。在设计机械时，当需要从动件必须准确地实现某种预期的运动规律时，常采用凸轮机构。

5.1 凸轮机构的分类和特点

5.1.1 凸轮机构的分类和应用

凸轮机构是机械中的一种常用机构，在自动化和半自动化机械中应用非常广泛。

图 5-1 所示为内燃机配气机构。图中具有曲线轮廓的构件 1 为凸轮，当它做等速转动时，其曲线轮廓驱使从动件 2（阀杆）按预期的运动规律启闭阀门。至于阀门开启或关闭时间的长短及其运动的速度和加速度的变化规律，均是通过凸轮 1 的轮廓曲线来实现的。

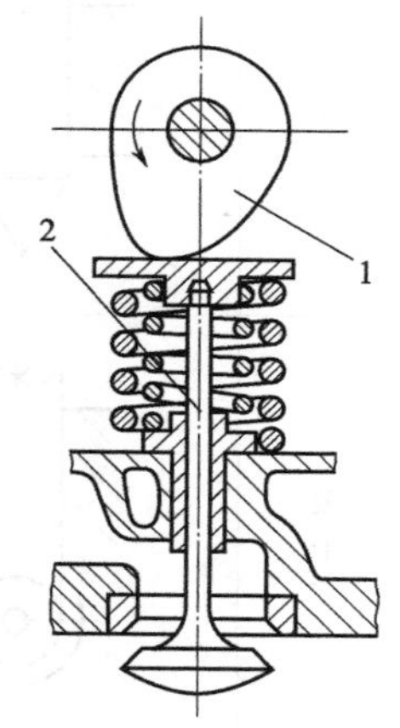

图 5-1 内燃机配气机构
1—凸轮；2—从动件

凸轮机构应用广泛，其类型也很多。按凸轮的形状分，有盘形凸轮、移动凸轮、圆柱凸轮；按从动件的形式分，有尖顶从动件、滚子从动件、平底从动件；按锁合方式分，有力锁合、几何锁合。各类凸轮机构的类型、特点与应用见表 5-1。

表 5-1 凸轮机构的类型、特点与应用

类型		图例	特点与应用
凸轮形状	盘形凸轮		凸轮为径向尺寸变化的盘形构件，它绕固定轴做旋转运动。从动件在垂直于回转轴的平面内做直线移动或摆动的往返运动。这种机构是凸轮的最基本形式，应用广泛

续表

类型		图例	特点与应用
凸轮形状	移动凸轮		凸轮为一有曲面的直线运动构件，在凸轮的往返移动作用下，从动件可做直线移动或摆动的往返运动。这种机构在机床上应用较多
	圆柱凸轮		凸轮为一有沟槽的圆柱体，它绕中心轴做回转运动。从动件在凸轮的轴线平行平面内做直线移动或摆动。它与盘形凸轮相比，行程较长，常用于自动机床
从动件形式	尖顶		尖顶能与任意复杂的凸轮轮廓保持接触，从而使从动件实现预期的运动。但因尖顶易于磨损，故只宜于传力不大的低速凸轮机构中
	滚子		这种从动件由于滚子与凸轮之间为滚动摩擦，所以磨损较小，可用来传递较大的动力，应用最普遍
	平底		凸轮对从动件的作用力始终垂直于从动件的底边(不计摩擦时)，故受力比较平稳。而且凸轮与平底的接触面间易于形成油膜，润滑良好，所以常用于高速传动中
锁合方式	力锁合		利用从动件的重力、弹簧力或其他外力使从动件与凸轮保持接触

续表

类型			图例	特点与应用
锁合方式	几何锁合	凹槽锁合		其凹槽两侧面间的距离等于滚子的直径，故能保证滚子与凸轮始终接触。因此这种凸轮只能采用滚子从动件
		共轭凸轮		利用固定在同一轴上但不在同一平面内的主、回两个凸轮来控制一个从动件，从而形成几何封闭，使凸轮与从动件始终保持接触
		等径和等宽凸轮	(a)　(b)	图(a)为等径凸轮机构，因过凸轮轴心任一径向线与两滚子中心距离处处相等，可使凸轮与从动件始终保持接触。图(b)为等宽凸轮，因与凸轮廓线相切的任意两平行线间距离处处相等且等于框形内壁宽度，故凸轮和从动件可始终保持接触

5.1.2　凸轮机构的工作原理和基本参数

下面以尖顶偏置移动从动件盘形凸轮机构为例介绍凸轮机构的工作原理（图 5-2）。如图 5-2(a) 所示，以凸轮轮廓的最小向径 $r_{\min}$ 为半径所作的圆称为凸轮的基圆，$r_{\min}$ 为基圆半径。凸轮回转中心 O 到从动件移动导路中心线的距离 e 称为偏距。以 O 为圆心、以 e 为半径所作的圆称为偏距圆。

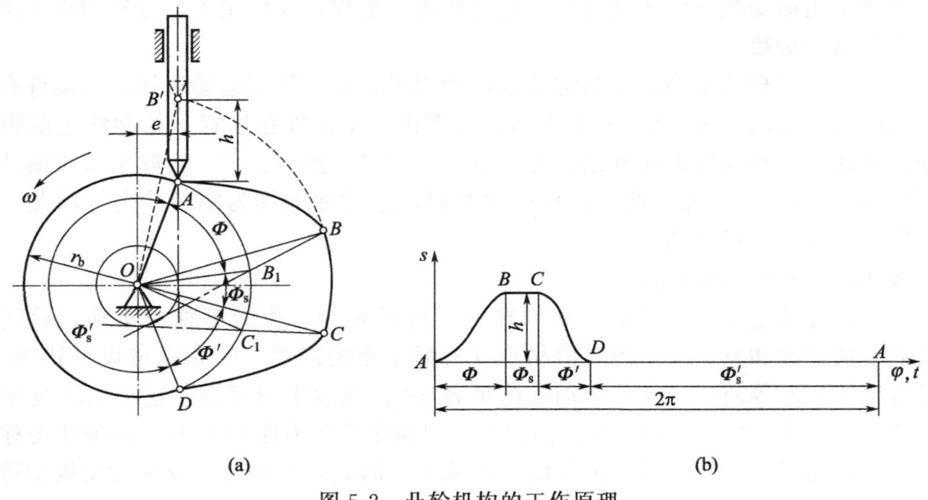

图 5-2　凸轮机构的工作原理

图示瞬时位置，从动件尖顶与凸轮轮廓线在 A 点接触，A 点为基圆与凸轮轮廓线的切点，该位置是从动件与凸轮回转中心 O 最近的位置，从动件开始上升的位置，称为初始位置。当凸轮以等角速度 ω 逆时针转动时，向径逐渐增大，从动件尖顶被凸轮轮廓推动，以一定运动规律由离回转中心最近的位置 A 点到达最远位置 B 点，这一过程称为推程。与之对应的凸轮转角 Φ 称为推程运动角，从动件上升的最大位移 h 称为升程。当凸轮继续转过 Φ_s 时，由于轮廓 BC 段为一向径不变的圆弧，从动件停留在最远处不动，对应的凸轮转角 Φ_s 称为远休止角。凸轮继续转过 Φ'时，凸轮向径由最大减至最小，从动件又由最高位置回到最低位置，此过程称为回程，对应的凸轮转角 Φ'称为回程运动角。当凸轮继续转过角Φ'_s时，由于轮廓 DA 段为向径不变的基圆圆弧，从动件继续停在距轴心最近处不动，对应的凸轮转角 Φ'_s称为近休止角。此时，凸轮刚好转过一圈，机构完成一个工作循环，从动件则完成一个“升—停—降—停”的运动循环。

上述过程可以用从动件的位移曲线来描述。以从动件的位移 s 为纵坐标，对应的凸轮转角 φ 为横坐标，将凸轮转角与对应的从动件位移之间的函数关系用曲线表达出来的图形称为从动件的位移线图，如图 5-2(b) 所示。由于大多数凸轮是做等速转动，其转角与时间成正比，因此该线图的横坐标也代表时间 t。通过微分可以作出从动件速度线图和加速度线图，它们统称为从动件运动线图。

由以上分析可知，从动件的位移线图完全取决于凸轮轮廓曲线的形状。也就是说，从动件的不同运动规律要求凸轮具有不同的轮廓曲线。因此，在设计没有预先给定从动件位移曲线的凸轮机构时，重要的问题之一，就是按照它在机械中所执行的工作任务，选择合适的从动件运动规律，并据此设计出相应的凸轮轮廓曲线。

5.1.3 凸轮机构从动件运动规律

凸轮的轮廓形状取决于从动件的运动规律。如果对于从动件运动规律的要求不同，就需要设计具有不同形状轮廓曲线的凸轮。因此在设计凸轮轮廓曲线时，应首先根据工作要求和条件来选择从动件的运动规律。

所谓从动件的运动规律是指从动件在运动过程中，其位移 s、速度 v、加速度 a 随时间 t(或凸轮转角）的变化规律。常用的从动件运动规律有等速运动规律、等加速等减速运动规律、简谐运动规律（余弦加速度运动规律）以及摆线运动规律（正弦加速度运动规律）等。下面就这几种常用运动规律的运动方程、运动线图（推程）和应用特点分别加以介绍。

(1) 等速运动规律

从动件推程或回程的运动速度为常数的运动规律，称为等速运动规律。从动件在推程时做等速运动的运动线图见表 5-2。从表中图可以看出，从动件在推程开始和终止的瞬间，速度有突变，其加速度和惯性力在理论上为无穷大（材料有弹性变形，实际上不可能达到无穷大)，致使凸轮机构产生强烈的冲击、噪声和磨损，这种冲击称为刚性冲击。因此，等速运动规律只适用于低速、轻载的场合。

(2) 等加速等减速运动规律

所谓等加速等减速运动，是指从动件在一个行程 h 中，先做等加速运动，后做等减速运动，且通常加速度和减速度的绝对值相等（根据工作的需要，两者也可以不相等)。从动件在推程时做等加速等减速运动的运动线图见表 5-2。从表中图可知，这种运动规律的加速度在 A、B、C 三处存在有限的突变，因而会在机构中产生有限的冲击，这种冲击称为柔性冲击。与等速运动规律相比，其冲击程度大为减小。因此，等加速等减速运动规律适用于中速、中载的场合。

(3) 简谐运动规律（余弦加速度运动规律）

当一质点在圆周上做匀速运动时，它在该圆直径上投影的运动规律称为简谐运动。因其加速度运动曲线为余弦曲线，故也称余弦加速度运动规律。

简谐运动规律位移线图的作法见表 5-2：把从动件的行程 h 作为直径画半圆，将此半圆分成若干等份，得 1″、2″、3″等点。再把凸轮运动角 φ_t 也分成相应等分，并作垂线 11′、22′、33′等，然后将圆周上的等分点投影到相应的垂直线上，得 1′、2′、3′等点。用光滑曲线连接这些点，即得到从动件的位移线图。从加速度线图可见，简谐运动规律在行程的始末两点加速度存在有限突变，故也存在柔性冲击，只适用于中速场合。但当从动件做无停歇的升—降—升连续往复运动时，则得到连续的加速度曲线（加速度曲线中虚线所示），柔性冲击被消除，这种情况下可用于高速场合。

(4) 摆线运动规律（正弦加速度运动规律）

当一圆沿纵轴做匀速纯滚动时，圆周上某定点 A 的运动轨迹为一摆线，而定点 A 运动时在纵轴上投影的运动规律即为摆线运动规律。因其加速度按正弦曲线变化，故又称正弦加速度运动规律。从动件做摆线运动时，其加速度没有突变，因而将不产生冲击，故适用于高速运动场合。

表 5-2　从动件常用运动规律

运动规律	运动方程		推程运动线图
	推程（$0\leqslant\varphi\leqslant\Phi$）	回程（$0\leqslant\varphi\leqslant\Phi'$）	
等速运动	$s=\dfrac{h}{\Phi}\varphi$ $v=v_0=\dfrac{h}{\Phi}\omega$ $a=0$	$s=h-\dfrac{h}{\Phi'}(\varphi-\Phi-\Phi_s)$ $v=-\dfrac{h}{\Phi'}\omega$ $a=0$	s, O, h, Φ, φ,t; v, O, v_0, φ,t; a, O, ∞, $-\infty$, φ,t
等加速等减速运动	等加速段 $0\leqslant\varphi\leqslant\Phi/2$ $s=\dfrac{2h}{\Phi^2}\varphi^2$ $v=\dfrac{4h\omega}{\Phi^2}\varphi$ $a=\dfrac{4h\omega^2}{\Phi^2}$ 等减速段 $\Phi/2\leqslant\varphi\leqslant\Phi$ $s=h-\dfrac{2h}{\Phi^2}(\Phi-\varphi)^2$ $v=\dfrac{4h\omega}{\Phi^2}(\Phi-\varphi)$ $a=-\dfrac{4h\omega^2}{\Phi^2}$	等减速段 $0\leqslant\varphi\leqslant\Phi'/2$ $s=h-\dfrac{2h}{\Phi'^2}\varphi^2$ $v=-\dfrac{4h\omega}{\Phi'^2}\varphi$ $a=-\dfrac{4h\omega^2}{\Phi^2}$ 等加速段 $\Phi'/2\leqslant\varphi\leqslant\Phi'$ $s=\dfrac{2h}{\Phi'^2}(\Phi'-\varphi)^2$ $v=-\dfrac{4h\omega}{\Phi'^2}(\Phi'-\varphi)$ $a=\dfrac{4h\omega^2}{\Phi'^2}$	s, O, $h/2$, $h/2$, h, $\Phi/2$, $\Phi/2$, Φ, φ,t; v, O, φ,t; a, O, φ,t

续表

运动规律	运动方程		推程运动线图
	推程（$0\leqslant\varphi\leqslant\Phi$）	回程（$0\leqslant\varphi\leqslant\Phi'$）	
简谐运动	$s=\frac{h}{2}\left[1-\cos\left(\frac{\pi}{\Phi}\varphi\right)\right]$ $v=\frac{\pi h\omega}{2\Phi}\sin\left(\frac{\pi}{\Phi}\varphi\right)$ $a=\frac{h\pi^2\omega^2}{2\Phi^2}\cos\left(\frac{\pi}{\Phi}\right)\varphi$	$s=\frac{h}{2}\left[1+\cos\left(\frac{\pi}{\Phi'}\varphi\right)\right]$ $v=-\frac{\pi h\omega}{2\Phi'}\sin\left(\frac{\pi}{\Phi'}\varphi\right)$ $a=-\frac{h\pi^2\omega^2}{2\Phi'^2}\cos\left(\frac{\pi}{\Phi'}\right)\varphi$	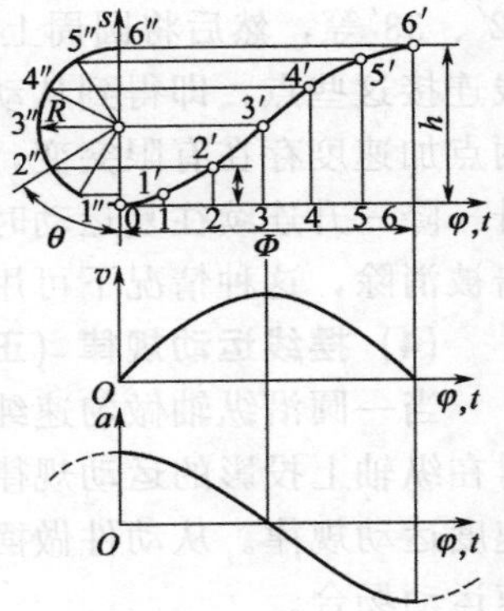
摆线运动	$s=h\left[\frac{\varphi}{\Phi}-\frac{1}{2\pi}\sin\left(\frac{2\pi}{\Phi}\varphi\right)\right]$ $v=\frac{h\omega}{\Phi}\left[1-\cos\left(\frac{2\pi}{\Phi}\varphi\right)\right]$ $a=\frac{2\pi h\omega^2}{\Phi^2}\sin\left(\frac{2\pi}{\Phi}\varphi\right)$	$s=h\left[1-\frac{\varphi}{\Phi'}+\frac{1}{2\pi}\sin\left(\frac{2\pi}{\Phi'}\varphi\right)\right]$ $v=-\frac{h\omega}{\Phi'}\left[1-\cos\left(\frac{2\pi}{\Phi'}\varphi\right)\right]$ $a=-\frac{2\pi h\omega^2}{\Phi'^2}\sin\left(\frac{2\pi}{\Phi'}\varphi\right)$	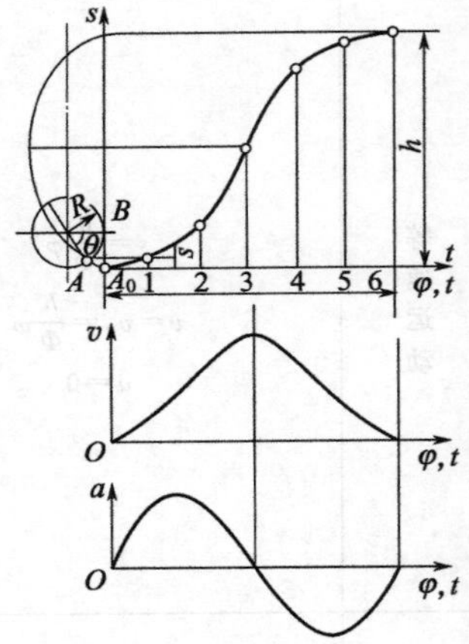

以上介绍了从动件常用的运动规律，实际生产中还有更多的运动规律，如复杂多项式运动规律、改进型运动规律等。了解从动件的运动规律，便于我们在凸轮机构设计时，根据机器的工作要求进行合理选择。

5.2 凸轮机构应用图例及禁忌

5.2.1 盘形凸轮应用图例

盘形凸轮应用图例见表 5-3。

表 5-3　盘形凸轮应用图例

机构名称	应用图例及运动分析
绕线机构	1—凸轮；2—从动件；3—绕线轴 图所示为绕线机构中用于排线的凸轮机构，当绕线轴 3 快速转动时，经齿轮带动凸轮 1 缓慢地转动，通过凸轮轮廓与尖顶 A 之间的作用，驱使从动件 2 往复摆动，从而使线均匀地缠绕在绕线轴上
凸轮顶杆式夹紧机构	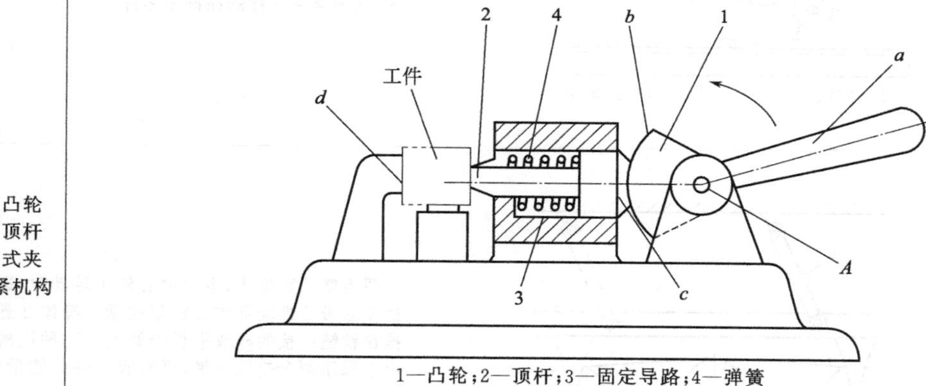 1—凸轮；2—顶杆；3—固定导路；4—弹簧 图所示为凸轮-顶杆式夹紧机构。凸轮 1 与手柄 a 固连，当凸轮绕轴心 A 转动时，其工作面 b 沿着顶杆 2 的端面 c 滑动，而顶杆沿着固定导路 3 移动。因此，若反时针方向转动手柄，则凸轮使顶杆向左移动，将工件相对于固定面 d 夹紧；若顺时针方向转动手柄，则弹簧 4 使顶杆向右移动，工件被松开
凸轮式制动机构	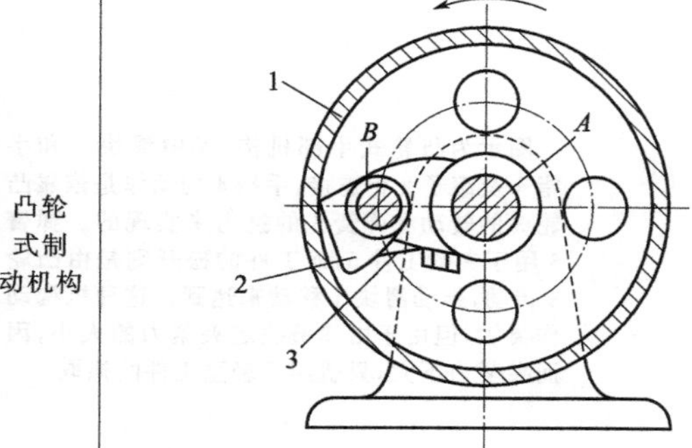 1—转筒；2—凸轮；5—板簧 图所示为凸轮式制动机构，主要由转筒 1、凸轮 2、板簧 3 等组成。凸轮可绕固定轴心 B 转动，但因弹簧的作用，凸轮的转动受到一定限制。转筒可绕固定轴心 A 逆时针自由转动。但当转筒欲顺时针转动时，则由于凸轮的斜楔作用产生制动

续表

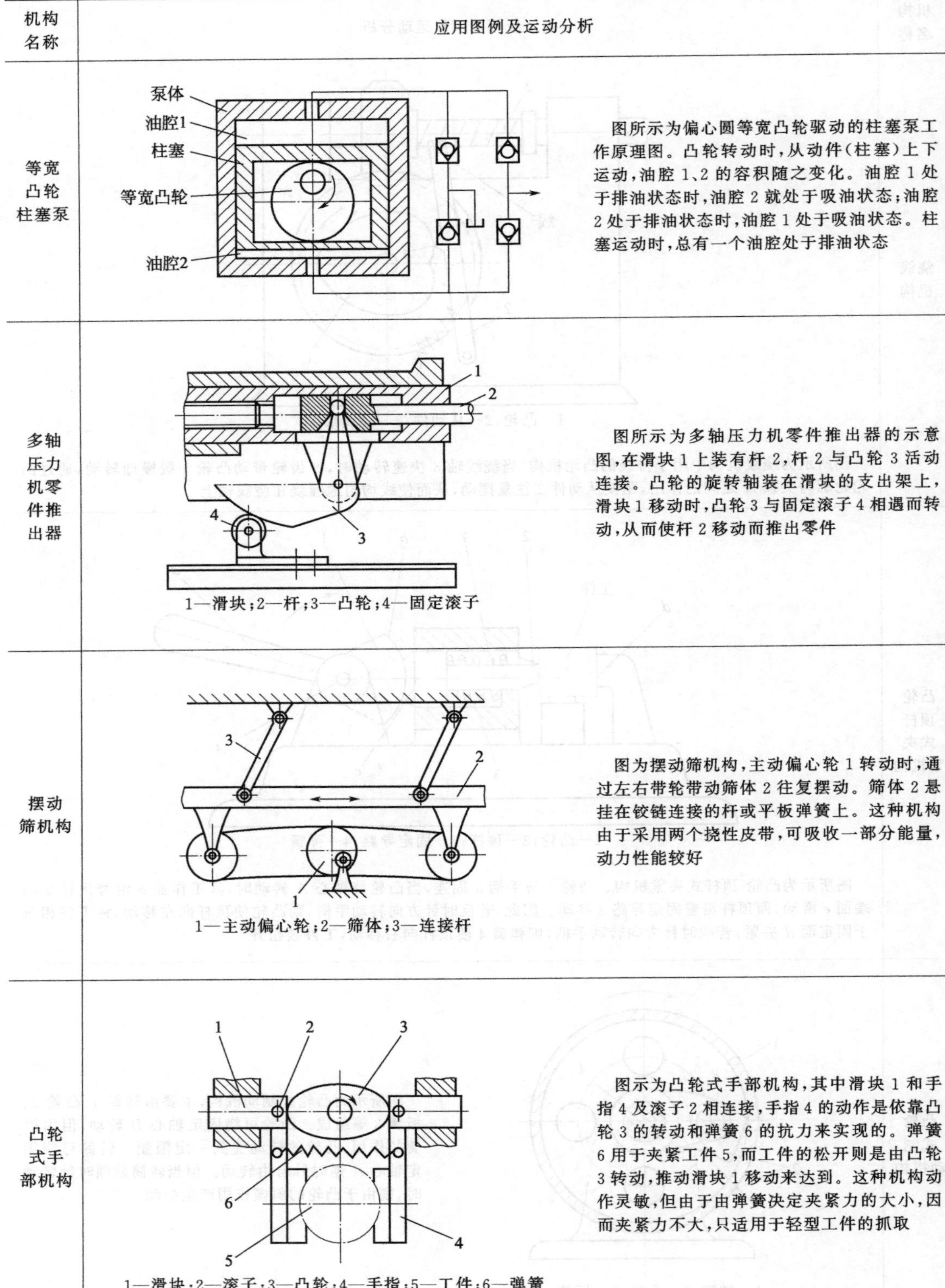

机构名称	应用图例及运动分析
等宽凸轮柱塞泵	图所示为偏心圆等宽凸轮驱动的柱塞泵工作原理图。凸轮转动时，从动件(柱塞)上下运动，油腔1、2的容积随之变化。油腔1处于排油状态时，油腔2就处于吸油状态；油腔2处于排油状态时，油腔1处于吸油状态。柱塞运动时，总有一个油腔处于排油状态
多轴压力机零件推出器	1—滑块；2—杆；3—凸轮；4—固定滚子 图所示为多轴压力机零件推出器的示意图，在滑块1上装有杆2，杆2与凸轮3活动连接。凸轮的旋转轴装在滑块的支出架上，滑块1移动时，凸轮3与固定滚子4相遇而转动，从而使杆2移动而推出零件
摆动筛机构	1—主动偏心轮；2—筛体；3—连接杆 图为摆动筛机构，主动偏心轮1转动时，通过左右带轮带动筛体2往复摆动。筛体2悬挂在铰链连接的杆或平板弹簧上。这种机构由于采用两个挠性皮带，可吸收一部分能量，动力性能较好
凸轮式手部机构	1—滑块；2—滚子；3—凸轮；4—手指；5—工件；6—弹簧 图示为凸轮式手部机构，其中滑块1和手指4及滚子2相连接，手指4的动作是依靠凸轮3的转动和弹簧6的抗力来实现的。弹簧6用于夹紧工件5，而工件的松开则是由凸轮3转动，推动滑块1移动来达到。这种机构动作灵敏，但由于由弹簧决定夹紧力的大小，因而夹紧力不大，只适用于轻型工件的抓取

续表

机构名称	应用图例及运动分析	
凸轮钳式送料机构	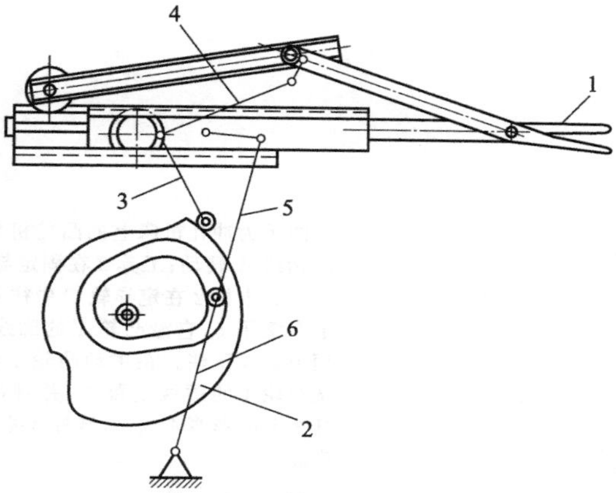 1—钳口；2—凸轮；3～6—连杆	图为凸轮钳式送料机构，机构由钳口1、凸轮2及连杆组成。钳口的张开与闭合以及其送料的进给和退回均由凸轮2推动、连杆3和4在凸轮2的作用下钳口可以张合，而连杆5和6可以使钳口夹紧料后向前移动一个送料进程，当钳口1张开时，则钳口同时退回初始状态。该机构可用于0.3mm以下的卷料
加工槽纹带条的凸轮机构	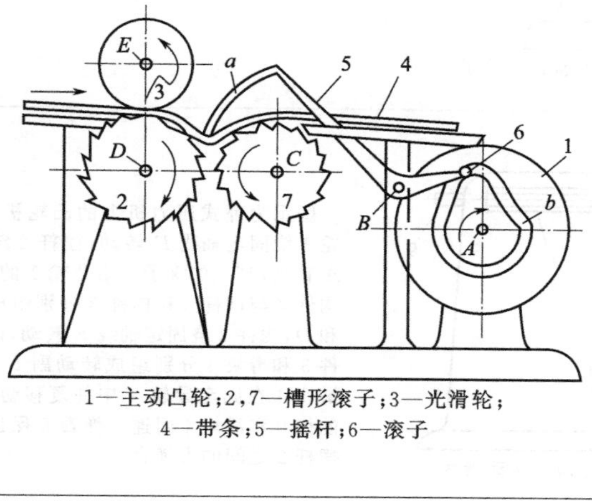 1—主动凸轮；2，7—槽形滚子；3—光滑轮；4—带条；5—摇杆；6—滚子	图示为加工槽纹带条的凸轮机构，其中主动凸轮1绕定轴线A转动，1具有槽b，摇杆5的滚子6在槽中滚转；从动摇杆5绕定轴线B摆动。摇杆5具有指销a，它周期性地压在移动的带条4上，形成挠度弯曲。带条4借绕定轴线E转动的光滑轮3和绕定轴线D转动的槽形滚子2使之移动；滚子7绕定轴线C转动；滚子2和7的转动发生在形成凹槽的时候借助机构(图上未表示)在相反方向转动
切断机的凸轮连杆机构	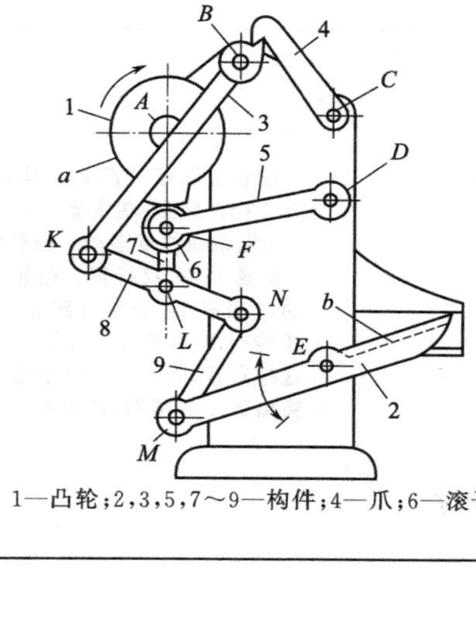 1—凸轮；2，3，5，7～9—构件；4—爪；6—滚子	图示为切断机上的凸轮连杆机构，凸轮1绕定轴线A转动；摇杆5绕定轴线D转动，其上有滚子6；6和凸轮1的轮廓线a相接触；构件7和构件5与8组成转动副F和L；构件9和构件8及2组成转动副N和M；构件2和刀b绕定轴线E转动；构件8和构件3组成转动副K；构件3绕定轴线B转动；爪4在定轴线C上转动。爪4止动构件3时(图示位置)，凸轮1才能使构件2和刀b有确定的运动；当爪4放开构件3时，凸轮1转动是无益的

续表

机构名称	应用图例及运动分析	
冲孔机床的凸轮机构	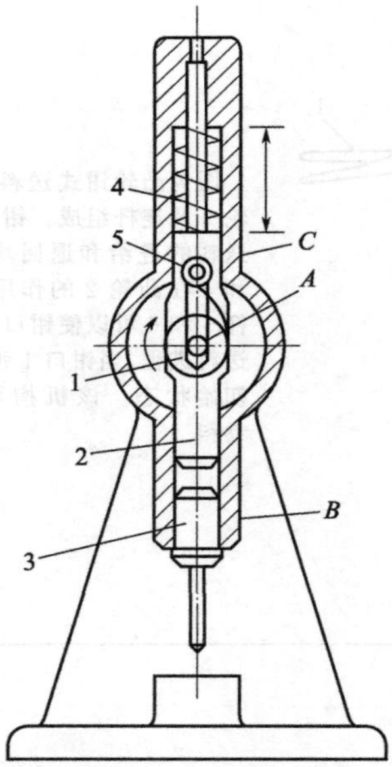 1—凸轮;2—推杆;3—工具;4—弹簧;5—滚子	图示为冲孔机床上的凸轮机构。凸轮1绕定轴线 A 转动;工具3在固定导轨 B 中前进运动。推杆2在定导轨 C 中往复运动,推杆2上有滚子5,它沿凸轮1的廓线滚转,推杆2用弹簧4压住。在主动凸轮1转动时滚子5从凸轮1的廓线上跳下,并且作用到从动推杆2上的弹簧4放开,推杆2冲击工具3穿透产品
卧式压力机的凸轮连杆机构	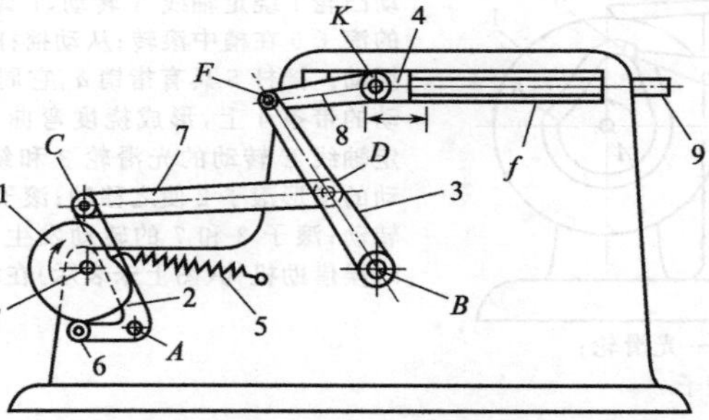 1—主动凸轮;2—摆杆;3,7,8—构件;4—从动滑块;5—弹簧;6—滚子;9—杆	图示为卧式压力机上的凸轮机构,主动凸轮1绕固定轴线 E 转动,摆杆2绕固定轴线 A 转动,其上的滚子6沿凸轮1的廓线滚动;构件7与摆杆2和构件3分别组成转动副 C 和 D,构件3绕固定轴线 B 转动,构件8与构件3和滑块4分别组成转动副 F 和 K,从动滑块4在固定导轨 f 中往复移动;锻压装置的杆9和滑块4固连。弹簧5保证凸轮1与摆杆2之间的力锁合
锯条的凸轮机构	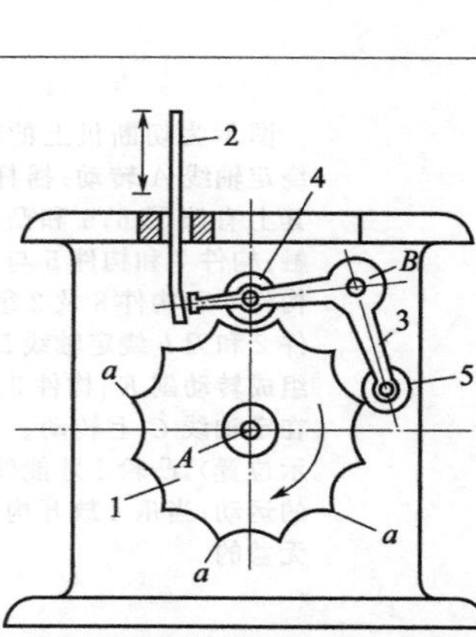 1—主动凸轮;2—从动锯;3—摇杆;4,5—滚子	图示为锯条的凸轮机构,锯的锯条2和摇杆3挠性联系;在主动凸轮1转动时,从动锯2的锯条做往复运动。凸轮转一转,锯的锯条2完成12次双行程。凸轮1绕定轴线 A 转动,1具有12个突出部 a。摇杆3绕定轴线 B 转动,它具有4和5两个滚子,这两个滚子这样布置,当滚子4位于槽中时,滚子5位于突出部 a 的顶端,或者相反

续表

机构名称	应用图例及运动分析
工件移置装置的运动机构	1—凸轮；2，3—导槽；4，10，12，14—从动杆；5，13—支点轴；6—滑块；7—导柱；8—横臂杆；9—板；11—从动滚子；15—滚子 图所示为工作移置装置的运动机构，本机构中利用两个凸轮机构分别产生升降与进退两种运动。凸轮 1 两面各有一沟槽，从动滚子 11 在一个沟槽内运动。经从动杆 10 及 4 和导槽 3 使横臂杆 8 左右（进退）运动。另一个从动滚子（图示虚线）在另一面的沟槽内运动，经从动杆 12 及 14、滚子 15 及导槽 2 使滑块 6 带动横臂杆 8 上下（升降）运动。采用适当形状的凸轮沟槽，可获得相当任意的输出运动规律。此设计用于工件移置位置。横臂杆前端板 9 上安装工件夹持器，在适当的凸轮推动下，可做 Ⅱ 形、口形或其他轨迹形状的运动，通用性较强
一次夹紧多个零件的夹具	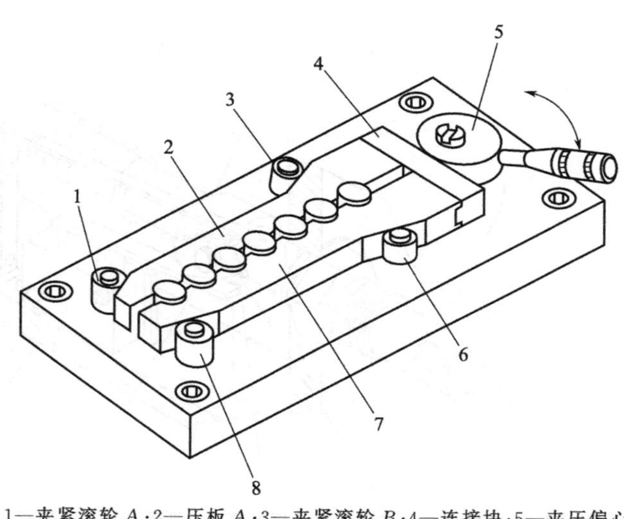 1—夹紧滚轮 A；2—压板 A；3—夹紧滚轮 B；4—连接块；5—夹压偏心凸轮；6—夹紧滚轮 C；7—压板 B；8—夹紧滚轮 D 图示为一次夹紧多个零件的夹具机构，压板 A、B 的两个斜面与滚轮接触，且压板之间做成与被夹压零件截面相同形状的孔，并在这些孔中夹持零件，用偏心凸轮完成零件的夹紧和松开 压板 A、B 以燕尾槽与连接块相连，所以，夹具的拆装很方便，从而容易清扫夹具，这对夹具而言是十分重要的

续表

<table>
<tr><th>机构名称</th><th>应用图例及运动分析</th></tr>
<tr><td>采用水平滑板的步进送料机构</td><td>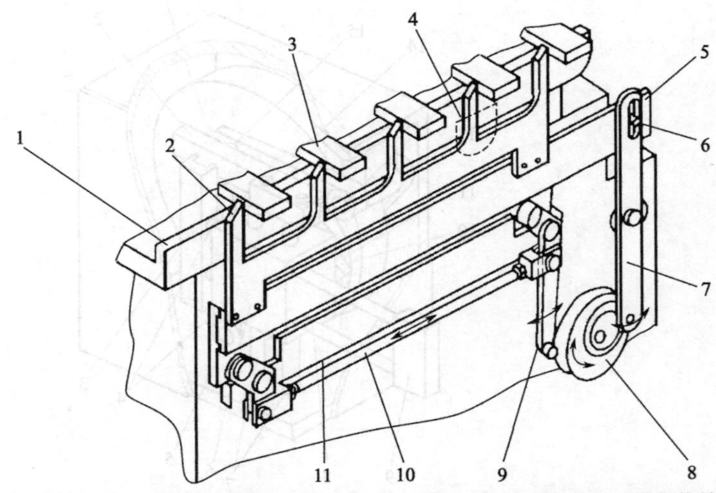

1—支架导轨；2—输送杆；3—被输送的零件；4—输送杆运动轨迹；5—水平滑块；6—滑板拔销；7—驱动水平运动的杆；8—双作用凸轮；9—驱动上下运动的杆；10—连接杆；11—垂直运动板的导向

图示为采用水平滑板的步进送料机构。输送杆被固定在水平滑板上，完成输送运动。水平滑板安装在垂直运动板上，所以，垂直运动板的上下运动就成为输送杆的上下运动，其作用是确定输送杆是输送零件还是脱开零件
这种机构可用于自动装配机的夹具输送，包装机上硬纸箱的输送，板料和棒料的输送等，其用途甚广</td></tr>
<tr><td>矩形凸轮驱动的微动开关</td><td>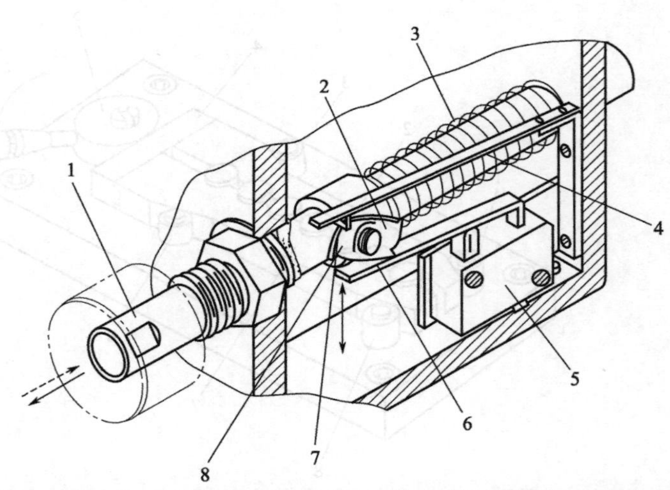

1—开关轴；2—凸轮爪；3—复位弹簧；4—板弹簧；5—微动开关；6—压板；7—拨爪；8—矩形凸轮

图示为矩形凸轮驱动的微动开关示意图。开关的轴 1 在复位弹簧 3 的压缩力作用下，由右向左完成返回行程，此时，板弹簧 4 的拨爪 7 钩住矩形凸轮 8 的爪，而使矩形凸轮转动 90°
矩形凸轮，顾名思义成矩形，在其每转动 90°时，就使压板交互地受压或松开，从而，使微动开关接电或断电
本装置的特点是：把微动开关用于这种装置，可以控制较大的电流</td></tr>
</table>

续表

<table>
<tr><th>机构名称</th><th>应用图例及运动分析</th></tr>
<tr><td>可以得到复杂运动的组合式凸轮</td><td>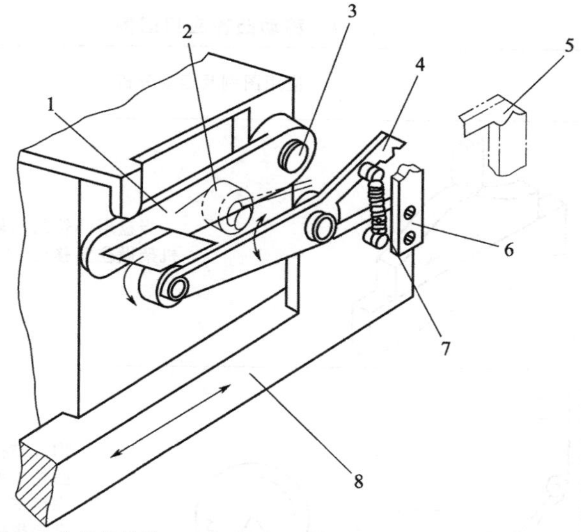

1—凸轮杆；2—滚轮；3—凸轮杆转轴；4—夹爪；5—夹紧位置；6—固定夹爪；7—夹紧弹簧；8—往复运动杆
图示为可以得到复杂运动的组合式凸轮机构，控制夹爪开闭的凸轮安装在凸轮杆上，做往复运动的夹爪摆杆上的滚轮与凸轮相接触，在夹爪摆杆由左向右移动时，滚轮从凸轮下侧通过，而当夹爪摆杆由右向左返回时，滚轮则从凸轮上侧通过。然而，凸轮杆只能按图示方向以凸轮杆轴为中心向下摆动，所以，在夹爪摆杆前进时夹爪开启，返回时则闭合
应用实例：本机构可用于送纸机构等装置中</td></tr>
<tr><td>三凸轮分度装置</td><td>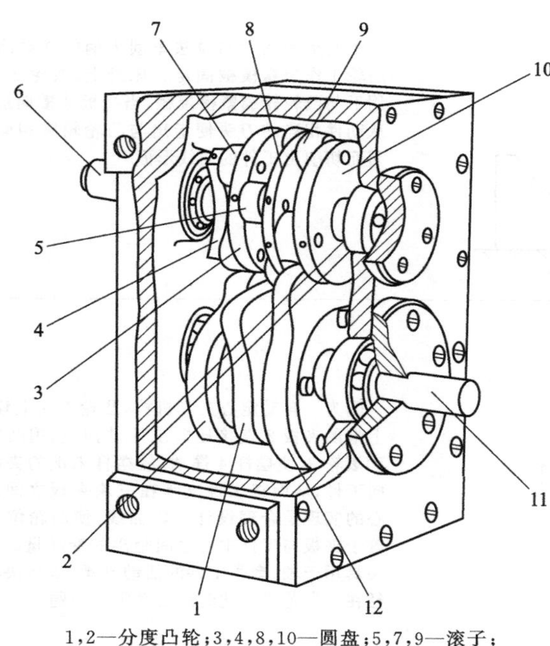

1，2—分度凸轮；3，4，8，10—圆盘；5，7，9—滚子；6—输出轴；11—输入轴；12—锁定凸轮
图示为三凸轮分度装置。这种分度装置的主分配角（每次分度时输入轴的工作角度）可以非常小，可用于有这种需要的场合
也就是说，这种分度装置在一个分度周期中的运动与停留时间比很小，所以，在停留时间中，可以很从容地进行操作。当不需要较长的停留时间时，可以进一步加快工作周期，缩短循环时间。对于三凸轮分度装置而言，除具有平行凸轮分度装置的所有特点外，还具备下列优点：
①分度精度和定位精度非常高，所以，在分度工作台上不必设置定位销；
②传递力矩大；
③对于分度数 $n=4$、5、6、8 等，其主分配角最小可达到 60°；
④也可以设计制成分度数 $n=1$ 的分度装置；
⑤启动、停止时的冲击很小。
应用实例：这种三凸轮分度装置可用于驱动分度旋转工作台、间歇移动皮带运输机等，不但启动和停止过程平稳，而且分度精度也很高</td></tr>
</table>

5.2.2 移动凸轮应用图例

移动凸轮应用图例见表5-4。

表 5-4 移动凸轮应用图例

机构名称	应用图例及运动分析
移动凸轮	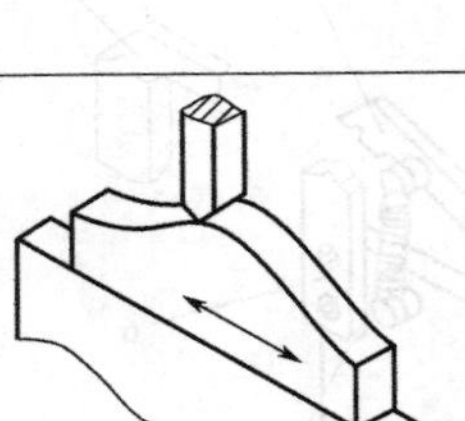 当盘形凸轮的回转中心趋于无穷远时，凸轮相对机架做往复移动，这种凸轮称为移动凸轮
录音机卷带机构	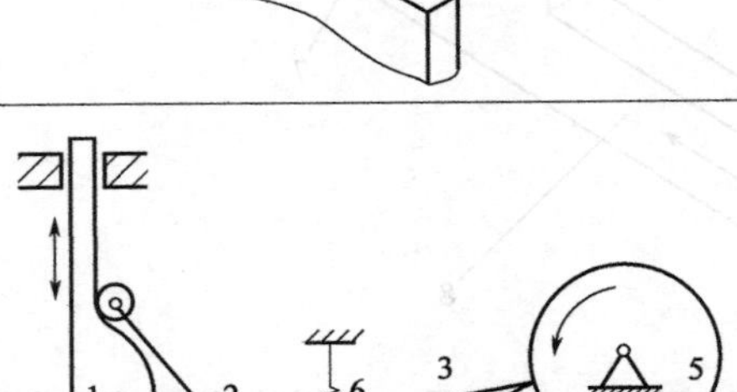 1—凸轮；2—从动件；3—带；4—摩擦轮；5—卷带轮；6—弹簧 图示为录音机卷带装置中的凸轮机构，凸轮1随放音键上下移动。放音时，凸轮1处于图示最低位置，在弹簧6的作用下，安装于带轮轴上的摩擦轮4紧靠卷带轮5，从而将磁带卷紧。停止放音时，凸轮1随按键上移，其轮廓压迫从动件2顺时针摆动，使摩擦轮与卷带轮分离，从而停止卷带
靠模机构	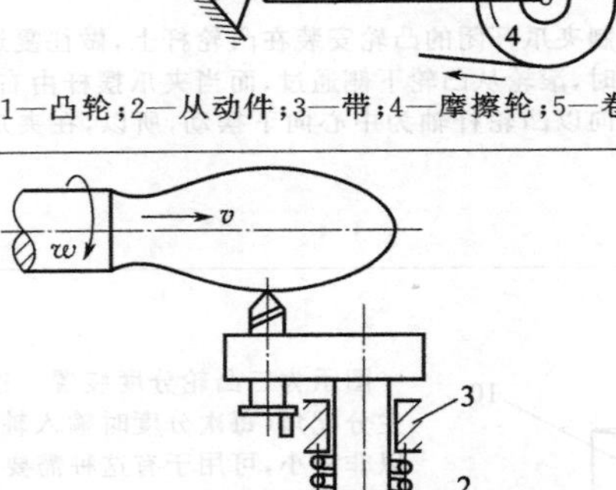 1—凸轮；2—滚轮；3—托板 图所示为利用靠模法车削手柄的移动凸轮机构。凸轮1作为靠模被固定在床身上，滚轮2在弹簧作用下与凸轮轮廓紧密接触，当托板3横向运动时，与从动件相连的刀头便走出与凸轮轮廓相同的轨迹，因而切削出工件的曲线形面
滑动支承自动定心夹具机构	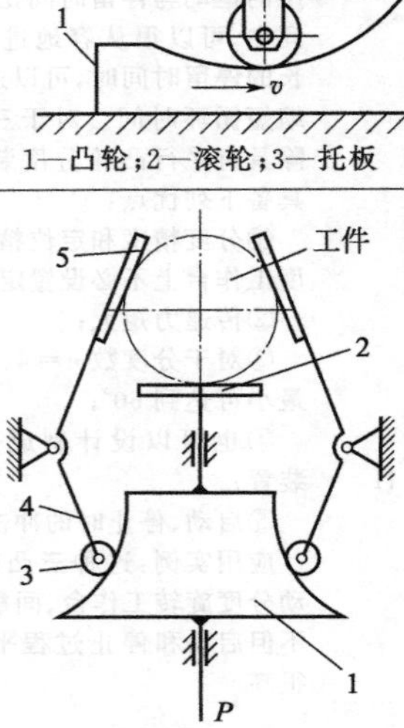 1—凸轮；2—夹板；3—滚轮；4—摆杆；5—夹板 图为一自动定心夹具机构，凸轮1向上移动时，其上端的夹板2直接压向工件，同时利用凸轮曲线推动滚轮3，使摆杆4摆动，故摆杆末端的夹板5也压向工件，从而将工件支承在三块夹板之间。自动定心的实现是合理设计凸轮曲线，使凸轮位移量总是等于夹板与工件中心之间距离的变动量。自动定心夹具用于轴、套类工件的活动支承，以解决其工件直径在一定范围变化时的自动定心问题

续表

机构名称	应用图例及运动分析
凸轮控制手爪开闭的抓取机构	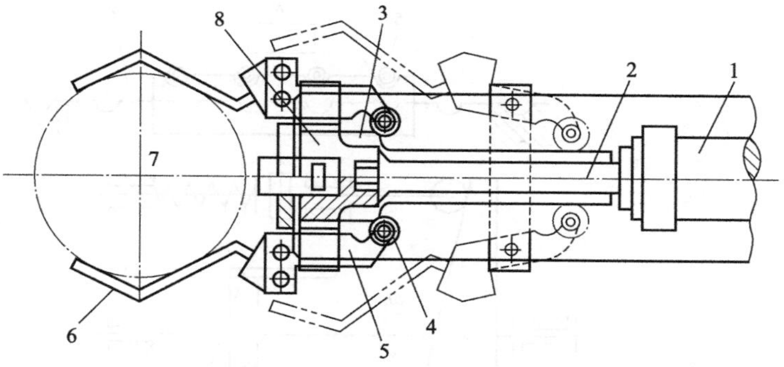 1—气缸；2—活塞杆；3—凸轮；4—滚子；5—手爪杠杆；6—爪片；7—工件；8—保持板 图示为凸轮控制手爪开闭的抓取机构，当活塞杆在气缸 1 的作用下移动时，它带着保持板 8 和手爪杠杆 5 一起移动，而滚子 4 在凸轮 3 的表面滚动，由凸轮廓线控制手爪的开闭。活塞杆 2 的端部安装一保持板 8；在保持板 8 的两侧铰接一对手爪杠杆 5；杠杆 5 的左端固结爪片 6，右端铰接滚子 4。杠杆 5 的右端装有弹簧片（图中未表示），以保证滚子 4 和凸轮片 3 接触
移动凸轮送料机构	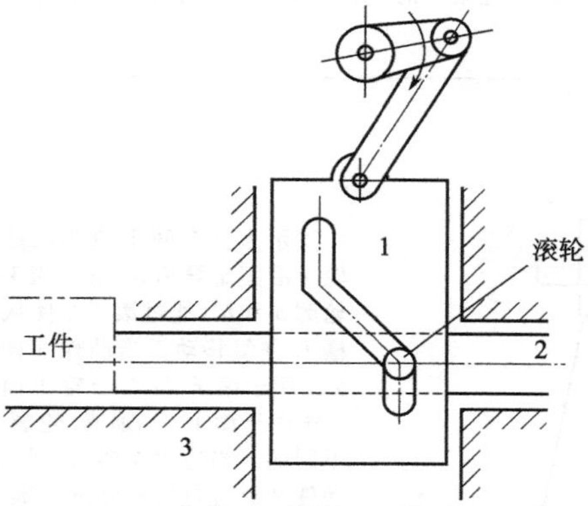 工件　滚轮 1—凸轮；2—推杆；3—导杆 如图所示的移动凸轮送料机构由曲柄连杆带动凸轮 1 上下移动，通过凸轮槽与滚轮接触，使作为从动件的推杆 2 水平运动，推动工件进入工位
缝纫机刀片的凸轮机构	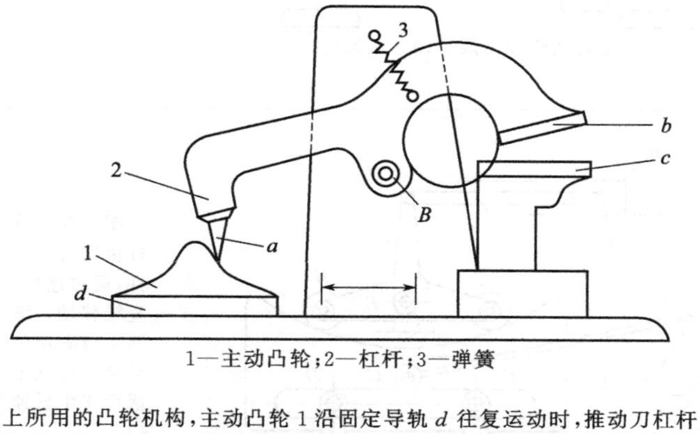 1—主动凸轮；2—杠杆；3—弹簧 图示为缝纫机刀片上所用的凸轮机构，主动凸轮 1 沿固定导轨 d 往复运动时，推动刀杠杆 2 的凸出部 a，2 绕轴线 B 转动，刀 b 下降到砍穿织物为止，织物放在可动块 c 上，用单独的机构传递运动。刀的杠杆 2 绕定轴线 B 转动，杠杆 2 在弹簧 3 的作用下回复到初始位置

续表

机构名称	应用图例及运动分析
圆珠笔生产线上的凸轮机构	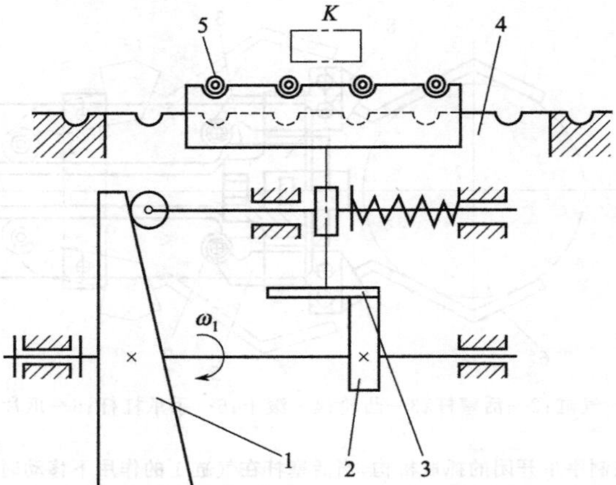 1—端面凸轮；2—盘状凸轮；3—托架；4—工作台；5—圆珠笔 图为圆珠笔生产线上所用的凸轮机构，图中4为工作台，主动轴上的盘状凸轮2控制托架3上下运动，从而将圆珠笔5抬起和放下；而主动轴上的端面凸轮1控制托架3的左右往复移动，从而使圆珠笔5沿轨迹K移动，将圆珠笔5步进式地向前送给
有两个轮廓的凸轮机构	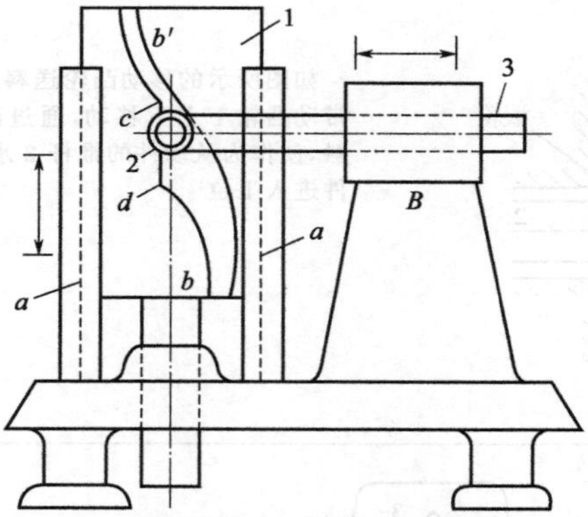 1—主动凸轮；2—滚子；3—从动件 图示为具有两个轮廓的凸轮机构，主动凸轮1沿固定导槽a—a往复移动，它具有两个轮廓b和b'，通过滚子2使从动件3沿固定导槽B往复移动。当凸轮1向上运动，其轮廓b作用于滚子2；当凸轮1向下运动，其轮廓b'作用于滚子2。通常，轮廓b和b'的形状是不同的。当轮廓b的cd段与滚子2接触，从动件3具有较长的停歇。滚子2与轮廓b接触过渡到与轮廓b'接触。或反之，是由专门装置操作的(图中未示出)
摇床机构	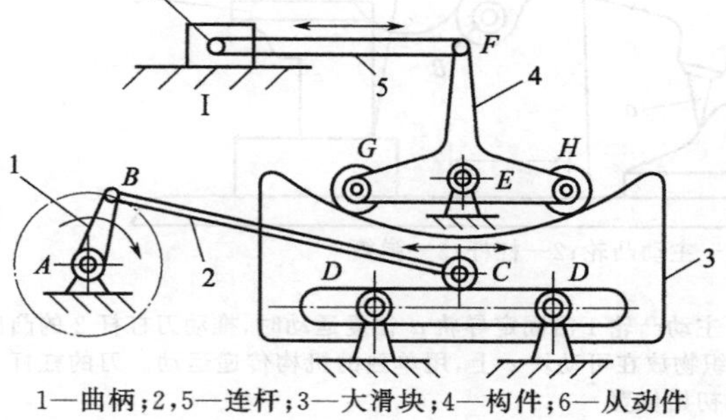 1—曲柄；2,5—连杆；3—大滑块；4—构件；6—从动件 图示为摇床机构的示意图，摇床机构由连杆机构与移动凸轮机构组成，曲柄1为主动件，通过连杆2使大滑块3(移动凸轮)做往复直线移动。滚子G、H与凸轮廓线接触，使构件4绕固定轴E摆动，再通过连杆5驱动从动件6按预定的运动规律往复移动。该机构适用于中低速轻负荷的摇床机构或推移机构

续表

机构名称	应用图例及运动分析
可以得到复杂运动的组合式凸轮机构	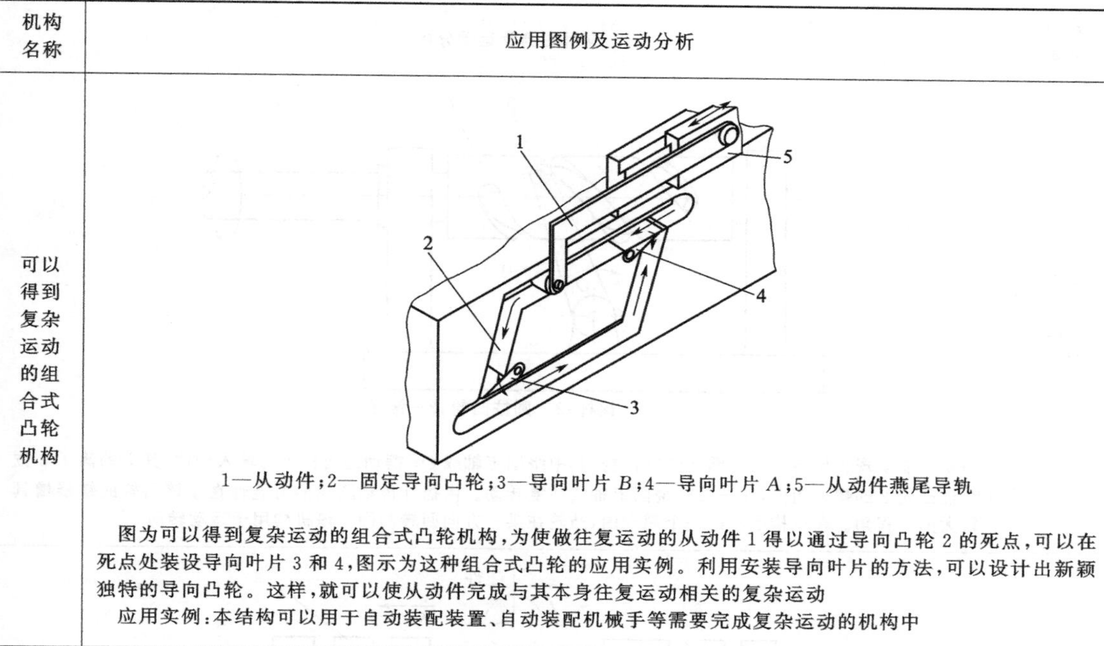 1—从动件；2—固定导向凸轮；3—导向叶片 B；4—导向叶片 A；5—从动件燕尾导轨 图为可以得到复杂运动的组合式凸轮机构，为使做往复运动的从动件 1 得以通过导向凸轮 2 的死点，可以在死点处装设导向叶片 3 和 4，图示为这种组合式凸轮的应用实例。利用安装导向叶片的方法，可以设计出新颖独特的导向凸轮。这样，就可以使从动件完成与其本身往复运动相关的复杂运动 应用实例：本结构可以用于自动装配装置、自动装配机械手等需要完成复杂运动的机构中

5.2.3　圆柱凸轮应用图例

圆柱凸轮应用图例见表 5-5。

图 5-5　圆柱凸轮应用图例

机构名称	应用图例及运动分析
机床自动进刀机构	1—圆柱凸轮；2—从动件；3—滚子 图所示为一自动机床的进刀机构。当具有凹槽的圆柱凸轮 1 回转时，其凹槽的侧面通过嵌于凹槽的滚子 3 迫使从动件 2 绕轴 O 做往复摆动，从而控制刀架的进刀和退刀运动。至于进刀和退刀的运动规律如何，则决定于凹槽曲线的形状
送料机构	1—凸轮；2—从动件 图示为自动送料机构。当带有凹槽的凸轮 1 转动时，通过槽中的滚子，驱使从动件 2 做往复移动。凸轮每回转一周，从动件即从储料器中推出一个毛坯，送到加工位置

续表

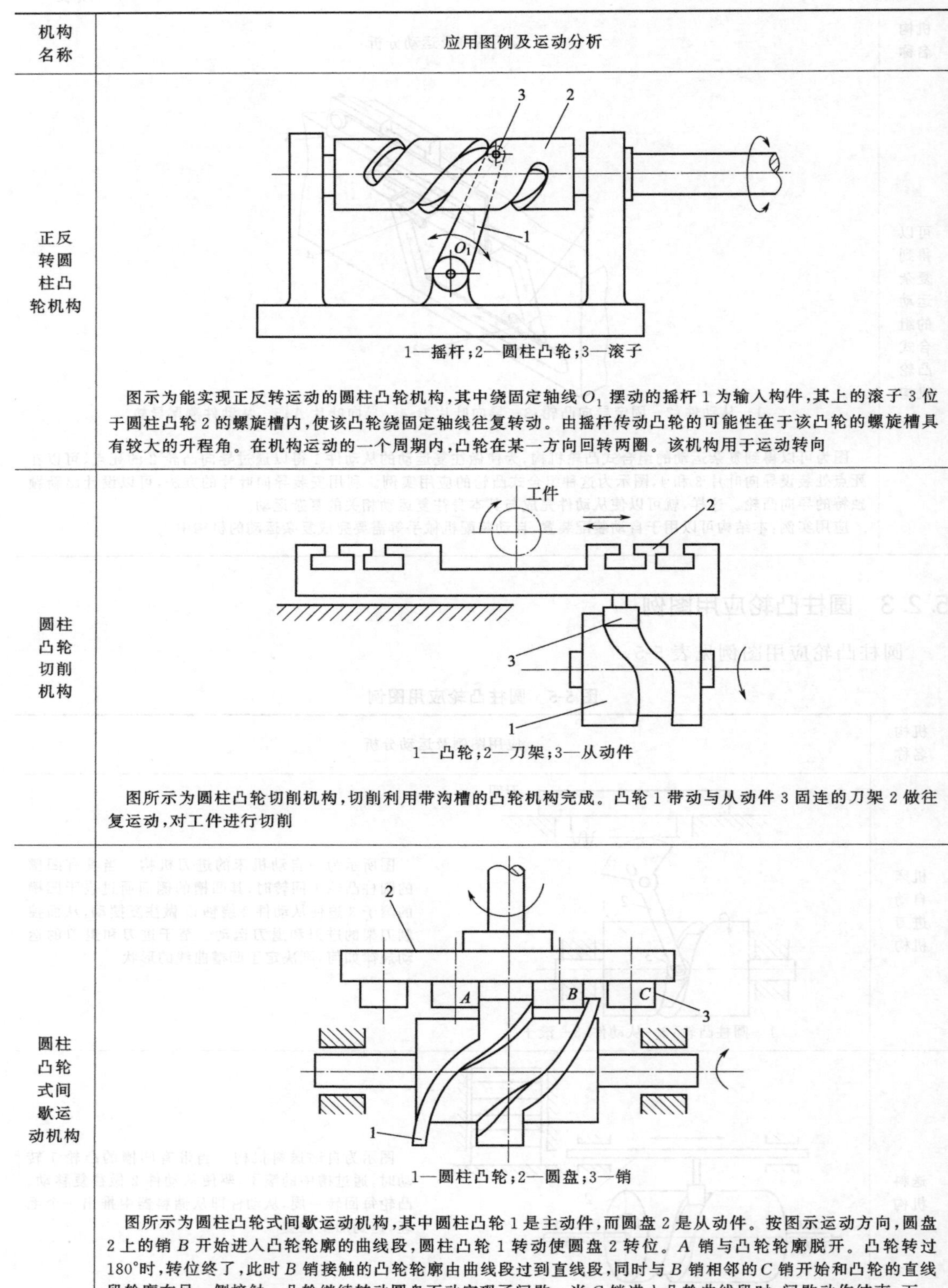

机构名称	应用图例及运动分析
正反转圆柱凸轮机构	1—摇杆；2—圆柱凸轮；3—滚子 图示为能实现正反转运动的圆柱凸轮机构，其中绕固定轴线 O_1 摆动的摇杆 1 为输入构件，其上的滚子 3 位于圆柱凸轮 2 的螺旋槽内，使该凸轮绕固定轴线往复转动。由摇杆传动凸轮的可能性在于该凸轮的螺旋槽具有较大的升程角。在机构运动的一个周期内，凸轮在某一方向回转两圈。该机构用于运动转向
圆柱凸轮切削机构	1—凸轮；2—刀架；3—从动件 图所示为圆柱凸轮切削机构，切削利用带沟槽的凸轮机构完成。凸轮 1 带动与从动件 3 固连的刀架 2 做往复运动，对工件进行切削
圆柱凸轮式间歇运动机构	1—圆柱凸轮；2—圆盘；3—销 图所示为圆柱凸轮式间歇运动机构，其中圆柱凸轮 1 是主动件，而圆盘 2 是从动件。按图示运动方向，圆盘 2 上的销 B 开始进入凸轮轮廓的曲线段，圆柱凸轮 1 转动使圆盘 2 转位。A 销与凸轮轮廓脱开。凸轮转过 180°时，转位终了，此时 B 销接触的凸轮轮廓由曲线段过到直线段，同时与 B 销相邻的 C 销开始和凸轮的直线段轮廓在另一侧接触。凸轮继续转动圆盘不动实现了间歇。当 C 销进入凸轮曲线段时，间歇动作结束，下一次转位动作开始

续表

<table>
<tr><th>机构名称</th><th>应用图例及运动分析</th></tr>
<tr><td>固定凸轮式工件分选装置</td><td>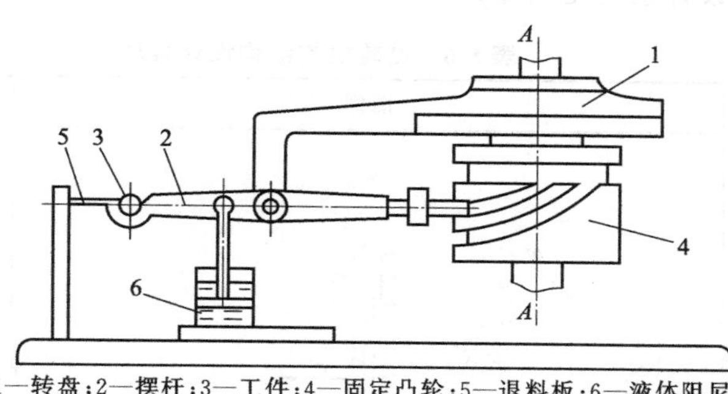
1—转盘;2—摆杆;3—工件;4—固定凸轮;5—退料板;6—液体阻尼器
图示为固定凸轮式工件分选装置,摆杆2悬挂于绕轴线A—A连续转动的转盘1上;来自装料自动机的工件3进入摆杆2的托盘;在转盘1某一确定的转角范围内,摆杆2与固定凸轮4脱开,在工件3的重量作用下摆动。摆杆2的摆幅取决于工件3的重量,由此而使摆杆2右端进入凸轮4上三个上下配置的槽中的某一个。在摆动2的确定位置,即可将工件带至三个退料板5中的一个,退料板依次安置在不同高度;每一摆杆均装有液体阻尼器6</td></tr>
<tr><td>空间端面凸轮压紧机构</td><td>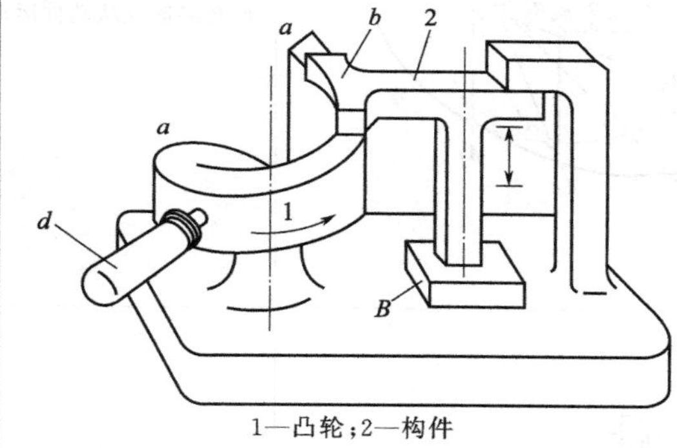
1—凸轮;2—构件
图示为空间凸轮压紧机构,按图示方向转动凸轮1时,构件2随着凸轮的轮廓线a—a向下移动,从而将工件B夹紧,当反方向转动凸轮1时,就可以将工件B松开。凸轮1的转动可以通过手柄d来调节。凸轮1的轮廓线为升距较大的螺旋线,从而使中间构件2具有较大的行程</td></tr>
<tr><td>利用小压力角获得大升程的凸轮</td><td>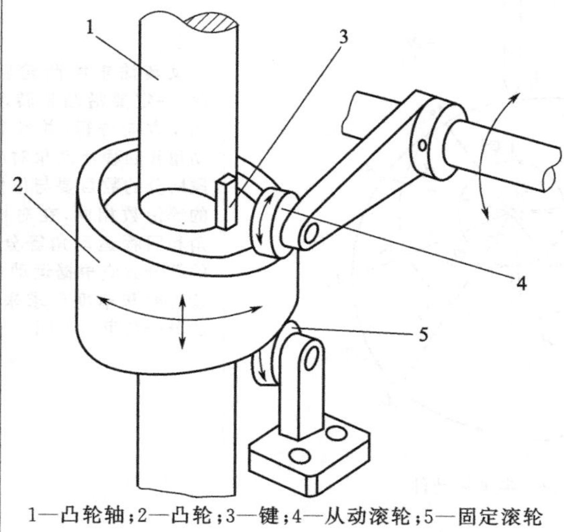
1—凸轮轴;2—凸轮;3—键;4—从动滚轮;5—固定滚轮
图为利用小压力角获得大升程的凸轮机构,在凸轮轴1上套有一个可沿轴向滑动的端面凸轮2,借助键3连接传递回转运动。端面凸轮2的上端与从动滚轮4相靠,下端则与固定滚轮5相接触,凸轮转动时,从动滚轮的上升行程为两项行程之和,一项是与之相接触的端面凸轮的升程,另一项是由固定滚轮的作用而使端面凸轮本身在轴向方向的上升行程,从而可以获得较大的上升行程
这种装置在快速上升过程中将相应产生很大的转矩,随着压力角的加大,摩擦阻力也急剧增加。因此,采用这种将压力角分解在凸轮两端面上的方法,就可以提高机构的工作效率
设计时应充分考虑零件的磨损及强度,要留有充足的余量
应用实例:用于自动装配机、二次加工自动机床等设备</td></tr>
</table>

5.2.4 凸轮机构结构设计禁忌

凸轮机构结构设计禁忌见表 5-6。

表 5-6 凸轮机构结构设计禁忌

禁忌类型		图例	说明
凸轮轮廓设计禁忌	偏置盘形凸轮轮廓设计禁忌	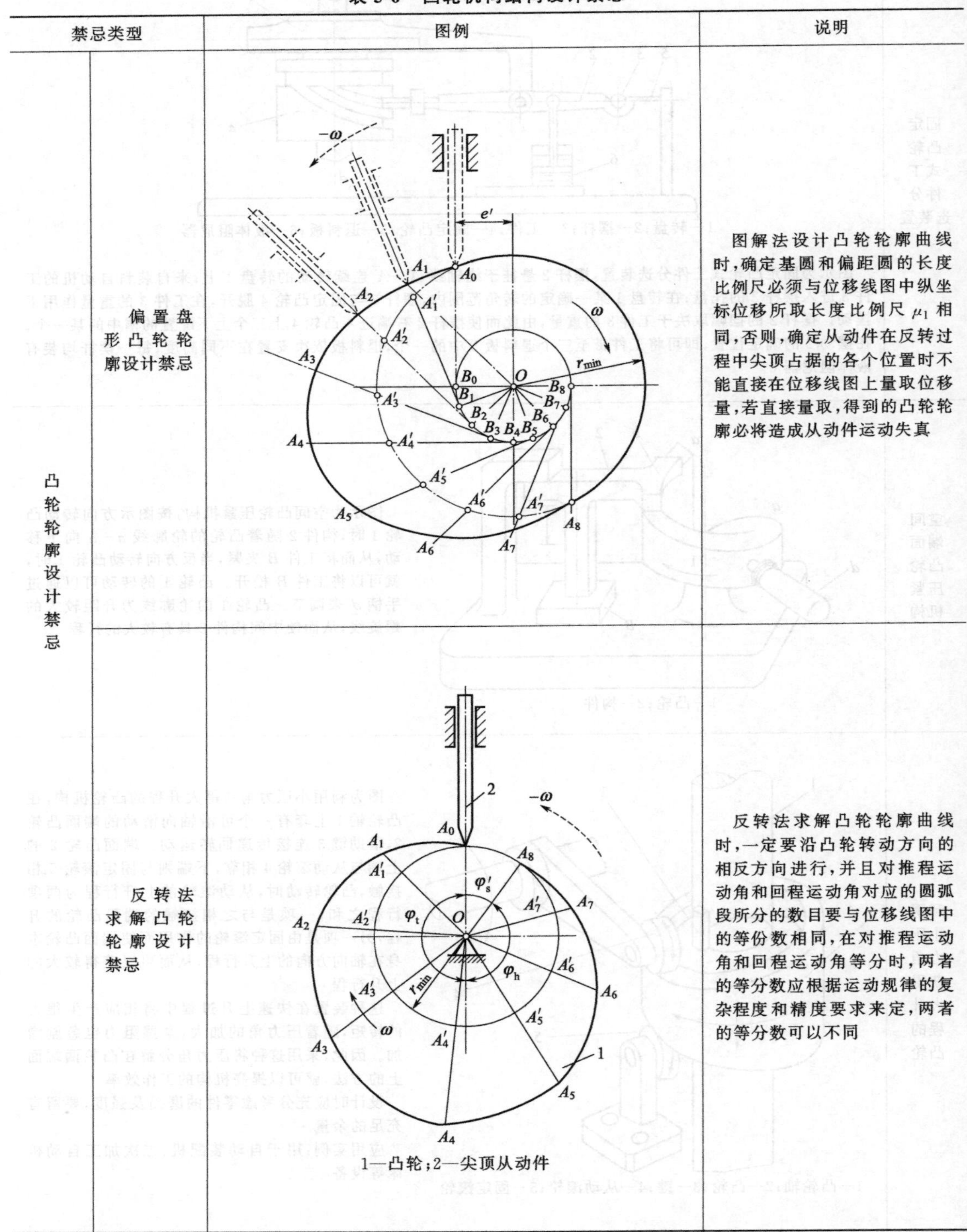	图解法设计凸轮轮廓曲线时，确定基圆和偏距圆的长度比例尺必须与位移线图中纵坐标位移所取长度比例尺 μ_1 相同，否则，确定从动件在反转过程中尖顶占据的各个位置时不能直接在位移线图上量取位移量，若直接量取，得到的凸轮轮廓必将造成从动件运动失真
	反转法求解凸轮轮廓设计禁忌	1—凸轮；2—尖顶从动件	反转法求解凸轮轮廓曲线时，一定要沿凸轮转动方向的相反方向进行，并且对推程运动角和回程运动角对应的圆弧段所分的数目要与位移线图中的等份数相同，在对推程运动角和回程运动角等分时，两者的等分数应根据运动规律的复杂程度和精度要求来定，两者的等分数可以不同

续表

<table>
<tr><th colspan="2">禁忌类型</th><th>图例</th><th>说明</th></tr>
<tr><td rowspan="3">凸轮轮廓设计禁忌</td><td>滚子从动件凸轮轮廓设计禁忌</td><td> 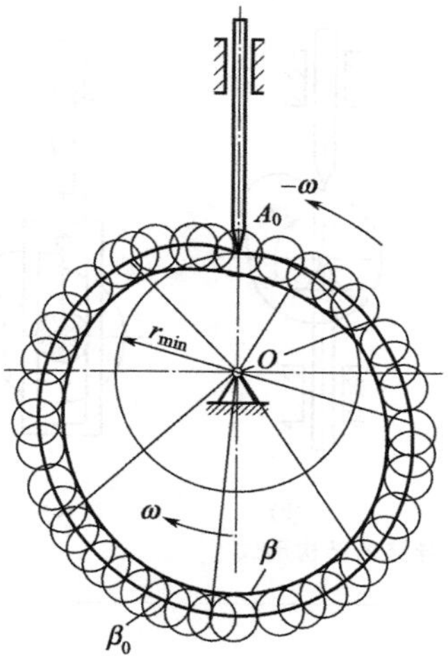</td><td>对于滚子从动件凸轮轮廓曲线设计，由理论轮廓求取实际轮廓时，不能直接在从动件反转过程中占据的各导路方向线上直接截取滚子半径，也不能在通过凸轮回转中心的各径向线上直接截取滚子半径，因为这样得到的点并非实际轮廓上的点</td></tr>
<tr><td>平底从动件凸轮轮廓设计禁忌</td><td> 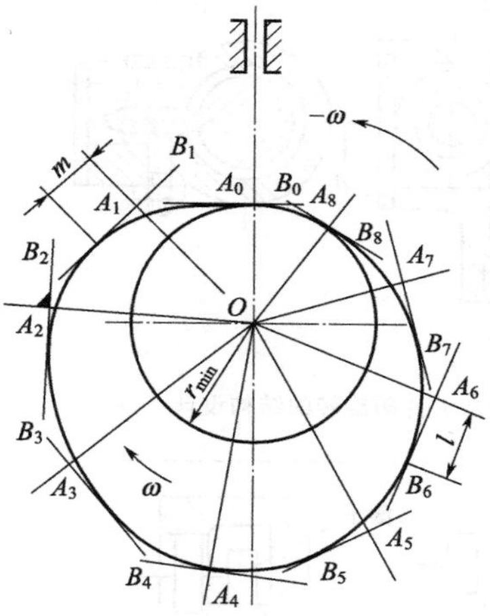</td><td>对于平底从动件凸轮轮廓曲线的设计，可按对心从动件的凸轮轮廓曲线作图方法进行，只是该对心从动件的移动导路必须与偏置从动件的移动导路平行，因为平底从动件是否偏置对凸轮轮廓曲线不会有任何影响。平底从动件凸轮的基圆半径是凸轮回转中心至从动件起始位置平底线的距离，不要误认为是凸轮回转中心点 O 与过 O 点的移动导路的平行线和平底线起始位置的交点之间的距离，两者的值在平底与其移动导路不垂直时是不同的</td></tr>
<tr><td>摆动从动件凸轮轮廓设计禁忌</td><td> 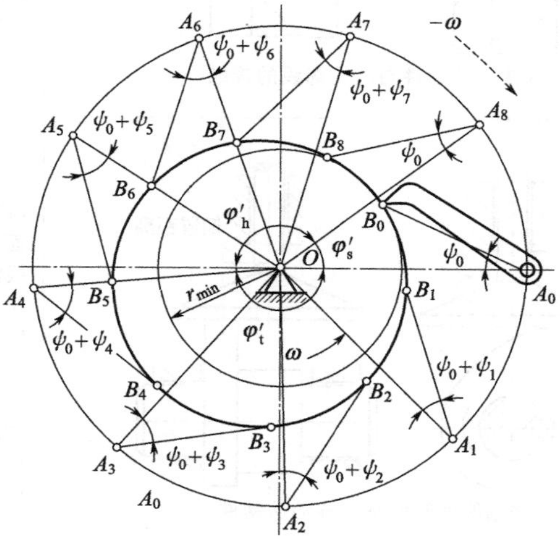</td><td>图示摆动从动件盘形凸轮轮廓曲线设计，在某些位置的摆杆线与凸轮轮廓相交，因此摆杆不能做成直杆，以免机构工作时发生干涉。实际的摆杆，可制成曲线形状，或者使摆杆的杆长部分在轴线方向上与凸轮工作平面错开，而其尖顶部分再折回到凸轮工作面上</td></tr>
</table>

续表

禁忌类型		图例	说明
从动件结构设计禁忌	导路结构设计禁忌	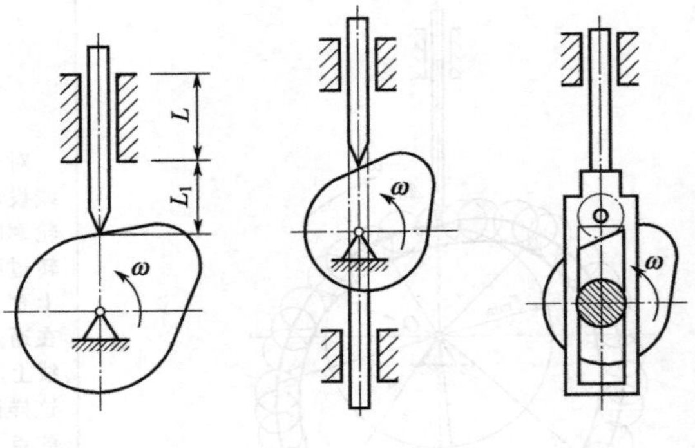 (a) (b) (c) 导路的结构形式	如图(a)所示，当导路布置在凸轮一侧时，从动件有一段伸出导路之外，伸出段 L_1 越长，从动件工作越不灵活。为此，一般 L_1 应不大于导路长度 L 的一半，即 $L_1 \leqslant L/2$。若条件允许，可将导路分设在凸轮两侧，如图(b)所示，以改善从动件运动的灵活性，或将添加一侧直接设在凸轮轴上，如图(c)所示
		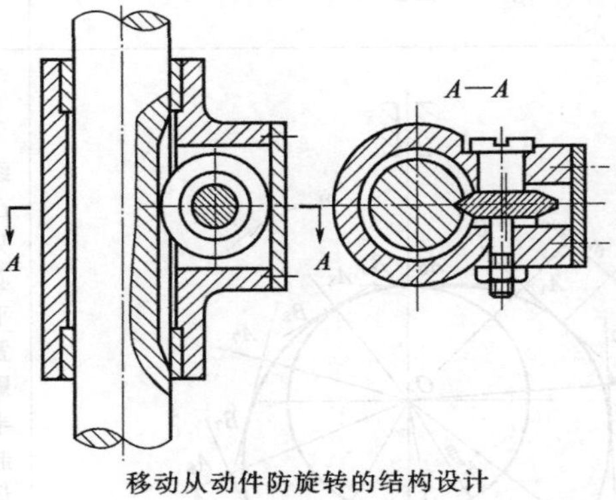 移动从动件防旋转的结构设计	当尖顶或滚子从动件与机架构成圆柱副时，在结构上要防止从动件绕自身轴线回转，同时还要实现从动件导向。常用的措施是在从动件的导向杆上制出V形槽，与安装的偏心轴上可自转的V形轮接触
	滚子结构设计禁忌	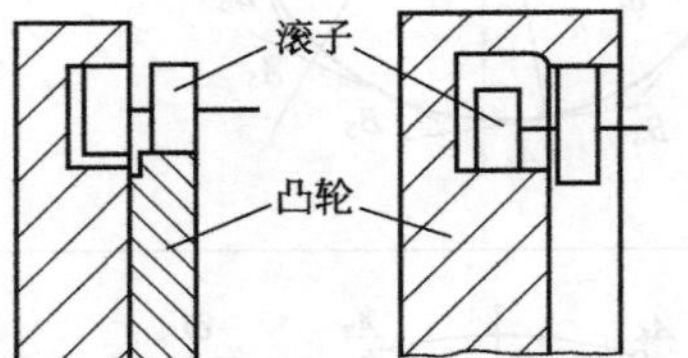 双滚子从动件与凸轮廓线的接触	从动件滚子常直接采用滚动轴承，也可采用滑动轴承或圆柱形套筒。若采用双滚子，如图所示，可以实现滚子与凸轮轮廓线的无间隙接触
	平底结构设计禁忌(一)	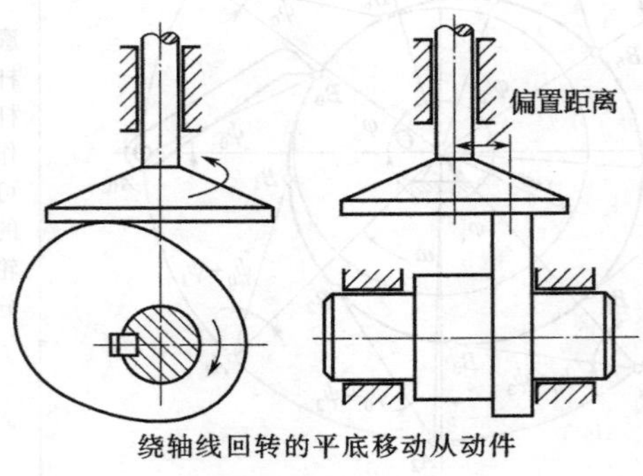 绕轴线回转的平底移动从动件	平底从动件容易磨损，为了减轻平底的磨损，平底的工作面可取为圆形，并使其自转轴线沿凸轮回转轴线方向偏置凸轮与平底接触区一段距离，如图所示，使平底工作时可绕圆形工作面的轴线回转。对直角平底移动从动件，由于其自转轴线与从动件移动导路方向相同，只要将从动件与机架组成的移动副改为圆柱副即可

续表

禁忌类型		图例	说明
从动件结构设计禁忌	平底结构设计禁忌(二)	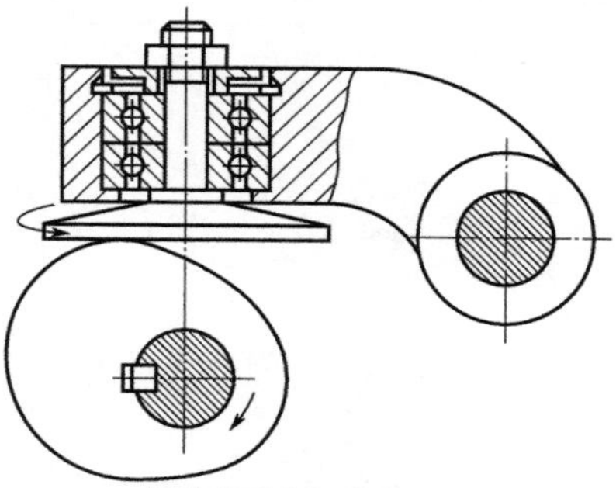 回转式平底摆动从动件	对倾斜式平底移动从动件和摆动从动件，若采用可自转平底，则应使平底的自转轴与从动件本体组成转动副，如图所示

第6章 齿轮机构

6.1 齿轮传动概述

6.1.1 齿轮机构的分类

齿轮机构的分类见表 6-1。

表 6-1 齿轮机构的分类

机构名称	机构简图			特点及应用
平面齿轮机构	外啮合圆柱齿轮机构			传动的速度和功率范围很大，对中心距的敏感性小，互换性好，装配和维修方便，易于进行精密加工，是齿轮传动中应用最广泛的传动 如高速船用透平齿轮，大型轧机齿轮，矿山、轻工、化工和建材机械齿轮等
	直齿	斜齿	人字齿	
	内啮合圆柱齿轮机构	齿轮齿条机构		
空间齿轮机构	圆锥齿轮机构			特点及应用
	直齿	斜齿	曲齿	用于两相交轴之间的传动，承载能力大，直齿圆锥齿轮设计、制造、安装均较容易，应用最为广泛 主要用于机床、汽车、拖拉机等机械中

续表

机构名称	机构简图	特点及应用
空间齿轮机构	交错轴齿轮机构 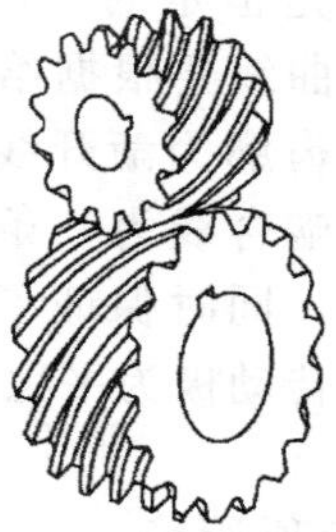	由两个螺旋角不等的斜齿齿轮组成，两齿轮的轴线可成任意角度，缺点是齿面为点接触，所以承载能力和传动效率较低 用于空间任意方向轻载或传递运动的场合
蜗轮蜗杆	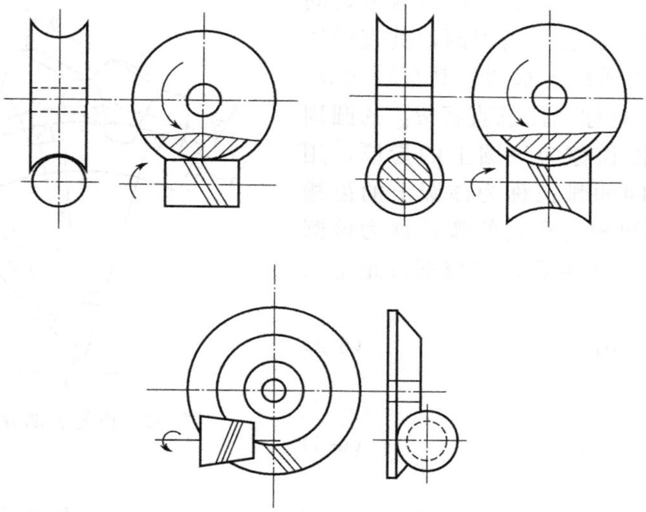	①用于传递空间交错轴之间的回转运动和动力，通常两轴交错角成 90°。传动中蜗杆为主动件，蜗轮为从动件，广泛应用于各种机器和仪器中 ②传动比大，结构紧凑 ③传动平稳，噪声小 ④具有自锁功能 ⑤传动效率低，磨损较严重 ⑥蜗杆的轴向力较大，使轴承摩擦损失较大
齿轮齿条	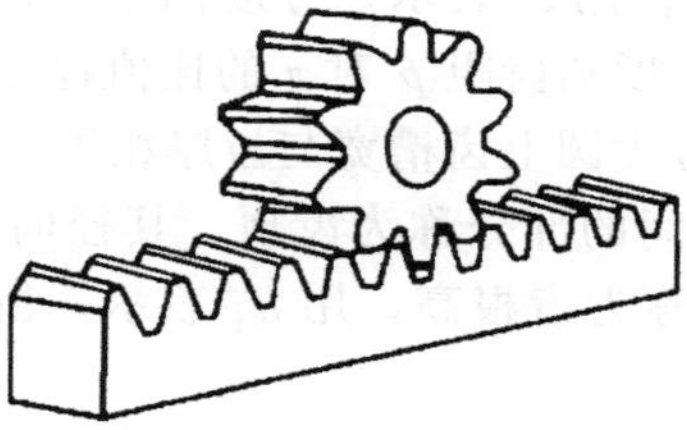	①齿廓上各点的压力角相等，是等于齿廓的倾斜角(齿形角)，标准值为 20° ②齿廓在不同高度上的齿距均相等。且 $p=\pi m$ 但齿厚和槽宽各不相同，其中 $s=e$ 处的直线称为分度线 ③几何尺寸与标准齿轮相同

6.1.2　齿轮机构工作原理及基本参数

(1) 工作原理

齿轮机构由主动齿轮、从动齿轮和机架所组成，两齿轮构成点或线接触的高副机构。齿轮如图 6-1 所示，n_1 和 z_1 分别为主动齿轮 1 的转速和齿数，n_2 和 z_2 分别为从动齿轮 2 的转速和齿数。当齿轮机构传动时，主动齿轮每转过一个轮齿，拨动从动齿轮也转过 1 个齿轮，故 $n_1z_1=n_2z_2$，于是可得其平均传动比为

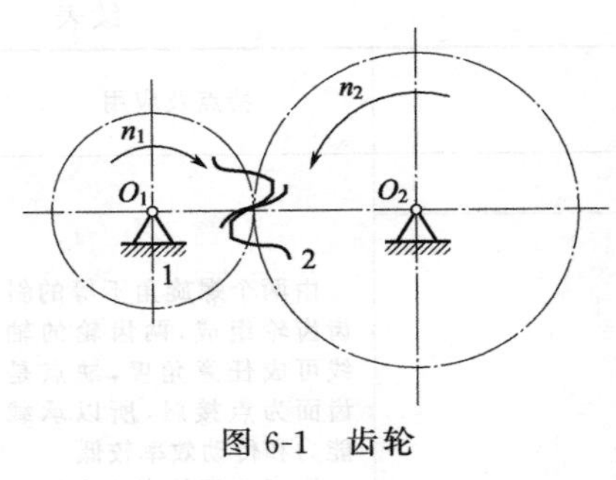

图 6-1 齿轮

$$i_{12}=\frac{n_1}{n_2}=\frac{z_2}{z_1} \tag{6-1}$$

齿轮机构是依靠主动齿轮轮齿的齿廓推动从动齿轮轮齿的齿廓来实现运动传递的。两轮的瞬时角速度之比可以是恒定的，也可以是按照一定规律变化的。齿轮齿廓曲线要根据给定传动比的要求来确定，最常见的齿轮齿廓为渐开线齿廓。一对齿轮啮合时，渐开线齿廓的啮合线为一条定直线，齿廓间的正压力方向始终不变，同时保证了两齿轮的传动比恒定，因此渐开线齿轮传动极为平稳。

(2) 基本参数

图 6-2 所示为直齿圆柱齿轮的一部分。齿顶所确定的圆称为齿顶圆，其直径用 d_a 表示。相邻两齿之间称为齿槽，齿槽底部所确定的圆称为齿根圆，其直径用 d_f 表示。形成渐开线齿廓的圆称为基圆，其直径用 d_b 表示。轮齿两侧的齿廓完全对称，任意直径 d_K 的圆周上，轮齿两侧齿廓之间的弧长称为该圆上的齿厚，用 s_K 表示，齿槽两侧齿廓之间的弧长称为该圆上的齿槽宽，用 e_K 表示。相邻两齿同侧齿廓间的弧长称为该圆上的齿距，用 p_K 表示。设 z 为齿数，则根据齿距定义可得

$$\pi d_K=p_K z \tag{6-2}$$

故

$$d_K=\frac{p_K}{\pi}z \tag{6-3}$$

图 6-2 齿轮各部分名称

为设计、制造方便，把齿轮某一圆周上的比值 $\frac{p_K}{\pi}$ 规定为标准值，并使该圆上的压力角也为标准值，这个圆称为分度圆，其直径用 d 表示。分度圆上的压力角简称压力角，用 α 表示，我国规定的标准压力角为20°。分度圆齿距 p 对 π 的比值称为模数，用 m 表示，分度圆上的模数规定为标准值，见表 6-2。分度圆上齿槽宽与齿厚相等，简称为齿槽宽和齿厚。

在轮齿上，介于齿顶圆和分度圆之间的部分称为齿顶，其径向高度称为齿顶高，用 h_a 表示，介于齿根圆和分度圆之间的部分称为齿根高，用 h_f 表示，齿顶圆与齿根圆之间的轮齿高度称为全齿高，用 h 表示。

表 6-2 圆柱齿轮标准模数（按 GB/T 1357—2008 模数制表） mm

第一系列	0.1	0.12	0.15	0.2	0.25	0.3	0.4	0.5	0.6	0.8	1
	1.25	1.5	2	2.5	3	4	5	6	8	10	12
	16	20	25	32	40	50					
第二系列	0.35	0.7	0.9	1.75	2.25	2.75	(3.25)	3.5	(3.75)	4.5	5.5
	(6.5)	7	9	(11)	14	18	22	28	(30)	36	45

注：1. 本表适用于渐开线圆柱齿轮。对斜齿轮是指法面模数。

2. 选用模数时，应优先选用第一系列，其次是第二系列，括号内的模数尽可能不用。

6.2　齿轮机构应用图例及禁忌

齿轮机构适用于传递空间两轴之间的运动和动力，应用极为广泛。与其他机构相比，它具有传递功率大，速度范围广，效率高，寿命长，且能保证固定传动比等优点。但在制造时需要专门设备，且安装时精度要求高，故齿轮机构成本较高。

6.2.1　齿轮机构应用图例

齿轮机构的应用图例见表 6-3。

表 6-3　齿轮机构的应用图例

机构类型	应用图例及说明	
齿轮换向机构	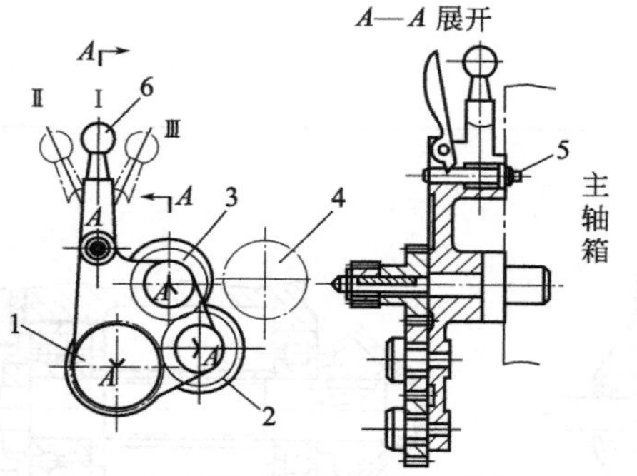 1～4—齿轮；5—定位销；6—手柄	如图所示，当手柄 6 位于位置Ⅰ时，齿轮 2 和 3 均不与齿轮 4 啮合；当处于位置Ⅱ时，传动线路为 1—2—4；当处于位置Ⅲ时，传动线路为 1—2—3—4，这样只要改变手柄的位置，就可以使齿轮 4 获得两种相反的转动，实现转向目的。定位销 5 用来固定手柄的位置
起重绞车	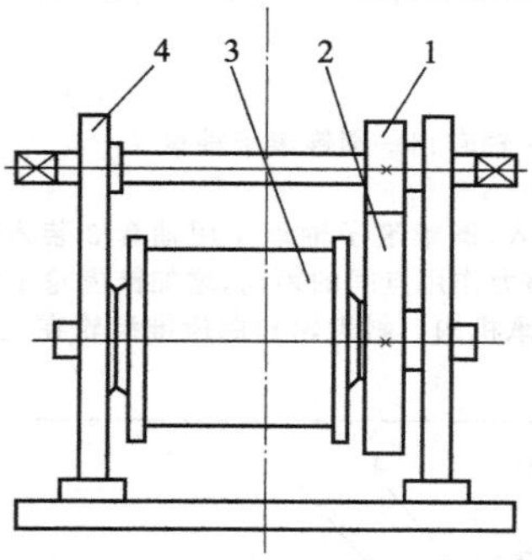 1，2—齿轮；3—绞轮；4—对称机架	图所示为起重绞车图例，该装置由对称机架 4 支撑。当运动由齿轮 1 传递给齿轮 2，带动绞轮 3 转动。该装置可根据拉力大小，通过更换主动轴实现起重目的。
齿轮泵图	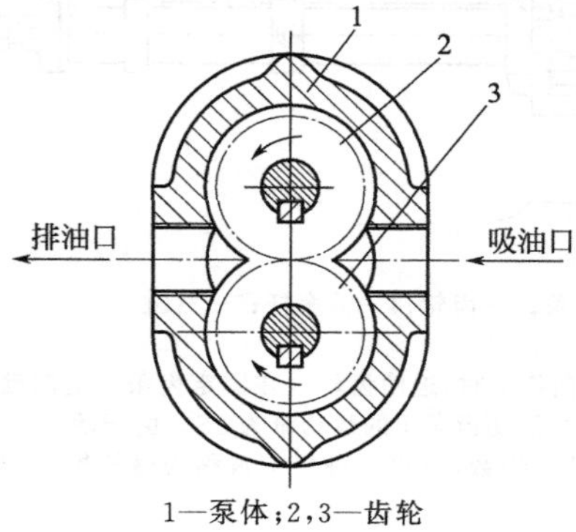 1—泵体；2，3—齿轮	如图所示，外啮合齿轮泵是最常用的一种液压泵，它由泵体 1、齿轮 2、齿轮 3 及端盖等构成。泵体 1 和前后端盖组成一个密封的容腔，即吸油腔和排油腔。当齿轮由电动机或其他动力驱动按箭头方向转动时，吸油腔由于啮合着的轮齿逐渐脱开，使这一容腔的容积增大形成真空，通过吸油口向油箱吸油。随着齿轮的继续转动，油液被送往排油腔内，使这一容腔的容积减小，油液受到挤压，从排油口输出泵外

续表

机构类型	应用图例及说明
风扇摇头机构	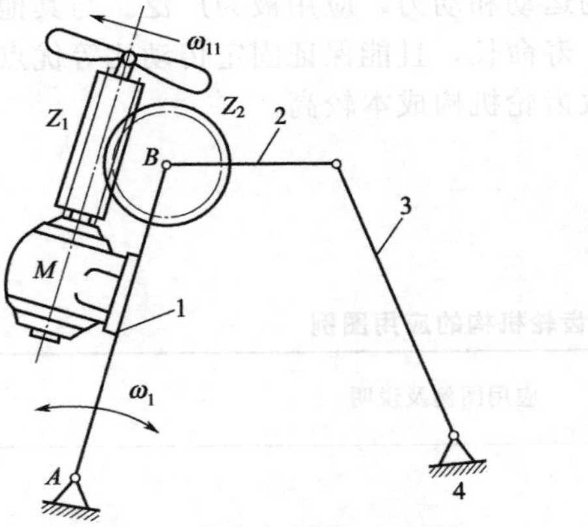 1—摇杆；2—连杆；3—连架杆；4—机架 如图所示为一装载型复联式蜗杆-连杆组合机构，即电风扇自动摇头机构，它是由一蜗杆机构 Z_1-Z_2 装载在一双摇杆机构 1-2-3-4 上所组成，电动机 M 装在摇杆 1 上，驱动蜗杆 Z_1 带动风扇转动，蜗轮 Z_2 与连杆 2 固连，其中心与杆 1 在 B 点铰接。当电动机 M 带动风扇以角速度 ω_{11} 转动时，通过蜗杆机构使摇杆 1 以角速度 ω_1 来回摆动，从而达到风扇自动摇头的目的
悬臂支撑机构	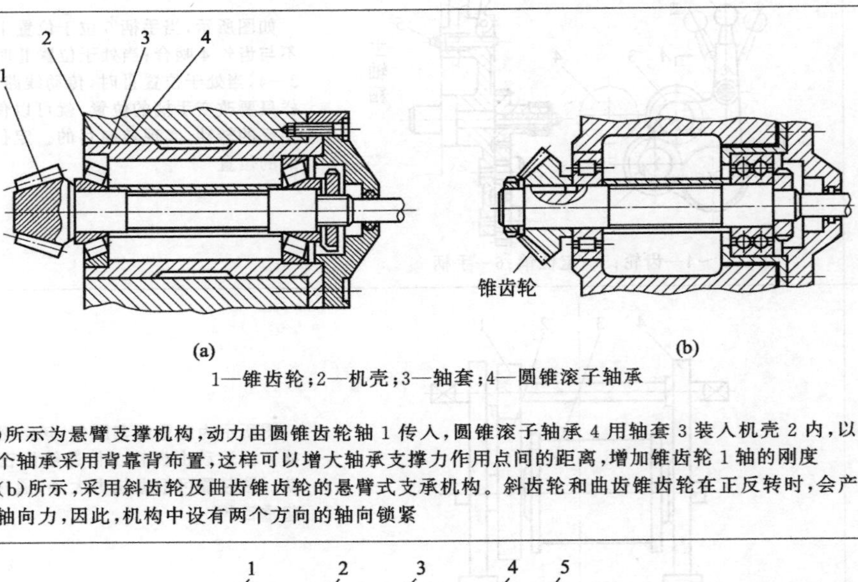 (a) (b) 1—锥齿轮；2—机壳；3—轴套；4—圆锥滚子轴承 图(a)所示为悬臂支撑机构，动力由圆锥齿轮轴 1 传入，圆锥滚子轴承 4 用轴套 3 装入机壳 2 内，以便于调整。两个轴承采用背靠背布置，这样可以增大轴承支撑力作用点间的距离，增加锥齿轮 1 轴的刚度 如图(b)所示，采用斜齿轮及曲齿锥齿轮的悬臂式支承机构。斜齿轮和曲齿锥齿轮在正反转时，会产生两个方向的轴向力，因此，机构中设有两个方向的轴向锁紧
齿轮齿条倍增机构	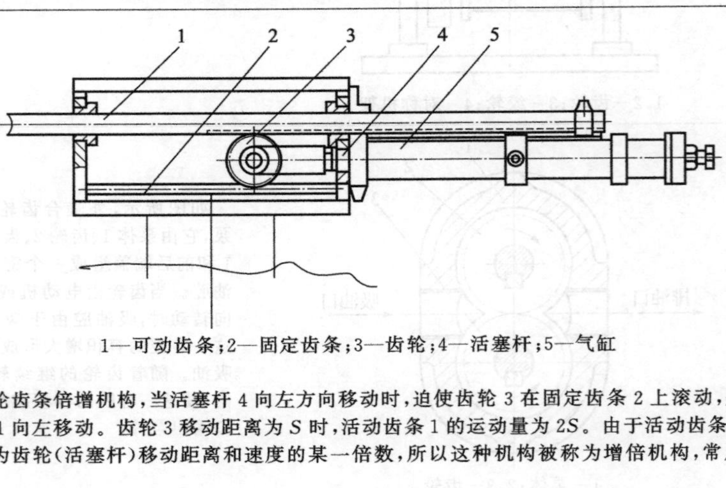 1—可动齿条；2—固定齿条；3—齿轮；4—活塞杆；5—气缸 图所示为齿轮齿条倍增机构，当活塞杆 4 向左方向移动时，迫使齿轮 3 在固定齿条 2 上滚动，并使与它相啮合的可动齿条 1 向左移动。齿轮 3 移动距离为 S 时，活动齿条 1 的运动量为 $2S$。由于活动齿条 1 的移动距离和移动速度均为齿轮(活塞杆)移动距离和速度的某一倍数，所以这种机构被称为增倍机构，常用于机械手或自动线上

续表

机构类型	应用图例及说明
弹簧秤图例与说明	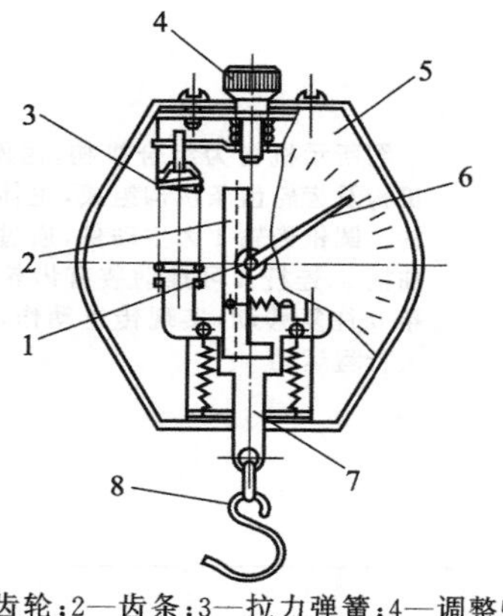 1—小齿轮；2—齿条；3—拉力弹簧；4—调整螺钉；5—表盘；6—指针；7—支架；8—吊钩 图所示为弹簧秤简图，当测量重物时，物体重量克服拉力弹簧 3 的拉力，通过支架 7 带动齿条 2 向下移动，齿条 2 的移动使与其相啮合的小齿轮 1 以及固连在小齿轮 1 上的指针发生转动，从而在表盘上指示出相应的物体重量
齿轮齿条式上下料机构	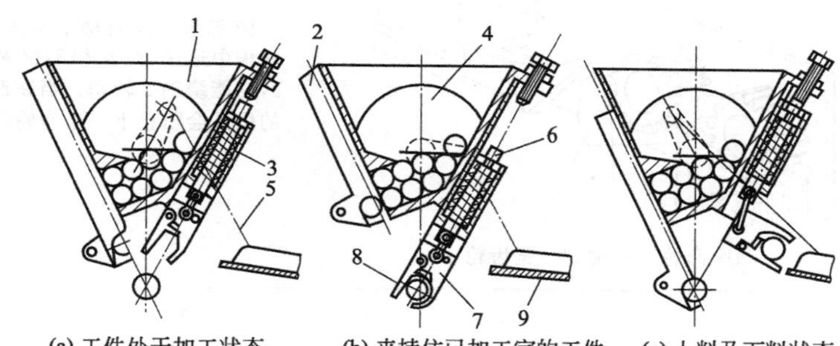 (a) 工件处于加工状态　(b) 夹持住已加工完的工件　(c) 上料及下料状态 1—料仓；2—上料器；3—下料器；4—齿轮；5—拉杆；6—推杆；7—取料器；8—夹口；9—送料槽 图所示为齿轮齿条式上下料机构，机构由料仓 1、上料器 2 及下料器 3 组成。在上料器和下料器上装有齿条，用齿轮 4 驱动。齿轮 4 又用拉杆 5 与圆柱形凸轮相连，控制上料器及下料器按图所示程序工作。下料时，下料器向后退，推杆 6 被顶住，取料器 7 翻转，夹口 8 被送料槽 9 挡住而放开，把加工好的工件放入斜槽
压紧机构	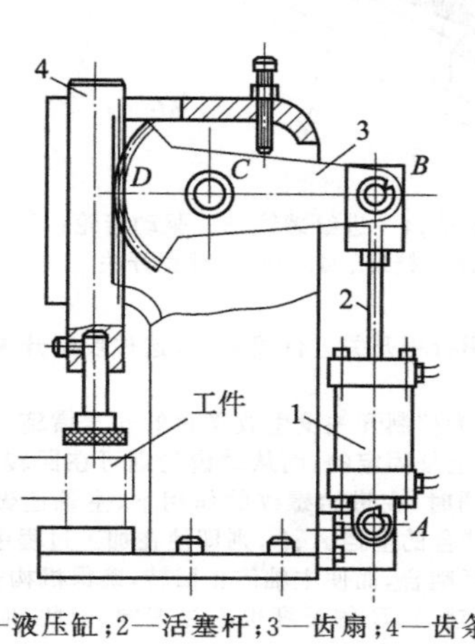 1—液压缸；2—活塞杆；3—齿扇；4—齿条 图所示为工件压紧机构，采用液压驱动，当活塞杆 2 在液压缸活塞的作用下往复移动时，齿扇 3 绕固定点 C 摆动，带动有压头的齿条 4 上下移动，完成工件压紧及工件松开的动作 该机构结构简单、可靠，除用于压紧机构外，还可应用于填充料及压力配合等机构中

续表

机构类型	应用图例及说明
传动机构	1—圆锥齿轮；2—齿轮；3—曲柄；4—连杆；5—推板；6—固定齿条 图所示机构为组合机构，由圆锥齿轮机构、连杆机构及齿轮齿条机构组成，主体机构为圆锥齿轮机构。圆锥齿轮 1 为主动件，通过齿轮 2 及其固连的曲柄 3、连杆 4 可推动装有齿轮的推板 5 沿固定齿条 6 往复移动，实现传送动作，该机构可以实现较大行程运动
倾斜槽中运送齿轮机构	1—凸轮；2—轴；3—宽齿轮 图所示为倾斜槽中运送齿轮机构。宽齿轮 3 在料槽中运送时，互相不接触，该槽带有不平衡凸轮 1，它能绕轴 2 转动。当在凸轮 1 上有齿轮时，凸轮的位置会阻止下一个齿轮的移动
具有安全机构的攻螺纹装置	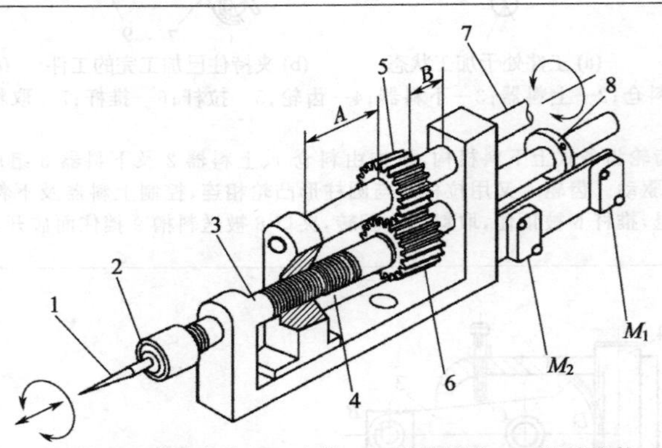 1—丝锥；2—弹簧夹头；3—主轴；4—进给螺纹；5—驱动齿轮；6—从动齿轮；7—驱动轴；8—挡块；M_1，M_2—行程开关 在自动攻丝机床上，主轴（丝锥）的前进、后退是利用行程开关进行控制的，这种控制开关在其动作正常时是很好用的。但是，一旦开关失灵，就可能发生故障 如图所示是对以往的控制机构略作修改的设计，作为控制开关发生故障时的安全措施。所使用的安全措施是采用了一对驱动齿轮和从动齿轮，驱动齿轮在轴向上是固定的，而从动齿轮则可在回转的同时沿轴向滑动。攻丝过程中，驱动齿轮带动从动齿轮而使主轴回转，同时，在进给螺纹的作用下，主轴还做轴向移动。若在主轴移动行程的两端留出使从动齿轮与驱动齿轮脱开啮合的空挡 A、B，则即使在加工过程中行程开关发生故障而主轴继续移动时，可在空挡 A、B 处使两个齿轮脱开啮合，而使主轴停止回转，确保机构安全 在使用时注意：因为攻螺纹深度各不相同，所以，空挡 A、B 的长度也不尽相同，因此，应事先准备几种驱动齿轮，其宽度相差 5mm，这样便于调节应用

续表

机构类型	应用图例及说明
可摆动自动压杆机构	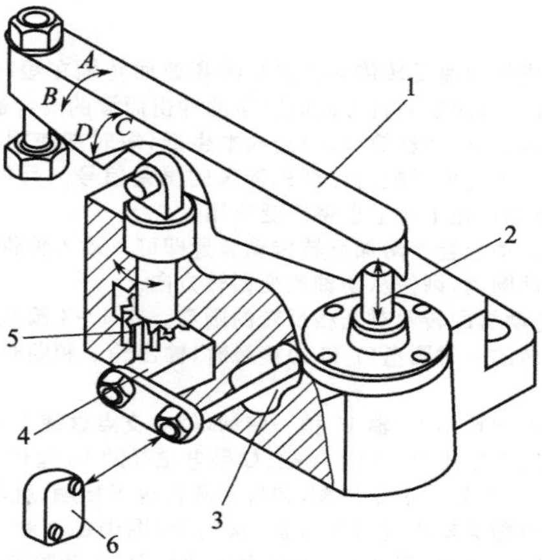 1—压杆；2—压紧气缸；3—摆头气缸；4—齿条；5—齿轮；6—限程开关 压杆 1 可以齿轮 5 的轴为轴线转动 90°，从而使被加工零件装卸方便。压杆的左右转动由摆头气缸 3 经齿条 4 和齿轮 5 驱动。压头上、下靠压紧气缸 2 驱动，图中 6 为限程开关
齿轮齿条式摆杆机构	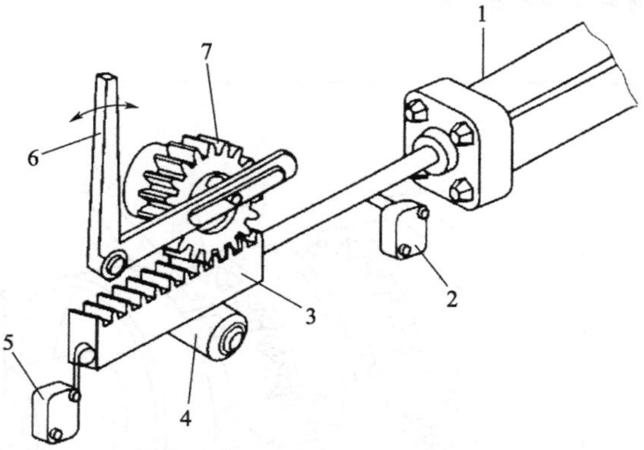 1—主动缸；2，5—限位开关；3—齿条；4—导向辊；6—从动杆；7—齿轮 主动气缸 1 驱动齿条 3 沿导向辊 4 往复移动，往复行程由限位开关 2、5 控制；齿条使齿轮 7 做往复摆动，由于偏置于齿轮上的小轴在角形摆杆 6 的槽中滑动而使从动杆 6 获得往复摆动
齿轮和摩擦圆盘组成的快速反转传动装置	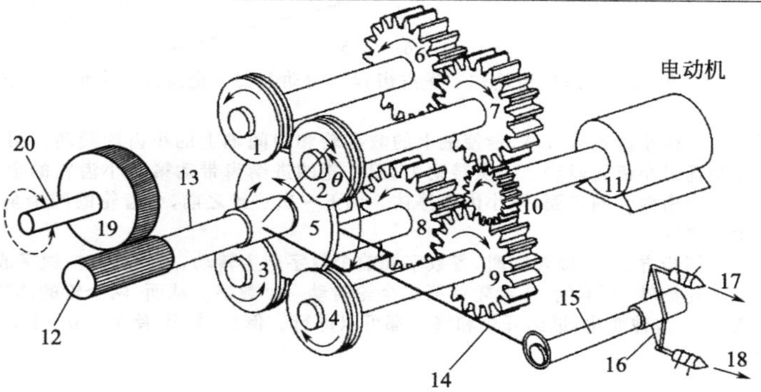 电动机 1～4—圆盘；5—输出轮；6～10，12，19—齿轮；11—电动机；13，15，20—轴；14，16—连杆；17，18—电磁线圈

续表

<table>
<tr><th>机构类型</th><th>应用图例及说明</th></tr>
<tr><td>齿轮和摩擦圆盘组成的快速反转传动装置</td><td>齿轮和摩擦圆盘组成的快速反转传动装置是使高速回转轴在短时间内能反转的装置。使用齿轮和摩擦圆盘组合，不需要为吸收急速改变回转方向时产生的冲击而设的离合器，即使是轴在满载的条件下也能反转
这种齿轮和摩擦圆盘装置，调整简单，制造成本也低，短时期使用不会发生故障，特别可以用在导弹的制导上。控制系统必须灵敏迅速地反映由计算机传来的误差信号。另外，在高转矩控制操作的场合，也同样需要灵敏度和速度，这种新装置在工业上也将广泛应用
基本配置是在高速驱动装置上附加反转传动装置即可。输入轴将两个经淬火而耐疲劳的钢制圆盘，互相反向回转。左右移动从动圆盘，则使从动轴改变回转方向。
在实际装置上，用电动机回转两对互相反转的圆盘。在1～4圆盘上有沟槽，并能和输出轮5充分分开。当输出轮5和反时针回转的一对圆盘(1和3)接触时，输出轮5和顺时针回转的一对圆盘(2和4)之间有几千分之一时的间隙
在电磁线圈17和18的作用下，轴15稍一转动，偏心支点就使连杆14和输出轮5沿直线方向移动。电磁线圈17起作用时，输出轮5与圆盘2和4接触；如果电磁线圈18起作用，输出轮5就与圆盘1和3接触。两个电磁线圈不工作时，输出轮5处于中立位置，和哪个圆盘也不接触，就不传递动力。因为输出转矩给予齿轮12和轴13的是侧向力，所以随着输出转矩的增加，从动轮(图中的2和4)增加的压力比从动圆盘增加的压力大。这个效果随齿轮12的直径变小而增大。θ角在60°时，主、从动圆盘保持最适当的接触力，θ角变小接触压力增加，但两对主动圆盘的间距变大，所以电磁线圈需要更多的移动量，反转时间也有所增加
电磁线圈的特性：摩擦圆盘一经配置，对于急速启动、停止，特别是对反转特性，通过电磁线圈必须加的力可以小些。但是，为获得最适当的移动距离，对电磁线圈必须改进设计。市场出售的标准电磁线圈要进行改进，即对柱塞进行钻孔或开槽，以减少惯性和涡流。选用长绕组的电磁线圈，可减少自感。使用晶体管和电容器，在启动电流增加时，线圈不易过热</td></tr>
<tr><td>外齿小齿轮计数器</td><td> 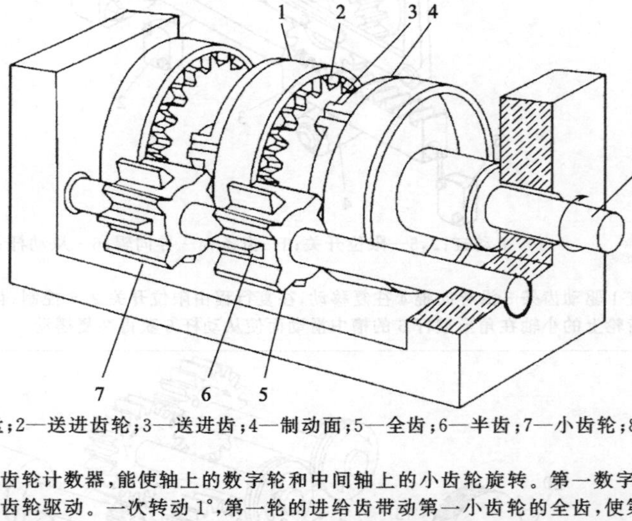1—轮盘；2—送进齿轮；3—送进齿；4—制动面；5—全齿；6—半齿；7—小齿轮；8—输入轴
图所示为外齿小齿轮计数器，能使轴上的数字轮和中间轴上的小齿轮旋转。第一数字轮直接结合驱动，其他数字轮则通过小齿轮驱动。一次转动1°，第一轮的进给齿带动第一小齿轮的全齿，使第二轮只进给一个数字。下一个全齿碰到同步面，则小齿轮停住。到下一次进给之前，小齿轮的两个全齿与第一轮接合便停住，也使第二个轮停住
由于这种同步方法，间隙增加时，各数字同前个数字产生转动。间隙大时，数字成为螺旋形
第一数字轮旋转36°期间，小齿轮使第二个轮转动一个数字。从而，两个轮的读数为00时，在9.5和10.5之间则变为10。这种变化，进给开始和终了都可以进行。例如，操作者在9.0～10.0之间或9.1～10.1之间进行进给</td></tr>
</table>

续表

机构类型	应用图例及说明
两个齿条机构串联组合的大行程机构	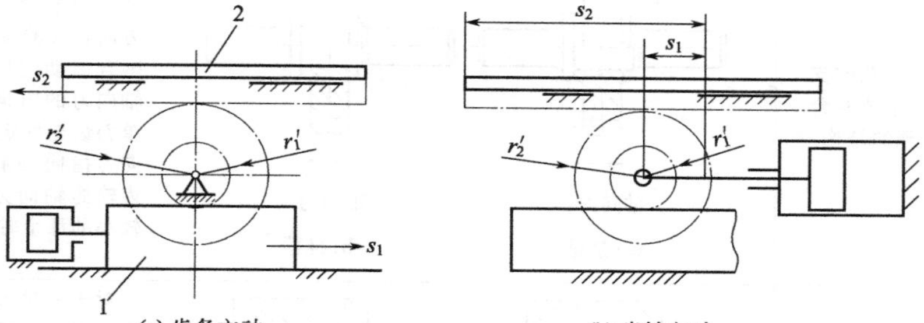 (a) 齿条主动　(b) 齿轮主动 1,2—齿条；r_1'，r_2'—双联齿轮的节圆半径；s_1，s_2—位移量 图所示为两个齿轮齿条机构串联，若驱动其中一根齿条，另一根齿条可以放大或缩小主动齿条的位移量。根据这一设想可以设计一个如图(a)所示的放大行程的串联式组合机构。设图中双联齿轮的节圆半径分别为 r_1'和 r_2'。当气缸推动齿条 1 向右移动位移量为 s_1 时，齿条 2 向左的位移量 $s_2=\frac{r_2'}{r_1'}s_1$ 对该组合机构进行运动分析可以发现：当图(a)中齿条向右移动 s_1 的同时，如果我们给整个组合机构加上一个向左的位移量 s_1，则齿条 1 将不动，双联齿轮将向左移动 s_1，而齿条 2 会向左移动 $s_1+\frac{r_2'}{r_1'}s_1$，同样的位移量使齿条 2 的行程进一步增大。因此，将图(a)改成图(b)的形式，即将气缸与双联齿轮的回转中心连接，该组合机构增大行程的功能将得到进一步的增强

6.2.2 齿轮机构结构的设计禁忌

(1) 齿轮机构结构设计禁忌

齿轮机构结构设计禁忌见表 6-4。

表 6-4　齿轮机构结构设计禁忌

禁忌类型		应用图例及说明
满足安装要求的齿轮机构结构设计禁忌	齿轮与轴的连接	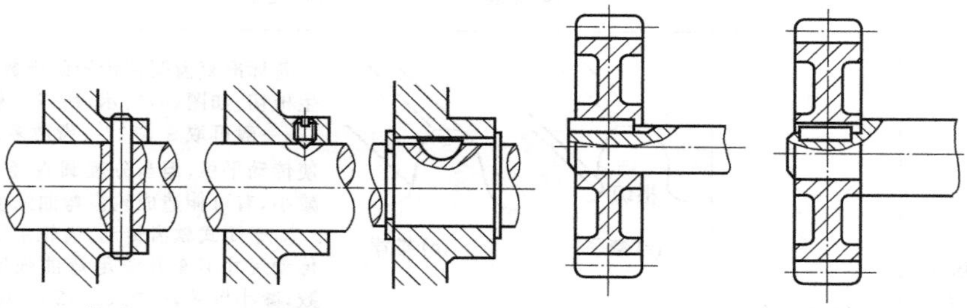 (a) 禁忌　(b) 禁忌　(c) 推荐　(d) 禁忌　(e) 推荐 为了将齿轮进行轴向和周向固定，可采用径向圆锥销和键加紧定螺钉的固定方法，如图(a)、(b)所示，但在安装时进行这些加工会降低效率，应尽量避免。较为理想的方法是：用键作周向固定，用轴用弹簧卡环或圆螺母等作轴向固定，如图(c)所示。在选择齿轮与轴的连接时，为了避免或减小轴与齿轮的不同轴度，防止齿轮相对轴产生歪斜，而导致载荷集中系数增大，降低齿轮传动寿命。因此，齿轮与轴的连接要禁止使用楔键，通常采用平键或花键连接，如图(e)所示

续表

禁忌类型		应用图例及说明
满足安装要求的齿轮机构结构设计禁忌	斜齿轮的支承轴要有合理的结构	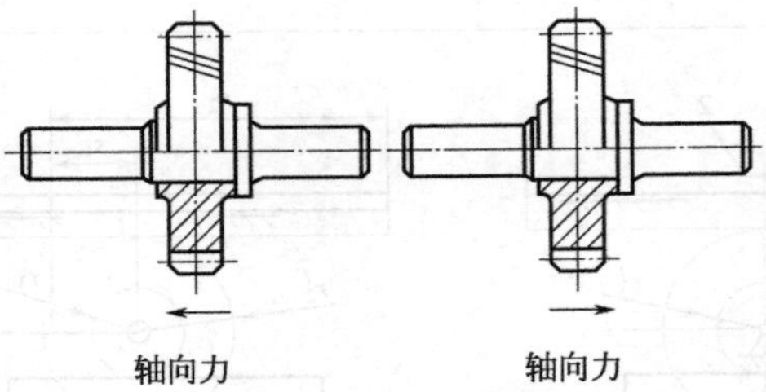 轴向力 轴向力 (a) 禁忌 (b) 推荐 在斜齿轮传动中，由于螺旋角在两个相啮合的齿轮上会产生一对方向相反的轴向力，对于单斜齿轮啮合传动，只要旋转方向不变，则轴向力的方向各自一定，因此，将单斜齿轮固定在轴上时，原则是轴向力指向轴肩，如图所示，同时斜齿轮的轴向力方向应指向径向力较小的那个轴系
	人字齿轮应合理地选择支承形式	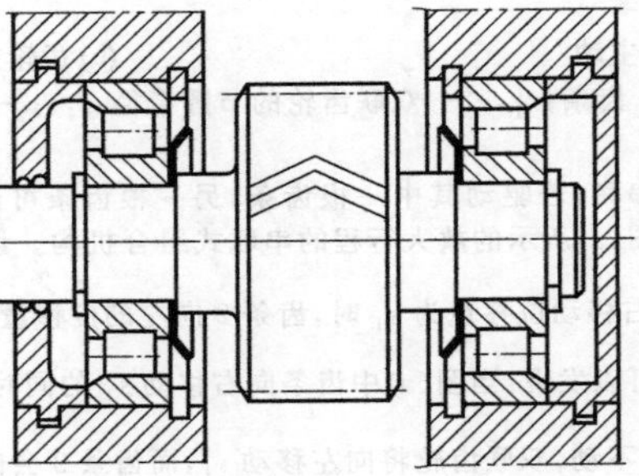 对于一对人字齿轮轴，由于人字齿轮本身的相互轴向限位作用，为了自动补偿两侧螺旋角制造误差，使轮齿受力均匀，可采用允许轴系左右少量轴向移动的结构，如图所示，通常低速轴（大齿轮轴）必须采用两端固定，以保证其相对机座有固定的轴向位置，而高速轴（小齿轮轴）的两端必须都是游动的，以防止齿轮卡死或人字齿两侧受力不均
	非金属材料齿轮要避免阶梯磨损	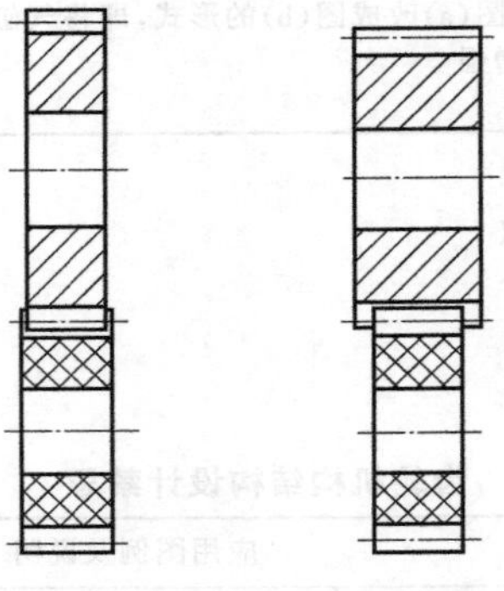 对高速、轻载及精度不高的齿轮传动，为了降低噪声，常用非金属材料，如夹布塑料、尼龙等作小齿轮，大齿轮仍用钢和铸铁制造。为了不使小齿轮在运行过程中发生阶梯磨损，小齿轮的齿宽应比大齿轮的齿宽小些，以免在小齿轮上磨出凹痕，如图所示 (a) 禁忌 (b) 推荐
齿轮结构参数设计禁忌	齿轮齿数设计禁忌	 根切 (a) 禁忌 (b) 推荐 若标准直齿圆柱齿轮的齿数过小，则在加工过程中会产生根切，如图(a)所示，所以一般标准齿轮的齿数应不小于17，一般可取 $z_1 \geqslant 17$。齿数多，有利于增加传动的重合度，使传动平稳，但当分度圆直径一定时，增加齿数会使模数减小，有可能造成轮齿弯曲强度不够 对于闭式软齿传动，齿轮主要失效形式是点蚀，这时，在传动尺寸不变并满足弯曲强度的前提下，可适当增加齿数，减小模数，一般 $z_1=20\sim40$。对闭式硬齿传动，主要失效形式是疲劳折断和点蚀，故齿数不宜过多 对于开式传动，可能发生轮齿折断，因此齿数要少，通常 $z_1=17\sim20$。为防止根切，$z_1>17$ 设计时，最好使中心距 a 值为整数，因中心距 $a=m(z_1+z_2)/2$，当模数 m 值确定后，调整 z_1、z_2 值，可达此目的。调整 z_1、z_2 值后，应保证满足接触强度和弯曲强度，并使齿数比 u 值与所要求的传动比 i 值的误差不超过 $\pm(3\%\sim5\%)$ 标准斜齿圆柱齿轮不发生根切的最少齿数可由当量齿轮最少齿数 $z_{\mathrm{v\,min}}(=17)$ 计算，即 $z_{\min}=z_{\mathrm{v\,min}}\cos^3\beta$（式中，$\beta$ 为斜齿轮螺旋角）。标准直齿圆锥齿轮不发生根切时，最少齿数可由其当量齿轮最少齿数 $z_{\mathrm{v\,min}}(=17)$ 计算，即 $z_{\min}=z_{\mathrm{v\,min}}\cos\delta$（式中，$\delta$ 为锥齿轮分度圆锥角）

续表

<table>
<tr><th colspan="2">禁忌类型</th><th>应用图例及说明</th></tr>
<tr><td rowspan="3">齿轮结构参数设计禁忌</td><td>齿数比 u 设计禁忌</td><td>齿轮传动比 i 等于从动轮齿数与主动轮齿数之比，而齿数比 u 是指大齿轮与小齿轮齿数之比。当齿轮为减速传动时，齿数比等于传动比；当齿轮为增速传动时，两者互为倒数
设计齿轮传动时，为避免大齿轮齿数过多，导致径向尺寸过大，一般应使传动比 $i \leqslant 7$。通常把齿数比取为 2 或 3 的整数倍，但当一对齿轮的齿数比为偶数时，可能导致每次都是特定的齿和齿啮合，因此啮合的配合最好选奇数，以使其普遍啮合。另外，除以定时为目的的齿轮传动外，一般都选择带小数的齿数比
例如，某减速传动比 $i=2$，经计算大齿轮齿数为 31.5，则小齿轮齿数为 16，此情况下，若大齿轮齿数圆整为 32，则齿数比 $u=2$，与传动比完全相等，但是两齿啮合配比为偶数，所以推荐大齿轮齿数 31、小齿轮齿数 15，传动比 $i=2.06$，与预期传动比误差在允许范围之内</td></tr>
<tr><td>齿轮动载系数 K_v</td><td> 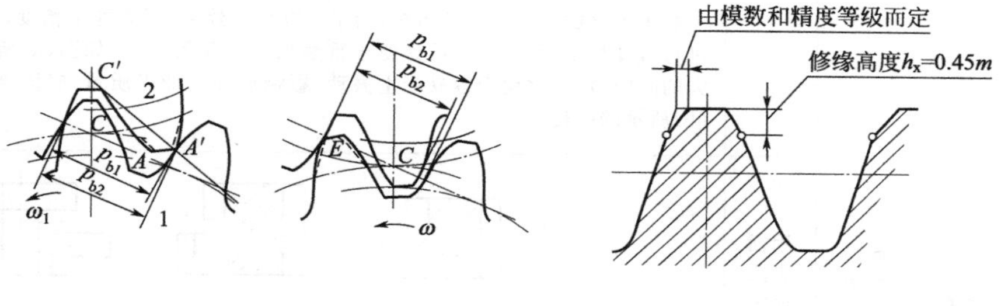(a)　(b)　(c)
计算齿轮强度时，要考虑原动机性能、齿轮制造与安装误差、齿轮及支撑件变形等因素的影响，常用计算载荷代替平均载荷 P，以考虑载荷集中和附加动载荷的影响。计算载荷是在平均载荷的基础上乘以载荷系数，即
$$P_{ca}=KP$$
$$K=K_A K_v K_\alpha K_\beta$$
式中　K——载荷系数；
K_A——使用系数，由原动机的工作特性等外部因素引起动载荷而引入的修正系数；
K_v——动载荷系数，由齿轮副啮合过程中的误差引起动载荷而引入的修正系数；
K_α——齿间载荷分配系数，由齿轮制造误差和弹性变形引起载荷不均引入的修正系数；
K_β——齿向载荷分布系数，制造、安装误差引起载荷分布不均引入的修正系数
K_v 是考虑齿轮副在啮合过程中因啮合误差，以及运转速度而引起的内部附加动载荷影响系数。如图(a)、(b)所示，相互啮合的两齿轮基圆齿距的误差，使得瞬时传动比发生变化，从而产生附加动载荷。动载系数大小取决于速度及齿轮的制造精度
为了减小因从动轮角速度而产生的动载荷，最有效的措施是对轮齿进行修缘，如图(c)所示，即对基圆齿距较大的齿轮齿顶的一小部分渐开线齿廓适量修削，如图(a)、(b)所示齿顶虚线部分</td></tr>
<tr><td>齿宽系数 Φ_d 及齿宽 b</td><td> 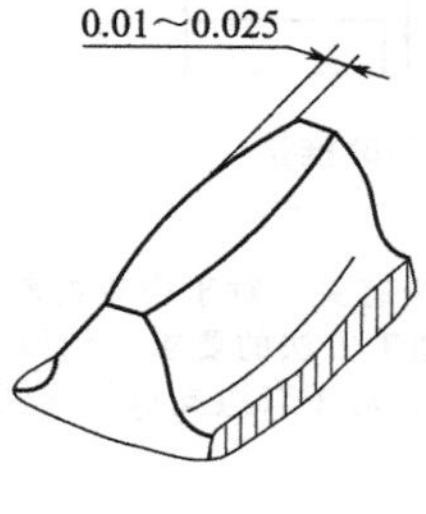通常轮齿越宽，承载能力越强，因此轮齿不能过窄。齿宽 $b_1=\Phi_d d_1$（式中，d_1 为小齿轮分度圆直径），齿宽系数 Φ_d 取得大，齿宽 b 会相应增大，可是又会导致齿面载荷分布不均，因此要适当选取齿宽系数</td></tr>
</table>

续表

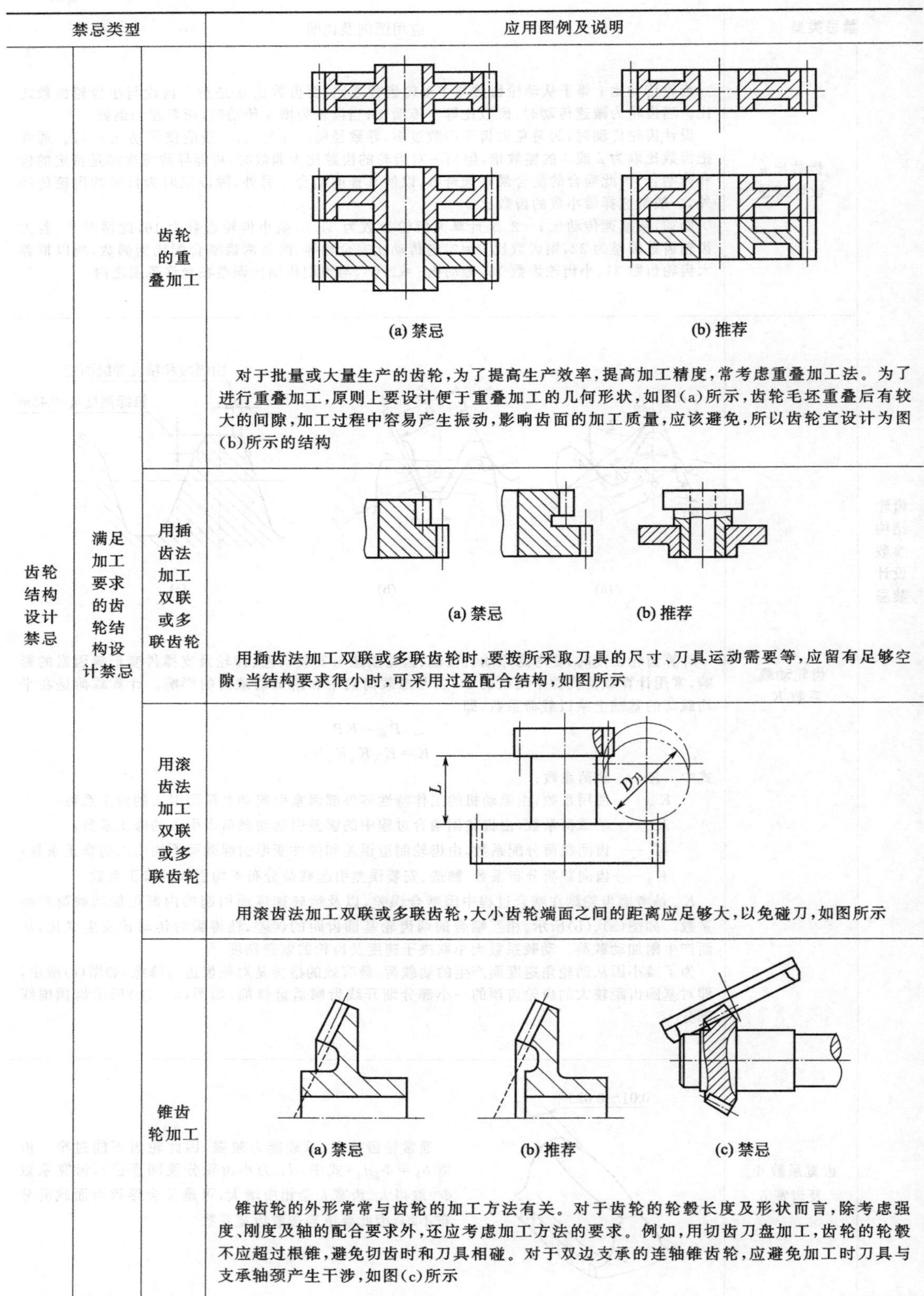

禁忌类型			应用图例及说明
齿轮结构设计禁忌	满足加工要求的齿轮结构设计禁忌	齿轮的重叠加工	(a) 禁忌 (b) 推荐 对于批量或大量生产的齿轮，为了提高生产效率，提高加工精度，常考虑重叠加工法。为了进行重叠加工，原则上要设计便于重叠加工的几何形状，如图(a)所示，齿轮毛坯重叠后有较大的间隙，加工过程中容易产生振动，影响齿面的加工质量，应该避免，所以齿轮宜设计为图(b)所示的结构
		用插齿法加工双联或多联齿轮	(a) 禁忌 (b) 推荐 用插齿法加工双联或多联齿轮时，要按所采取刀具的尺寸、刀具运动需要等，应留有足够空隙，当结构要求很小时，可采用过盈配合结构，如图所示
		用滚齿法加工双联或多联齿轮	L　$D_刀$ 用滚齿法加工双联或多联齿轮，大小齿轮端面之间的距离应足够大，以免碰刀，如图所示
		锥齿轮加工	(a) 禁忌 (b) 推荐 (c) 禁忌 锥齿轮的外形常常与齿轮的加工方法有关。对于齿轮的轮毂长度及形状而言，除考虑强度、刚度及轴的配合要求外，还应考虑加工方法的要求。例如，用切齿刀盘加工，齿轮的轮毂不应超过根锥，避免切齿时和刀具相碰。对于双边支承的连轴锥齿轮，应避免加工时刀具与支承轴颈产生干涉，如图(c)所示

续表

<table>
<tr><th colspan="3">禁忌类型</th><th>应用图例及说明</th></tr>
<tr><td rowspan="5">齿轮结构设计禁忌</td><td rowspan="5">满足加工要求的齿轮结构设计禁忌</td><td>大型盘形齿轮加工</td><td> 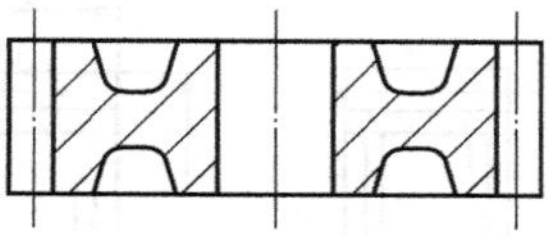对于尺寸结构较大的盘形齿轮，端面设计凹槽可节约用料，减少切削加工量，如图所示</td></tr>
<tr><td>轮辐式铸造齿轮(一)</td><td> 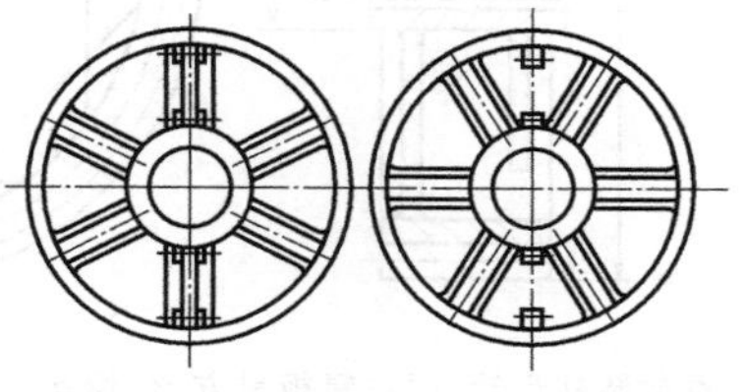(a) 禁忌　(b) 推荐
当齿轮尺寸太大时，铸造较为困难，常分为两半制造。大齿轮应在无轮辐处分开，在轮辐处分开的轮辐结构不合理。因此，分开部位应该在两齿之间，并且在无轮辐处分开，连接两半齿轮的螺钉或双头螺柱，应分别靠近轮缘和轮毂</td></tr>
<tr><td>轮辐式铸造齿轮(二)</td><td> 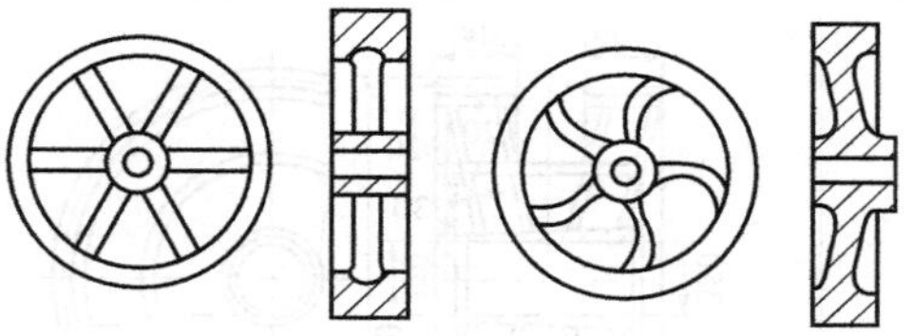(a) 禁忌　(b) 推荐
对于轮辐式铸造齿轮，应使辐条设计为弯曲形，当收缩时有退让余地，从而减少铸造应力</td></tr>
<tr><td>齿轮焊接结构(一)</td><td> 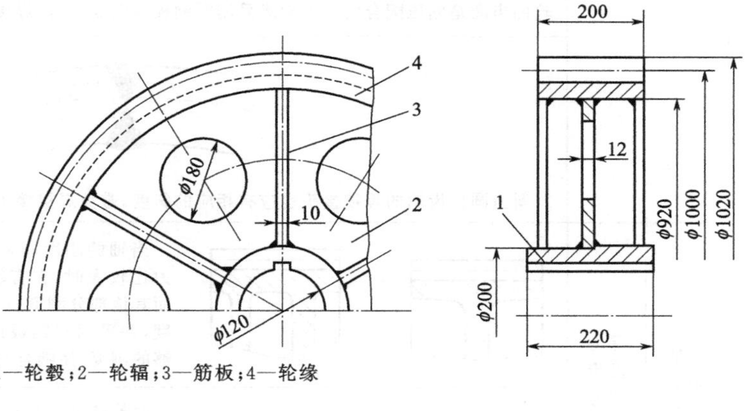
1—轮毂；2—轮辐；3—筋板；4—轮缘
大模数齿轮采用焊接结构，轮缘、轮辐、轮毂可选用不同类型的材料，如轮缘可选用高强度优质材料，轮辐和筋板则用普通碳素结构钢，轮毂可用中碳或低合金钢。既节省贵金属，减轻重量，又可提高齿轮质量。一般情况下，焊接齿轮较铸造齿轮可减轻重量 30%～40%
图所示为单辐板齿轮，一般采用双面坡口焊缝。双辐板和多辐板齿轮，一般采用单面坡口焊缝</td></tr>
</table>

续表

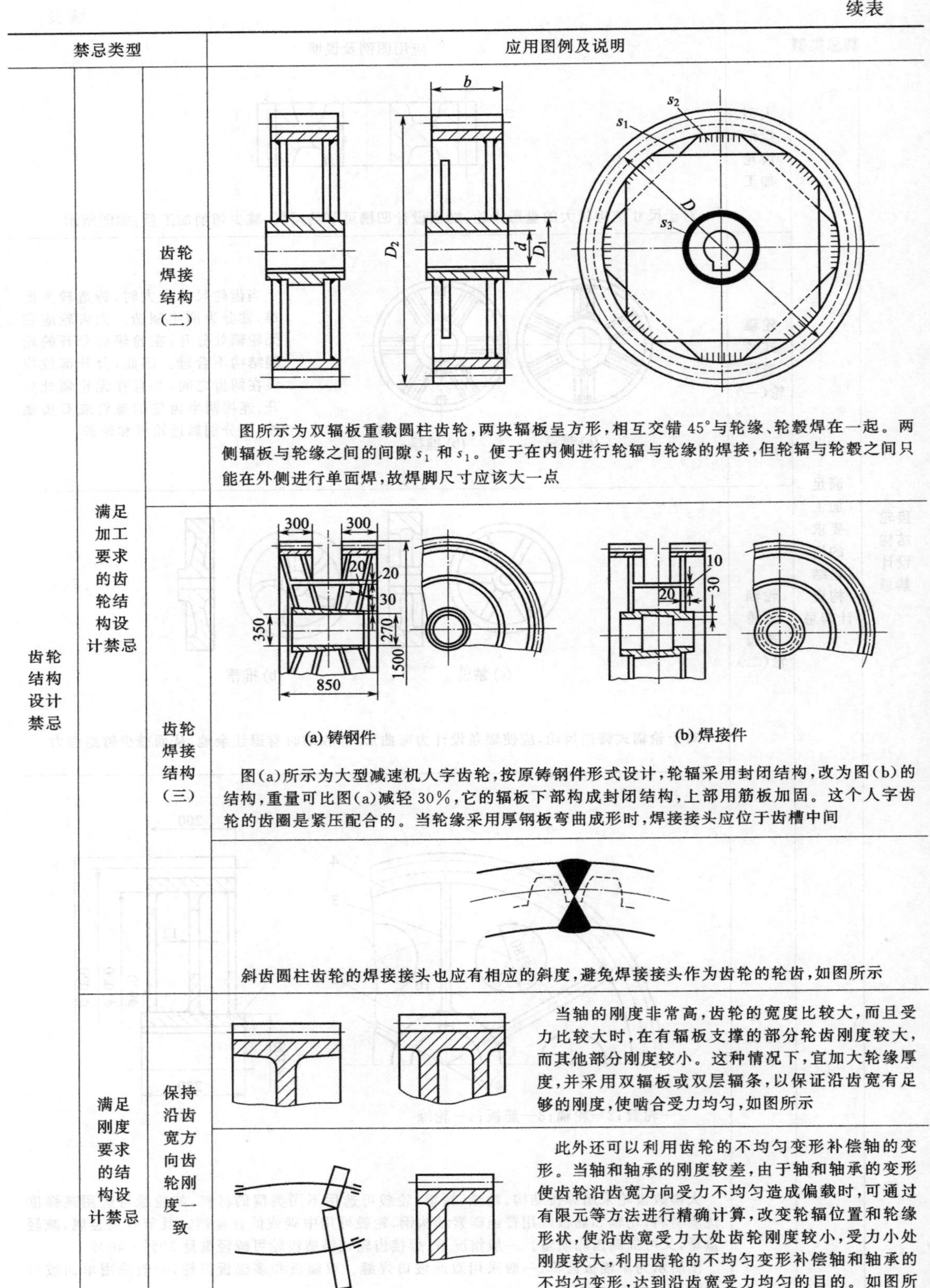

禁忌类型			应用图例及说明
齿轮结构设计禁忌	满足加工要求的齿轮结构设计禁忌	齿轮焊接结构（二）	图所示为双辐板重载圆柱齿轮，两块辐板呈方形，相互交错45°与轮缘、轮毂焊在一起。两侧辐板与轮缘之间的间隙 s_1 和 s_1。便于在内侧进行轮辐与轮缘的焊接，但轮辐与轮毂之间只能在外侧进行单面焊，故焊脚尺寸应该大一点
		齿轮焊接结构（三）	(a) 铸钢件 (b) 焊接件 图(a)所示为大型减速机人字齿轮，按原铸钢件形式设计，轮辐采用封闭结构，改为图(b)的结构，重量可比图(a)减轻30%，它的辐板下部构成封闭结构，上部用筋板加固。这个人字齿轮的齿圈是紧压配合的。当轮缘采用厚钢板弯曲成形时，焊接接头应位于齿槽中间
			斜齿圆柱齿轮的焊接接头也应有相应的斜度，避免焊接接头作为齿轮的轮齿，如图所示
	满足刚度要求的结构设计禁忌	保持沿齿宽方向齿轮刚度一致	当轴的刚度非常高，齿轮的宽度比较大，而且受力比较大时，在有辐板支撑的部分轮齿刚度较大，而其他部分刚度较小。这种情况下，宜加大轮缘厚度，并采用双辐板或双层辐条，以保证沿齿宽有足够的刚度，使啮合受力均匀，如图所示
			此外还可以利用齿轮的不均匀变形补偿轴的变形。当轴和轴承的刚度较差，由于轴和轴承的变形使齿轮沿齿宽方向受力不均匀造成偏载时，可通过有限元等方法进行精确计算，改变轮辐位置和轮缘形状，使沿齿宽受力大处齿轮刚度较小，受力小处刚度较大，利用齿轮的不均匀变形补偿轴和轴承的不均匀变形，达到沿齿宽受力均匀的目的。如图所示，大齿轮右边受力较大，可减小其轮缘刚度

续表

禁忌类型			应用图例及说明	
齿轮结构设计禁忌	满足刚度要求的结构设计禁忌	齿轮设辅助支承面增加刚度		为保证齿轮正常地工作和切齿时的装夹，应尽可能采用小的安装孔、薄的辐板，轴孔两端的环形凸台对增加刚度十分有效
			定位面	当齿轮分度圆直径是轮毂直径两倍以上时，应增设辅助支承面，以增加切齿时的刚度
	满足强度要求的结构设计禁忌	人字齿轮应合理旋转齿向	(a) 禁忌　(b) 推荐	当一根轴上只有单个齿轮时，为了消除斜齿轮的轴向力对轴承产生的不良影响，可采用人字齿轮传动 在采用人字齿轮传动时，为了避免在啮合时润滑油挤在人字齿的转角处，在选择人字齿轮轮齿方向时，应使轮齿啮合时，人字齿转角处的齿部首先开始接触，这样就能使润滑油从中间部分向两端流出，保证齿轮的润滑
		两个齿圈镶套的人字齿轮	轴向力方向　轴向力方向 (a) 禁忌　(b) 推荐	用两个齿圈镶嵌的人字齿轮只能用于扭矩方向固定的场合，不能应用在带正反转的传动中，这样会使镶套的两齿圈松动。在选择轮齿倾斜方向时，应使轴向力方向朝向齿圈中部

续表

<table>
<tr><th colspan="3">禁忌类型</th><th>应用图例及说明</th></tr>
<tr><td rowspan="4">齿轮结构设计禁忌</td><td rowspan="2">满足强度要求的结构设计禁忌</td><td rowspan="2">组合式圆锥齿轮结构</td><td> 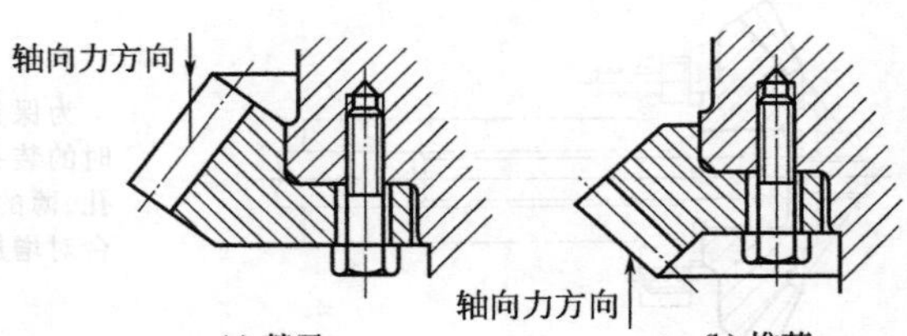轴向力方向
轴向力方向
(a) 禁忌　(b) 推荐
齿轮的结构要避免大的应力集中，并且保证工作时变形要小。由于直齿圆锥齿轮的轴向力始终由小端指向大端，所以组合的锥齿轮结构应注意轴向力方向主要作用在轮毂或辐板上，而不要作用在紧固它的螺钉或螺栓上，避免螺钉或螺栓受到拉力的作用</td></tr>
<tr><td> 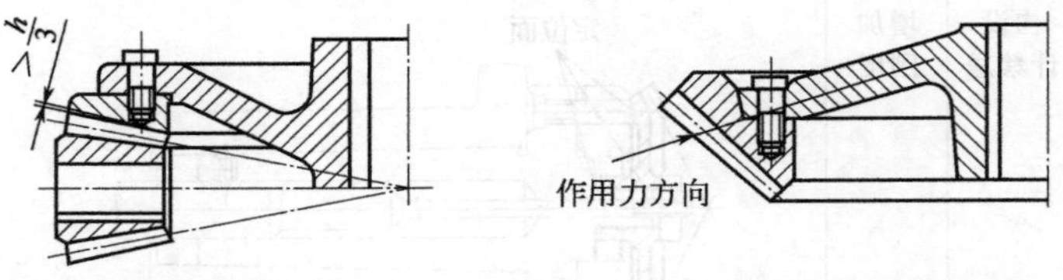$\geq \frac{h}{3}$
作用力方向
(a) 螺孔与齿根间最小距离　(b) 组合直齿圆锥齿轮受力
对组合式齿轮，齿圈的热处理变形小，为防止螺钉松动可用销钉锁紧。螺孔底部与齿根间最小距离不小于 $h/3$(h 为全齿高)，常用于轴向力指向大端的场合，如图(a)所示。在圆锥分锥角近似为 45°的场合，设计齿轮轮毂时应注意，使作用力方向与轮毂辐板方向相一致，以减小变形，如图(b)所示</td></tr>
<tr><td rowspan="2">满足精度要求的结构设计禁忌</td><td>齿轮轴控制精度</td><td> 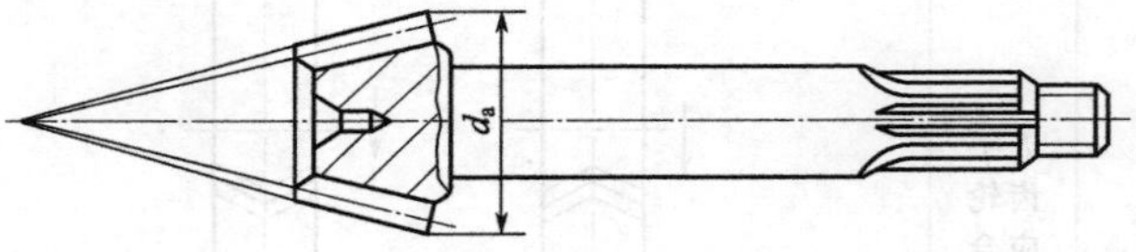d_a
锥齿轮对安装精度和轴的刚度非常敏感，故小齿轮，尤其是悬臂式支承最好与轴做成一体，齿轮轴两端应具有中心孔或外螺纹，使切齿时能可靠地固定，如图所示</td></tr>
<tr><td>双向回转精度齿轮传动应控制回转误差</td><td> 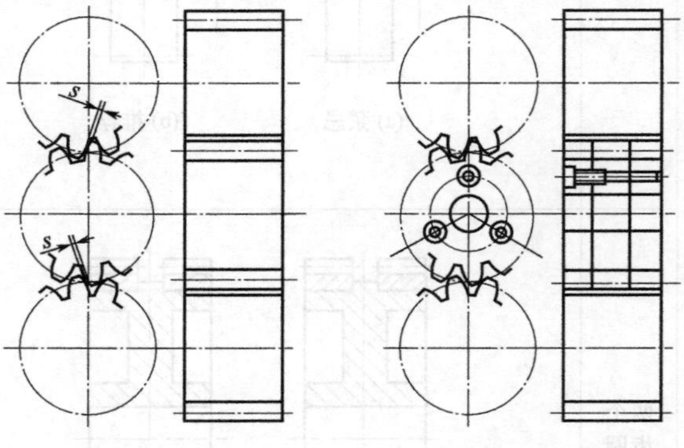s　s
(a) 禁忌　(b) 推荐
在齿轮传动中，为了润滑和补偿制造误差的需要，相互啮合的齿轮副之间具有齿侧间隙，这对一般传动及单向回转的齿轮传动是没有问题的，但对于正、反双向回转的精密齿轮传动，因齿侧间隙的存在，在反向传动中会引起空回误差，难以保证从动轮的回转精度，如图(a)所示，对于这类精密齿轮传动，为了消除空回误差，除提高齿轮传动的制造精度外，还可以在结构方面改进，例如将相同尺寸的三个齿轮中的中间一个齿轮，改为三个相同的薄齿轮，安装时相互错开一个微小的转角，以消除齿侧间隙，调整好侧隙后，用螺钉将三片齿轮紧固，如图(b)所示，这样可保证正、反转时达到精密传动</td></tr>
</table>

续表

禁忌类型		应用图例及说明
齿轮结构设计禁忌	满足装配要求的结构设计禁忌	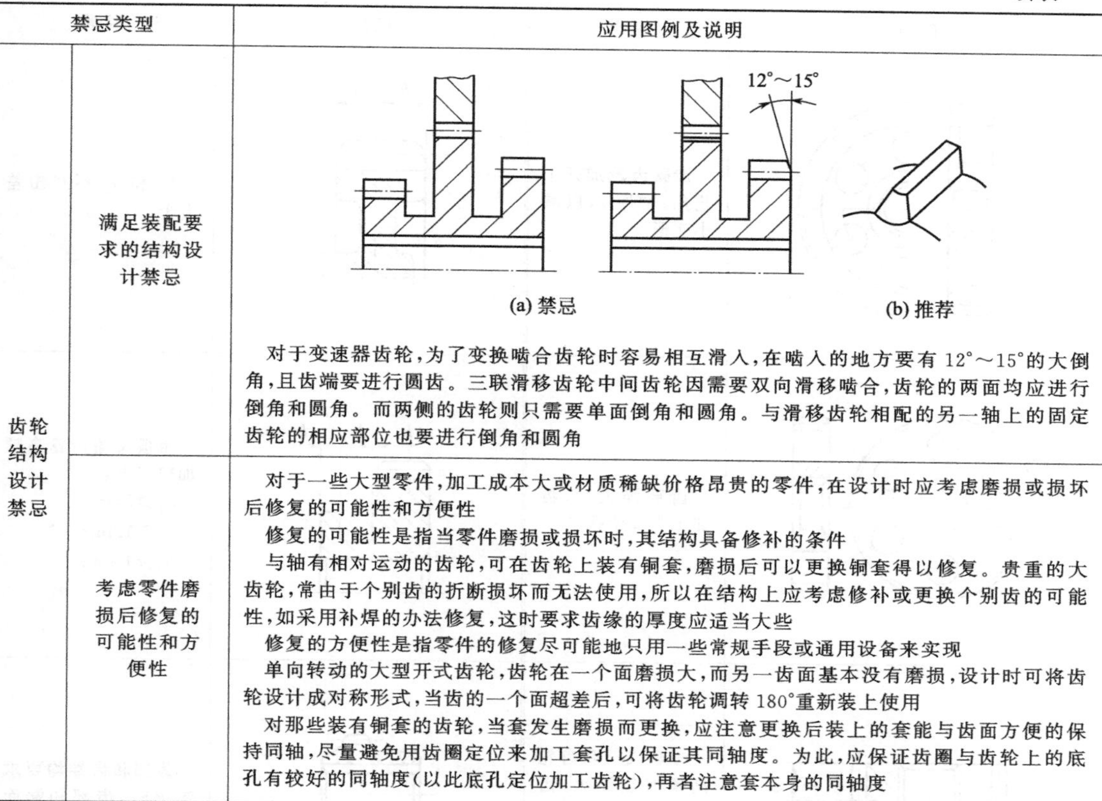(a) 禁忌　(b) 推荐 对于变速器齿轮，为了变换啮合齿轮时容易相互滑入，在啮入的地方要有 12°～15°的大倒角，且齿端要进行圆齿。三联滑移齿轮中间齿轮因需要双向滑移啮合，齿轮的两面均应进行倒角和圆角。而两侧的齿轮则只需要单面倒角和圆角。与滑移齿轮相配的另一轴上的固定齿轮的相应部位也要进行倒角和圆角
	考虑零件磨损后修复的可能性和方便性	对于一些大型零件，加工成本大或材质稀缺价格昂贵的零件，在设计时应考虑磨损或损坏后修复的可能性和方便性 修复的可能性是指当零件磨损或损坏时，其结构具备修补的条件 与轴有相对运动的齿轮，可在齿轮上装有铜套，磨损后可以更换铜套得以修复。贵重的大齿轮，常由于个别齿的折断损坏而无法使用，所以在结构上应考虑修补或更换个别齿的可能性，如采用补焊的办法修复，这时要求齿缘的厚度应适当大些 修复的方便性是指零件的修复尽可能地只用一些常规手段或通用设备来实现 单向转动的大型开式齿轮，齿轮在一个面磨损大，而另一齿面基本没有磨损，设计时可将齿轮设计成对称形式，当齿的一个面超差后，可将齿轮调转 180°重新装上使用 对那些装有铜套的齿轮，当套发生磨损而更换，应注意更换后装上的套能与齿面方便的保持同轴，尽量避免用齿圈定位来加工套孔以保证其同轴度。为此，应保证齿圈与齿轮上的底孔有较好的同轴度(以此底孔定位加工齿轮)，再者注意套本身的同轴度

(2) 满足热处理要求的结构设计禁忌

满足热处理要求的结构设计禁忌见表 6-5。

表 6-5　满足热处理要求的结构设计禁忌

图例	说明	图例	说明
b_1　b_2	b_1 和 b_2 要相当，b_1、b_2 相差越大，则变形越大	d　l	l/d 比不要太大
b　t　h	全部齿一次高频加热淬火时，t 要足够大，b 不宜太大，一般 $t \geqslant 2.5h$，$b \leqslant 55$	齿圈　D　t　t_1　t_2　R　轮辐	t/D 比不要太小，一般在 0.1～0.2；t_2 不要太小，最好为 t_1 的两倍，R 要大

续表

图例	说明	图例	说明
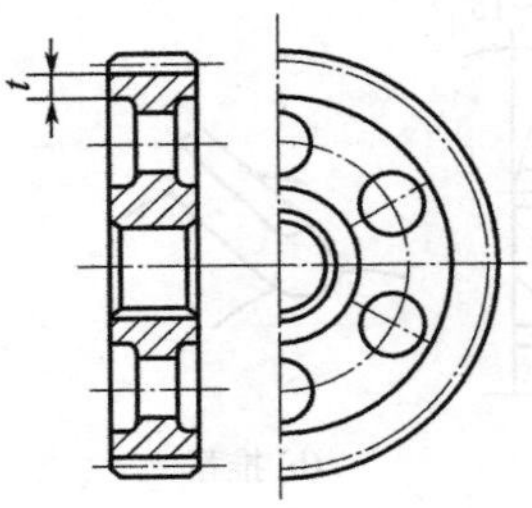	渗碳齿轮加开工艺孔，增厚 t，以减小变形	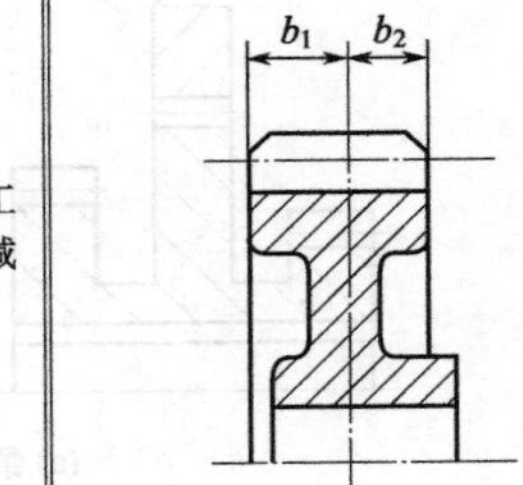	b_1 和 b_2 不宜相差太大
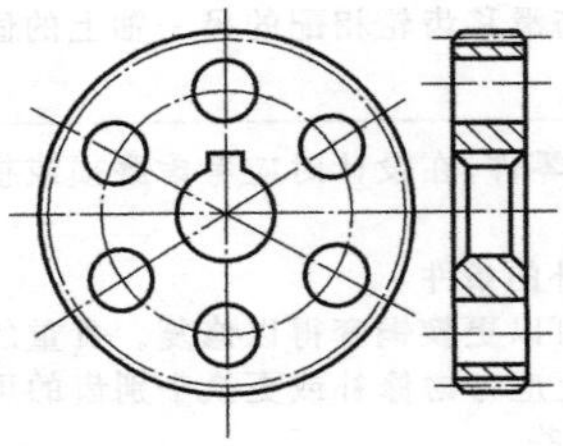	齿部淬火后，再加工出 6 个孔	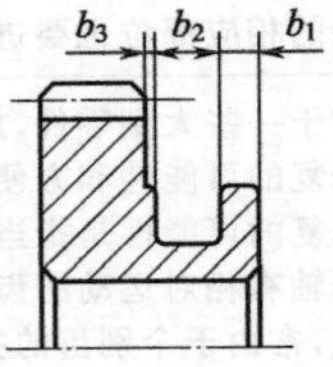	带拨叉槽齿轮高频加热淬火： $b_1 \geqslant 5$mm $b_2 \geqslant 12$mm $b_3 \geqslant 1 \times 45°$
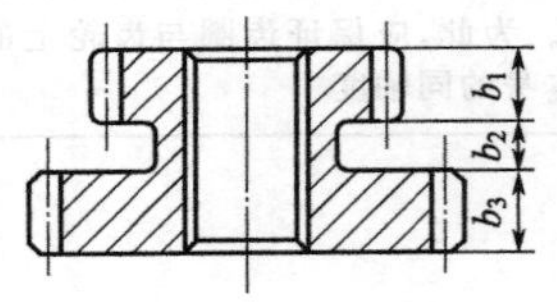	二联或三联齿轮高频加热淬火，齿部两端面距离 $b_2 \geqslant$ 8mm，b_1 和 b_3 要相近	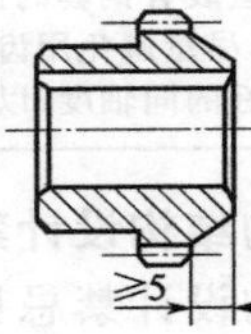	齿部和齿端均要求淬火时，齿部和端面的距离应不小于 5mm
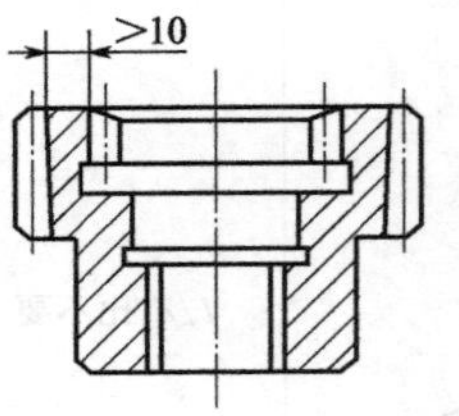	内外齿均需高频加热淬火，两齿根圆之间距离应 >10mm	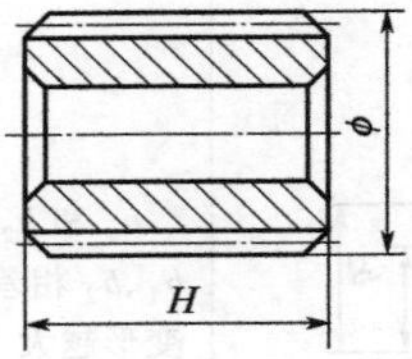	一般情况下，不宜设计齿宽比齿轮直径大的柱形齿轮
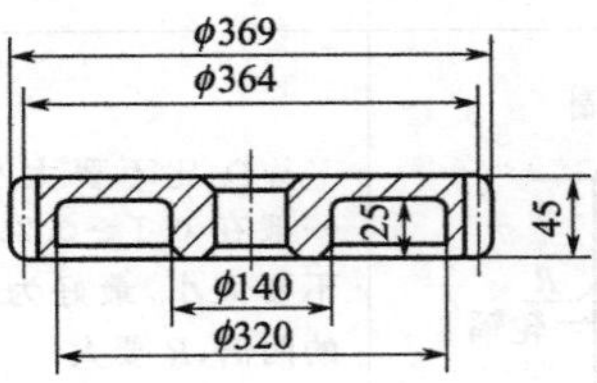	25mm 深的槽需在淬火后挖出，否则当齿部淬火时，节圆直径变成锥形	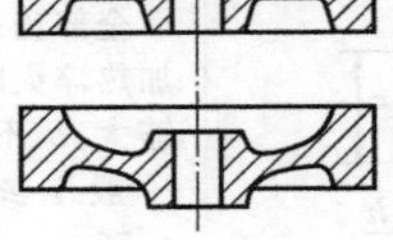	铸造齿轮尽量避免尖角，倒角和圆角尺寸尽可能大，并改为倾斜辐板，以避免高碳钢齿轮正火后产生裂纹

续表

图例	说明	图例	说明
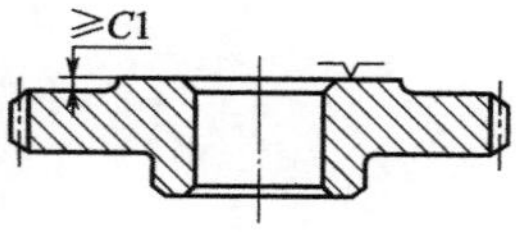 ≥C1	齿轮端面高频加热淬火，需先将淬火部分凸起不小于 1mm，并且倒角 45°	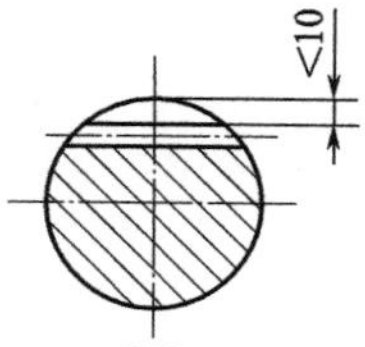 <10 G48 >10 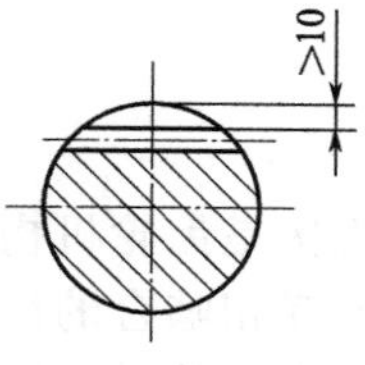	圆断面齿条，当齿顶平面到圆柱表面的距离＜10mm 时，可采用高频加热淬火。当该距离＞10mm 时，最好采用渗氮处理，离子渗氮更好
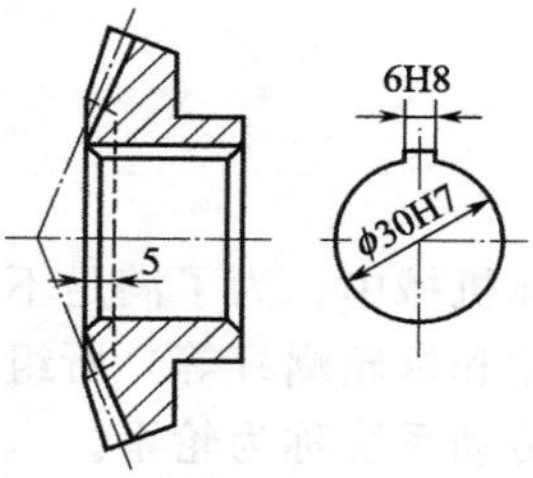 6H8 ϕ30H7 5	45 钢锥齿轮，齿部淬火后内孔变扁圆，6H8 键槽也变形。经分析，按图示虚线修改齿轮结构，且 6H8 键槽在齿部淬火后加工		

第7章

轮系

7.1 轮系概述

由一对齿轮组成的机构是齿轮机构中最简单的形式，但在实际机械中，为了满足不同的工作需要，常采用一系列互相啮合的齿轮（包括圆柱齿轮、锥齿轮和蜗轮蜗杆等）所组成的传动系统来实现运动和动力的传递，这种由一系列齿轮所组成的传动系统称为轮系。

根据轮系中各轮轴线是否平行，可将轮系分为两类，即平面轮系和空间轮系。图 7-1(a) 为平面轮系，各轮的轴线都是相互平行的；图 7-1(b) 为空间轮系，轮系中至少有一个轮的轴线与其他轮的轴线不平行。

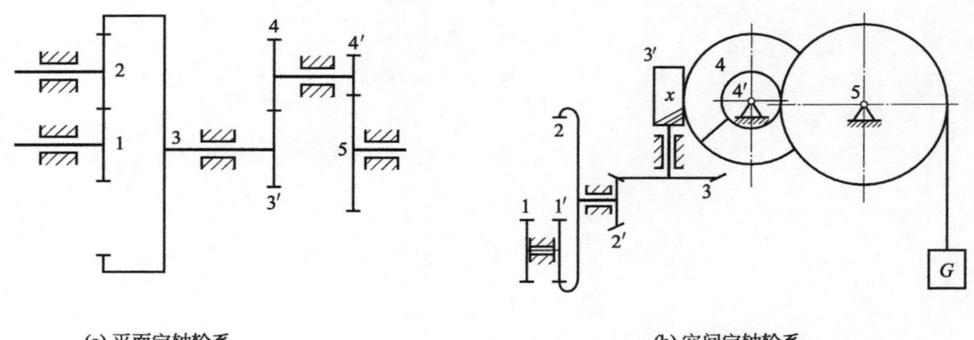

(a) 平面定轴轮系

(b) 空间定轴轮系

图 7-1 定轴轮系

1—主动齿轮；2～4,1′～4′—齿轮；5—从动齿轮

如图 7-1 所示的轮系中，运动由齿轮 1 输入，通过一系列齿轮传动，带动从动齿轮 5 转动。在这些轮系中虽然有多个齿轮，但在运转过程中，每个齿轮几何轴线的位置都是固定不变的。这种所有齿轮几何轴线的位置在运转过程中均固定不变的轮系，称为定轴轮系。

根据轮系工作时，各齿轮的几何轴线在空间的位置是否相对固定，将轮系分为定轴轮系、周转轮系和复合轮系三大类。

7.2 轮系应用图例及禁忌

7.2.1 定轴轮系应用图例

定轴轮系机构名称、应用图例和说明见表 7-1。

表 7-1　定轴轮系机构名称、应用图例和说明

机构名称	应用图例	说明
汽车上变速箱传动机构	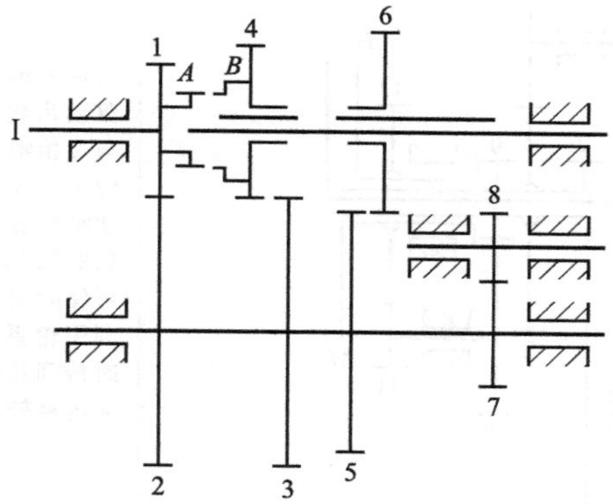 Ⅰ—输入轴；Ⅱ—输出轴；A，B—牙嵌离合器；1～8—齿轮	当输入轴的转速转向不变，利用定轴轮系可使输出轴得到若干种转速或改变输出轴的转向，这种传动称为变速与换向传动。如汽车在行驶中经常变速，倒车时要换向等 图示为汽车上常用的三轴四速变速箱的传动简图。在该定轴轮系中，利用滑移齿轮 4 和齿轮 6 及牙嵌离合器 A 和 B 便可以获得四种不同的输出转速。图中Ⅰ轴输入，Ⅱ轴输出。第一挡：齿轮 5 与 6 相结合，其余脱开(低速挡)；第二挡：齿轮 3 与 4 相结合，其余脱开(中速挡)；第三挡：A、B 嵌合，其余脱开(高速挡)；第四挡：齿轮 6 和 8 相结合，牙嵌离合器 A、B 脱开(最低速倒车挡) 定轴轮系的变速换向传动广泛应用在金属切削机床等设备上
相距较远的两轴传动	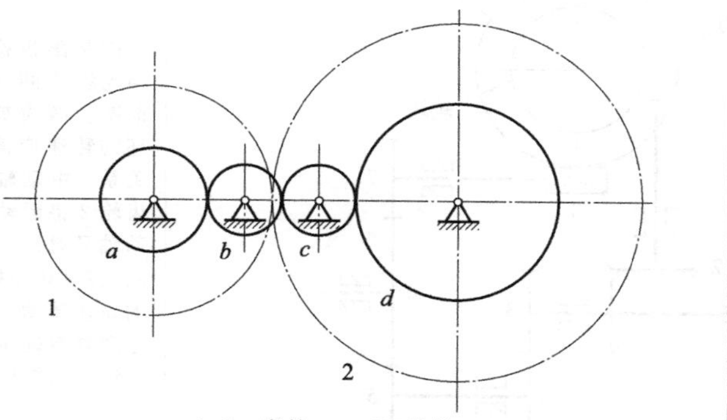 1，2—齿轮；a～d—齿轮	当两轴之间的距离较远时，如果只用一对齿轮直接把输入轴的运动传递给输出轴，如图中的齿轮 1 和齿轮 2 所示，齿轮的尺寸很大，这样既占空间也费材料，如果改用齿轮 a、b、c、d 组成的轮系来传动，便可克服上述缺点
百分表构造	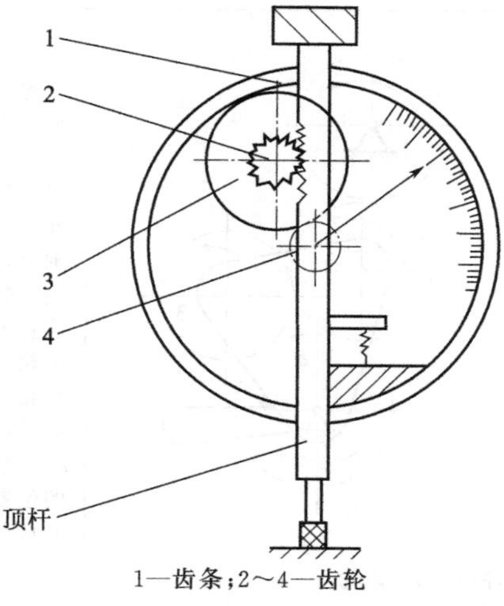 1—齿条；2～4—齿轮	百分表主要由表体部分、传动系统、读数装置三个部件组成，其工作原理是将被测尺寸引起的测杆微小直线移动，经过齿轮传动放大，变为指针在刻度盘上的转动，从而读出被测尺寸的大小。顶杆借助弹簧，经常压在被测物体上，当物体发生沿杆方向位移时，推动顶杆及上面的齿条 1，带动齿轮 2、3(两轮同轴)转动，齿轮 3 又带动小齿轮 4，使指针转动，经一系列放大，便在表盘上指出移位大小，百分表的最小刻度值为 0.01mm

续表

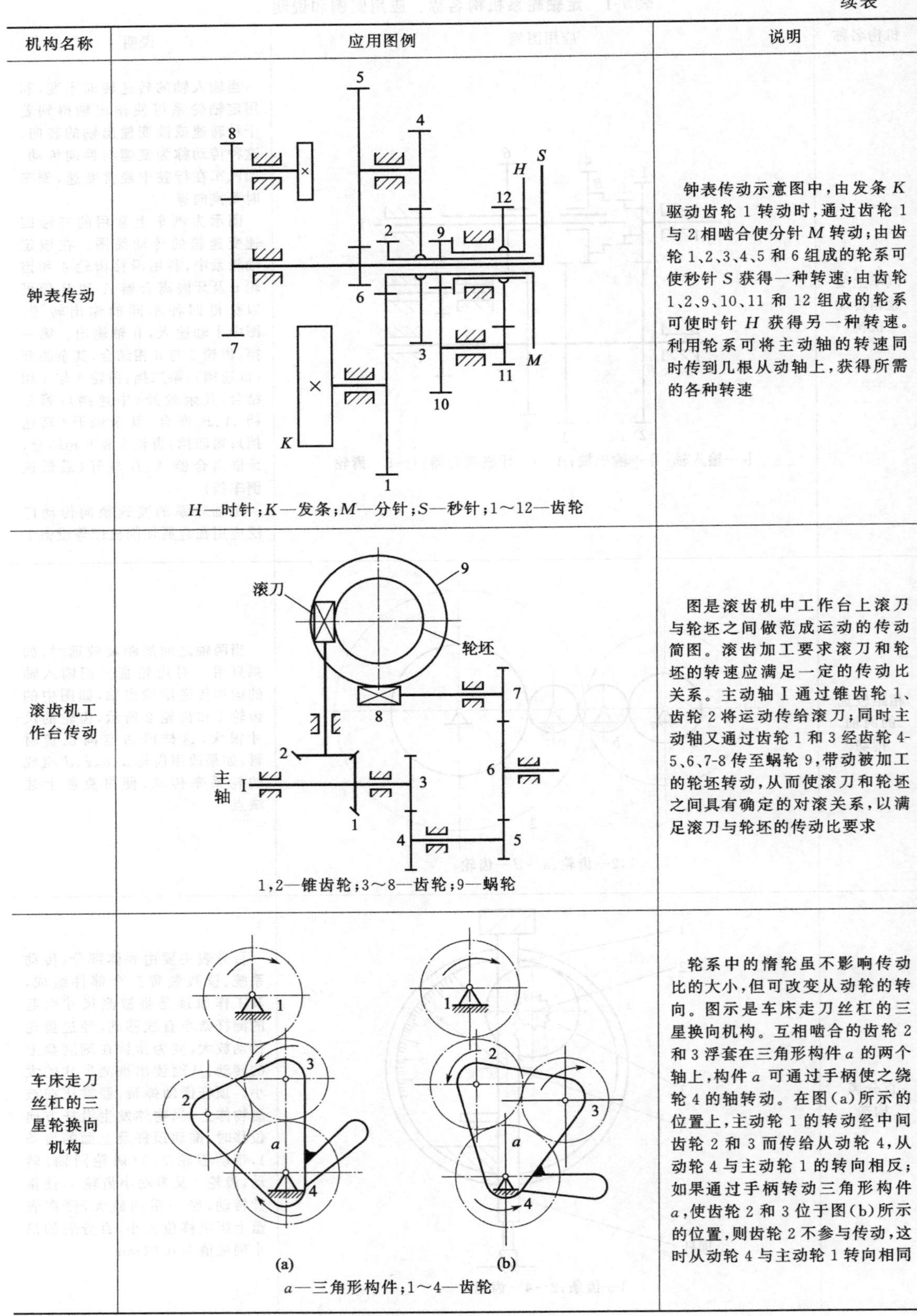

机构名称	应用图例	说明
钟表传动	*H*—时针；*K*—发条；*M*—分针；*S*—秒针；1～12—齿轮	钟表传动示意图中，由发条 *K* 驱动齿轮 1 转动时，通过齿轮 1 与 2 相啮合使分针 *M* 转动；由齿轮 1、2、3、4、5 和 6 组成的轮系可使秒针 *S* 获得一种转速；由齿轮 1、2、9、10、11 和 12 组成的轮系可使时针 *H* 获得另一种转速。利用轮系可将主动轴的转速同时传到几根从动轴上，获得所需的各种转速
滚齿机工作台传动	1，2—锥齿轮；3～8—齿轮；9—蜗轮	图是滚齿机中工作台上滚刀与轮坯之间做范成运动的传动简图。滚齿加工要求滚刀和轮坯的转速应满足一定的传动比关系。主动轴Ⅰ通过锥齿轮 1、齿轮 2 将运动传给滚刀；同时主动轴又通过齿轮 1 和 3 经齿轮 4-5、6、7-8 传至蜗轮 9，带动被加工的轮坯转动，从而使滚刀和轮坯之间具有确定的对滚关系，以满足滚刀与轮坯的传动比要求
车床走刀丝杠的三星轮换向机构	*a*—三角形构件；1～4—齿轮	轮系中的惰轮虽不影响传动比的大小，但可改变从动轮的转向。图示是车床走刀丝杠的三星换向机构。互相啮合的齿轮 2 和 3 浮套在三角形构件 *a* 的两个轴上，构件 *a* 可通过手柄使之绕轮 4 的轴转动。在图(a)所示的位置上，主动轮 1 的转动经中间齿轮 2 和 3 而传给从动轮 4，从动轮 4 与主动轮 1 的转向相反；如果通过手柄转动三角形构件 *a*，使齿轮 2 和 3 位于图(b)所示的位置，则齿轮 2 不参与传动，这时从动轮 4 与主动轮 1 转向相同

续表

机构名称	应用图例	说明
导弹控制离合器	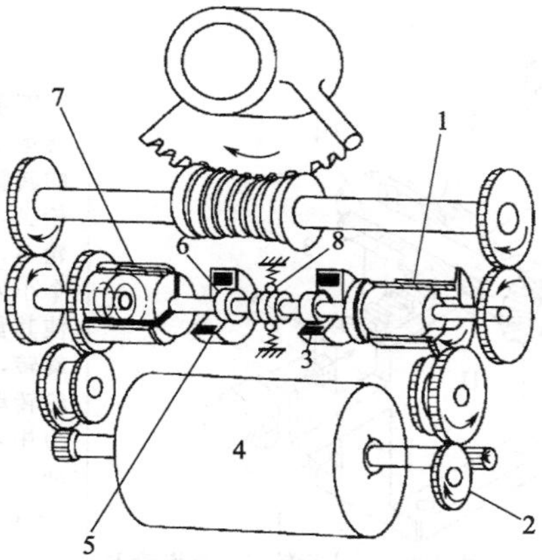 1—反时针回转弹簧离合器；2—中间齿轮；3—反时针回转电线线圈；4—电动机；5—顺时针回转电线线圈；6—电枢；7—顺时针回转弹簧离合器；8—止动球	导弹控制离合器中，在驱动电动机不断转动过程中，用电磁线圈控制的离合器接收信号，使其能急速改变回转方向。另外，离合器与双向电动机输出端联结。一侧齿轮系的中间齿轮，使离合器反方向回转。因为圆筒形电枢和弹簧离合器是机械联结，所以在同一时间内，只有一侧离合器工作。当两侧离合器都切离时，在弹簧的作用下将止动球压入圆筒中，不反转的蜗轮蜗杆装置被锁定。这个装置从发出指令信号到电动机达到最大转矩时的反应时间为 8‰s
机动可变焦装置	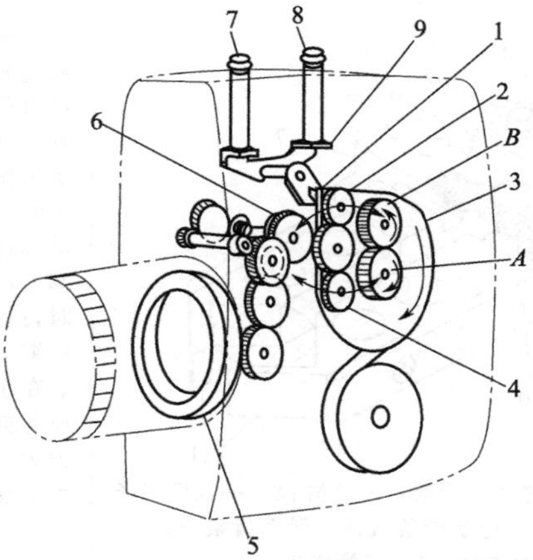 A，B—齿轮；1—小齿轮支架；2—远距离调节用小齿轮；3—发条盒；4—广角调节小齿轮；5—操纵透镜用环状齿轮；6—弹簧离合器；7—远距离调节用按钮；8—广角调节按钮；9—杠杆	机动可变焦装置通过摄影机头部的两个按钮 7 和 8 来改变远距和广角。齿轮 A 和齿轮 B 是常啮合，用发条盒 3 的动力转动齿轮 A；齿轮 B 的转向和发条回转方向相反。按下远距离调节用按钮 7，通过杠杆 9 使支架 1 回转，拨动小齿轮 2 和齿轮 B 啮合，通过中间齿轮和弹簧离合器 6 及操纵透镜用环状齿轮 5，使透镜前移；当按下广角调节按钮 8 时，支架 1 向另一方向回转，拨动小齿轮 4 和驱动齿轮 A 啮合，齿轮 5 反向转动而使透镜后退 因为两个小齿轮 2、4 装在同一支架 1 上，一个齿轮啮合时，另一个齿轮必分离，因而实现了两个动作互锁；弹簧离合器 6 用于防止透镜移到终端时可能产生的损伤
平行移动机构	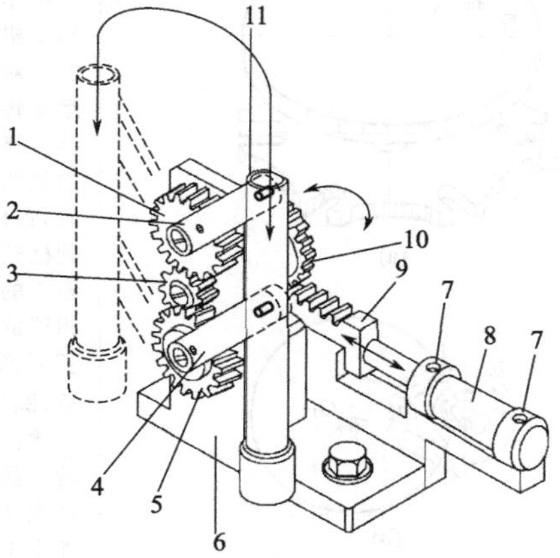 1—齿轮 A；2—连杆 A；3—中间齿轮；4—连杆 B；5—齿轮 B；6—机体；7—空气；8—气缸；9—齿条；10—驱动齿轮；11—平行移动体	平行移动机构中齿轮 A、B 的中心连线、平行移动体及连杆 A、B 这四个构件组成一个平行四边形，则平行移动体将做平行移动

续表

机构名称	应用图例	说明
利用齿轮的自转和公转运动构成的机械手	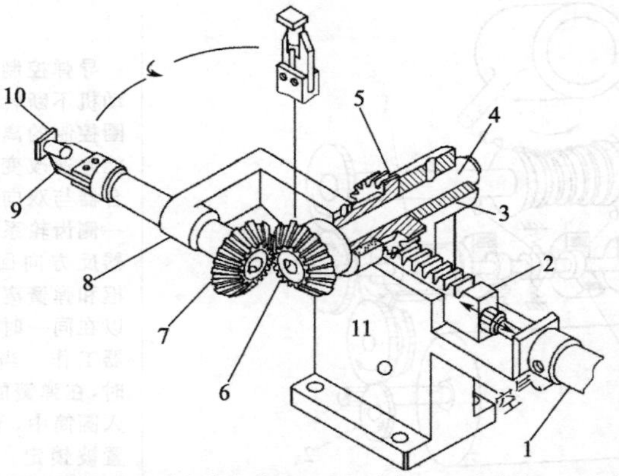 1—气缸；2—齿条；3—固定轴的支承；4—固定轴；5—小齿轮；6—伞齿轮 B；7—伞齿轮 A；8—L 形转臂；9—手爪；10—被送的零件；11—机体	图示为利用齿轮的自转和公转运动构成的机械手。在 L 形的转臂上有一个能转动的伞齿轮 A，在机体上有一个固定伞齿轮 B，两个齿轮相互啮合。将一个小齿轮固定在 L 形转臂上，而使其能绕固定伞齿轮 B 的轴线旋转，利用气缸通过齿条使小齿轮转动，则齿轮 A 将以伞齿轮 B 为中心，既做自转又做公转运动。当伞齿轮 A、B 的齿数比为 1∶1 时，自转角与公转角相等
手爪平行开闭的机械手	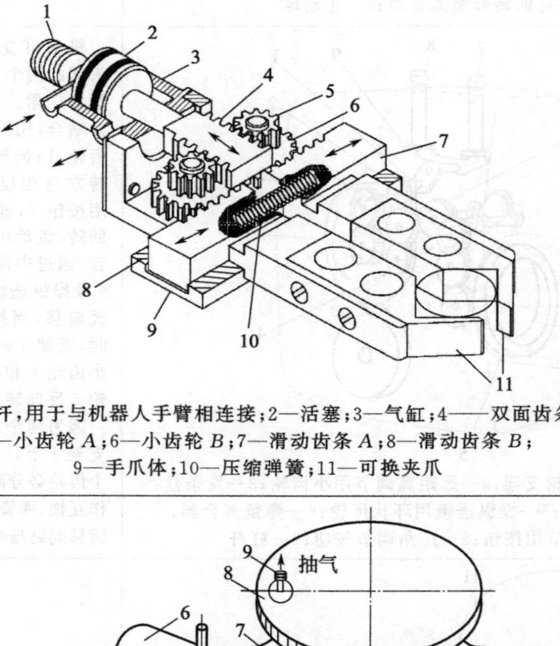 1—螺杆，用于与机器人手臂相连接；2—活塞；3—气缸；4—双面齿条；5—小齿轮 A；6—小齿轮 B；7—滑动齿条 A；8—滑动齿条 B；9—手爪体；10—压缩弹簧；11—可换夹爪	对于不能像人的手那样灵活地完成各种工作的机器人而言，可以采用更换各种专用手爪的方法使其完成相应的工作。图示机械手就是可以满足这种要求的一种结构，它的手爪平行移动，而且移动量较大。当气缸活塞伸出时，手爪张开；活塞退回时，抓取零件。在手爪之间装有压缩弹簧，用以消除运动间隙，装在手爪上的可换夹爪的形状应与被抓零件的外形相适应，抓力大小的调节是靠改变工作压力实现的
制灯泡机多工位间歇转位机构	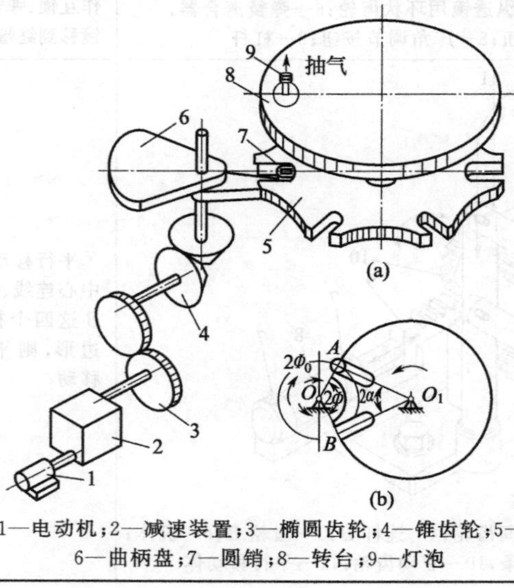 抽气 (a) (b) 1—电动机；2—减速装置；3—椭圆齿轮；4—锥齿轮；5—槽轮；6—曲柄盘；7—圆销；8—转台；9—灯泡	图示为制灯泡机多工位间歇转位机构。电动机 1 经减速装置 2、一对椭圆齿轮 3 及锥齿轮 4 将运动传到曲柄盘 6。曲柄盘 6 上装有圆销 7，当圆销 7 沿其圆周的切线方向进入槽轮 5 的槽内时，迫使从动槽轮 5 反向转动，直到槽轮转过角度 2α，圆销才从槽轮 5 的槽内退出，槽轮 5 和与其相连的转台 8 才处于静止状态。直到圆销 7 继续转过角度 $2\Phi_0$ 后，圆销 7 又进入槽轮 5 的下一个槽内，开始下一个动作循环。转台静止时间为置于转台 8 上的灯泡 9 进行抽气(抽真空)和其他加工工序的时间

续表

机构名称	应用图例	说明
重载长距离转位分度机构	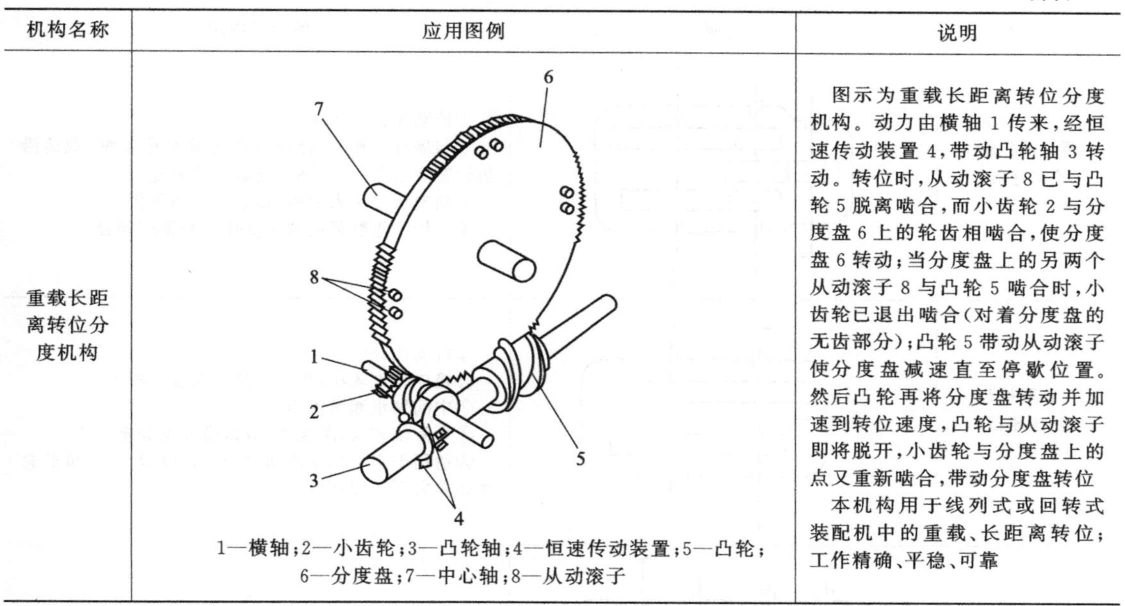 1—横轴；2—小齿轮；3—凸轮轴；4—恒速传动装置；5—凸轮；6—分度盘；7—中心轴；8—从动滚子	图示为重载长距离转位分度机构。动力由横轴1传来，经恒速传动装置4，带动凸轮轴3转动。转位时，从动滚子8已与凸轮5脱离啮合，而小齿轮2与分度盘6上的轮齿相啮合，使分度盘6转动；当分度盘上的另两个从动滚子8与凸轮5啮合时，小齿轮已退出啮合（对着分度盘的无齿部分）；凸轮5带动从动滚子使分度盘减速直至停歇位置。然后凸轮再将分度盘转动并加速到转位速度，凸轮与从动滚子即将脱开，小齿轮与分度盘上的点又重新啮合，带动分度盘转位 本机构用于线列式或回转式装配机中的重载、长距离转位；工作精确、平稳、可靠

电动机减速器是用于减速传动的独立部件，它由刚性箱体、齿轮和蜗杆等传动副及若干附件组成，是利用定轴轮系实现传动的典型传动机构。常用在原动机与工作机之间，将原动机的转速减少为工作机所需要的转速。减速器由于结构紧凑、传递运动准确、效率较高、使用维护方便且可以大批量生产，在工业中得到广泛应用。

减速器的种类很多，用以满足各种机械传动的不同要求。根据传动的类型可分为齿轮减速器、蜗杆减速器、齿轮-蜗杆减速器、行星减速器；根据传动级数可分为单级、二级及多级减速器；根据齿轮的形式可分为圆柱、圆锥和圆柱-圆锥齿轮减速器。根据传动的布置可分为展开式、分流式和同轴式减速器。目前，我国已制定出圆柱齿轮减速器标准JB/T 8853—2001。标准的减速器包括单级、两级和三级三个系列。下面介绍几种常用减速器形式、图例、特点及应用见表7-2。

表7-2 常用减速器的形式、图例、特点及应用

形式	图例	特点及应用
单级圆柱齿轮减速器	Ⅰ Ⅱ	①传动比：$1 \leqslant i \leqslant 8 \sim 10$ ②轮齿可为直齿、斜齿和人字齿 ③结构简单，精度容易保证 ④应用广泛。直齿一般用于圆周速度不大于8m/s或负荷较轻的传动，斜齿或人字齿用于圆周速度为25～50m/s或负荷较重的传动
两级圆柱齿轮减速器（展开式）	Ⅰ Ⅱ Ⅲ	①传动比：$8 \leqslant i \leqslant 60$ ②结构简单 ③齿轮相对于轴承的位置不对称，当轴产生弯曲变形时，载荷沿齿宽分布不均匀，因此要求轴有较大的刚度直齿 ④直齿常用于低速级，高速级采用斜齿

续表

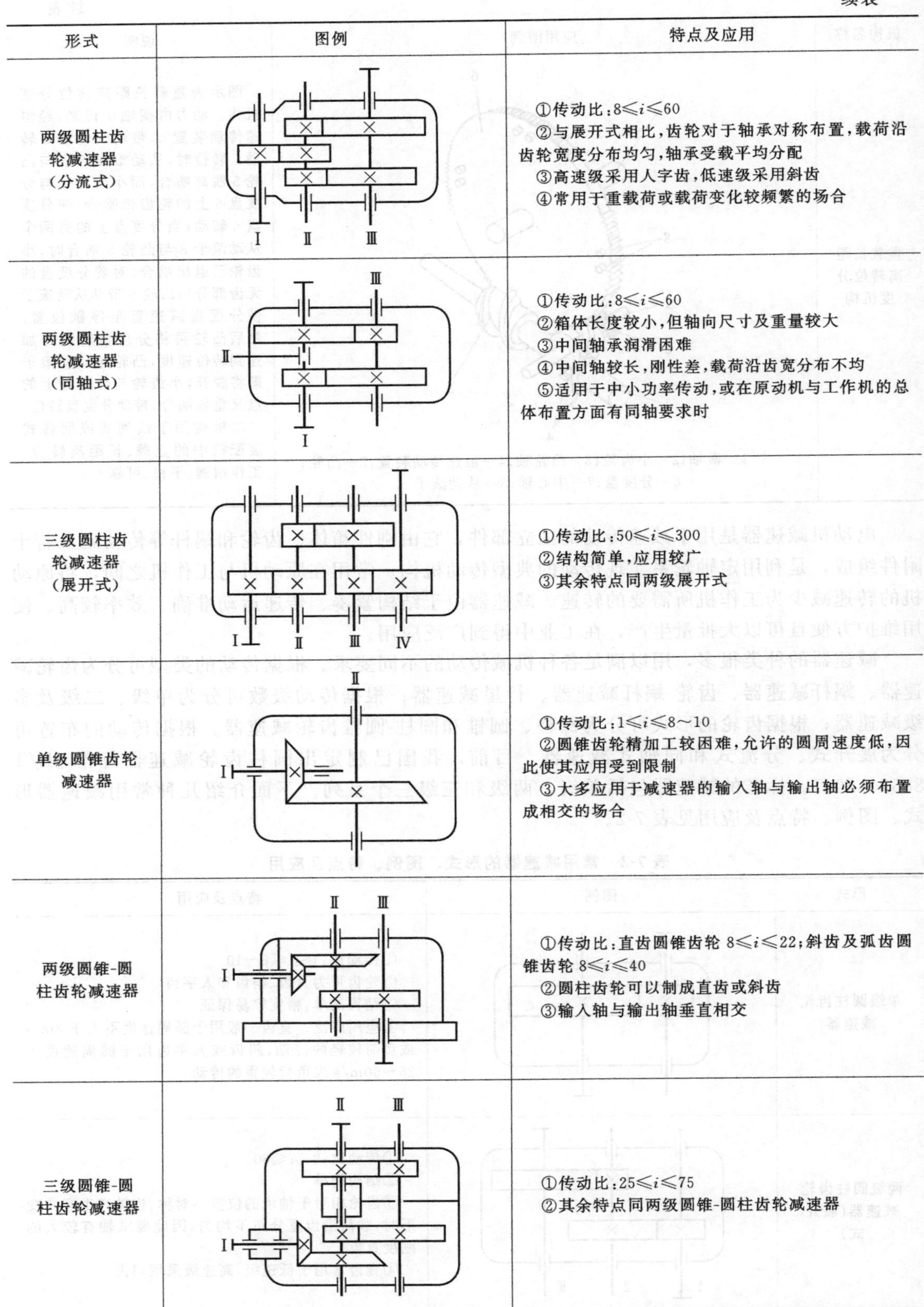

形式	图例	特点及应用
两级圆柱齿轮减速器（分流式）		①传动比：8≤i≤60 ②与展开式相比，齿轮对于轴承对称布置，载荷沿齿轮宽度分布均匀，轴承受载平均分配 ③高速级采用人字齿，低速级采用斜齿 ④常用于重载荷或载荷变化较频繁的场合
两级圆柱齿轮减速器（同轴式）		①传动比：8≤i≤60 ②箱体长度较小，但轴向尺寸及重量较大 ③中间轴承润滑困难 ④中间轴较长，刚性差，载荷沿齿宽分布不均 ⑤适用于中小功率传动，或在原动机与工作机的总体布置方面有同轴要求时
三级圆柱齿轮减速器（展开式）		①传动比：50≤i≤300 ②结构简单，应用较广 ③其余特点同两级展开式
单级圆锥齿轮减速器		①传动比：1≤i≤8～10 ②圆锥齿轮精加工较困难，允许的圆周速度低，因此使其应用受到限制 ③大多应用于减速器的输入轴与输出轴必须布置成相交的场合
两级圆锥-圆柱齿轮减速器		①传动比：直齿圆锥齿轮 8≤i≤22；斜齿及弧齿圆锥齿轮 8≤i≤40 ②圆柱齿轮可以制成直齿或斜齿 ③输入轴与输出轴垂直相交
三级圆锥-圆柱齿轮减速器		①传动比：25≤i≤75 ②其余特点同两级圆锥-圆柱齿轮减速器

续表

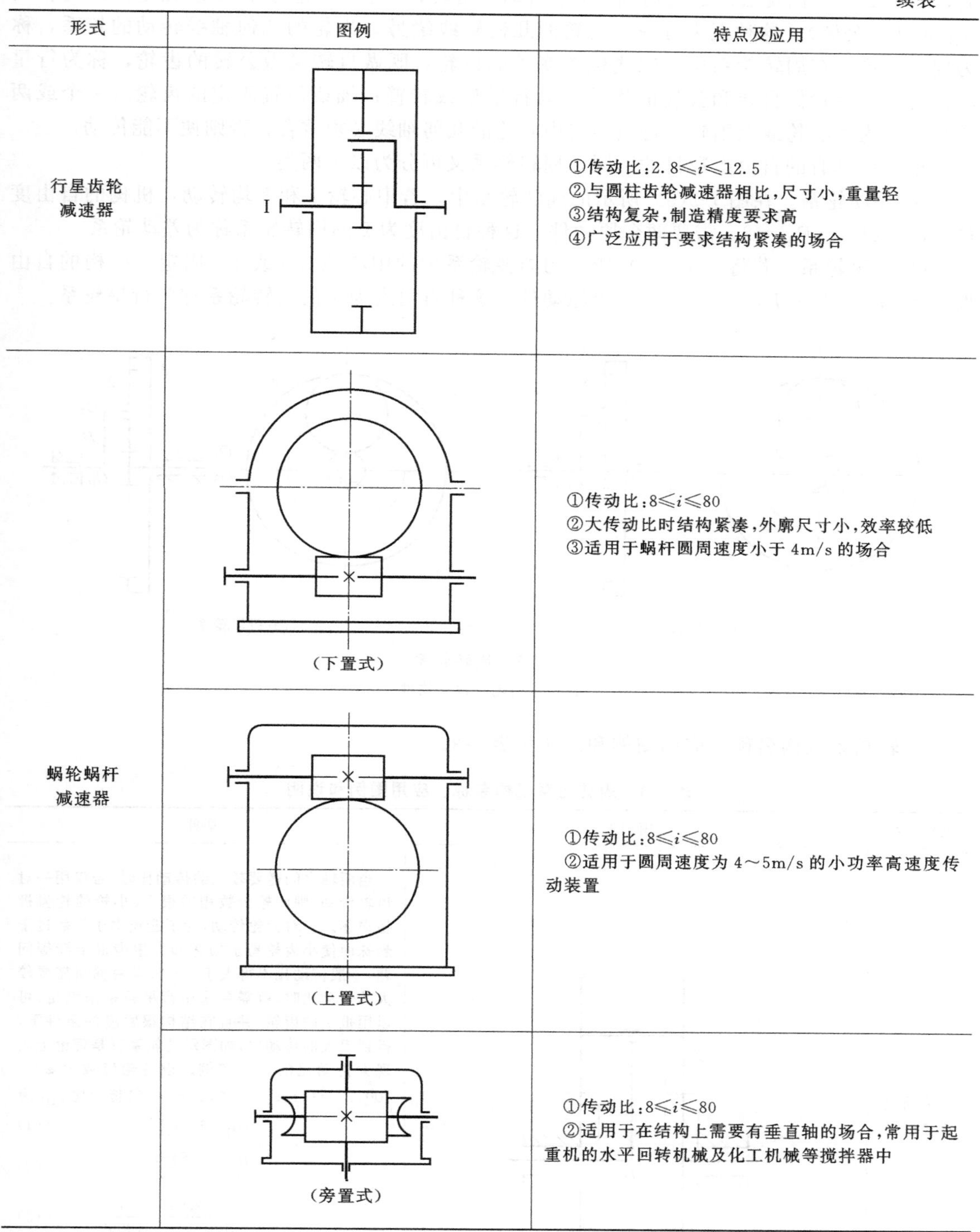

形式	图例	特点及应用
行星齿轮减速器	I	①传动比：2.8≤i≤12.5 ②与圆柱齿轮减速器相比，尺寸小，重量轻 ③结构复杂，制造精度要求高 ④广泛应用于要求结构紧凑的场合
蜗轮蜗杆减速器	（下置式）	①传动比：8≤i≤80 ②大传动比时结构紧凑，外廓尺寸小，效率较低 ③适用于蜗杆圆周速度小于 4m/s 的场合
	（上置式）	①传动比：8≤i≤80 ②适用于圆周速度为 4～5m/s 的小功率高速度传动装置
	（旁置式）	①传动比：8≤i≤80 ②适用于在结构上需要有垂直轴的场合，常用于起重机的水平回转机械及化工机械等搅拌器中

7.2.2　周转轮系应用图例

在图 7-2 所示的周转轮系中，齿轮 1 和 3 以及构件 H 各绕固定的几何轴线 O_1、O_3（与 O_1 重合）及 O_H（也与 O_1 重合）转动，齿轮 2 空套在构件 H 的小轴上。当构件 H 转动时，齿轮 2 一方面绕自己的几何轴线 O_2 转动（自转），同时又随构件 H 绕固定的几何轴线 O_H 转动（公转），这种至少有一个齿轮的几何轴线绕另一齿轮的几何轴线转动的轮系，称为周转轮系。在周转轮系中，轴线位置变动的齿轮，既做自转又做公转的齿轮，称为行星轮；支持行星轮做自转和公转的构件称为行星架或转臂；轴线位置固定的齿轮（一个或两个）则称为中心轮或太阳轮。行星架与中心轮的几何轴线必须重合，否则便不能传动。

根据所具有的自由度数目的不同，周转轮系又可分为以下两类。

① 差动轮系。在图 7-2(a) 所示的周转轮系中，若中心轮 1 和 3 均转动，机构的自由度 $F=3n-2P_L-P_H=2$，需要两个原动件，这种自由度为 2 的周转轮系称为差动轮系。

② 行星轮系。若将图 7-2(b) 所示的周转轮系中的中心轮 3（或 1）固定，机构的自由度 $F=3n-2P_L-P_H=1$，需要一个原动件，这种自由度为 1 的周转轮系称为行星轮系。

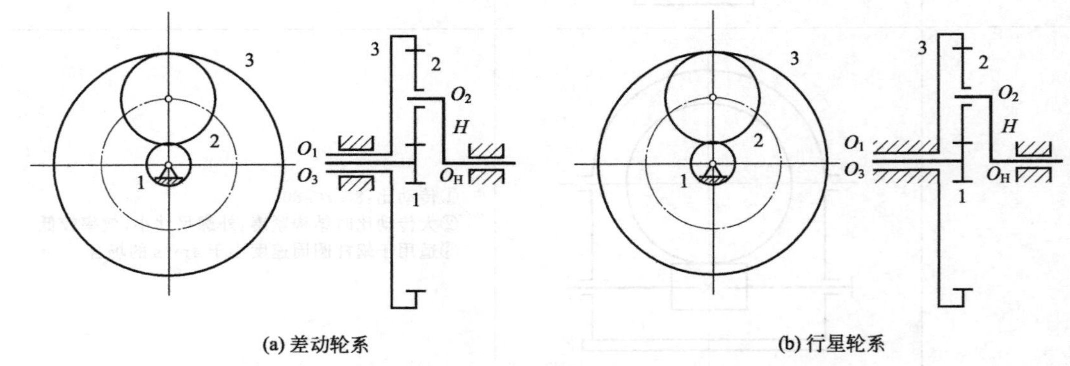

图 7-2　周转轮系

1～3—齿轮；H—构件

周转轮系机构名称、应用图例和说明见表 7-3。

表 7-3　周转轮系机构名称、应用图例和说明

机构名称	应用图例	说明
大传动比传动机构	2　2′　1　3　H 1～3，2′—齿轮	当两轴之间需要较大的传动比时，若仅用一对齿轮传动，则两轮齿数相差很大，小轮的轮齿极易损坏。一对齿轮传动，为了避免由于齿数过于悬殊而使小齿轮易于损坏和发生齿根干涉等问题，一般传动比不得大于 5～7；当两轴间需要较大的传动比时，就需要采用行星轮系来满足，可以用很少的齿轮，并且在结构很紧凑的条件下，得到很大的传动比，如图示的轮系就是理论上实现大传动比的一个实例。设各轮齿数为 $z_1=100$，$z_2=101$，$z_2'=100$，$z_3=99$，其传动比 i_{1H} 为 $i_{1H}=1-i_{13}^{H}$　(1) $i_{13}^{H}=1-\frac{z_2z_3}{z_1z_2'}$　(2) $i_{1H}=1-\frac{101\times99}{100\times100}=\frac{1}{10000}$　(3) 当系杆 H 转 10000 转时，轮 1 才同向转 1 转，可见行星轮系可获得极大的传动比。但这种轮系的效率很低，且当轮 1 为主动时，轮系将发生自锁，因此，这种轮系只适用于轻载下的运动传递或作为微调机构中使用

续表

机构名称	应用图例	说明
多行星轮传动机构	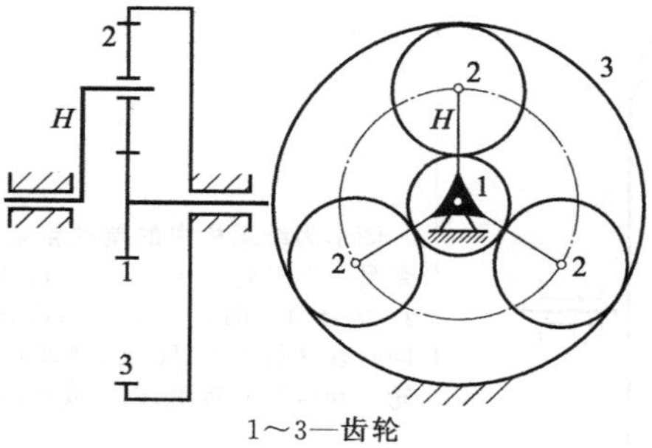 1～3—齿轮	在周转轮系中，采用多个行星轮的结构形式，各行星轮均匀地布置在中心轮周围，如图所示，这样既可用多个行星轮来共同分担载荷，又可使各啮合处的径向分力和行星轮公转所产生的离心惯性力得以平衡。可大大改善受力情况。此外，采用内啮合又有效地利用了空间，加之其输入轴和输出轴同轴线，故可减小径向尺寸，在结构紧凑的条件下，实现大功率传动
涡轮螺旋桨发动机主减速器传动机构	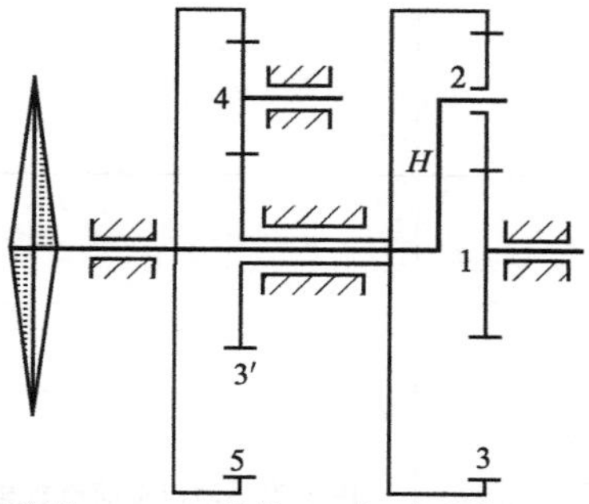 1—太阳轮；2，4，5—齿轮；3，3′—内齿轮；H—系杆	在机械制造业中，特别是在飞行器中，日益期望在结构紧凑重量较小的条件下实现大功率传动，采用周转轮系可以较好地满足这种要求。图示为某涡轮螺旋桨发动机主减速器传动简图。动力由太阳轮 1 输入后，分两路从系杆 H 和内齿轮 3 输往左部，最后汇合到一起输往螺旋桨。由于采用多个行星轮，加上功率分路传递，所以在较小的外廓尺寸下，传递功率可达 2850kW，实现了大功率传递
行星搅拌机构	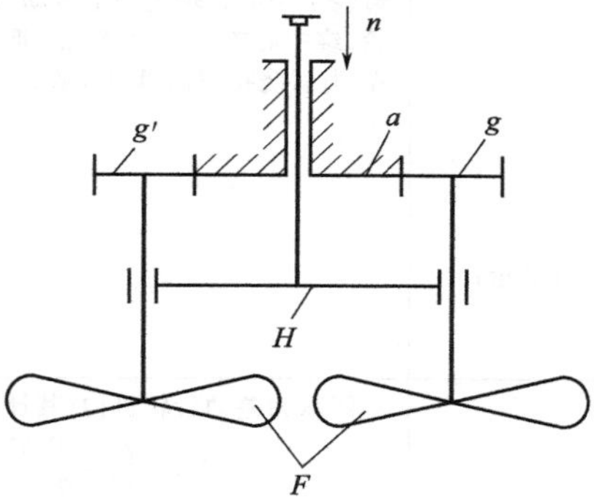 g—行星轮；F—搅拌器	在轮系中，由于行星轮的运动是自转与公转的合成运动，而且可以得到较高的行星轮转速，工程实际中的一些装备直接利用了行星轮的这一特有的运动特点，来实现机械执行构件的复杂运动。图示为一行星搅拌机构的简图。其搅拌器 F 与行星轮 g 固连为一体，从而得到复合运动，增加了搅拌效果
马铃薯挖掘机	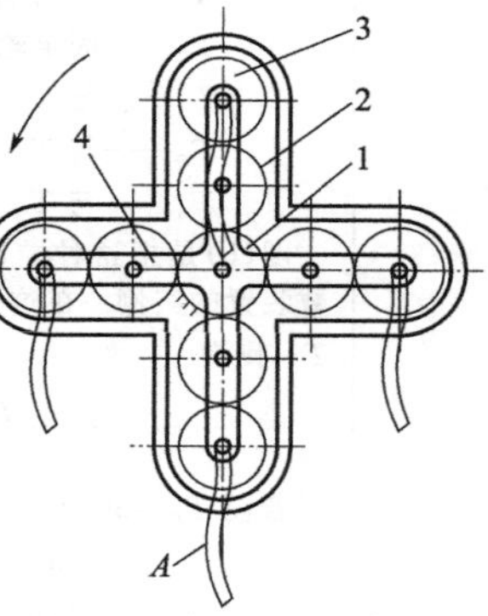 A—挖叉；1—中心轮；2—中间轮；3—行星轮；4—十字架	图示为马铃薯挖掘机机构简图。中心轮 1 固定不动，挖叉 A 固连在行星轮 3 上，十字架 4 为输入件，行星轮 3(挖叉)为输出件。中心轮 1 与行星轮 3 的齿数相等，中间轮 2 的齿数可任意选择。工作时，十字架 4 回转，带动轮 3 做平动，使挖叉始终保持竖直朝下的姿态，以实现挖掘的效果

续表

机构名称	应用图例	说明
纺织机中差动轮系	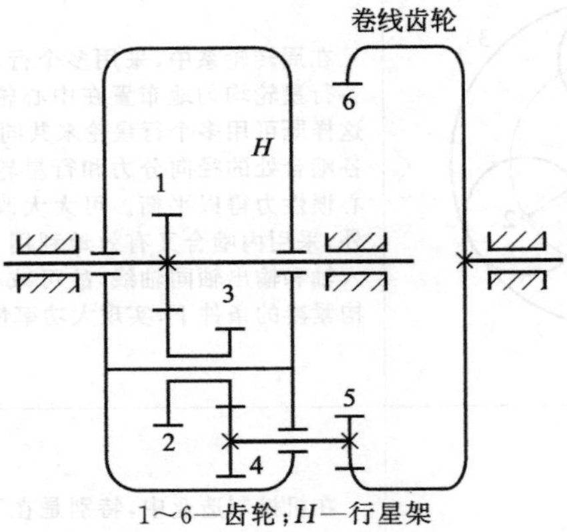 卷线齿轮 6 H 1 3 2 4 5 1～6—齿轮；H—行星架	图示为纺织机中的差动轮系运动简图。该轮系是由差动轮系 1、2、3、4、H 和差动轮系 5、6、H 组合而成的。齿轮 4 和齿轮 5 是双联齿轮，同时套在行星架 H 上，转动行星架 H，带动齿轮 5 和齿轮 6 转动，以完成纺织机卷线的工作
手动起重葫芦	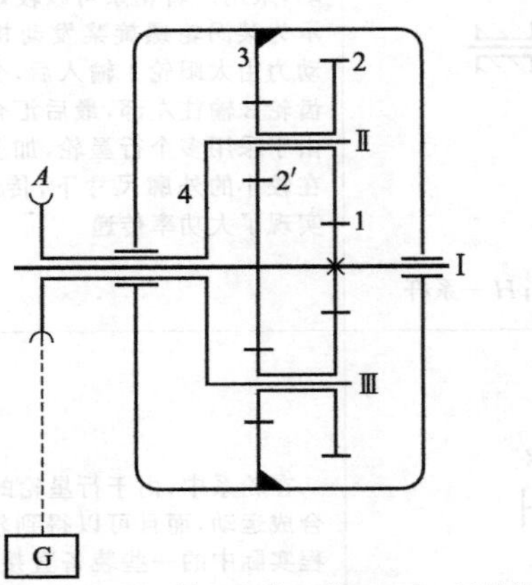 3 2 Ⅱ A 2′ 4 1 Ⅰ Ⅲ G A—滚筒；Ⅰ～Ⅲ—轴；1—中心轮；2，2′—行星轮；3—齿圈；4—齿轮；	图示为手动起重葫芦机构。该轮系是由 1、2、2′、3、4(H)组成的周转轮系。轴Ⅰ与电机相连，齿轮 1 为中心轮随轴Ⅰ转动，齿轮 2 和 2′为行星轮，绕中心轮 1 转动，轴Ⅱ、Ⅲ作为系杆连接滚筒 A，绳索绕在滚筒 A 上，随 A 的转动将重物提升
采用减速差动齿轮的计数机构	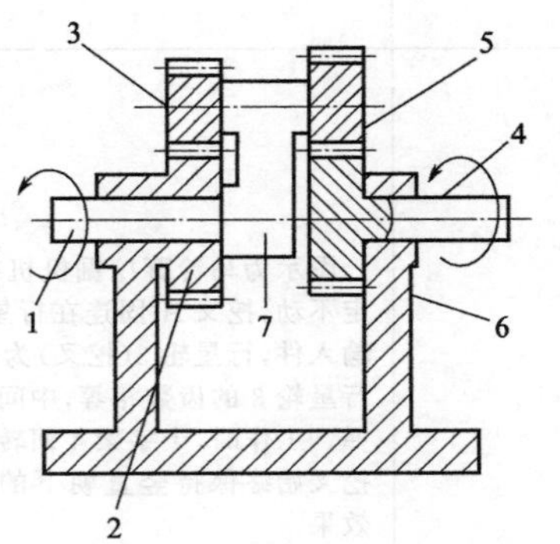 3 5 4 1 7 6 2 (a)	图示为差动齿轮机构，其计算公式为 $$N_2=\left(1-\frac{T_3T_5}{T_4T_6}\right)N_1 \quad (1)$$ 式中 N_1——主动轴的转速； N_2——从动轴的转速； T_3——固定轮的齿数； T_4——与 T_3 啮合的从动轮的齿数； T_5——与 T_4 同为一体的从动轮的齿数； T_6——与 T_5 啮合的从动轮的齿数。 图(b)是把这种差动齿轮装置用于照相机计数装置的实例。在这种场合下，式(1)中的 $T_4=T_5$，则有 $$N_2=\left(1-\frac{T_3}{T_6}\right)N_1 \quad (2)$$ 若设 $T_6=50$，$T_3=49$，则由式(2)计算得 $$N_2=\left(\frac{50-49}{50}\right)N_1=\frac{1}{50}N_1$$ 即得到减速比 1/50

续表

机构名称	应用图例	说明
采用减速差动齿轮的计数机构	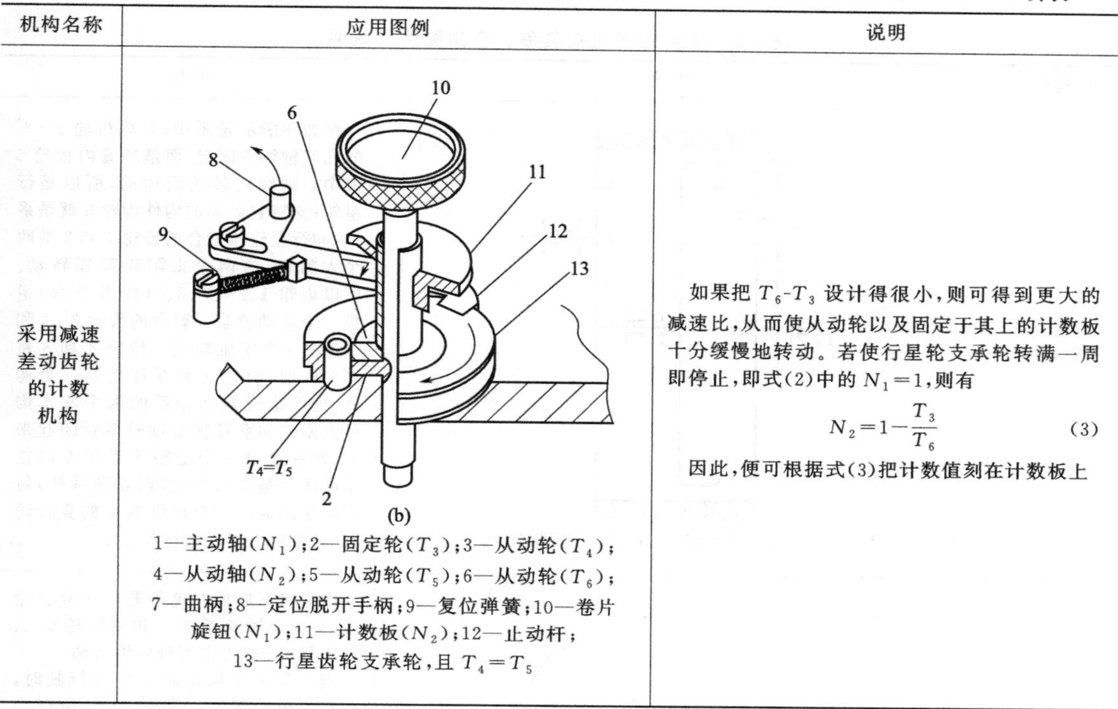 (b) 1—主动轴(N_1)；2—固定轮(T_3)；3—从动轮(T_4)；4—从动轴(N_2)；5—从动轮(T_5)；6—从动轮(T_6)；7—曲柄；8—定位脱开手柄；9—复位弹簧；10—卷片旋钮(N_1)；11—计数板(N_2)；12—止动杆；13—行星齿轮支承轮，且 $T_4=T_5$	如果把 T_6-T_3 设计得很小，则可得到更大的减速比，从而使从动轮以及固定于其上的计数板十分缓慢地转动。若使行星轮支承轮转满一周即停止，即式(2)中的 $N_1=1$，则有 $N_2=1-\frac{T_3}{T_6}$　　(3) 因此，便可根据式(3)把计数值刻在计数板上

7.2.3　复合轮系应用图例

在工程实际中，除采用单一的定轴轮系和单一的周转轮系外，还常采用既含定轴轮系部分又含周转轮系部分的复杂轮系，通常把这种轮系称为复合轮系。

图 7-3 所示为复合轮系。图 7-3(a) 所示的复合轮系由两个简单轮系组成，其中齿轮 1、2 组成的是一个定轴轮系，而齿轮 2′、3、4 和行星架 H_1 组成的是一个行星轮系，通过齿轮 2 和 2′将两个轮系联系在一起。图 7-3(b) 所示的复合轮系是由 1、2、3、H_1 和 4、5、6、H_2 两个行星轮系构成的。

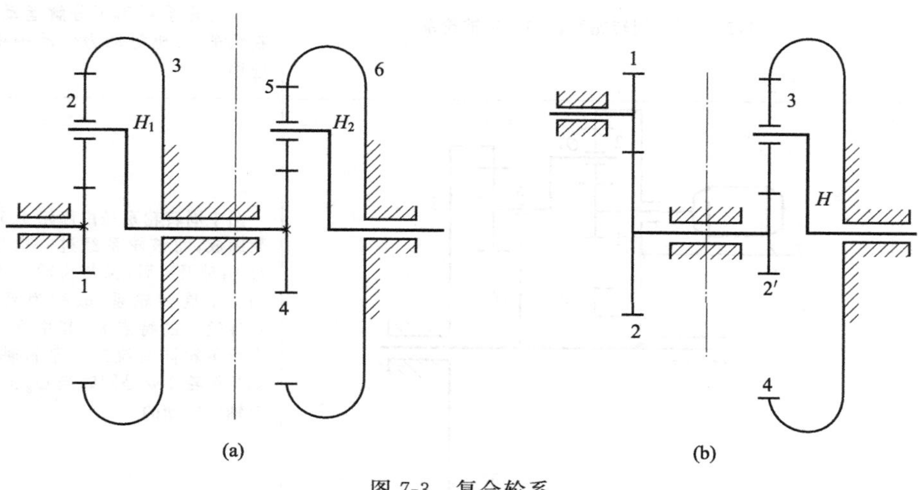

图 7-3　复合轮系

1～6，2′—齿轮；H，H_1，H_2—行星架

复合轮系机构名称、应用图例和说明见表 7-4。

表 7-4　复合轮系机构名称、应用图例和说明

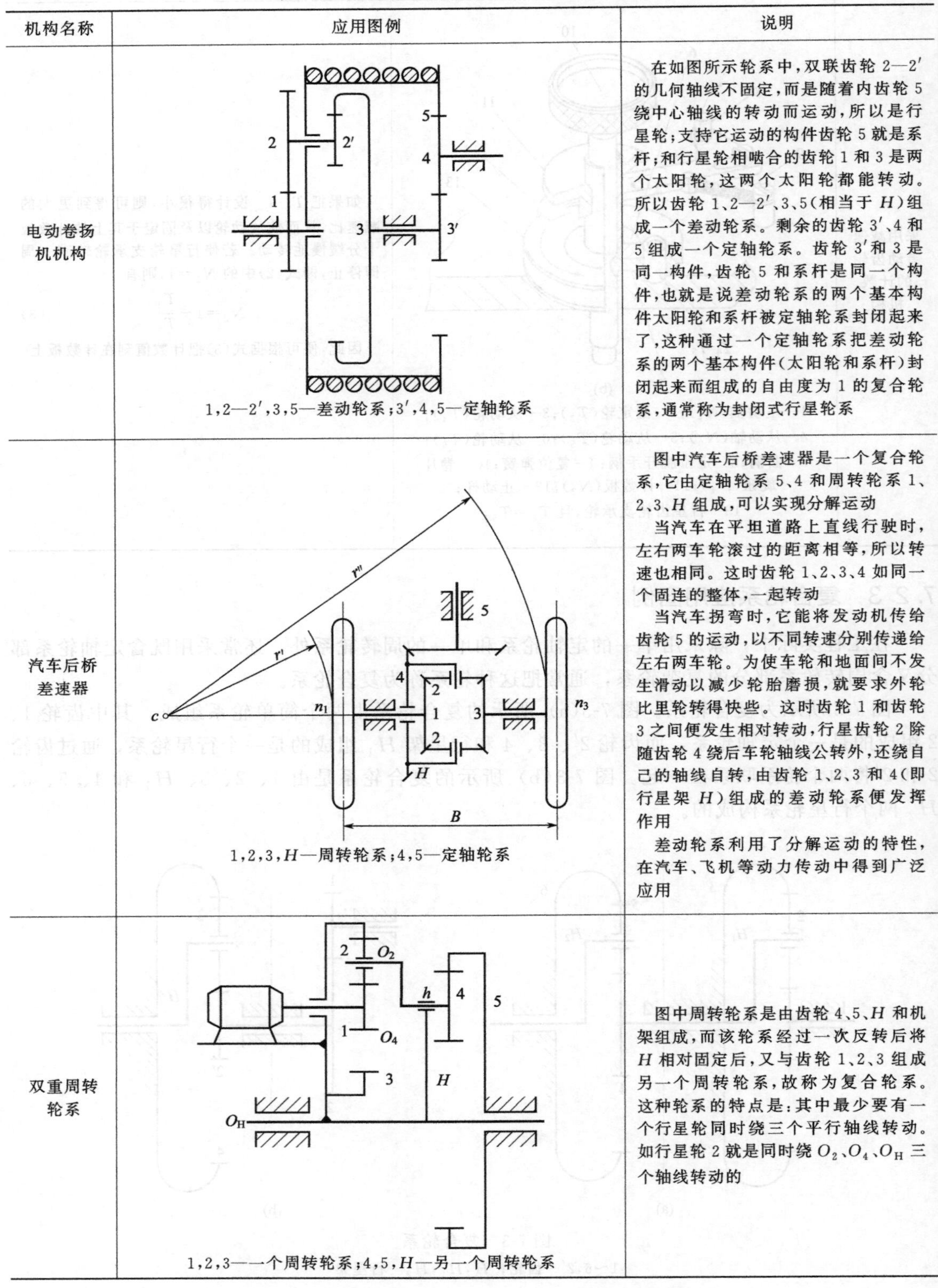

机构名称	应用图例	说明
电动卷扬机机构	1,2—2′,3,5—差动轮系；3′,4,5—定轴轮系	在如图所示轮系中，双联齿轮 2—2′的几何轴线不固定，而是随着内齿轮 5 绕中心轴线的转动而运动，所以是行星轮；支持它运动的构件齿轮 5 就是系杆；和行星轮相啮合的齿轮 1 和 3 是两个太阳轮，这两个太阳轮都能转动。所以齿轮 1、2—2′、3、5（相当于 H）组成一个差动轮系。剩余的齿轮 3′、4 和 5 组成一个定轴轮系。齿轮 3′和 3 是同一构件，齿轮 5 和系杆是同一个构件，也就是说差动轮系的两个基本构件太阳轮和系杆被定轴轮系封闭起来了，这种通过一个定轴轮系把差动轮系的两个基本构件（太阳轮和系杆）封闭起来而组成的自由度为 1 的复合轮系，通常称为封闭式行星轮系
汽车后桥差速器	1,2,3,H—周转轮系；4,5—定轴轮系	图中汽车后桥差速器是一个复合轮系，它由定轴轮系 5、4 和周转轮系 1、2、3、H 组成，可以实现分解运动 当汽车在平坦道路上直线行驶时，左右两车轮滚过的距离相等，所以转速也相同。这时齿轮 1、2、3、4 如同一个固连的整体，一起转动 当汽车拐弯时，它能将发动机传给齿轮 5 的运动，以不同转速分别传递给左右两车轮。为使车轮和地面间不发生滑动以减少轮胎磨损，就要求外轮比里轮转得快些。这时齿轮 1 和齿轮 3 之间便发生相对转动，行星齿轮 2 除随齿轮 4 绕后车轮轴线公转外，还绕自己的轴线自转，由齿轮 1、2、3 和 4（即行星架 H）组成的差动轮系便发挥作用 差动轮系利用了分解运动的特性，在汽车、飞机等动力传动中得到广泛应用
双重周转轮系	1,2,3—一个周转轮系；4,5,H—另一个周转轮系	图中周转轮系是由齿轮 4、5、H 和机架组成，而该轮系经过一次反转后将 H 相对固定后，又与齿轮 1、2、3 组成另一个周转轮系，故称为复合轮系。这种轮系的特点是：其中最少要有一个行星轮同时绕三个平行轴线转动。如行星轮 2 就是同时绕 O_2、O_4、O_H 三个轴线转动的

续表

机构名称	应用图例	说明
摩托车里程表	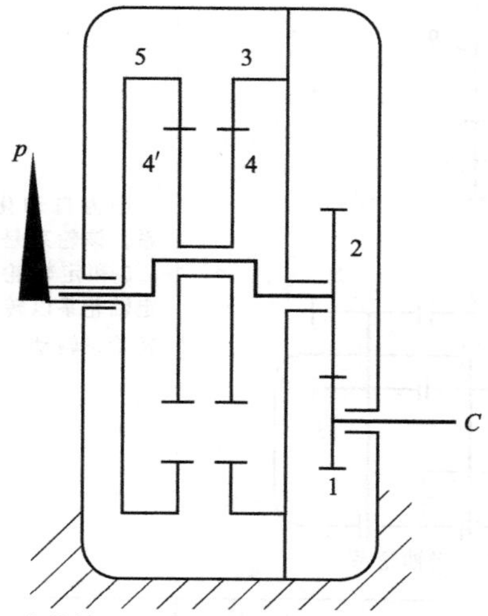 C—车轮轴；p—里程表的指针；1,2—定轴轮系；3,4,4′,5—周转轮系	图为摩托车里程表机构运动简图。该轮系是由周转轮系 3、4、4′、5 和定轴轮系 1、2 组成的复合轮系，其中固定轮 3 为周转轮系中的太阳轮，C 为车轮轴，p 为里程表的指针。当车轮转动起来后，车轮轴 C 带动定轴轮系里的齿轮 1 和齿轮 2 转动，齿轮 2 又固连在周转轮系中的行星架上，从而带动周转轮系一起转动，使得指针 p 左右摆动
制绳机	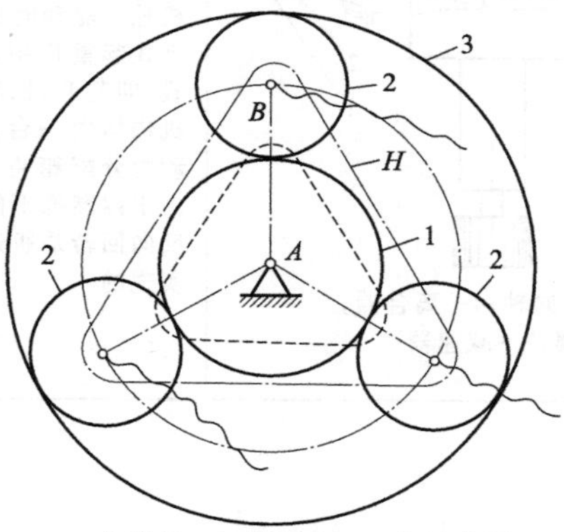 1—太阳轮；2—行星轮；3—行星齿圈	图为制绳机的机构运动简图。三股细线由三个行星轮 2 带动，工作时可按要求操控轮 1 和齿圈 3 的转速，使行星轮自转又公转，即每股细线自拧，三股线再同向合股，这样可将三股细线绳合为一股粗线绳
镗床镗杆进给机构	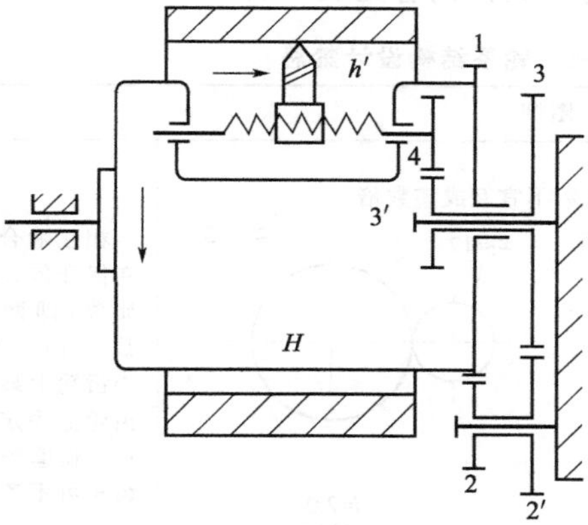 h'—镗杆；1,3′,4,H—周转轮系；2,2′,3—定轴轮系	图为镗床的镗杆进给机构。该机构是由定轴轮系 2、2′、3 和周转轮系 1、3′、4、H 组合而成的。周转轮系的齿轮 4 套在镗床的镗杆上，当齿轮 4 转动起来以后，带动镗杆 h' 做进给运动

续表

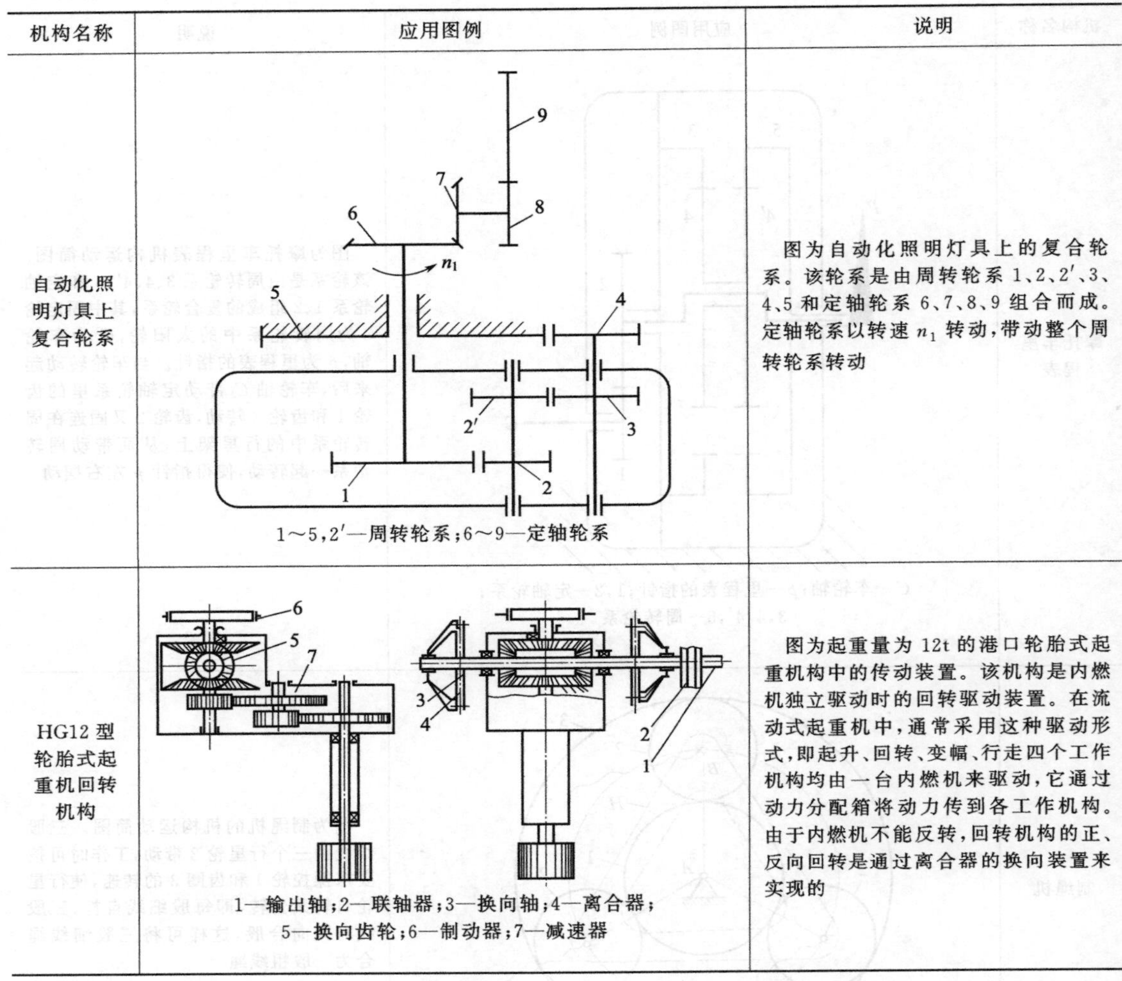

机构名称	应用图例	说明
自动化照明灯具上复合轮系	1～5，2′—周转轮系；6～9—定轴轮系	图为自动化照明灯具上的复合轮系。该轮系是由周转轮系 1、2、2′、3、4、5 和定轴轮系 6、7、8、9 组合而成。定轴轮系以转速 n_1 转动，带动整个周转轮系转动
HG12 型轮胎式起重机回转机构	1—输出轴；2—联轴器；3—换向轴；4—离合器；5—换向齿轮；6—制动器；7—减速器	图为起重量为 12t 的港口轮胎式起重机构中的传动装置。该机构是内燃机独立驱动时的回转驱动装置。在流动式起重机中，通常采用这种驱动形式，即起升、回转、变幅、行走四个工作机构均由一台内燃机来驱动，它通过动力分配箱将动力传到各工作机构。由于内燃机不能反转，回转机构的正、反向回转是通过离合器的换向装置来实现的

7.2.4 轮系结构设计禁忌

轮系结构设计应注意轮系传动的合理布置和参数设计、合理结构设计、齿轮在轴上的安装以及保持轮系传动正常运转的措施等，具体内容见表 7-5。

表 7-5 轮系结构设计禁忌

序号	禁忌类型	图例	说明
1	轮系传动的合理布置和参数设计	①相互啮合的一对齿轮齿数不宜互成整数倍 z_1=18　z_2=36　i=2　较差 z_1=17　z_2=35　i=2.06　较好	相互啮合的一对齿轮的齿数，在保证传动比前提下，最好互为质数（即两齿轮的齿数无公因数）。而不要互成整数倍。这样，小齿轮上某一个齿不会总是和大齿轮上固定的某几个齿相啮合，从而使磨损较为均匀。对于变速齿轮可不考虑这一问题

续表

序号	禁忌类型	图例	说明
1	轮系传动的合理布置和参数设计	②配对的大小齿轮齿面硬度宜保持一定的硬度差(对于齿面硬度小于350HBW的软齿面齿轮)	由于单位时间内小齿轮的啮合次数比配对的大齿轮多,小齿轮硬度比大齿轮硬度高些有利于提高小齿轮的磨损寿命 对于软齿面齿轮,配对的两齿轮齿面硬度差应保持为30～50HBW或更多,当两齿轮齿面硬度差较大时,则运转过程中较硬的小齿轮对较软的大齿轮,会起较显著的冷作硬化效果,从而提高了大齿轮的接触疲劳强度
		③齿轮布置应考虑有利于轴和轴承受力 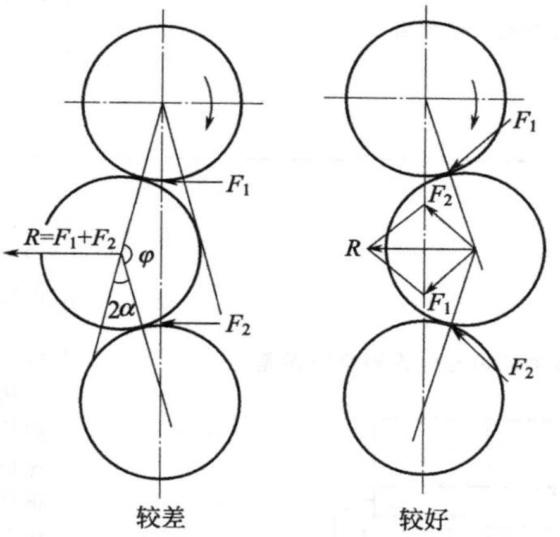 $R=F_1+F_2$　φ　2α　F_1　F_2　较差 F_1　F_2　R　F_2　F_1　F_2　较好	对于受两个或更多力的齿轮,当布置位置不同时,所受的力或叠加或抵消,轴承和轴受力有较大的不同,设计时应仔细分析。如图所示,中间齿轮位置不同时,它的轴和轴承受力有很大差别,决定于齿轮位置和Φ角大小。左图中间齿轮所受的力正好叠加起来,受力最大。右图则可以互相抵消一部分。图中$\varphi=180°-2\alpha$,α——压力角
2	齿轮的合理结构设计	①轮齿表面硬化层不应间断 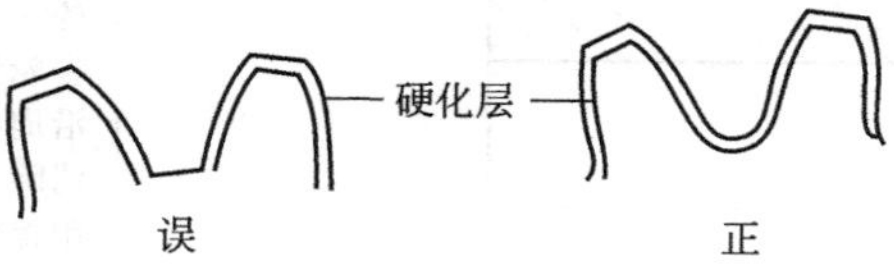 硬化层　误　正	渗碳淬火和表面淬火的齿轮,齿的硬化表面应连续不断。否则齿面的软硬相接的过渡部分强度将很低
		②齿轮结构较小时应做成齿轮轴 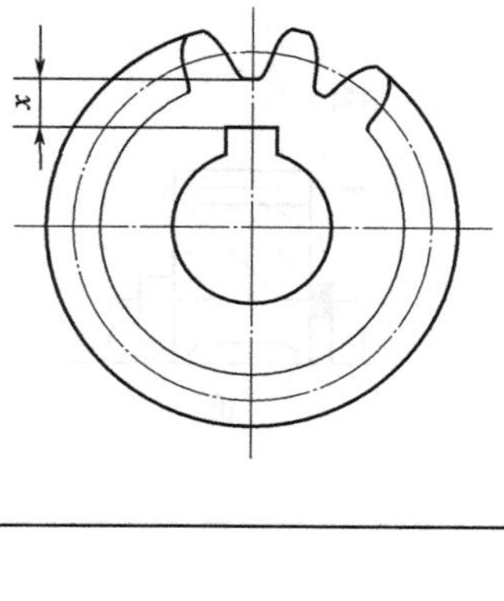 x	一般规定$x\leqslant 2.5$m时,由于齿根和键槽距离近,强度不够,齿轮容易断裂,要设计成齿轮轴。此外,若齿轮与轴之间相近(有资料推荐当齿顶圆直径小于轴直径的两倍时),也可以设计成齿轮轴,这样可以节省加工轴、孔、键、键槽的时间

续表

序号	禁忌类型	图例	说明
		③齿轮根圆直径可以小于轴直径 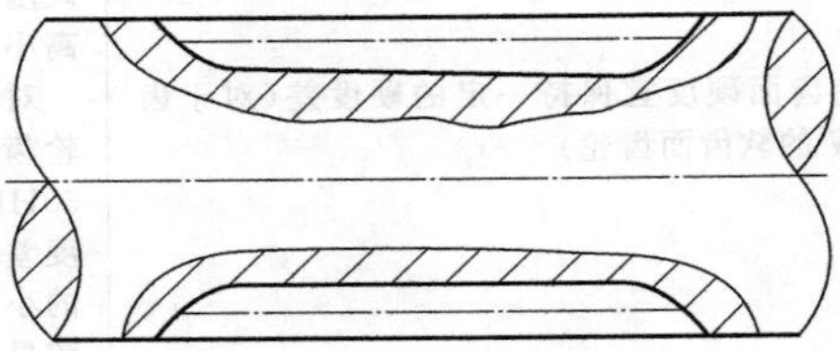	必要时可以设计成如图所示的结构，即齿顶圆直径等于甚至小于轴直径。但此时应计算轴的强度，初学设计的人常认为必须要求齿根圆直径大于轴直径，实际上并没有这个限制
2	齿轮的合理结构设计	④小齿轮宽度要大于大齿轮宽度	对于固定传动比的齿轮，为保证即使安装时齿轮轴向位置有误差，仍能保证原设计的接触宽度，常使小齿轮宽度比大齿轮宽5～10mm
		⑤双向回转精密传动的齿轮应控制空回误差 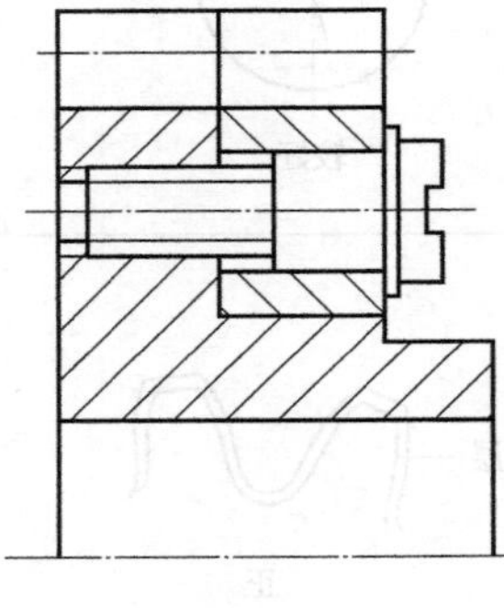	在齿轮传动中，为了润滑和补偿制造误差的需要，相互啮合的齿轮副之间是有尺侧间隙的，这对一般传动及单向回转是没有问题的。但是对正反双向回转的精密传动，因尺侧间隙的存在，在反向传动中会引起空回误差，难以保证从动轮的回转精度，因此，在精密传动中必须控制或消除空回误差的影响 改进措施：除提高齿轮传动精度外，还可在结构方面改进，以消除空回误差。例如，可将传动中的一个齿轮设计成双片或三片的齿轮组合式，两片齿轮之间可以沿周向相互错动一个微小角度以消除尺侧间隙，调整好侧间隙后，用螺钉将两片齿轮捆紧，从而可以保证精密双向回转，该方法结构简单易行，缺点是磨损后不能自动调整
3	齿轮在轴上的安装	①斜齿轮轴向力应指向轴的定位轴肩 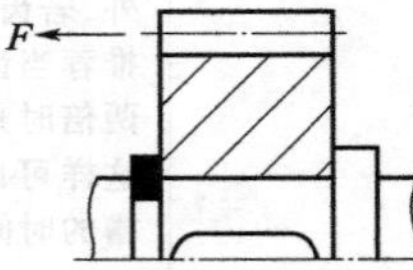 F　　　　F 误 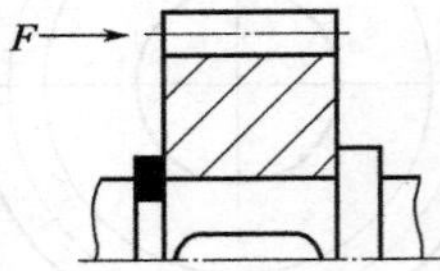　　　　正	在斜齿轮传动中，如果转动方向不变，则产生的轴向力方向也不变。因此，将斜齿轮固定在轴上时，原则上应使轴向力指向定位轴肩，这样不易引起轴向松动，而且定位精确可靠

续表

序号	禁忌类型	图例	说明
3	齿轮在轴上的安装	②锥齿轮轴必须双向固定 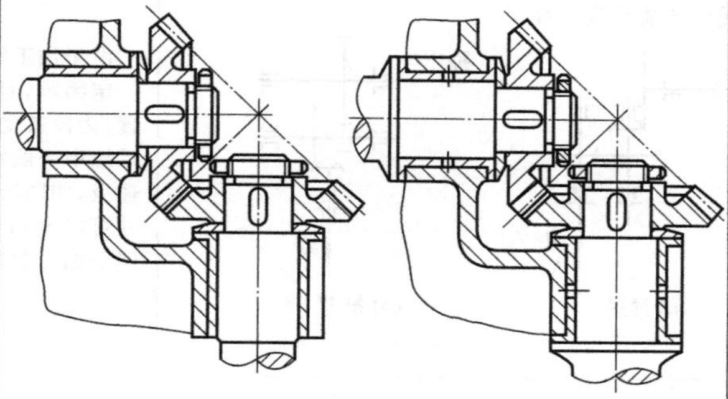 误　　正	直齿圆锥齿轮不论转向如何，其轴向力始终向一个方向，即指向大端，但仍应双向固定其轴系的轴向位置，否则将有较大的振动和噪声
		③大小锥齿轮轴都应能做轴向调整 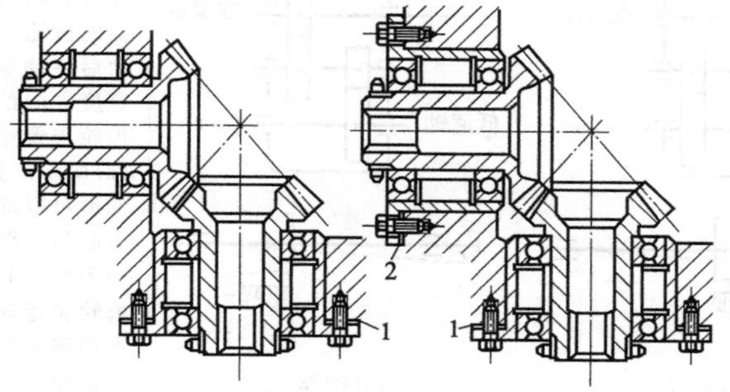 1　2　1 (a) 误　　(b) 正	为了锥齿轮能正常啮合，要求大小锥齿轮的锥顶在安装时重合，其啮合面居中而靠近小端，承载后由于轴和轴承的变形使啮合部分移近大端。为了调整锥齿轮的啮合，在其轴系中设置垫片，靠增减垫片调节锥齿轮的轴向位置。图(a)只有一个齿轮能轴向调整，不能满足要求
4	保持齿轮传动正常运转的措施	①高速齿轮的喷油润滑宜从啮出侧给油 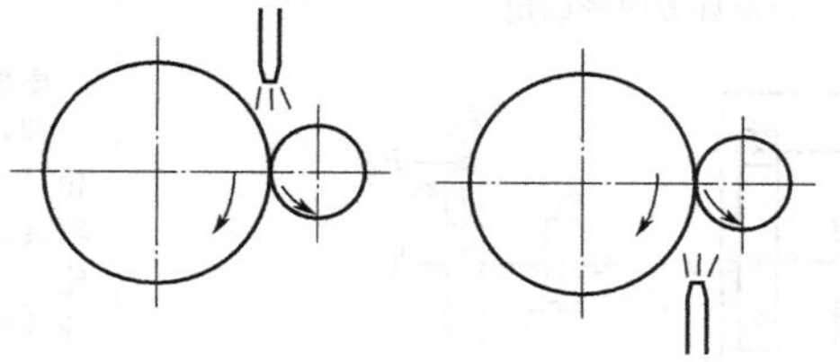 误　　正	速齿轮（$v \geqslant 25\text{m/s}$）采用喷油润滑时，喷嘴应位于啮出的一侧自下而上喷射，以便借润滑油及时冷却啮合过的轮齿并同时进行润滑，需要注意不要发生喷出来的油达不到齿面的情况。对于速度为 12～15m/s 的传动，喷嘴无论从啮入侧或啮出侧给油则影响不大。 对于斜齿轮传动可从端面喷油
		②人字齿轮的两方向齿结合点(A)应先进入啮合 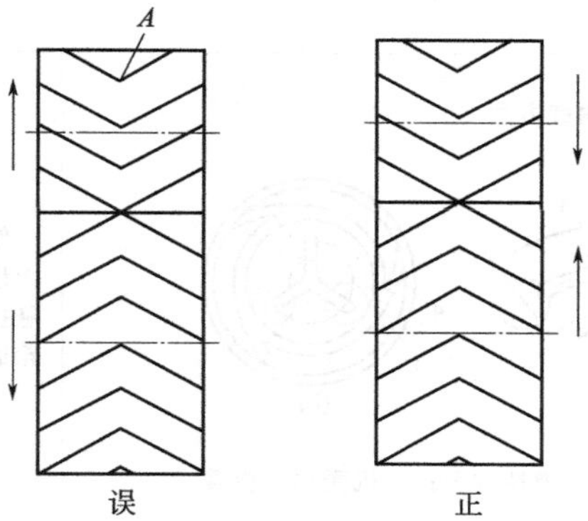 A 误　　正	人字齿轮啮合时，如两端先进入啮合，则到达 A 点处时，为挤出润滑油可能产生很大的力，发生振动。如果 A 点先进入啮合，则工作比较平稳

续表

序号	禁忌类型	图例	说明
5	满足安装要求的齿轮机构结构设计	①锥齿轮传动布置在高速级 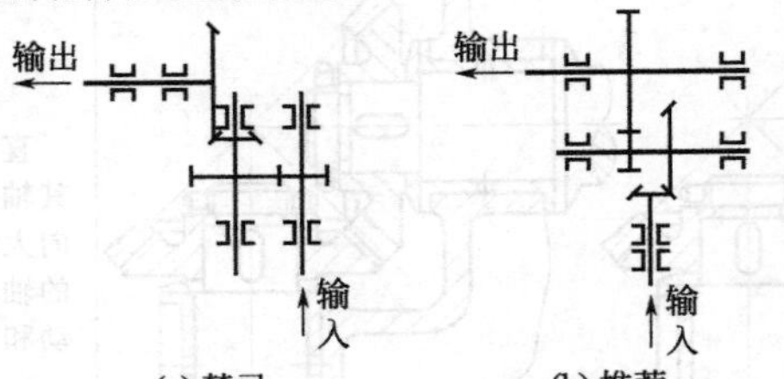 输出 输入 输出 输入 (a) 禁忌 (b) 推荐	由于加工较大尺寸的锥齿轮有一定困难，且齿轮常常是悬臂布置，为使其受力小些，在齿轮传动系统中一般将锥齿轮传动作为高速级，如图所示，这样锥齿轮的尺寸可以比布置在低速级时减小，便于加工制造
		②高速级齿轮远离转矩输入端 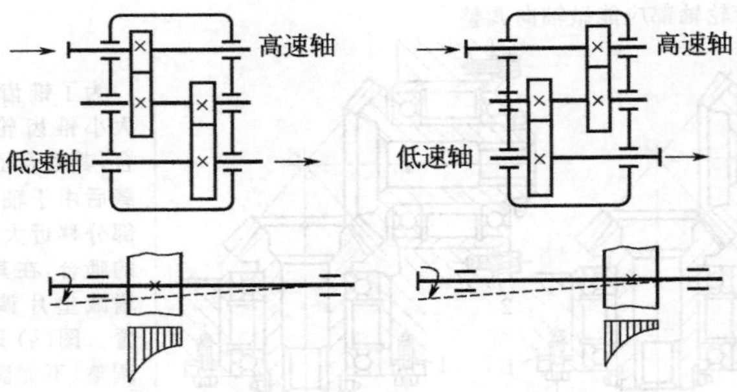 高速轴 低速轴 高速轴 低速轴 (a) 禁忌 (b) 推荐	在设计减速器时，常常将高速级齿轮配置在远离转矩输入端的位置。两级展开式圆柱齿轮减速器的齿轮为非对称布置，齿轮受力后使轴弯曲变形，引起齿轮沿宽度方向的载荷分布不均，应将齿轮布置远离转矩输入端，如图(a)所示。这样轴和齿轮的扭转变形可以部分地改善因弯曲变形引起的齿轮沿宽度方向的载荷分布不均。如图(b)所示，若高速级齿轮靠近转矩输入端，载荷分布不均现象会比图(a)严重，设计时应避免
		③中间轴上的斜齿轮螺旋方向的确定 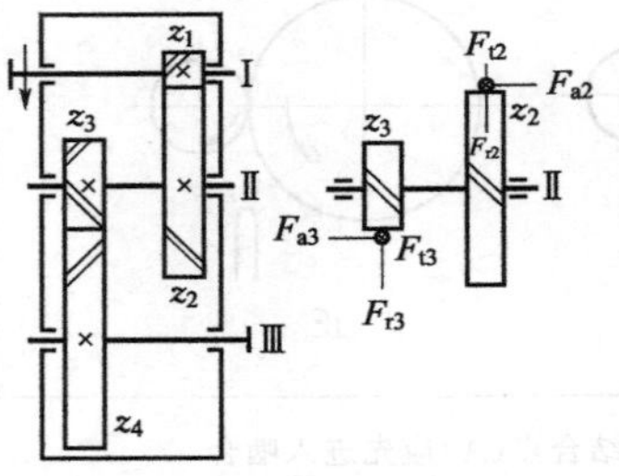 z_1 Ⅰ z_3 Ⅱ z_2 Ⅲ z_4 F_{t2} F_{a2} z_2 z_3 F_{r2} Ⅱ F_{a3} F_{t3} F_{r3}	要想使中间轴两端的轴承受力合理，两齿轮的轴向力方向必须相反。由于中间轴上的两个斜齿轮旋转方向相同，但一个为主动轮，另一个为从动轮，因此两斜齿轮的螺旋线方向应相同，这样可以相互抵消部分轴向力，如图所示
		④“浮动”基本件的均载方法 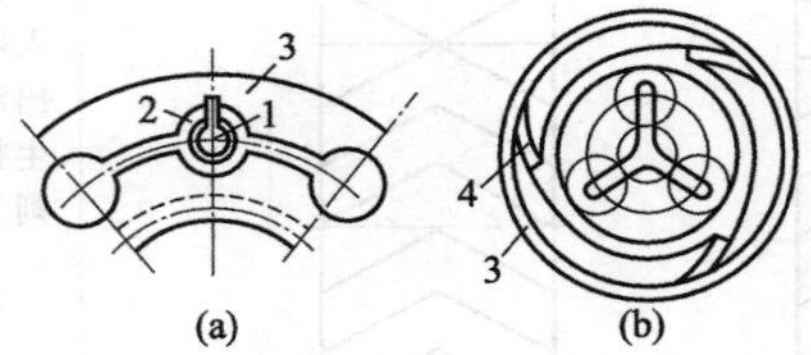 3 2 1 4 3 (a) (b) 1—内齿轮；2—弹性衬套；3—机壳；4—板簧	使基本构件“浮动”，图(a)是将内齿轮用多个弹性衬套及限位销悬挂在机壳上。图(b)是将内齿轮通过板簧浮动支承在机壳上

续表

<table>
<tr><th>序号</th><th>禁忌类型</th><th>图例</th><th>说明</th></tr>
<tr><td rowspan="2">5</td><td rowspan="2">满足安装要求的齿轮机构结构设计</td><td>⑤采用弹性元件的均衡方法 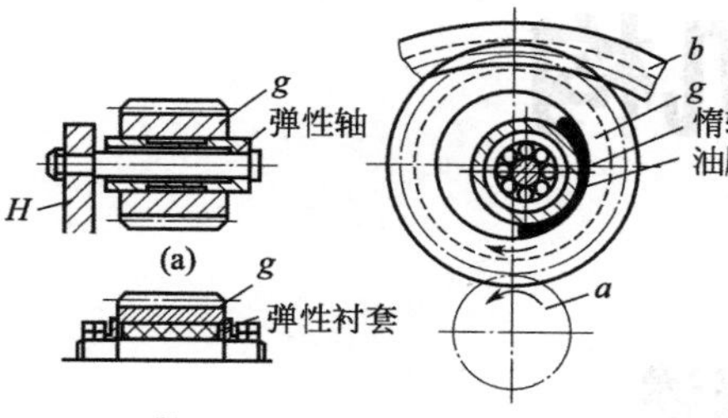
g 弹性轴 H (a)
g 弹性衬套 (b)
b g 惰轮 油膜 a (c)</td><td>采用弹性元件均衡，如图(a)为行星轮装在弹性芯轴上。图(b)为行星轮装在非金属的弹性衬套上。图(c)为行星轮内孔与轴承外套的惰轮之间留出较大间隙(>0.3mm)形成“油膜弹性浮动”结构</td></tr>
<tr><td>⑥采用杠杆联锁的均载方法 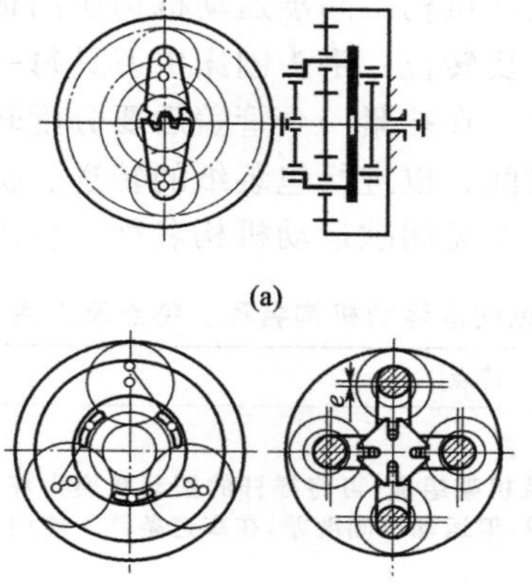
(a)
e (b) (c)</td><td>采用杠杆联锁的均衡装置。图所示为这一类的三种均衡装置，分别用于行星轮数为 2、3、4 的行星轮系</td></tr>
</table>

第8章

间歇运动机构

8.1 间歇运动机构概述

机构的运动方式是多种多样的，除了连续的运动外，在有些场合，经常需要某些机构的主动件做连续运动时，从动件能够产生周期性的间歇运动，即运动—停止—运动。实现这一周期性的间歇运动的装置称为间歇运动机构。间歇运动机构应用很广泛，如转塔车床和数控机床中的转动刀架在完成一道工序后要转位；牛头刨床中刀具每一次往复行程后，工作台要进给；牙膏管拧盖机的转盘式工作台，在拧紧一个管盖后要分度转位；糖果包装机推料机构在一个工作循环中需要有一段停歇时间，以进行包装纸的转送、折叠或扭结等。

实现间歇运动的机构种类很多，常见间歇运动机构名称、特点及应用见表8-1。

表 8-1　常见间歇运动机构名称、特点及应用

机构名称	特点	应用
棘轮机构	棘轮机构主要由棘轮、棘爪及机架组成，可将摇杆的摆动转换为棘轮的单向间歇运动，其机构简单，但运动准确度差，在高速条件下使用有冲击和噪声	常用在各种机床的间歇进给或回转工作台的转位上，在许多机械中，还常用棘轮机构作防逆装置
槽轮机构	槽轮机构能把主动轴的匀速连续运动转换为从动轴的间歇运动。槽轮机构是分度、转位等传动中应用最普遍的一种机构。由于槽轮的角速度比较大，且在转位过程中的前半阶段和后半阶段的角加速度方向不同，因此常产生冲击	一般应用在转速不高、要求间歇地转过一定角度的分度装置中，如转塔车床上的刀具转位机构、电影放映机中用以间歇移动胶片、轻纺机械等
不完全齿轮机构	不完全齿轮机构是由齿轮机构演变而成的，即在主动齿轮上，只做出一个或几个轮齿，在从动轮上，做出与主动齿轮相应的齿间，形成不完全的齿轮传动，从而达到从动件做间歇运动的要求。其具有以下特点：动停时间比不受机构结构的限制，制造方便；在从动轮每次间歇运动的始末，均有剧烈的冲击	只适用于低速、轻载及机构冲击不影响正常工作的场合
凸轮机构	利用凸轮原理制成的间歇运动机构，其运动规律，取决于凸轮轮廓的形式，可适应高速运转场合的需要。其缺点是凸轮加工比较复杂，装配调整要求也较高，限制了凸轮机构的应用范围	广泛应用于自动机床的进给机构和高速分度机构上。如自动车床刀架上的凸轮机构、电机矽钢片的冲槽机、拉链嵌齿机、火柴包装机等机械装置

注：特殊设计的连杆机构以及某些组合机构，也能实现带有间歇的往复运动。

8.2　间歇运动机构应用图例及禁忌

8.2.1　棘轮机构应用图例

最常见的外啮合齿式棘轮机构如图 8-1 所示。绕 O_1 点做往复摆动运动的摇杆 1 是主动构件。当摇杆沿逆时针方向摆动时，驱动棘爪 2 插入棘轮 3 的齿间，推动棘轮转过一定的角度。当摇杆沿顺时针方向摆回时，止动棘爪 4 在弹簧 5 的作用下，阻止棘轮沿顺时针方向摆动回来，而棘爪 2 从棘轮的齿背上滑过，故棘轮静止不动。这样，当摇杆连续地往复摆动时，棘轮做单向的间歇运动。

棘轮机构名称、应用图例及说明见表 8-2。

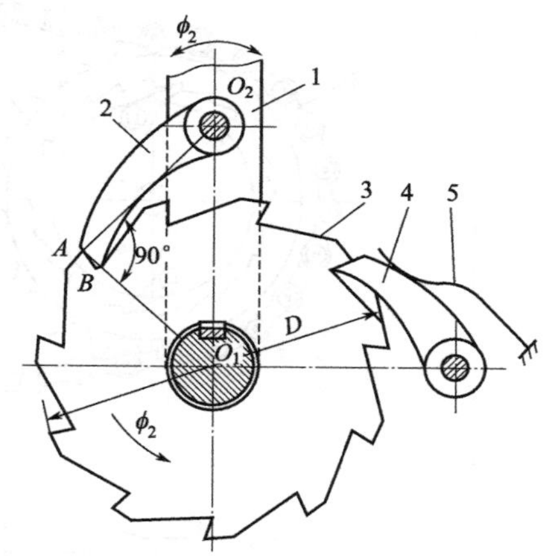

图 8-1　外啮合齿式棘轮机构

1—摇杆；2—棘爪；3—棘轮；4—止动棘爪；5—弹簧

表 8-2　棘轮机构名称、应用图例及说明

机构名称	应用图例	说明
机床进给机构	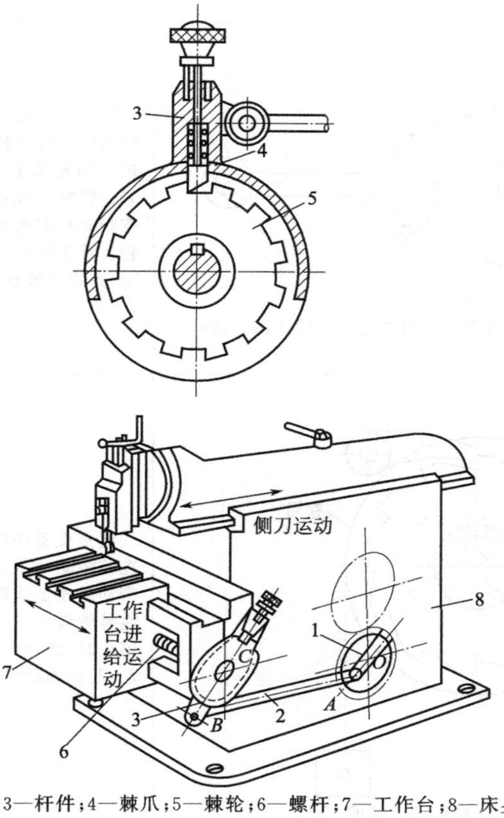 1～3—杆件；4—棘爪；5—棘轮；6—螺杆；7—工作台；8—床身	图所示为牛头刨床进给传动系统的核心部分。杆件 1(*OA*)、2(*AB*)、3(*BC*)和床身 8 构成一套连杆机构。杆 1 转动一周，杆 3 往复摆动一次。杆 3 逆时针摆动时，安装在杆 3 上的棘爪 4 推动棘轮 5 转过一定的角度；杆 3 顺时针摆动时，棘爪 4 在棘轮上滑回，棘轮不转动。这套棘轮机构又带动一套螺旋机构。棘轮 5 与螺杆 6 连为一体，当棘轮转动时，带动螺杆转动，螺杆在其轴线方向上被限制而不能移动。在工作台 7 中固定着一个螺母(图中未画出)，螺母套在螺杆上。当螺杆转动时，螺母连同工作台 7 就会沿着螺杆的轴线方向移动一个很小的距离。杆 1 和主传动系统中的圆盘是一体的。所以，圆盘转动一周，滑枕往复运动一次，工作台就沿横向移动一步。这个移动发生在滑枕的空回行程中。工作台的这个运动称为进给运动，有了进给运动，才能刨削出整个被加工平面

续表

机构名称	应用图例	说明
自行车超越式棘轮机构	1,3—棘轮;2—链条;4—棘爪;5—压轮轴	图所示是自行车后轮上的超越式棘轮机构。链条2带动内圈具有棘背的棘轮3顺时针转动,再通过棘爪4使压轮轴5转动,驱动自行车。在自行车前进时,如果不踏脚蹬,压轮轴便会超越棘轮3而转动。让棘爪在棘轮齿背上滑过,使自行车自由滑行
杠杆控制的带式棘轮制动器	1—支座;2—外棘轮;3—棘爪;4—制动轮;5—杠杆;6—钢带	图所示为杠杆控制的带式制动器,制动轮4与外棘轮2固结,棘爪3铰接于固定架上 A 点,制动轮上围绕着由杠杆5控制的钢带6,制动轮4按顺时针方向自由转动,棘爪3在棘轮齿背上滑动,若该轮向相反方向转动,则轮4被制动
起重设备中的棘轮制动器	1—轴;2—棘轮;3—棘爪	起重设备中的棘轮制动器,当轴1在转矩驱动下,逆时针方向转动时,带动棘轮2逆时针方向旋转,棘爪3在棘轮齿背上滑动。若轴1无驱动停止时,棘轮2在重物下不会发生转动,起到制动作用

续表

机构名称	应用图例	说明
连杆棘轮机构	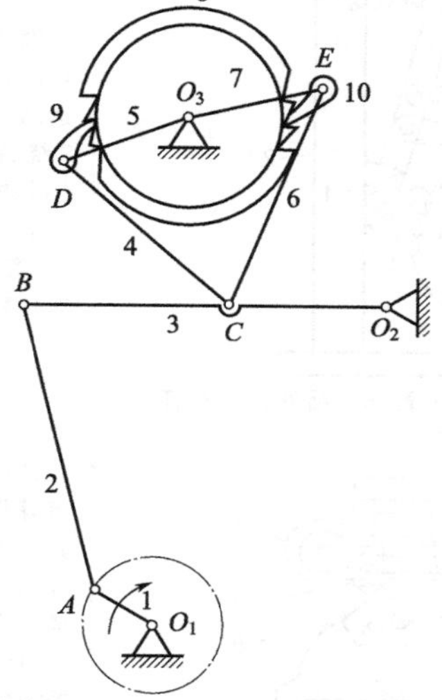 1—主动曲柄；2,4,6—连杆；3—摇杆；5,7—摆杆； 8—棘轮；9,10—棘爪	纺织行业棉毛车的卷取装置就是连杆机构和棘轮机构组合而成的连杆棘轮机构，如图所示。曲柄摇杆机构 O_1ABO_2 摇杆上的 C 点分别铰接两个Ⅱ级杆组 CDO_3 和 CEO_3 组成了八杆机构。D、E 铰链上铰接的棘爪 9、棘爪 10 与棘轮 8 组成双棘爪机构 主动曲柄 1 转动时通过摇杆 3 和连杆 4、6 带动摆杆 5、7 做相反方向的摆动。当杆 5 顺时针摆动时，棘爪 9 推动棘轮 8 顺时针摆动，而杆 7 逆时针摆动带动棘爪 10 在棘轮齿背上滑过。同理杆 5 做逆时针摆动时，由棘爪 10 推动棘轮转动，而棘爪 9 在齿背上滑过。实现了从动棘轮的间歇转动
带有棘轮的保险机构	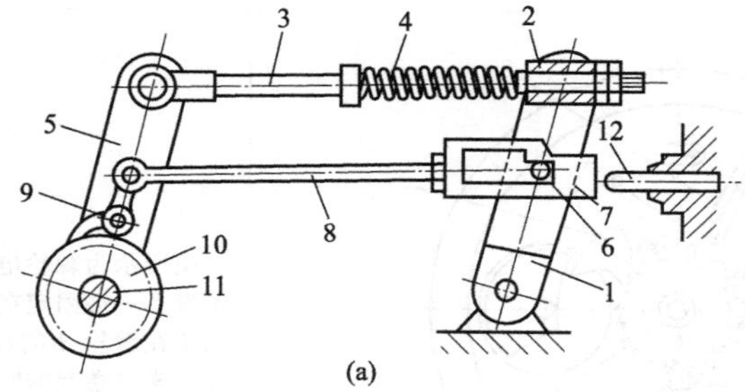 (a) 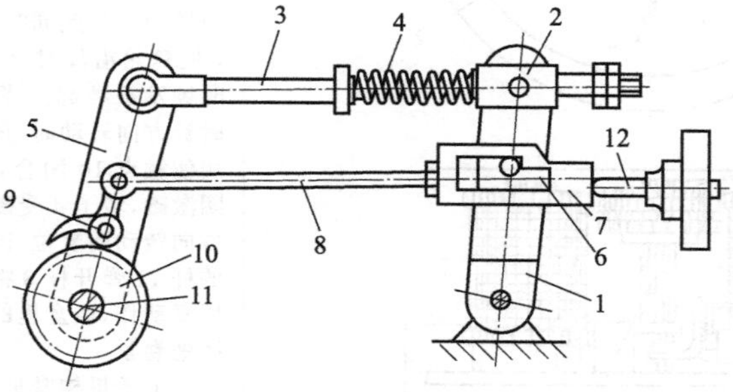 (b) 1—主动摇杆；2—摇块；3—连杆；4—弹簧；5—摇杆；6—圆销； 7—平板；8—拉杆；9—棘爪；10—棘轮；11—输出轴；12—触头	如图(a)所示，连杆 3 的右端插入摇块 2 的孔中，中间装有弹簧 4，摇块 2 与主动摇杆 1 之间以转动副连接。此外，主动摇杆 1 上还装有圆销 6，圆销工作面位于平板 7 的槽口中。平板 7 与拉杆 8 固连，拉杆的左端与棘爪 9 组成转动副。棘爪 9 与摇杆 5 之间以转动副连接，而棘轮 10 则与输出轴 11 固连 正常工作时，主动摇杆 1 通过摇块 2、连杆 3、摇杆 5、棘爪 9、棘轮 10 将运动传给输出轴 11 当突然过载时，见图(b)，因摇块 2 压缩弹簧 4，圆销 6 移到平板 7 的槽口上部，故在主动摇杆 1 回程时，圆销 6 带动拉杆 8 右移，棘爪 9 与棘轮 10 分离，同时平板 7 压住触头 12 将电动机关闭 过载消除后，则可将平板 7 重新放回图(a)所示位置，机器又准备工作

续表

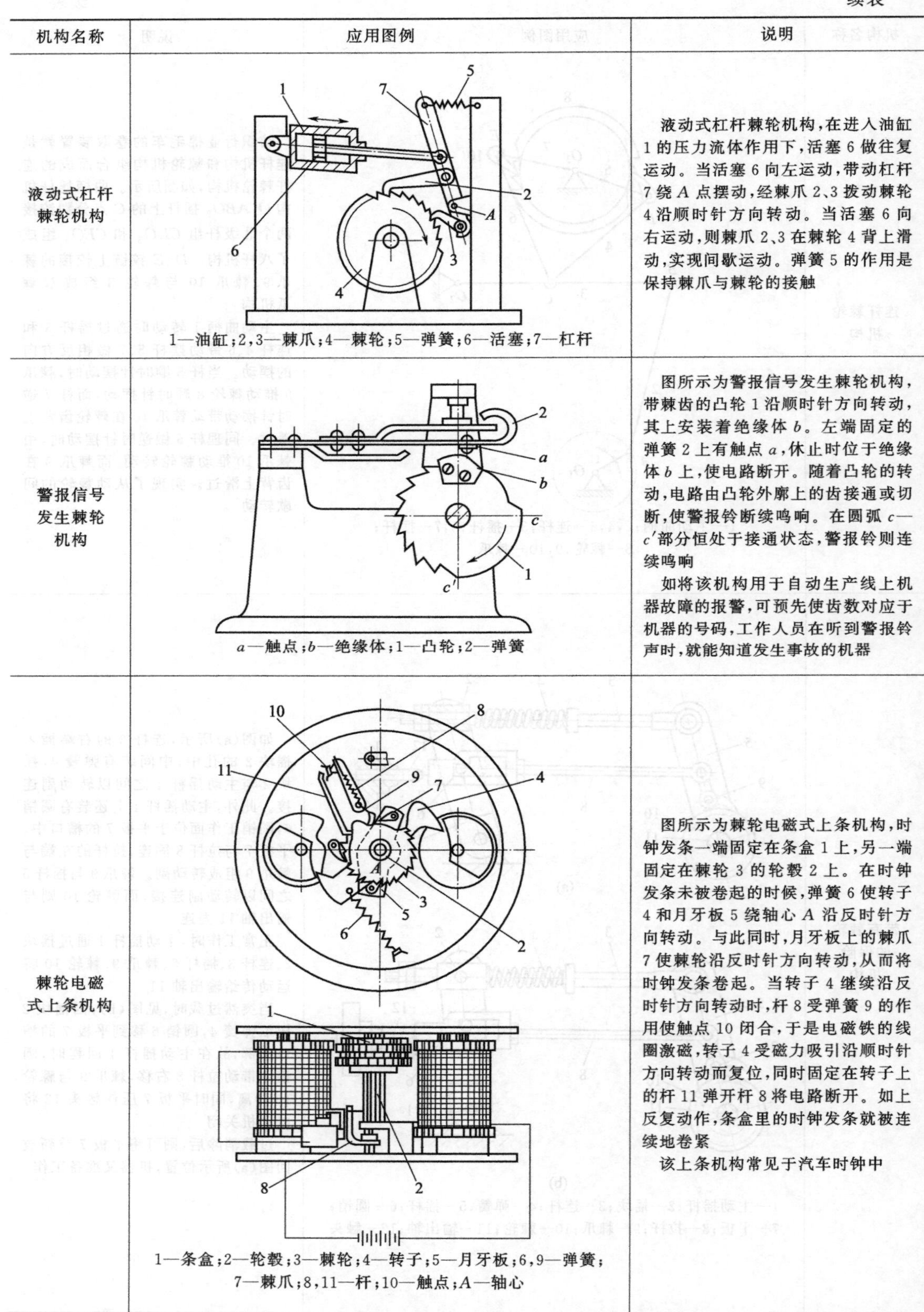

机构名称	应用图例	说明
液动式杠杆棘轮机构	1—油缸；2,3—棘爪；4—棘轮；5—弹簧；6—活塞；7—杠杆	液动式杠杆棘轮机构，在进入油缸1的压力流体作用下，活塞6做往复运动。当活塞6向左运动，带动杠杆7绕A点摆动，经棘爪2、3拨动棘轮4沿顺时针方向转动。当活塞6向右运动，则棘爪2、3在棘轮4背上滑动，实现间歇运动。弹簧5的作用是保持棘爪与棘轮的接触
警报信号发生棘轮机构	a—触点；b—绝缘体；1—凸轮；2—弹簧	图所示为警报信号发生棘轮机构，带棘齿的凸轮1沿顺时针方向转动，其上安装着绝缘体b。左端固定的弹簧2上有触点a，休止时位于绝缘体b上，使电路断开。随着凸轮的转动，电路由凸轮外廓上的齿接通或切断，使警报铃断续鸣响。在圆弧c—c′部分恒处于接通状态，警报铃则连续鸣响 如将该机构用于自动生产线上机器故障的报警，可预先使齿数对应于机器的号码，工作人员在听到警报铃声时，就能知道发生事故的机器
棘轮电磁式上条机构	1—条盒；2—轮毂；3—棘轮；4—转子；5—月牙板；6,9—弹簧；7—棘爪；8,11—杆；10—触点；A—轴心	图所示为棘轮电磁式上条机构，时钟发条一端固定在条盒1上，另一端固定在棘轮3的轮毂2上。在时钟发条未被卷起的时候，弹簧6使转子4和月牙板5绕轴心A沿反时针方向转动。与此同时，月牙板上的棘爪7使棘轮沿反时针方向转动，从而将时钟发条卷起。当转子4继续沿反时针方向转动时，杆8受弹簧9的作用使触点10闭合，于是电磁铁的线圈激磁，转子4受磁力吸引沿顺时针方向转动而复位，同时固定在转子上的杆11弹开杆8将电路断开。如上反复动作，条盒里的时钟发条就被连续地卷紧 该上条机构常见于汽车时钟中

续表

机构名称	应用图例	说明
杠杆棘轮电磁式送带机构	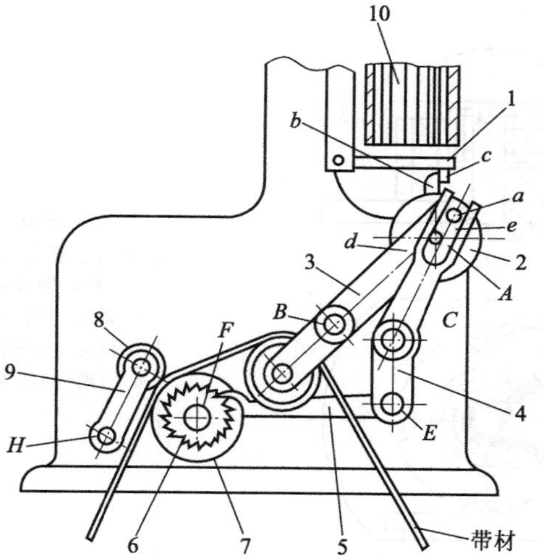 a—拨销；b，c—凸缘；d，e—杠杆上的槽；A～C，F，H—固定轴心；E—回转副；1—控制杆；2—圆盘；3，4—杠杆；5—棘爪；6—棘轮；7，8—滚子；9—杆；10—电磁铁	图所示为杠杆棘轮电磁式送带机构，在绕固定轴心 A 转动的圆盘 2 上设置着凸缘 b 和拨销 a，凸缘 b 与控制杆 1 上的凸缘 c 接触，拨销 a 可沿开设在杠杆 3 和 4 上的槽 d、e 滑动，杠杆 3、4 分别绕固定轴心 B、C 转动。棘爪 5 通过回转副 E 与杠杆 4 连接，且与绕固定轴心 F 转动的棘轮 6 啮合。滚子 7 与棘轮 6 固连在同一轴上，滚子 8 安装在绕固定轴心 H 转动的杆 9 上。若电磁铁 10 工作，将控制杆 1 吸起，当圆盘 2 顺时针转动，经拨销 a 带动杠杆 3、4 以及棘爪 5，使棘轮 6 和滚子 7 转动，从而将夹在滚子 7 和 8 之间的带材向左传送
自动改变进给量的木工机床棘轮机构	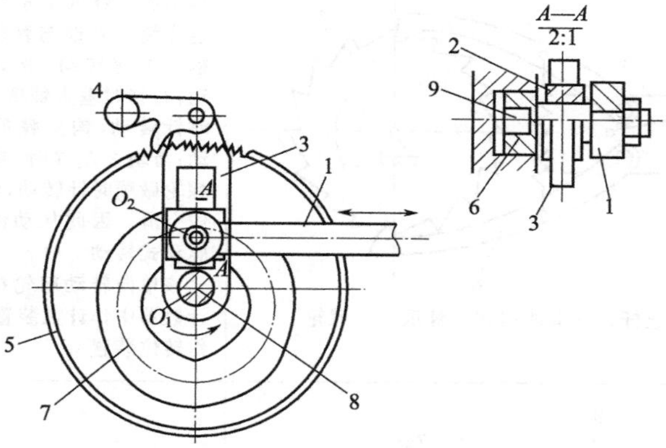 1—连杆；2—滑块；3—导杆；4—棘爪；5—棘轮；6—滚子；7—槽形凸轮；8—从动丝杠；9—销轴	图所示为自动改变进给量的木工机床棘轮机构，棘轮 5 和槽形凸轮 7 与从动丝杠 8 固连，棘爪 4 铰接在导杆 3 上，导杆 3 的槽中装有滑块 2，滑块 2 和凸轮槽中的滚子 6 均经销轴 9 与主动连杆 1 连接。 当连杆 1 经滑块 2 带动导杆 3 并经棘爪 4 驱动棘轮 5 转动时，滚子 6 在凸轮槽的作用下带动滑块 2 沿导杆槽移动，使轴心 O_1 与 O_2 之间的距离发生变化，引起导杆转角和棘轮转角的变化，从而实现进给量的自动改变
具有三个驱动棘爪的棘轮机构	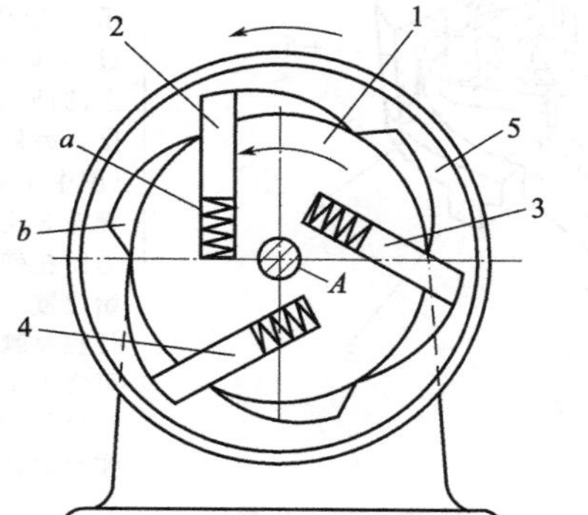 A—轴；a—导槽；b—轮齿；1—圆盘；2～4—棱柱形棘爪；5—棘轮	图所示为具有三个驱动棘爪的棘轮机构，圆盘 1 与轴 A 固连，盘上开有三个导槽 a，棱柱形棘爪 2、3、4 可沿该导槽滑动。具有齿 b 的内棘轮 5 空套在轴 A 上，当圆盘 1 沿逆时针方向回转时，三个棘爪与齿 b 啮合，使棘轮 5 以圆盘 1 的角速度沿逆时针方向转动。当圆盘 1 沿顺时针方向回转时，棱柱的棘爪 2、3、4 顺时针滑过齿 b，棘轮 5 则静止不动

续表

机构名称	应用图例	说明
棘轮式转换机构	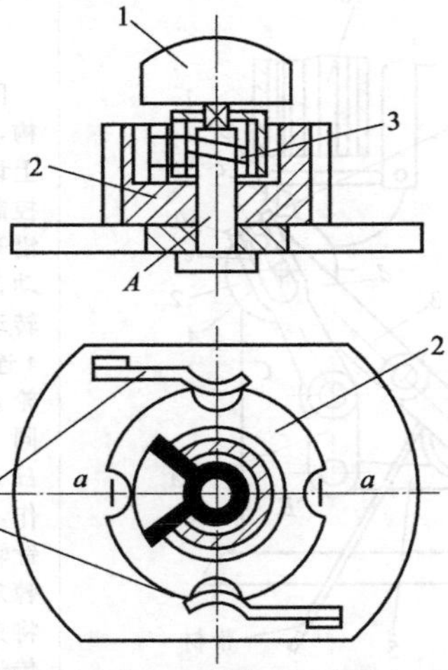 a—齿槽；A—轴；1—旋钮；2—棘轮；3—弹簧；4—弹性棘爪	图所示为棘轮式转换机构，轴 A 上固连着旋钮 1 和棘轮 2，转动旋钮时，棘轮因弹簧 3 的作用从一个指定位置转到另一个指定位置。在该指定位置上，弹性棘爪 4 与棘轮的齿槽 a 相咬合，将棘轮固定
单向转动棘轮机构	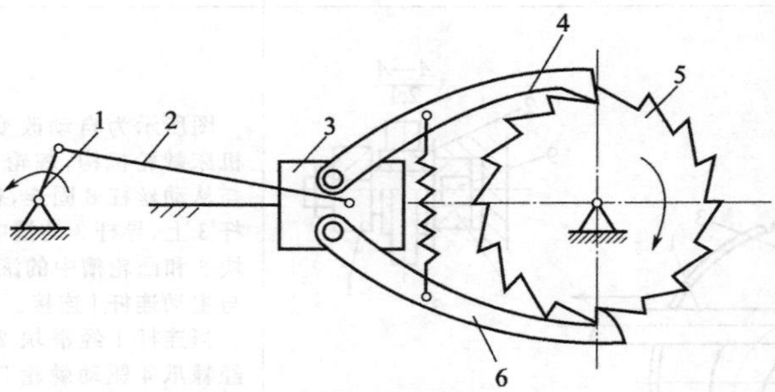 1—主动曲柄；2—连杆；3—滑块；4，6—棘爪；5—棘轮	图所示为单向转动棘轮机构，该机构由曲柄滑块机构和双棘爪棘轮机构组成。棘爪 4、6 铰接于滑块 3，通过弹簧可靠地与棘轮接触。主动曲柄 1 匀速转动，带动滑块 3 往复移动，右移时垂头棘爪 4 推动棘轮 5 顺时针转动，钩头棘爪 6 在棘轮上滑动；滑块 3 左移时，钩头棘爪 6 带动棘轮做顺时针转动，而垂头棘爪 4 只做空滑。因此从动件棘轮只做单向脉动式转动 该单向转动棘轮机构常用于脉冲计数器中作计数装置，或用于生产线作转位装置
气缸驱动 90°转位棘轮机构	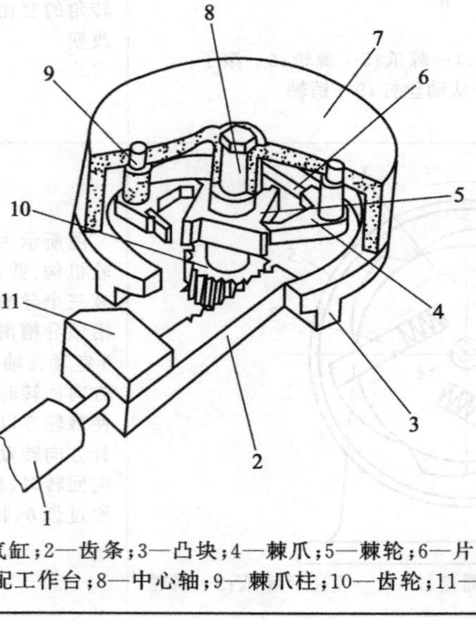 1—气缸；2—齿条；3—凸块；4—棘爪；5—棘轮；6—片簧；7—装配工作台；8—中心轴；9—棘爪柱；10—齿轮；11—挡块	图示为气缸驱动 90°转位棘轮机构。气缸 1 驱动齿条 2 向右移动时，通过齿轮 10、四齿棘轮 5 和两个棘爪 4，带动装配工作台 7 转位；当转过 90°时，齿条上的挡块 11 与定位环上的凸块 3 相接触，以保证定位精度。另外，由定位元件将工作台锁定(图中未画出)。当齿条向左退回时，棘轮 5 反转，使棘爪克服片簧 6 的阻力而在棘轮齿的后面上滑过，回到起始位置，等待下一次转位。改变气缸行程及棘轮齿数和定位环凸块数，便可实现不同角度的转位。为便于棘爪复位，通常棘轮的摆角要略大于工作台的转位角

8.2.2 槽轮机构应用图例

槽轮机构是一种最常用的间歇运动机构，又称为马耳他机构。图 8-2 为分度数 $n=4$ 的外槽轮机构，拨盘 1 为主动构件，做连续回转运动。开有 4 等分的径向槽的槽轮 2 为从动构件。当拨盘上的圆柱销 A 进入径向槽之前，槽轮上的内凹锁止弧 nn 被拨盘上的外凸圆弧 mm 锁住，槽轮静止不动。图 8-2(a) 所示为拨盘沿逆时针方向回转，圆柱销 A 刚开始进入槽轮上的径向槽的瞬间，锁止弧 nn 刚好被松开，圆柱销 A 将驱动槽轮转动。槽轮在圆柱销驱动下完成分度运动，转过 90°。图 8-2(b) 所示为圆柱销 A 即将脱离径向槽的瞬间，此时槽轮上的另一个锁止弧又被锁住，槽轮又静止不动。因此，当拨盘连续转动时，槽轮被驱动做间歇运动，拨盘转过 4 周，槽轮转过 1 周。

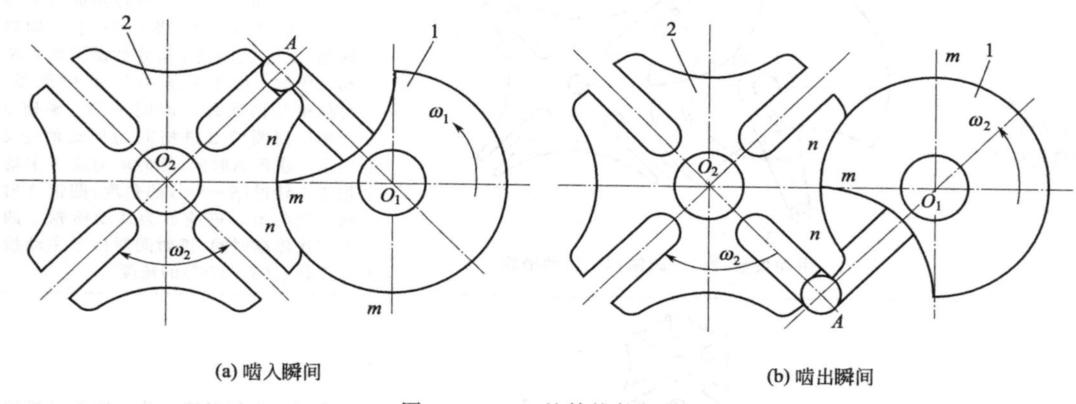

(a) 啮入瞬间　　(b) 啮出瞬间

图 8-2　$n=4$ 的外槽轮机构

1—拨盘；2—槽轮

槽轮机构的优点是：结构简单，易于制造，工作可靠，机械效率也较高，它还同时具有分度和定位的功能；其缺点是槽轮的转角大小不能调节，且存在柔性冲击。因此，槽轮机构适用于速度不高的场合，常用于机床的间歇转位和分度机构中。拨盘上的锁住弧定位精度有限，当要求精确定位时，还应设置定位销。

当设计槽轮机构时，在分度数确定以后，运动系数也随之确定而不能改变，因此设计者没有很大的自由度，这是槽轮机构的突出缺点。此外，虽然它的振动和噪声比棘轮机构小，但槽轮在启动和停止的瞬间加速度变化大，有冲击，不适用于高速情况下。分度数越小，冲击越剧烈；分度数大时，拨盘回转中心到销 A 的距离太小，故一般取分度数 $n=4\sim8$。

槽轮机构名称、应用图例及说明见表 8-3。

表 8-3　槽轮机构名称、应用图例及说明

机构名称	应用图例	说明
电影放映机卷片机构		图所示为分度数 $n=4$ 的外槽轮机构在电影放映机中的应用情况，其中，槽轮按照影片播放速度转动，当槽轮间歇运动时，胶片上的画面依次在方框中停留，通过视觉暂留而获得连续的效果

续表

机构名称	应用图例	说明
车床刀架转位槽轮机构图例	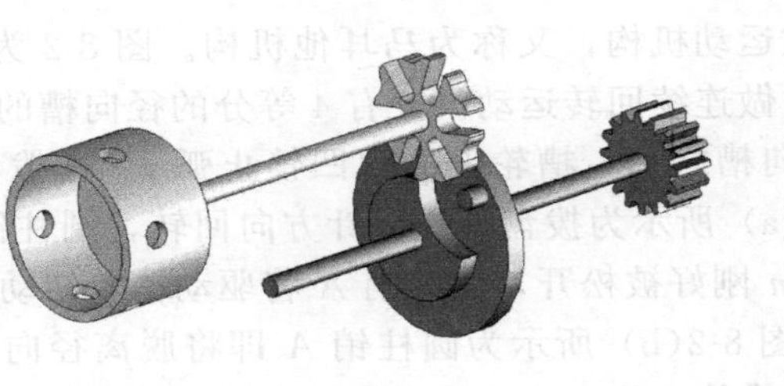	由于槽轮上径向槽的数目不同，从而可以获得不同的分度数。如图中的六角车床的刀架转位机构就是一个分度数 $n=6$ 的外槽轮机构驱动的。在槽轮上开有6条径向槽，当圆销进出槽轮一次，则可推动刀架转动一次(60°)，由于刀架上装有6种可以变换的刀具，就可以自动地将需要的刀具依次转到工作位置上，以满足零件加工工艺的要求
具有两个不同停歇时间的四槽槽轮机构	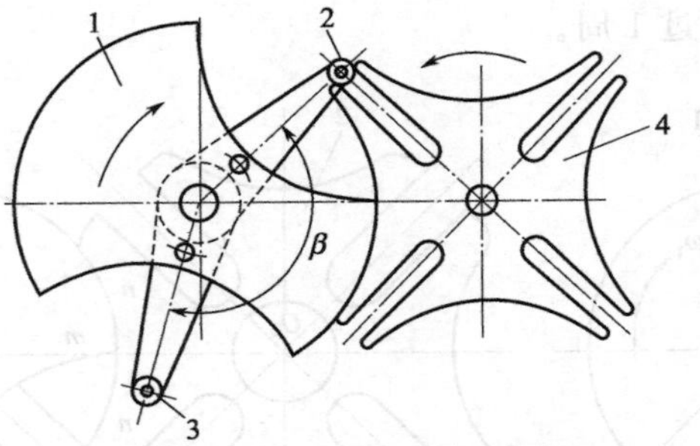 1—主动拨盘；2，3—圆销；4—从动槽轮	图所示为具有两个不同停歇时间的四槽槽轮机构，在主动拨盘1上装有两个圆销2和3，两圆销中心到拨盘中心连线间的夹角为 β。当主动拨盘1均匀转动，圆销2、圆销3分别拨动槽轮4转动及停歇。由于夹角 $\beta<180°$ 的原因，可使槽轮两次停歇时间不同。圆销3出槽后到圆销2进槽前为从动槽轮4的第一次停歇时间，该时间对应于主动拨盘1转过($\beta-90°$)的角度；圆销2出槽后到圆销3进槽前为从动槽轮4的第二次停歇时间，该时间对应于主动拨盘1转过($\beta-270°$)的角度
具有四个从动槽轮槽轮机构	 a—圆销；1—主动拨盘；2～5—从动槽轮	图所示为具有四个从动槽轮的槽轮机构，主动拨盘1上装有一个圆销 a，四个从动槽轮2、3、4、5结构完全相同。当拨盘1连续回转时，依次带动其中一个槽轮转位，而其余三个槽轮被锁住不动
主动轴由离合器控制的槽轮分度机构	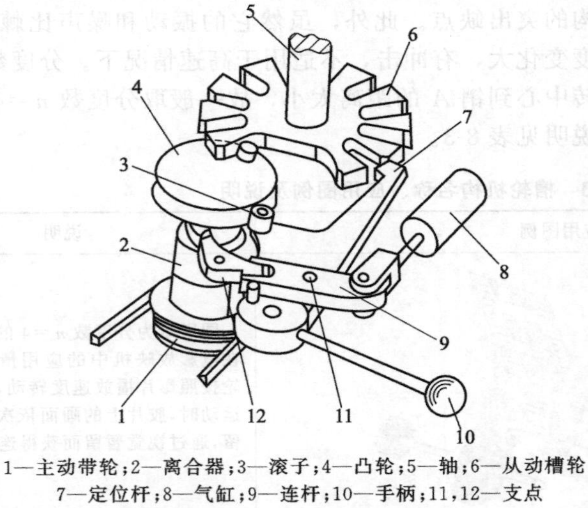 1—主动带轮；2—离合器；3—滚子；4—凸轮；5—轴；6—从动槽轮；7—定位杆；8—气缸；9—连杆；10—手柄；11，12—支点	图所示为主动轴由离合器控制的槽轮分度机构。主动带轮1输入的运动经离合器2，使凸轮4回转，凸轮上的销子拨动从动槽轮6使输出轴间歇回转。槽轮停歇时，凸轮通过滚子3控制绕支点11转动的定位杆7将槽轮定位。由气缸8或手柄10操纵离合器，使凸轮停转，以达到控制槽轮停歇时间的目的

续表

机构名称	应用图例	说明
利用摩擦作用实现间歇回转的槽轮机构	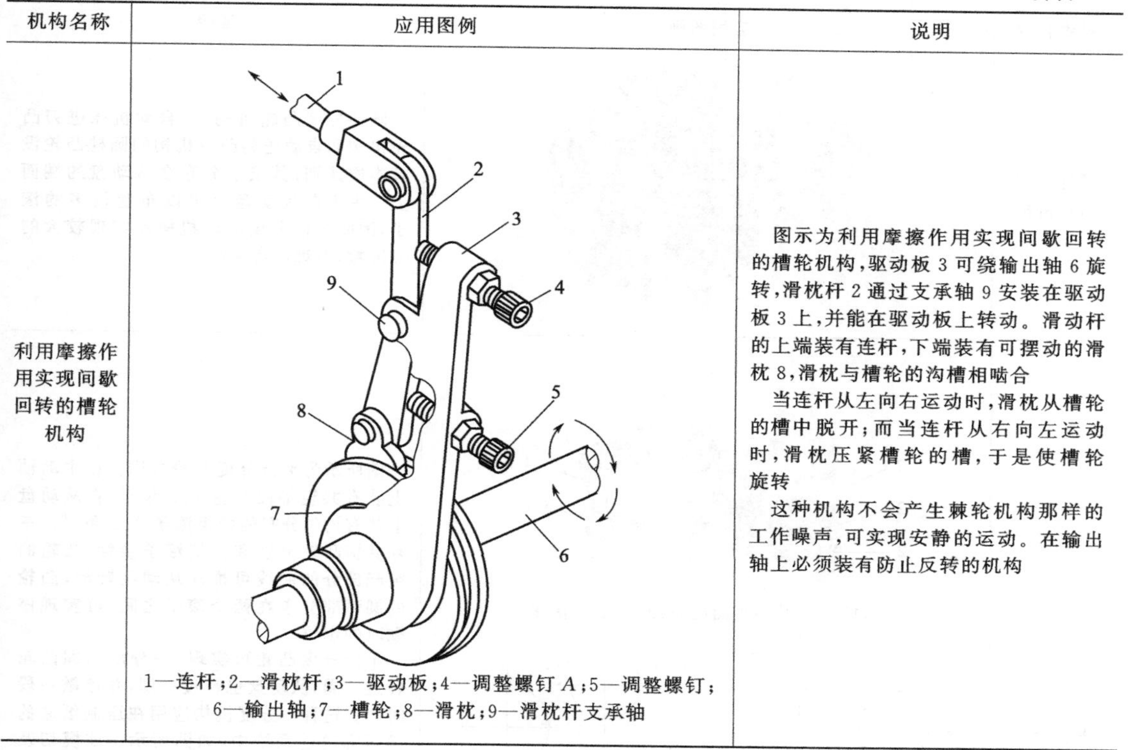 1—连杆；2—滑枕杆；3—驱动板；4—调整螺钉 A；5—调整螺钉；6—输出轴；7—槽轮；8—滑枕；9—滑枕杆支承轴	图示为利用摩擦作用实现间歇回转的槽轮机构，驱动板 3 可绕输出轴 6 旋转，滑枕杆 2 通过支承轴 9 安装在驱动板 3 上，并能在驱动板上转动。滑动杆的上端装有连杆，下端装有可摆动的滑枕 8，滑枕与槽轮的沟槽相啮合 当连杆从左向右运动时，滑枕从槽轮的槽中脱开；而当连杆从右向左运动时，滑枕压紧槽轮的槽，于是使槽轮旋转 这种机构不会产生棘轮机构那样的工作噪声，可实现安静的运动。在输出轴上必须装有防止反转的机构

8.2.3　凸轮式间歇机构应用图例

凸轮式间歇运动机构也称为分度凸轮机构，它是 20 世纪以后才发展起来的新型间歇运动机构。凸轮式间歇运动机构是由主动凸轮、从动盘和机架组成的一种高副机构，目前，已得到广泛应用的分度凸轮机构包括蜗杆分度凸轮机构、平行分度凸轮机构和圆柱分度凸轮机构三种类型。

凸轮机构名称、应用图例及说明见表 8-4。

表 8-4　凸轮机构名称、应用图例及说明

机构名称	应用图例	说明
蜗杆分度凸轮机构	1—主动凸轮；2—从动盘；3—圆柱销	图所示是分度凸轮机构中应用最多的一种形式——蜗杆分度机构。其主动凸轮 1 和从动盘 2 的轴线相互垂直交错。凸轮上有一条凸脊，看上去像一个蜗杆，从动盘 2 的圆柱面上均匀分布着圆柱销 3，犹如蜗轮的齿。如果凸脊沿一条螺旋线布置，那么凸轮连续转动时就带动从动盘像蜗轮一样连续转动，从动盘做间歇运动 从动盘上的滚子绕其自身轴线转动，可以减小凸轮面和滚子之间的滑动摩擦。两轴之间的中心距可以做微量调整，消除凸轮轮廓和滚子之间的间隙，实现“预紧”，不但可以减小间隙带来的冲击，而且在从动盘停歇时可得到精确的定位

续表

机构名称	应用图例	说明
圆柱分度凸轮机构		圆柱分度凸轮机构，与自动机床进刀凸轮机构和自动送料凸轮机构的圆柱凸轮没有本质区别，其滚子分布在从动盘的端面上。由于在从动盘上可以布置较多的滚子，因此圆柱分度凸轮机构能实现较大的分度数，但难以实现预紧
平行分度凸轮机构	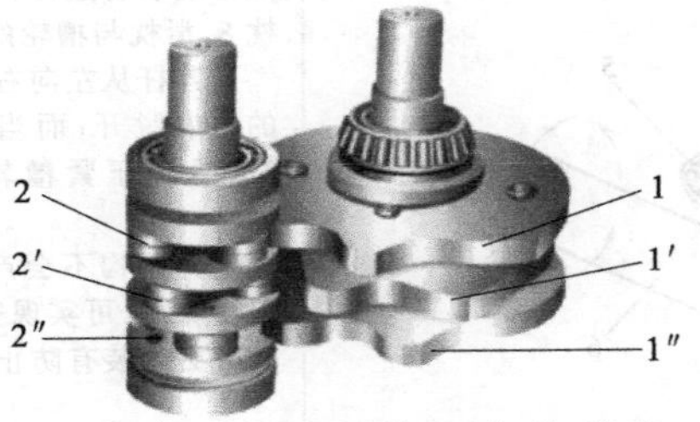 1，1′，1″—共轭平面凸轮；2，2′，2″—滚子 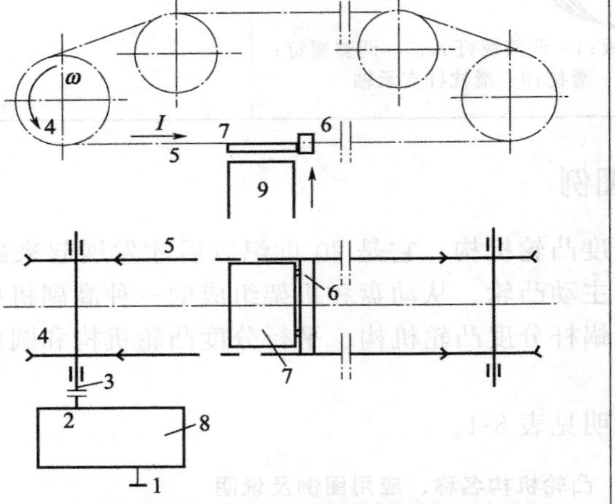 1—输入轴；2—输出轴；3—联轴器；4—链轮；5—链条；6—牙排；7—夹持纸板；8—分度凸轮机构；9—冲模	图所示为平行分度凸轮机构。在主动轴上装有共轭平面凸轮 1、1′和 1″，在从动盘上装有均匀分布的两组滚子 2、2′和 2″。三片共轭凸轮分别和三组滚子接触，凸轮的突起部分的曲线可推动从动盘转动，凸轮的圆弧部分卡在两个滚子之间，可实现停歇时的定位 平行分度凸轮可实现“一分度”，即凸轮转过一周，从动盘也转过一周，并停歇一段时间。这种一分度机构应用在压制纸盒的模切机送进系统中，如图所示。该模切及送进系统由分度凸轮 8 及两套链传动机构（链轮 4、链条 5）组成，功能由夹持纸板 7 和牙排 6 完成。分度凸轮机构 8 的输出轴 2 通过联轴器 3 与链轮 4 的轴相连。在链条 5 上安装着夹持纸板 7 的牙排 6。分度凸轮机构将输入轴 1 的连续转动转换为链条 5 的步进运动。链条 5 停歇时，纸板 7 正处于模切区，冲模 9 向上运动，纸板上被压制出折痕。链条继续运动时，下一个牙排又将另一张纸板带入模切区
速换双凸轮机构	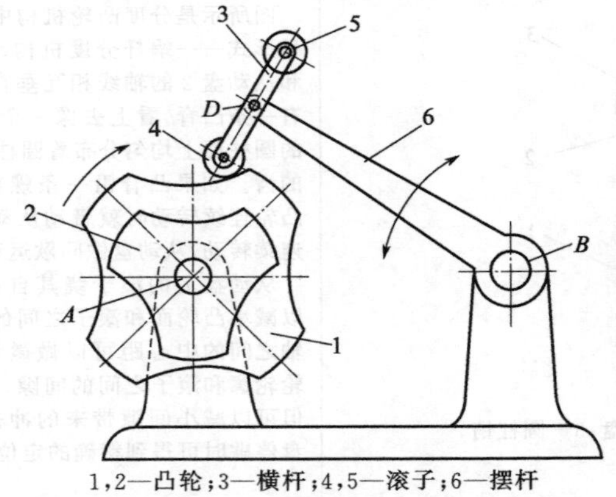 1，2—凸轮；3—横杆；4，5—滚子；6—摆杆	图所示为速换双凸轮机构。彼此固连的凸轮 1 和 2 绕固定轴心 A 转动，带动从动摆杆 6 绕固定轴心 B 摆动。摆杆的顶端安装着横杆 3，横杆两头装有滚子 4 和 5，图示为凸轮 1 与滚子 4 工作的情形。若将横杆 3 松开后绕 D 点转过 180°。再与摆杆 6 固紧，则可转换为凸轮 2 与滚子 5 工作，达到迅速改变从动件运动规律的目的

续表

机构名称	应用图例	说明
双推杆式圆柱凸轮机构	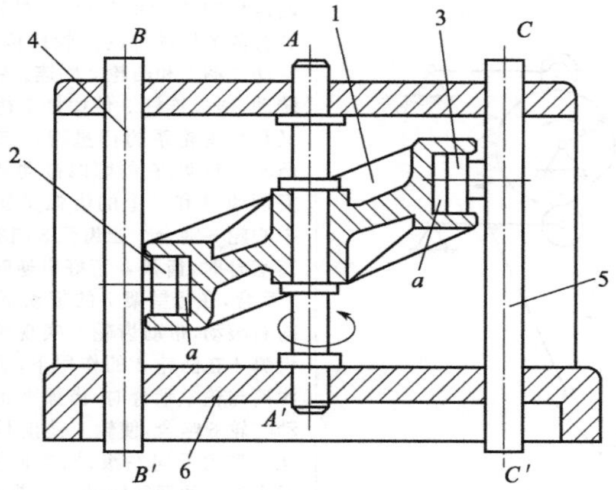 1—圆柱凸轮；2，3—滚子；4，5—推杆；6—固定导路	图所示为双推杆式圆柱凸轮机构。当外轮廓具有凹槽 a 的圆柱凸轮 1 旋转时，滚子 2、3 沿着凹槽转动，推杆 4、5 沿着固定导路 6 往复移动。圆柱凸轮的轴线 AA' 与固定导路中心线 BB'、CC' 互相平行，两推杆做对应于凸轮向径相位的上下移动 该机构常用于多柱塞泵中
蜗杆凸轮机构	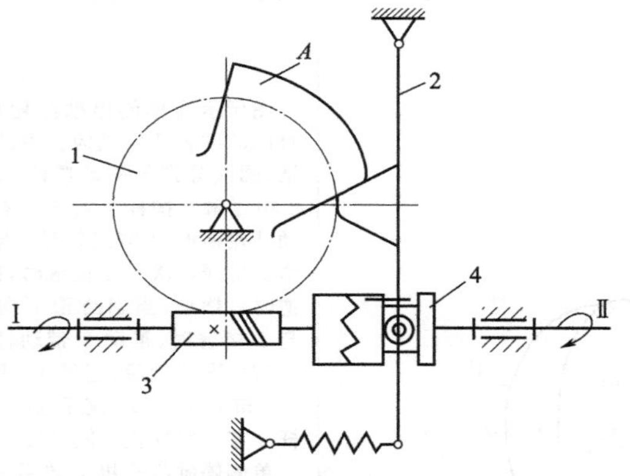 Ⅰ—主动轴；Ⅱ—从动轴；A—凸轮块；1—蜗轮；2—摆杆；3—蜗杆；4—离合器	图所示为蜗杆凸轮机构。此机构包括蜗杆机构、凸轮机构和离合器。主动轴Ⅰ做匀速转动，通过蜗杆凸轮机构控制离合器的离合实现从动轴Ⅱ的间歇转动。蜗杆 3 与离合器 4 同轴，Ⅰ轴通过蜗杆使蜗轮 1 匀速转动，当固结在蜗轮上的凸轮块 A 未与从动摆杆 2 上的突起接触时，离合器闭合，Ⅰ轴通过离合器带动Ⅱ轴转动。当凸轮块 A 与摆杆 2 上的突起接触时，凸轮块远休止廓线使摆杆摆至右极限位置，离合器脱开，从动轴Ⅱ停止转动。可通过更换凸轮块 A 来改变轴Ⅱ的动、停时间比 该机构常用于同轴线间传递间歇运动的场合，以机械方式、周期性地实现对离合器的控制
端面螺线凸轮机构	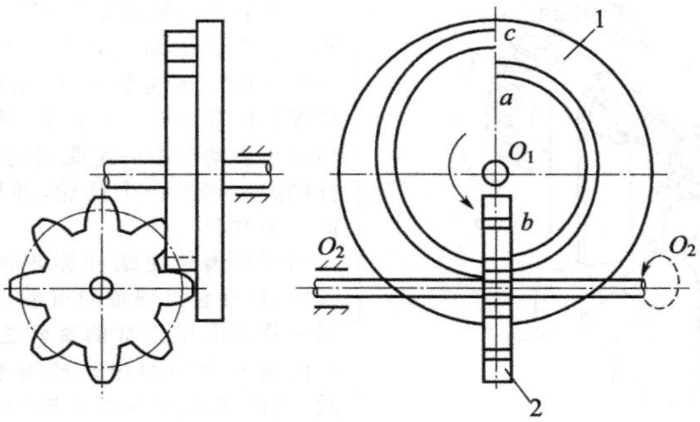 1—凸轮；2—从动件	图所示为端面螺线凸轮机构。凸轮 1 的端面上螺线突缘廓线分 a-b 和 b-c 两弧线段，a-b 段是以 O_1 为圆心的圆弧段，b-c 是螺旋线段。从动件 2 是一以 O_2 为轴线的齿轮，也可是一个在圆周上均布滚子的圆盘，以减小摩擦。O_1 轴与 O_2 轴垂直不相交。主动凸轮 1 匀速转动，当其 a-b 段廓线与从动件相接触时，轮 2 保持静止并被锁住；当其 b-c 段廓线与从动件接触时，轮 2 实现间歇转动。当主动轮转 1 圈，从动轮转动角度为 $2\pi/z$，z 为齿数(或滚子数) 该空间凸轮机构可实现交错轴间的间歇传动，可用作自动线上的转位机构

续表

机构名称	应用图例	说明
连杆齿轮凸轮机构	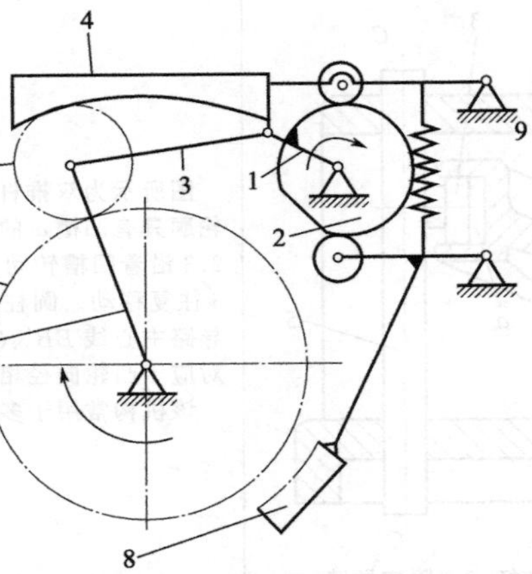 1—主动曲柄；2—凸轮；3—连杆；4，8—从动摆杆；5—行星轮；6—中心轮；7—摆杆；9—机架	图所示为连杆齿轮凸轮机构。该机构由四连杆机构(1-3-7-9)、行星轮系(4-5-6-8-7)和有两个从动件的凸轮机构(2-4-8-9)组成。主动曲柄1和凸轮2固连。主动曲柄1连续转动，通过连杆3使摆杆7往复摆动，摆杆7又是行星轮系的行星架。与1固连的主动凸轮2转动，它的廓线推动从动摆杆4、8往复摆动，4和8上的齿弧交替与行星轮5和中心轮6啮合。当齿弧8向右摆动与轮6脱离啮合时，齿弧4正好也逆时针下摆至与轮5啮合，在行星架7的带动下，轮5沿齿弧4向右滚动，带动齿轮6实现顺时针转位。当齿弧4在凸轮2的作用下，顺时针向上摆动脱离与轮5啮合时，齿弧8也顺时针向左摆动与轮6啮合，使轮6锁止不动，轮5在行星架的带动下向左滚动，空回复位，从而实现了齿轮6的间歇转动。调节曲柄1的长度可改变齿轮6的转位角的大小 该机构常用于切削机械、自动机床中，作为可调分度角的分度机构，或间歇转位机构
单侧停歇凸轮机构	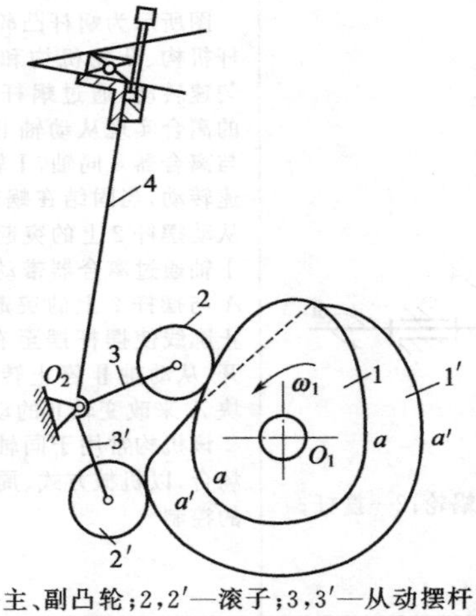 1，1′—主、副凸轮；2，2′—滚子；3，3′—从动摆杆；4—摆杆	图所示为单侧停歇凸轮机构，该机构是封闭的共轭凸轮机构。主、副凸轮1和1′固结，廓线分别与从动摆杆3、3′上的滚子2、2′相接触。摆杆4与3、3′杆刚性连接。主动凸轮逆时针匀速转动，当主凸轮向径渐增的廓线与滚子2接触时，推动3带动杆4逆时针摆动，当副凸轮1′向径渐增的廓线与2′接触时，推动3′带动杆4顺时针摆动至右极限位置后，正值主、副凸轮的廓线在a-a和a'-a'两段同心圆弧段，从而使从动摆杆4有一段静止时间，实现了单侧停歇 单侧停歇凸轮机构常用于纺织机械作为织机的打纬机构
利用凸轮和蜗杆实现不等速回转的机构	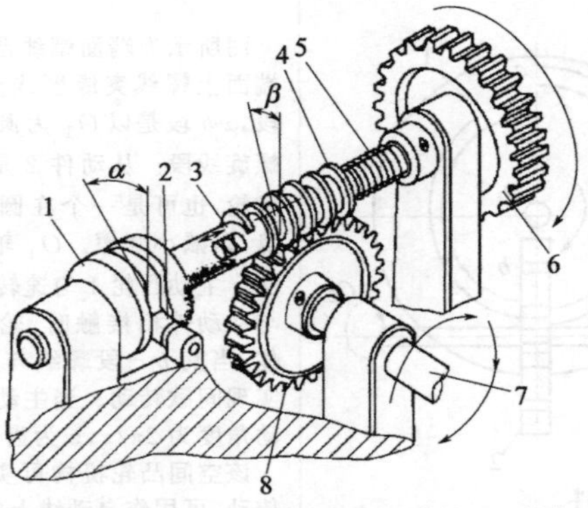 1—槽形凸轮；2—凸轮滚子；3—驱动销；4—蜗杆；5—压缩弹簧；6—驱动齿轮；7—从动轴；8—蜗轮	图为利用凸轮和蜗杆实现不等速回转的机构。在驱动轴上装有一个驱动销，驱动力通过销子传递到蜗杆，蜗杆上与驱动销相配合的部位有一个长孔，所以，允许蜗杆相对于驱动轴做一定距离的轴向滑动。蜗杆的另一端是一个凸轮，并用压缩弹簧压向一个方向 当驱动齿轮使蜗杆旋转时，由于凸轮的作用，蜗杆会出现轴向滑动，所以蜗轮除由蜗杆驱动而做正常的旋转之外，还由于蜗杆的轴向滑动而出现或增或减的附加转动，这样，蜗轮就连续不断地进行复杂的回转运动 应用实例：自动装配机

8.2.4　不完全齿轮机构应用图例

不完全齿轮机构是由普通渐开线齿轮机构演变而成的间歇运动机构。它与普通渐开线齿轮机构的主要区别在于该机构中的主动轮仅有一个或几个齿，如图 8-3 所示。

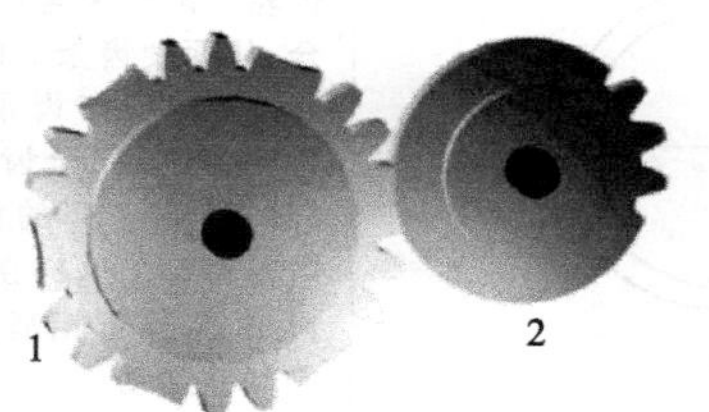

(a) 外啮合不完全齿轮机构

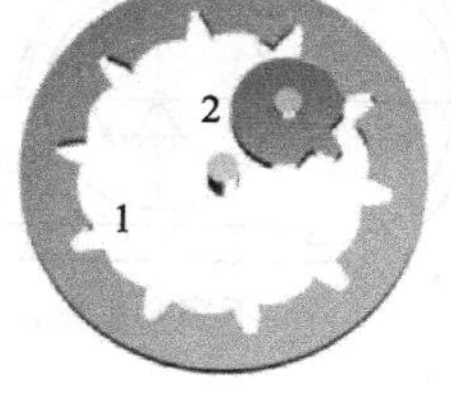

(b) 内啮合不完全齿轮机构

图 8-3　不完全齿轮机构

1—从动轮；2—主动轮

在图 8-3(a) 外啮合不完全齿轮机构和图 8-3(b) 内啮合不完全齿轮机构中，都是 2 为主动轮，1 为从动轮。当主动轮 2 的有齿部分与从动轮 1 轮齿结合时，推动从动轮 1 转动；当主动轮 2 的有齿部分与从动轮脱离啮合时，从动轮 1 停歇不动。因此，主动轮 1 连续转动，从动轮 1 将获得时动时停的间歇运动。

图 8-3(a) 所示为外啮合不完全齿轮机构，其主动轮 2 转动一周时，从动轮 1 转动六分之一周，从动轮每转一周停歇 6 次。为了防止从动轮 2 在停歇期间游动，两轮轮缘上各装有锁止弧。当从动轮停歇时，主动轮 2 上的锁止弧与从动轮上的锁止弧互相配合锁住，以保证从动轮停歇在预定位置。图 8-2(b) 为内啮合不完全齿轮机构。

与普通渐开线齿轮机构一样，当主动轮匀速转动时，其从动轮在运动期间也保持匀速转动，但在从动轮运动开始和结束时，即进入啮合和脱离啮合的瞬时，速度变化是较大的，故存在冲击。不完全齿轮机构不宜用于主动轮转速较高的场合，一般只用于低速、轻载的场合，如计数器、电影放映机和某些具有特殊运动要求的专用机械中。

不完全齿轮机构名称、应用图例及说明见表 8-5。

表 8-5　不完全齿轮机构名称、应用图例及说明

机构名称	应用图例	说明
单齿条式往复移动间歇机构	1,3—不完全齿轮；2—齿条	图所示为单齿条式往复移动间歇机构。当不完全齿轮 1 做顺时针转动时，与不完全齿轮 3 啮合，齿轮 3 又与齿条 2 啮合，从而带动齿条 2 向左移动。当不完全齿轮 1 的轮齿 A 部分与不完全齿轮 3 脱开时，齿条停歇。当不完全齿轮 1 的轮齿 B 部分转入和齿条 2 啮合时，又带动齿条 2 向右移动，直到不完全齿轮 1 的轮齿 B 与齿条 2 脱开，齿条 2 又停歇。这样，只要改变齿轮 1 上的不完全齿数，便可对齿条 2 在两端的停歇时间进行调节

续表

机构名称	应用图例	说明
双齿条式往复移动间歇机构	1—不完全齿轮；2—齿条	图所示为双齿条式往复移动间歇机构。当不完全齿轮 1 做顺时针转动时，不完全齿轮 1 的轮齿与齿条 2 上部的齿条 A 相啮合，从而使齿条 2 向右移动；当不完全齿轮 1 上的轮齿与齿条 A 部分脱开时，齿条 2 停歇；当不完全齿轮 1 的轮齿与齿条 2 下部的齿条 B 部的齿啮合时，又带动齿条 2 向左移动。这样在不完全齿轮 1 交替地与齿条 A、B 部相啮合，从而使齿条 2 做往复的间歇运动
压制蜂窝煤球工作台间歇机构	1—工作台；2—大齿圈；3—中间齿轮；4—主动齿轮	图所示为压制蜂窝煤球工作台间歇机构，工作台 1 在压制蜂窝煤球时需用 5 个工位来完成装填、压制、退煤等动作，因此要求工作台做间歇运动，即工作台每转动 1/5 转后停歇一段时间。为了满足这一要求，在工作台上装有一个大齿圈 2，主动齿轮 4 为不完全齿轮，当不完全齿轮 4 转动时，它与中间齿轮 3 组成间歇运动机构，可使工作台 1 完成所需的间歇运动
采用扇形齿轮夹持机构	1，2—齿轮；3，4—扇形齿轮	图所示为采用扇形齿轮的夹持机构，齿轮 1 和齿轮 2 做成一体，可绕轴心 O_1 转动，并分别与可绕轴心 O_2 转动的扇形齿轮 3、扇形齿轮 4 相啮合。当齿轮 1 和齿轮 2 沿逆时针方向旋转时，扇形齿轮 3、扇形齿轮 4 的卡爪部分 a、b 向内靠近，将重物夹紧

续表

机构名称	应用图例	说明
带瞬心线附加杆的不完全齿轮机构	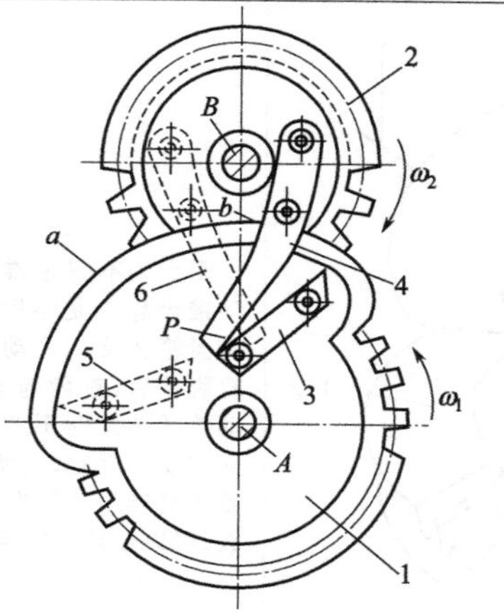 (a) 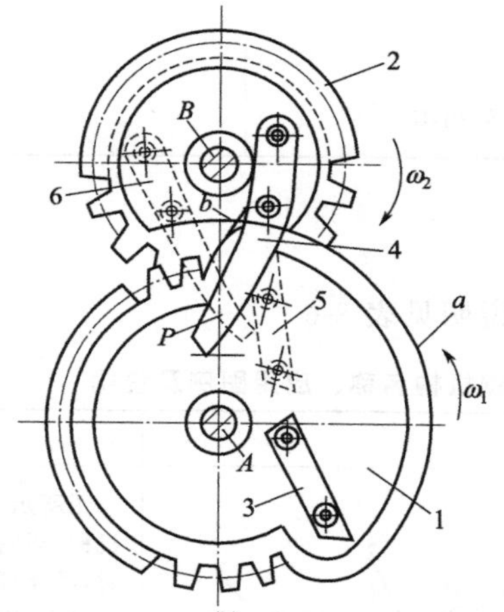 (b) 1—主动轮；2—从动轮；3～6—瞬心线附加杆	图所示为带瞬心线附加杆的不完全齿轮机构，主动轮 1 为不完全齿轮，其上带有外凸锁止弧 a。从动轮 2 为完全齿轮，其上带有内凹锁止弧 b。瞬心线附加杆 3、4、5、6 分别固连在轮 1 和轮 2 上，其中杆 3、4 的作用是使从动轮 2 在开始运动阶段［见图(a)］，由静止状态按一定规律逐渐加速到轮齿啮合的正常速度；而杆 5、6 的作用则是使从动轮 2 在终止运动阶段，见图(b)，由正常速度按一定规律逐渐减速到静止 图示位置为杆 3、4 传动的情形，此时从动轮 2 的角速度 $\omega_2=\omega_1\dfrac{\overline{AP}}{\overline{BP}}$（$P$ 为轮 1、2 的相对瞬心）。该机构能实现从动轮 2 的间歇转动，且没有冲击
凸轮不完全齿轮机构	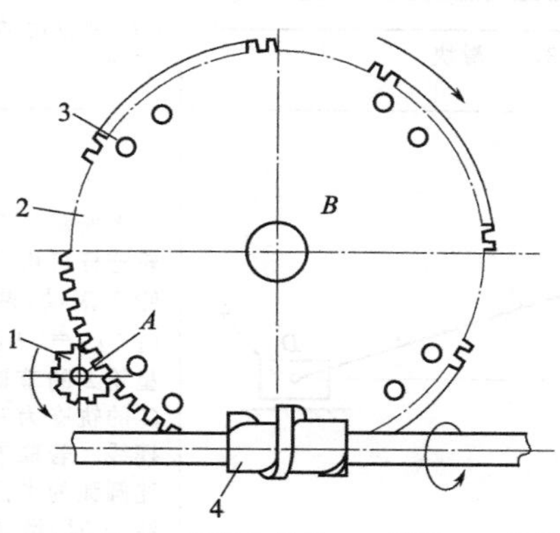 1—小齿轮；2—不完全齿轮；3—滚子；4—凸轮	图所示为凸轮不完全齿轮机构，该机构由圆柱凸轮机构和不完全齿轮机构组成。凸轮机构的滚子从动件即不完全齿轮 2。小齿轮 1 绕主动轴 A 做连续转动，当其与不完全齿轮 2 的齿廓啮合时，轮 2 转动；当其对着轮 2 的无齿部分时，轮 2 停歇不动，从而实现从动轴 B 的间歇转动。为避免轮 2 突然启动、突然停歇产生严重冲击，附加一凸轮机构，轮 2 端面安装滚子 3，并合理设计凸轮 4 的廓线，且合理选择凸轮 4 与轮 1 的传动比，使轮 1 与轮 2 的有齿部分即将结束啮合时，凸轮 4 与滚子 3 相啮合并使轮 2 逐渐减速至停歇；在轮 1 将与轮 2 的下一段有齿部分相啮合前，凸轮 4 又带动滚子 3 加速至正常转速。此机构动、停之间无冲击，有良好的传动性能 应用举例：在从动轴 B 上安装工作台，可用于各种生产线，作为间歇回转工作台的传动机构。工作台可匀速分度转位，可减速后停歇、加速后启动

续表

机构名称	应用图例	说明
不完全锥齿轮往复运动机构	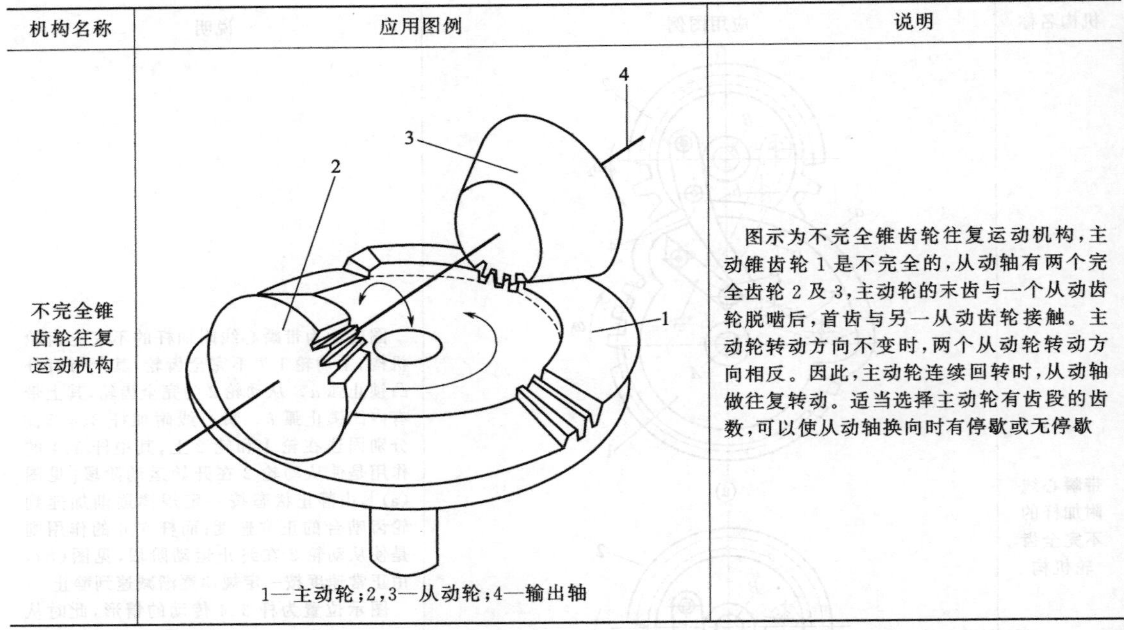 1—主动轮；2，3—从动轮；4—输出轴	图示为不完全锥齿轮往复运动机构，主动锥齿轮1是不完全的，从动轴有两个完全齿轮2及3，主动轮的末齿与一个从动齿轮脱啮后，首齿与另一从动齿轮接触。主动轮转动方向不变时，两个从动轮转动方向相反。因此，主动轮连续回转时，从动轴做往复转动。适当选择主动轮有齿段的齿数，可以使从动轴换向时有停歇或无停歇

8.2.5 其他间歇机构应用图例

其他常用间歇机构名称、应用图例及说明见表8-6。

表 8-6 其他常用间歇机构名称、应用图例及说明

机构名称	应用图例	说明
具有停歇的曲柄滑块机构	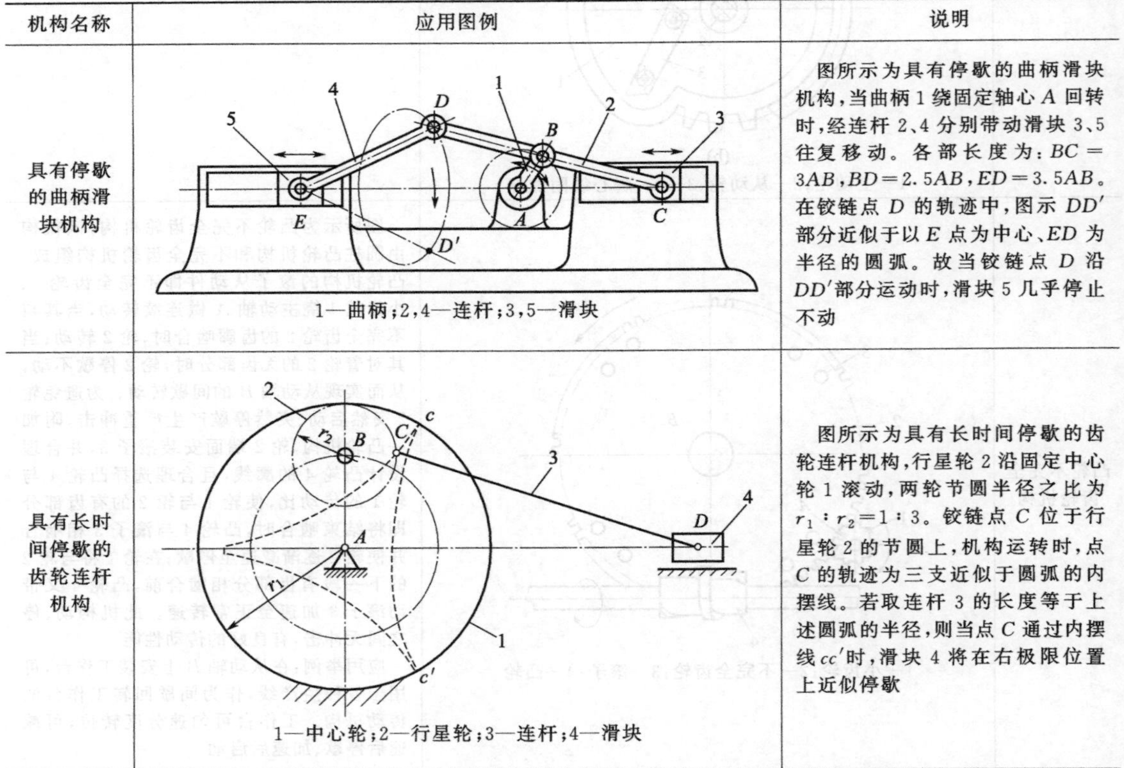 1—曲柄；2，4—连杆；3，5—滑块	图所示为具有停歇的曲柄滑块机构，当曲柄1绕固定轴心A回转时，经连杆2、4分别带动滑块3、5往复移动。各部长度为：$BC=3AB$，$BD=2.5AB$，$ED=3.5AB$。在铰链点D的轨迹中，图示DD'部分近似于以E点为中心、ED为半径的圆弧。故当铰链点D沿DD'部分运动时，滑块5几乎停止不动
具有长时间停歇的齿轮连杆机构	 1—中心轮；2—行星轮；3—连杆；4—滑块	图所示为具有长时间停歇的齿轮连杆机构，行星轮2沿固定中心轮1滚动，两轮节圆半径之比为$r_1:r_2=1:3$。铰链点C位于行星轮2的节圆上，机构运转时，点C的轨迹为三支近似于圆弧的内摆线。若取连杆3的长度等于上述圆弧的半径，则当点C通过内摆线cc'时，滑块4将在右极限位置上近似停歇

续表

机构名称	应用图例	说明
连杆摆动单侧停歇机构	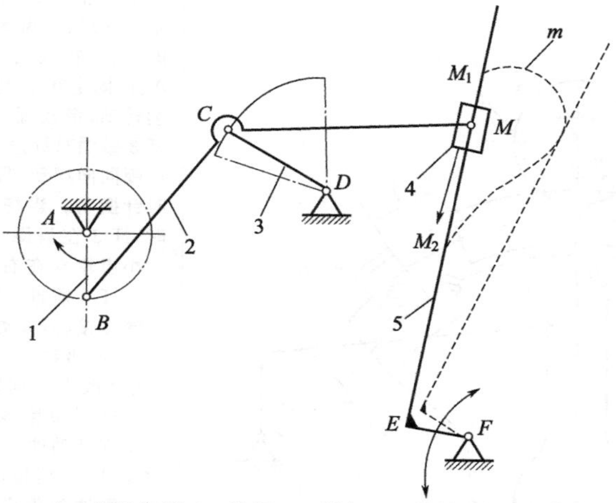 1—主动曲柄；2—连杆；3—摇杆；4—滑块；5—导杆	图所示为连杆摆动单侧停歇机构，这是指从动件在摆动的某一侧极限位置有停歇。该机构是由四杆机构 $ABCD$ 加上Ⅱ级杆组 MEF（包括滑块 4、导杆 5）组成的六杆机构。M 点为连杆 BC 上的一点，M 点铰接了滑块 4。M 点的轨迹 m 中的 M_1M_2 段为近似直线段。当主动曲柄 1 连续转动时，通过杆 BC 上的 M 点带动滑块 4 和导杆 5 往复摆动。当导杆 5 摆动到左极限位置时正好与 M 点的近似直线轨迹段 M_1M_2 重合，在 M 点从 M_1 到 M_2 的运动过程中，从动导杆 5 做近似停歇。该机构利用连杆曲线的直线段实现从动件单侧间歇摆动 应用举例：可用于轻工机械、自动生产线和包装机械中运送工件或满足某种特殊的工艺要求、实现某种加工
连杆齿轮单侧停歇机构	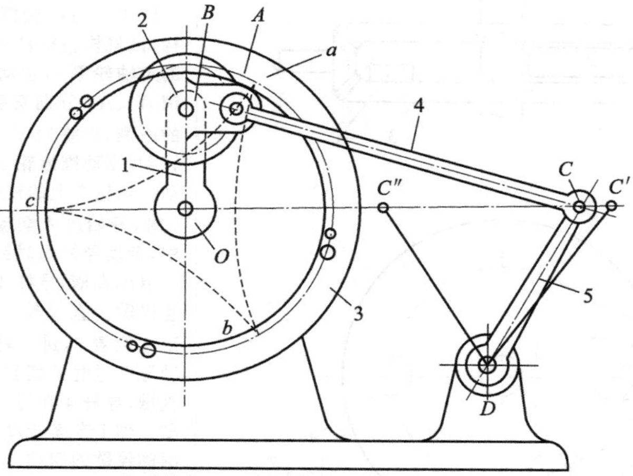 1—主动曲柄；2—行星轮；3—中心轮；4，5—连杆	图所示为连杆齿轮单侧停歇机构，该机构由五连杆机构和行星轮系组成。主动曲柄 1 也是行星架。行星轮 2 与固定中心轮 3 的节圆半径比 $r:R=1:3$，连杆 4 与轮 2 在节圆上的 A 点铰接。主动曲柄连续匀速转动，带动行星轮系运动，点 A 产生有三个顶点 a、b、c 的内摆线。以其中的 ab 段的平均曲率半径为连杆长 l_{AC}，曲率中心 C 为摆杆 CD 和连杆 AC 的铰接点。主动曲柄 OB 和行星轮 2 的两个运动输入，使五连杆机构的从动摆杆 CD 有确定的摆动。当主动杆 1 对应 A 点在 $\angle aOb=120°$ 范围内运动时，摆杆在右极限位置 $C'D$ 近似停歇，而在左极限位置 C、D 时有瞬时停歇。这是利用轨迹的近似圆弧实现单侧停歇摆动。若以滑块代替摇杆，可实现单侧停歇的间歇移动 应用举例：这类机构可实现长时间的停歇，可用于自动机或自动生产线上工件运送至工位后的等待加工或实现某些工艺要求

续表

机构名称	应用图例	说明
齿轮连杆摆动双侧停歇机构	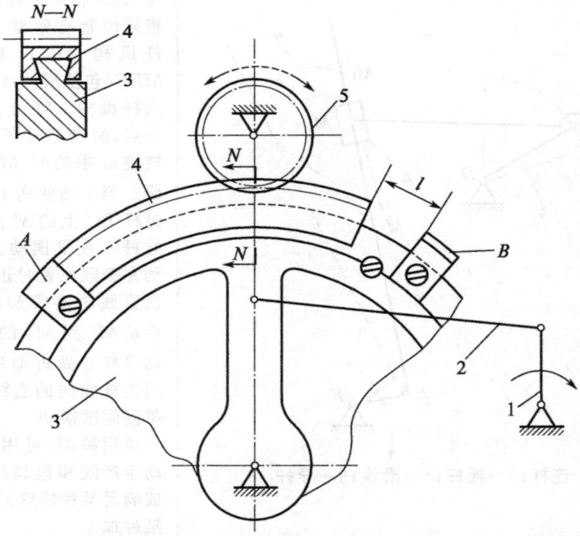 N—N 4 3 5 N 4 l A N B 2 1 3 A,B—挡块;1—曲柄;2—连杆;3—摇杆;4—齿圈;5—小齿轮	图所示为齿轮连杆摆动双侧停歇机构,该机构是由曲柄摇杆机构和不完全齿轮机构组成。摇杆3是一扇形板,齿圈4可在其外圆上的A、B挡块之间滑移,行程为l。A、B固定在3上。曲柄1匀速连续转动,带动摇杆3往复摆动,当杆3做顺时针摆动时,挡块A推动齿圈同向摆动,带动从动齿轮5逆时针摆动。当杆3做逆时针回摆时,杆3在齿圈4中滑移,齿圈4和小齿轮5在右极限位置相对静止。杆3摆过l弧长后,B挡块与齿圈4接触,推动齿圈4逆时针同向摆动,带动轮5顺时针摆动。杆3再次改变方向时,齿圈4和轮5在左极限位置也有一段停歇。从而实现从动件5的两侧停歇摆动。改变A、B挡板的位置,即改变间距l可调整停歇时间。此机构与利用连杆轨迹的机构不同,理论上可准确实现停歇,但需克服滑道中的摩擦 应用举例:可用于自动线中,实现双工位加工
齿轮摆杆双侧停歇机构	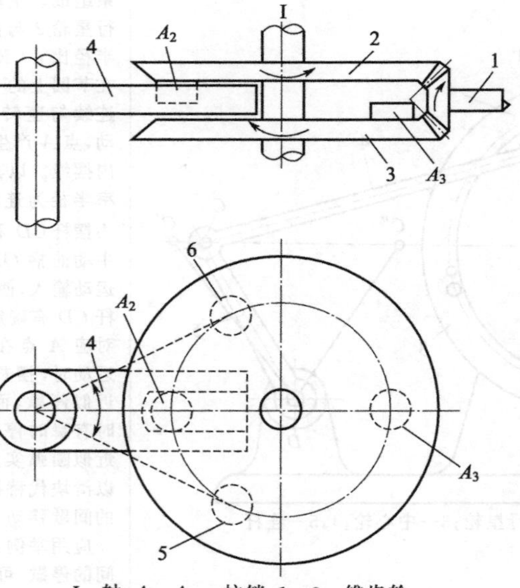 I 4 A_2 2 1 3 A_3 6 A_2 4 A_3 5 I—轴;A_2,A_3—柱销;1~3—锥齿轮;4—摆动导杆;5,6—摆动位置	图所示为齿轮摆杆双侧停歇机构,该机构包括锥齿轮1、2、3组成的定轴轮系和摆动导杆机构。柱销A_2、A_3分别安装在锥齿轮2、3的内侧,相差180°。主动轮1匀速转动,驱动锥齿轮2、3同步反相转动。当轮2上的柱销A_2到达位置6时,开始进入摆动导杆4的直槽中,带动导杆顺时针摆动,至位置5时退出直槽,导杆4在一侧极限位置停歇。直至轮3上的柱销A_3,到达位置5,进入杆4的直槽内带动导杆逆时针摆回,至位置6退出直槽,导杆4在另一侧极限位置停歇。轴I连续转动,变换为导杆4两侧停歇的摆动 应用举例:可用于双侧需等时停歇的间歇摆动场合。如用作双筒机枪的交替驱动机构

续表

机构名称	应用图例	说明
摩擦轮单向停歇机构	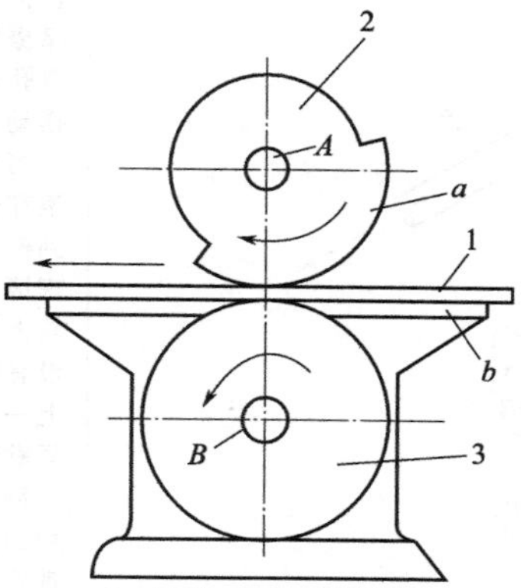 1—工件；2，3—摩擦轮	图所示为摩擦轮单向停歇机构，该机构 2、3 为一对摩擦轮，2 为不完全摩擦轮，以 a 为工作圆弧段。工件 1 放置在固定导轨 b 上。主动轮 2 连续顺时针转动，当轮 2 上的 a 段圆弧廓线与工件 1 接触时，2、3 轮对滚，轮间的摩擦力使工件 1 左移送进。当轮 2 的廓线与工件脱离接触后，工件静止。轮 2 转 1 周，工件完成一个周期的送进和停歇动作。摩擦轮机构结构简单，但为了可靠的送进，还需加径向压紧力 应用举例：这是步进式的单向送进机构，可用于冲压机床等机械，作为板条形状工件的间歇送进
单侧停歇移动机构	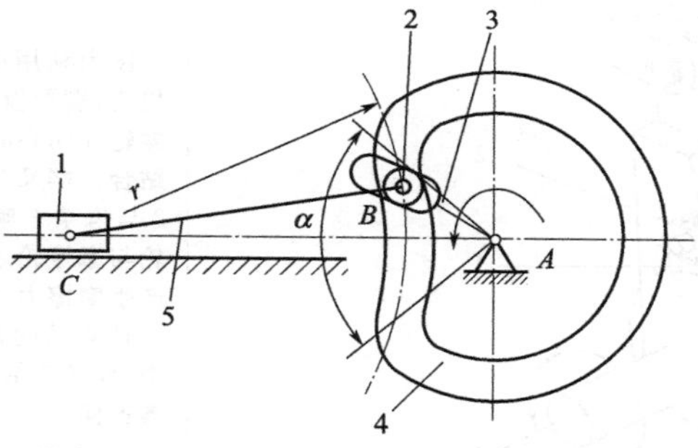 1—滑块；2—滚子；3—主动导杆；4—固定凸轮；5—连杆	图所示为单侧停歇移动机构，该机构由凸轮机构和连杆机构所组成。固定凸轮 4 在 α 角的范围内沟槽是一段凹圆弧，以圆弧的半径 r 为连杆 5 的杆长，圆心为滑块 1 与连杆 5 的铰链中心。主动导杆 3 匀速转动，带动同时也在凸轮沟槽中运动的滚子 2，通过连杆 5 使滑块 1 做往复移动。当导杆 3 在 α 角范围内转动时，滑块 1 在左极限位置停歇，从而实现单侧停歇的间歇移动
棘齿条移动单向机构	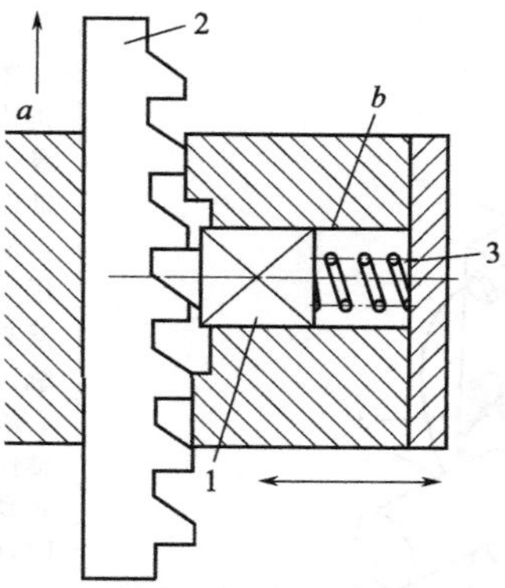 a—固定导轨；1—带棘爪的棱柱止动块；2—棘齿条；3—弹簧	图所示为棘齿条移动单向机构，止动块 1 上的棘爪在弹簧的作用下恒压紧在棘齿条的齿槽中，当棘齿条 2 沿固定导轨 a 向上移时，止动块 1 上的棘爪在棘齿条的齿背上滑过，若棘齿条 2 有下移趋势时，止动块 1 上的棘爪压紧在棘齿条 2 的齿槽中，阻止其向下移动，实现棘齿条 2 的单向移动 应用举例：带止动棘爪的棘齿条机构可作反向止动机构，有制动作用

续表

机构名称	应用图例	说明
利用摩擦作用的间歇回转机构(一)	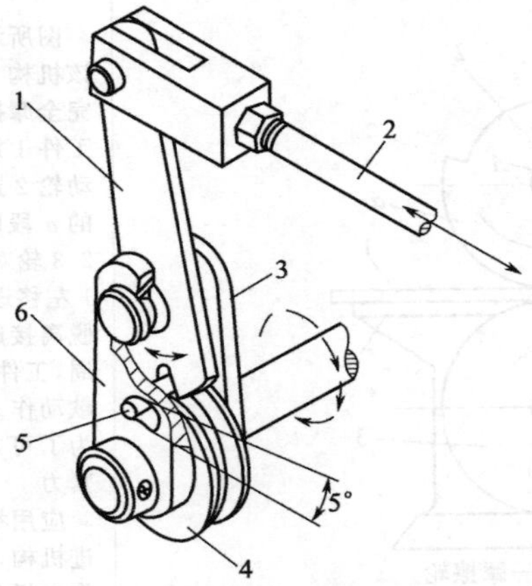 1—摆杆;2—连杆;3—侧板 B;4—摩擦轮;5—楔滚;6—侧板 A	图为利用摩擦作用的间歇回转机构。在侧板 A 和 B 上设有弯向摩擦轮中心的长弯孔,楔滚穿过长弯孔,并利用一个摆杆使楔滚左右摆动 当楔滚由右向左运动时,由于楔滚在侧板的长孔和摩擦轮之间起到楔的作用,而使摩擦轮旋转。当楔滚由左向右运动时,楔滚从摩擦轮上脱开,不产生摩擦作用,于是没有旋转力。如果在输出轴上装上一个飞轮,那么,摩擦轮就不是间歇转动,而是连续回转 特点:由于这是一种利用摩擦作用的间歇回转机构,所以,不会像棘轮机构那样出现工作噪声,因此,运转过程比较安静。其缺点是:运转比棘轮机构困难一些
利用摩擦作用的间歇回转机构(二)	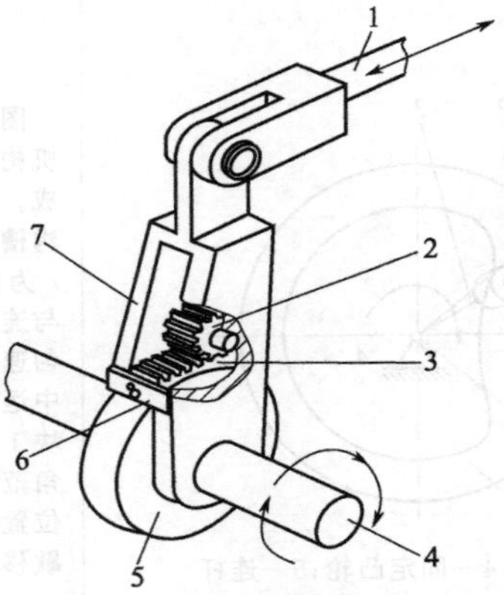 1—连杆;2—小齿轮;3—齿条(楔状);4—输出轴; 5—摩擦轮(与输出轴固定);6—挡板;7—摆叉	图为利用摩擦作用的间歇运动机构,楔形齿条 3 的背面做成与摩擦轮 5 同心的圆弧,并且与摩擦轮贴合。摆叉 7 左右摆动时,小齿轮 2 与齿条 3 啮合,齿条被夹在小齿轮与摩擦轮之间,并与摩擦轮之间产生摩擦力,于是使摩擦轮 5 和输出轴 4 做间歇回转。在返回过程中,摆叉 7 借助挡板 6 使松动的齿条返回
利用摩擦作用的间歇回转机构(三)	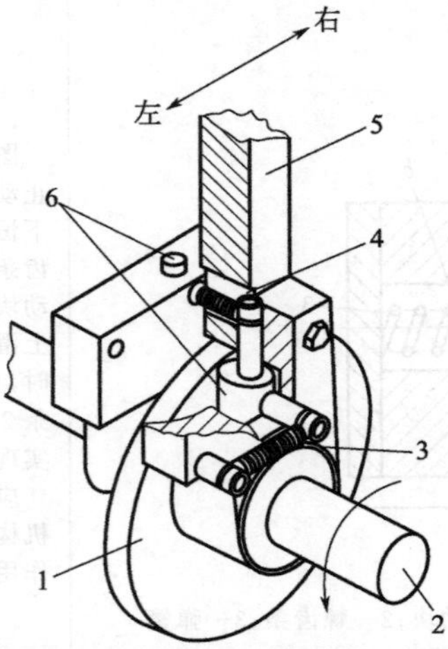 1—摩擦圆盘;2—输出轴;3—旋转弹簧;4—压紧弹簧; 5—驱动杆;6—偏心滚柱	图为利用摩擦作用的间歇回转机构,固定在输出轴 2 上的摩擦圆盘 1 由两个偏心滚柱 6 夹持着,借助使驱动杆左右摆动的驱动力便可使输出轴进行间歇回转运动。压紧弹簧 4 和旋转弹簧 3 用来使偏心滚柱 6 和摩擦圆盘 1 保持接触。当驱动杆从右向左运动时,偏心滚柱压紧摩擦圆盘。于是,输出轴便沿着图示的箭头方向做间歇转动;当驱动杆 5 从左向右运动时,摩擦圆盘不旋转

8.2.6　间歇运动机构结构设计禁忌

间歇运动机构结构设计禁忌见表 8-7。

表 8-7　间歇运动机构结构设计禁忌

序号	机构名称	禁忌及图例	说明
1	棘轮机构结构设计禁忌	①避免棘爪与摇杆的铰接方式不可靠	为保证工作可靠。通常采用弹簧力使棘爪压向棘齿
		②避免棘轮、棘爪的材料选择不当	棘轮材料的选择主要根据机构中作用的力、工作条件(接合次数、转速等)和其他一些条件来决定。棘轮和棘爪一般用 45 钢或 40Cr 钢制造。棘轮淬硬到 45～50HRC,棘爪淬硬到 52～56HRC,或用 15Cr 和 20Cr 钢等,渗碳深 0.8～1.2mm,淬硬到上述硬度。有些场合,棘轮也可采用硅黄铜 QSi80-3、硅青铜 QSi3-1 和铝青铜 QAl9-4 等材料制造。棘爪有时也用黄铜制造。对一些特殊场合,棘轮还可用轻合金或塑料制造
		③避免为了调整棘轮转角而增大结构 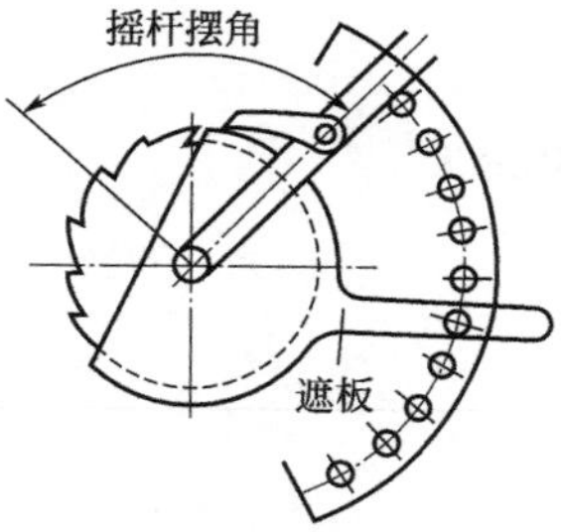 摇杆摆角 遮板 棘轮转角调节	如果棘轮的转角需要调整,受到空间的限制,不能盲目加大棘轮的尺寸。对于由连杆机构驱动并安装在摇杆上的棘爪,常采用棘轮罩来调节棘轮的转角。如图所示,改变棘轮遮板位置,使部分行程内棘爪沿棘轮罩表面滑过,从而实现棘轮转角大小的调整
		④改变摆杆摆角 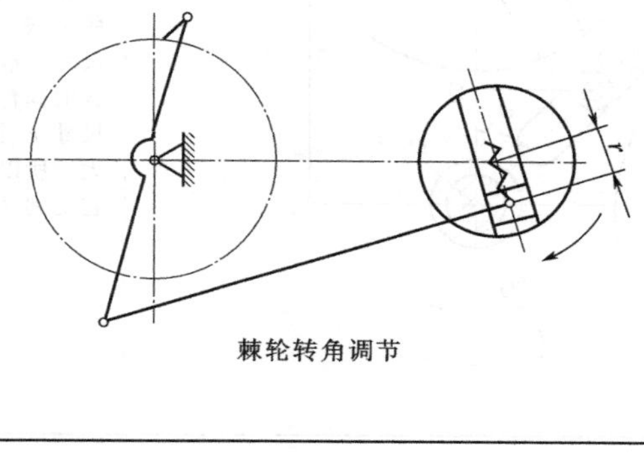 r 棘轮转角调节	图示的棘轮机构中,通过调整改变曲柄摇杆机构曲柄长度 r 的方法来改变摇杆摆角的大小,从而实现棘轮机构转角大小的调整

续表

序号	机构名称	禁忌及图例	说明
2	槽轮机构结构设计禁忌	①禁止在负荷大的场合拨销为悬臂梁式	槽轮机构的主动件拨销，多数情况下是以悬臂梁形式固定在拨轮或曲柄上，其刚度一般能满足要求。为了减少摩擦和磨损，拨销上可增加套筒。负荷较大的场合，可做成双支撑形式。负荷不大和速度较低时，也可直接采用销轴。少数情况下也可采用直径适当的滚针轴承作为拨销。槽轮尺寸不大时，一般做成整体式结构，也可与齿轮等转动件组合为一体。拨轮和槽轮与轴的连接多采用键连接，利用轴肩与锁紧螺母固定，槽轮机构尺寸较小、负荷较轻时，可采用销钉连接和紧螺钉在安装过程中调整定位
		②注意材料的选择和工艺的处理	槽轮材料可选用 20Cr 渗碳淬火，或用 40Cr，淬硬到 45～55HRC。拨销材料一般用 GCr15 钢，淬硬到 50～63HRC，或用 20Cr 渗碳后淬硬到 56～62HRC
		③槽轮的槽与圆柱销的间隙不能过大	当拨盘的转角为 0 时，槽轮的角加速度为 0，而这时槽轮的角速度为极大值，此时由于槽轮的惯性，圆柱销将与槽轮的非工作面产生冲击，故设计与制造时应尽量减小槽与圆柱销间的间隙
		④避免中心距过小 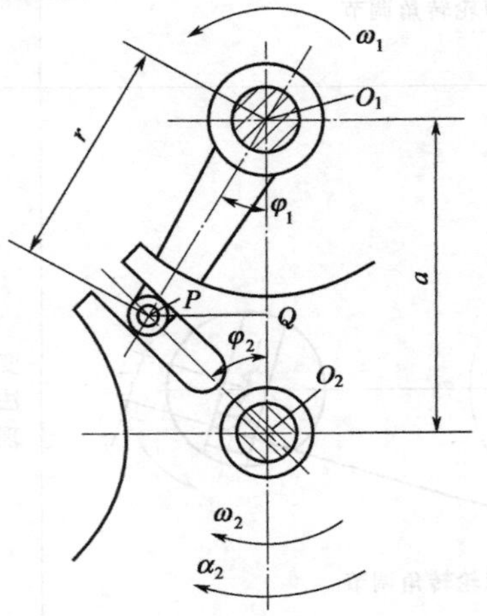	决定槽轮机构所占空间大小的关键尺寸是中心距 a。中心距偏大会受到空间布局的制约。如图所示，若中心距太小，拨盘的关键尺寸 r 也小，因而圆销直径和各部分的其他尺寸都受到限制。另外尺寸 r 小，圆销和槽的受力就更大。所以中心距不能设计得太小，它受到材料强度的制约

续表

序号	机构名称	禁忌及图例	说明
3	不完全齿轮机构结构设计禁忌	①避免锁止弧产生尖角 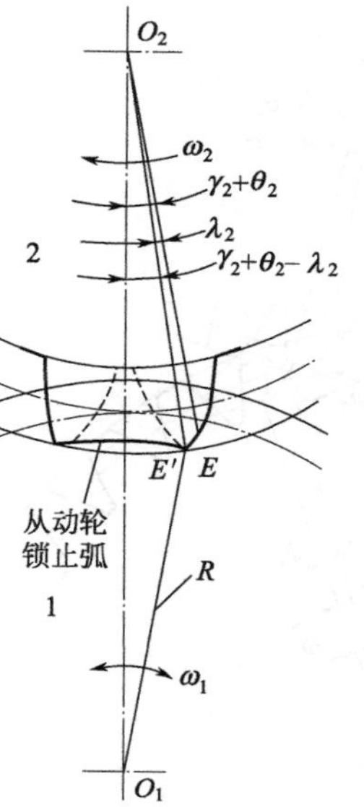 1—主动轮；2—从动轮；ω_1—主动轮角速度；ω_2—从动轮角速度	不完全齿轮机构中的主、从动轮上的锁止弧，是为了保证机构的正常运转，并且使从动轮每次运动停止时能停留在预定的对称位置，起到定位的作用 如图所示，从动轮上的锁止弧适宜占 K 个齿的位置，而且 K 个轮齿做成实体，不留齿间。为了有一定的强度，齿顶不产生尖角，锁止弧不通过 K 个齿两侧的齿顶尖角，使留有适当的顶圆齿厚，通常两侧各留有 $0.5m$ 的齿厚，如图中 $EE'=0.5m$（m 为模数）所示。锁止弧半径可按公式计算
		②避免主、从动轮锁止弧半径不一致 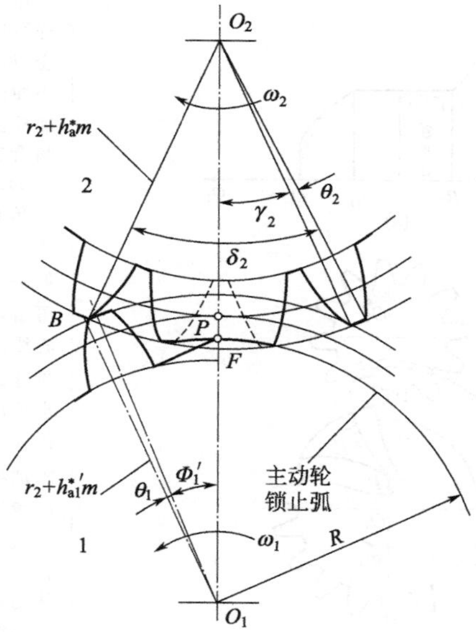 (a)	当主动轮末齿到达啮合终止点 B 时，主动轮锁止弧起点 F 应处于连心线 O_1O_2 上。如图(a)所示，主动轮末齿与锁止弧起点 F 的相对位置，可以末齿中心线与通过 F 点的半径 O_1F 之间的夹角 Φ_1' 表示 为使从动轮静止时稳定锁止，主动轮锁止弧半径必须与从动轮锁止弧半径 R 相等。主动轮锁止弧起点 F 的位置可由角 Φ_1' 及半径 R 确定

续表

序号	机构名称	禁忌及图例	说明
3	不完全齿轮机构结构设计禁忌	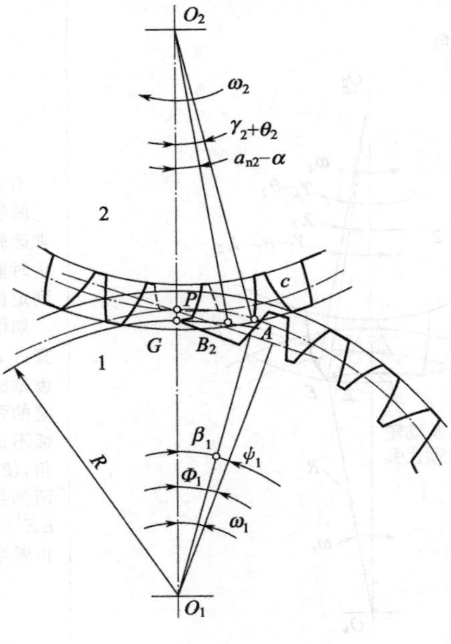 (b) A—啮合开始点；B—啮合终止点；F—主动轮锁止弧起点；G—主动轮锁止弧终点；O_1O_2—连心线；R—锁止弧半径；1—主动轮；2—从动轮	如图(b)所示，当主动轮首齿到达啮合点 A 时，主动轮锁止弧终点 G 应处于连心线 O_1O_2 上。G 与首齿的相对位置都可由首齿中心线与通过 G 点的半径 O_1G 的夹角 ψ_1 确定。由角 ψ_1 与锁止弧半径 R 可确定主动轮锁止弧终点 G 的位置
		③防止不完全齿轮传动中运动产生冲击 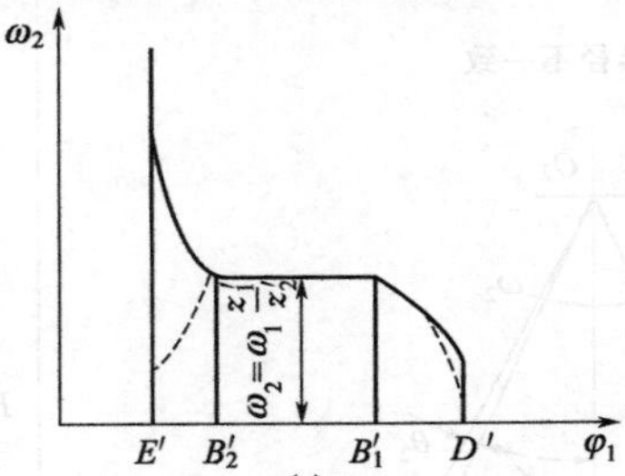 (a) 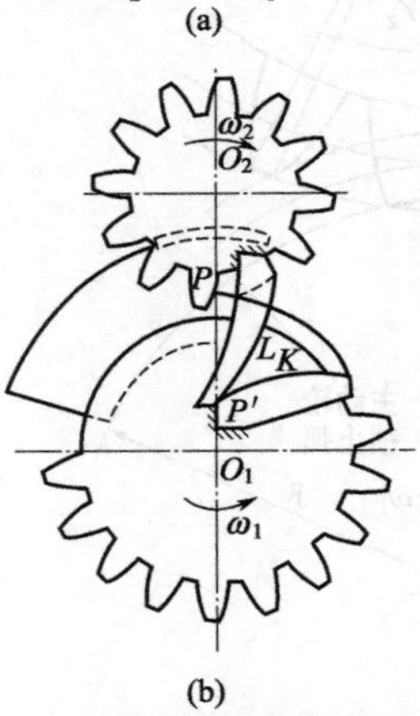 (b) K，L—首齿进入啮合前的瞬心线附加杆；O_1O_2—中心线；P—两齿轮啮合节点；P'—两轮相对瞬心	在不完全齿轮传动中，从动轮在开始运动和终止运动时速度有突变，见图(a)，因而产生冲击。为减小冲击，可在两轮上安装瞬心线附加杆。图(b)中 K、L 为首齿进入啮合前的瞬心线附加杆，接触点 P' 为两轮相对瞬心 传动中 P' 点渐渐沿中心线 O_1O_2 向两齿轮啮合节点 P 移动，如果开始运动时 P' 与 O_1 重合，ω_2 可由零逐渐增大，不发生冲击，瞬心线的形状可根据 ω_2 的变化要求设计。同样，当末齿脱离啮合时，也可以借助另一对瞬心线附加杆使 ω_2 平稳地减小至零，加瞬心线附加杆后，ω_2 的变化情况如图(a)中虚线所示。从图(a)中看出，由于从动轮在开始运动时冲击比终止运动时的冲击大，所以经常只在从动轮开始运动的前接触段设置瞬心线附加杆

第9章

螺旋机构

9.1 螺旋传动概述

螺旋传动是利用螺杆和螺母组成的螺旋副来实现传动要求的。它主要用于将回转运动转变为直线运动，同时传递运动和力。

9.1.1 螺旋机构的工作原理

螺旋机构是利用螺旋副传递运动和动力的机构。图 9-1 所示为最简单的三构件螺旋机构。在图 9-1(a) 中，B 为旋转副，其导程为 l；A 为转动副，C 为移动副。当螺杆 1 转动 φ 角时，螺母 2 的位移 s 为

$$s=l\frac{\varphi}{2\pi} \tag{9-1}$$

如果将图 9-1(a) 中的转动副 A 也换成螺旋副，便得到图 9-1(b) 所示螺旋机构。设 A、B 段螺旋的导程分别为 l_A、l_B，则当螺杆 1 转过 φ 角时，螺母 2 的位移为

$$s=(l_A \mp l_B)\frac{\varphi}{2\pi} \tag{9-2}$$

式中，"—"号用于两螺旋旋向相同时，"+"号用于两螺旋旋向相反时。

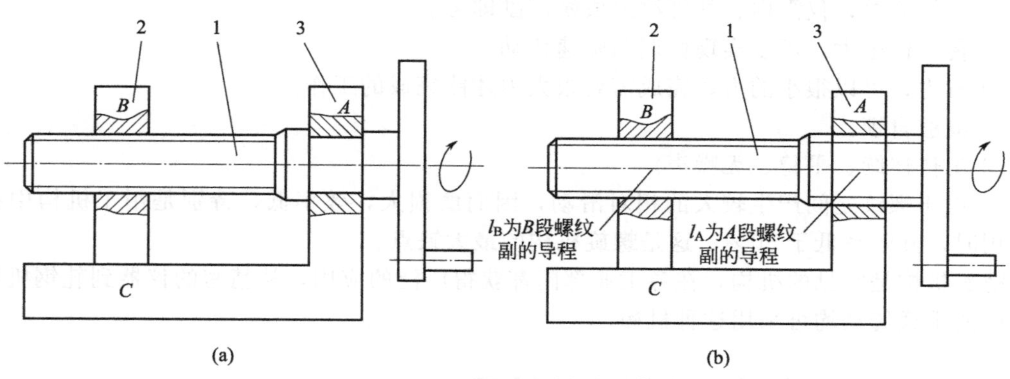

图 9-1 螺旋机构

1—螺杆；2—螺母；3—机架

由式(9-2) 可知，当两螺旋旋向相同时，若 l_A 与 l_B 相差很小，则螺母 2 的位移可以很小，这种螺旋机构称为差动螺旋机构（又称微动螺旋机构）；当两螺旋旋向相反时，螺母 2 可产生快速移动，这种螺旋机构称为复式螺旋机构。

螺纹机构是利用螺杆和螺母组成的螺旋副来实现传动要求的。通常由螺杆、螺母、机架

及其他附件组成。它主要用于将回转运动变为直线运动，或将直线运动变为回转运动，同时传递运动或动力，应用十分广泛。

9.1.2 螺旋传动的类型和特点

按照不同的分类方式，可将螺旋传动进行分类，具体内容见表 9-1。

表 9-1 螺旋传动的分类及应用

分类根据	传动类型	应用
按螺杆和螺母的相对运动关系	螺杆轴向固定、转动，螺母运动	常用于机床进给机构，如车床横向进给丝杠螺母机构
	螺杆转动又移动，螺母固定	多用于螺旋压力机构中，如摩擦压力加压螺旋机构
	螺母原位转动，螺杆移动	常用于升降机构
按其用途不同	传力螺旋	如举重器、千斤顶、加压螺旋
	传导螺旋	如机床进给机构
	调整螺旋	一般用于调整并固定零件或部件之间的相对位置，要求自锁性能好，有时也有较高的调节精度要求，如车床尾座调整螺旋机构
按其螺旋副的摩擦性质	滑动螺旋（滑动摩擦）	滑动螺旋机构简单，便于制造，易于自锁，但其主要缺点是摩擦阻力大，传动效率低，磨损快，传动精度低
	滚动螺旋（滚动摩擦）	滚动螺旋摩擦阻力小，传动效率高，但结构复杂，因此，只有在高精度、高效率的重要传动中才宜采用，如数控机床、精密机床、测试装置或自动控制系统中的螺旋传动等
	静压螺旋（流体摩擦）	静压螺旋摩擦阻力小，传动效率高，但结构复杂，还需要供油系统。因此，只有在高精度、高效率的重要传动中才宜采用，如数控机床、精密机床、测试装置或自动控制系统中的螺旋传动等

与其他将回转运动变为直线运动的机构（如曲柄滑块机构）相比，螺旋机构的特点如下。

① 结构简单，仅需内、外螺纹组成螺旋副即可。

② 传动比很大，可以实现微调和降速传动。

③ 省力，可以很小的力，完成需要很大力才能完成的工作。

④ 能够自锁。

⑤ 工作连续、平稳、无噪声。

⑥ 由于螺纹之间产生较大的相对滑动，因而磨损大，效率低，特别是用于机构中有自锁作用时，其效率低于 50%。这是螺旋机构的最大缺点。

螺旋机构是常见的机构，在各工业部门都获得广泛的应用，从精密的仪器到轧钢机加载装置中的重载传动均可采用这种机构。

9.2 螺旋机构应用图例及禁忌

9.2.1 传力螺旋机构应用图例

传力螺旋以传递动力为主，要求以较小的转矩产生较大的轴向推力，用以克服工件阻力，如各种起重或加压装置的螺旋。这种传力螺旋主要是承受很大的轴向力，一般为间歇性工作，每次工作时间较短，工作速度也不高，通常具有自锁能力。

传力螺旋机构名称、应用图例及说明见表 9-2。

表 9-2　传力螺旋机构名称、应用图例及说明

机构名称	应用图例	说明
千斤顶	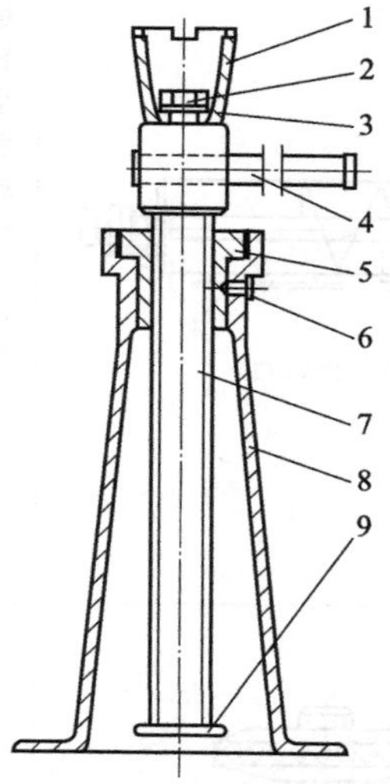 1—托杯；2—螺母；3—挡环；4—手柄；5—螺母；6—紧定螺钉；7—螺杆；8—底座；9—挡环	图为千斤顶传力螺旋机构。螺杆 7 和螺母 5 是它的主要零件。螺母 5 用紧定螺钉 6 固定在底座 8 上。转动手柄 4 时，螺杆即转动并上下运动。托杯 1 直接顶住重物，不随螺杆转动。挡环 3 防止托杯脱落，挡环 9 防止螺杆由螺母中全部脱出
压力机	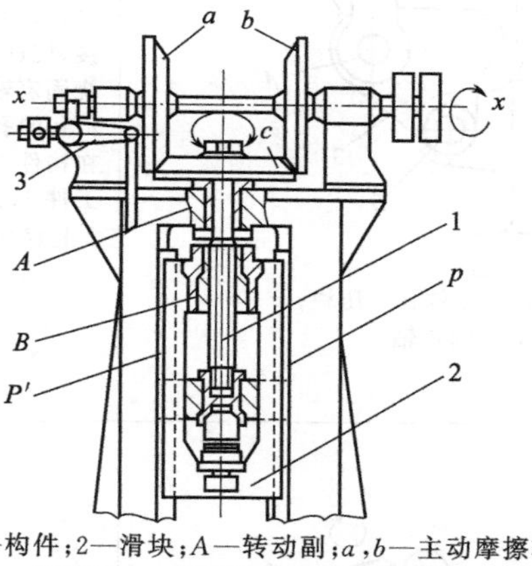 1,3—构件；2—滑块；A—转动副；a,b—主动摩擦轮；B—螺旋副；c—锥形摩擦轮；P—P 固定导轨	图为加压用压力机螺旋机构。构件 1 与机架组成转动副 A，它又与滑块 2 组成螺旋副 B，2 沿固定导轨 p—p' 移动，构件 1 上固定有锥形摩擦轮 c，利用构件 3 使主动摩擦轮 a 和 b 交替与轮 c 接触，由此实现构件 1 按两个相反方向的转动，从而使滑块 2 向下移动时加压，向上移动时退回
螺杆块式制动器	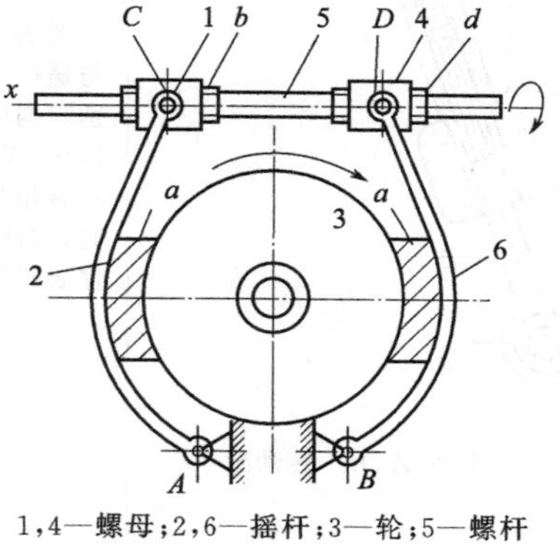 1,4—螺母；2,6—摇杆；3—轮；5—螺杆	图为螺杆块式制动器。当具有左、右旋向螺纹的螺杆 5 绕轴线 x—x 转动时，带动螺母 1 和 4 相向移动而缩短距离，使摇杆 2 和 6 分别沿顺时针和逆时针方向转动，从而带动左、右两闸块 a 制动轮 3

续表

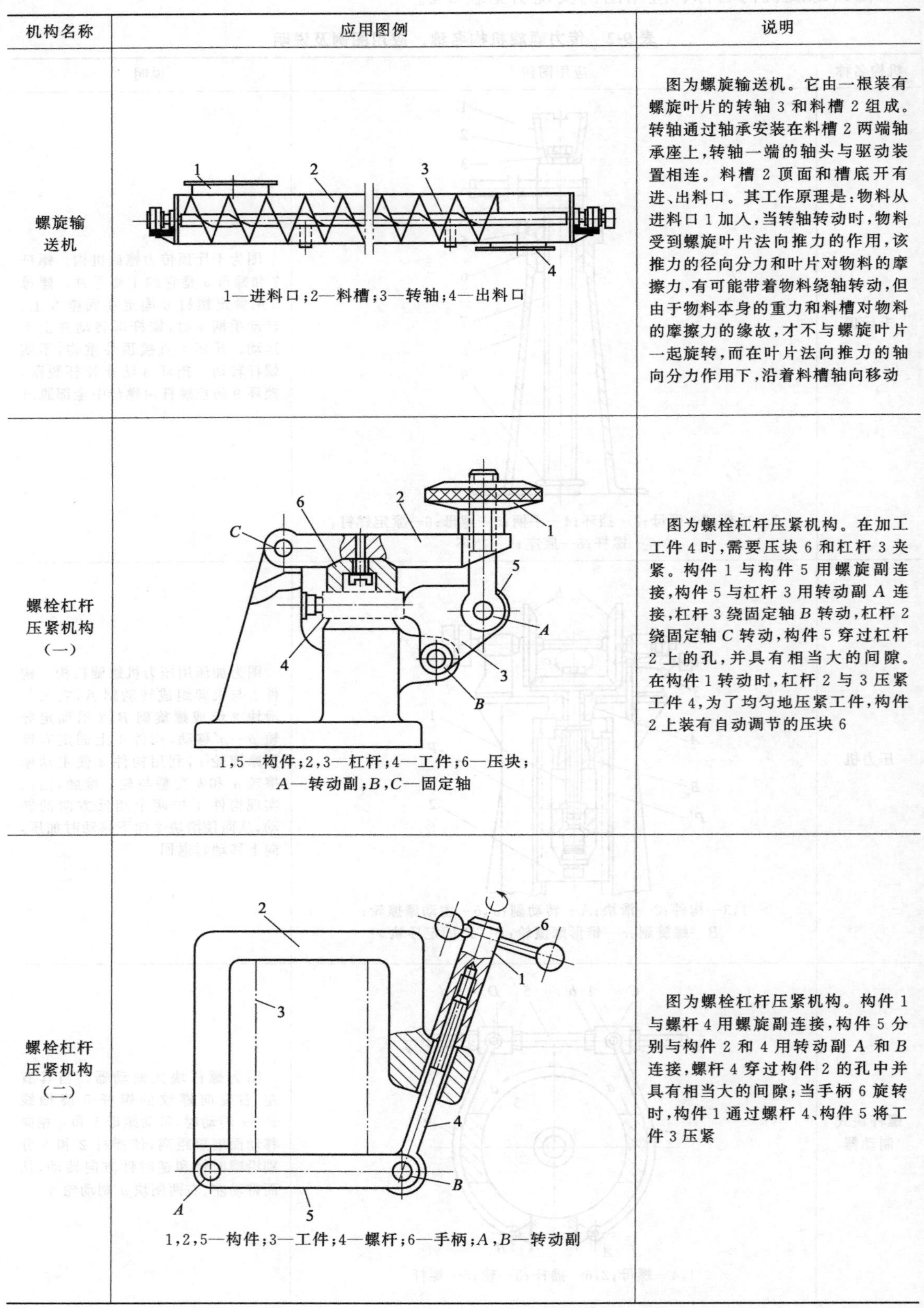

机构名称	应用图例	说明
螺旋输送机	1—进料口；2—料槽；3—转轴；4—出料口	图为螺旋输送机。它由一根装有螺旋叶片的转轴 3 和料槽 2 组成。转轴通过轴承安装在料槽 2 两端轴承座上，转轴一端的轴头与驱动装置相连。料槽 2 顶面和槽底开有进、出料口。其工作原理是：物料从进料口 1 加入，当转轴转动时，物料受到螺旋叶片法向推力的作用，该推力的径向分力和叶片对物料的摩擦力，有可能带着物料绕轴转动，但由于物料本身的重力和料槽对物料的摩擦力的缘故，才不与螺旋叶片一起旋转，而在叶片法向推力的轴向分力作用下，沿着料槽轴向移动
螺栓杠杆压紧机构（一）	1，5—构件；2，3—杠杆；4—工件；6—压块； A—转动副；B，C—固定轴	图为螺栓杠杆压紧机构。在加工工件 4 时，需要压块 6 和杠杆 3 夹紧。构件 1 与构件 5 用螺旋副连接，构件 5 与杠杆 3 用转动副 A 连接，杠杆 3 绕固定轴 B 转动，杠杆 2 绕固定轴 C 转动，构件 5 穿过杠杆 2 上的孔，并具有相当大的间隙。在构件 1 转动时，杠杆 2 与 3 压紧工件 4，为了均匀地压紧工件，构件 2 上装有自动调节的压块 6
螺栓杠杆压紧机构（二）	1，2，5—构件；3—工件；4—螺杆；6—手柄；A，B—转动副	图为螺栓杠杆压紧机构。构件 1 与螺杆 4 用螺旋副连接，构件 5 分别与构件 2 和 4 用转动副 A 和 B 连接，螺杆 4 穿过构件 2 的孔中并具有相当大的间隙；当手柄 6 旋转时，构件 1 通过螺杆 4、构件 5 将工件 3 压紧

续表

机构名称	应用图例	说明
螺旋手摇钻	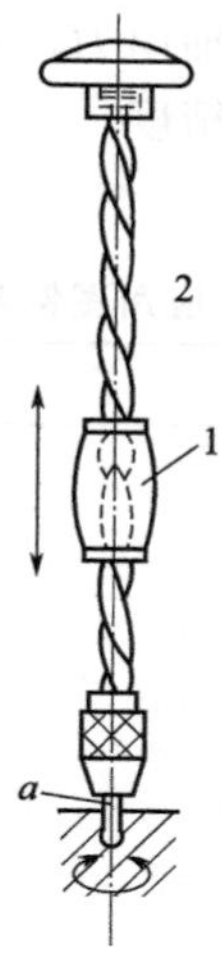 1—螺母；2—螺杆；a—钻头	图为螺旋手摇钻。螺母1和螺杆2组成螺旋副，螺杆2具有大升角螺纹，当转动螺杆2时，由于螺旋副的相对关系，可使钻头a边旋转边沿直线移动，从而达到钻孔的目的
螺旋-杠杆压力机构	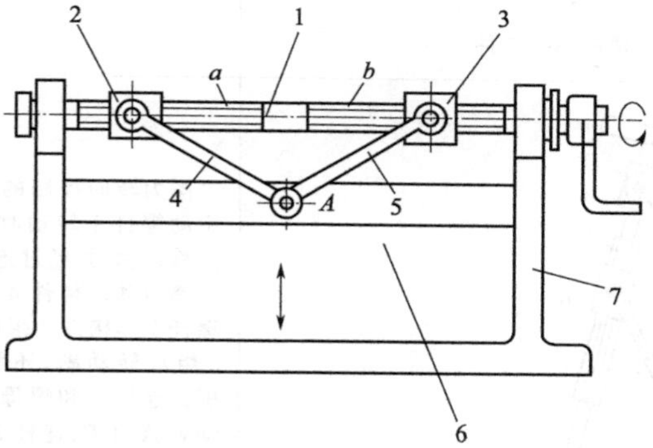 1—丝杠；2，3—螺母；4，5—杠杆；6—压头；7—轨道；a—右旋螺纹；b—左旋螺纹；A—复合铰链	图为螺旋-杠杆压力机构。在丝杠1上制有相同螺距的右旋螺纹a和左旋螺纹b，螺母2、3分别经转动副与长度相等的杠杆4、5连接，两杠杆与压头6在A点构成复合铰链。当丝杠1转动时，压头6沿轨道7上下移动
镗刀头的固定机构	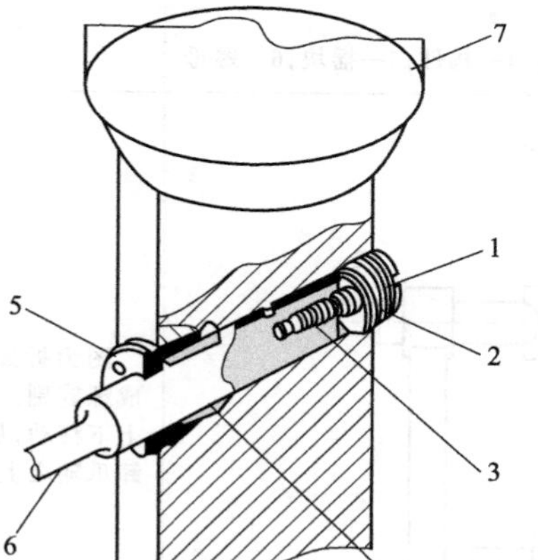 1—螺钉；2—细牙螺纹；3—粗牙螺纹；4—锥形夹套；5—锥孔螺母；6—圆形镗刀；7—镗杆	当把镗刀头装夹在镗杆上，而不能用螺钉从镗杆侧面固定镗刀头时，可采用图示的结构。用一个具有锥孔的螺母及锥形夹套紧固镗刀头，并可用一个具有两种螺纹的螺钉在轴线方向上调节刀头的伸出量 在镗刀上装有埋头键，以使镗刀在刀杆孔内不能相对转动。镗刀的尾部切有粗牙内螺纹，当扭动与此内螺纹相配合的螺钉时，镗刀便做轴线方向的微量位移，其移动量是螺钉头部的细牙螺纹螺距和螺钉尾部的粗牙螺纹螺距之差，从而可调节刀尖的伸出量 只要拧紧锥孔螺母，则与锥孔相配的锥形夹套就可将刀头紧紧固定住

9.2.2 传导螺旋机构应用图例

传导螺旋以传递运动为主，有时也承受较大的轴向力，传导螺旋常需在较长的时间内连续工作，工作速度较高，因此要求具有较高的传动精度。

传导螺旋机构名称、应用图例及说明见表 9-3。

表 9-3 传导螺旋机构名称、应用图例及说明

机构名称	应用图例	说明
机床刀具进给装置	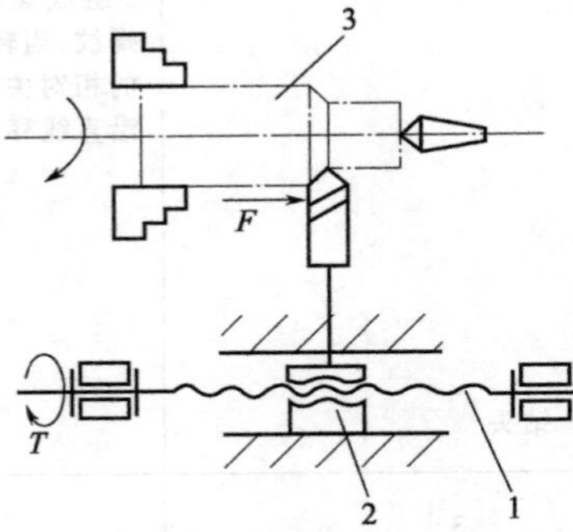 1—螺杆；2—螺母；3—工件	图为机床刀具进给装置。当螺杆 1 原地回转时，螺母 2 做直线运动，带动刀架向左移动，达到车削的目的
转向控制的螺旋连杆机构	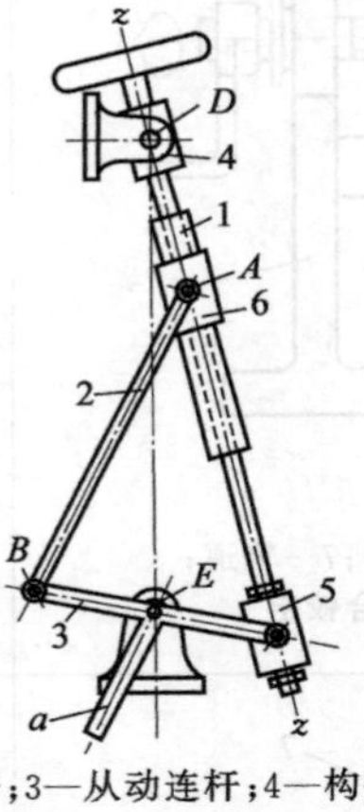 1—主动螺杆；2—连杆；3—从动连杆；4—构件；5—摇块；6—螺母	图为转向控制的螺旋连杆机构。当主动螺杆 1 转动时，螺母 6 沿轴 z—z 直移运动，并经过连杆 2 给从动连杆 3 传递运动。构件 4 绕定轴线 D 转动；螺杆 1 和构件 4 组成圆柱副，并和摇块 5 组成转动副，还和螺母 6 组成螺旋副。连杆 2 和螺母 6 与连杆 3 组成转动副 A 和 B；连杆 3 绕定轴 E 转动，并与摇块 5 组成转动副 C。舵 a 和连杆 3 固结，主动螺杆 1 能在构件 4 中转动并滑动
拆卸装置	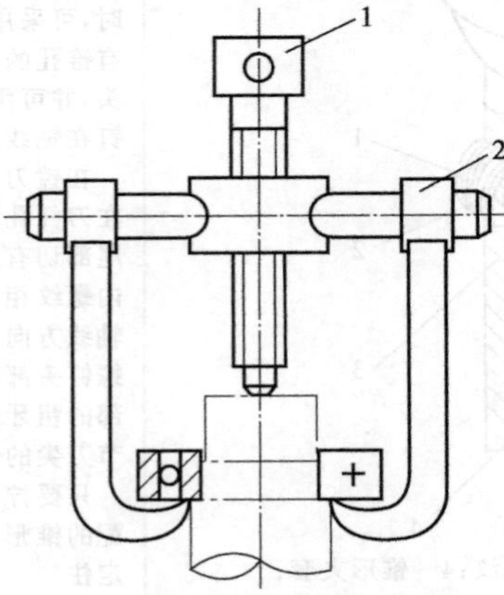 1—螺杆；2—构件	图为拆卸装置。螺杆 1 与构件 2 组成螺旋副。螺杆 1 的回转可使构件 2 上下移动，从而带动构件 2 上的两个拆卸爪随之上下移动，实现零件的拆卸

续表

机构名称	应用图例	说明
螺旋摩擦式超越机构	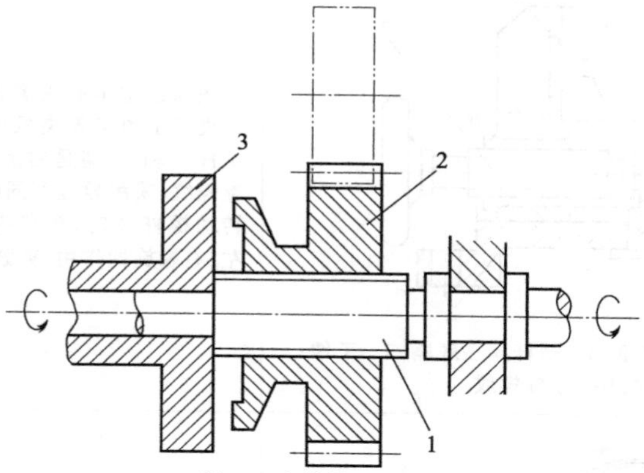 1—轴；2—摩擦轮；3—摩擦盘	图为螺旋摩擦式超越机构。摩擦轮 2 装在有右旋螺纹的轴 1 上。启动电动机与轴 1 相连，发动机曲柄轴与摩擦盘 3 相连。启动时，电动机按图示逆时针方向转动，摩擦轮 2 左移，其端面与摩擦盘 3 压紧并靠摩擦力带动曲柄轴。当发动机启动转速高于轴 1 的转速时，摩擦轮 2 与摩擦盘 3 脱开，即发动机曲轴做超越运转。若将摩擦盘 3 固定，则轴 1 做逆时针方向或摩擦轮 2 做顺时针方向转动时，均因摩擦轮 2 和摩擦盘 3 端面压紧而被止动
驱动回转盘且带对心曲柄滑块机构的螺旋机构	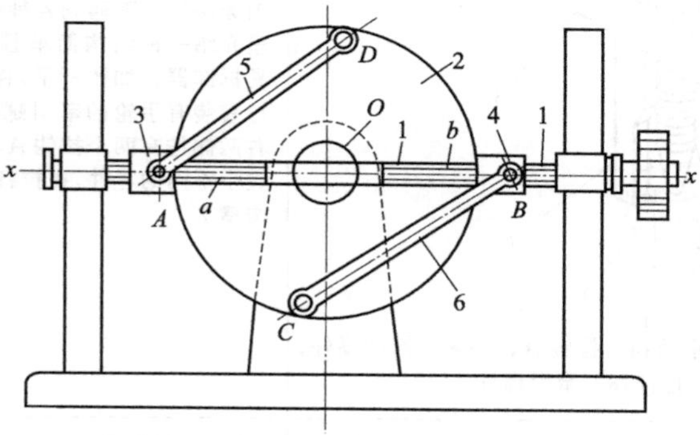 1—主动螺杆；2—从动圆盘；3，4—螺母；5，6—连杆；a—右旋螺纹；b—左旋螺纹	图示为驱动回转盘且带对心曲柄滑块机构的螺旋机构。设该机构尺寸满足下列条件：$AD=CB$，$OD=OC$，螺旋 a 和螺旋 b 的螺距相等，当主动螺杆 1 绕 x—x 轴转动时，通过连杆 5、连杆 6 可带动从动圆盘 2 绕轴 O 摆动。螺杆 1 上的右旋螺纹 a 和左旋螺纹 b 分别与螺母 3 和 4 相配，连杆 5 分别与螺母 3 和圆盘 2 铰接于 A 点和 D 点，而连杆 6 分别与螺母 4 和圆盘 2 铰接于 B 点和 C 点
夹圆柱零件的夹具	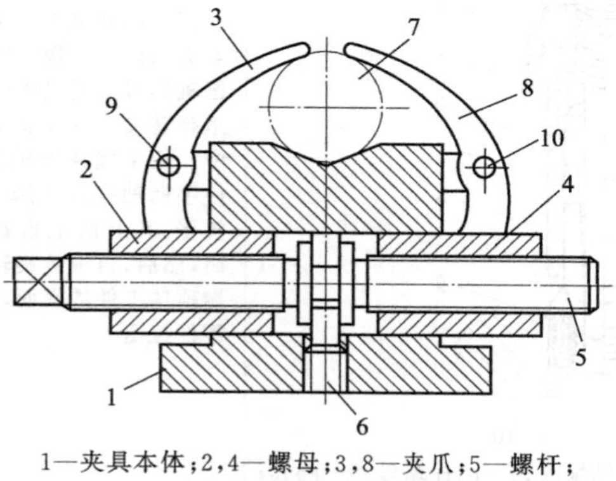 1—夹具本体；2，4—螺母；3，8—夹爪；5—螺杆；6—螺钉；7—工件；9，10—轴	图示为夹圆柱零件的夹具。螺杆 5 左右两端分别为左螺旋和右螺旋螺杆，并分别与螺母 2 和螺母 4 旋合。螺母 2、螺母 4 分别与夹爪 3 和 8 连接在一起并通过轴 9 和 10 与本体 1 连接。当螺杆 5 转动时，由于其在左右两端螺纹方向相反，且被螺钉 6 限制，只能旋转而不能移动，并带动螺母 2 和螺母 4 左右移动。螺母的移动又使夹爪绕支点转动，从而可以将工件 7 夹紧或松开

续表

机构名称	应用图例	说明
台钳定心夹紧机构	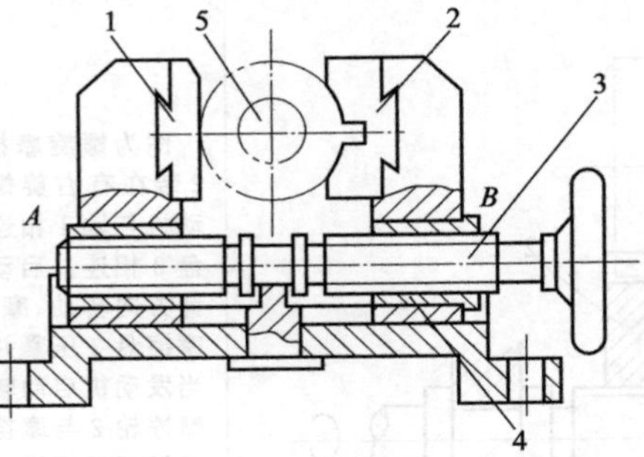 1—平面钳口夹爪；2—V 形夹爪；3—螺杆；4—底座；5—工件； *A*—右旋螺纹；*B*—左旋螺纹	图为台钳定心夹紧机构。由平面钳口夹爪 1 和 V 形夹爪 2 组成定心机构。螺杆 3 和 *A* 端是右旋螺纹；*B* 端为左旋螺纹，采用导程不同的复式螺旋。当转动螺杆 3 时，钳口夹爪 1 与 2 通过左、右螺旋的作用，夹紧工件 5
简易拆卸器	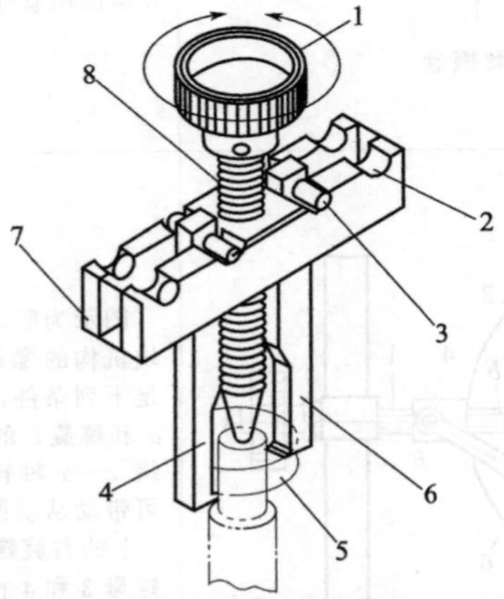 1—手轮；2—沟槽；3—拉钩支承销；4—拉钩 *A*；5—被拆卸的零件； 6—拉钩 *B*；7—拉杆；8—牵引螺杆	当需要拆卸压配在一起的零件时，常因无法卸下而遇到各种各样的困难，这里介绍一种结构简单且易于自制的简易拆卸器。如图所示，在拉杆 7 的中间拧着装有手轮的牵引螺杆 8，拉杆 7 左右两侧挂有两个拉钩 *A* 和 *B*，为了适应大小不同的零件，在拉杆上开有若干个沟槽 2
内张式拆卸器	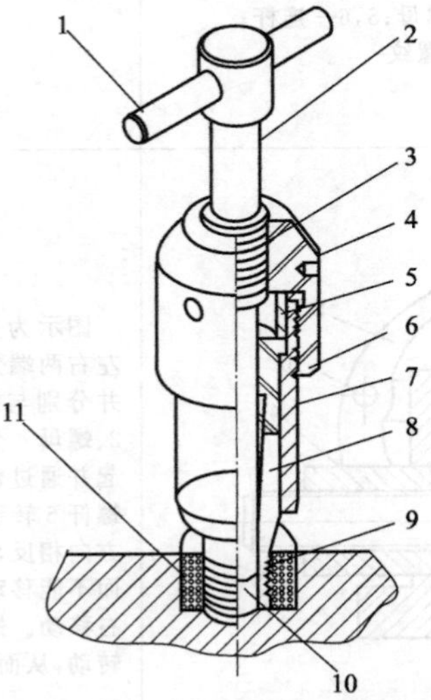 1—T 形手柄；2—手柄轴；3—手柄轴螺纹；4—圆柱螺母；5—隔套； 6—轴肩；7—弹簧夹头外套；8—三爪弹簧夹头；9—弹簧夹头 齿端；10—手柄轴锥端；11—被拆卸的零件	图为内张式拆卸器。圆轴螺母和弹簧夹头外套用螺纹紧紧连在一起，借助圆轴螺母并通过隔套和夹头轴肩，将三爪弹簧夹头夹紧固定在弹簧夹头外套中。用手握住圆轴螺母，并旋转手柄，使手柄轴拧入，则弹簧夹头便从内部被扩张，其上的爪齿被咬住欲拆卸的套筒，然后，再继续旋转手柄，则手柄轴下端顶住工件的底面，弹簧夹头就可以将零件拉出

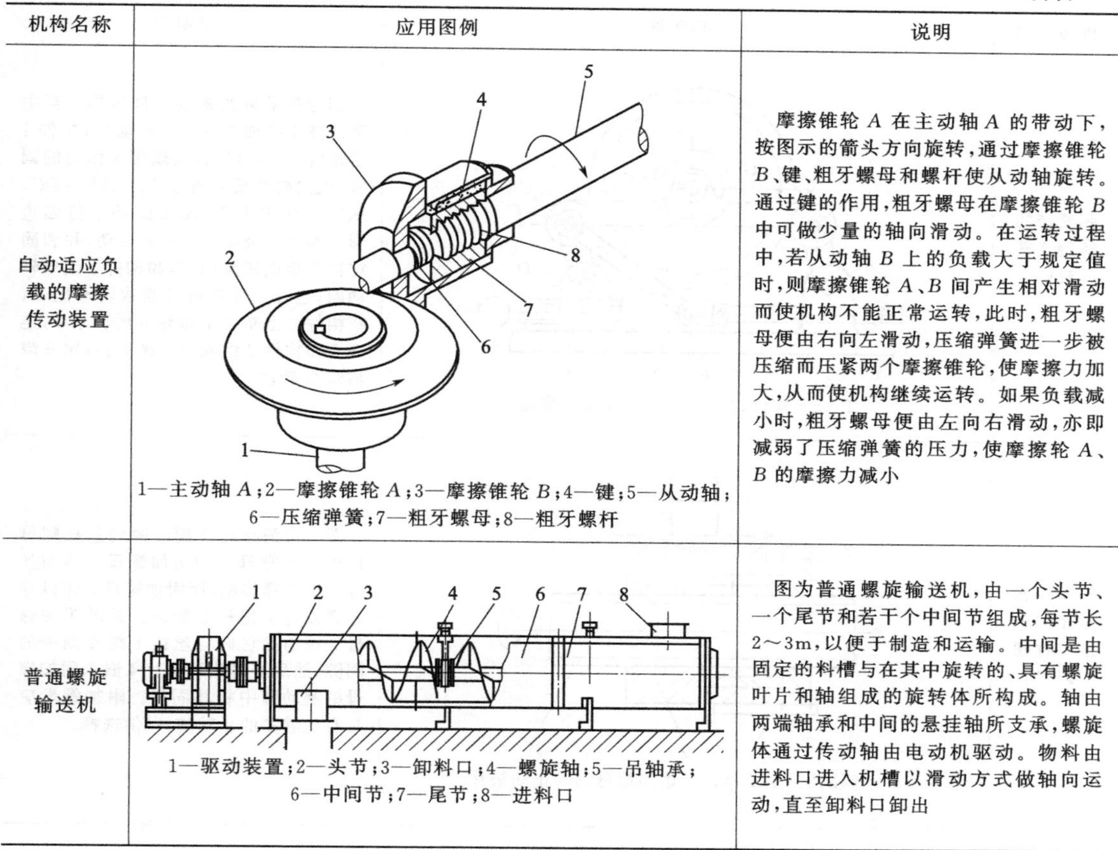

续表

机构名称	应用图例	说明
自动适应负载的摩擦传动装置	1—主动轴 A；2—摩擦锥轮 A；3—摩擦锥轮 B；4—键；5—从动轴；6—压缩弹簧；7—粗牙螺母；8—粗牙螺杆	摩擦锥轮 A 在主动轴 A 的带动下，按图示的箭头方向旋转，通过摩擦锥轮 B、键、粗牙螺母和螺杆使从动轴旋转。通过键的作用，粗牙螺母在摩擦锥轮 B 中可做少量的轴向滑动。在运转过程中，若从动轴 B 上的负载大于规定值时，则摩擦锥轮 A、B 间产生相对滑动而使机构不能正常运转，此时，粗牙螺母便由右向左滑动，压缩弹簧进一步被压缩而压紧两个摩擦锥轮，使摩擦力加大，从而使机构继续运转。如果负载减小时，粗牙螺母便由左向右滑动，亦即减弱了压缩弹簧的压力，使摩擦轮 A、B 的摩擦力减小
普通螺旋输送机	1—驱动装置；2—头节；3—卸料口；4—螺旋轴；5—吊轴承；6—中间节；7—尾节；8—进料口	图为普通螺旋输送机，由一个头节、一个尾节和若干个中间节组成，每节长 2～3m，以便于制造和运输。中间是由固定的料槽与在其中旋转的、具有螺旋叶片和轴组成的旋转体所构成。轴由两端轴承和中间的悬挂轴所支承，螺旋体通过传动轴由电动机驱动。物料由进料口进入机槽以滑动方式做轴向运动，直至卸料口卸出

9.2.3 调整螺旋机构应用图例

调整螺旋机构用以调整、固定零件的相对位置，如机床、仪器及测试装置中的微调机构螺旋。调整螺旋不经常转动，一般在空载下调整。

调整螺旋机构名称、应用图例及说明见表 9-4。

表 9-4　调整螺旋机构名称、应用图例及说明

机构名称	应用图例	说明
调整螺旋机构	1—螺杆；2—曲柄；3—螺母	图为一种螺旋调整机构。螺杆 1 与曲柄 2 组成转动副 B，与螺母 3 组成螺旋副 D。曲柄 2 的长度 AK 可通过转动螺杆 1 改变螺母 3 的位置来调整

续表

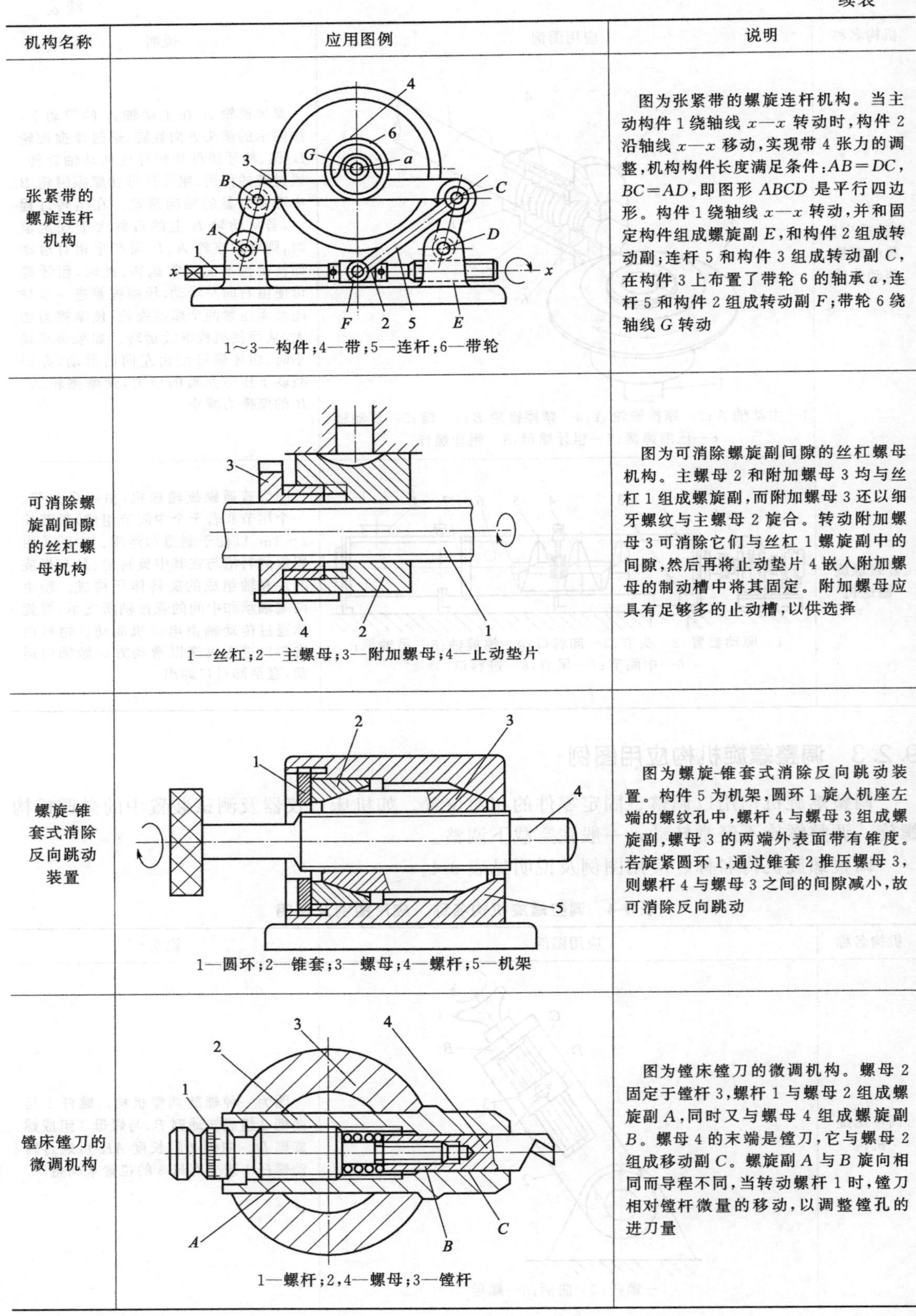

机构名称	应用图例	说明
张紧带的螺旋连杆机构	1～3—构件；4—带；5—连杆；6—带轮	图为张紧带的螺旋连杆机构。当主动构件1绕轴线 $x—x$ 转动时，构件2沿轴线 $x—x$ 移动，实现带4张力的调整，机构构件长度满足条件：$AB=DC$，$BC=AD$，即图形 $ABCD$ 是平行四边形。构件1绕轴线 $x—x$ 转动，并和固定构件组成螺旋副 E，和构件2组成转动副；连杆5和构件3组成转动副 C，在构件3上布置了带轮6的轴承 a，连杆5和构件2组成转动副 F；带轮6绕轴线 G 转动
可消除螺旋副间隙的丝杠螺母机构	1—丝杠；2—主螺母；3—附加螺母；4—止动垫片	图为可消除螺旋副间隙的丝杠螺母机构。主螺母2和附加螺母3均与丝杠1组成螺旋副，而附加螺母3还以细牙螺纹与主螺母2旋合。转动附加螺母3可消除它们与丝杠1螺旋副中的间隙，然后再将止动垫片4嵌入附加螺母的制动槽中将其固定。附加螺母应具有足够多的止动槽，以供选择
螺旋-锥套式消除反向跳动装置	1—圆环；2—锥套；3—螺母；4—螺杆；5—机架	图为螺旋-锥套式消除反向跳动装置。构件5为机架，圆环1旋入机座左端的螺纹孔中，螺杆4与螺母3组成螺旋副，螺母3的两端外表面带有锥度。若旋紧圆环1，通过锥套2推压螺母3，则螺杆4与螺母3之间的间隙减小，故可消除反向跳动
镗床镗刀的微调机构	1—螺杆；2，4—螺母；3—镗杆	图为镗床镗刀的微调机构。螺母2固定于镗杆3，螺杆1与螺母2组成螺旋副 A，同时又与螺母4组成螺旋副 B。螺母4的末端是镗刀，它与螺母2组成移动副 C。螺旋副 A 与 B 旋向相同而导程不同，当转动螺杆1时，镗刀相对镗杆微量的移动，以调整镗孔的进刀量

续表

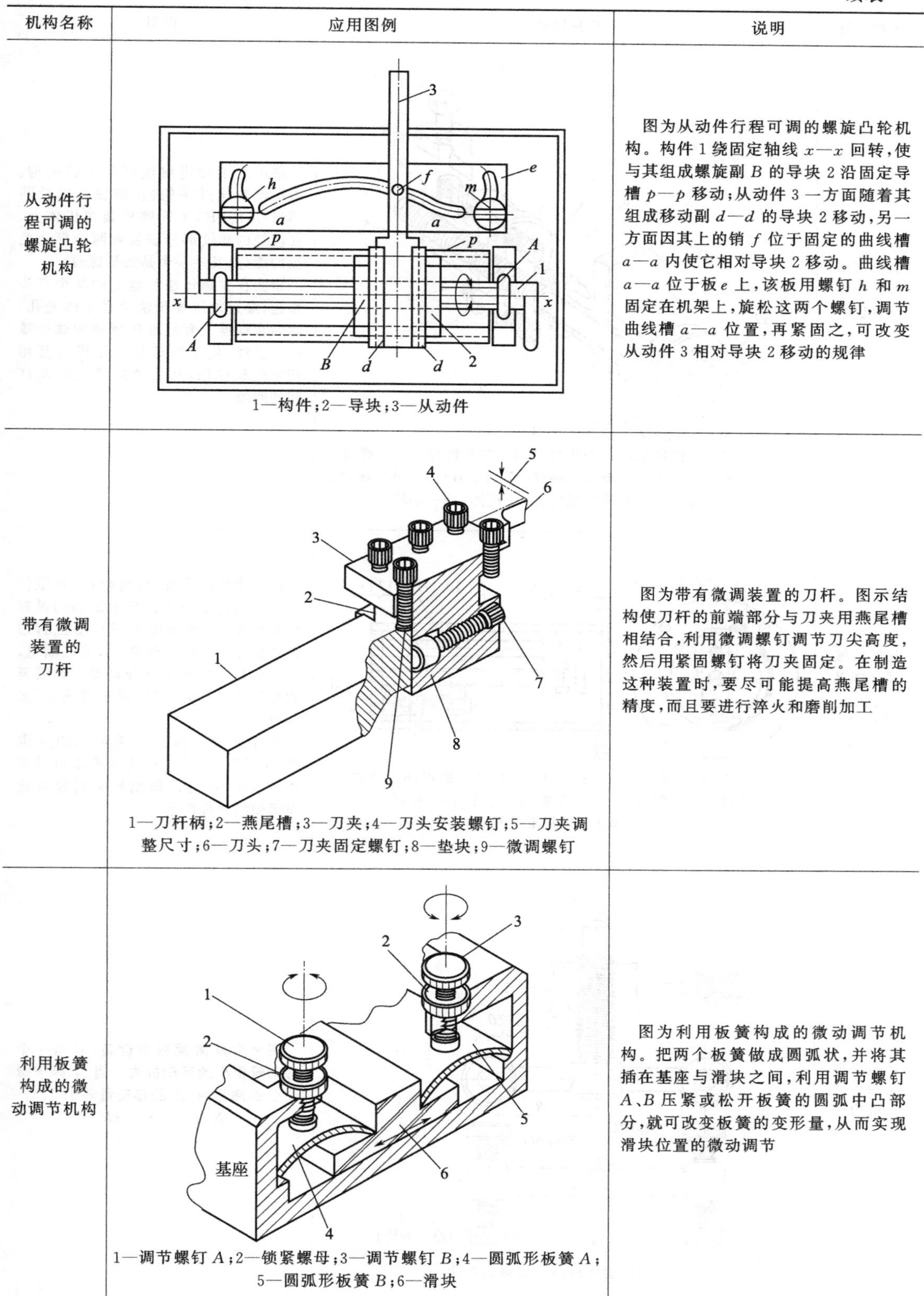

机构名称	应用图例	说明
从动件行程可调的螺旋凸轮机构	1—构件；2—导块；3—从动件	图为从动件行程可调的螺旋凸轮机构。构件 1 绕固定轴线 $x—x$ 回转，使与其组成螺旋副 B 的导块 2 沿固定导槽 $p—p$ 移动；从动件 3 一方面随着其组成移动副 $d—d$ 的导块 2 移动，另一方面因其上的销 f 位于固定的曲线槽 $a—a$ 内使它相对导块 2 移动。曲线槽 $a—a$ 位于板 e 上，该板用螺钉 h 和 m 固定在机架上，旋松这两个螺钉，调节曲线槽 $a—a$ 位置，再紧固之，可改变从动件 3 相对导块 2 移动的规律
带有微调装置的刀杆	1—刀杆柄；2—燕尾槽；3—刀夹；4—刀头安装螺钉；5—刀夹调整尺寸；6—刀头；7—刀夹固定螺钉；8—垫块；9—微调螺钉	图为带有微调装置的刀杆。图示结构使刀杆的前端部分与刀夹用燕尾槽相结合，利用微调螺钉调节刀尖高度，然后用紧固螺钉将刀夹固定。在制造这种装置时，要尽可能提高燕尾槽的精度，而且要进行淬火和磨削加工
利用板簧构成的微动调节机构	1—调节螺钉 A；2—锁紧螺母；3—调节螺钉 B；4—圆弧形板簧 A；5—圆弧形板簧 B；6—滑块	图为利用板簧构成的微动调节机构。把两个板簧做成圆弧状，并将其插在基座与滑块之间，利用调节螺钉 A、B 压紧或松开板簧的圆弧中凸部分，就可改变板簧的变形量，从而实现滑块位置的微动调节

续表

机构名称	应用图例	说明
消除进给丝杠间隙的机构	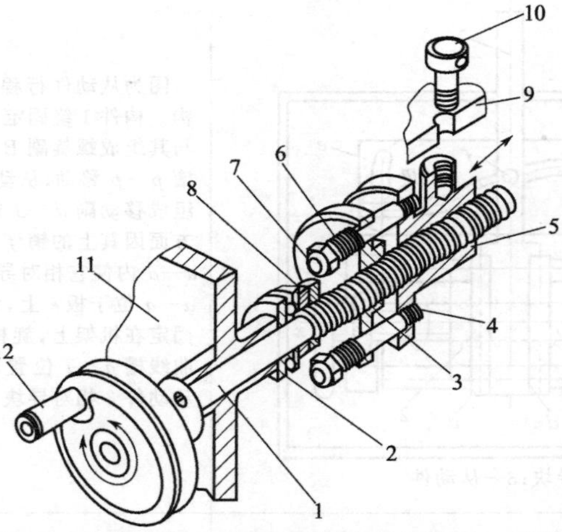 1—丝杠；2—止推轴承；3—加压螺母；4—双头螺栓；5—主螺母；6—加压弹簧；7—调压螺母；8—圆螺母(*A*)、(*B*)；9—进给部件；10—拧紧进给部件的螺钉；11—机体；12—手轮	图示为消除进给丝杠间隙的机构。进给丝杠通过手轮、止推轴承以及圆螺母(*A*)、(*B*)无间隙地装在机体上，在丝杠的螺纹部分安装有两个带法兰盘的螺母，其中一个是加压螺母。 紧固在主螺母法兰盘上的两个双头螺栓，穿过加压螺母法兰盘上的光孔，然后在螺栓上套装加压弹簧和调压螺母。这样，使主螺母与加压螺母互相产生压靠作用，从而消除了它与丝杠间的间隙
起重机械螺杆螺母(旋转丝杆)式限位开关	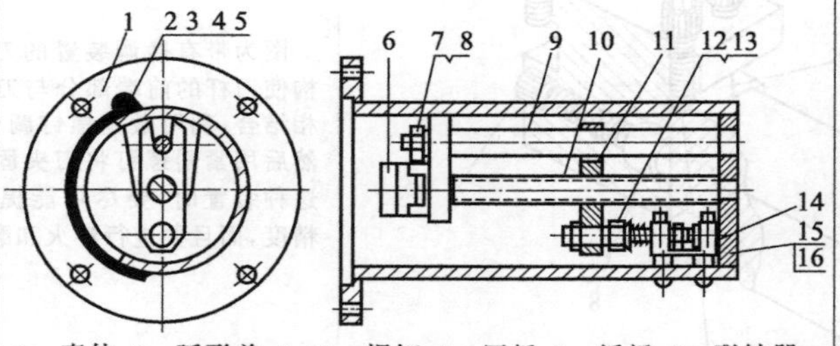 1—壳体；2—弧形盖；3,15—螺钉；4—压板；5—纸板；6—联轴器；7,11,13—螺母；8,16—垫圈；9—导柱；10—螺杆；12—螺栓；14—限位开关	图示为螺杆螺母(旋转丝杠)式限位开关。当卷筒旋至相当于吊钩的最高极限位置时，滑块也刚好移动至右边极端位置压迫限位开关14，使之断电，因而起升机构停止上升运动。如需要调整起升限位时，可以通过螺栓12来调节。 螺杆螺母式限位开关可以单向限位，也可以双向限位，这样不仅可以防止过卷扬，还可以限制钩头落地再放绳而使钢丝绳绞乱
移动量很小的运动机构	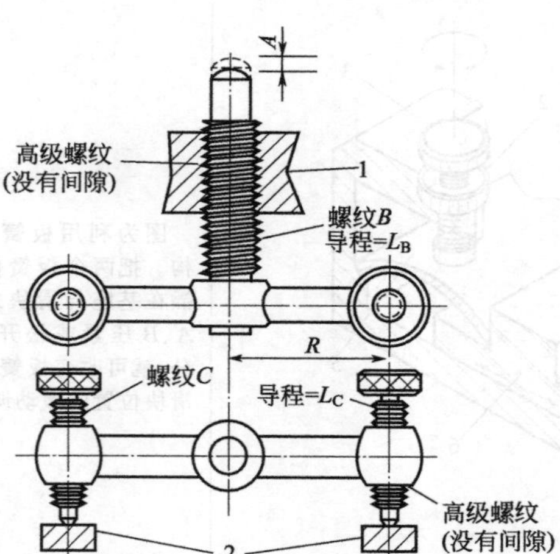 1—固定的螺母；2—可移动挡块	图示为显微镜测量设备，它是一个移动量很小的运动机构。当 N 等于螺纹 C 的圈数时，A 的移动量等于 $N(L_B L_C)/(2\pi R)$

续表

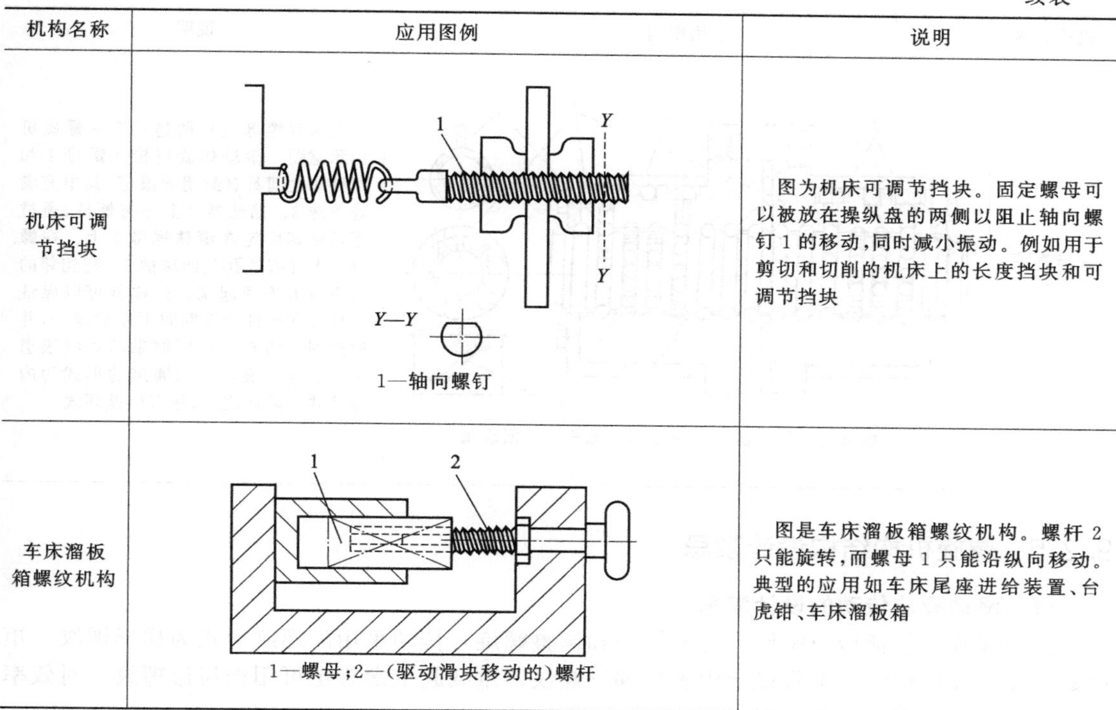

机构名称	应用图例	说明
机床可调节挡块	1—轴向螺钉	图为机床可调节挡块。固定螺母可以被放在操纵盘的两侧以阻止轴向螺钉 1 的移动，同时减小振动。例如用于剪切和切削的机床上的长度挡块和可调节挡块
车床溜板箱螺纹机构	1—螺母；2—(驱动滑块移动的)螺杆	图是车床溜板箱螺纹机构。螺杆 2 只能旋转，而螺母 1 只能沿纵向移动。典型的应用如车床尾座进给装置、台虎钳、车床溜板箱

9.2.4　滚动螺旋机构应用图例

若在普通螺杆与螺母之间加入钢球，同时将内、外螺纹改成内、外螺旋滚道，就成为滚动螺旋机构。由于丝杠螺母副间加入了滚动体，当传动工作时，滚动体沿螺纹滚道滚动并形成循环，两者相对运动的摩擦就变成了滚动摩擦，克服了滑动摩擦造成的缺点。按滚珠循环方式不同有内循环和外循环两种方式。

滚动螺旋传动的特点：传动效率高，精度高，启动阻力矩小，传动灵活平稳，磨损小，工作寿命长，但是不能自锁。由于滚动螺旋传动特有的优势，在机构设备中的应用越来越广泛。现代数控机床的进给传动机构基本上都采用滚动螺旋传动。

滚动螺旋机构名称、应用图例及说明见表 9-5。

表 9-5　滚动螺旋机构名称、应用图例及说明

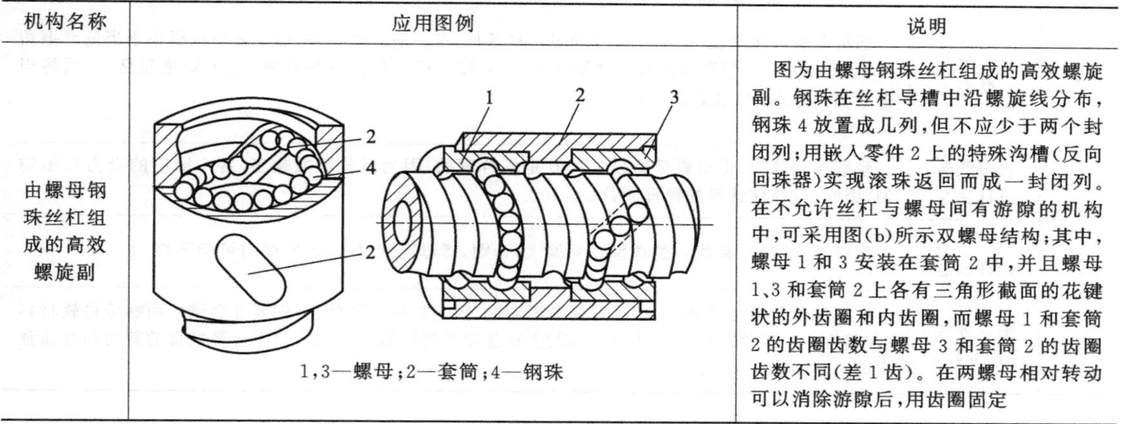

机构名称	应用图例	说明
由螺母钢珠丝杠组成的高效螺旋副	1,3—螺母；2—套筒；4—钢珠	图为由螺母钢珠丝杠组成的高效螺旋副。钢珠在丝杠导槽中沿螺旋线分布，钢珠 4 放置成几列，但不应少于两个封闭列；用嵌入零件 2 上的特殊沟槽(反向回珠器)实现滚珠返回而成一封闭列。在不允许丝杠与螺母间有游隙的机构中，可采用图(b)所示双螺母结构；其中，螺母 1 和 3 安装在套筒 2 中，并且螺母 1、3 和套筒 2 上各有三角形截面的花键状的外齿圈和内齿圈，而螺母 1 和套筒 2 的齿圈齿数与螺母 3 和套筒 2 的齿圈齿数不同(差 1 齿)。在两螺母相对转动可以消除游隙后，用齿圈固定

续表

机构名称	应用图例	说明
滚珠螺旋机构	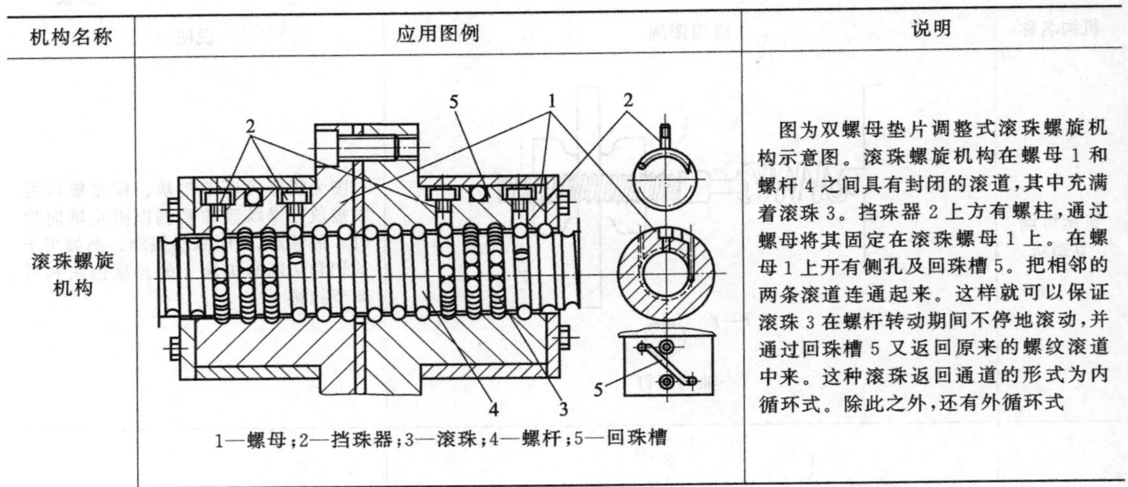1—螺母；2—挡珠器；3—滚珠；4—螺杆；5—回珠槽	图为双螺母垫片调整式滚珠螺旋机构示意图。滚珠螺旋机构在螺母1和螺杆4之间具有封闭的滚道，其中充满着滚珠3。挡珠器2上方有螺柱，通过螺母将其固定在滚珠螺母1上。在螺母1上开有侧孔及回珠槽5。把相邻的两条滚道连通起来。这样就可以保证滚珠3在螺杆转动期间不停地滚动，并通过回珠槽5又返回原来的螺纹滚道中来。这种滚珠返回通道的形式为内循环式。除此之外，还有外循环式

9.2.5 螺旋机构结构设计禁忌

(1) 滑动螺旋传动的设计禁忌

滑动螺旋（包括传力螺旋、传导螺旋和调整螺旋）传动采用的螺纹形式为梯形螺纹、矩形螺纹和锯齿形螺纹，工程设计中多用梯形螺纹，重载起重螺旋也可用锯齿形螺纹，对效率要求较高的传动螺旋也可用矩形螺纹。

滑动螺旋传动机构的主要失效形式为螺纹牙的磨损，因此主要几何尺寸即螺杆中径和螺母高度，均由耐磨性确定，再针对其他失效形式进行校核计算，例如螺杆和螺母的螺纹牙承受挤压、弯曲和剪切，自锁验算，稳定性验算等。要求传递运动精确时，还应验算螺杆轴的刚度。

滑动螺旋传动机构结构设计禁忌见表 9-6。

表 9-6 滑动螺旋传动机构结构设计禁忌

序号	设计禁忌	说明
1	选材禁忌	螺杆与螺母不能选择相同的材料。应该考虑材料配对时，既要有一定的强度，又要保证材料摩擦因数小。如果螺杆与螺母都选用碳钢或合金钢，这样硬碰硬的选材设计会导致材料加剧磨损。因此，通常螺杆采用硬材料，即碳钢及其合金钢；螺母采用软材料，即铜基合金，例如铸造锡青铜，低速不重要的传动也可用耐磨铸铁
2	自锁计算禁忌	当滑动螺旋传动设计时，一定要满足自锁条件，按一般自锁条件，螺旋升角只要小于当量摩擦角即可，即 $\varphi\leqslant\rho_v$。但滑动螺旋传动设计时，不能按一般自锁条件来计算，为了安全起见，必须将当量摩擦角减小1°，即满足 $\varphi\leqslant\rho_v-1°$
3	螺母圈数设计禁忌	耐磨性计算时，得出螺母圈数 $z\geqslant10$ 是不合理的，因为螺母圈数越多，各个圈中的受力越不均匀，因此，应该使计算的螺母圈数 $z\leqslant10$。
4	系数 ψ 的选择禁忌	耐磨性计算时，系数 ψ 的选择禁忌偏大，否则，螺母高度过大，各圈受力可能不均
5	螺纹牙强度计算禁忌	在做螺纹牙强度计算时，计算螺杆是不对的，因为螺杆是硬材料（钢或合金钢），而螺母是软材料（铜基合金），螺纹牙的剪断和弯断多发生在强度低的螺母上，因此，只需计算螺母的剪切和弯曲强度即可

续表

<table>
<tr><th>序号</th><th>设计禁忌</th><th colspan="2">说明</th></tr>
<tr><td>6</td><td>螺杆稳定性计算禁忌</td><td colspan="2">在做螺杆稳定性计算时，禁忌长度折算系数 μ 判断及选择不合理。在做螺杆稳定性计算时，首先需要计算螺杆的柔度 λ，即 $\lambda=\mu l/i$，式中，l 为螺杆的受压长度；i 为螺杆危险截面的刚性半径，$i=d_1/4$；d_1 为螺杆的根径。而长度折算系数 μ 的选择与螺杆端部的支承情况有关，不同的支承情况可以从手册中查到长度折算系数 μ 值；关键是如何判断螺杆端部的支承情况，螺杆的长度折算系数 μ 可按下表选取。

长度折算系数 μ
<table>
<tr><th>端部支撑情况</th><th>长度折算系数</th><th>说明</th></tr>
<tr><td>两端固定</td><td>0.5</td><td rowspan="6">判断螺杆端部支承情况的方法：
当滑动支承时，设 l_0 为轴承长度，d_0 为轴承直径，则：
$l_0/d_0<1.5$，铰支；
$l_0/d_0=1.5\sim3.0$，不完全固定；
$l_0/d_0>3.0$，固定支撑。
整体螺母作支承时，同上，此时 $l_0=H$（螺母高度）。
剖面螺母作支承时，为不完全固定支承。
作滚动支承时，有径向约束——铰支，有径向和轴向约束支承——固定支承</td></tr>
<tr><td>一端固定，一端不完全固定</td><td>0.6</td></tr>
<tr><td>一端铰支，一端不完全固定</td><td>0.7</td></tr>
<tr><td>两端不完全固定</td><td>0.75</td></tr>
<tr><td>两端铰支</td><td>1.0</td></tr>
<tr><td>一端固定，一端自由</td><td>2.0</td></tr>
</table></td></tr>
<tr><td rowspan="3">7</td><td rowspan="3">螺旋千斤顶设计禁忌</td><td>①千斤顶托杯与挡圈的设计
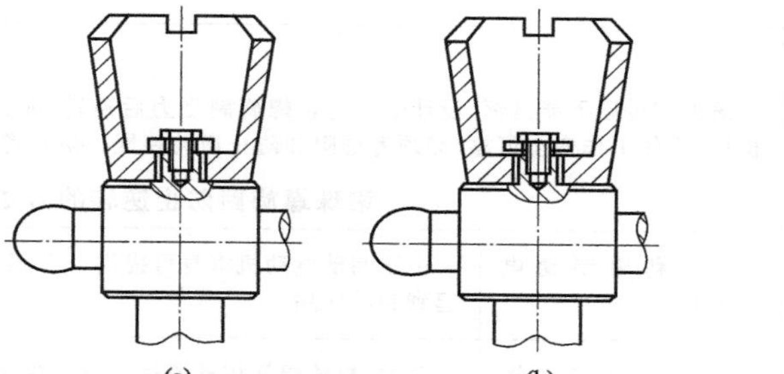
(a)　(b)</td><td>如图(a)所示，当转动螺杆时，因螺杆的挡圈压住了托杯而使托杯也跟着旋动，不能正常工作。改进后的结构如图(b)所示，使螺杆的顶部比托杯高一些，让挡圈压住螺杆而不与托杯接触，托杯就不会转动了</td></tr>
<tr><td>②千斤顶手球的设计
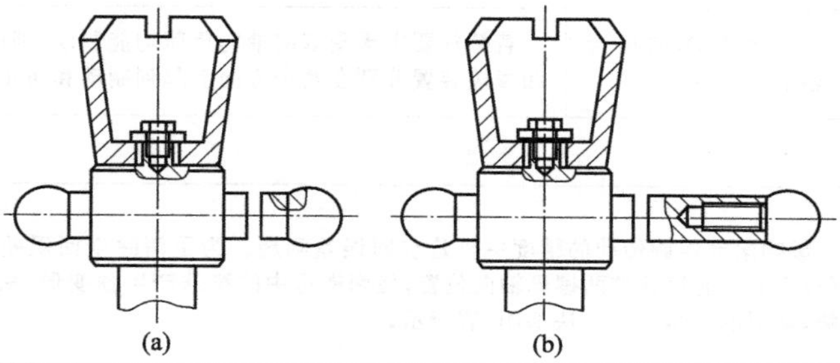
(a)　(b)</td><td>如图(a)所示，手柄两边的手球与手柄为一体，直径比手柄杆大，因此手球装不进螺杆的手柄孔。改正后的设计如图(b)所示，一个手柄球加工成带螺栓的可拆结构，就可以顺利地装拆了</td></tr>
<tr><td>③螺旋千斤顶的底座设计
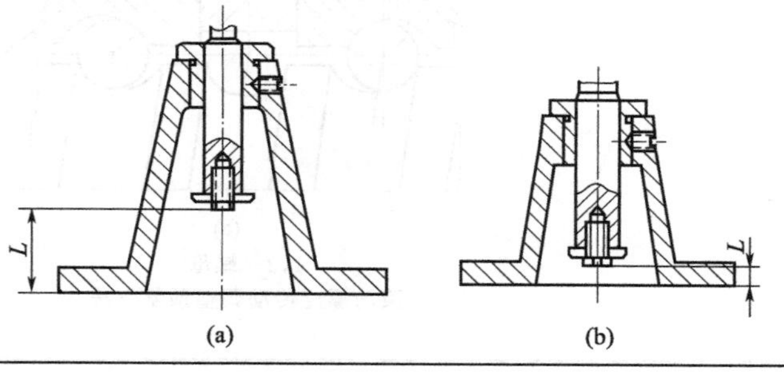

(a)　(b)</td><td>如图(a)所示，螺旋千斤顶的螺杆距底座的底面 L 太高，因此使底座加大、结构庞大、重量增加。改正后的设计如图(b)所示，螺杆距底座的底面 L 减小，结构比较合理</td></tr>
</table>

(2) 滚动螺旋传动的设计禁忌

滚动螺旋传动在国内数控机床和高精度、自动化的电子工业专用设备工作台的精密进给系统中，以及汽车、航空、轻工、食品、制药等各种生产线中，都被广泛应用。滚珠螺旋副由专业厂家生产，现已形成标准系列。可根据滚珠螺旋副的使用条件、负载、速度、行程、精度、寿命进行选型。在《滚珠丝杠副第 3 部分验收条件和验收检验》（GB/T 17587.3—2017）标准中，将滚珠螺旋副分为八个精度等级，即 0、1、2、3、4、5、7、10 级。0 级精度最高，依次逐渐降低。根据滚珠螺旋副的使用范围和要求分为两个类型：P 类定位滚珠螺旋副和 T 类传动滚珠螺旋副。标准中规定了各类滚珠螺旋副的标准公差等级、行程偏差和变动量、跳动和位置公差，并提出了各种性能检验项目的允差、测量量具、检验方法等。设计应参照标准。

滚动螺旋传动机构结构设计禁忌见表 9-7。

表 9-7　滚动螺旋传动机构结构设计禁忌

序号	设计禁忌	说明
1	螺旋副不能选择不同的材料	与滑动螺旋副不同的是，滚珠螺旋副的螺杆、螺母应采用相同的材料制造。考虑精度、长度及直径等因素，一般可选用 GCr15、9Mn2V 和 CrWMn 进行整体淬火后回火，螺杆选用 20CrMoA，进行渗碳淬火，或选用 40CrMoA 进行中频或高频表面淬火，并进行稳定性处理，达到 58～62HRC，螺母取上限
2	避免不加防逆转装置锁	滚珠螺旋副不能自锁，设计中为防止螺旋副受力后逆转，尤其对采用滚珠螺旋副的升降移动机构，为使工作安全可靠，必须考虑附加防止逆转装置。防止逆转的方法见下表。 **滚珠螺旋副防止逆转的方法** ①利用制动电动机：由于制动电动机本身可提供一个很大的反力矩来阻止螺杆逆转而起到制动作用 ②利用其有自锁作用的传动机构：例如，蜗轮蜗杆传动通过摩擦损失来防止逆转，但此方法大大降低了传动装置的效率 ③利用单向离合器和摩擦片：若螺杆要求承受双向轴向负荷均能制动，则应采用两套单向离合器和摩擦装置分别在两个方向上起到制动和防止逆转作用
3	避免空回误差影响传动精度	影响滚动螺旋传动的精度主要是空回误差问题。为了消除空回误差，采用双螺母结构，如图(a)所示。通过调整两螺母轴向位置，使两螺母中的滚珠产生预变形，从而消除螺纹副的轴向间隙，常用的调整预紧方法如图、表所示。 （图：标注 1、2） (a) 1,2—螺母 滚动螺旋传动调整预紧方法

续表

<table>
<tr><th>序号</th><th>设计禁忌</th><th colspan="2">说明</th></tr>
<tr><td rowspan="3">3</td><td rowspan="3">避免空回误差影响传动精度</td><td> 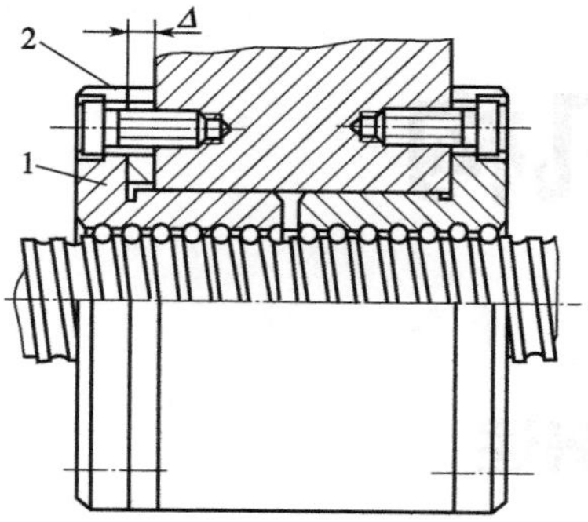(b)
1—螺母；2—垫片</td><td>垫片调隙式如图(b)所示，调整垫片 2 厚度，使螺母 1 产生轴向移动。以消除轴向间隙，此方法适用于一般精度的传动机构</td></tr>
<tr><td> 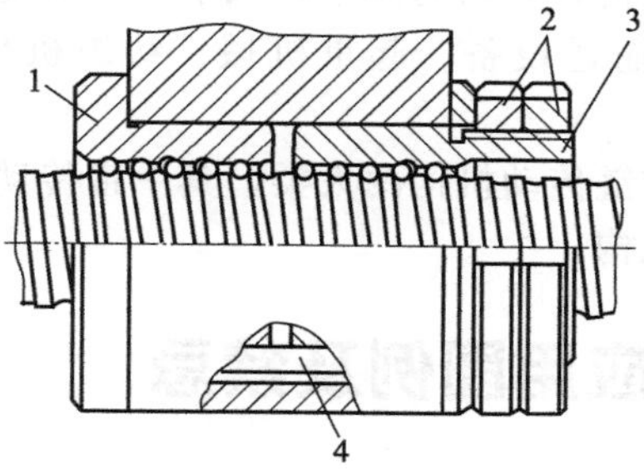(c)
1～3—螺母；4—键</td><td>如图(c)为螺纹调隙式，螺母 1 的外端有凸缘，螺母 3 加工有螺纹的外端伸出螺母座外，用两个圆螺母锁紧。旋转圆螺母可调整轴向间隙和预紧，键 4 可以防止两螺母的相对转动</td></tr>
<tr><td> 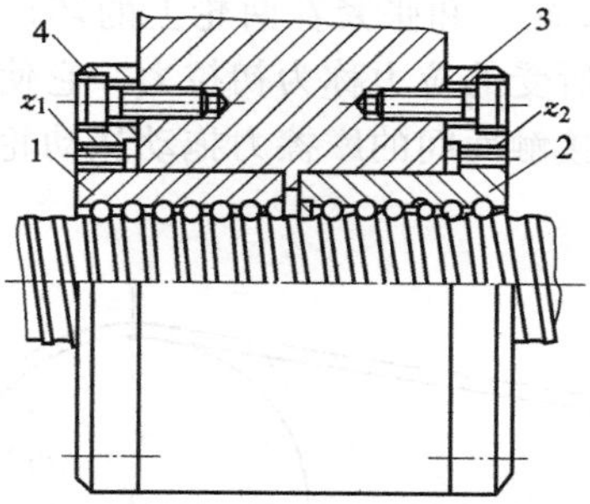(d)
1，2—螺母；3，4—齿轮</td><td>如图(d)为齿差调隙式，在螺母 1 和 2 的凸缘上切出齿数相差一个的外齿轮与相应齿数的内齿轮啮合。调整时，取下内齿轮，将两个螺母相对螺母座同方向转动一定的齿数，然后把内齿轮复位固定。此时两个螺母之间产生相应的轴向位移
$\Delta L=\left(\frac{1}{z_1}-\frac{1}{z_2}\right)P_h=\frac{z_2-z_1}{z_1z_2}P_h=\frac{1}{z_1z_2}P_h$
这种方法的特点是调整精度很高，工作可靠。但结构复杂，加工和装配性能较差</td></tr>
<tr><td>4</td><td>不要忽略限位装置</td><td colspan="2">滚珠螺旋传动机构的限位装置是非常必要的。它既可防止螺母脱出、滚动体的脱落，同时也可避免螺母卡死。限位可采用软件限位、传感器限位等软限位，以及行程开关限位、限位挡块限位等硬限位。为保险起见，一般是几种限位方式同时组合使用，起到多重保险的作用。通常是软限位在前，硬限位在后。常用设置限位的作用顺序为传感器限位、软件限位、行程开关限位，最后是限位挡块限位</td></tr>
<tr><td>5</td><td>避免螺旋副磨损</td><td colspan="2">滚珠螺旋传动机构要延长使用寿命和提高螺旋传动效率，应保持螺旋副良好的润滑状态。因此应做好防护和密封，使滚动体运转顺畅。避免因磨损而使滚珠螺旋传动丧失精度</td></tr>
<tr><td>6</td><td>避免丝杠螺母承受径向载荷和横弯力矩载荷</td><td colspan="2">如果丝杠螺母承受径向载荷和横弯力矩载荷，则会大大缩短滚珠丝杠寿命或引起不良运行</td></tr>
</table>

第10章

挠性传动机构

10.1 挠性传动机构概述

挠性传动机构是通过中间挠性件传递运动和动力的机构，适用于两轴中心距较大的场合。与齿轮机构相比，挠性传动机构具有结构简单，成本低廉等优点。因此被广泛应用于大型机床、农业机械、矿山机械、输送设备、起重机械、纺织机械、汽车、船舶及日用机械中。

挠性传动机构分带传动机构和链传动机构两大类，其中带传动以摩擦带传动为主，同步带传动是一种特殊的齿形带传动机构。

10.2 挠性传动机构应用图例及禁忌

10.2.1 摩擦带传动应用图例

带传动通常是由主动轮 1、从动轮 2 和张紧在两轮上的环形带 3 组成，如图 10-1 所示。安装时带被张紧在带轮上，这时带所受的拉力称为初拉力，它使带与带轮的接触面间产生压力。主动轮回转时，依靠带与带轮接触面间的摩擦力拖动从动轮一起回转，从而传递一定的运动和动力。

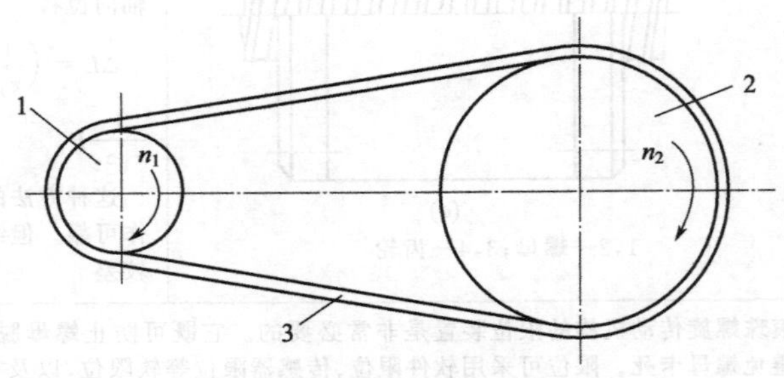

图 10-1 带传动示意图

1—主动轮；2—从动轮；3—环形带

带传动运动平稳，噪声小，结构简单，维护方便，不需要润滑，还可以对整机起到过载保护作用。然而，带传动的效率较低，带寿命较短，传动精度不高，外廓尺寸较大，在实际应用中依据工作需求选择。

摩擦型带传动，按横截面形状可分为平带、V 带和特殊截面带（如圆带、多楔带等）三大类，见表 10-1。

表 10-1　摩擦型带传动横截面形式

带的横截面形状		图例	性能
平带			平带结构简单，挠性大，带轮容易制造，用于轮距较大的场合
V 带			V 带传动较平带传动能产生更大的摩擦力，故具有较大的牵引力，能传递较大的功率，但摩擦损失及带的弯曲应力都比平带大。V 带结构紧凑，所以一般机械中都采用 V 带传动
特殊截面带	多楔带		多楔带兼有平带的挠性和 V 带摩擦力大的优点，主要用于要求结构紧凑传递功率较大的场合
	圆带		圆带结构简单，承载较小，常用于医用机械和家用机械中

摩擦带传动有多种传动形式，主要包括平行开口传动、交叉传动、半交叉传动、有导轮的角度传动、多从动轮传动、多级传动、复合传动和张紧惰轮传动，见表 10-2。摩擦带传动应用图例见表 10-3。

表 10-2　摩擦带传动形式

传动形式	机构图例	性能
平行开口传动		两带轮轴平行，转向相同，可双向传动，传动中带只单向弯曲，寿命高
交叉传动		两带轮轴平行，转向相反，可双向传动，带受附加扭矩，交叉处摩擦严重

续表

传动形式	机构图例	性能
半交叉传动		两带轮轴交错，只能单向传动，带受附加扭矩
有导轮的角度传动		两带轮轴线垂直或交错，两带轮轮宽的对称面应与导轮柱面相切，可双向传动，带受附加扭矩
多从动轮传动		带轮轴线平行，可简化传动机构。带在传动过程中绕曲次数增加，降低了带的寿命
多级传动		带轮轴线平行，用阶梯轮改变传动比，可实现多级传动
复合传动		一个主动轮，多个从动轮，各轴平行，转向相同
张紧惰轮传动		主动轮从动轮间安装了张紧惰轮，可增大小带轮的包角，自动调节带的初拉力，单向传动

表 10-3　摩擦带传动应用图例

名称	机构图例	说明
皮带减速机	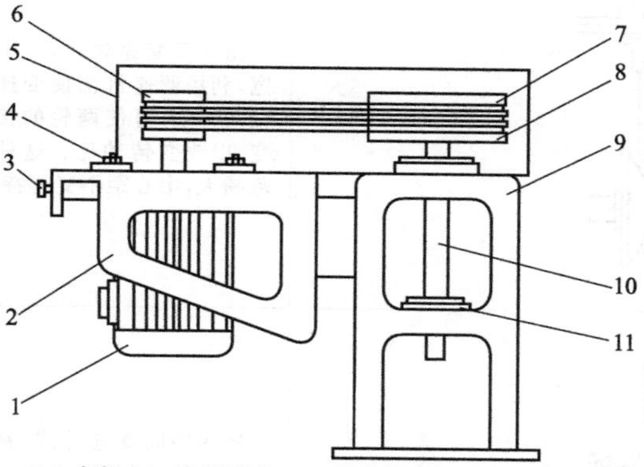 1—电机；2—电机机架；3—调节螺母；4—螺栓连接；5—保护架；6—小带轮；7—窄 V 带；8—大带轮；9—机架；10—主轴；11—轴承	电机 1 带动小带轮 6 转动，通过窄 V 带 7，将动力传递到大带轮 8，大带轮安装在主轴 10 上，主轴由轴承 11 支撑于机架 9 上，主轴 10 通过联轴器与其他轴连接，带动工作部分转动，从而达到减速目的
二级皮带减速机	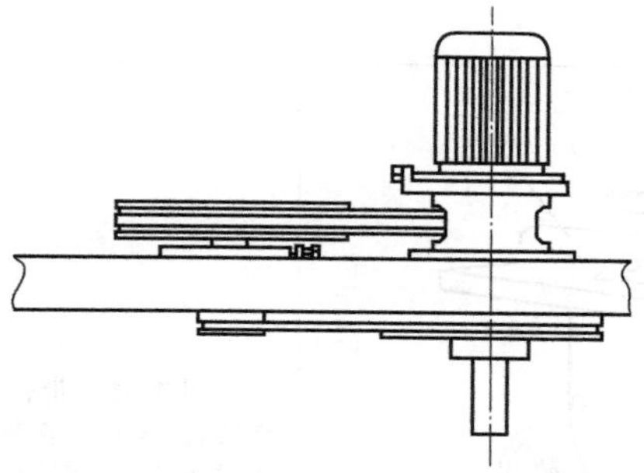 (a) 二级皮带减速机 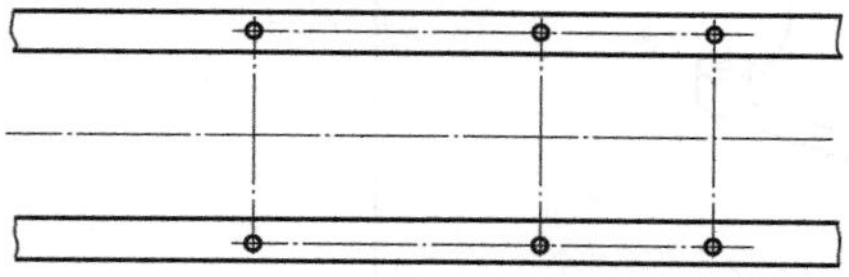 (b)“井”字架结构图	若有更高的减速要求，可以用二级带传动减速实现，使用二级皮带减速机要考虑安装问题，工程中常用“井”字架解决，如图(b)所示
三角带无级变速传动机构	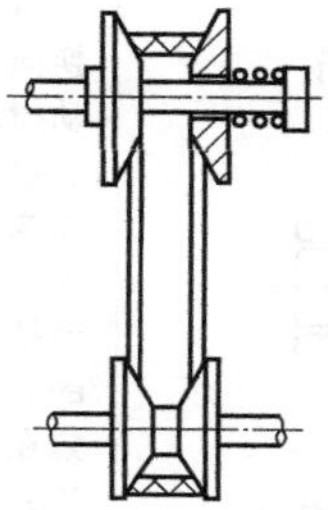	图为单变速轮式，下带轮为普通带轮，上带轮为可变槽宽带轮，通过调节两轮中心距，在弹簧和三角带张力作用下，迫使可动盘开合，从而到达变速目的，常用于中心距不大的场合

续表

名称	机构图例	说明
三角带无级变速传动机构		图为双变速轮式，上下带轮可改变槽宽，利用调速机构使变速带轮的可动盘轴向移动，可使两轮的接触半径同时改变，以改变传动比。这种机构具有变速范围大，中心距不变等特点，但结构复杂
		图为中间变速轮式，在输入和输出轴上装有普通带轮，在中间轴上的带轮为可变槽宽的双槽变速带轮。移动中间轮的可变锥盘，可使两个槽宽同时改变，一槽变宽，一槽变窄，以达调速目的
木工圆锯机	3 4 5 6 2 1 1—电机；2—带传动；3—工作台；4—圆锯片；5—锯片罩；6—导板	电机 1 通过带传动 2 减速，带动主轴旋转，圆锯片 4 安装在主轴上，木材固定于导板 6 上，随导板移动而移动，当木材接触到圆锯片，木材沿锯片径向方向被切割
带式挡块换向器	1 2 B A 3 4 5 6 C 1—带轮；2—夹头；3—构件；4—带；5—销子；6—弹簧	带式挡块换向是利用挡块和夹紧装置换向，图中 B、C 为固定挡块，A 为可移动撞块。机构在图示位置时，弹簧 6 通过销子 5 的斜面推动夹头 2 将带 4 压紧在构件 3 上，构件 3 随带 4 左移；当撞块 A 碰到挡块 B 后，夹头 2 顺时针转动，推动销子 5，在夹头 2 的斜面定点越过销 5 的斜面定点后，夹头 2 的下部将带 4 压紧在构件 3 上，构件 3 随带 4 右移，从而达到自动换向

续表

名称	机构图例	说明
发动机皮带传动	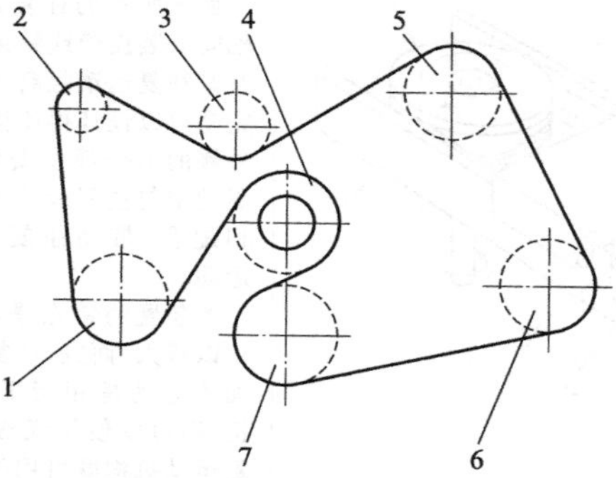 1—电机带轮；2—导向轮；3—张紧轮；4—水泵带轮；5—压缩机带轮；6—转向泵带轮；7—曲轴带轮	图为常见的发动机带传动示意图，当发动机启动时，传动带从电机带轮 1 获取动力，经传动带驱动主轴带轮 7，曲轴带轮 7 与内部曲轴相连，带动发动机内部零件运动。启动后，传动带从曲轴带轮 7 获取动力，经张紧轮 3 带动压缩机带轮 5 转动，压缩机是汽车空调系统的中枢；经导向轮 2，传动带驱动水泵带轮 4 转动，冷却系统工作；同一根带驱动动力转向泵带轮 6 转动，汽车获得转向助力
SEW 宽 V 带式无级变速器	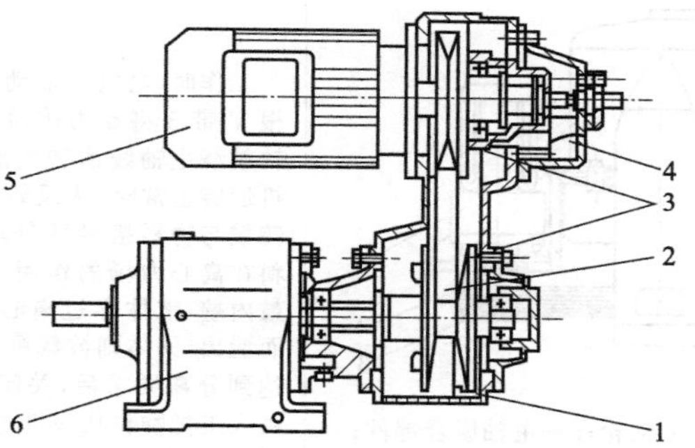 1—分离式箱体；2—宽 V 带；3—可调带轮；4—调节装置；5—电动机；6—减速器	图为 SEW 宽 V 带式无级变速器通过与减速器相连，由宽 V 型带的张紧力来产生摩擦力，并通过带的拉力来传递动力，由主动轮传递到从动轮。可调带轮是无级变速器的核心，每个皮带轮由两个相对的圆锥组成，带轮的工作直径可以实现连续调节，从而实现了无级变速。宽 V 带式无级变速器结构简单，能套配各种型号的齿轮减速器实现低速、高转矩的无级调速，传动带虽易磨损，但其以更换方便，价格低廉等特点使其被广泛应用于汽车、纺织机械、印刷机械及化工、食品等行业。
大客车的带传动	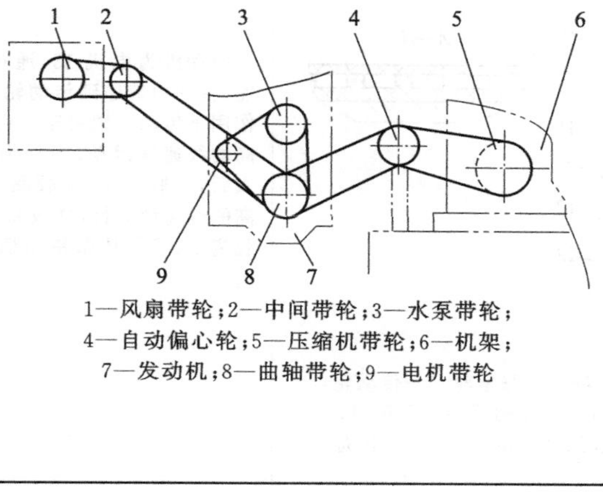 1—风扇带轮；2—中间带轮；3—水泵带轮；4—自动偏心轮；5—压缩机带轮；6—机架；7—发动机；8—曲轴带轮；9—电机带轮	图为用于大客车的四点支承发动机。电机带轮 9 与水泵带轮 3 和曲轴带轮 8 由同一根带连接，曲轴带轮 8 带动内部曲轴同时转动；同时通过中间带轮 2，动力传递给风扇带轮 1；同时曲轴带轮还连接了压缩机带轮 5，在曲轴带轮 8 和压缩机带轮 5 之间装有自动偏心轮 4，自动偏心轮可以自动调节两组带轮的中心距，减小发动机跳动造成的影响

续表

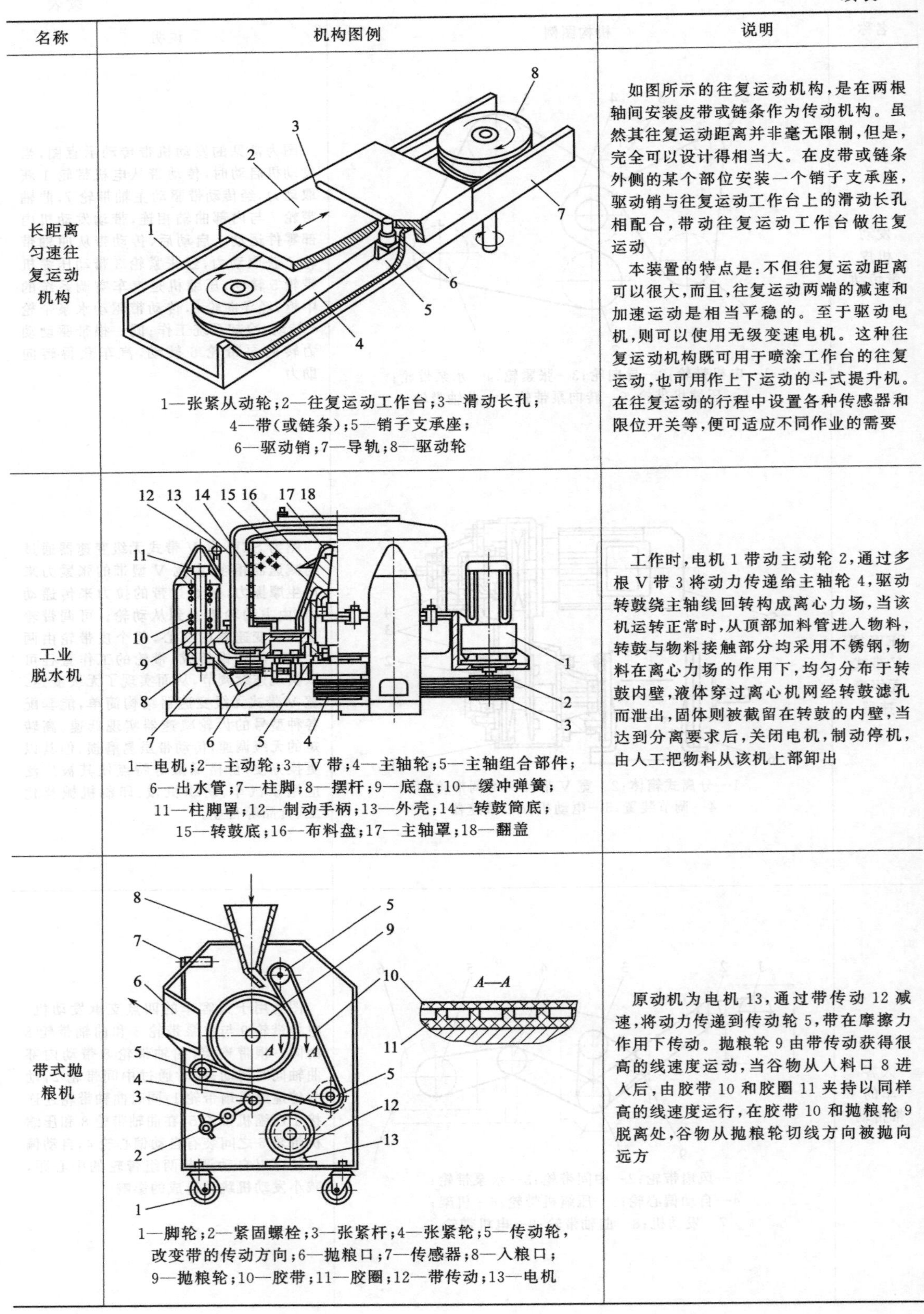

名称	机构图例	说明
长距离匀速往复运动机构	1—张紧从动轮；2—往复运动工作台；3—滑动长孔；4—带(或链条)；5—销子支承座；6—驱动销；7—导轨；8—驱动轮	如图所示的往复运动机构，是在两根轴间安装皮带或链条作为传动机构。虽然其往复运动距离并非毫无限制，但是，完全可以设计得相当大。在皮带或链条外侧的某个部位安装一个销子支承座，驱动销与往复运动工作台上的滑动长孔相配合，带动往复运动工作台做往复运动 本装置的特点是：不但往复运动距离可以很大，而且，往复运动两端的减速和加速运动是相当平稳的。至于驱动电机，则可以使用无级变速电机。这种往复运动机构既可用于喷涂工作台的往复运动，也可用作上下运动的斗式提升机。在往复运动的行程中设置各种传感器和限位开关等，便可适应不同作业的需要
工业脱水机	1—电机；2—主动轮；3—V带；4—主轴轮；5—主轴组合部件；6—出水管；7—柱脚；8—摆杆；9—底盘；10—缓冲弹簧；11—柱脚罩；12—制动手柄；13—外壳；14—转鼓筒底；15—转鼓底；16—布料盘；17—主轴罩；18—翻盖	工作时，电机1带动主动轮2，通过多根V带3将动力传递给主轴轮4，驱动转鼓绕主轴线回转构成离心力场，当该机运转正常时，从顶部加料管进入物料，转鼓与物料接触部分均采用不锈钢，物料在离心力场的作用下，均匀分布于转鼓内壁，液体穿过离心机网经转鼓滤孔而泄出，固体则被截留在转鼓的内壁，当达到分离要求后，关闭电机，制动停机，由人工把物料从该机上部卸出
带式抛粮机	1—脚轮；2—紧固螺栓；3—张紧杆；4—张紧轮；5—传动轮，改变带的传动方向；6—抛粮口；7—传感器；8—入粮口；9—抛粮轮；10—胶带；11—胶圈；12—带传动；13—电机	原动机为电机13，通过带传动12减速，将动力传递到传动轮5，带在摩擦力作用下传动。抛粮轮9由带传动获得很高的线速度运动，当谷物从入料口8进入后，由胶带10和胶圈11夹持以同样高的线速度运行，在胶带10和抛粮轮9脱离处，谷物从抛粮轮切线方向被抛向远方

续表

名称	机构图例	说明
动力辊道式输送机传动带摩擦传动	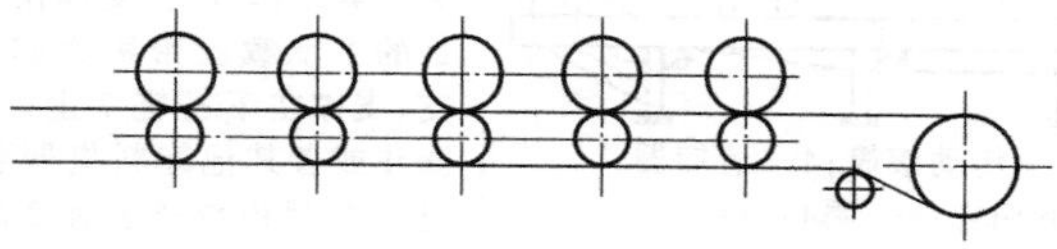	图为动力辊道式输送机传动带摩擦传动示意图。在辊子底下布置一条传动带，用压辊顶起传动带，使之与辊子接触，靠摩擦力的作用，当传动带向一个方向运行时，辊子的转动使货物向相反方向移动。把压辊放下使传动带脱开辊子，辊子就失去驱动力。有选择地控制压辊的顶起和放下，即可使一部分辊子转动，而另一部分辊子不转，从而实现货物在辊道上的暂存，起到工序间的缓冲作用 辊子输送机可以直线输送，也可以改变输送方向，为此要用锥形辊子按扇形布置实现
动力辊道式输送机传动带分别传动	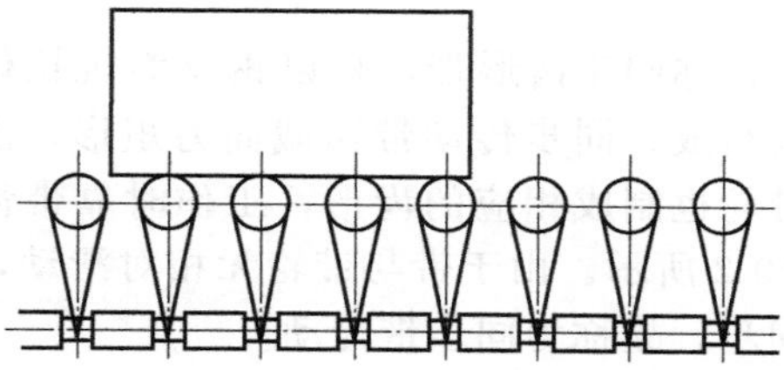	图为动力辊道式输送机传动带分别传动示意图。用一根纵向的通轴，通过扭成“8”字形的传动带驱动所有的辊子。在通轴上，对应每个辊子的位置开着凹槽，每个辊子的边上也开着凹槽。用无极传动带套在通轴和辊子上，呈扭转 90°的“8”字形布置，即可传递驱动力，使所有的辊子传动。如果货物较轻，则对驱动力的要求不大。这种方案结构简单，较为可取
直线位移微调机构	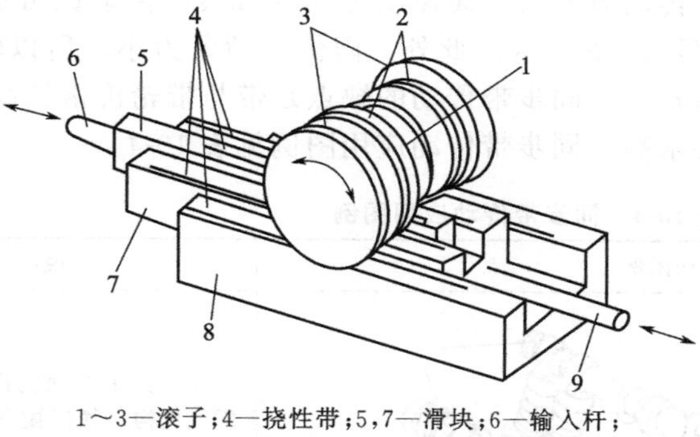 1～3—滚子；4—挠性带；5，7—滑块；6—输入杆；8—机架导轨；9—输出杆	图是一个光学镜头高精度微调机构的后半部分。前半部是一个精密螺杆螺母传动装置，将旋钮的转动转变为输入杆 6 的直移。图中仅示出输入杆 6 及后半部分差动机构。从动杆 9 与镜头连接。滚子 1、2、3 是一个整体，直径为 d_1、d_2 及 d_3，分别与滑块 5、7 及机架导轨 8 用挠性带 4 连接。输入杆 6 及滑块 5 移动时，滚子 3 在机架导轨 8 上滚动，滚子 2 带动滑块 7 及输出杆 9 输出微小运动。输出杆 9 与输入杆 6 位移距离之比为 $\frac{d_3-d_2}{d_3-d_1}$。令 $d_3-d_1 \geqslant d_3-d_2$，可得非常小的传动比
板材的连续自动供料机构	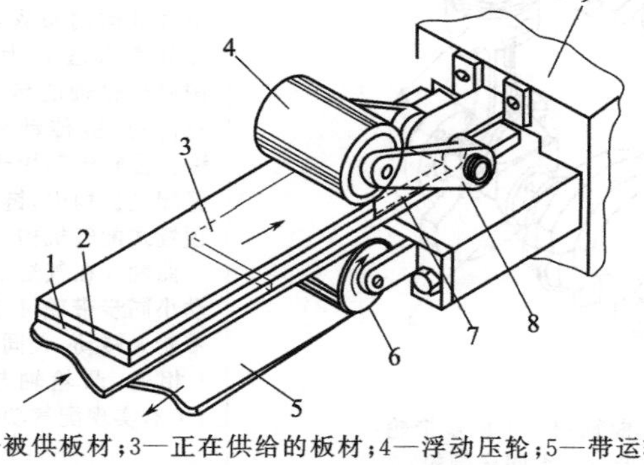 1，2—被供板材；3—正在供给的板材；4—浮动压轮；5—带运输机；6—滚子；7—挡铁；8—摆动臂；9—加工机械	图为利用皮带运输机实现板材连续自动供料的装置。将板材直接放在皮带运输机上，向加工机械输送供料，其上重叠放置的板料靠在挡铁上而停止前进，处于等待状态，并用浮动压轮压在上面，使其供料状态不发生混乱。皮带运输机的驱动电机为电子控制的无级高速电机。该机构可以用于制板厂或木工厂的板料自动供料。可以一次放置几张板材，从而可节约放料的辅助时间。此外，还可保证生产安全

续表

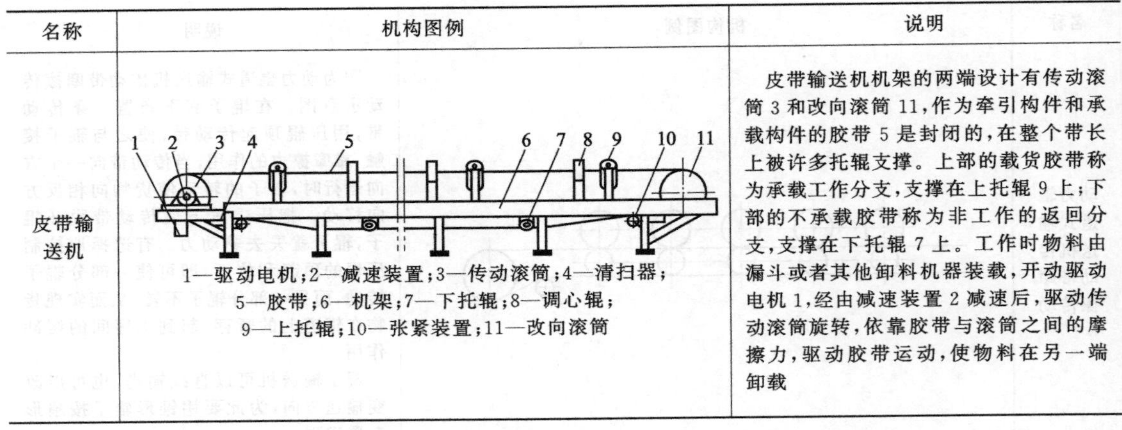

名称	机构图例	说明
皮带输送机	1—驱动电机；2—减速装置；3—传动滚筒；4—清扫器；5—胶带；6—机架；7—下托辊；8—调心辊；9—上托辊；10—张紧装置；11—改向滚筒	皮带输送机机架的两端设计有传动滚筒 3 和改向滚筒 11，作为牵引构件和承载构件的胶带 5 是封闭的，在整个带长上被许多托辊支撑。上部的载货胶带称为承载工作分支，支撑在上托辊 9 上；下部的不承载胶带称为非工作的返回分支，支撑在下托辊 7 上。工作时物料由漏斗或者其他卸料机器装载，开动驱动电机 1，经由减速装置 2 减速后，驱动传动滚筒旋转，依靠胶带与滚筒之间的摩擦力，驱动胶带运动，使物料在另一端卸载

10.2.2 同步带传动应用图例

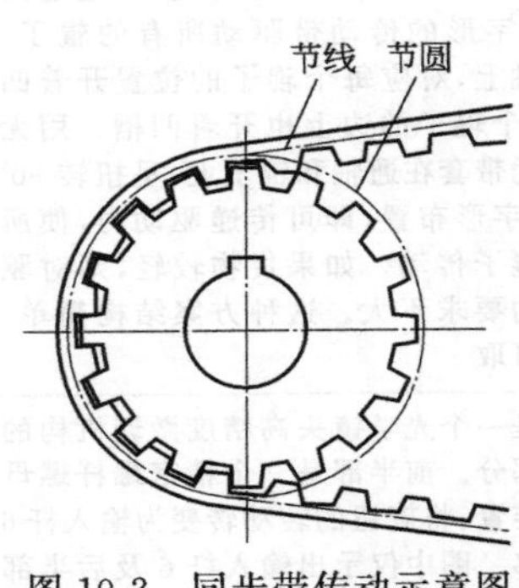

图 10-2　同步带传动示意图

同步带也称同步齿形带，是以钢丝为抗拉体，外面包覆聚氨酯或橡胶组成。同步传动带横截面为矩形，工作面具有等距横向齿，带轮也制成相应的齿形，工作时靠带齿与轮齿啮合传动，如图 10-2 所示。由于带与带轮无相对滑动，能保持两轮的圆周速度同步，故称为同步带传动。

同步带机构传动比恒定，结构紧凑，抗拉强度高，传动功率大，传动效率高，线速度可达 50m/s，传动比可达 10，传递的功率可达 200kW。此外，因传动预紧力小，所以轴和轴承上的受力较小。同步带传动的缺点是带与带轮价格较高，对制造、安装要求高。同步带传动应用图例见表 10-4。

表 10-4　同步带传动应用图例

名称	机构图例	说明
发动机配气机构	1—双凸轮轴；2—气缸；3—曲轴；4—小同步带轮；5，6—张紧轮；7—同步带；8—大同步带轮	冲程汽车发动机都采用气门式配气机构。气门配气机构由气门组和气门传动组两部分组成，每组的零件组成与气门的位置，凸轮轴的位置和气门驱动形式等有关。配气机构的布置形式可以按照多种分类方法分为多种不同类型。按照凸轮轴的传动形式可分为齿轮传动、链传动和同步带传动三种。齿轮传动用于凸轮轴下置、中置配气机构中，链传动适合凸轮轴顶置式配气机构 曲轴 3 在气缸 2 作用下转动，带动小同步带轮 4，同步带 7 带动大带轮 8 转动，大同步带轮与凸轮轴 1 相连，凸轮轴与曲轴转速比为 1∶2，实现配气功能

续表

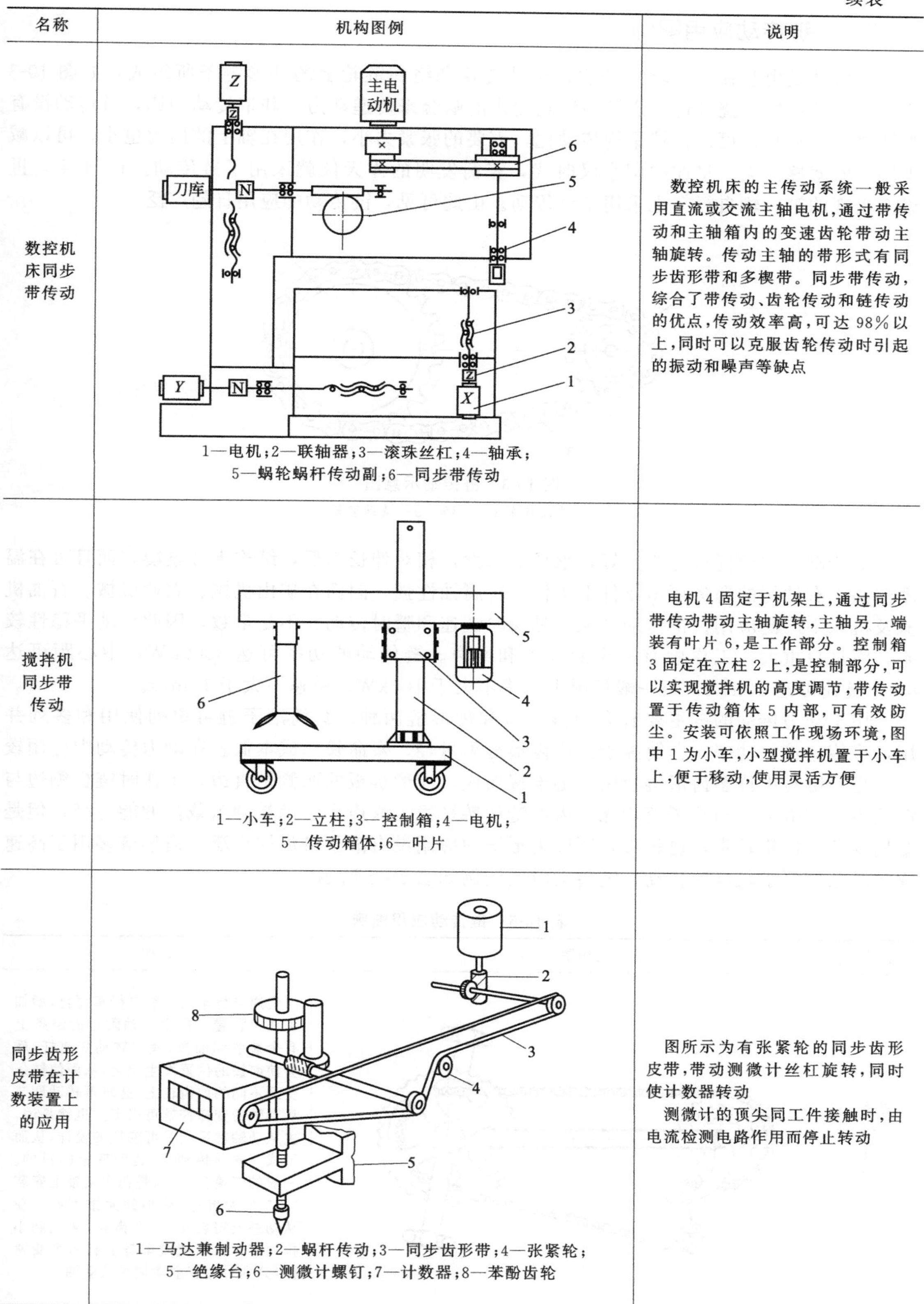

名称	机构图例	说明
数控机床同步带传动	1—电机；2—联轴器；3—滚珠丝杠；4—轴承；5—蜗轮蜗杆传动副；6—同步带传动	数控机床的主传动系统一般采用直流或交流主轴电机，通过带传动和主轴箱内的变速齿轮带动主轴旋转。传动主轴的带形式有同步齿形带和多楔带。同步带传动，综合了带传动、齿轮传动和链传动的优点，传动效率高，可达 98％以上，同时可以克服齿轮传动时引起的振动和噪声等缺点
搅拌机同步带传动	1—小车；2—立柱；3—控制箱；4—电机；5—传动箱体；6—叶片	电机 4 固定于机架上，通过同步带传动带动主轴旋转，主轴另一端装有叶片 6，是工作部分。控制箱 3 固定在立柱 2 上，是控制部分，可以实现搅拌机的高度调节，带传动置于传动箱体 5 内部，可有效防尘。安装可依照工作现场环境，图中 1 为小车，小型搅拌机置于小车上，便于移动，使用灵活方便
同步齿形皮带在计数装置上的应用	1—马达兼制动器；2—蜗杆传动；3—同步齿形带；4—张紧轮；5—绝缘台；6—测微计螺钉；7—计数器；8—苯酚齿轮	图所示为有张紧轮的同步齿形皮带，带动测微计丝杠旋转，同时使计数器转动 测微计的顶尖同工件接触时，由电流检测电路作用而停止转动

10.2.3 链传动应用图例

链传动是由装在平行轴上的主、从动链轮和绕在链轮上的环形链条所组成，如图 10-3 所示。以链作中间挠性件，靠链与链轮轮齿的啮合来传递动力，和带传动相比，链传动没有弹性滑动和打滑，可以保持平均传动比，需要的张紧力小，作用在轴上的压力也小，可以减少轴承的摩擦损失。早在中国东汉时代，张衡发明的浑天仪就采用了链传动。1874 年，世界上出现的第一辆自行车也采用了链传动。由此可见，链传动的应用日趋广泛。

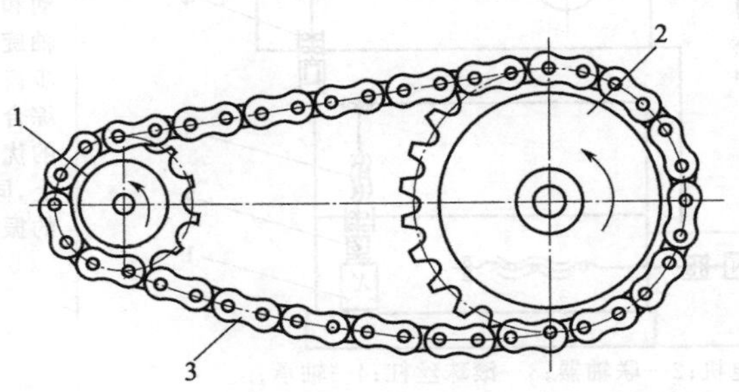

图 10-3 链传动示意图

1—主动链轮；2—链；3—从动链轮

链传动的主要优点是挠性好，承载能力大，相对伸长率低，结构十分紧凑，而且可在温度较高、有油污的恶劣环境条件下工作，抗腐蚀性强，因而在矿山机械、农业机械、石油机械及机床中广泛应用。链传动的缺点是瞬时链速和瞬时传动比不是常数，因此传动平稳性较差，而且自重大，工作中有一定的冲击和噪声。链传动的功率可达 3000kW，中心距可达 8m，链速可达 40m/s，但一般情况下功率不大于 100kW，链速不大于 15m/s。

用于动力传动的链主要有套筒滚子链和齿形链两种。套筒滚子链可单列使用和多列并用，可传递较大功率。套筒滚子链比齿形链重量轻、寿命长、成本低。在动力传动中应用较广。齿形链是由许多齿形链板用铰链连接而成，齿形链板的两侧是直边，工作时链板侧边与链轮齿廓相啮合。与滚子链相比，齿形链运转平稳、噪声小、承受冲击载荷的能力高，但是结构复杂，价格较贵，也较重，所以齿形链的应用没有滚子链那样广泛，齿形链多用于高速或运动精度要求较高的传动。链传动应用图例如表 10-5 所示。

表 10-5 链传动应用图例

名称	机构图例	说明
变速自行车链传动		变速自行车较一般自行车而言，增加了变速装置。在主动轴附近的链条上有个装置叫前拨，我们转动变速杆，就会使前拨的位置发生变化，从而使链条变到不同的前齿轮上，这时再转动调节从动轴的变速杆就可以了。也就是说，主从动轴都采用了可变换的设计，从而形成不同的传动比，达到变速的目的。一般的变速自行车，是在主动轴上安装 3～5 个大齿轮，从小到大排列好。在从动轴上安装 6～9 个齿轮，从大到小排列好。在车把或车身上有两个变速杆，分别对应着主动轴和从动轴

续表

名称	机构图例	说明
链传动配气机构	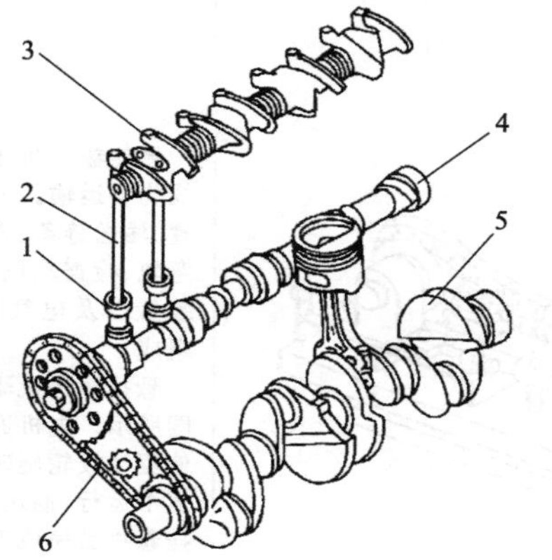 1—挺柱；2—推杆；3—摇臂轴；4—凸轮轴；5—曲轴；6—链传动	链传动特别适合凸轮轴顶置式配气机构，图所示为内燃机链传动配气机构总成。内燃机燃气推动活塞往复运动，经连杆转变为曲轴 5 的连续转动，经由链传动 6 将动力传递给凸轮轴 4、挺柱 1 和推杆 2 用来启闭进气阀和排气阀。 为使工作中链条有一定的张力而不至于脱链，通常装有导链板、张紧装置等。链传动的主要问题是，其工作可靠性和耐久性不如齿轮传动和同步带传动，它的传动性能主要取决于链条的制造质量
双链辊筒输送机	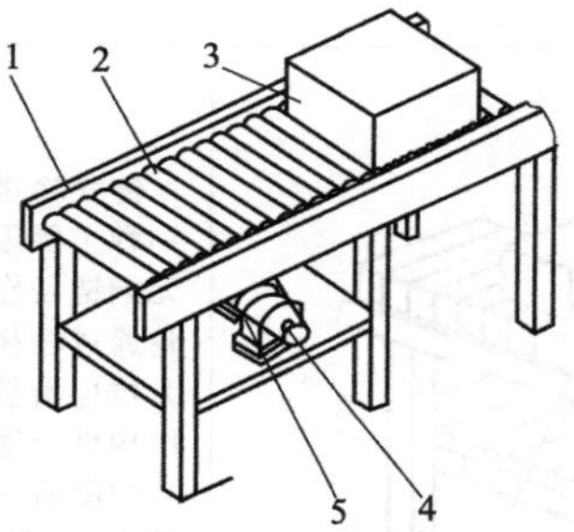 (a) 双链辊筒输送机 1—机架；2—辊子；3—货件；4—链条传动装置；5—减速电机 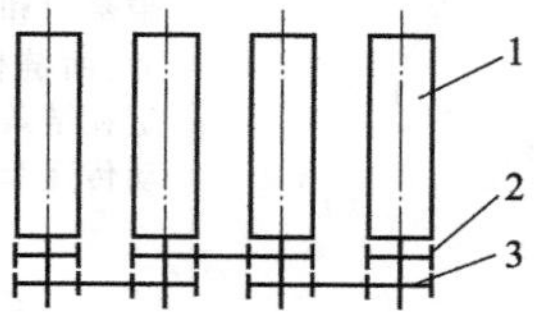 (b) 双链辊筒传动原理示意图 1—辊子；2—链轮；3—传动链	图(a)为双链辊筒输送机示意图，减速电机 5 为原动机，固定于机架 1 上，首先由减速电机 5 经过链条传动装置 4 将动力传递给辊子，驱动第一个辊子，然后再由第一个辊子通过链传动装置驱动第二个辊子，这样逐次传递，实现全部辊子成为驱动辊子，达到运输货物的目的。 图(a)中货件 3 置于辊子 2 上。辊筒输送机的双链动力辊筒采用高耐磨工程塑料链轮或钢质链轮及塑钢座，精密轴承，每个辊子上装有两个链轮，辊子排布如图所示。 辊子直径一般 73～155mm，长度根据被运货物尺寸而定（比货物大 50～100mm），在制造时进行动平衡试验。由于每个辊子自成系统，更换维修比较方便，但是费用较高
较小零件输送链图	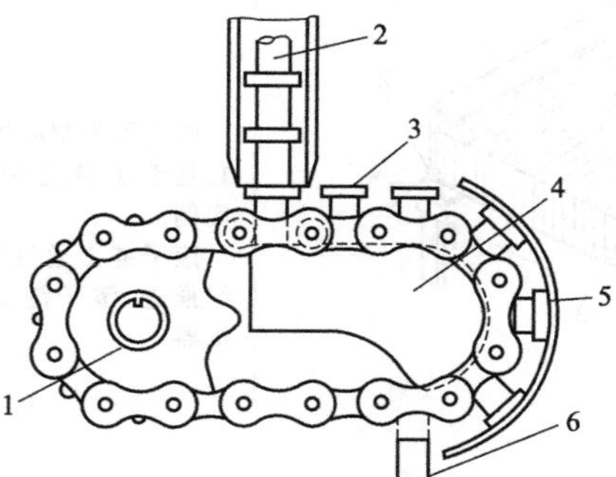 1—链轮；2—进给槽；3—工件；4—板子滚轨道；5—导轨；6—工件(被送到装配工位)	图所示为较小零件输送链。在滚子链的空位之间，较小的零件可以被输送、进给或者被导向

续表

名称	机构图例	说明
悬挂输送机驱动装置	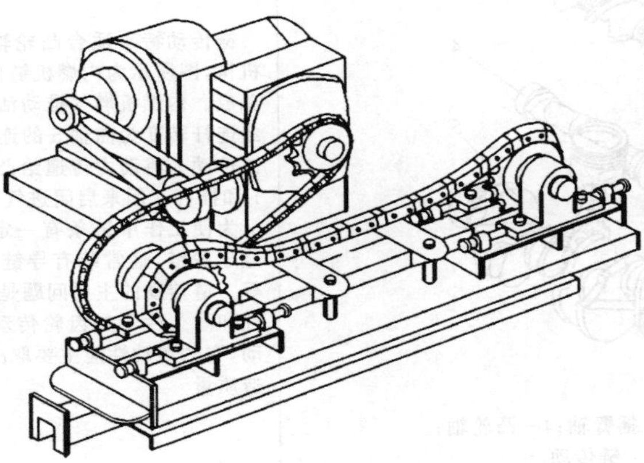	悬挂输送机主要用于长距离的生产线物料运输。一般由驱动装置、张紧装置、输送链条、直轨段、水平弯轨、垂直弯轨、检查轨段、润滑轨段、吊具、吊装装置以及电气控制盒、急停盒等部件组成。 悬挂输送机驱动常采用链式驱动，如图所示。电机通过皮带轮带动减速器，使驱动拨轮旋转，再拨动输送链条在轨道中运行，输送链条上的均衡梁式吊具挂着物品完成工序间的输送任务
链板式输送机	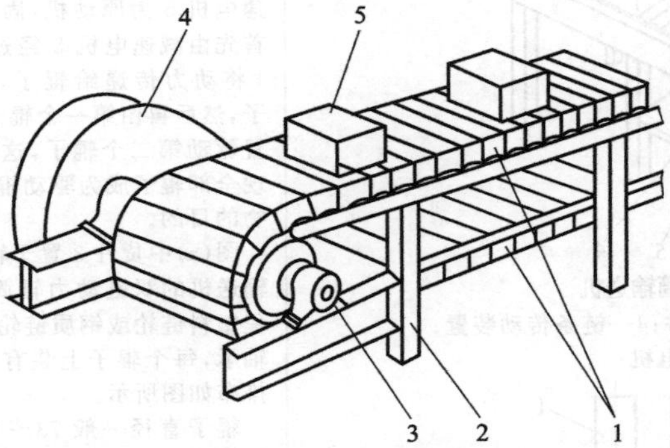 4 5 3 2 1 1—链板；2—机架；3—轴承及轴承座；4—电机及减速装置；5—货物	链式输送机是连续式装卸机械的又一种主要形式。它与绕过若干链轮的无端链条作挠性的牵引构件，由驱动链轮通过轮齿与链节的啮合，将圆周牵引力传递给链条，在链条上或固接着的工作构件上输送货物。 如图所示，电机及减速装置 4 与主轴相连，滚筒支撑在轴及轴承座 3 上，货物 5 置于链板上。它与带式输送机相似，主要区别是：带式输送机用输送带牵引和承载货物，靠摩擦驱动传递引力；而链板输送机则用链条牵引，用固定在链条上的板片承载货物，靠啮合驱动传递牵引力
制刷机上的层板进料装置	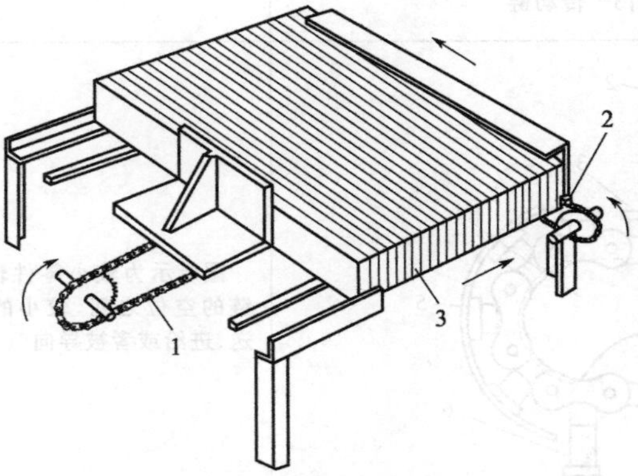 2 3 1 1，2—滚子链；3—板	图所示为制刷机上的层板进料装置，它是滚子链应用在分度和输送上的实例。 滚子链 1 通过滑动离合器把板 3 连续推进，滚子链 2 上的推爪把板送进机器

续表

名称	机构图例	说明
斗式提升机	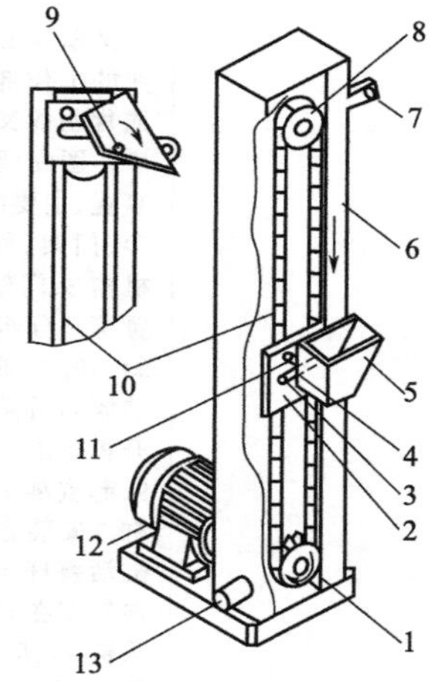 1—主动轮；2—升降滑板；3—驱动销；4—长孔；5—料斗；6—提升机外壳；7—倾斜轴；8—从动轮；9—转动支点；10—链条；11—支撑销；12—电机；13—传感器	斗式提升机链传动系统由主动轮1、从动轮8和链条10组成，在张紧的链条10外侧固连一驱动销3，它通过升降滑板2上的长孔4带动滑板移动。滑板上装有料斗5，料斗在最下端接受工件，上升到上端，当料斗边缘碰到倾斜轴7后，料斗自动倾斜并排出物料。料斗在最下端位置时，由传感器13检测得到检测信号，操纵有制动器的电机12停转，使料斗静止等待供料，料斗在邻近到上、下端点时，由于驱动销沿圆弧运动，料斗得以自动实现减速或加速，即使料斗及传送的工件很重，也能平稳启停
金属线导电机构	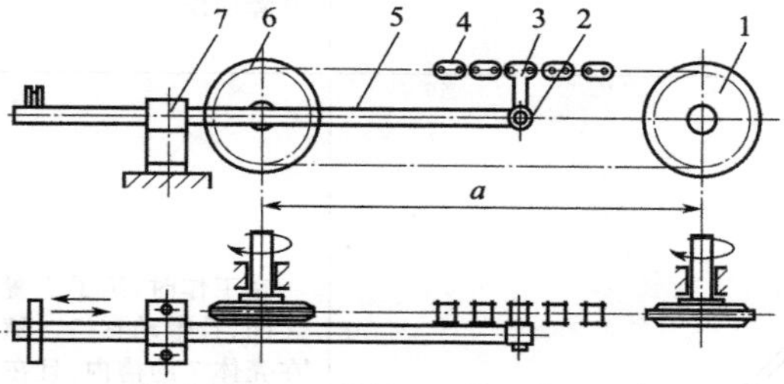 1—从动链轮；2—铰链；3—拨杆；4—链条；5—柱杆；6—主动链轮；7—导向支架	如图所示，链传动的主动链轮6和从动链轮1齿数相同，在链条4的某一节上装有拨杆3，柱杆5连到拨杆上。铰链2中心到链条4轴线间的距离等于链轮的节圆半径，在这样的尺寸关系下，支撑在导向支架7中的柱杆5得到匀速往复运动，行程长度等于中心距a。拨杆3绕过链轮时，柱杆5不动，将金属线绕在鼓轮上时，机构用作金属线的导向
叉车起升机构	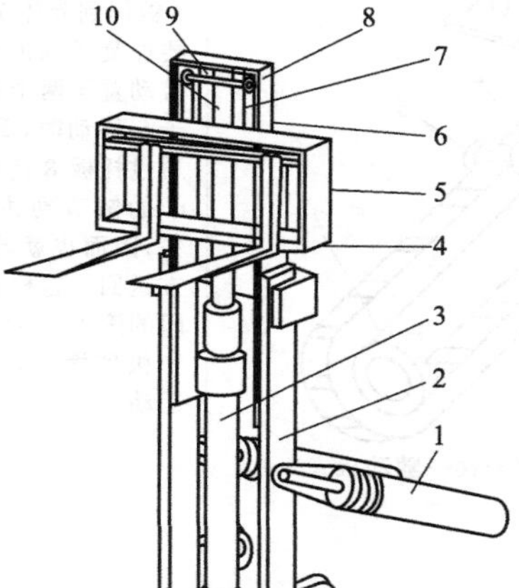 (a) 1—倾斜油缸；2—外门架；3—起升油缸；4—货叉；5—叉架；6—内门架；7—起重链；8—导向轮；9—轮架；10—活塞杆	叉车是各类仓库及生产车间使用广泛的一种装卸机械，兼有起重和搬运的性能，常用于作业现场的短距离搬运、装卸物资及拆码垛作业。叉车的种类繁多，分类方法各异，根据货叉位置不同可分为直叉式及侧叉式，直叉式又分为平衡重式、插腿式及前移式。仓储部门常用的都属于直叉平衡重式。

续表

名称	机构图例	说明
叉车起升机构	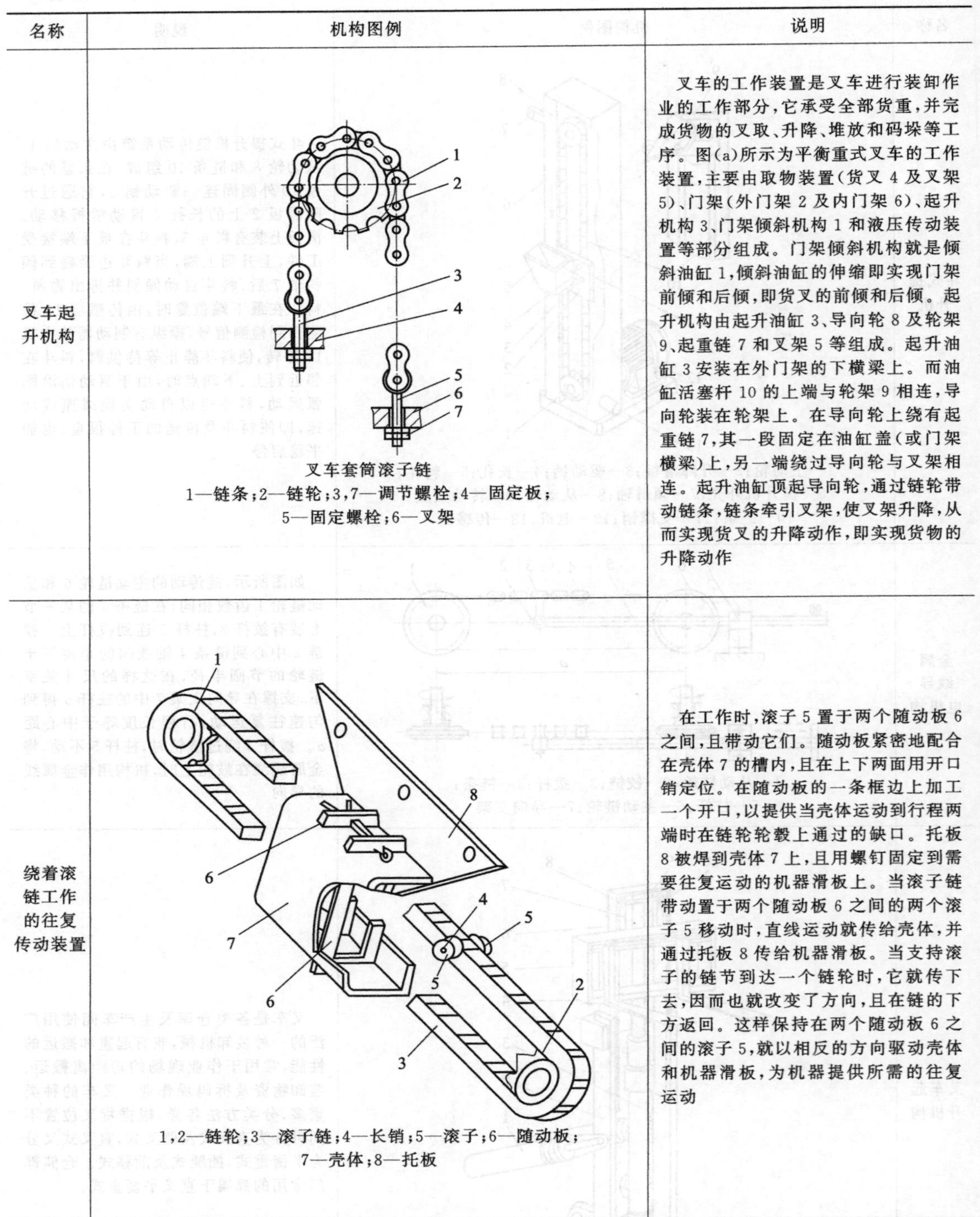 叉车套筒滚子链 1—链条；2—链轮；3，7—调节螺栓；4—固定板；5—固定螺栓；6—叉架	叉车的工作装置是叉车进行装卸作业的工作部分，它承受全部货重，并完成货物的叉取、升降、堆放和码垛等工序。图(a)所示为平衡重式叉车的工作装置，主要由取物装置(货叉4及叉架5)、门架(外门架2及内门架6)、起升机构3、门架倾斜机构1和液压传动装置等部分组成。门架倾斜机构就是倾斜油缸1，倾斜油缸的伸缩即实现门架前倾和后倾，即货叉的前倾和后倾。起升机构由起升油缸3、导向轮8及轮架9、起重链7和叉架5等组成。起升油缸3安装在外门架的下横梁上。而油缸活塞杆10的上端与轮架9相连，导向轮装在轮架上。在导向轮上绕有起重链7，其一段固定在油缸盖(或门架横梁)上，另一端绕过导向轮与叉架相连。起升油缸顶起导向轮，通过链轮带动链条，链条牵引叉架，使叉架升降，从而实现货叉的升降动作，即实现货物的升降动作
绕着滚链工作的往复传动装置	1，2—链轮；3—滚子链；4—长销；5—滚子；6—随动板；7—壳体；8—托板	在工作时，滚子5置于两个随动板6之间，且带动它们。随动板紧密地配合在壳体7的槽内，且在上下两面用开口销定位。在随动板的一条框边上加工一个开口，以提供当壳体运动到行程两端时在链轮轮毂上通过的缺口。托板8被焊到壳体7上，且用螺钉固定到需要往复运动的机器滑板上。当滚子链带动置于两个随动板6之间的两个滚子5移动时，直线运动就传给壳体，并通过托板8传给机器滑板。当支持滚子的链节到达一个链轮时，它就传下去，因而也就改变了方向，且在链的下方返回。这样保持在两个随动板6之间的滚子5，就以相反的方向驱动壳体和机器滑板，为机器提供所需的往复运动

10.2.4 挠性传动机构结构设计禁忌

(1) 带传动设计及参数选择、布置应注意的问题及禁忌

带传动设计及参数选择、布置应注意的问题及禁忌见表10-6。

表 10-6　带传动设计及参数选择、布置应注意的问题及禁忌

设计应注意的问题及禁忌	图例	说明
带传动速度不宜太低或太高	滚子链　平行链　窄型V带　同步带　平带 速度为v时能传递最大功率P / 最佳速度能传递最大功率P_{max} 1.0　0.5 0　20　40　60　80　100 带速度/(m/s) 带传动的最佳速度	当带传动传递功率 P 一定时，若其速度 v 很低，则要求的有效拉力 F 很大，要求带的断面尺寸很大。若带速太高，则所受离心力很大，能传递的工作拉力很小，甚至没有传递工作拉力的余力。此外，当速度很高时，带将发生振动，不能正常工作。带的重量较轻时，可以达到较高的速度
小带轮直径不宜过小	误　　正	当大带轮直径一定时，小带轮的直径不宜过小。减小小带轮直径虽然可以加大带传动的传动比，但它使小带轮包角减小，传递功率一定时，要求的有效拉力 F 加大，容易打滑。而且减小小带轮直径使带所受弯曲应力加大，带寿命降低
带轮中心距不能太小	误　　正	带传动中心距一般大于齿轮传动。为求紧凑，常减小其中心距。但中心距小时，小轮包角随之亦减小，因此，带传动中心距在一定范围内为宜
避免紧边在上和小带轮在下	(a) 误 (b) 正 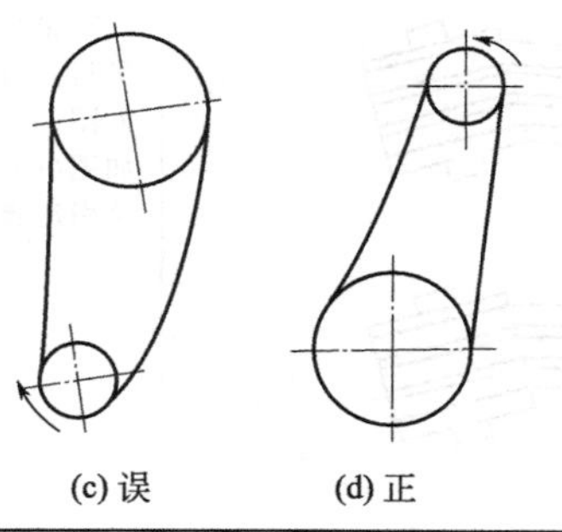 (c) 误　(d) 正	在带传动中，带在小带轮上的包角小，所以小带轮能传递的动力受到限制。为了不减小带在小带轮上的包角，对于水平或接近于水平安装的带传动，应避免如图(a)所示紧边在上，这是因为如果紧边在上，则带在小带轮出口处是渐远下垂，包角就小。如果布置成如图(b)所示紧边在下，则带在小带轮的出口处是渐近下垂，包角就大 对于上下或接近上下布置的带传动，为了不减小带在小带轮上的包角，应避免小带轮在下。小带轮在下面时，如图(c)所示，小带轮一侧整体有下垂倾向，则包角较小，容易打滑，所以最好将小带轮布置在上方，如图(d)所示

续表

设计应注意的问题及禁忌	图例	说明
V 带中心距应该能够调整	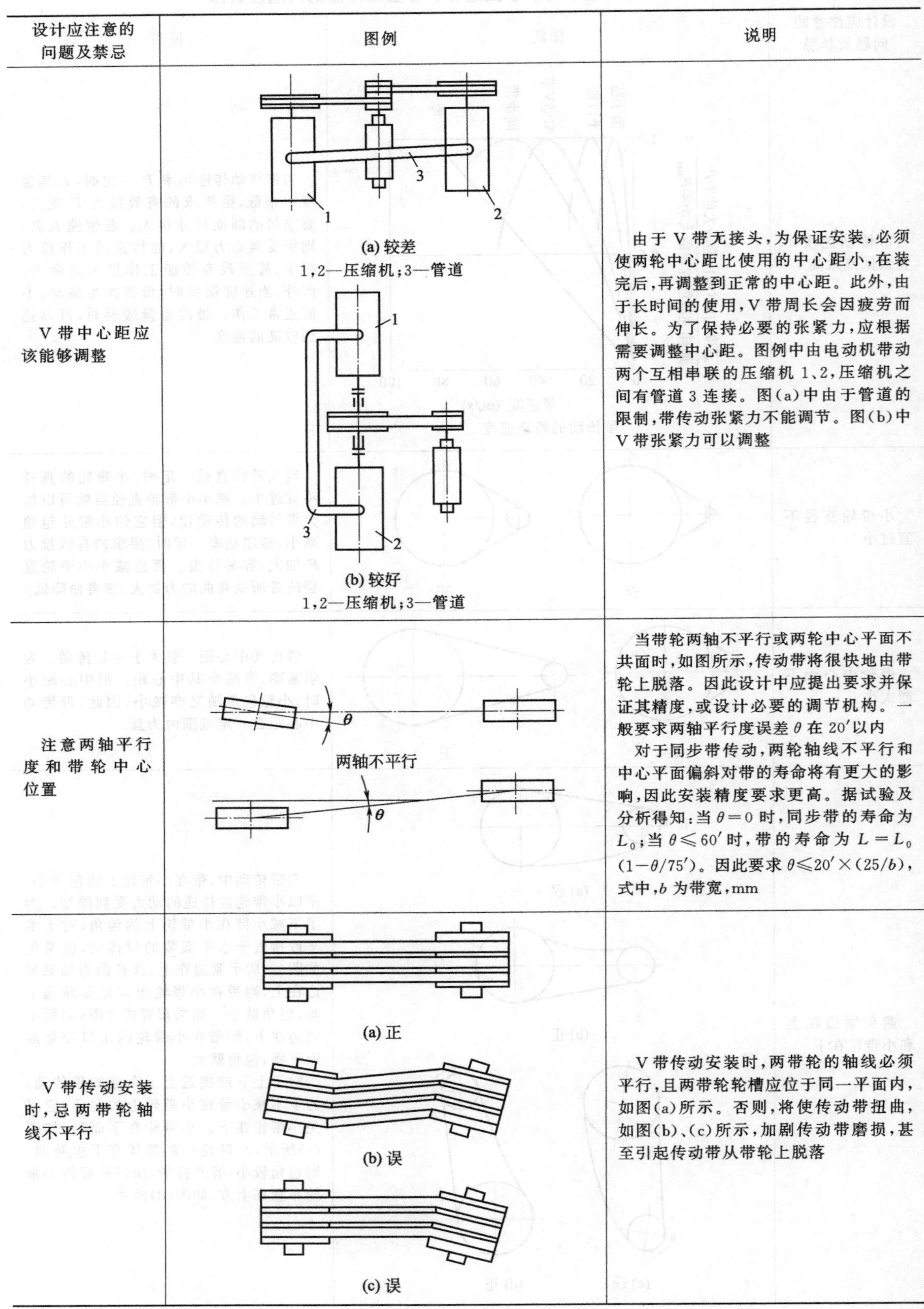 (a) 较差 1,2—压缩机;3—管道 (b) 较好 1,2—压缩机;3—管道	由于 V 带无接头,为保证安装,必须使两轮中心距比使用的中心距小,在装完后,再调整到正常的中心距。此外,由于长时间的使用,V 带周长会因疲劳而伸长。为了保持必要的张紧力,应根据需要调整中心距。图例中由电动机带动两个互相串联的压缩机 1、2,压缩机之间有管道 3 连接。图(a)中由于管道的限制,带传动张紧力不能调节。图(b)中 V 带张紧力可以调整
注意两轴平行度和带轮中心位置	θ 两轴不平行 θ	当带轮两轴不平行或两轮中心平面不共面时,如图所示,传动带将很快地由带轮上脱落。因此设计中应提出要求并保证其精度,或设计必要的调节机构。一般要求两轴平行度误差 θ 在 20′以内 对于同步带传动,两轮轴线不平行和中心平面偏斜对带的寿命将有更大的影响,因此安装精度要求更高。据试验及分析得知:当 $\theta=0$ 时,同步带的寿命为 L_0;当 $\theta\leqslant 60'$ 时,带的寿命为 $L=L_0(1-\theta/75')$。因此要求 $\theta\leqslant 20'\times(25/b)$,式中,$b$ 为带宽,mm
V 带传动安装时,忌两带轮轴线不平行	(a) 正 (b) 误 (c) 误	V 带传动安装时,两带轮的轴线必须平行,且两带轮轮槽应位于同一平面内,如图(a)所示。否则,将使传动带扭曲,如图(b)、(c)所示,加剧传动带磨损,甚至引起传动带从带轮上脱落

续表

设计应注意的问题及禁忌	图例	说明
半交叉平带传动不能反转	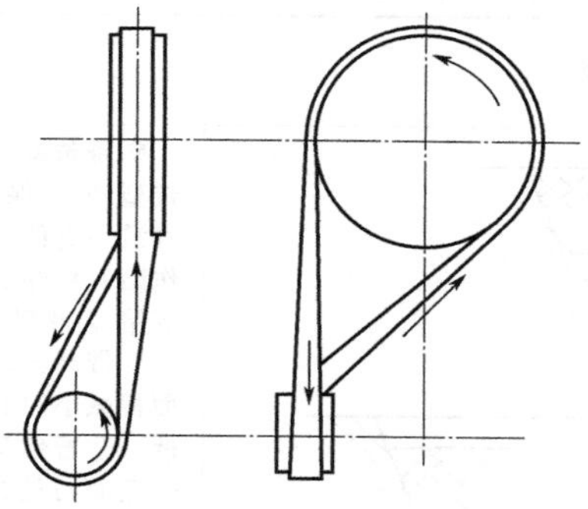	图中两轴在空间交错成 90°的半交叉带传动中，为使带能正常运转，不脱落，必须保证带从带轮上脱下进入另一带轮时，带的中心线必须在要进入的带轮的中心平面内，这种传动不能反转。必须反转时，一定要加装一个张紧轮
带要容易更换	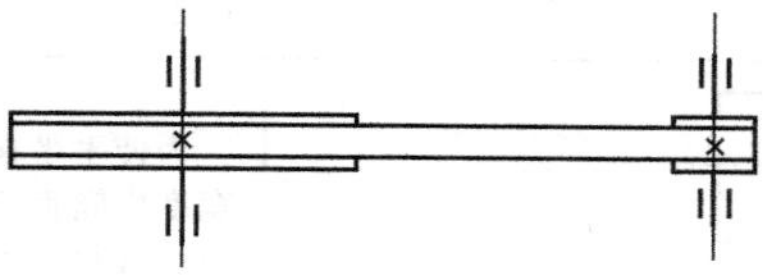 (a) 较差 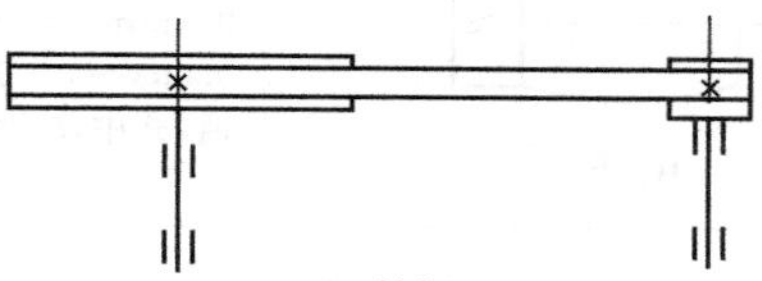 (b) 较好	传动带的寿命通常较低，有时几个月就要更换。在 V 带传动中，同时有几条带一起工作时，如果有一条带损坏，就要全部更换。对于无接头的传动带，最好设计成悬臂安装，且暴露在外，此时可加防护罩，拆下防护罩即可更换传动带
带过宽时带轮不宜悬臂安装	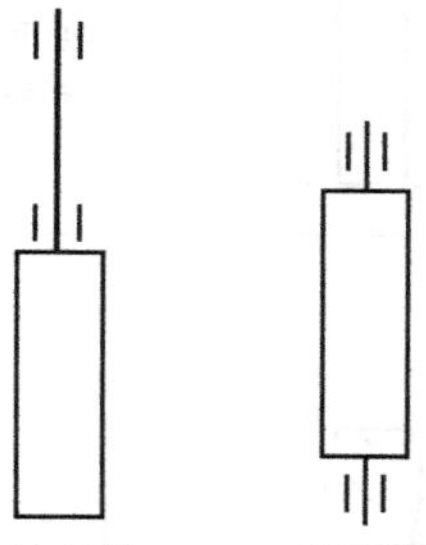 (a) 较差 (b) 较好	带过宽时，如带轮为悬臂安装，如图(a)所示，由于轴端弯曲变形较大，带轮歪斜，沿宽度带受力不均，应改为简支支承，如图(b)所示。图(a)所示的带传动中，曲轴端轴承的外部有悬伸的带轮，曲轴承受复杂且很大的反复弯曲，除非在强度上有很大的余裕，否则最好是安装外侧轴承，以防止产生弯曲引起的二次载荷，如(b)所示
动比要求准确的场合，忌用摩擦型传动带	摩擦型带传动是靠带与带轮间的摩擦力进行的。工作时，带受到拉力后要产生弹性变形，但由于紧边和松边的拉力不同，因而弹性变形也不同，这样，在传动过程中，由于弹性变形会引起带与带轮间的滑动，称为带的弹性滑动。带传动的弹性滑动将使从动轮的圆周速度 v_2，低于主动轮的圆周速度 v_1。另外，当所需传递的圆周力大于带与带轮间所能产生的最大摩擦力时，传动带将在带轮上产生显著的相对滑动，即产生打滑。此时，从动轮转速急剧降低，甚至传动失效 由于摩擦型带传动带的弹性滑动和可能出现的打滑，使得传动比不准确。因此，传动比要求准确的场合，忌用摩擦型带传动	
带的预紧力不能太大或太小	预紧力太小，带容易打滑，但预紧力太大，会降低带的使用寿命，增加轴与轴承的受力，引起较大的变形。传动带的合力预紧力可取 $F_0=(156.8\sim176.4)A$(N)(式中，A 为带的截面积，cm^2)	

(2) 带与带轮结构应注意的问题及禁忌

带与带轮结构应注意的问题及禁忌见表 10-7。

表 10-7 带与带轮结构应注意的问题及禁忌

设计应注意的问题及禁忌	图例	说明
V 带传动安装时，忌搞错传动带型号	(a) 正 (b) 误　(c) 误	V 带传动安装时应注意不要搞错传动带型号，以保证 V 带顶面与带轮顶面基本沿一直线，使传动带工作面与轮槽工作面有良好的接触，如图(a)所示。如果搞错 V 带型号可能出现以下两种情况：①V 带高出轮槽，则传动带与轮槽接触面积减小，如图(b)所示，使传动能力降低。②若传动带陷入轮槽太深，使传动带底面与轮槽底面接触，如图(c)所示，这样传动带侧面与轮槽侧面就不能很好地接触，失去了 V 带传动摩擦力大的优点
平带传动小带应做成微凸结构	(a) 误 h　d (b) 误　(c) 正	为使平带在工作时能稳定地处于带轮宽度中间而不滑落，应将小带轮做成中凸，如图所示。中凸的小带轮有使平带自动居中的作用。当小带轮直径 d 取 40～112mm 时，取中间凸起高度 $h=0.3$mm；当 $d>112$mm 时；取 $h/d=0.003$～0.001，d/b 值大的，h/d 取小值，式中，b 为带轮宽度，一般 $d/b=3$～8
高速带轮表面应开槽	R1▽1 5～10	带速 $v>30$m/s 为高速带，一般采用特殊的轻而强度大的纤维编制而成。为防止带与带轮之间形成气垫，应在小带轮轮缘表面开设环槽，如图所示
轮毂较矮的锻件，终锻前毛坯直径不能在轮缘之内、外径之外	$D<D_2$ D_2 D_1 (a) $D_1>D>D_2$ D_2 D_1 (b)	轮毂较矮的锻件，为了防止终锻时在轮毂和轮缘间的过渡区产生折叠，镦粗后毛坯的直径 D 不能小于轮缘内径 D_2，如图(a)所示。也不能大于轮缘外径 D_1，应在两者之间，如图(b)所示

续表

设计应注意的问题及禁忌	图例	说明
轮毂较高的锻件，终锻前毛坯直径不应小于轮缘内外径之和的1/2	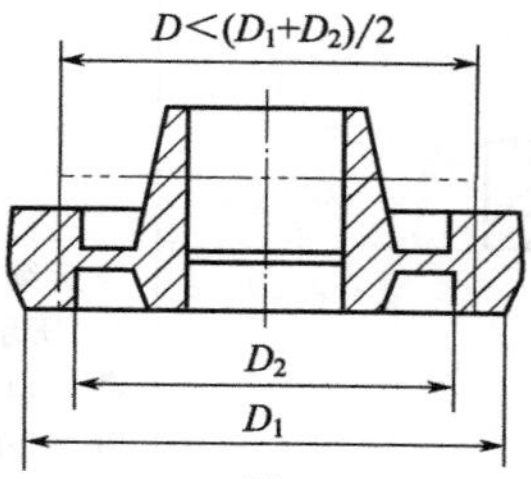 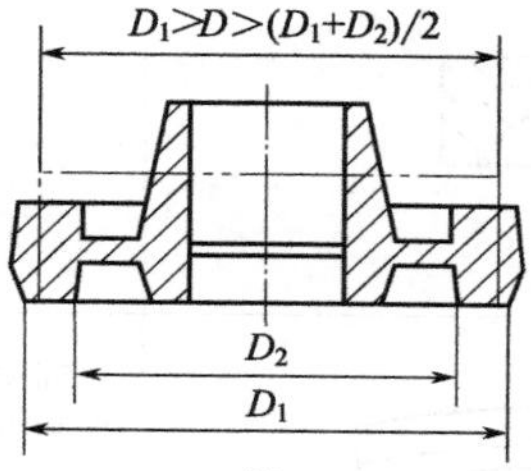 $D<(D_1+D_2)/2$ D_2 D_1 (a) $D_1>D>(D_1+D_2)/2$ D_2 D_1 (b)	轮毂较高且有内孔的凸缘锻件，为了保证轮毂充填成形和防止产生折叠，镦粗后的毛坯直径不能小于轮缘内外径之和的二分之一，如图(a)所示。亦不能大于轮缘外径，应使镦粗后的直径符合$(D_1+D_2)/2<D<D_1$，如图(b)所示
V 带轮轮槽机构	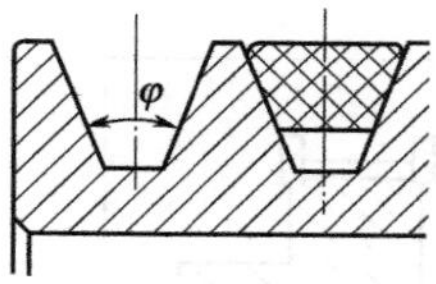 φ	普通 V 带楔角如图所示，通常 φ 为 40°，带绕过带轮时，由于产生横向变形，使得楔角变小。为使带轮的轮槽工作面和 V 带两侧面接触良好，带轮槽角 φ 取 32°、34°、36°及 38°，带轮直径越小，槽角取值越小
轮毂高且有内孔的锻件不宜采用镦粗制坯	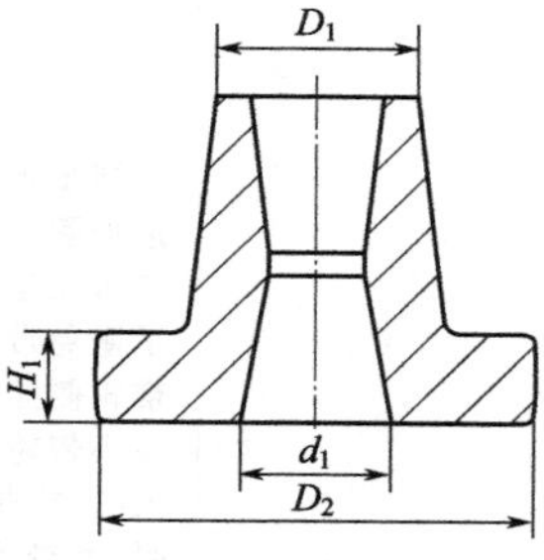 D_1 H_1 d_1 D_2 (a) 锻件 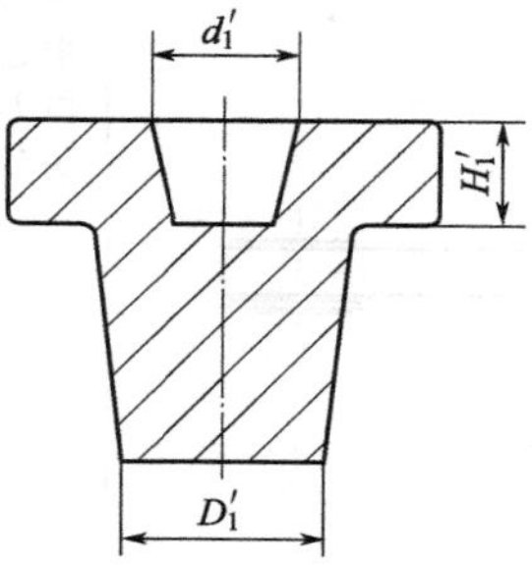 d_1' H_1' D_1' (b) 坯料	轮毂高且有内孔的锻件，如图(a)所示，为了保证终锻时充满型槽，便于毛坯在终锻型槽内放置平稳，不宜用镦粗制坯，应改为成形镦粗制坯。成形镦粗后的毛坯尺寸见图(b)，应符合 $H_1'>H_1$、$D_1'>D_1$、$d_1'>d_1$

续表

设计应注意的问题及禁忌	图例	说明
铸造带轮结构设计应考虑热处理工艺性	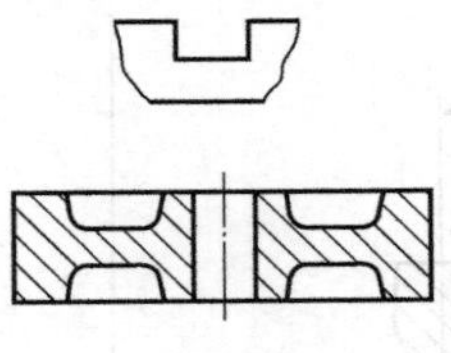 (a) 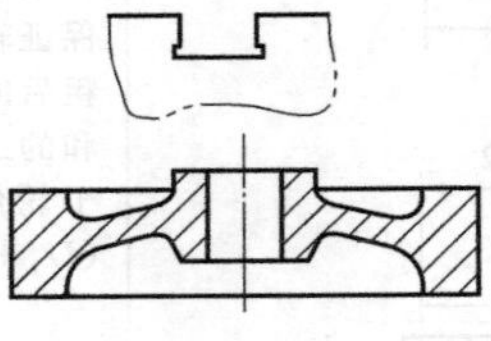 (b)	后续须进行热处理的铸造带轮，如图(a)所示，要避免尖角、尖棱，采用倒角和圆角，且尺寸尽可能大些。或者采用图(b)所示结构，改为倾斜腹板式，正火后才能避免裂纹
适当加大带齿顶部和轮齿顶部的圆角半径	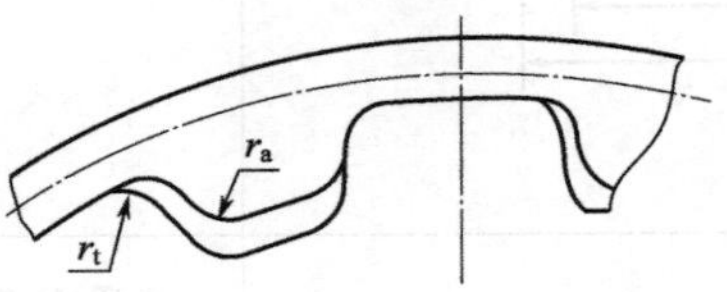 r_a r_t	同步带的齿和带轮的齿属于非共轭齿廓啮合，所以在啮合过程中两者的顶部都会发生干涉和撞击，因而引起带齿顶部产生磨损。适当加大带齿顶和带轮顶部的圆角半径，如图所示，可以减少干涉和磨损，延长带的寿命
同步带带轮应有挡边	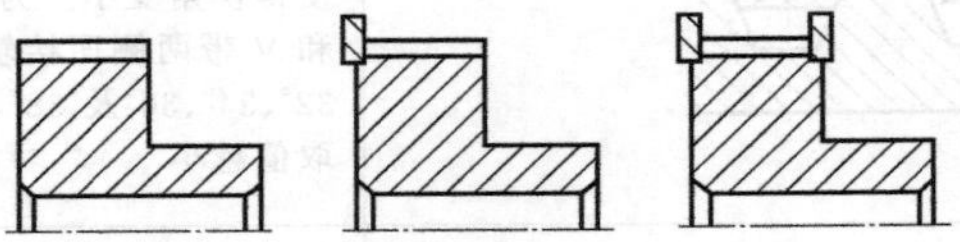 (a) 同步带轮结构形式 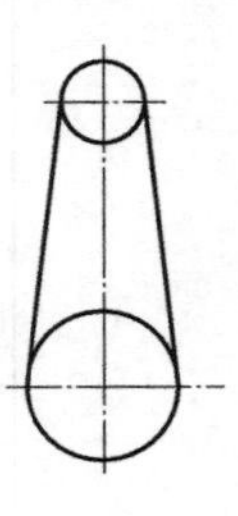 误 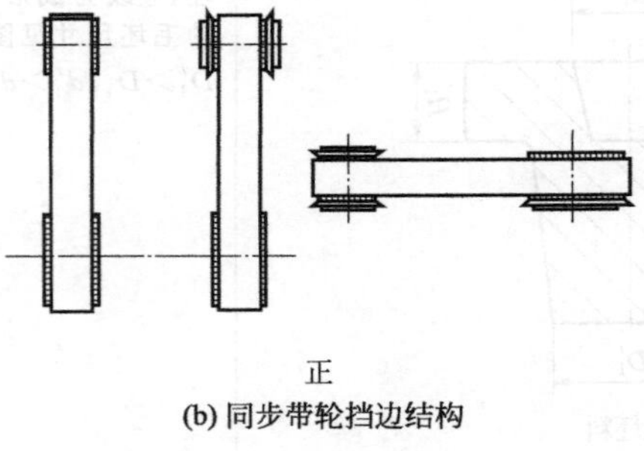 正 (b) 同步带轮挡边结构	同步带轮分为无挡圈、单边挡圈和双边挡圈3种机构形式，如图(a)所示。同步带在运转时，有轻度的侧向推力。为了避免带的滑落，应按具体条件考虑在带轮侧面安装挡圈，如图(b)所示。一般在小带轮的两侧装有挡边。当中心距较大时，或带轮的轴线与水平面垂直安装时，两带轮的两侧均有挡边，或至少主动轮的两侧和从动轮的下侧应有挡边。当中心距超过小带轮直径的8倍以上时，由于带不易张紧，两个带轮的两侧均应装有挡边

续表

设计应注意的问题及禁忌	图例	说明
同步带轮外径的偏差	同步带外径为正偏差，可以增大带轮节距，消除由于多边效应和在拉力作用下使带伸长变形，所产生的带的节距大于带轮节距的影响。实践证明，在一定范围内，带轮外径正偏差较大时，同步带的疲劳寿命较长	
锻造带轮不宜将坯料直接终锻成形	锻造带轮即使形状简单，也不宜将坯料直接终锻成形，而必须通过镦粗制坯。这是因为毛坯表面有氧化皮，镦粗时容易去除，因此，必须通过镦粗去除氧化皮，以提高锻件的表面质量和模具的使用寿命。对于形状复杂的带轮，通过镦粗制坯，还可以避免终锻时产生折叠	

(3) 带传动张紧应注意的问题及禁忌

带传动张紧应注意的问题及禁忌见表10-8。

表 10-8 带传动张紧应注意的问题及禁忌

设计应注意的问题及禁忌	图例	说明
V带、平带的张紧轮装置	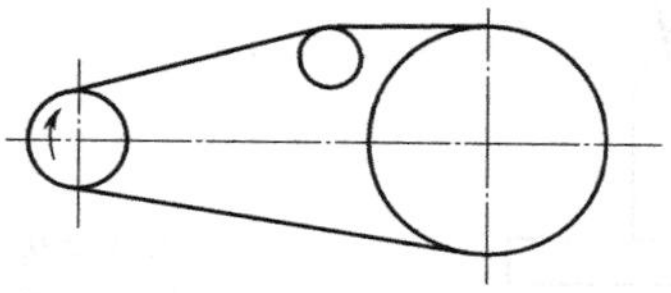	V带、平带的张紧轮一般应安装在松边内侧，使带只受单向弯曲，以减少寿命的损失；同时张紧轮还应尽量靠近大带轮，以减少对包角的影响，如图所示。张紧轮的使用会降低带轮的传动能力，在设计时应适当考虑
增大小带轮包角的压紧轮	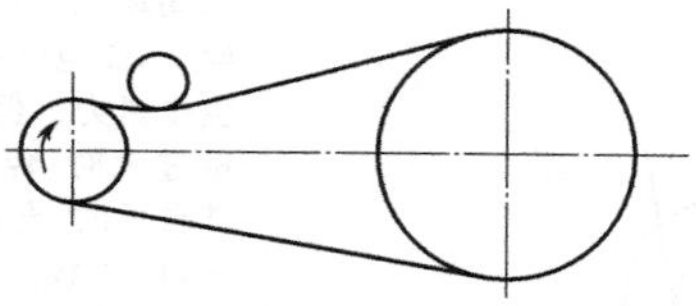	以增加小轮包角为目的的压紧轮，应安装在松边、靠近小带轮的外侧，如图所示
V带传动中心距不能修正的张紧轮装置	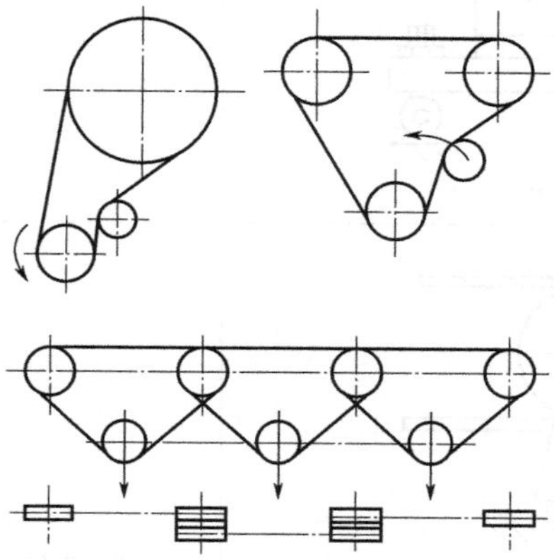	在V带传动中，也有任何一个带轮的轴心都不能移动的情况。此时，使用一定长度的V带，其长度要能使V带在处于固定位置的带轮之间装卸，在装挂完后，可用张紧轮将其张紧到运转状态。该张紧轮要能在张紧力的调节范围内调整，也包括对使用后V带伸长的调整，如图所示
同步带的张紧轮装置	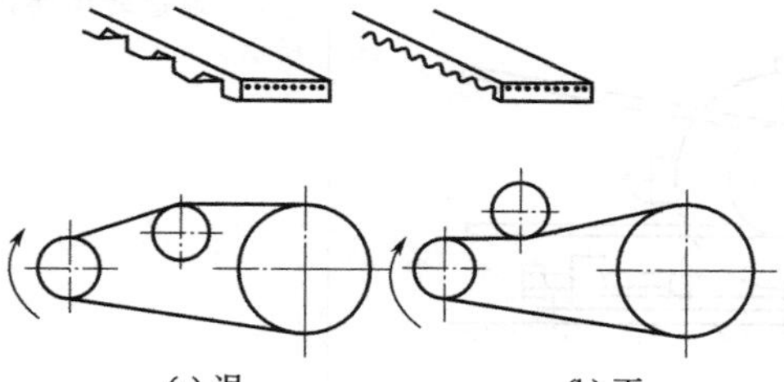 (a) 误　(b) 正	同步带使用张紧轮会使带心材料的弯曲疲劳强度降低，因此，原则上不使用张紧轮，只有在中心距不可调整，且小带轮齿数小于规定齿数时才可使用。使用时要注意避免深角使用，采用浅角使用，并安装在松边内侧，如图(a)所示。但是，在小带轮啮合齿数小于规定齿数时，为防止跳齿，应将张紧轮安装在松边、靠近小带轮的内侧，如图(b)所示

续表

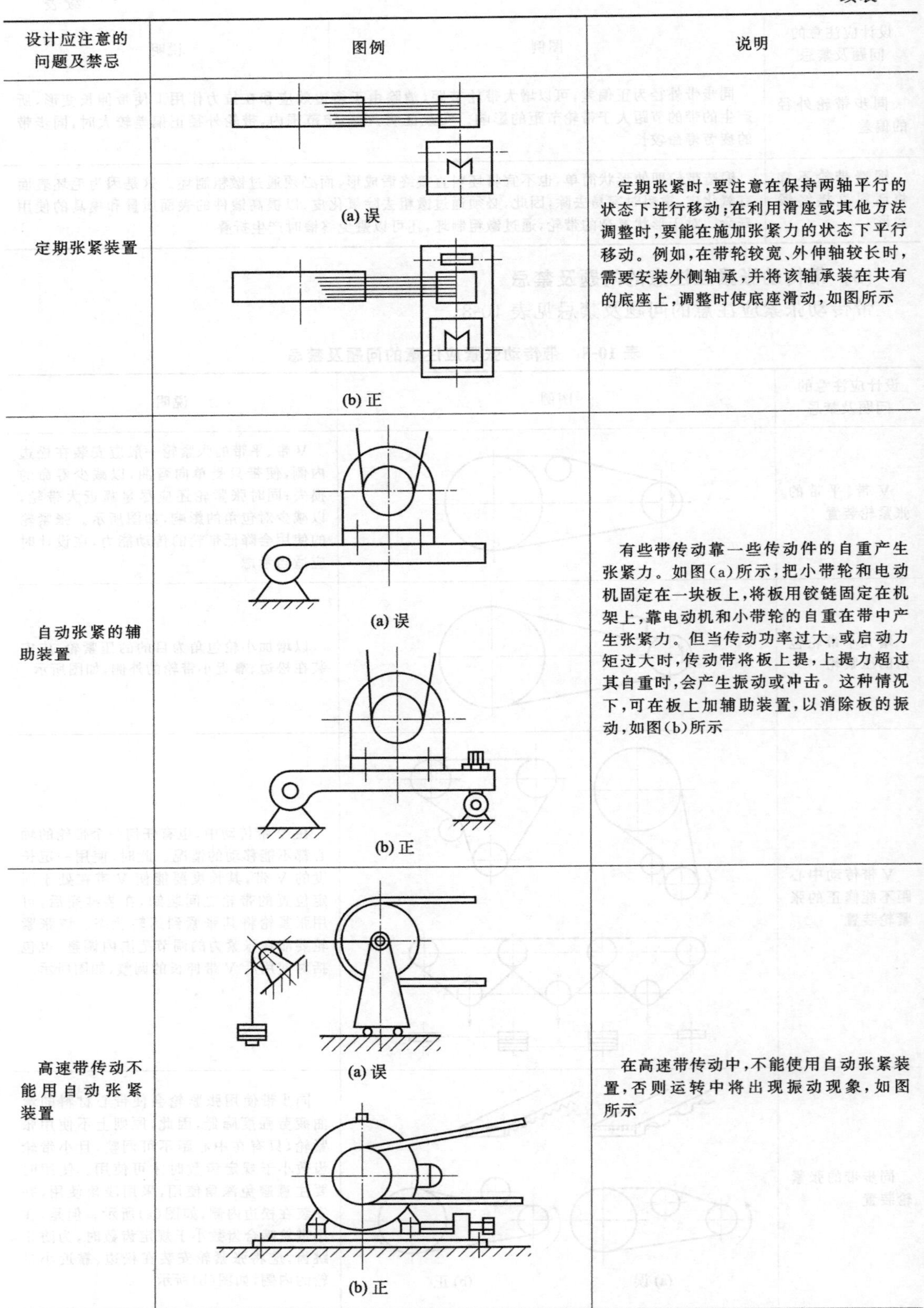

设计应注意的问题及禁忌	图例	说明
定期张紧装置	(a) 误 (b) 正	定期张紧时，要注意在保持两轴平行的状态下进行移动；在利用滑座或其他方法调整时，要能在施加张紧力的状态下平行移动。例如，在带轮较宽、外伸轴较长时，需要安装外侧轴承，并将该轴承装在共有的底座上，调整时使底座滑动，如图所示
自动张紧的辅助装置	(a) 误 (b) 正	有些带传动靠一些传动件的自重产生张紧力。如图(a)所示，把小带轮和电动机固定在一块板上，将板用铰链固定在机架上，靠电动机和小带轮的自重在带中产生张紧力。但当传动功率过大，或启动力矩过大时，传动带将板上提，上提力超过其自重时，会产生振动或冲击。这种情况下，可在板上加辅助装置，以消除板的振动，如图(b)所示
高速带传动不能用自动张紧装置	(a) 误 (b) 正	在高速带传动中，不能使用自动张紧装置，否则运转中将出现振动现象，如图所示

（4）链传动结构设计及禁忌

链传动结构设计及禁忌见表 10-9。

表 10-9　链传动结构设计及禁忌

设计应注意的问题及禁忌	图例	说明
不能用一根链条带动一条线上的多个链轮	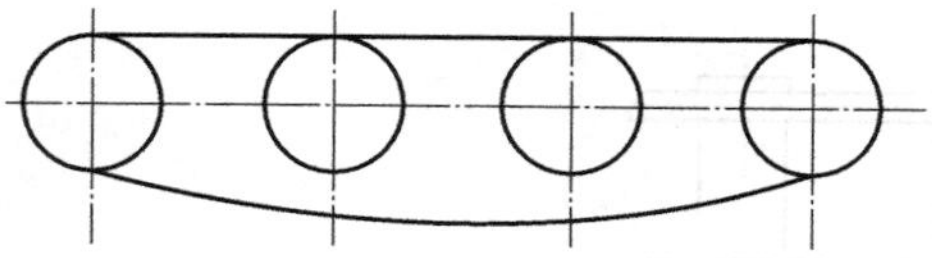 (a) 误 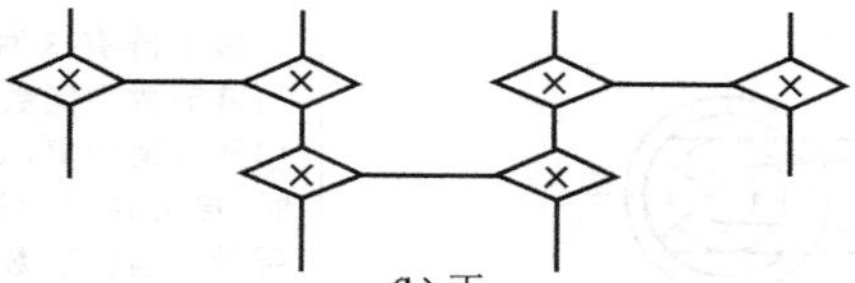 (b) 正	在一条直线上有多个链轮时，考虑每个链轮啮合齿数，不能用一根链条将一个主动链轮的功率依次传给其他链轮。在这种情况下，只能采用一对链轮进行逐个轴的传动，如图所示
链轮不能水平布置	 (a) 误 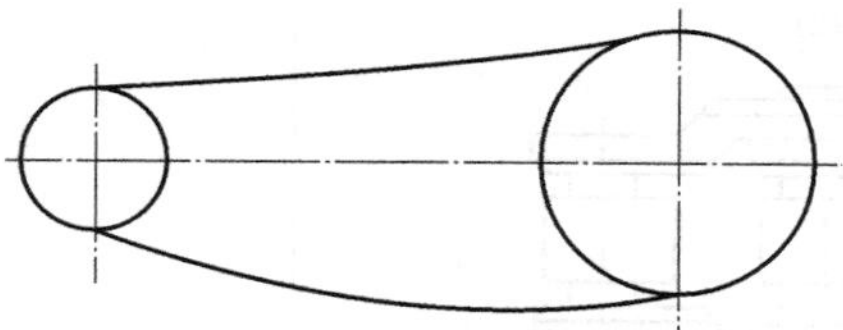 (b) 正	因为在重力作用下，链条产生垂度，特别是两链轮中心距较大时，垂度更大，为防止链轮与链条的啮合产生干涉、卡链甚至掉链的现象，禁止将链轮水平布置，如图所示
链传动应紧边在上	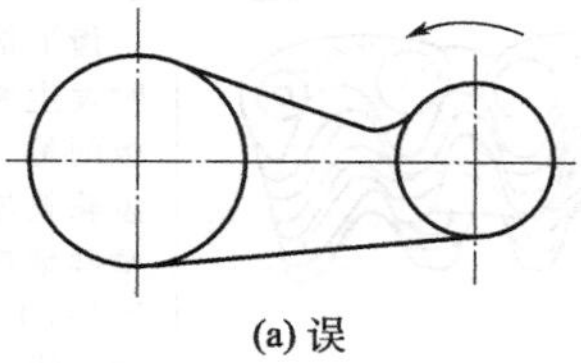 (a) 误 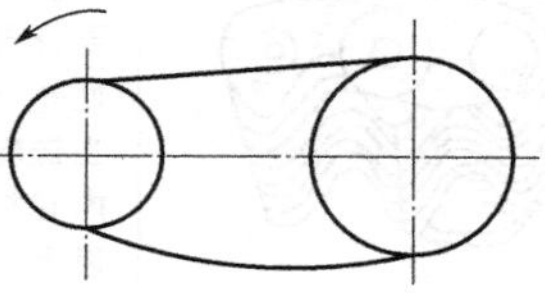 (b) 正 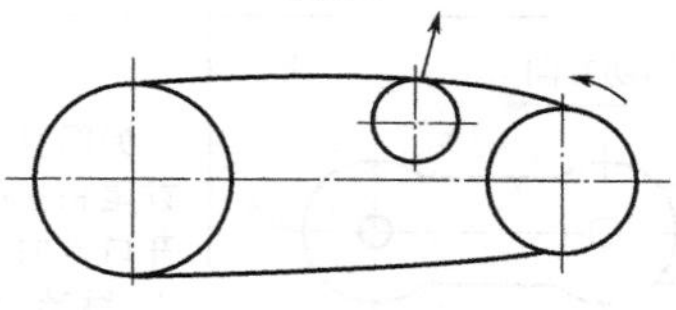 (c) 正	与带传动相反，链传动应紧边在上，松边在下，如图所示。当松边在上时，由于松边下垂度较大，链与链轮不宜脱开，有卷入的倾向。尤其在链离开小链轮时，这种情况更加突出和明显。如果链条在应该脱离时未脱离而继续卷入，则将有链条卡住或拉断的危险。因此，要避免使小链轮出口侧为渐进下垂侧。另外，中心距大、松边在上时，会因为下垂量的增大而造成松边与紧边相碰，故应避免

续表

设计应注意的问题及禁忌	图例	说明
链节数最好为偶数	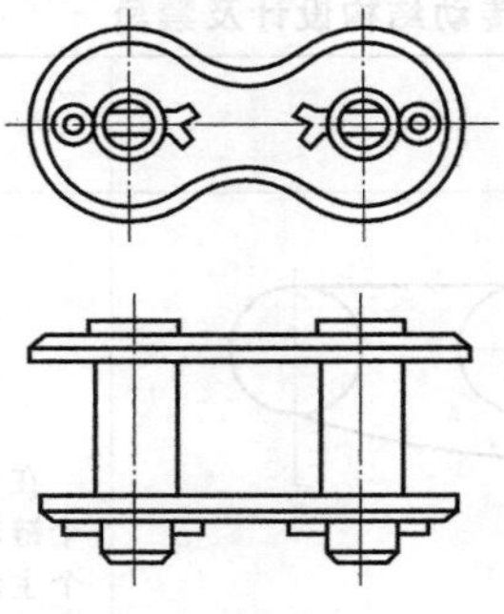 (a) 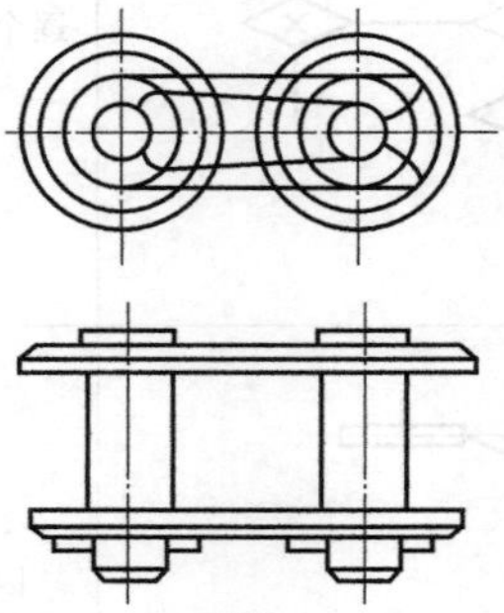 (b) 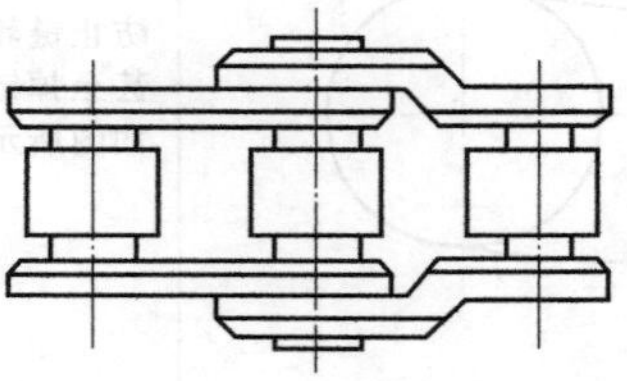 (c)	滚子链有3种接头形式，如图所示。当链节数为偶数，节距较大时，接头处可用开口销固定，如图(a)所示。节距较小时，接头处可用弹簧锁片固定，如图(b)所示。当链节数位为奇数时，接头处必须采用过渡链节连接，如图(c)所示。由于过渡链节的链板要承受弯曲应力，强度仅为正常链节的80%左右，所以要尽量避免采用奇数链节的链
注意齿形链的导板结构	 (a) 带内导板  (b) 带外导板	齿形链上设有导板以防止链条在工作时发生侧向窜动，导板有内导板和外导板两种，如图所示。用内导板齿形链时，齿轮轮齿上应开出导向槽。内导板可以精确地把链定位于适当的位置，故导向性好，工作可靠，适用于高速及重载传动。用外导板齿形链时，链轮轮齿不需要开导向槽，故链轮结构简单，但其导向性差，外导板与销轴铆合处容易松脱。当链轮宽度大于25～30mm，通常采用内导板齿形链；当链轮宽度较小，链轮轮齿上切削导向槽有困难时，可采用外链板齿形链
弹簧卡片的开口方向要与链条运动方向相反	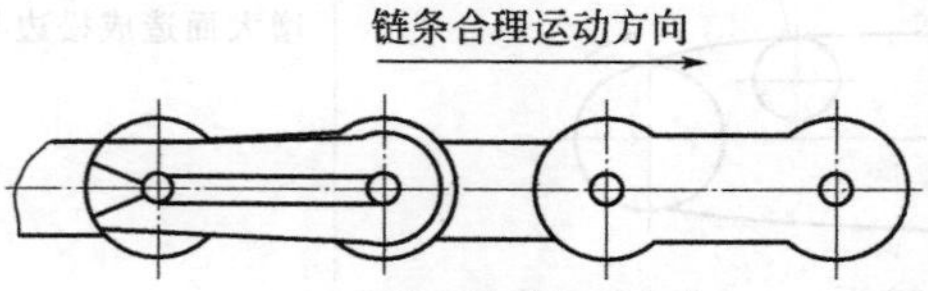 链条合理运动方向 链条不合理运动方向	如图所示，当采用弹簧卡片锁紧链条首尾相接的链节时，应注意止锁零件的开口方向与链节运动方向相反，以免冲击、跳动和碰撞时卡片脱落

续表

设计应注意的问题及禁忌	图例	说明
链传动应用少量的润滑油润滑		链条磨损率及传动寿命与润滑方式有直接关系，所图所示，不加油磨损明显增大，润滑脂只能短期有效限制磨损，润滑油可以起到冷却、减少噪声、减缓啮合冲击和避免胶合的效果。但不应使链传动潜入大量润滑油中，以免搅油损失过大
两链轮上下布置时，小链轮应在上面	(a) 误　(b) 正	两轮上下布置时，由于链条本身重量的作用使链条下垂，因而下面的链与链轮齿有脱开的倾向(或解除部分减少)而小轮的啮合齿数比大轮少，因此大轮在下比较合理。还应避免因链条松边下垂而卡链的现象
内外链板间应留少许间隙	内外链板间由于销轴与套筒的接触而易于磨损，因此，内外链板间应留少许间隙，以便润滑油渗入销轴和套筒的摩擦面间，以延长链传动的寿命	
链片设计为∞字形	内外链板均制成∞字形，以使它的各个横剖面具有接近等强度，同时也减轻了链条的质量和运动时的惯性力	
过渡链节的应用——弯板滚子链	在重载、冲击和经常反转等条件下工作时，也可以采用全部由类似过渡链节的弯板滚子链所组成的结构，因为其柔韧性好，能起到减轻振动和冲击的作用	

第11章

组合机构

在生产实际中，对机构的运动特性和动力特性的要求是多种多样的，而齿轮机构、凸轮机构或连杆机构等单一的基本机构，由于结构形式等方面的限制往往难以满足这些要求。例如，圆柱齿轮机构只能实现等速转动；凸轮机构的从动件一般只能做往复移动或摆动；铰链四杆机构在从动件行程中部不具有停歇的特性等。因此，为了满足生产中千差万别的要求，人们常常把若干种基本机构用一定方式连接起来，以便得到单个基本机构所不能有的运动性能，创造出性能优良的组合机构。

通常所说的组合机构，指的是用同一种机构去约束和影响另一个多自由度机构所形成的封闭式机构系统，或者是由集中基本机构有机联系、互相协调和配合所组成的机构系统。

组合机构是一些常用的基本机构的组合，如所谓凸轮-连杆机构、齿轮-连杆机构、齿轮-凸轮机构等，这些组合机构，通常是以两个自由度的机构为基础，也就是说可以从外部输入这种机构两种运动，而从动件输出的运动则是这两种输入运动的合成。正是利用这种运动合成的原理，它才获得多种多样的运动特性。

机构的组合是发展新机构的重要途径之一，多用来实现一些特殊的运动轨迹或获得特殊的运动规律，广泛地应用于机械、设备以及总成的机构设计中。

11.1 组合机构组合方式分析

组合机构不仅能够满足多种运动和动力要求，而且还能综合应用和发挥各种基本机构的特点，所以组合机构越来越得到广泛的应用。在机构组合系统中，单个的基本机构称为组合系统的子机构。常见组合机构组合方式如表 11-1 所示。

表 11-1　常见组合机构组合方式

组合方式	图例		说明
串联式	机构简图 组成分析框图	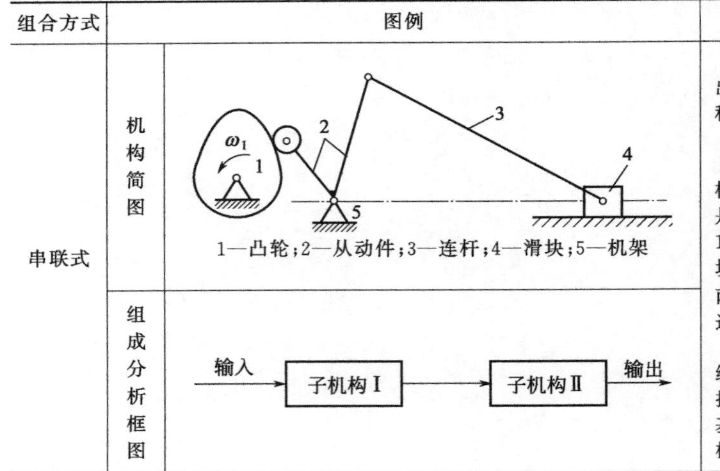	在机构组合系统中，若前一级子机构的输出构件即为后一级子机构的输入构件，则这种组合方式称为串联式组合 图中构件 1-2-5 组成凸轮机构（子机构Ⅰ），构件 2-3-4-5 组成曲柄滑块机构（子机构Ⅱ），构件 2 是凸轮机构的从动件，同时又是曲柄滑块机构的主动件。主动件为凸轮 1，凸轮机构的滚子摆动从动件 2 与摇杆滑块机构的输入件 2 固连，输入运动 ω_1 经过两套基本机构的串联组合，由滑块 4 输出运动 串联式组合所形成的机构系统，其分析和综合的方法均比较简单。其分析的顺序是：按框图由左向右进行，即先分析运动已知的基本机构，再分析与其串联的下一个基本机构

续表

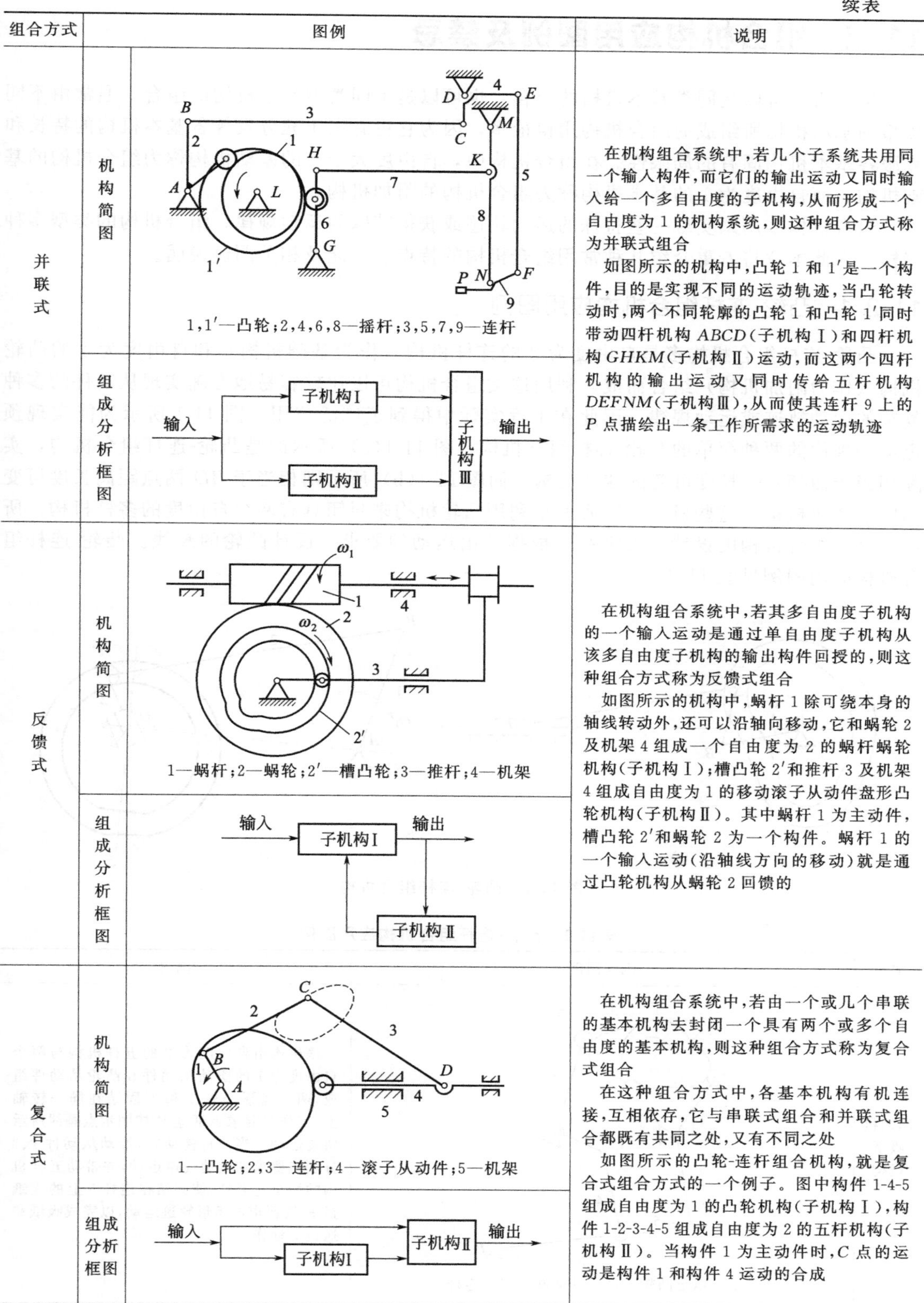

组合方式	图例		说明
并联式	机构简图	1,1′—凸轮;2,4,6,8—摇杆;3,5,7,9—连杆	在机构组合系统中,若几个子系统共用同一个输入构件,而它们的输出运动又同时输入给一个多自由度的子机构,从而形成一个自由度为 1 的机构系统,则这种组合方式称为并联式组合 如图所示的机构中,凸轮 1 和 1′是一个构件,目的是实现不同的运动轨迹,当凸轮转动时,两个不同轮廓的凸轮 1 和凸轮 1′同时带动四杆机构 *ABCD*(子机构Ⅰ)和四杆机构 *GHKM*(子机构Ⅱ)运动,而这两个四杆机构的输出运动又同时传给五杆机构 *DEFNM*(子机构Ⅲ),从而使其连杆 9 上的 *P* 点描绘出一条工作所需求的运动轨迹
	组成分析框图	输入 → 子机构Ⅰ、子机构Ⅱ → 子机构Ⅲ → 输出	
反馈式	机构简图	1—蜗杆;2—蜗轮;2′—槽凸轮;3—推杆;4—机架	在机构组合系统中,若其多自由度子机构的一个输入运动是通过单自由度子机构从该多自由度子机构的输出构件回授的,则这种组合方式称为反馈式组合 如图所示的机构中,蜗杆 1 除可绕本身的轴线转动外,还可以沿轴向移动,它和蜗轮 2 及机架 4 组成一个自由度为 2 的蜗杆蜗轮机构(子机构Ⅰ);槽凸轮 2′和推杆 3 及机架 4 组成自由度为 1 的移动滚子从动件盘形凸轮机构(子机构Ⅱ)。其中蜗杆 1 为主动件,槽凸轮 2′和蜗轮 2 为一个构件。蜗杆 1 的一个输入运动(沿轴线方向的移动)就是通过凸轮机构从蜗轮 2 回馈的
	组成分析框图	输入 → 子机构Ⅰ → 输出;子机构Ⅰ输出 → 子机构Ⅱ → 子机构Ⅰ	
复合式	机构简图	1—凸轮;2,3—连杆;4—滚子从动件;5—机架	在机构组合系统中,若由一个或几个串联的基本机构去封闭一个具有两个或多个自由度的基本机构,则这种组合方式称为复合式组合 在这种组合方式中,各基本机构有机连接,互相依存,它与串联式组合和并联式组合都既有共同之处,又有不同之处 如图所示的凸轮-连杆组合机构,就是复合式组合方式的一个例子。图中构件 1-4-5 组成自由度为 1 的凸轮机构(子机构Ⅰ),构件 1-2-3-4-5 组成自由度为 2 的五杆机构(子机构Ⅱ)。当构件 1 为主动件时,*C* 点的运动是构件 1 和构件 4 运动的合成
	组成分析框图	输入 → 子机构Ⅱ、子机构Ⅰ → 子机构Ⅱ → 输出	

11.2 组合机构应用图例及禁忌

组合机构可以是同类基本机构的组合，也可以是不同类型基本机构的组合。通常由不同类型的基本机构所组成的组合机构用得最多，因为它更有利于充分发挥各基本机构的特长和克服各基本机构固有的局限性。在组合机构中，自由度大于1的差动机构称为组合机构的基础机构，而自由度为1的基本机构称为组合机构的附加机构。

组合机构多用来实现一些特殊的运动轨迹或获得特殊的运动规律，组合机构的类型多种多样，在此本章将着重介绍几种常用组合机构的特点、功能及相关图例说明。

11.2.1 凸轮-连杆组合机构应用图例

凸轮-连杆组合机构多是自由度为2的连杆机构（作为基础机构）和自由度为1的凸轮机构（作为附加机构）组合而成。利用这类组合机构可以比较容易地准确实现从动件的多种复杂的运动轨迹或运动规律，因此在工程实际中得到了广泛应用。图11-1所示为能实现预定运动规律的两种简单的凸轮-连杆组合机构。图11-1(a)所示的是凸轮-连杆组合机构，实际相当于曲柄CD长度可变的四杆机构；而图11-1(b)所示则相当于BD两点距离长度可变的曲柄滑块机构。这些机构，实质上是利用凸轮机构来封闭具有两个自由度的多杆机构。所以，这种组合机构的设计，关键在于根据输出运动的要求，设计凸轮的廓线。凸轮-连杆组合机构应用图例见表11-2。

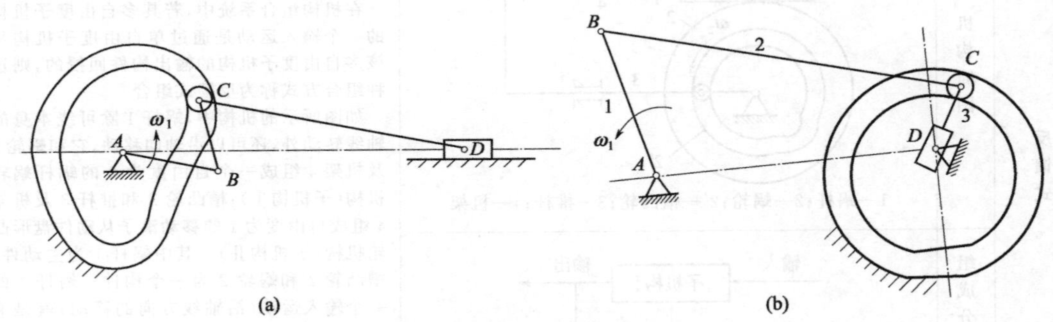

图11-1 凸轮-连杆组合机构

表11-2 凸轮-连杆组合机构应用图例

名称	机构图例	说明
印刷机吸纸机构	1，1′，2，3，4，5，P 1,1′—盘形凸轮；2,3—从动件；4,5—连杆	该机构由自由度为2的五杆机构与两个自由度为1的摆动从动件和凸轮从动件组成，两个盘形凸轮1和1′固结在同一转轴上，工作时要求吸纸盘P按图示点画线所示轨迹运动。当凸轮转动时，推动从动件2、3分别按要求的运动规律运动，并带动五杆机构的两个连架杆，使固结在连杆5上的吸纸盘P按要求的矩形轨迹运动，以完成吸纸和送进等动作

续表

名称	机构图例	说明
刻字、成形机构	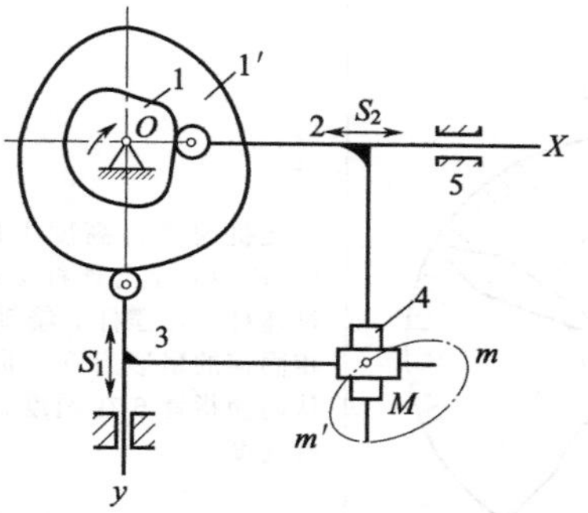 1,1′—槽凸轮;2,3—杆件;4—十字滑块;5—机架	图所示为刻字、成形机构的运动简图。它是由自由度为 2 的四杆组成的四移动副机构,即由杆件 2、3,十字滑块 4 和机架 5 组成的基础机构,称为十字滑块机构。分别由槽凸轮 1 和杆件 2、槽凸轮 1′和杆件 3 及机架 5 组成的凸轮机构作为附加机构,经并联组合而形成的凸轮-连杆组合机构。槽凸轮 1 和 1′固结在同一转轴上,它们是一个构件,当凸轮转动时,由于两凸轮向径的变化将通过滚子推动从动杆 2 和 3 分别在 x 和 y 轴方向上移动,从而使与杆 2 和杆 3 组成移动副的十字滑块 4 上的 M 点描绘出一条复杂的轨迹 m—m',即完成刻字、成形的目的
冲床的自动送料机构	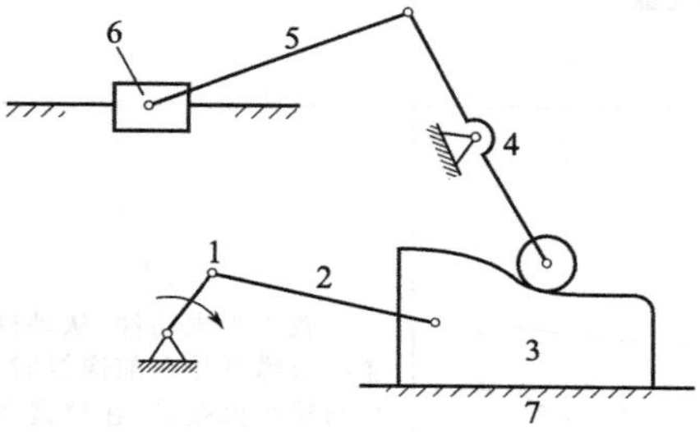 1—曲柄;2,5—连杆;3,6—滑块;4—摆杆;7—机架	该机构的主动曲柄 1 做等速转动,从动滑块 6 按预定的规律运动。该机构由曲柄 1、连杆 2、滑块 3 和机架 7 组成的曲柄滑块机构和由移动滑块 3、摆杆 4 和机架 7 组成的摆动移动凸轮机构及以由摆杆 4、连杆 5、滑块 6 和机架 7 组成的摆杆滑块机构三个串联而成。每一个前置机构的输出件(从动件)都是后继机构的输入件(主动件)
摇床机构	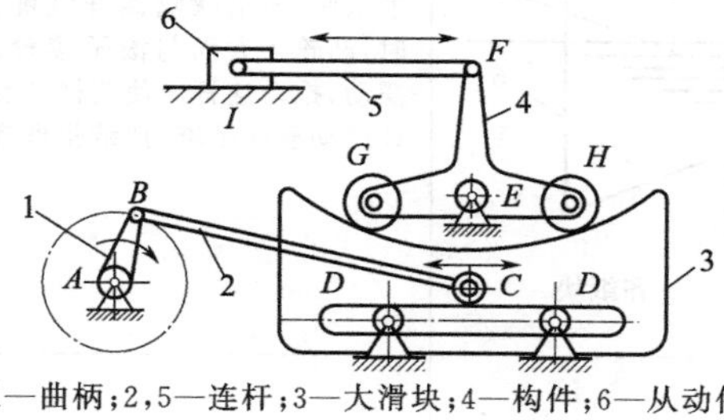 1—曲柄;2,5—连杆;3—大滑块;4—构件;6—从动件	该机构由连杆机构(1、2、3)、移动凸轮机构(3、4、G、H)及摆杆滑块机构(4、5、6)组成。曲柄为主动件,通过连杆 2 使大滑块 3(移动凸轮)做往复直线移动。滚子 G、H 与凸轮廓线接触,使构件 4 绕固定轴 E 摆动,再通过连杆 5 驱动从动件 6 按预定的运动规律往复移动。该机构适用于低速轻负荷的摇床机构或推移机构
丝织机开口机构	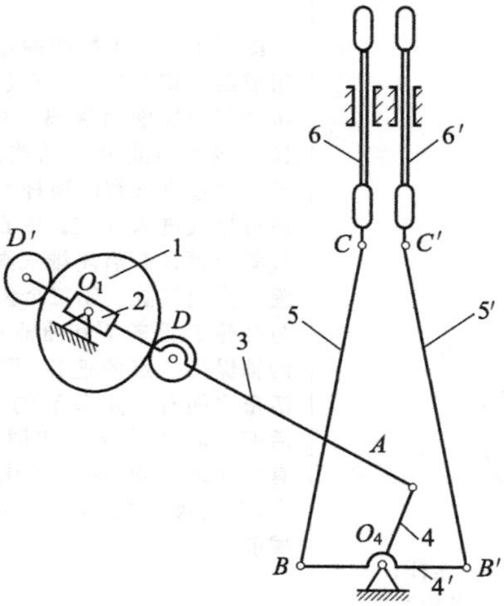 1—等径凸轮;2—导块;3—连杆;4—摇杆;4′—双臂摇杆;5,5′—吊杆;6,6′—控制杆	该机构由等径凸轮(1)、导块机构(2、3、4)和曲柄滑块机构(4′、5、6)组成。当凸轮 1 回转时,推动导块机构连杆 3 上的滚子 D,通过摇杆 4、双臂摇杆 4′及吊杆 5 与 5′,控制杆 6 与 6′做上下升降运动,带动经纱完成开口动作

续表

名称	机构图例	说明
飞机上的高度表	1—膜盒；2—连杆；3—摆杆；4—扇形齿轮；5—齿轮放大装置；6—指针；7—刻度盘	飞机因飞行高度不同，大气压力发生变化，使膜盒 1 与连杆 2 的铰链点 C 右移，通过连杆 2 使摆杆 3 绕轴心 A 摆动，与摆杆 3 相固连的扇形齿轮 4 带动齿轮放大装置 5，从而使指针 6 在刻度盘 7 上指出相应的飞机高度
齐纸机构	1—凸轮；2—拉簧；3，6—摆杆；4—连杆；5—齐纸块	凸轮 1 为主动件，从动件 5 为齐纸块。当递纸吸嘴开始向前递纸时，摆杆 3 上的滚子与凸轮小面接触，在拉簧 2 的作用下，摆杆 3 逆时针摆动，通过连杆 4 带动摆杆 6 和齐块 5 绕 O_1 点逆时针摆动让纸。当递纸吸嘴放下纸张、压纸吹嘴离开纸堆、固定吹嘴吹风时，凸轮 1 大面与滚子接触，摆杆 3 顺时针摆动，推动连杆 4 使摆杆 6 和齐纸块 5 顺时针摆动靠向纸堆，把纸张理齐
内燃机	1—气缸体；2—活塞；3—进气阀；4—排气阀；5—连杆；6—曲轴；7，7′—凸轮；8，8′—顶杆；9，9′，10—齿轮	图所示为一单缸四冲程内燃机，这些杆块组成四个相对独立、又协同动作的部分：①将燃气燃烧推动活塞 2 的往复移动通过连杆 5 转换为曲轴 6 的连续转动。②凸轮 7 转动通过进气阀门顶杆 8 启闭进气阀门，以便可燃气进入气缸。③凸轮 7′转动通过排气阀门顶杆 8′启闭排气阀门，以便燃烧后的废气排出气缸。④三个齿轮 9、9′和 10 分别与凸轮 7、凸轮 7′和曲轴 6 相连，使安装它们的轴保持一定的速比，保证进、排气阀门和活塞之间有一定节奏的动作。当燃气推动活塞运动时，各部分协调动作，进、排气阀门有规律地启闭，加上气化、点火等装置的配合，就把燃气的热能转换为曲轴转动的机械能

续表

<table>
<tr><th>名称</th><th>机构图例</th><th>说明</th></tr>
<tr><td>凸缘曲线设计机构</td><td> 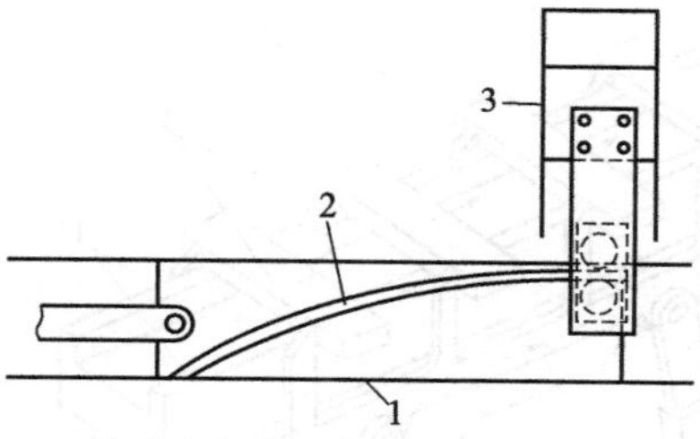1—驱动滑块；2—弯法兰；3—从动滑块</td><td>图为凸缘曲线设计机构。驱动滑块上的曲面凸缘被夹持在两个滚子之间，这两个滚子通过支架被固定到从动滑块上。根据加速或减速的需要来设计凸缘的曲线。此机构可自己完成回程</td></tr>
<tr><td>柴油机柱塞式喷油泵分泵</td><td> 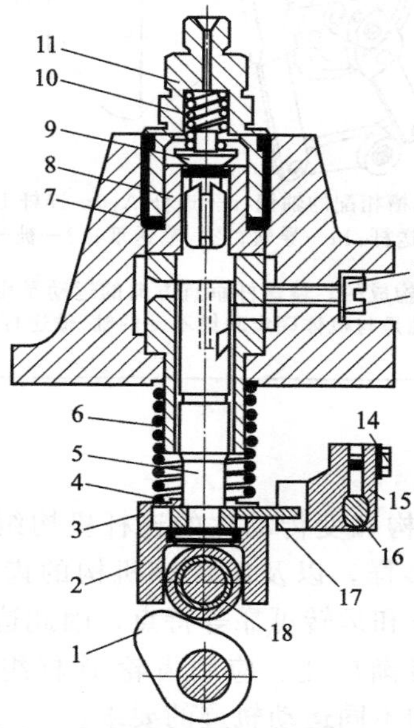1—凸轮；2—挺杆；3—弹簧下座；4—柱塞弹簧；5—柱塞；6—柱塞套；7—铜质密封垫圈；8—出油阀座；9—出油阀；10—出油阀弹簧；11—出油阀压紧座；12—定位螺钉；13—密封垫圈；14—螺钉；15—调节叉；16—供油拉杆；17—调节臂；18—滚轮</td><td>分泵是泵油机构，其数量和柴油机气缸数一致。它主要由柱塞偶件（柱塞 5 和柱塞套 6）、出油阀偶件（出油阀 9 和出油阀座 8）、柱塞弹簧 4 和出油阀弹簧 10 等组成。柱塞下端固定有调节臂 17，用以调节柱塞与柱塞套筒的相对角位置，柱塞和柱塞套筒是一对精密的偶件，两者以 0.001～0.003mm 的间隙高精度配合，经研磨选配，不能互换。柱塞副用耐磨性高的优质合金钢（轴承钢）制成，并进行热处理和时效处理。出油阀也是喷油泵内的精密偶件，它对控制喷油时刻、喷油规律、速度特性等都起着关键的作用。出油阀偶件采用优质合金钢制造，其导孔、上下端面及座孔经过精密的加工和选配研磨，配对以后不能互换。出油阀的圆锥部是阀的轴向密封锥面，阀的尾部在导孔中滑动配合起导向作用，尾部加工有切槽，形成十字形断面，以便使燃油通过。出油阀中部的圆柱面叫减压带，它是阀与孔的径向滑动密封面，与密封锥面间形成了一个减压容积</td></tr>
<tr><td>实现复杂运动规律的凸轮-连杆机构</td><td colspan="2"> 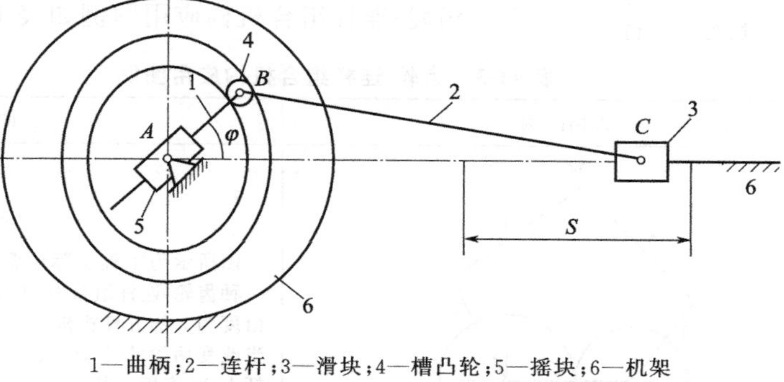1—曲柄；2—连杆；3—滑块；4—槽凸轮；5—摇块；6—机架
图所示为一种结构简单的能实现复杂运动规律的凸轮-连杆组合机构。其基础机构为自由度为 2 的五杆机构，即由曲柄 1、连杆 2、滑块 3、摇块 5 和机架 6 组成，其附加机构为槽凸轮机构，其中槽凸轮 4 固定不动。只要适当地设计凸轮的轮廓曲线，就能使从动滑块 3 按照预定的复杂规律运动</td></tr>
</table>

续表

名称	机构图例	说明
用偏心凸轮和连杆驱动的步进送料机构	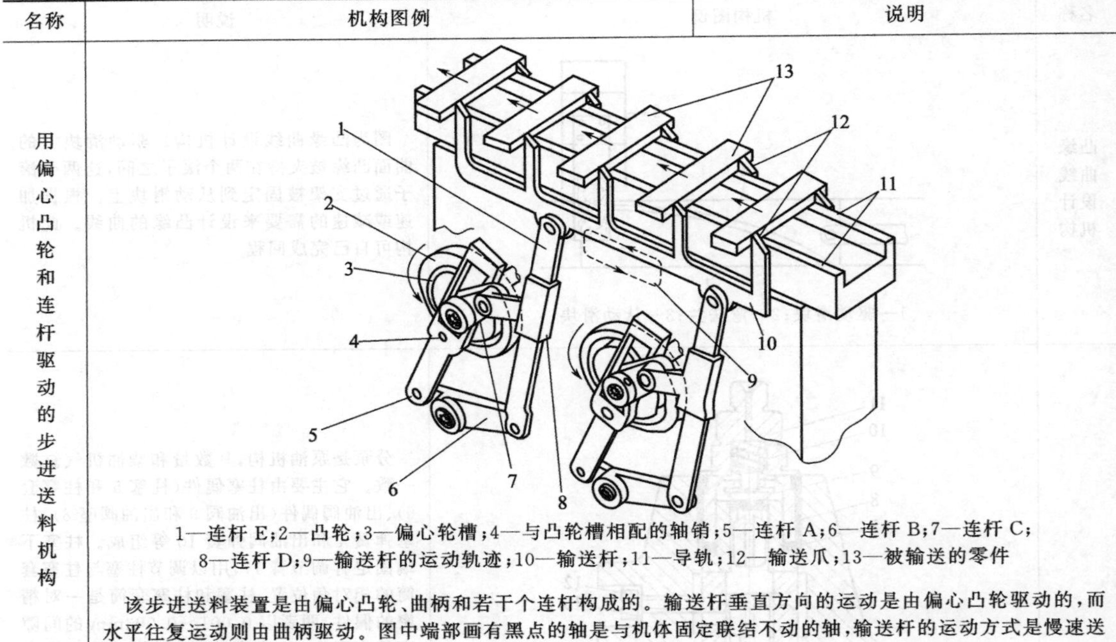 1—连杆 E；2—凸轮；3—偏心轮槽；4—与凸轮槽相配的轴销；5—连杆 A；6—连杆 B；7—连杆 C；8—连杆 D；9—输送杆的运动轨迹；10—输送杆；11—导轨；12—输送爪；13—被输送的零件 该步进送料装置是由偏心凸轮、曲柄和若干个连杆构成的。输送杆垂直方向的运动是由偏心凸轮驱动的，而水平往复运动则由曲柄驱动。图中端部画有黑点的轴是与机体固定联结不动的轴，输送杆的运动方式是慢速送进、快速返回	

11.2.2 齿轮-连杆组合机构应用图例

齿轮-连杆组合机构是由定传动比的齿轮机构和变传动比的连杆机构组合而成，由于其运动特性多种多样，以及组成该机构的齿轮和连杆便于加工、精度易保证和运转可靠等特点，因此这类组合机构在工程实际中应用日渐广泛。应用齿轮-连杆组合机构可以实现多种运动规律和不同运动轨迹的要求。

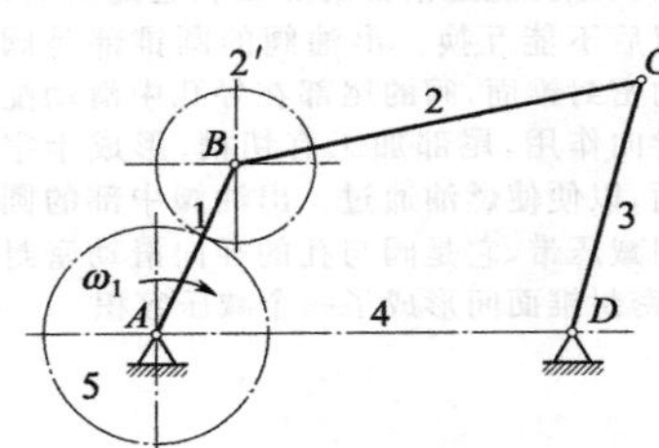

图 11-2 齿轮-连杆组合机构

1—曲柄；2—连杆；2′—行星齿轮；3—摇杆；4—机架；5—齿轮

图 11-2 所示为一典型的齿轮-连杆组合机构。四杆机构 $ABCD$ 的曲柄 AB 上装有行星齿轮 2′和齿轮 5。行星齿轮 2′与连杆 2 固连，而中心轮 5 与曲柄 1 共轴线并可分别自由转动。当主动曲柄 1 以 ω_1 等速回转时，从动件 5 做非匀速转动。齿轮-连杆组合机构应用图例如表 11-3 所示。

表 11-3 齿轮-连杆组合机构应用图例

名称	机构图例	说明
实现复杂运动轨迹的齿轮-连杆组合机构	M、1、2、3、4、5 1～5—杆件	图所示为工程实际中常用来实现复杂运动轨迹的一种齿轮-连杆组合机构，它是由定轴轮系 1、4、5 和自由度为 2 的五杆机构 1、2、3、4、5 经复合式组合而成。当改变两轮的传动比、相对相位角和各杆长度时，连杆上 M 点即可描绘出不同的运动轨迹

续表

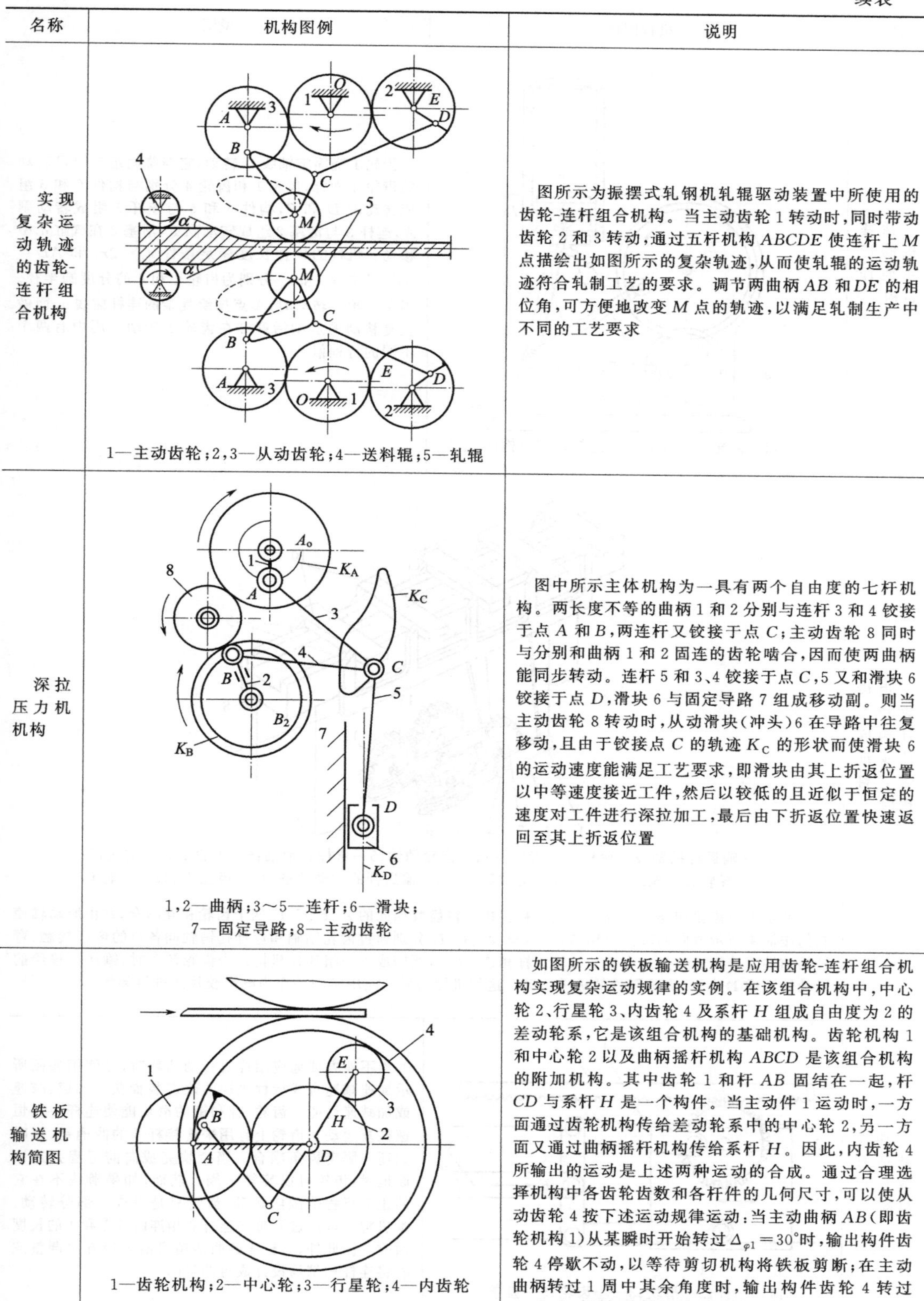

名称	机构图例	说明
实现复杂运动轨迹的齿轮-连杆组合机构	1—主动齿轮；2，3—从动齿轮；4—送料辊；5—轧辊	图所示为振摆式轧钢机轧辊驱动装置中所使用的齿轮-连杆组合机构。当主动齿轮 1 转动时，同时带动齿轮 2 和 3 转动，通过五杆机构 $ABCDE$ 使连杆上 M 点描绘出如图所示的复杂轨迹，从而使轧辊的运动轨迹符合轧制工艺的要求。调节两曲柄 AB 和 DE 的相位角，可方便地改变 M 点的轨迹，以满足轧制生产中不同的工艺要求
深拉压力机机构	1，2—曲柄；3～5—连杆；6—滑块；7—固定导路；8—主动齿轮	图中所示主体机构为一具有两个自由度的七杆机构。两长度不等的曲柄 1 和 2 分别与连杆 3 和 4 铰接于点 A 和 B，两连杆又铰接于点 C；主动齿轮 8 同时与分别和曲柄 1 和 2 固连的齿轮啮合，因而使两曲柄能同步转动。连杆 5 和 3、4 铰接于点 C，5 又和滑块 6 铰接于点 D，滑块 6 与固定导路 7 组成移动副。则当主动齿轮 8 转动时，从动滑块（冲头）6 在导路中往复移动，且由于铰接点 C 的轨迹 K_C 的形状而使滑块 6 的运动速度能满足工艺要求，即滑块由其上折返位置以中等速度接近工件，然后以较低的且近似于恒定的速度对工件进行深拉加工，最后由下折返位置快速返回至其上折返位置
铁板输送机构简图	1—齿轮机构；2—中心轮；3—行星轮；4—内齿轮	如图所示的铁板输送机构是应用齿轮-连杆组合机构实现复杂运动规律的实例。在该组合机构中，中心轮 2、行星轮 3、内齿轮 4 及系杆 H 组成自由度为 2 的差动轮系，它是该组合机构的基础机构。齿轮机构 1 和中心轮 2 以及曲柄摇杆机构 $ABCD$ 是该组合机构的附加机构。其中齿轮 1 和杆 AB 固结在一起，杆 CD 与系杆 H 是一个构件。当主动件 1 运动时，一方面通过齿轮机构传给差动轮系中的中心轮 2，另一方面又通过曲柄摇杆机构传给系杆 H。因此，内齿轮 4 所输出的运动是上述两种运动的合成。通过合理选择机构中各齿轮齿数和各杆件的几何尺寸，可以使从动齿轮 4 按下述运动规律运动：当主动曲柄 AB（即齿轮机构 1）从某瞬时开始转过 $\Delta_{\varphi 1}=30°$ 时，输出构件齿轮 4 停歇不动，以等待剪切机构将铁板剪断；在主动曲柄转过 1 周中其余角度时，输出构件齿轮 4 转过 240°，这时刚好将铁板输送到所要求的长度

续表

名称	机构图例	说明
活塞机的齿轮连杆机构	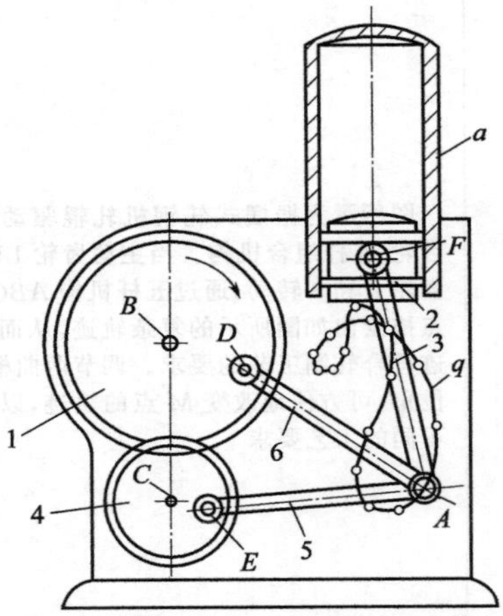 1,4—齿轮;2—活塞;3—连杆;5,6—构件	齿轮1绕固定轴线B转动,它与绕固定轴线C转动的齿轮4啮合,齿轮1和齿轮4分别与构件6和5组成转动副D和E,构件6和5与连杆3组成转动副A,连杆3与活塞2组成转动副F,活塞2在气缸a中移动。机构的构件长度满足条件$r_1=2r_4$和$AD=AE$,式中,r_1和r_4分别为齿轮1和4的分度圆半径。当主动轮1转动时,A点描绘复杂的连杆曲线q,而做往复移动的从动活塞2在齿轮1转动一周中有两个不同的行程值
由齿轮和连杆构成的步进送料机构	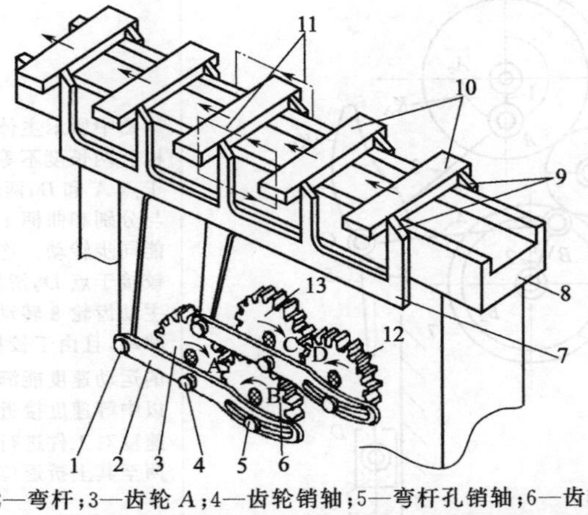 1—输送杆销轴;2—弯杆;3—齿轮A;4—齿轮销轴;5—弯杆孔销轴;6—齿轮B;7—输送杆;8—导轨;9—输送爪;10—被输送的零件;11—输送杆的运动轨迹;12—齿轮D;13—齿轮C 图所示为由齿轮和连杆构成的步进送料机构。将齿数相同的A、B、C、D四个齿轮相互啮合,并由原动轴使它们按箭头所示方向回转。齿轮A、B以及齿轮C、D分别通过齿轮销轴和弯杆孔销轴同各自的弯杆接触,弯杆的前端再分别通过另一个销轴与输送杆相连,这样,便构成了一组连杆机构。当齿轮转动时,输送杆描绘的运动轨迹成D字形,完成零件的送进运动。这种机构的另一应用实例是作为电影胶片的进给装置	
加速减速直线行程机构	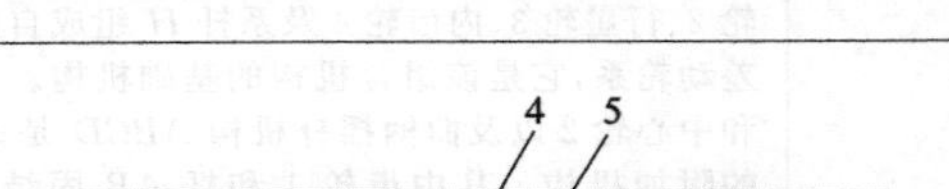 1,4,6—杆;2—滑块;3—小齿轮;5—齿条	当不能方便地应用普通转动凸轮时,可使用如图所示加速减速直线行程机构的改进装置获得加速、减速或加减速性能。齿轮、轴和销的滑块能使连杆1以恒速往复运动。齿轮上有用来连接杆4的曲柄销,同时它还与固定齿条啮合。当滑块完成向前行程并返回原地时,齿轮可以旋转一周。然而,如果滑块不在它的正常行程范围内运动,齿轮只是完成一部分转动。本机构可以通过调整与连杆6相连的杆1和4的长度而改变。此外,连杆4的曲柄销可沿半径方向调整或者将连杆和销均设计成可调整的

11.2.3 凸轮-齿轮组合机构应用图例

凸轮-齿轮组合机构多是由自由度为 2 的差动轮系和自由度为 1 的凸轮机构组合而成。其中，差动轮系为基础机构，凸轮机构为附加机构，即用凸轮机构将差动轮系的两个自由度约束掉一个，从而形成自由度为 1 的机构系统。

应用凸轮-齿轮组合机构可使其从动件实现多种预定的运动规律的回转运动，例如具有任意停歇时间或任意运动规律的间歇运动，以及机械传动校正装置中所要求的一些特殊规律的补偿运动等。

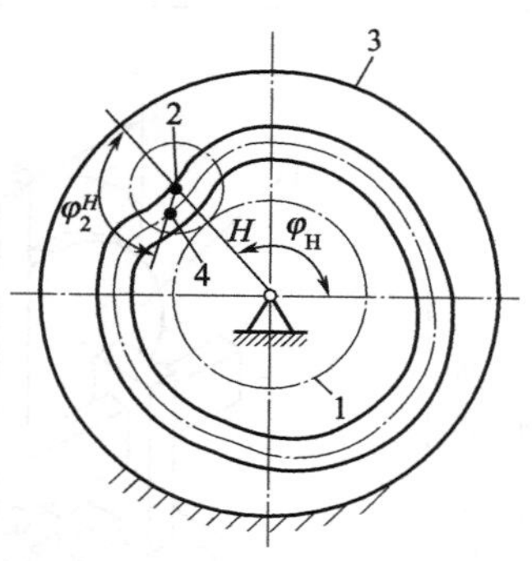

图 11-3　凸轮-齿轮组合机构
1—中心轮；2—行星齿轮；
3—凸轮；4—转子

图 11-3 所示为一种简单差动轮系和凸轮的组合机构。系杆 H 为主动件，中心轮 1 为从动件。凸轮 3 固定不动，转子 4 装在行星齿轮 2 上并嵌在凸轮槽中。当系杆 H 等速回转时，凸轮槽迫使行星轮 2 与系杆 H 之间产生一定的相对运动，如图中所示的 φ_2^H 角，从而使从动件 1 实现所需的运动规律。凸轮-齿轮组合机构应用图例如表 11-4 所示。

表 11-4　凸轮-齿轮组合机构应用图例

名称	机构图例	说明
可在运转过程中调节动作时间的凸轮机构	1—凸轮；2—凸轮轴；3—微动开关；4—微动开关支架；5—动作时间调节蜗轮；6—蜗轮的轴向锁圈；7—动作时间调节蜗杆	如图所示，凸轮 1 转动时，其凸起部分使微动开关接通或断开，如果微动开关相对于凸轮凸起部分的位置改变，那么，微动开关的动作时间也可改变 现在，如果使与蜗轮相啮合的蜗杆 7 转动，那么，通过蜗杆、微动开关支架，就可对微动开关相对于凸轮的动作时间进行无级调整予以改变。这种调节，可以在凸轮运转过程中任意进行改变 应用实例：用于凸轮程序控制装置
纺丝机的卷绕机构	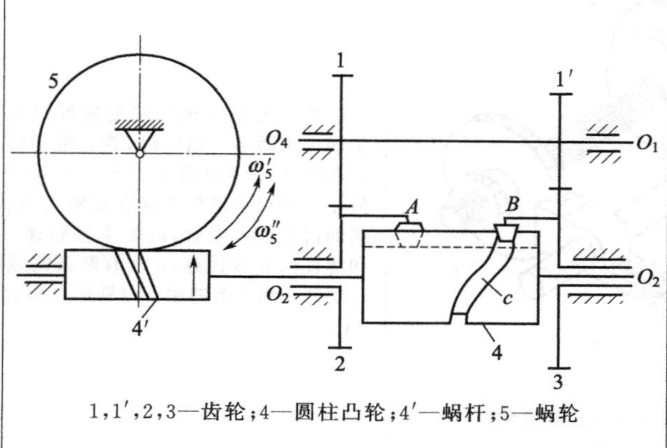 1，1′，2，3—齿轮；4—圆柱凸轮；4′—蜗杆；5—蜗轮	当主动轴 O_1 连续回转时，圆柱凸轮 4 及与其固结的蜗杆 4′将做转动兼移动的复合运动，从而传动蜗轮 5；蜗杆 4′的等角速转动使蜗轮 5 以 ω_5' 等角速转动，蜗杆 4′的变速移动使蜗轮 5 以 ω_5'' 变角速转动，该从动蜗轮的运动为两者的合成而做时快时慢的变角速转动，以满足纺丝卷绕工艺的要求。固结在主动轴 O_1 上的齿轮 1 和 1′，分别将运动传给空套在轴 O_2 上的齿轮 2 和 3；齿轮 2 上的凸销 A 嵌于圆柱凸轮 4 的纵向直槽中，带动圆柱凸轮 4 一起回转，并允许其沿轴向有相对位移；齿轮 3 上的滚子 B 装在圆柱凸轮 4 的曲线槽 c 中；由于齿轮 2 和齿轮 3 的转速有差异，所以滚子 B 在槽 c 内将发生相对运动，使圆柱凸轮 4 沿轴 O_2 移动

续表

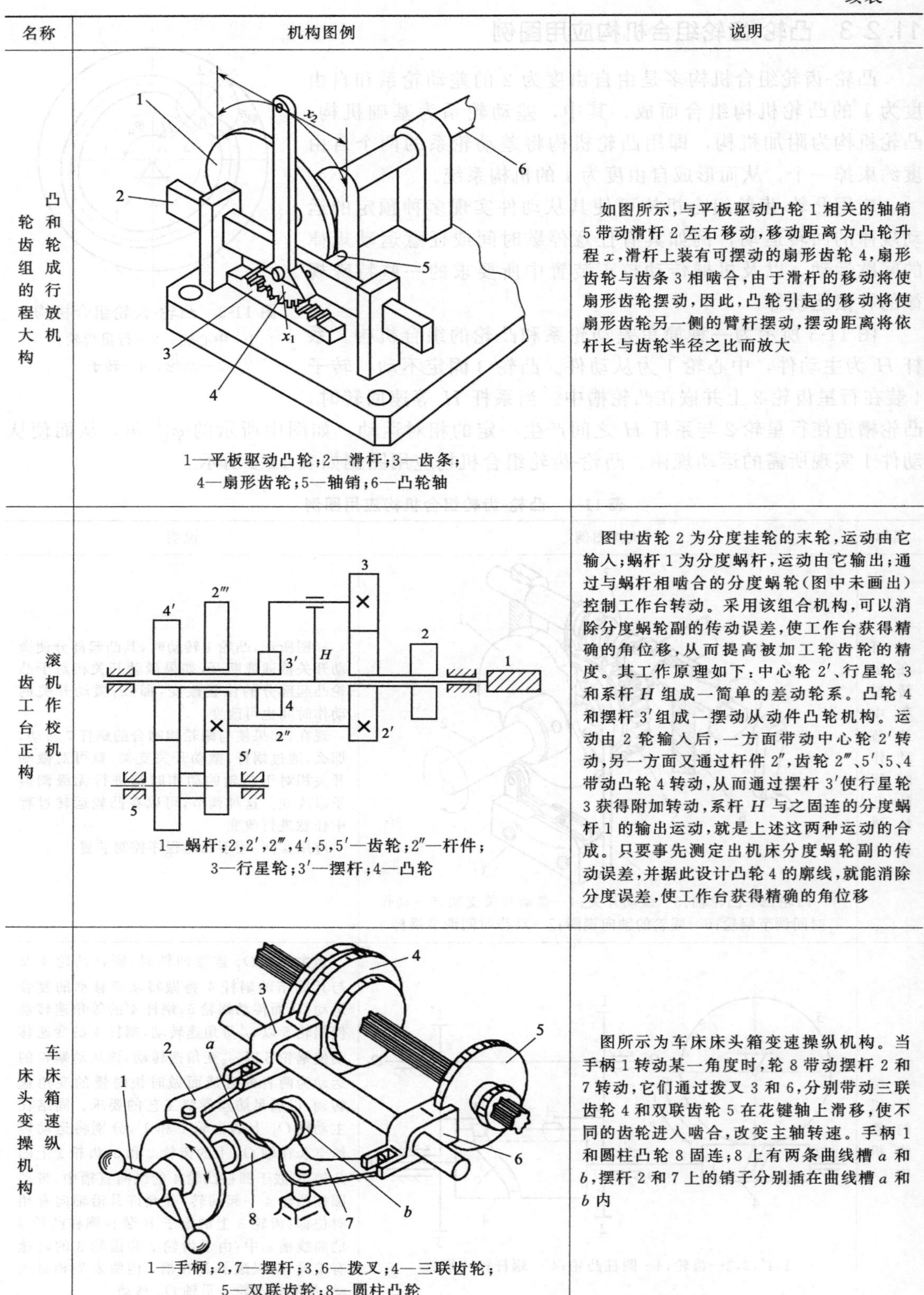

名称	机构图例	说明
凸轮和齿轮组成的行程放大机构	1—平板驱动凸轮；2—滑杆；3—齿条； 4—扇形齿轮；5—轴销；6—凸轮轴	如图所示，与平板驱动凸轮1相关的轴销5带动滑杆2左右移动，移动距离为凸轮升程 x，滑杆上装有可摆动的扇形齿轮4，扇形齿轮与齿条3相啮合，由于滑杆的移动将使扇形齿轮摆动，因此，凸轮引起的移动将使扇形齿轮另一侧的臂杆摆动，摆动距离将依杆长与齿轮半径之比而放大
滚齿机工作台校正机构	1—蜗杆；2，2′，2‴，4′，5，5′—齿轮；2″—杆件； 3—行星轮；3′—摆杆；4—凸轮	图中齿轮2为分度挂轮的末轮，运动由它输入；蜗杆1为分度蜗杆，运动由它输出；通过与蜗杆相啮合的分度蜗轮(图中未画出)控制工作台转动。采用该组合机构，可以消除分度蜗轮副的传动误差，使工作台获得精确的角位移，从而提高被加工轮齿轮的精度。其工作原理如下：中心轮2′、行星轮3和系杆 H 组成一简单的差动轮系。凸轮4和摆杆3′组成一摆动从动件凸轮机构。运动由2轮输入后，一方面带动中心轮2′转动，另一方面又通过杆件2″，齿轮2‴、5′、5、4带动凸轮4转动，从而通过摆杆3′使行星轮3获得附加转动，系杆 H 与之固连的分度蜗杆1的输出运动，就是上述这两种运动的合成。只要事先测定出机床分度蜗轮副的传动误差，并据此设计凸轮4的廓线，就能消除分度误差，使工作台获得精确的角位移
车床床头箱变速操纵机构	1—手柄；2，7—摆杆；3，6—拨叉；4—三联齿轮； 5—双联齿轮；8—圆柱凸轮	图所示为车床床头箱变速操纵机构。当手柄1转动某一角度时，轮8带动摆杆2和7转动，它们通过拨叉3和6，分别带动三联齿轮4和双联齿轮5在花键轴上滑移，使不同的齿轮进入啮合，改变主轴转速。手柄1和圆柱凸轮8固连；8上有两条曲线槽 a 和 b，摆杆2和7上的销子分别插在曲线槽 a 和 b 内

续表

名称	机构图例	说明
机械厂加工用的送料机	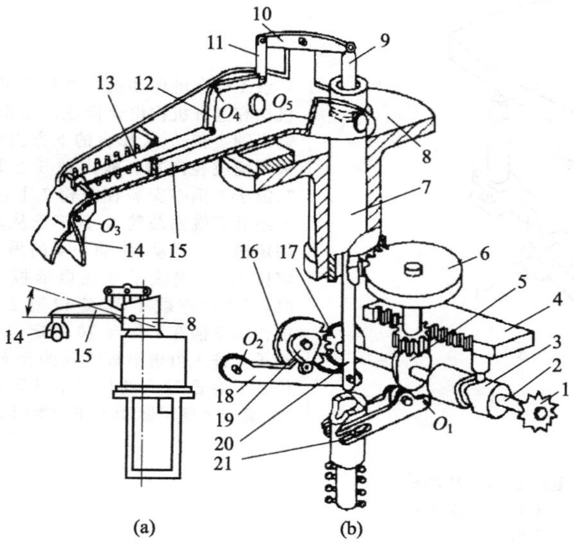 (a)　(b) 1—链轮；2—分配轴；3—圆柱凸轮；4—齿条；5,19—盘形凸轮；6,16,17—齿轮；7—圆筒；8—座；9～12,18,21—杆件；13,20—连杆；14—手指；15—大臂	图所示为机械厂加工用的送料机，它是模拟人工操作的动作而设计的一种专用机械手，代替人工，完成一定的动作。它的动作顺序是：手指夹料；手臂上摆；手臂回转一角度；手臂下摆；手指张开放料；手臂再上摆、反转、下摆、复原。其外形如图(a)所示。图(b)为机械传动图，电动机通过减速装置减速后(此部分图中未画出)，带动分配轴 2 上的链轮 1 转动。分配轴 2 上的齿轮 17 与齿轮 16 相啮合，把转动传给盘形凸轮 19，使杆 18 绕固定轴 O_2 摆动。杆 18 带动连杆 20，并通过杆 9、10、11、12 和连杆 13，使夹紧工件的手指 14 张开。连杆 20 与杆 9 之间可以相对转动。手指 14 的复位夹紧由弹簧实现。同时，分配轴 2 上的盘形凸轮 5 的转动，通过杆 21 和圆筒 7 可使大臂 15 绕 O_3 轴上下摆动(O_3 轴支承在座 8 上)。此外，圆柱凸轮 3 通过齿条 4 和齿轮传动使座 8 做往复回转
采用凸轮和齿轮的间歇回转机构	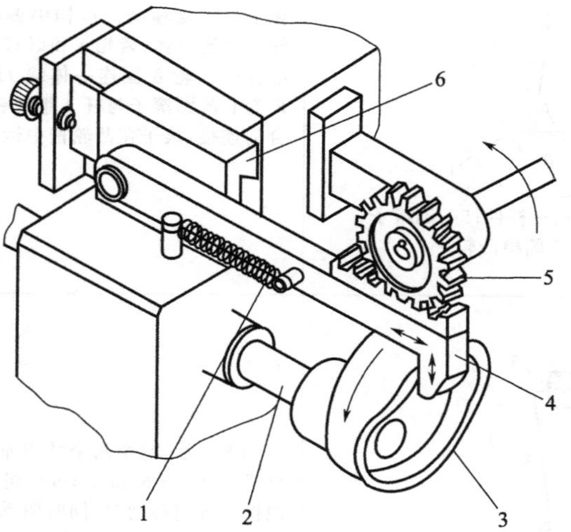 1—齿条杆复位弹簧；2—凸轮轴；3—偏心端面凸轮；4—齿条杆；5—间歇转动齿轮；6—滑动燕尾槽	图所示为采用凸轮和齿轮的间歇回转机构。借助燕尾槽 6 和支承轴的作用，齿条杆 4 既可以滑动，其头部又可以做上下运动。偏心端面凸轮 3 的作用是使齿条杆产生上述滑动及上下运动 当偏心端面凸轮旋转时，由于凸轮偏心的作用，使齿条杆向上运动，当齿条与齿轮啮合之后，在齿条杆从左向右移动过程中，使齿轮转动。接着，凸轮的偏心方向转到下方，齿条杆也随之落下，使齿条与齿轮脱开啮合

11.2.4　其他组合机构应用图例

其他组合机构应用图例见表 11-5。

表 11-5　其他组合机构应用图例

名称	机构图例	说明
间隙回转工作台	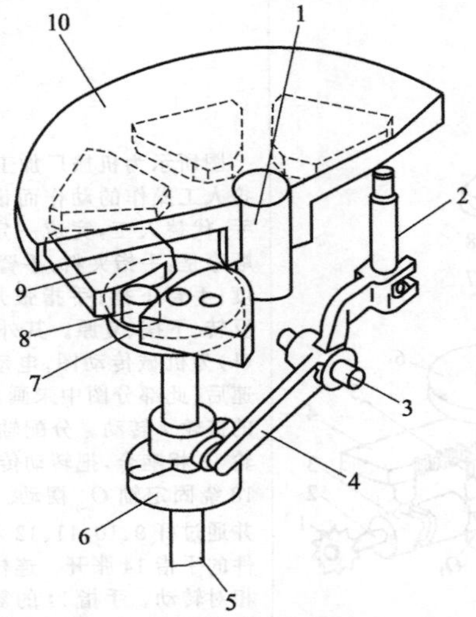 1—输送轴；2—定位销；3—固定销轴；4—从动件；5—输入轴；6—端面凸轮；7—圆轮；8—滚子；9—扇形板；10—工作台	该工作台的传动机构由凸轮机构、槽轮机构和连杆机构组合而成。工作台 10 绕输出轴 1 转动，工作台的下方由若干扇形板 9 组成径向槽。输入轴 5 上装有圆轮 7，滚子 8 偏心安装在圆轮 7 上；输入轴 5 上还装有端面凸轮 6，其滚子从动件 4 绕固定销轴 3 摆动；从动件 4 的另一端装有定位销 2。当滚子 8 在扇形板 9 外空转时，工作台停歇不动，定位销 2 在凸轮 6 的作用下插在工作台 10 的定位孔中。当滚子 8 进入由扇形板组成的径向槽时，定位销 2 在凸轮 6 的作用下从定位孔中脱出，滚子 8 便可驱动工作台继续分度转位
小型压力机构	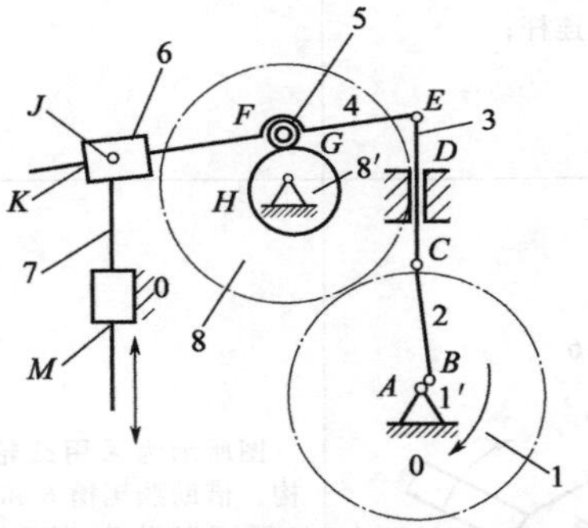 1,8—齿轮；1′—偏心轮；2,3—连杆；4—杆件；5—圆滚子；6—滑块；7—压头；8′—偏心圆槽凸轮	如图所示，主动件是以 B 为圆心的偏心轮，绕轴心 A 回转。输出构件是压头 7，做上下往复移动。机构中偏心轮 1′和齿轮 1 固连一体；齿轮 8 和以 G 为圆心的偏心圆槽凸轮 8′固连一体绕 H 轴转动；以 F 为心的圆滚子与杆 4 组成销、孔活动配合的连接，滚子在凸轮槽中运动
糖果包装推料机构	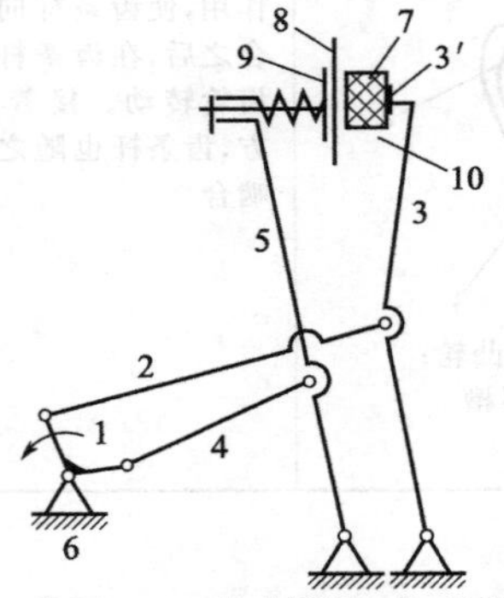 1—曲柄；2,4—连杆；3,5—从动摇杆；3′—推糖板；6—机架；7—糖块；8—包糖纸；9—接糖板；10—输送带	如图所示，它由两个并列布置的曲柄摇杆机构 1-2-3-6 和 1-4-5-6 组成。当公共曲柄 1 等速转动时，同时驱动两从动摇杆 3 和 5，使推糖板 3′与接糖板 9 将输送带 10 上的糖块 7 以及包糖纸 8 夹紧，并将它们向左送入工序盘内(图中未标出)

续表

名称	机构图例	说明
梳毛机堆毛板传动机构	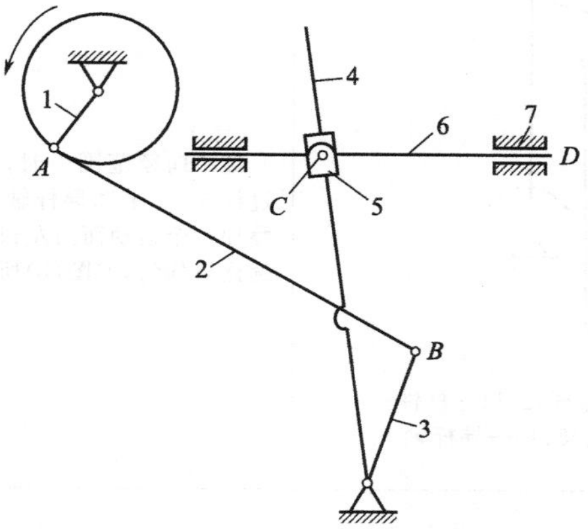 1—曲柄；2—连杆；3—摇杆；4—导杆；5—滑块；6—从动件；7—机架	该机构由曲柄摇杆机构 1、2、3、7 与导杆滑块机构 4、5、6、7 组成。导杆 4 与摇杆 3 固接，曲柄 1 为主动件，从动件 6 往复移动。主动件 1 的回转运动转换为从动件 6 的往复移动。如果采用曲柄滑块机构来实现，则滑块的行程受到曲柄长度的限制。而该机构在同样曲柄长度条件下能实现滑块的大行程
横包式香烟包装堆烟机构	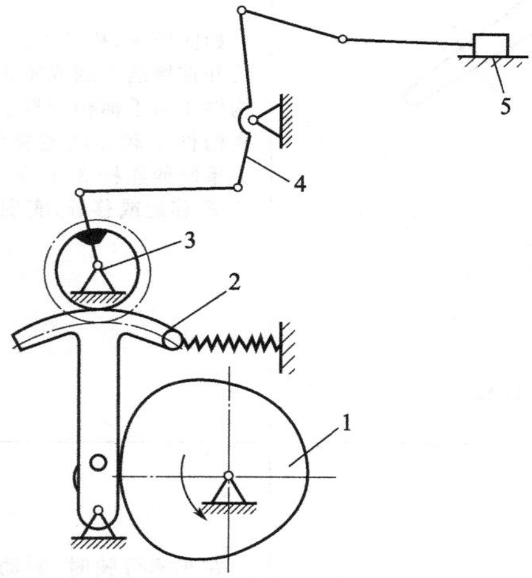 1—凸轮；2，4—摆杆；3—齿轮；5—推板	如图所示，凸轮 1 为主动件，摆杆 2 上设置扇形圆弧，与齿轮 3 啮合。当凸轮 1 转动时，通过扇形齿弧（摆杆 2）与齿轮 3 及摆杆 4 等构件的运动使推板 5 按一定的运动规律往复移动。其中齿轮、连杆机构主要是用于放大推板行程，所需的放大比例可根据实际需要确定
开关炉子加料阀门机构	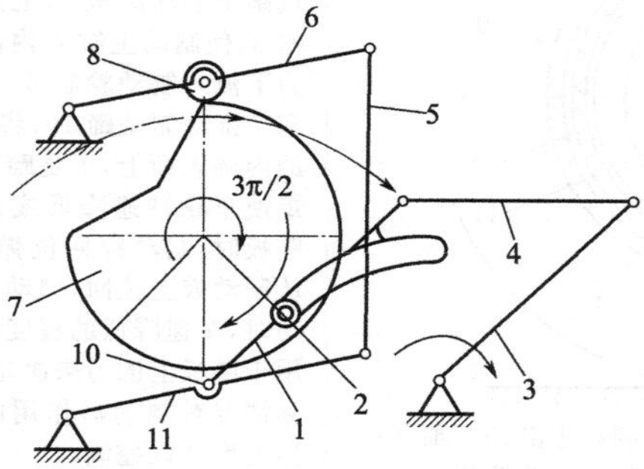 (a)	该机构由凸轮机构 6、7、8 和两个连杆机构 6、5、11 和 1、4、3 组成，9 为机架。当主动凸轮 7 转动时，通过 7 上的曲柄销 2 在导杆 1 的导槽中运动，带动导杆 1、连杆 4 使摇杆 3 往复摆动。当凸轮向径不变时，摆杆 6 处于远停程，杆 5、11 和导杆轴 10 均静止不动，杆 3 向右慢速摆动到右极限位置，如图(a)所示，当凸轮 7 转动到

续表

名称	机构图例	说明
开关炉子加料阀门机构	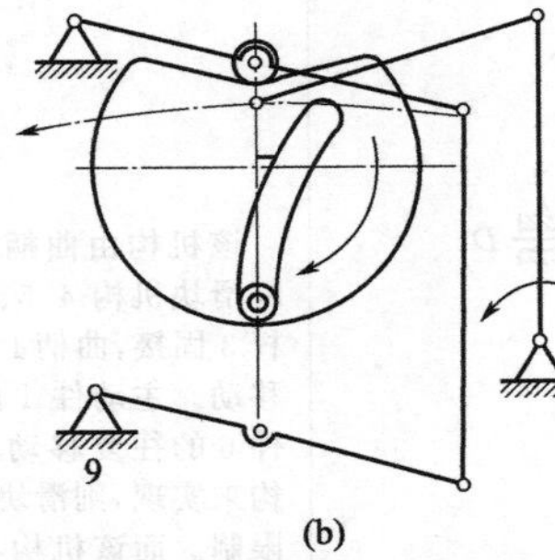 (b) 1—导杆;2—曲柄销;3—摇杆;4—连杆;5,11—杆件;6—摆杆;7—凸轮;8—滚子;9—机架;10—导杆轴	最小向径范围内时,摆杆 6 摆动,并通过杆 5、11 带动导杆轴 10,从而使杆 3 又叠加一个运动而向左快速返回,且运动速度比较均匀,如图(b)所示
穿孔机构	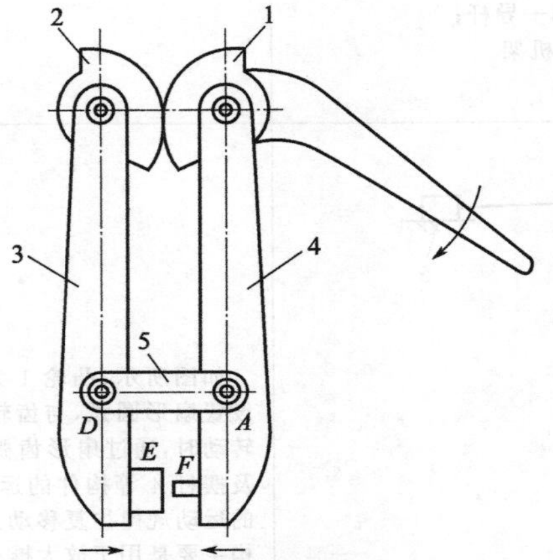 1,2—凸轮齿轮机构;3,4—连杆	如图所示,构件 1、2 为具有凸轮轮廓曲线并在廓线上制成轮齿的凸轮齿轮构件。构件 1 与手柄相固接。当操纵手柄时,依靠构件 1 和 2 凸轮廓线上轮齿相啮合的关系驱使连杆 3、4 分别绕 D、A 摆动,使 E、F 移近或移开,实现穿孔的动作
叉车制动装置	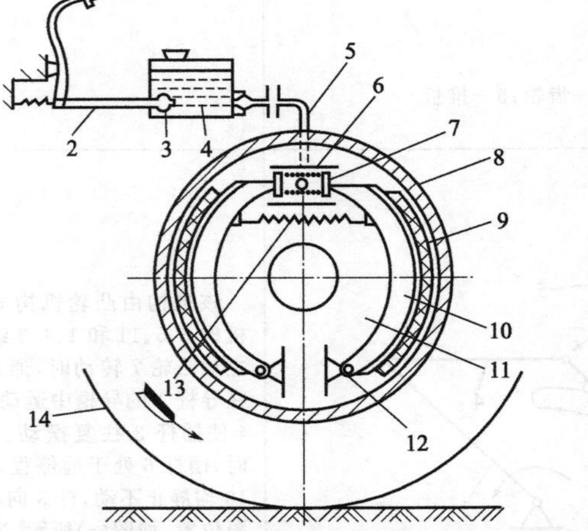 1—制动踏板;2—推杆;3—主缸活塞;4—制动主缸;5—轴管;6—制动轮缸;7—轮缸活塞;8—制动鼓;9—摩擦片;10—制动蹄;11—制动底板;12—支承销;13—制动蹄回位弹簧;14—车轮	在车辆行驶时,制动装置不工作,与车轮 14 链接在一起的制动鼓 8 的内表面与制动蹄摩擦片之间存在一定的间隙,使车轮和制动鼓可以自由旋转。当制动时司机踏下制动踏板 1,通过推杆 2 和主缸活塞 3,使制动主缸 4 内的制动液在一定压力下流入制动轮缸 6,并通过它的两个活塞 7 推动制动蹄 10,将其压紧在制动鼓 8 的内圆表面上,于是蹄和鼓间产生摩擦力矩使车轮转速降低或停车。当放开制动踏板时,制动蹄回位弹簧 13 则把制动蹄从制动鼓上拉回,制动作用即行停止。制动时,车速降低的程度和快慢由驾驶员作用于踏板上的力来决定,驾驶员可根据实际情况对制动器作用的时间和作用的猛烈程度加以控制

续表

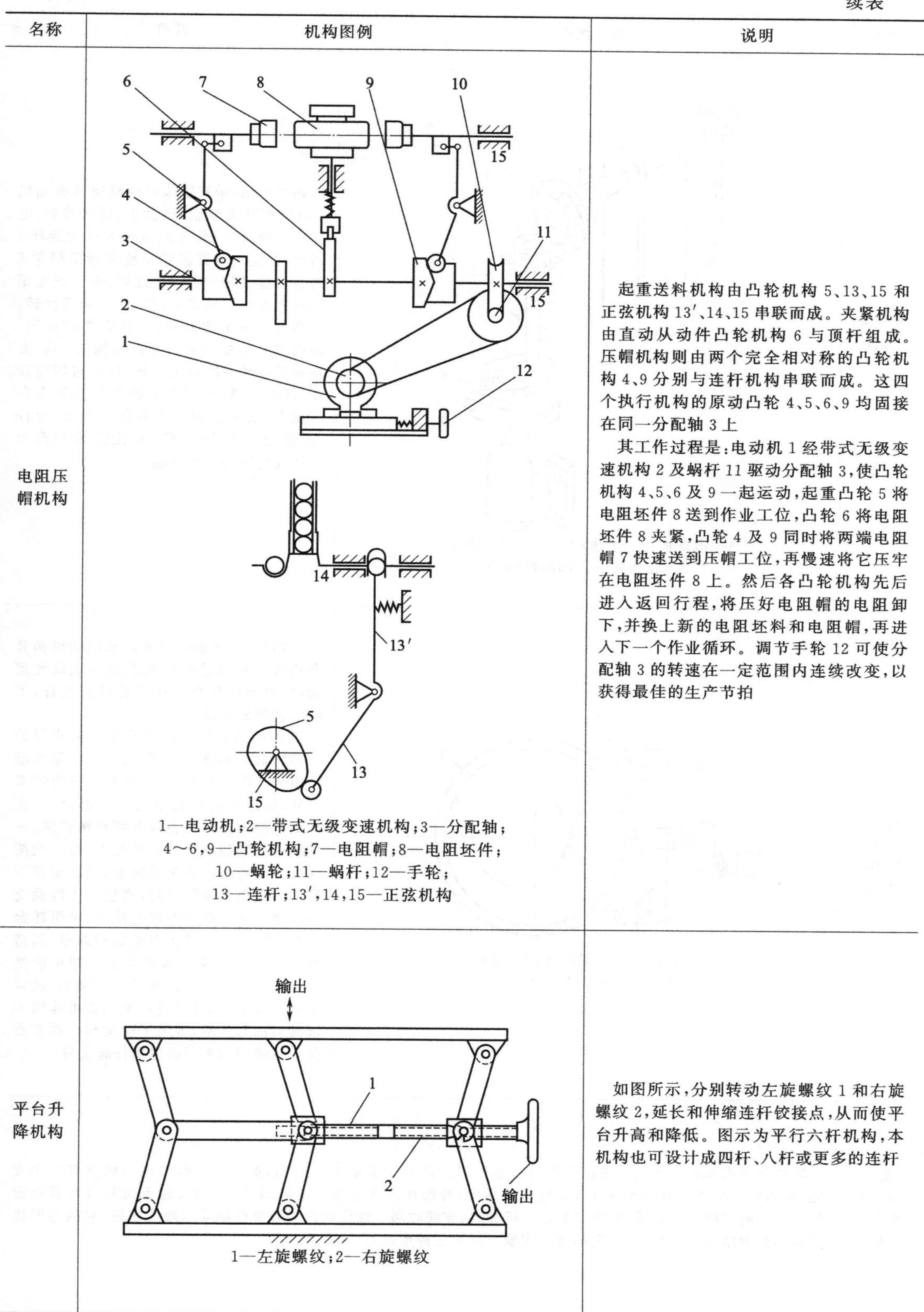

名称	机构图例	说明
电阻压帽机构	1—电动机；2—带式无级变速机构；3—分配轴；4～6，9—凸轮机构；7—电阻帽；8—电阻坯件；10—蜗轮；11—蜗杆；12—手轮；13—连杆；13′，14，15—正弦机构	起重送料机构由凸轮机构 5、13、15 和正弦机构 13′、14、15 串联而成。夹紧机构由直动从动件凸轮机构 6 与顶杆组成。压帽机构则由两个完全相对称的凸轮机构 4、9 分别与连杆机构串联而成。这四个执行机构的原动凸轮 4、5、6、9 均固接在同一分配轴 3 上 其工作过程是：电动机 1 经带式无级变速机构 2 及蜗杆 11 驱动分配轴 3，使凸轮机构 4、5、6 及 9 一起运动，起重凸轮 5 将电阻坯件 8 送到作业工位，凸轮 6 将电阻坯件 8 夹紧，凸轮 4 及 9 同时将两端电阻帽 7 快速送到压帽工位，再慢速将它压牢在电阻坯件 8 上。然后各凸轮机构先后进入返回行程，将压好电阻帽的电阻卸下，并换上新的电阻坯料和电阻帽，再进入下一个作业循环。调节手轮 12 可使分配轴 3 的转速在一定范围内连续改变，以获得最佳的生产节拍
平台升降机构	1—左旋螺纹；2—右旋螺纹	如图所示，分别转动左旋螺纹 1 和右旋螺纹 2，延长和伸缩连杆铰接点，从而使平台升高和降低。图示为平行六杆机构，本机构也可设计成四杆、八杆或更多的连杆

续表

名称	机构图例	说明
卷烟卸盘机	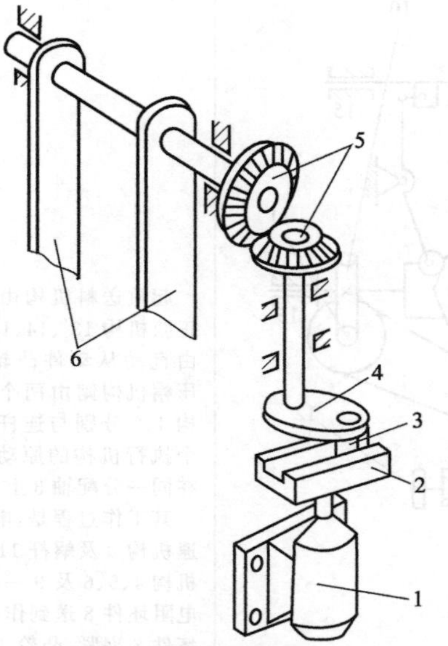 1—电动机；2—滑槽；3—滚子；4—摆杆；5—锥齿轮；6—卸盘机械手	如图所示，带有摆线针轮减速的电动机1由行程开关控制，可做正、反向转动；电动机正转时，经滑槽2、滚子3推动摆杆4转动，并经一对锥齿轮5使卸盘机械手6将卷烟盘（图上未表示）反转180°，把卷烟卸到上方的供料道上；稍后，电动机反转，使卸盘机械手摆回原位，并将烟盘带回。该机构中主要用转动导杆机构（2-3-4）实现卸盘机械手的变速回转，启动时转速较慢，逐渐加速，使烟盘中的卷烟能紧靠在烟盘上，以免在翻转中散落。但是，导杆（滑槽）2做主动时，有死点位置，所以滑槽的转动范围要受到限制
绳索牵引式回转驱动机构	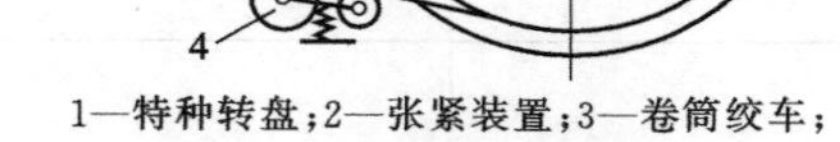 1—特种转盘；2—张紧装置；3—卷筒绞车；4—导向滑轮；5—牵引绳	如图所示，绳索牵引式回转驱动机构是利用绞车并通过牵引绳索来实现回转运动的，驱动绞车布置在回转部分之外，不随回转部分回转 这种形式的回转驱动机构由大直径的特种转盘1、绞车3、牵引绳5三个基本部分组成。特种转盘是一个大直径的绳索滑轮，固定装配在起重机回转部分上，在转盘上按相反方向卷绕着两根钢丝绳，一端通过张紧装置固定在转盘上，另一端按相反方向卷绕在绞车卷筒上，当绞车按不同方向驱动绳索卷筒时，两根牵引绳就交替地绕上卷筒或从卷筒上放出，牵引转盘实现回转运动。其优点是结构简单，制造和装拆比较方便。其缺点是回转角度受到绕在转盘上牵引绳索长度的限制，通常不超过400°，因此只适用于不要求连续多周旋转的起重机，多用于建筑和一些起重量大且使用频率不高的桅杆起重机
轮式起重机支腿伸缩机构	轮式起重机都装有支腿。支腿的作用是增大起重机的支承基底，提高起重能力。起重机一般装有四个支腿，前后左右分置。有些支腿可以单独调节高度，补偿作业场地地面的倾斜不平，增大起重机的抗倾覆稳定性。工作时支腿外伸着地，起重机抬起。行驶时，支腿收回。现代的汽车起重机都采用液压支腿，它的主要优点是结构紧凑，操作简便。常见的液压支腿有以下三种形式	

续表

名称		机构图例	说明
轮式起重机支腿伸缩机构	蛙式支腿	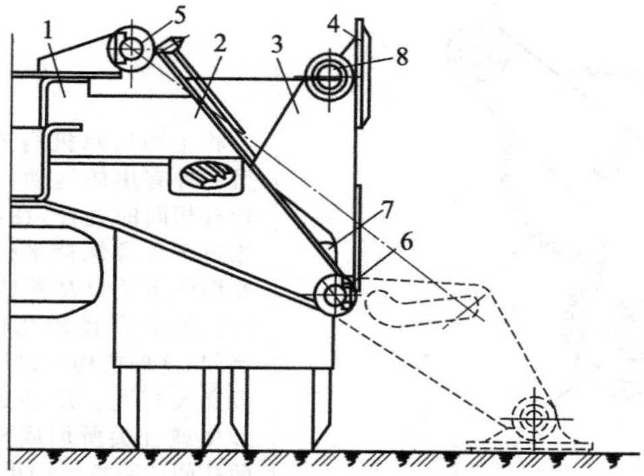 1—车架；2—固定支腿；3—活动支腿；4—活动撑脚；5～8—销轴	这种支腿因其外形和动作特征与青蛙相似而得名，每个支腿的伸缩只需一个油缸。图所示为 QY8 型汽车起重机，3t 随车起重机采用的支腿。固定支腿 2 与车架 1 焊在一起，下脚以销轴 6 铰接活动支腿 3，活动支腿的下脚铰接撑脚 4，支腿油缸以销轴铰接在固定支胆的上脚，活塞杆下端的销轴 8 穿在活动支腿的月型槽孔中 蛙式支腿结构简单，油缸数量少（一腿一缸），重量轻。由于受到支腿摇臂尺寸的限制，支腿跨距的大小有限，而且每个支腿在高度上单独调节困难，不易保证车架水平，这种支腿只在小吨位起重机上使用
	H 型支腿	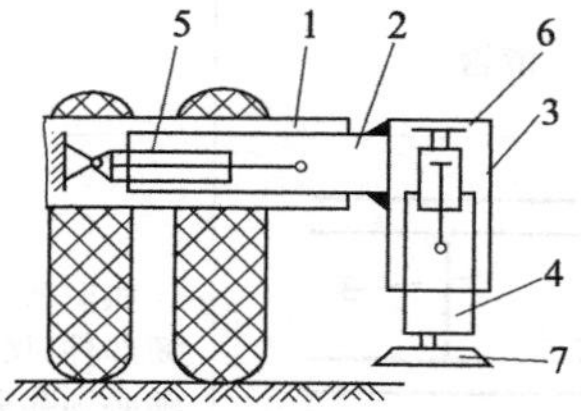 1—固定梁；2—活动梁；3—立柱外套；4—立柱内套；5—水平油缸；6—垂直油缸；7—支脚盘	如图所示，H 型支腿由外形得名。每个支腿各有固定梁 1、活动梁 2、立柱外套 3 和内套 4、水平油缸 5、垂直油缸 6、支脚盘 7。为保证有足够的外伸距离，左右支腿的固定梁前后错开。H 型支腿外伸距离大，每个支腿可以单独调节，对作业场地和地面的适应性好，运动轨迹明确、平稳，制造方便，且相对重量较轻，因此，广泛用于中、大型起重机上，如徐州重型机械厂生产的 QY16 型汽车起重机采用这种支腿
	X 型支腿	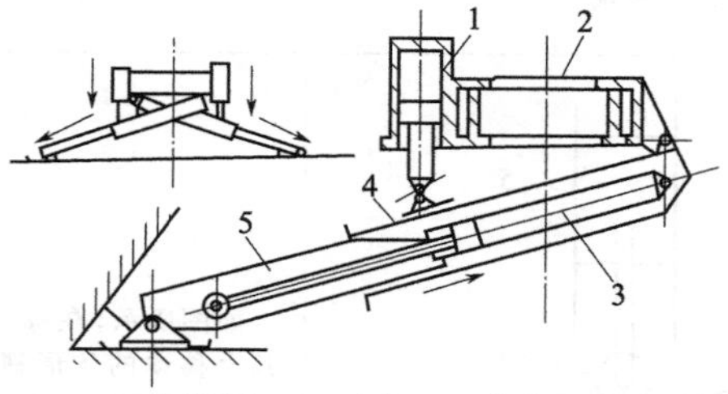 1—垂直油缸；2—车架；3—伸缩油缸；4—固定腿；5—伸缩腿	如图所示，这种支腿也是由支腿外伸后的外形而得名。左右支腿的固定腿 4 前后错开，铰接在车架 2 上，垂直油缸 1 作用在固定腿 4 上。X 形支腿可以深入斜角内，每个腿能单独调节高度，但支腿铰轴数目多，行驶时离地间隙小，垂直油缸的压力比 H 支腿高。常用于中等吨位的起重机上。QY12B 型汽车起重机采用的便是这种形式的液压支腿
内摆线传动机构		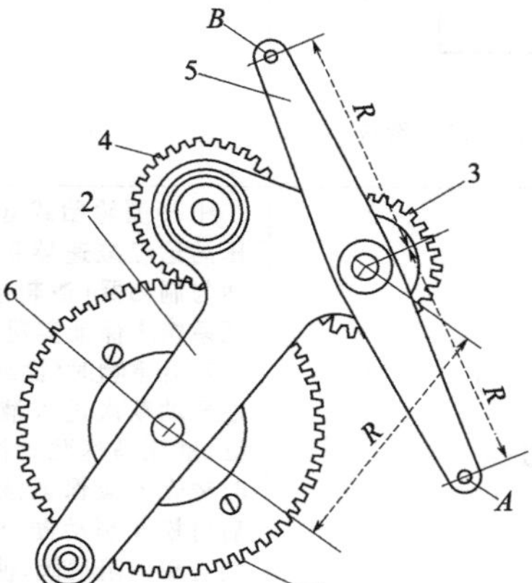 1—太阳齿轮；2—T 形臂；3—行星轮；4—惰轮；5—从动连杆；6—驱动轴	如图所示，该内摆线传动机构中不包括连杆机构和导轨，相对于行程长度来说，它的尺寸很小。分度圆直径为 D 的太阳齿轮是固定的。转动 T 形臂的驱动轴与这个太阳齿轮是同心的。分度圆直径为 $D/2$ 的行星轮和惰轮可以绕 T 形延伸臂上的支点自由转动。虽然惰轮确实有重要的机械作用，但它的分度圆直径没有几何意义。它使行星轮反向转动，这样仅仅通过普通的齿轮驱动，就产生了真正的内摆线运动。这样一个机构与作用等同、包含内齿轮的机构相比，仅占用一半的空间。中心距 R 是 $D/2$ 和 $D/4$ 之和，随机的距离 d 由特定的应用所决定。从动连杆上的 A 点和 B 点在 $4R$ 的行程中产生直线运动轨迹，而从动连杆被固定在行星轮上。当 AB 之间的连线包络一个星形线时，点 A 和点 B 之间的所有点形成椭圆轨迹

续表

名称	机构图例	说明
内摆线传动机构的改进机构	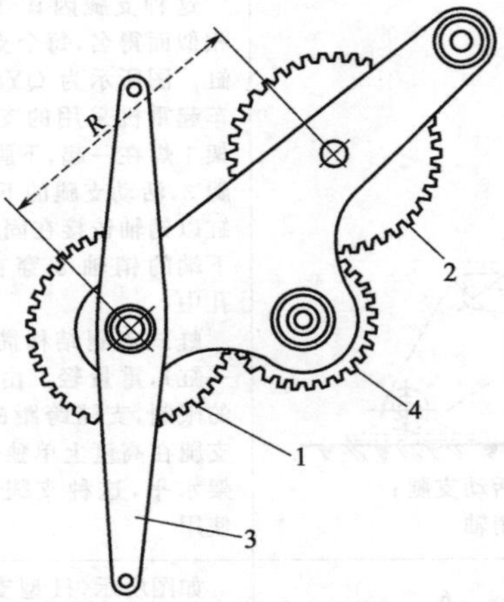 1—行星轮；2—太阳轮；3—手臂；4—惰轮	将上图所示机构进行微小改进将产生另一种有用的运动。如果行星轮和太阳轮有相同的直径，在整周的循环中，臂将相对于自身保持平行。手臂上的点将因此形成半径为 R 的轨迹圆。同样的，惰轮的位置和直径的几何意义将不再重要。例如，这种机构可以用来对均匀移动的纸板交叉打孔。R 值通过计算获得，以便 $2\pi R$ 或针尖所形成轨迹的周长等于相邻两孔间的距离。如果调整中心距 R，相邻两孔间的距离将根据需要进行改变
加速减速组合机构(一)	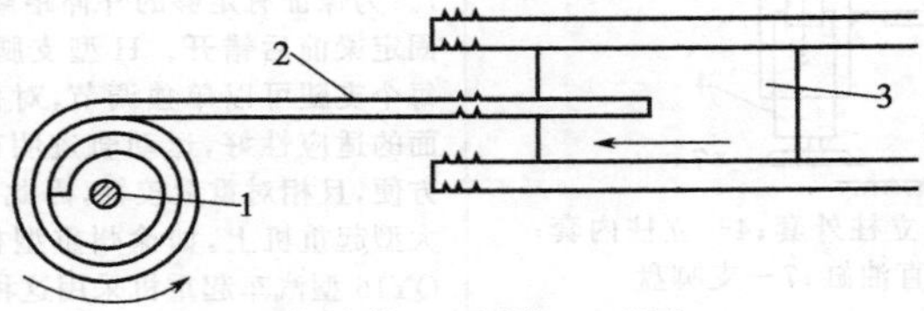 1—恒速轴；2—厚带；3—滑块	如图所示，恒速轴卷起厚带或类似的柔韧部件，增加半径将使滑块 3 加速。这个轴必须靠弹簧或在反方向加上重物使其返回
加速减速组合机构(二)	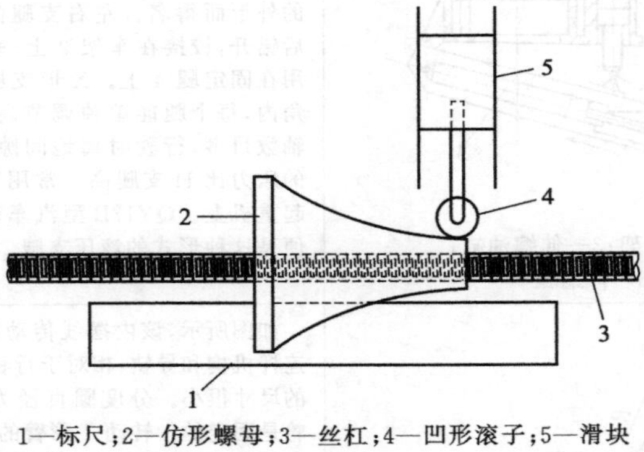 1—标尺；2—仿形螺母；3—丝杠；4—凹形滚子；5—滑块	如图所示，在标尺 1 上开了一个槽，在其上移动的仿形螺母 2 通过丝杠 3 的反向转动来驱动，推动凹形滚子 4 上、下运动，使滑块 5 加速或减速
液压起升机构	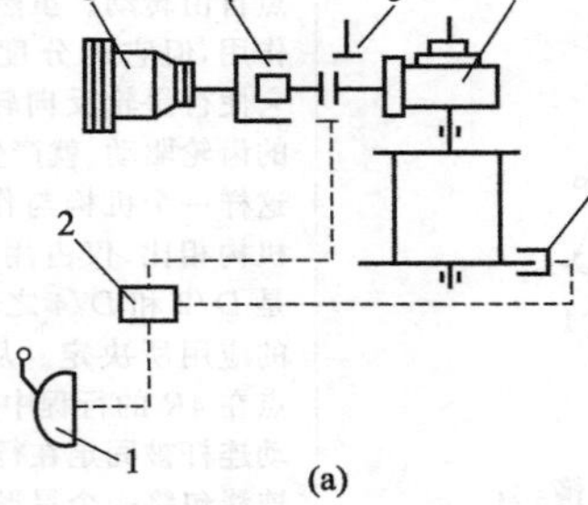 (a)	中小型轮胎式起重机通常使用高速液压马达经减速器带动卷筒运动。液压马达与制动器（逻辑上）的协同工作通过液压系统来保证实现，如图所示 提升重物时（操纵阀手柄置于位置Ⅰ）：液压油顺次进入液压马达和制动器液压缸，液压马达驱动滚筒带动重物上升，此时逻辑上应保证液压马达具有一定转矩后再松开制动器（延迟动作：制动油路中装有单向阻尼阀，使制动液压缸进油滞后于液压马达转动），从而避免过早松闸出现位能负载带动液压马达反转的滑降现象

续表

<table>
<tr><th>名称</th><th colspan="2">机构图例</th><th>说明</th></tr>
<tr><td>液压起升机构</td><td colspan="2"> 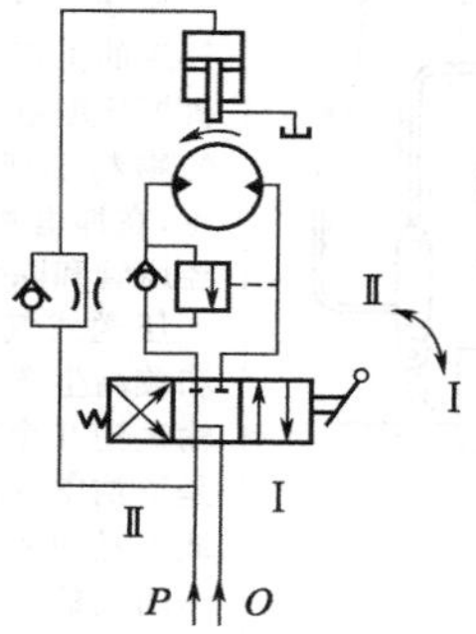(b)
1—操纵台；2—控制盘；3—电动机(液压马达)；4—电磁离合器；5—高速制动器；6—减速器；7—低速制动器</td><td>悬停重物时(操纵阀手柄置于中位)：液压泵卸荷使液压马达停止工作，单向阀使制动器回油路不受阻碍并通向油箱，制动器在弹簧作用下迅速上闸制动，避免滑降现象
重物下降时(操纵阀手柄置于位置Ⅱ)：下降回油路中装有单向顺序阀，以保证油路中具有一定的压力，从而使下降运动平稳并起限速作用
另外，当重物失灵或液压管路破裂时，单向顺序阀在下降回油路中还能起到限速锁止作用。需要注意的是，为了防止液压马达漏油过多而导致重物突然下降的事故发生，可在液压回路中采用K型换向阀中位(或增加其他补油装置)，以保证卷扬液压马达的补油</td></tr>
<tr><td rowspan="2">气力输送机</td><td colspan="3">物料在垂直管道中主要受到重力和空气动力的作用(因空气浮力很小，可忽略)。当气流速度很小时，作用在物料上的空气动力不足以克服重力的作用，物料颗粒将向下沉降；当气流速度逐渐增大，这时物料颗粒就可脱离管壁而在管内处于悬浮状态。在垂直管中，使物料处于悬浮状态的气流速度称为悬浮速度。只有当气流速度大于悬浮速度时，物料才能被悬浮输送。因此，悬浮速度是悬浮气力输送的重要参数，它可通过计算求得或由试验测定
在水平管道内，物料颗粒的受力情况比较复杂，但当输送气流速度足够大时，也能使物料颗粒克服其自身重力而悬浮在气流之中
气力输送机主要用于散粮卸船、卸车作业，虽然形式很多，结构各异，但归纳起来由供料器、输料管、卸料器、滤尘器、卸灰器、风管、鼓(抽)风机、分离器、消声设备等组成
气力输送装置形式较多，但广泛采用的是使散粒物料呈悬浮状态的输送形式，对于这种形式，按其工作原理可分为吸送式、压送式和混合式三种</td></tr>
<tr><td>吸送式气力输送机 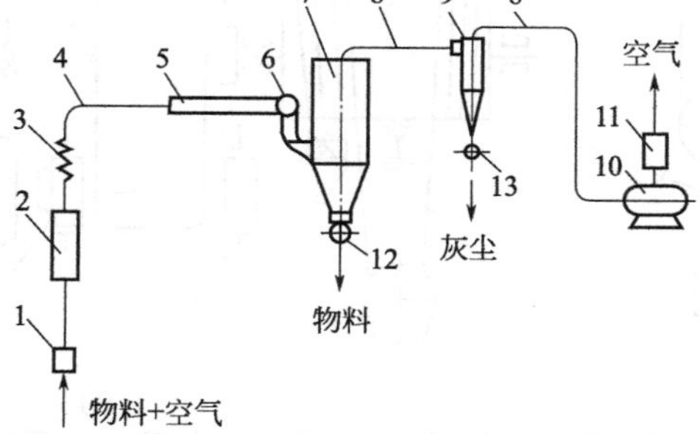</td><td>1—吸嘴；2—垂直伸缩管；3—软管；4—弯管；5—水平伸缩管；6—铰接弯管；7—分离器；8—风管；9—除尘器；10—鼓风机；11—消声器；12—卸料器；13—卸灰器</td><td>如图所示，它用鼓风机从整个管路系统中抽风，将整个系统抽至一定真空度，使管道内的气体压力低于外界大气压力(即形成一定的真空度)，吸嘴外的空气透过物料间隙与物料形成混合物，从吸嘴被吸入输料管，并沿管路输送，到达卸料点时，由分离器把物料与空气分离出来。这时，这种混合流的速度急剧下降并突然改变运动方向，使悬浮在空气中的物料失去其原流动速度，与空气分离而坠落在卸料器底部。物料从卸料器处卸出，通过卸料口将物料卸于带式输送机上或直接卸在仓库或车船内。空气则通过风管经除尘器后再通过鼓风机、消声器等排入大气中
吸送式气力输送机的优点是供料简单方便，多在港口中用于车船卸料，它可以装一根卸料管，也可装几根吸料管而从几个供料点上吸取物料。由于真空的吸力作用，供料简单方便，吸料点不会粉尘飞扬，但输送距离不能过长，因为随着输送距离增加，阻力将会加大，这就要求提高空气的真空度，否则空气变得稀薄，携带能力降低，使管道堵塞，以至于影响正常工作</td></tr>
</table>

续表

名称		机构图例	说明
气力输送机	压送式气力输送机	1—鼓风机；2—供料器；3—卸料器；4—滤尘器；5—排出管	压送式气力输送机中的空气在高于大气压的正压状态下工作，如图所示，鼓风机把压缩空气压入管道，与由供料器装入的物料形成混合液，沿输料管送至卸料点，在那里物料通过分离器卸出，空气则经风管和除尘器排入大气中 压送式气力输送机可以实现较长距离和较高生产率的输送，也可由一个供料点输送到几个卸料点。由于通过鼓风机的是清洁空气，鼓风机的工作条件较好，其缺点是卸货时易引起尘土飞扬，必须卸于密闭型的车厢、船舱和仓库内。此外，这种装置的供料器要把物料送入高于大气压的输料管中，要增设一套供料装置，因而结构比较复杂
	混合式气力输送机	1—吸嘴；2—吸料管；3—分离器；4，8—滤尘器；5—鼓风机；6—输送管；7—卸料器	混合式气力输送机是由吸送式和压送式两部分组成。如图所示，在吸送部分，物料从吸嘴1经吸料管2被吸进分离器3。在分离器3内，分离后的物料落入压送部分的管道，分离后的空气流经滤尘器4后，被鼓风机5送入压送部分的管道，二者在此混合并继续完成输送工作 混合式气力输送机兼有吸送式和压送式的特点，可从数点吸入物料并压送至若干卸料点，且输送距离较长。但它的结构较复杂，而且鼓风机的工作条件较差，因为进入鼓风机的空气含尘量较多 当卸货地点没有装卸设备时，船舶可在甲板上配置混合式气力输送机以便自行卸货，将物料从舱内吸出再压送到岸上
卷扬式起升机构		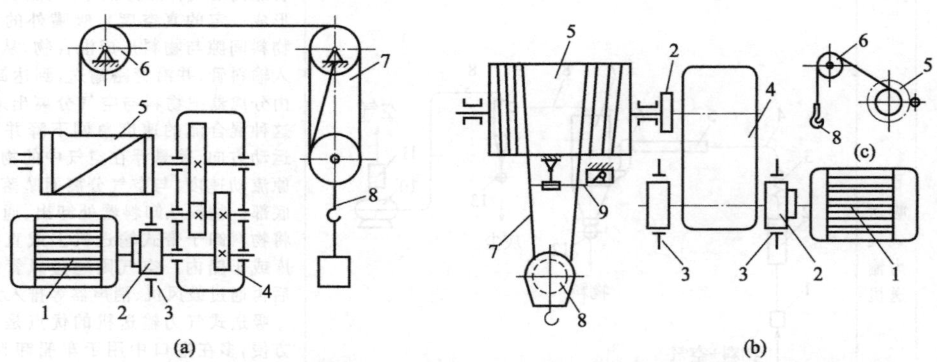 1—电动机；2—联轴器；3—制动器；4—减速器；5—卷筒（单联/双联）；6—导向滑轮；7—滑轮组；8—吊钩组；9—起升高度限位器 现代卷扬式起升机构如图所示。电动机通过联轴器与减速器相连，减速器输出轴上装有卷筒，卷筒上的钢丝绳（绕过导向滑轮）引导起重滑轮吊钩组，制动器装在高速轴上靠近减速器一侧。电动机的正反转，使卷筒将缠绕在其上的钢丝绳卷进或放出，吊钩及悬挂物品则实现一定速度的升降运动。当重物到达目的地时，电动机断电，制动器上闸使系统停止运动并卸放重物（或将吊钩及重物悬停支持在空间某一高度位置）。当滑轮吊钩组上升最高极限位置时，起升高度限位器自动切断电源，制动器抱闸使吊钩停止上升，从而保证起升系统安全	

续表

<table>
<tr><th>名称</th><th>机构图例</th><th>说明</th></tr>
<tr><td>自动送料装置</td><td colspan="2"> 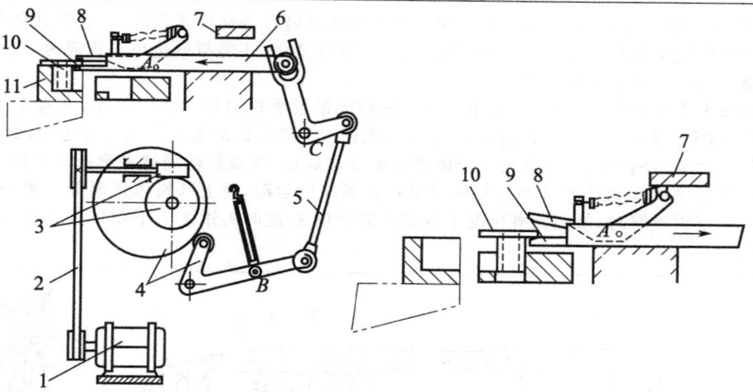1—电动机；2—带传动机构；3—蜗轮蜗杆机构；4—凸轮机构；5—连杆机构；6—滑杆；7—挡块；8—动爪；9—定爪；10—工件；11—载送器
在多数情况下，机械不只由某一个简单机构所组成，而是由多种机构组成的系统，这些机构彼此协调配合以实现该机器的特定任务。如图所示，当电动机 1 转动通过上述各机构的传动而使滑杆 6 左移时，滑杆的夹持器的动爪 8 和定爪 9 将工件 10 夹住。而当滑杆 6 带着工件向右移动到一定位置时，如图(b)所示，夹持器的动爪 8 受挡块 7 的压迫而绕 A 点回转将工件松开，于是工件落于载送器 11 中被送到下道工序</td></tr>
<tr><td>QY16 型汽车起重机起升机构</td><td colspan="2"> 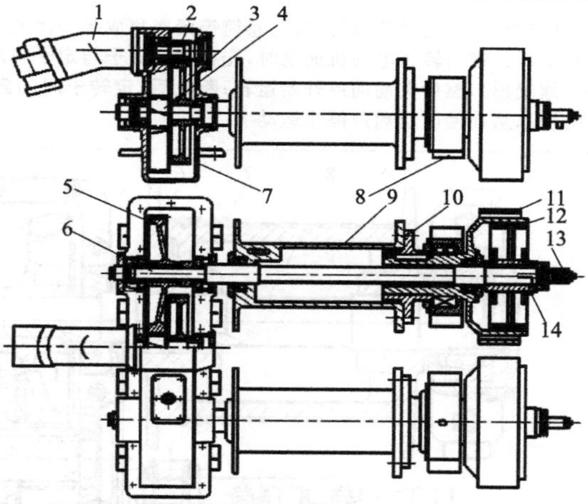1—液压马达；2—齿轮套；3，5—齿轮；4—齿轮轴；6—卷筒轴；7—减速器；8—轴承座；9—卷筒；10—接盘；11—制动；12—离合器；13—转套；14—通油管
Q16 型汽车起重机起升机构属于双卷筒双轴式的布置形式，其构造如图所示。它由变量液压马达、减速器、离合器、制动器、主副卷筒等部分组成。高压油驱动液压马达转动，经两级齿轮减速，带动两根卷筒轴 6 同向转动。卷筒 9 由滚动轴承支承在卷筒轴上，并通过接盘 10 与制动毂 11 连成一体，离合器固定在卷筒轴上，当它与制动毂结合时，卷筒便与卷筒轴一起转动，实现吊钩升降。两卷筒及离合器、制动器的结构完全相同</td></tr>
<tr><td>轻小型起重葫芦-手动葫芦</td><td colspan="2"> 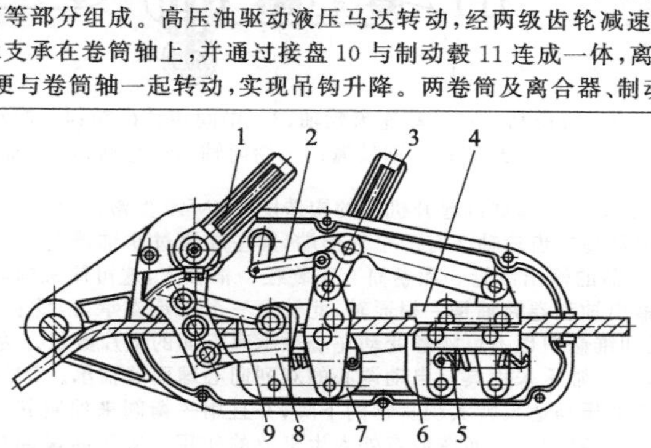1—前进手柄；2—松卸手柄；3—倒退手柄；4—夹钳；5—夹紧板；6—后侧板；7—前进板；8，9—连杆</td></tr>
</table>

续表

名称	机构图例	说明
轻小型起重葫芦-手动葫芦	手动(手扳或手拉)葫芦是一种以钢丝绳或焊接环链作为挠性承载件，依靠手动牵引实现物品垂直升降或水平运移的轻小型起重设备。其中，手拉葫芦可单独使用，还能与单轨小车集成为手动起重小车，用于手动梁式起重机或架空单轨运输系统 钢丝绳手扳葫芦十分轻巧，常用于拉拽货物或张紧系物绳等。如图所示，其基本工作原理为：前进时，摇动前进手柄1，带动杠杆及两端连杆8与9，使夹钳4上部钳体加紧钢丝绳向前运动，而下部钳体此时处于松开状态使绳滑动；停止时，前进手柄1与倒退手柄3都放松，承载钢丝绳被夹紧板5夹持停止不动(支持)；倒退时，摇动倒退手柄3，使夹钳4下部钳体夹紧钢丝绳向后运动，而上部钳体此时处于松开状态使绳滑动；当需要穿进或卸下钢丝绳时，须在无载情况下扳动松卸手柄2，此时夹钳4上下钳体都处于松开状态，从而便于钢丝绳穿卸	
轻小型起重葫芦-电动葫芦	5 6 3 1 2 4 (a) CD型　　(b) 多盘式制动器 1—定子；2—转子；3—弹簧；4—锥形制动器；5—减速器；6—卷筒 电动葫芦是一种将电动机、制动器、减速器与卷筒等紧密集成为一体的专用电动起升机构，具其基本工作原理如图所示：带制动器的锥形转子电动机通电时，先在锥形转子与定子间产生磁力，吸引转子沿轴向左移使制动器松开(弹簧压缩变形)，然后电动葫芦开始运转；断电后，定转子间的磁力消失，锥形转子被弹簧向右压向制动器形成制动过程，从而使电动葫芦停止运动	
QY8型汽车起重机起升机构	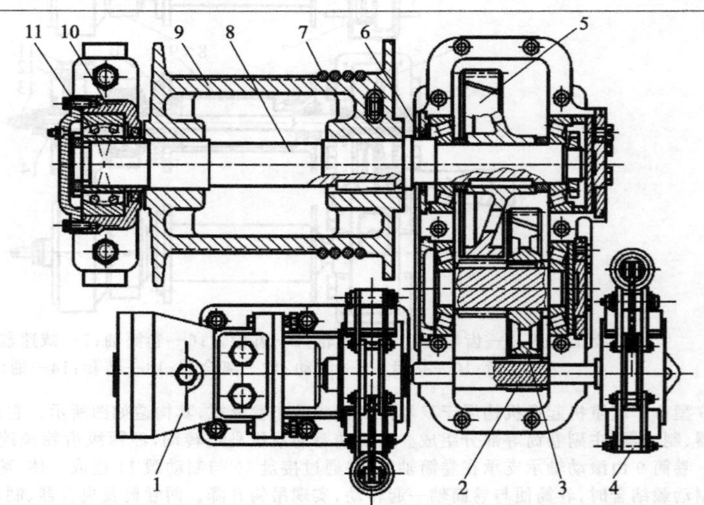 1—液压马达；2—高速齿轮轴；3—中间传动齿轮；4—制动器；5—输出齿轮； 6—密封圈；7—钢丝绳；8—卷筒轴；9—卷筒；10—轴承座；11—轴承 图所示为QY8型汽车起重机起升机构的构造图。ZM40型液压马达1驱动两级圆柱斜齿轮减速器带动卷筒9转动。减速器高速齿轮轴2有两个外伸端，其左端通过联轴器与液压马达连接，两外伸端均安装液压块式制动器4，减速器的输出齿轮5和卷筒9安装在一根轴上，这可使机构简化并减少其外形尺寸 由于减速器输出轴和卷筒轴是一根通轴，此轴由三个轴承支承，因此在安装时应注意使三个轴承中心线重合，并且在使用和维修中也不可随意变动左端轴承座下面的垫片数量。为了补偿安装中的微小偏差和工作中轴的弹性变形，这一轴承采用具有自动调心的双列向心球面球轴承。QY8型汽车起重机起升机构的逆转装置靠搬动换向阀使液压马达反转实现货物的下降，并且用平衡阀来控制其下降速度；平衡阀还起防止由于制动器失灵重物成自由落体状态，而造成意外人生事故的作用。采用高速油马达驱动的起升机构，还可分为单卷筒式和双卷筒式两种	

续表

名称	机构图例	说明
袋物装船机构	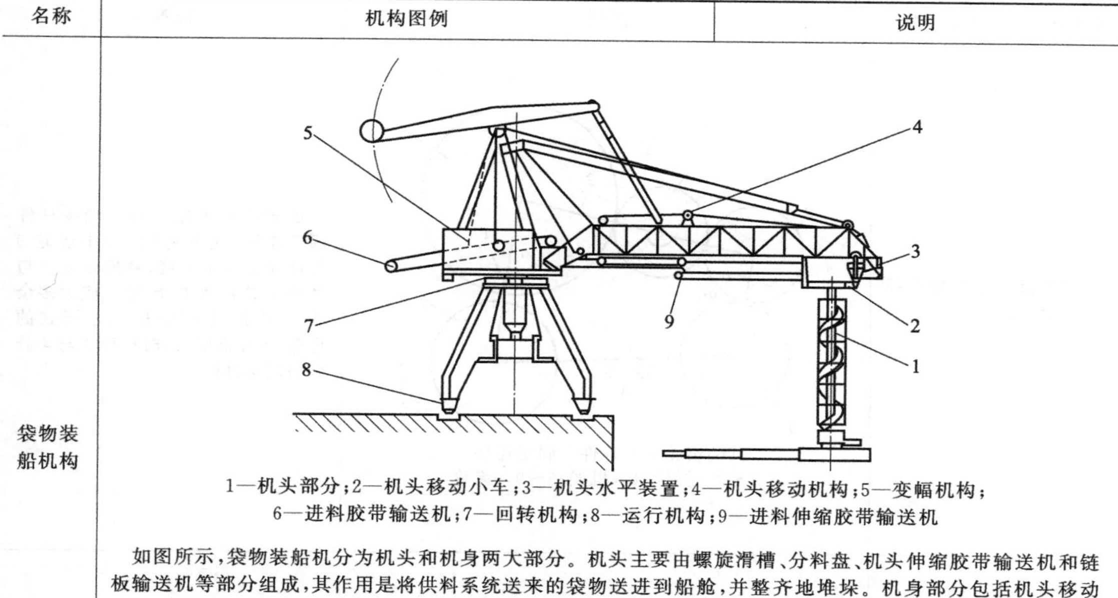 1—机头部分；2—机头移动小车；3—机头水平装置；4—机头移动机构；5—变幅机构；6—进料胶带输送机；7—回转机构；8—运行机构；9—进料伸缩胶带输送机	如图所示，袋物装船机分为机头和机身两大部分。机头主要由螺旋滑槽、分料盘、机头伸缩胶带输送机和链板输送机等部分组成，其作用是将供料系统送来的袋物送进到船舱，并整齐地堆垛。机身部分包括机头移动小车、机头移动机构、机头水平装置、变幅机构、回转机构、运动机构和送料系统，其作用是调整机头在舱内的位置，以便将整个船舱堆满 袋物装船机工作过程为：由码头库场的带式输送机送来袋物，经装船机的机料胶带输送机 6 和进料伸缩胶带 9 被送至机头移动小车的螺旋滑槽口，然后依靠自重沿螺旋滑槽滑入机头下部的分料盘，将袋物送入可回转和可伸缩的输送机，实现袋物装舱作业 袋物装船机的主要参数有生产率、工作幅度、各输送机的长度、伸缩行程、堆垛高度等。这些参数取决于货种、船型和装卸要求。堆垛的高度还与袋物的包装强度有关，通常根据实际经验，麻袋从 2m 高度自由下落不产生破裂，因而取堆高为 6 层袋物。为了比较平稳地堆装码垛，机头水平输送机的带速为 0.8～1.25m/s，相应的生产率可达 1500～2000 袋/h

11.2.5　组合机构设计禁忌

组合机构设计应注意的问题及禁忌见表 11-6。

表 11-6　组合机构设计应注意的问题及禁忌

设计应注意的问题及禁忌	图例	说明
齿轮-连杆函数机构应选用结构简单的组合方式，可以得到简单、可靠的变速输出运动	1　2　3　4　5　6　7　8　9　ω_1　ω_9　ω_5 (a)齿轮-连杆机构组成分析 1～3—杆件；4—机架；5～9—齿轮	齿轮-四杆机构或五杆机构结构简单，是通常采用的形式。而对于结构复杂的多齿轮、多杆数的齿轮-连杆机构，由于它们结构简单，而且连杆机构不能实现机架上的运动平衡，不利于机构动力性能的提高

续表

设计应注意的问题及禁忌	图例	说明
端头齿轮要与端头杆件固定连接	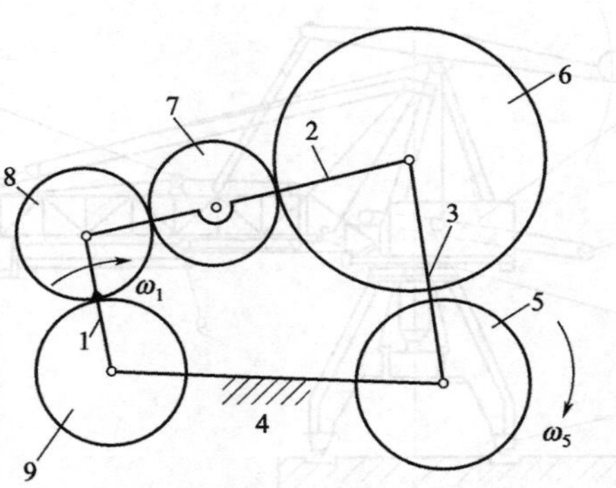 (b)齿轮 8 与杆件 1 固定连接 1～3—杆件;4—机架;5～9—齿轮	如果端头齿轮不是与端头杆件固定连接,比如将图(a)中齿轮 9 与杆件 1 固定连接,则齿轮 8、9 与杆件 1 成为刚体,齿轮 9 成为多余的,机构将成为图(b)所示形式的齿轮-连杆机构,这时杆件 1 与 4 分别为端头杆件
不能将非端头的齿轮与杆件固定连接	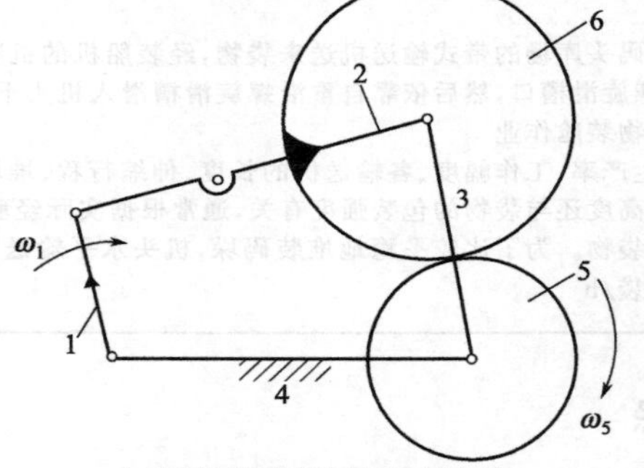 (c)最简单形式齿轮-连杆机构 1～3—杆件;4—机架;5,6—齿轮	图(a)中第二个齿轮 8 与杆件 1 固定连接,齿轮 9 成为多余,机构也成为图(b)所示的机构。如将第二个齿轮 8 与杆件 2 固定连接,齿轮 6、7、8 和杆件 2 成为刚体,齿轮 9 单独空套在构件 1 与 4 的铰链上,也没有存在的意义。因此,机构成为如图(c)所示的最简单形式齿轮-连杆机构,齿轮 7、8、9 都多余,这时杆件 2 与 4 为端头构件
组合形成的齿轮-连杆机构,其自由度数必须大于或等于 1,与输入的已知运动数相同	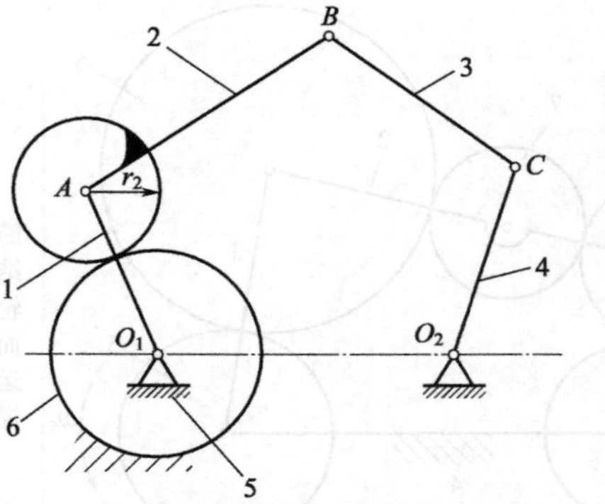 (d)齿轮-五杆机构 1,3,4—杆件;2—齿轮连杆组件;5—机架;6—齿轮	简单情况下,通常采用单个运动输入,组合后的齿轮-连杆机构的自由度数应该为 1。如将上述图(a)在四杆机构上叠加一串齿轮链的机构的两个端头齿轮 5 和 9 都与端头杆件机架 4 固定连接,这样在单自由度的四杆机构的基础上,增加一串齿轮链,增加一个自由度,同时,一串齿轮链的两端都与端头杆件机架固定连接,引进了两个约束,减少了两个自由度,机构总的自由度为 0,机构将无法运动

续表

设计应注意的问题及禁忌	图例	说明
组合形成的齿轮-连杆机构，其自由度数必须大于或等于 1，与输入的已知运动数相同	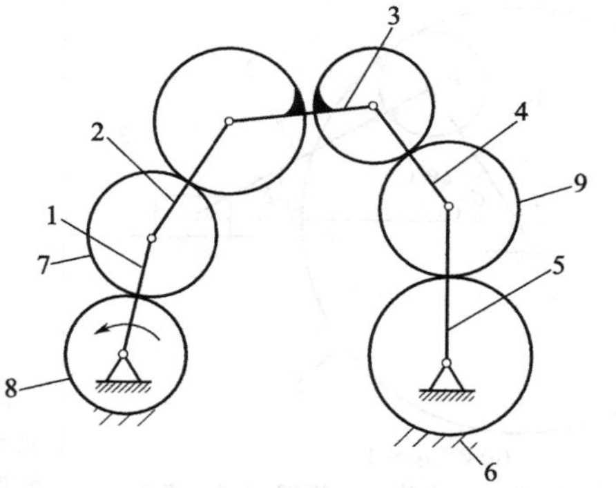 (e)齿轮-六杆机构 1,2,4,5—杆件；3—齿轮连杆组件；6—机架；7～9—齿轮	因此，自由度为 1 的铰链四杆机构，只能有一个端头齿轮与端头构件固定连接；自由度为 2 的铰链五杆机构，可以有两个端头齿轮与端头构件固定连接，如图(d)所示就是这种形式的齿轮-五杆机构；自由度为 3 的铰链六杆机构，可以有两串齿轮链的四个端头齿轮与端头构件固定连接，如图(e)所示就是这种形式的齿轮-六杆机构。多自由度杆机构组合成齿轮连杆机构时，可以此类推
非同轴最简结构齿轮-四连杆机构不能输出步进运动杆机构	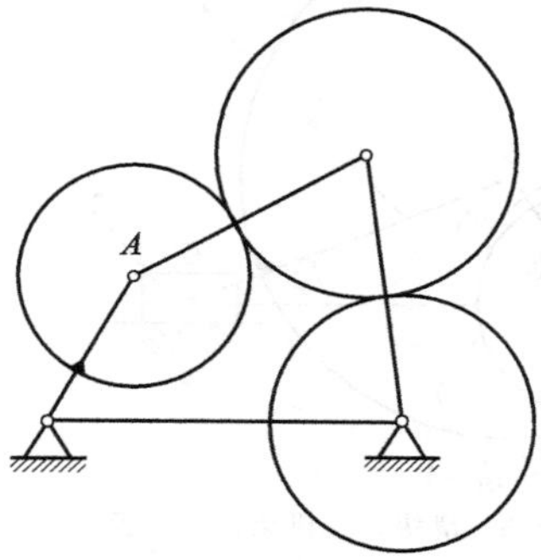	如图所示的非同轴最简结构齿轮-四杆机构的平均传动比为 0，机构输出齿轮一个运动周期的转角为 0，机构输出齿轮只能往复摆动。因此该机构不能输出步进运动
用齿轮-连杆机构作为间歇运动控制时应该增加辅助的定位装置	齿轮-连杆机构的间歇运动是利用输出齿轮的微小反转运动与机构运动副存在的间歇而实现的近似间歇运动，只能用在对于角度位置要求不很高的中、低速场合，对于定位角度精度高的低速机械，采用齿轮-连杆机构作为间歇运动控制时，应该增加辅助的定位装置	
使齿轮-四连杆机构输出齿轮实现规律不变的周期运动，应选择合适的机构参数	要使齿轮-四连杆机构的输出齿轮实现规律不变的周期运动，平均传动比应为整数的倒数	
最简式外啮合同轴式齿轮-曲柄摇杆机构不能用来实现间歇输出运动	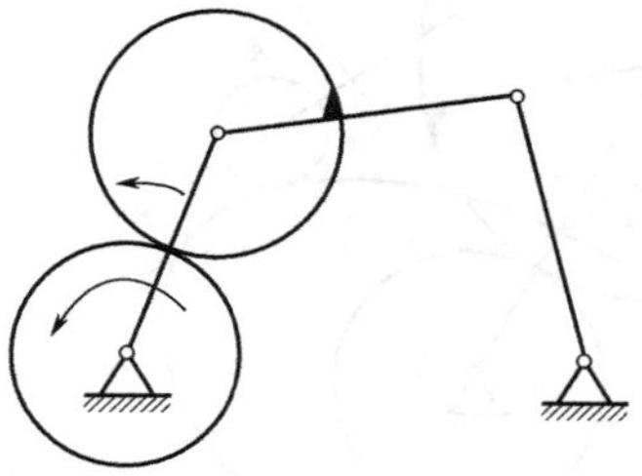	最简式外啮合同轴式齿轮-曲柄摇杆机构不能用来实现间歇输出运动，只能用于单向的变速运动。如果将其用于短暂停留的间歇机构，其停留精度较其他齿轮-连杆机构要差
同轴式外啮合齿轮-滑块机构不能间歇停留	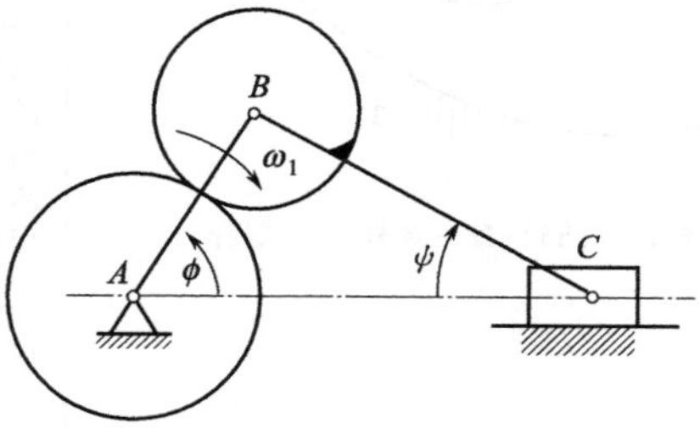	外啮合齿轮-滑块机构的轮系相对曲柄的传动比小于零，不满足最简齿轮-曲柄滑块机构实现间歇停留的条件，因此该形式的齿轮-滑块机构只能输出变角速度的变速运动，不能输出间歇停留运动，因此不能直接用来设计步进机构

续表

设计应注意的问题及禁忌	图例	说明
内啮合齿轮-滑块机构的轮系相对传动比 i_{56}^{1} 应该与1保持一定的距离	(a) $0<i_{56}^{1}<1$ 1—曲柄；2—连杆；3—滑块；4—机架；5，6—齿轮 (b) $i_{56}^{1}>1$ 1—曲柄；2—连杆；3—滑块；4—机架；5，6—齿轮	同轴式内啮合齿轮-滑块机构的轮系相对曲柄的传动比 $i_{56}^{1}=1$，内外齿轮的分度圆直径相同，轮系就不能转动，因此，为了避免齿顶干涉，内啮合齿轮-滑块机构的轮系相对传动比 i_{56}^{1} 应该与1保持一定的距离
转动系杆齿轮-凸轮机构的摆杆尺寸 L 与轮系的传动比 i_{12}^{H} 的取值与机构的运动特性有关，应该合理取值	1，2—齿轮；3—凸轮；H—系杆；L—摆杆	一般情况下应该选取 $L<0.9$，才可以保证机构有较好的传动特性，并且这时的机构结构紧凑。当 $L>1$ 时，在保证凸轮传动角不大于45°的情况下，轮系的传动比绝对值 $\lvert i_{12}^{H}\rvert>3$，两齿轮的尺寸相差较大，机构的整体尺寸就不可能紧凑。当 $L<0.9$ 时，滚子的轴可以直接安装在齿轮上，只要在齿轮上加工出轴孔，这在机械结构设计上也是有利的。显然 L 尺寸也不可能过分小，否则要与齿轮轴孔发生干涉，在结构上实现就较麻烦，一般应该 $L>0.4$。因此，L 的取值一般应该为0.4～0.9
由于转动系杆齿轮-凸轮机构理论上可以实现精确的输出运动，因此，需要精确地设计凸轮的轮廓曲线		采用理论计算法精确地设计凸轮的轮廓曲线时，由公式计算得到的压力角可能大于90°，甚至大于180°，因此需要在计算程序中，按照机构压力角为锐角的定义对此做出相应的处理。较为简单的处理是，首先对计算的压力角取正切函数，然后再对正切函数值做反正切得到压力角的锐角数值
当转动系杆齿轮-凸轮机构传动比为1时，要注意多次步进运动的实现方式		转动系杆齿轮-凸轮机构的传动比为1，机构的多次步进运动是通过凸轮廓线的凸角数来实现的

续表

设计应注意的问题及禁忌	图例	说明
摆动系杆齿轮-凸轮机构，采用反转法分析计算时，得到的压力角可能不是锐角	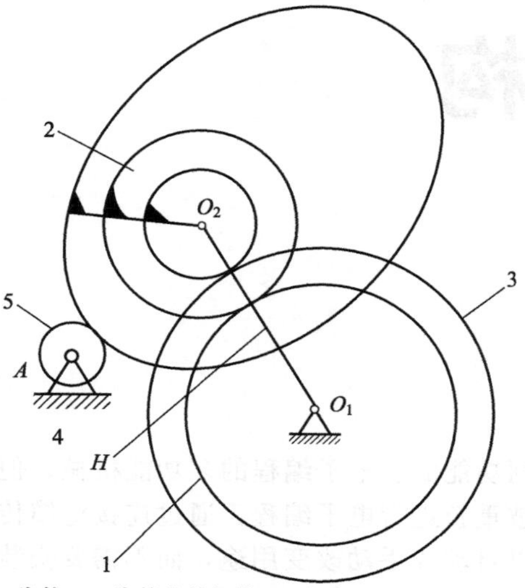 1，3—齿轮；2—齿轮凸轮组件；4—机架；5—滚子；H—系杆	摆动系杆齿轮-凸轮机构，采用反转法分析计算时，系杆是旋转的，计算得到的压力角同样可能不是锐角，因此，像转动系杆齿轮-凸轮机构一样，对理论计算得到的压力角做出处理，先取正切，然后再取反正切还原，得到压力角的正确值
摆动系杆齿轮-凸轮机构适合空间较小的场合作机械精确变速运动控制		由于摆动系杆齿轮-凸轮机构的系杆只做摆动运动，与转动系杆齿轮-凸轮机构相比，运动构件的范围比较小，因此该机构的结构较为紧凑，适合空间较小的场合做机械精确变速运动控制

第12章

机器人机构

12.1 机器人简介

12.1.1 机器人定义

机器人是有能力实现一系列功能的、电子编程的多功能机械，但通常情况下不使用完全自治的方式。真正的机器人可被重新进行电子编程，通过连接电缆传送信号的方式来执行其他职责。一个真正的机器人可以自动或手动改变用途，而不需要安装新的内部机械零件或电子电路。

这个定义排除了定制设计和制造用于重复执行相同任务的自动机械，因为这些任务通过更换内部的电气或机械部件就可改变。它也排除了曾经被认为是机器人的自动钢琴和数控机床，因为它们是通过编程的打孔卡或纸带来执行命令的。一些家用电器和工厂编程的微控制器工具也不被认为是机器人，因为它们的功能不能改变，除非改变其内置的微控制器。

另一方面，有些机器是真正的机器人但却不同于机器人的流行概念。但是，这些机器可以通过软件重新编程，以执行不同的日常任务，如切割、紧固、折叠、黏合，或在规定时间内在工厂或仓库周围堆放产品，或者可以在计算机的控制下进行常规实验室实验。

在室内工作的，用于处理隔离的有毒或放射性物质的、具备机械臂的实验室设备不是机器人，因为操作员的手中控制着机械手。这些设备更准确地称为遥控机器人，因为它们没有设计自主行动。同样，深潜水的潜水器上的机械臂也是一个遥控机器人，因为它也是由操作者的手部动作来控制检索洋底的生物或考古标本的。无线或有线控制的模型车辆（称为“bots”）、船只或飞机不是机器人，除非它们包含一些软件编程的功能，这是其运作的关键。

现代机器人由外部可编程存储器存储在中央处理单元（CPU）的软件来控制，如所有台式机和笔记本电脑。工业机器人的微处理器和相关的外围元件通常位于控制台并与机器人分离。这些控制台还包含电源供应器、键盘、磁盘驱动器以及提供反馈的感应电路。工业机器人的编程包括当人不小心闯入其工作的“表面”时的停止命令，以及防止机器人损坏附近设施。

工业机器人通常有一个电缆上的手持控制挂件，允许操作员把机器人打开和关闭，并定期对存储程序软件进行更改或更新，以提高机器人的性能。一些示教盒也可以用于“教”机器人执行任务，如绘画、焊接或材料处理。在这些活动中，熟练的专家通过手动移动机器人手腕进行所有必要的运动，有效地执行这些任务，而机器人的动作都记录在内存中，因此它们可以通过回放，像所“教”的那样准确地执行任务。

12.1.2　固定自主工业机器人

现代工业机器人是自主的而且通常是固定的。这意味着，一旦由软件或程序员制定了程序，即使没有人为干预，这些机器人也将重复执行分配给它们的任务。一些工业机器人被设计并进行编程使它们在轨道上或轨道的短距离内移动，以完成分配给它们的任务，这些机器人被称为可移动机器人，而不是完全移动机器人。

工业机器人可以全天候地保持工作，它们不会因为厌倦或疲劳而休息或放慢工作。大部分被分配到危险的任务，如焊接、打磨、迅速地从一个地方到另一个地方搬运重物、反复排空并传入托盘堆叠部件，或作为协调工作单元转移机器之间的部件。它们还能在展台或隧道中快速喷漆，这样的工作如果由人类完成会吸入有毒的物质。一些工业机器人设计成通用的，而有些则是优化执行单一任务，比通用机型更快、更有效、更经济。由于不是连续使用，没有额外组件，这些专门的机器人可以有更低的成本和更轻的重量，并且占用更少的地面空间。

工业机器人的主要规格：①轴数；②最大有效载荷或在关节处的搬运能力（以 kgf 或 lbf 计）；③手臂距离（m 或 ft）；④可重复性（±mm）；⑤重量（kg 或 t）。

12.2　机器人图例

12.2.1　ABB 工业机器人图例

下列描述 ABB 机器人的信息来源于 ABB 机器人文献。4 种不同的 ABB 工业机器人具有领先的特性，如负载特性和手臂延展特性。

常见的 ABB 工业机器人应用图例见表 12-1。

表 12-1　ABB 工业机器人应用图例

序号	基本形式	应用图例	
1	ABB IRB 2400		ABB IRB 2400 机器人包括 3 种型号，都能广泛应用于针对机械保养和材料处理的弧焊(各个工序)任务中。 IRB 2400L 拥有 7kgf(15lbf)的负载能力和 1.8m(5.9lft)的延展范围。 IRB 2400/10 拥有 12kgf(26lbf)的负载能力和 1.50m(4.92ft)的延展范围。 IRB 2400/16 拥有 20kgf(44lbf)的负载能力和 1.50m(4.92ft)的延展范围。 所有型号都有六轴的，都可以倒置安装，其中一些为满足环保标准可用高压蒸汽清洗

续表

<table>
<tr><th>序号</th><th>基本形式</th><th>应用图例</th></tr>
<tr><td>2</td><td>ABB IRB 6600RF</td><td>ABB IRB 6600RF 机器人有两种型号，均为强大、精确的材料去除机器人。
IRB 6600RF 2.5 200 拥有 200kgf(440lbf)的负载能力和 2.50m(8.20ft)的延展范围。
IRB 6600RF 2.8 200 拥有 200kgf(440lbf)的负载能力和 2.80m(9.19ft)的延展范围。
这些机器人提供了一个强大的、刚性的、坚固的结构，使高速和高功率材料的去除能力不受控制路径的影响。它们还可以执行通常由具有工业机器人的灵活性和成本效益的加工工具来完成的加工工作。其控制器提供了快速转换和始终如一的高精密、短而精确的周期时间。机器人适应要求苛刻的代工环境，因为它们有特殊的涂料、密封和端盖。电动机和连接器的保护，使它们能够承受高压蒸汽洗涤。它们的机械平衡臂配备有双轴承。先进的运动控制和碰撞检测，大大降低了它们破坏工具和工件的风险</td></tr>
<tr><td>3</td><td>ABB IRB 6640</td><td>ABB IRB 6640 机器人包括 7 种型号，分别提供不同的臂长和处理能力。它来自早期成功的 IRB 6600 系列组件，并取代了该系列。
IRB 6640-180 拥有 180kgf(961bf)的负载能力和 2.55m(8.37ft)的延展范围。
IRB 6640-235 拥有 235kgf(517lbf)的负载能力和 2.55m(8.37ft)的延展范围。
IRB 6640-205 拥有 205kgf(451lbf)的负载能力和 2.75m(9.02ft)的延展范围。
IRB 6640-185 拥有 185kgf(407lbf)的负载能力和 2.80m(9.19ft)的延展范围。
IRB 6640-130 拥有 130kgf(286lbf)的负载能力和 3.20m(10.50ft)的延展范围。
IRB 6640ID-200 拥有 200kgf(440lbf)的负载能力和 2.55m(8.37ft)的延展范围。
IRB 6640ID-170 拥有 170kgf(374lbf)的负载能力和 2.75m(9.02ft)的延展范围。
手臂范围值一般在 2.55～3.20m(8.37～10.50ft)，要记住，一个机器人的工作范围越大，其处理能力越低。上述两个 ID(内部修整)机器人在上臂内侧都有自己的进程电缆。由于这一特性，电缆跟随机器人手臂的每一个动作摆动，而不是不规则的摆动，在定位焊上有很高的应用价值
上臂扩展和不同的手腕模块允许对每个机器人的工作过程进行定制。这些机器人可以弯曲向后的功能，极大地扩展了它们的工作范围，同时也允许它们在拥挤的生产车间灵活地操作。这些机器人的典型应用是物料搬运、保养机、定位焊。每个机器人都可以进行修改以得到不同的功能，以使其适应不同的工作环境，如晶圆厂洁净室。被动安全特性包括载荷识别、可更改的机械步骤以及电子定位开关</td></tr>
</table>

续表

序号	基本形式	应用图例
4	ABB IRB 7600	ABB 的 IRB 7600(见图)机器人系列有以下 5 种型号。 IRB 7600-500 拥有 500kgf(1100lbf)的负载能力和 2.55m(8.37ft)的延展范围。 IRB 7600-400 拥有 400kgf(880lbf)的负载能力和 2.55m(8.37ft)的延展范围。 IRB 7600-340 拥有 340kgf(750lbf)的负载能力和 2.80m(9.19ft)的延展范围。 IRB 7600-325 拥有 325kgf(715lbf)的负载能力和 3.10m(10.17ft)的延展范围。 IRB 7600-150 拥有 150kgf(330lbf)的负载能力和 3.50m(11.48ft)的延展范围。 IRB 7600 机器人具备足够的起重能力,以满足它们所服务的行业。典型的例子是在流水线上旋转车身、提升发动机就位、在铸造厂中移动重物、装卸单元设备组件和搬迁大型的重载托盘。 当机器人移动载荷超过 500kgf(1100lbf)时,在工厂和仓库工作的人们表现出对安全的极大关切,他们担心载荷的掉落。除工人受伤以外,机器人可能也会损坏。因此,ABB 公司在 IRB 7600 机器人上安装了碰撞检测系统监视它们的运动和负载,从而减少了负载机器人和附近物体之间的不必要的接触,尽管在物理作用下,系统电子路径的稳定功能和活跃的制动系统一起使机器人维持在计划路径上。为机器人提供可选的被动安全特性包括载荷识别特性、可更改的机械步骤、安全位置开关

12.2.2　自主和半自主移动机器人图例

与工业机器人相比，移动机器人可半自主或自主移动，它们具有各种尺寸和形状，但并不一定能被识别。它们可以是轮式或履带式车辆，水面或水表层载具，或旋转、固定翼飞机。这些机器人可以分为许多不同的类别，如军事，执法/公众安全，科学，商业和消费品。消费品的子类有家电、教育和娱乐。

大多数移动机器人车辆，无论它们在陆地、海洋还是空中操作，都是半自动的，因为它们通常是由人类操作员通过无线电或灵活的电线或电缆连接发送的命令来控制的，机器人的必要反馈通过相同的通信链返回。唯一的例外是潜艇机器人，它们采用自主方案，因为它们不可能在水中接收命令和发送有意义的反馈。但当被发送到任务的出发点、完成任务之后和面对来自母船的信号时，它们可以像半自主机器人那样操作。

(1) 通信和控制的选项

半自主移动机器人操作者通常使用控制器（改装的坚固笔记本电脑），将信号传送到机器人，可以在三维空间内实现启动、停止和操纵。控制器的液晶屏幕可以显示来自各种不同机器人传感器的实时视频和数据分屏窗口。操作者需要来自机器人传感器的直接有效的、并能够覆盖任何内建编程功能的反馈。这些数据可以包括机器人的速度、行驶距离、电池的充电状态，甚至机器人上的温度读数。

(2) 可以侦察和检索的陆上移动机器人

通常具有陆基机器人传感器，允许它们避免冲突与障碍，如路径上的石块、墙壁、树木或很陡的陡坡。它们还配备了闭路电视、夜间照明系统和通信系统。军事和执法的移动机器人，无论使用履带还是车轮，都具有搜索和救援，以及炸弹处置能力。一些公共服务机器人也已配备水泵和水箱以应对在危险或交通不便地区的火情。

目前军用机器人的产量很大，它们的基本底盘或平台可以为特定的任务进行修改，增加专门的工具、传感器或武器，包括摄像机、声呐、雷达（以激光为基础的光探测和测距）和红外传感器。除此之外，军事化控制器的操作软件也可以修改或更新，以适应它们在战区的战术变换，并且可以通过安装更长寿命的充电电池来扩展它们的移动范围。它们必须能够承受冲击和振动、极端温度环境、雨水、盐水喷雾、风沙和灰尘，它们还必须能够在高海拔地区、丛林、沙漠运作。

摄像机允许操作员评估机器人路径上的障碍，并相应地改变其移动方案。该机器人可以在防护墙背后、土护堤或其他重大障碍后面进行演习。控制器的屏幕允许操作者看到机器人，实时显示移动距离，对于达到其目标来说，尤其是在夜间、雾、雨或烟雾的情况下，这是非常有用的，特别是来自机器人的可见光会使其成为敌人狙击手的目标的时候。一些军事机器人配备了武器，如机枪和榴弹发射器，允许操作者采取进攻行动，或在战斗情况下保卫自己。

(3) 可以搜索和探索的潜水移动机器人

有几种自主水下航行器（水下机器人）或无人水下航行器（UUVs）被称为海底移动机器人。它们看起来像鱼雷，用于完成海洋侦察、监视、目标捕获和其他任务，包括海底地雷或障碍物（如可能困住机器的渔网）的搜索。在海洋深处的压力作用下，它们也可以在三维空间内操作。

如前所述，这些机器人到达其指定的起始深度后，必须自主地执行它们的任务，因为无线电波和声波信号不能发送到水下机器人所在深度。这些潜水机器人的主要传感器是相机、导航系统、侧视声呐、声学多普勒海流廓线仪、GPS天线。这些机器人像陆基机器人一样，由充电电池供电。

一旦被释放，自主水下机器人在重叠、平行的轨道内以重复扫描的模式开始搜索海洋的指定区域；这种模式允许它的侧视声呐提供搜索区域的完整展示，包括海底面积等。这些收到的信息提供了水下目标的形状和尺寸，使它们更容易识别。船上计算机中的程序指示自主水下机器人移动和稳定舵以弥补可能会迫使它偏离航向的当前受力、水温和盐度的变化。当扫描完成后，水下航行器露出表面并释放其位置信号，以便它可以通过母船的无线电召回。

现在自主水下机器人研究的发展方向是改进传感器，这些传感器将使这些机器人在进行检测工作时可以避开妨碍其工作的水下障碍物，如渔网、漂浮或悬挂的线或电缆、海带。如果机器被缠住了，这些传感器还可以使它逃脱。这项技术对浅、沿海地区的搜查行动特别有用，这些地区捕鱼活动极其频繁，亦可能会有矿藏或其他目标。

(4) 可以搜索和摧毁的机器人飞机（无人机）

空中机器人，俗称为无人机，在敌人占领的禁区或拒绝让地面观察员接近的跨国家边界执行空中侦察。基本上由无线电遥控无人机，这些机器人是半自主的，因为它们必须在地面上操作员或飞行员的操作下“飞行”。

有些情况是应对附近的目标，而其他情况下无人机会飞行几千英里，以达到它们的目标。许多情况会采用自动飞行以允许它们自主飞行并纠正由于风的作用导致的航向偏离。一旦到达目标区域，控制就切换回陆基飞行员。目标区域附近地面上的空气控制器，可直接指引这些机器人飞机观察或攻击目标。

一些机器人飞机配备空对地导弹，可以由飞行员发射，攻击机载相机确定的目标或由地面观察员用激光指针指定的目标。这些飞机不像地面移动机器人，它需要足够的仪器仪表和指导设备，能装满移动面包车或大房间。飞行员必须能合格驾驶常规固定翼飞机。

（5）可以观察和报告的行星探测机器人

最有名和最公开的科学机器人是两个，NASA 的火星探测漫游者——“勇气号”和“机遇号”。两者一直在火星表面连续探索六年多。勇气号在 2004 年 1 月 3 日降落在火星上，机遇号于 21 天后的 2004 年 1 月 24 日降落在火星上。它们调查了火星的山丘和火山口，并搜索了沙质平原中的水和生命（至少在过去有证据），以及进行地质研究。它们通过大型光伏（PV）太阳能电池板维持机载仪器工作。

在政府和大学的实验室中，正在研发多种不同的科学机器人，它们难以归类，被制造以满足各种各样的研究目标。在心理逻辑的研究和医学研究中使用了一些具有人形特征的机器人。它们看上去像人类，具有色素硅胶塑形成的人类的脸和手的皮肤。在眼中植入微型摄像机，在耳朵中植入麦克风，它们的声音来自与下颚运动同步的扬声器。它们可以模仿人类的很多功能，如散步、说话、辨别物体或人，并有高水平的手动能力。其他机器人已经证明，发展先进的计算机程序、更精致的传感器以及改进的机器人组件都是非常有用的。

（6）可以递送和取回货物的商业机器人

在工厂、仓库、高层建筑和医院中，已经研发了许多不同种类的机器人用于执行日常工作。大多数机器人都不容易被人们轻易识别出来，除非它们被确切指明。它们不容易被归类，因为它们的几何形状像工业机器人。很多机器人被制造用于在计算机控制下执行存储和检索指定地点的高架上的商品等任务。另外，还有一种是小的、扁的、公文包大小的轮式机器人，在医院中，它是把物资运送的各个地点的原始运输车。它具备预先计划好的运动模式，它必须装有传感器，使它对命令中的指定交货地点进行自主响应。它可以在导航传感器的帮助下避开走廊并使用电梯到达目的地。

（7）清洁地板和修整草坪的消费机器人

机器人的消费市场提供了智能玩具、趣味机器人和它的组装工具箱、教育机器人、家庭和草坪护理设备、私人机器人（或同伴）。这些都不是真正的机器人，除非它们可以由业主进行编程以执行其他活动。唯一只有趣味机器人能提供重新编程的可能性。一些地板和地毯清洗机器人制造成带滚筒式车轮的磁盘形状，使它们能够在两维空间内移动。它们底板上有声呐或红外传感器，防止它们遇到墙壁或楼梯的边缘而停止。这些障碍物可使它们扭转方向，并在重复的路径上继续进行其清洗工作。这些机器人有什么缺点呢？它们不能打扫房间的角落，也可能在小孩子把它们当成玩具或宠物并试图去捡起它们的时候伤害他们。

（8）一些娱乐或教育机器人

一些博物馆和主题公园展出人形机器人，用它们模仿历史人物对生活中的重要事件做简短发言。它们可以适当改变面部表情、手和手臂的肢体动作。在早期它们都是机械，但现在可以进行编程，所以它们的发言和例程可以重新编程，允许有不同的表演。然而，许多移动图片中出现的“机器人”实际上是由幕后技术人员操纵的，通过无形的线或内部电动机控制。他们的声音是“配音”，由专业演员定时协调傀儡的动作完成。

常见的自主和半自主移动机器人如表 12-2 所示。

表 12-2　自主和半自主移动机器人常见形式

序号	基本形式	应用图例	说明
1	勇气号和机遇号火星探测机器人	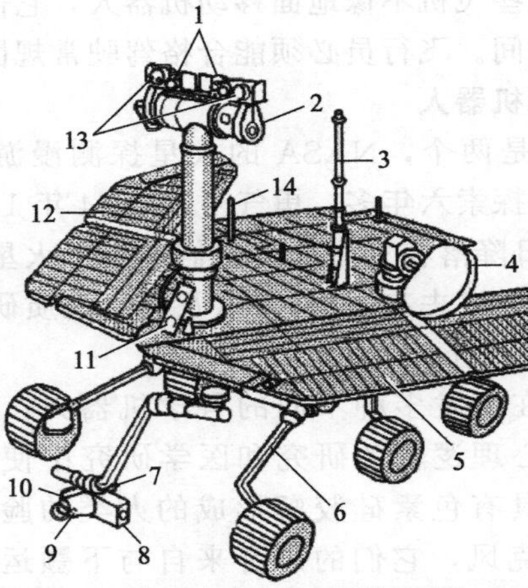 1—导航相机；2—发射光谱仪；3—低增益天线；4—高增益天线；5—太阳能电池组；6—摇臂转向架可动系统；7—X 射线光谱仪；8—穆斯堡尔光谱仪；9—岩石磨损工具；10—微观成像仪；11—磁体阵列；12—太阳能电池组；13—全景相机；14—UHF 天线	NASA 火星探测漫游者勇气号和机遇号(见图)是轮式半自主机器人，它们于 2004 年 1 月在火星上着陆，完成了探索工作，并在六年多来成功地从火星表面传达回大量信息，大大增加了我们对这个红色星球的认识
2	好奇号火星探测器	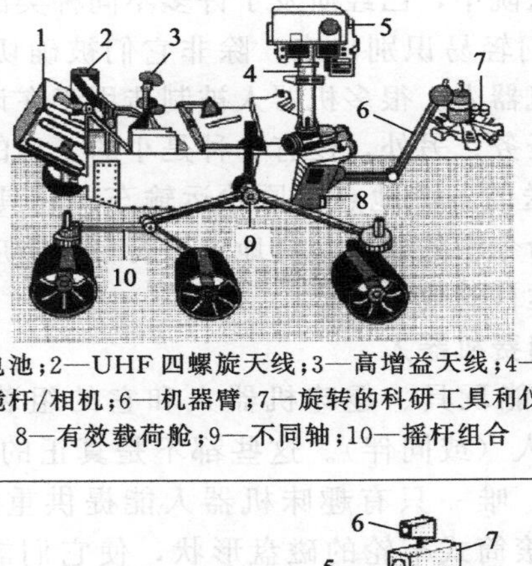 1—核电池；2—UHF 四螺旋天线；3—高增益天线；4—桅杆；5—桅杆/相机；6—机器臂；7—旋转的科研工具和仪器；8—有效载荷舱；9—不同轴；10—摇杆组合	如图所示，火星科学实验室(MSL)火星车(即好奇号)是比两个火星车(勇气号和机遇号)更大、更重的半自主机器人，携带更多的科学仪器 着陆时，它被指定完成如下任务：判断火星是否曾经拥有过能够支持微生物的生命的环境，火星是否为可居住的星球。好奇号配备寿命为 14 年的核电池，不依赖于太阳能电池板
3	应急爪式机器人	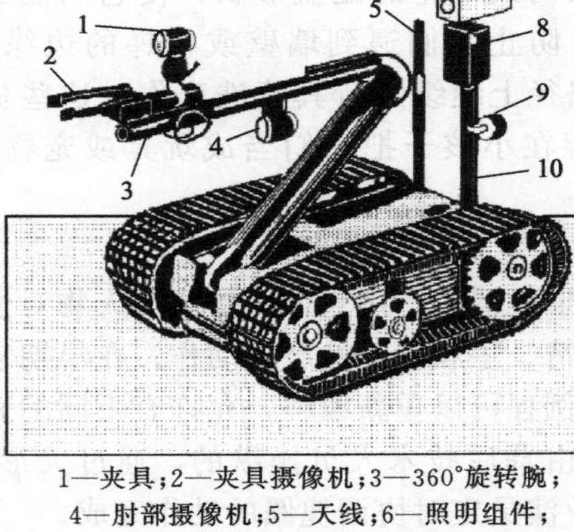 1—夹具；2—夹具摄像机；3—360°旋转腕；4—肘部摄像机；5—天线；6—照明组件；7—放大摄像机；8—云台；9—背面摄像机；10—部署桅杆	如图所示，爪式是民事执法半自主机器人。它可以搜索和营救自然灾害的受害者，以及处理和处置爆炸装置。修改的军事机器人版本已经成功部署在伊拉克和阿富汗，这类机器人可配备可选的工具及配件，以适应具体的救援和处置任务

续表

序号	基本形式	应用图例	说明
4	医疗用品运送机器人	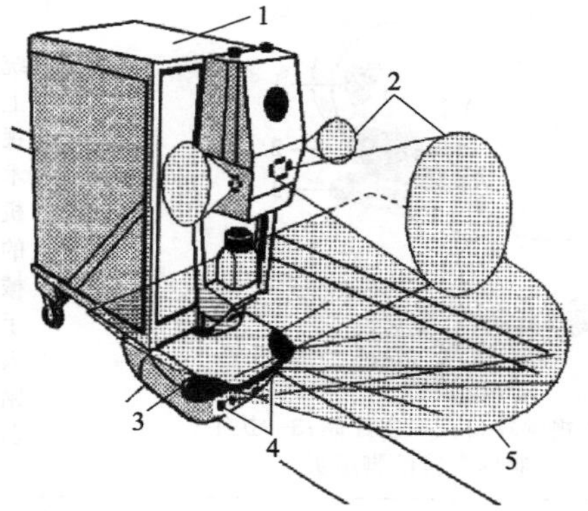 1—供应车；2—激光束；3—供应车下面的 TUG； 4—声呐波束；5—红外线束	图所示为 TUG 自主机器人，是与供应车配合使用的安装于其下面的牵引车，使供应车移动并分发物资。它是由激光、红外和从安装在其前端的传感器发出的声呐光束引导的。TUG 自主机器人可以自动行驶到指定的中途站，在很多高层医院里提供食品和医疗用品
		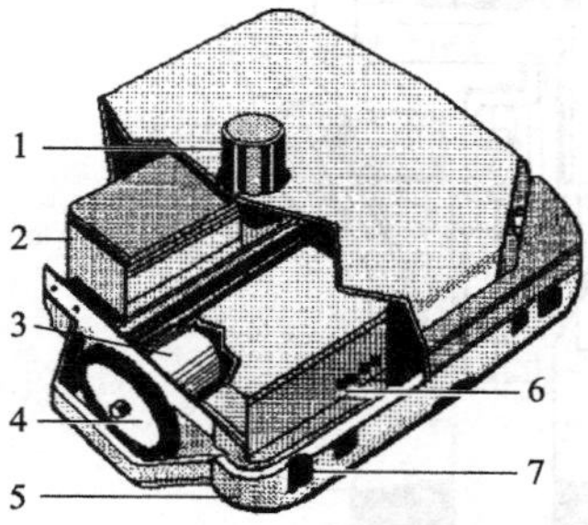 1—连接销；2—电池；3—发动机；4—轮子； 5—光须品；6—计算机；7—声呐	如图所示，这个剖视图显示了公文包大小的 TUG 自主机器人的主要组成部分。它有两个轮子，加上供应车组合变成了四轮车。这个机器人是自动化机器人交付系统（ARDS）的一个组成部分，它由一个指挥中心指挥
5	远程遥控军用飞机	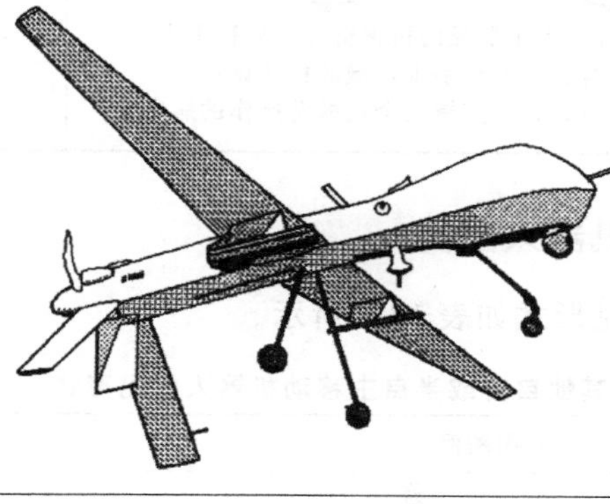	如图所示的 MQ-1“捕食者”是一个半自主的、长距离飞行、无人驾驶飞机，能够在中等海拔高度航行。它提供了大量人类和汽车运动的实时视频。“捕食者”由从数千英里以外的基地控制站的无线电信号控制，它可以配备导弹攻击并摧毁选定的敌方目标
6	搜寻水雷和障碍物的水下机器人	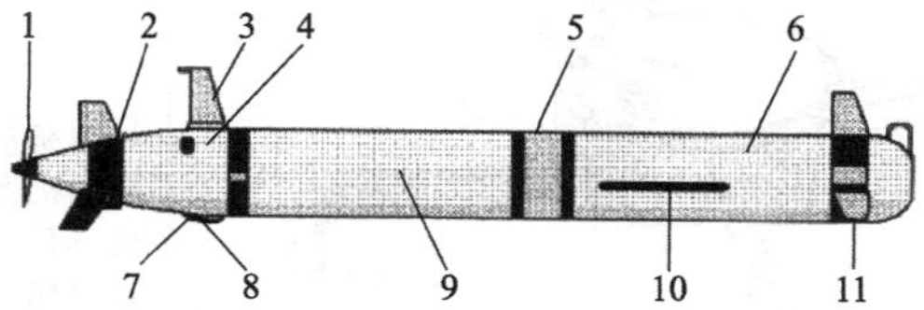 1—两叶螺旋桨；2—控制部分；3—GPS/铱 Wi-Fi 天线； 4—电导率、温度或深度计；5—声学多普勒海流剖面仪、惯性导航系统；6—模块化的前端；7—水声通信转换器； 8—导航系统；9—电池；10—侧扫声呐；11—前向鳍片	如图所示的 REMUS 600 自主水下航行器（AUV），是潜水机器人，可以在深 600m 的开放海洋（1960 英尺）中操作。它配备了水下导航，侧扫声呐系统，以及水面母船通信系统。REMUS 600 可以搜索并找到海底的水雷和水下障碍物

续表

序号	基本形式	应用图例	说明
7	外科手术系统	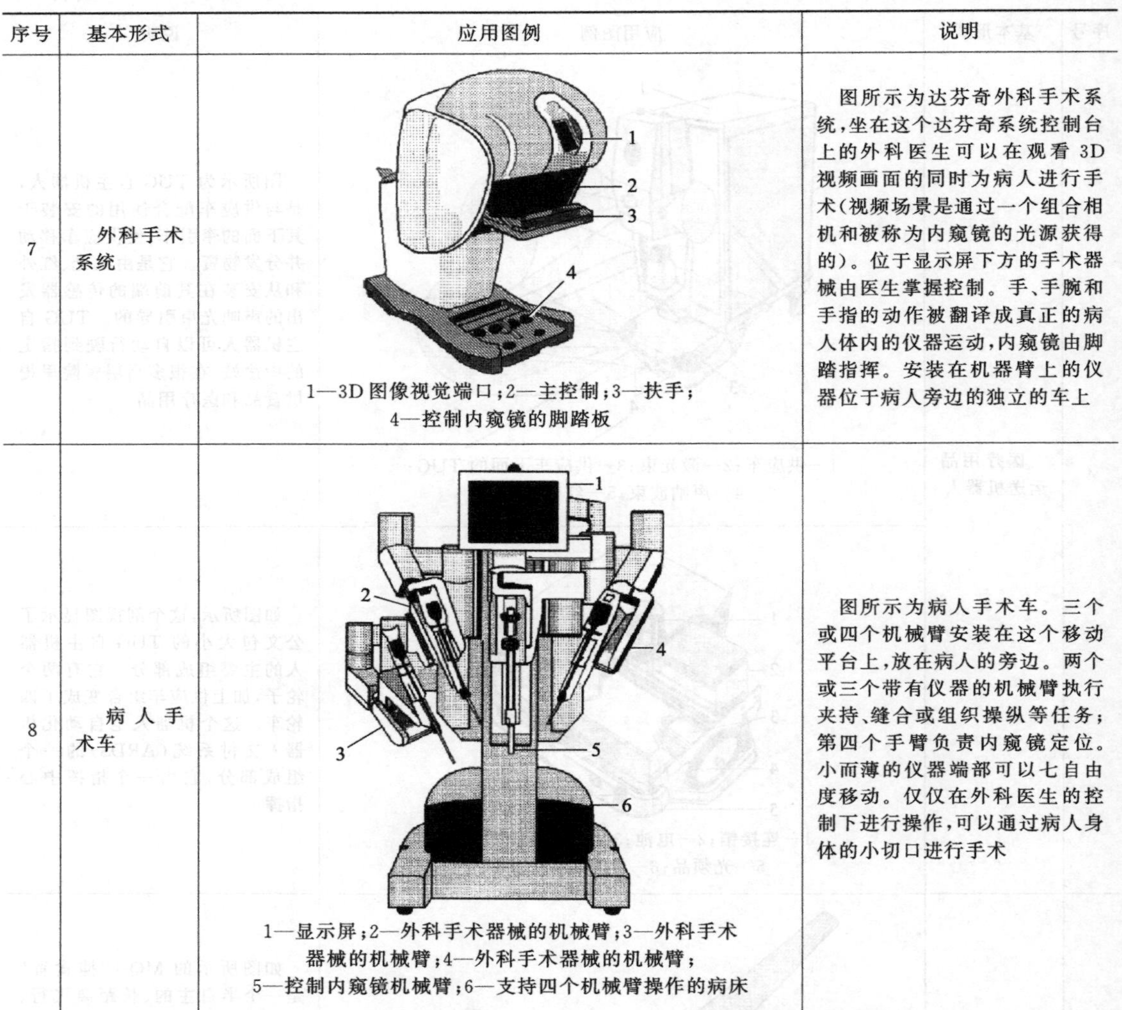 1—3D图像视觉端口；2—主控制；3—扶手； 4—控制内窥镜的脚踏板	图所示为达芬奇外科手术系统，坐在这个达芬奇系统控制台上的外科医生可以在观看3D视频画面的同时为病人进行手术（视频场景是通过一个组合相机和被称为内窥镜的光源获得的）。位于显示屏下方的手术器械由医生掌握控制。手、手腕和手指的动作被翻译成真正的病人体内的仪器运动，内窥镜由脚踏指挥。安装在机器臂上的仪器位于病人旁边的独立的车上
8	病人手术车	1—显示屏；2—外科手术器械的机械臂；3—外科手术器械的机械臂；4—外科手术器械的机械臂； 5—控制内窥镜机械臂；6—支持四个机械臂操作的病床	图所示为病人手术车。三个或四个机械臂安装在这个移动平台上，放在病人的旁边。两个或三个带有仪器的机械臂执行夹持、缝合或组织操纵等任务；第四个手臂负责内窥镜定位。小而薄的仪器端部可以七自由度移动。仅仅在外科医生的控制下进行操作，可以通过病人身体的小切口进行手术

12.2.3 其他自主或半自主机器人图例

其他自主或半自主机器人常见形式如表12-3所示。

表12-3 其他自主或半自主移动机器人常见形式

序号	基本形式	应用图例	说明
1	改进的四肢机器人	1—安装在环形轨迹上的全方位立体相机；2—末端执行工具，选项包括：旋转驱动器、CCD视频相机、明亮的LED灯、多种工具夹；3—每个肢体上都安有工具变换用的快速释放机构	图所示的狐猴Ⅱb是肢类机械实用机器人的第三代，但它有4个腿，而不是其前身狐猴Ⅱ的6个。这简化了机器人，使得它更容易爬上倾斜面

续表

序号	基本形式	应用图例	说明
2	六足机器人	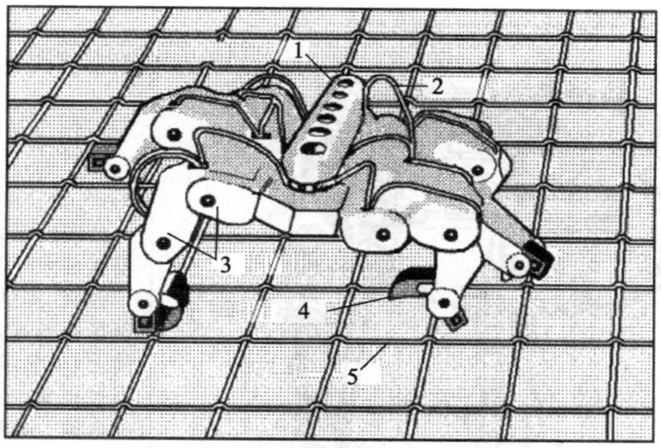 1—电子部分；2—控制线；3—弹簧节点；4—抓取执行器；5—线网	如图所示，蜘蛛机器人是一个正在开发的手掌大小的移动机器人，结构简单，组装和修理容易，其设计目的为加入 NASA 的探索任务，到远程行星搜索和救援。它有六个弹簧兼容关节和扣弦的脚，这允许它灵活地在网上行进，并可走在平坦的低重力表面。其编程腿交替夹紧和松开使机器人的运动，并保证在任何时候都有三个脚缠绕在网上
3	两个机器人控制另一个机器人穿越陡坡	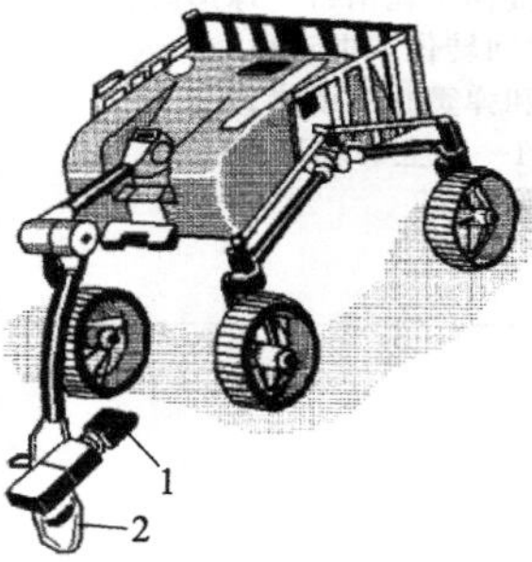 1—微磁磁力仪；2—取样铲	如图所示，悬崖机器人是一个配备了科学研究仪器的自动机器人，以便它可以 90°的角度垂降下来探索地形太陡或危险陡峭的斜坡。预计将在地球、月球和其他行星上的应用。该机器人被其他两个称为锚机器人的专业自主机器人限制和控制
		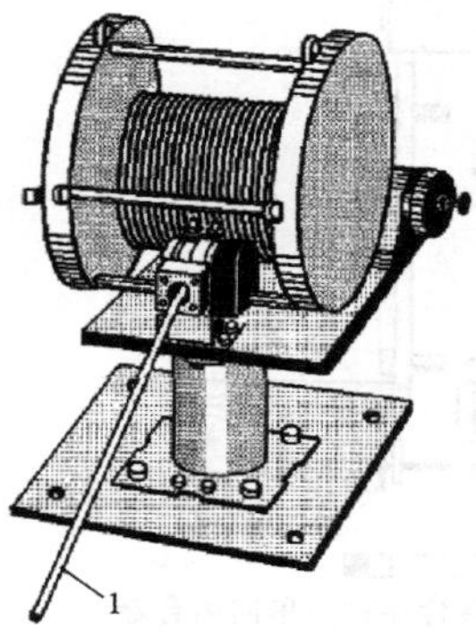 1—支持和控制悬崖机器人的缆绳	如图所示，计算机控制绞车，将安装在两个锚机器人（尚未建成）上来控制悬崖机器人下降

续表

<table>
<tr><th>序号</th><th>基本形式</th><th>应用图例</th><th>说明</th></tr>
<tr><td rowspan="2">4</td><td rowspan="2">跳跃时可操控的六足机器人</td><td> 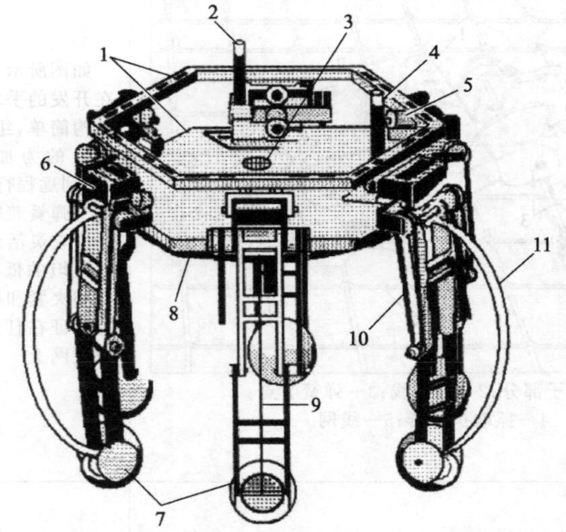1—可转动的上下机架；2—转向执行器；3—卷筒装配位置；4—转向执行器；5—销连接；6—轭销；7—球形脚；8—安装在框架下的回转仪或电动机；9—连接卷筒载荷和弹簧腿的缆绳；10—同步皮带；11—腿上的玻璃纤维弹簧</td><td>如图所示，在这个可操纵跳跃机器人的六个腿上都固定有弓形玻璃弹簧，提供跳跃所需的能量。在每条腿两端，缆绳都缠绕在机动卷筒上(未显示)。当卷筒旋转时，缆绳被拉紧，拉起六条腿，从而压缩腿弹簧。当释放缆绳时，储存的能量释放出来，使机器人跳跃。缆绳张紧提供的弹簧压缩程度决定机器人可以跳跃的距离和高度。同步传动带驱动器保持机器人跳跃时腿部伸直</td></tr>
<tr><td> 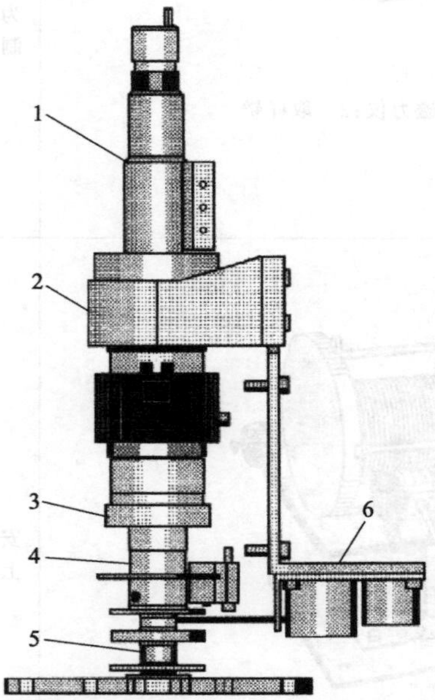1—卷筒电动机；2—磁性离合器；3—单向离合器；4—编码器；5—卷筒；6—弹簧电动机</td><td>如图所示，卷筒组件(集中位于下部框架)有足够的张力，卷曲在所有六个腿的弹簧内。由电动机旋转卷筒，编码器测量所有腿的压缩。当电磁离合器松开卷筒电动机时，触发一个跳跃，同时释放腿弹簧中储存的能量。吸收第一个跳跃落地后的冲击，储存足够的势能以保证继续的跳跃</td></tr>
</table>

续表

序号	基本形式	应用图例	说明
4	跳跃时可操控的六足机器人	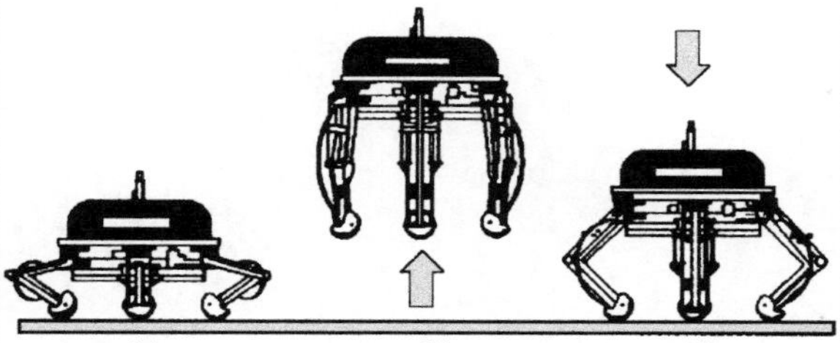 (a)　(b)　(c)	如图所示，六条腿被卷筒上的缆绳压缩后，如图(a)所示，机器人被指定目标准备跳跃。如图(b)所示，卷筒释放，机器人跃起，通过内部转向仪稳定。如图(c)所示，此时机器人在第一跳后着陆，其弹簧腿吸收冲击，为下一跳储存足够的能量，此时离合器释放和倒回缆绳，锁定压缩状态的腿，以防止机器人弹跳

第13章

连接

13.1 连接概念

机械制造中，连接是指被连接件与连接件的组合。就机械零件而言，被连接件有轴与轴上零件（如齿轮、飞轮）、轮圈与轮心、箱体与箱盖、焊接零件中的钢板与型钢等。连接件又称紧固件，如螺栓、螺母、销、铆钉等。有些连接没有专门的紧固件，如靠被连接件本身变形组成的过盈连接、利用分子组合力组成的焊接和粘接等。

连接分为可拆连接和不可拆连接两类。允许多次装拆而无损于使用性能的连接称为可拆连接，如螺纹连接、键连接和销连接。必须损坏连接中的某些零件才能拆开的连接称为不可拆连接。

螺纹连接是可拆连接，它利用带有螺纹的零件构成连接，具有结构简单、装拆方便、工作可靠等特点，而且大多数连接零件已经标准化，因此在机械装置和工程结构中得到广泛应用。

13.2 连接图例及禁忌

13.2.1 螺纹连接及螺纹装置图例及结构设计禁忌

螺纹连接是在各种机械装置和仪器仪表中广泛使用的连接形式。螺纹连接工作可靠，装拆方便，标准化程度高，有多种结构形式供设计者选择，可以满足各种工作要求。由于螺纹连接使用量大，而且很多螺纹连接处于很重要的部位，因此正确设计螺纹连接有着重要的意义。

在设计螺纹连接时要求它在使用中不断、不松，既不会产生断裂等失效，也不会松脱。此外还要求螺纹连接和被连接的零件加工、装配、修理、更换方便，经济合理，保证安全。

(1) 合理选择螺纹连接的形式

合理选择螺纹连接的形式见表13-1。

表 13-1 合理选择螺纹连接的形式

序号	设计应注意的问题	图例	说明
1	避免用螺纹定位		螺纹连接一般不能保证准确地对中，因为不可避免地有中径误差和间隙 弯曲的管道与机座之间不应采用螺纹连接，因为无法保证管道正好位于要求的方向，改用靠配合连接或用凸缘加螺栓固定较合理

续表

序号	设计应注意的问题	图例	说明
2	直径较大的螺钉不宜采用开槽螺钉头	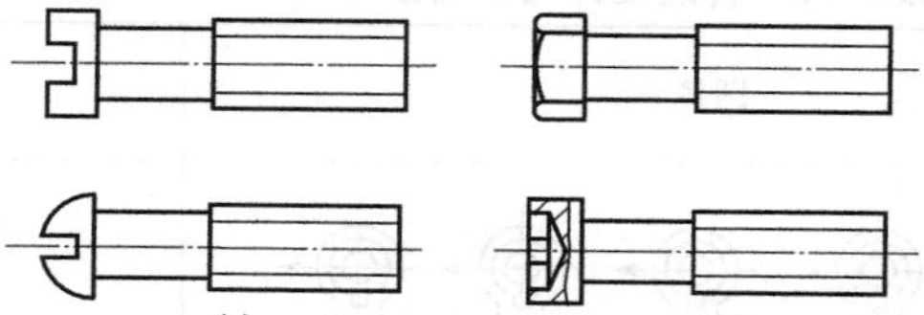 (a)　(b)	开槽螺钉，如图(a)所示，用旋具扭紧，手握处直径小，不能产生较大的扭紧力矩。因此，对于大直径螺钉(M10以上)，宜采用六角头或内六角头螺钉，如图(b)所示
3	普通螺栓连接不宜用螺纹孔	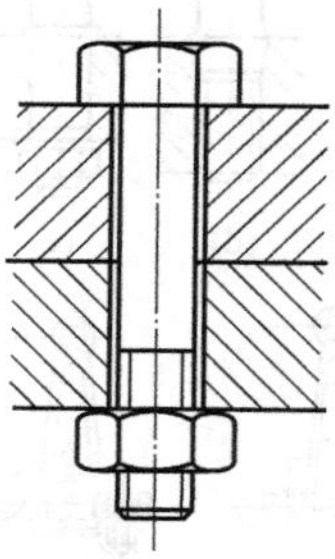	普通螺栓连接用于连接厚度较薄的板形零件，钉孔须为光孔，不宜做成螺纹孔
4	对经常装拆的场合不宜采用螺钉连接	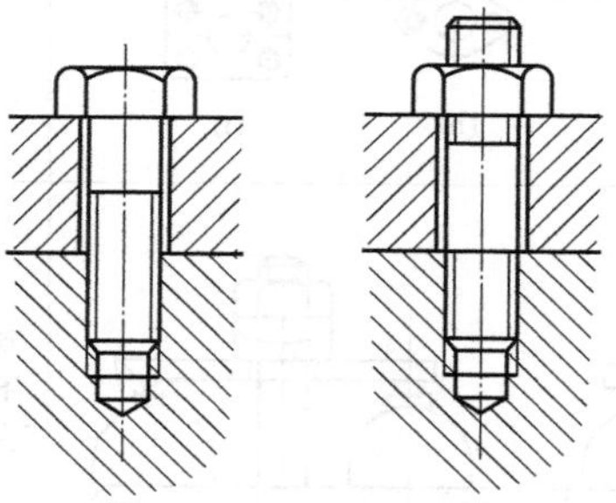 (a)　(b)	当被连接件之一厚度较大时，若经常装拆，则不宜采用螺钉连接，如图(a)所示，以免由于钉孔磨损，使被连接件损坏。此种情况下，应采用双头螺柱进行连接，如图(b)所示
5	用多个沉头螺钉固定时，各钉头不可能都贴紧	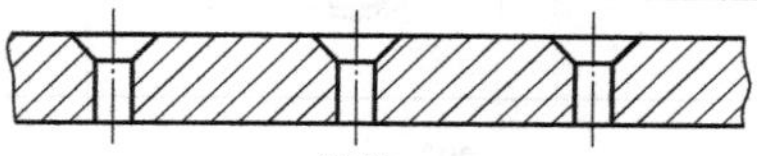 较差 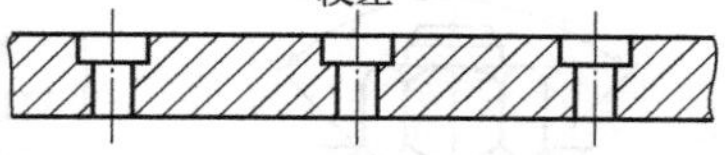 较好	用多个锥端沉头螺钉固定一个零件时，如有一个钉头的圆锥部分与钉头锥面贴紧，则由于加工孔间距误差，其他钉头不能正好贴紧。如改用圆柱头沉头螺钉固定，则可以使每个螺钉都压紧。为了提高固定的可靠性，可安装两个定位销
6	吊环螺钉应采用标准件	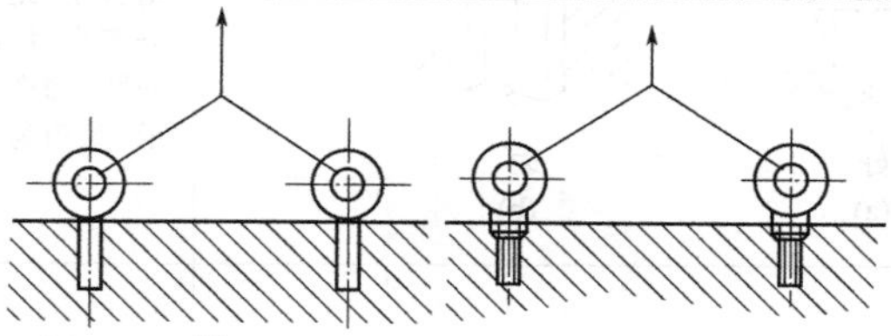 (a)　(b)	吊环螺钉在用钢丝绳倾斜方向受力时，若没有紧固座面，如图(a)所示，则螺钉受很大的弯曲应力。应按国家标准 GB/T 825—1988 选择标准的吊环螺钉，如图(b)所示
7	铰链应采用销轴，不可用螺钉	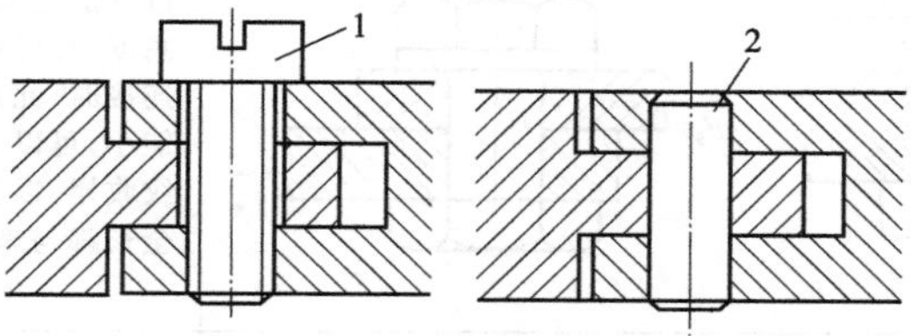 1　2 1—螺钉；2—销轴	螺纹有间隙不能精确定位，因此不宜采用螺钉作销轴。销轴应采用销连接，为避免销从孔中滑出，可采用带孔销(GB/T 880—2008)或销轴(GB/T 882—2008)

(2) 合理设计螺纹连接件

合理设计螺纹连接件见表13-2。

表13-2 合理设计螺纹连接件

序号	设计应注意的问题	图例	说明
1	受弯矩的螺杆结构，应尽量减小螺纹受力	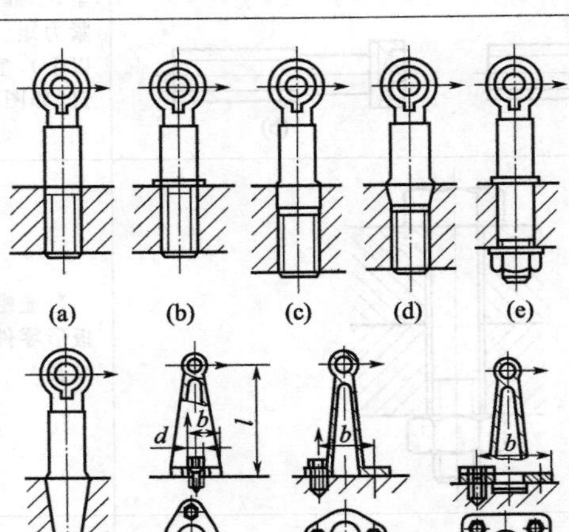 (a) (b) (c) (d) (e) (f) (g) (h) (i)	如图所示，主要考虑螺钉的受力条件，其中图(a)、(g)所示螺钉所受应力大；图(e)、(f)所示圆柱和圆锥配合面抗弯强度高，结构最为合理；图(i)所示结构采用四个螺钉，提高了强度
2	避免螺杆受弯曲应力	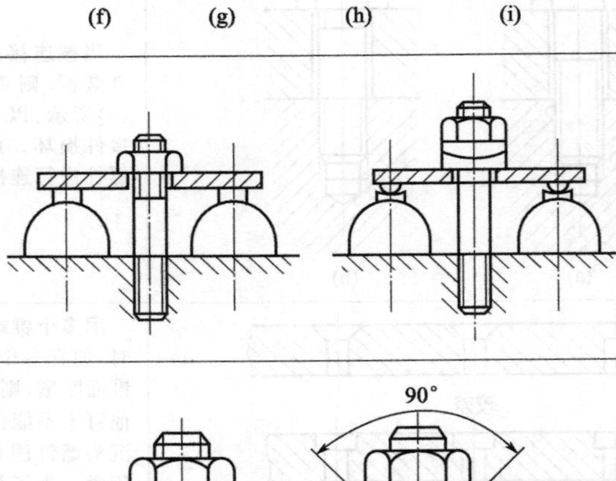	螺栓受弯曲应力时，强度将受到严重削弱。当两个零件高度不等，使压板歪斜时，在拉杆中会引起弯曲应力。在螺母下放一球面垫圈，将压板端部设计为球面，可以避免产生弯曲应力
3	螺母与零件的接触面为锥形时，其锥顶角不可太小	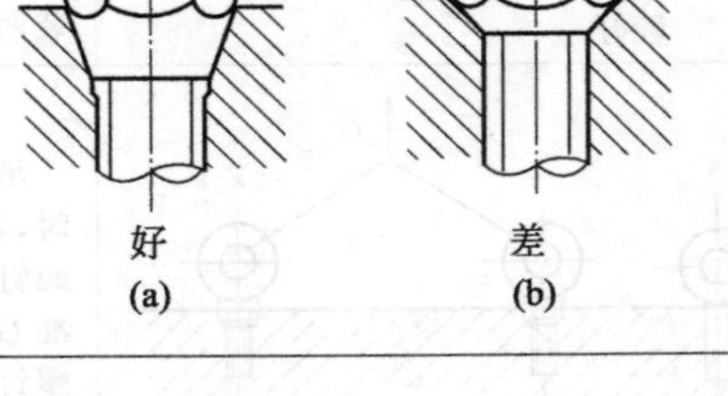 90° 好 (a) 差 (b)	螺母与零件的接触面为锥形，可以增加螺母的摩擦转矩，有利于防松和对中。但是，若其锥顶角过小，则在转动螺母时圆锥部分产生过大的摩擦力矩，不利于安装，如图(a)所示；如图(b)所示，此角为90°，比较适当
4	受剪螺栓钉杆应有较大的接触长度	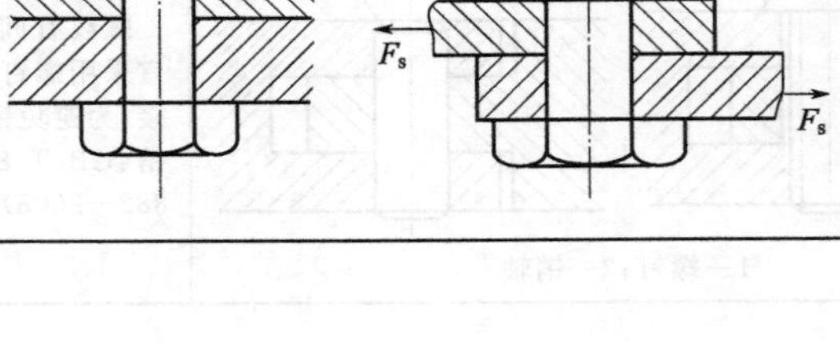 F_s F_s	螺栓螺纹部分在螺母支承面以下的余留长度和伸出螺母的高度，都应按标准。用受剪螺栓连接时，此余留螺纹长度应尽可能小，可以采用补偿垫圈容纳螺纹收尾，以使被连接部分的孔壁全长都与螺栓杆接触

续表

序号	设计应注意的问题	图例	说明
5	减小螺母的摩擦面	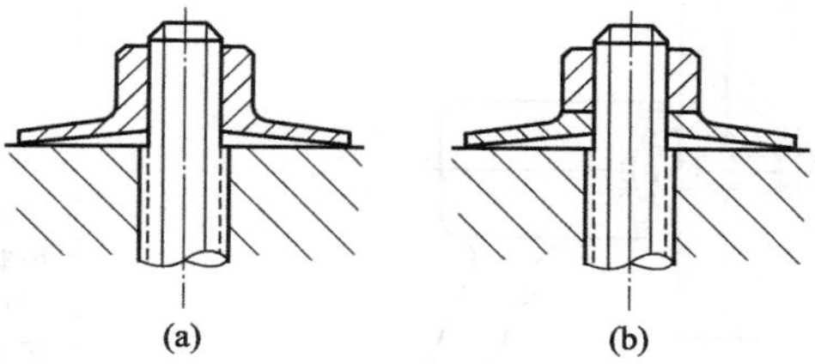 (a)　(b)	为了减小安装螺母时所需的转矩,可以减小螺母的摩擦面尺寸。如图(a)所示,原设计螺母与垫圈为一个零件,转动螺母所需克服的摩擦转矩大。如图(b)所示,分开为两个零件以后,只有螺母转动,垫圈固定不动,安装时省力,但是其锁紧效果较差
6	铝制垫片不宜在电气设备中使用	拧紧螺母时,其支撑面与垫片相互摩擦,使铝制垫片表面有一些屑末落下,如落至电气系统中,则会引起短路	
7	表面有镀层的螺钉,镀前加工尺寸应留镀层余量	表面镀铬或镍的螺钉,镀层厚度可达 0.01mm 左右。在制造各种螺钉时,为使镀后尺寸符合国家标准,镀前切削加工尺寸必须留有余量	
8	经常装拆的外露螺栓头要防止碰坏	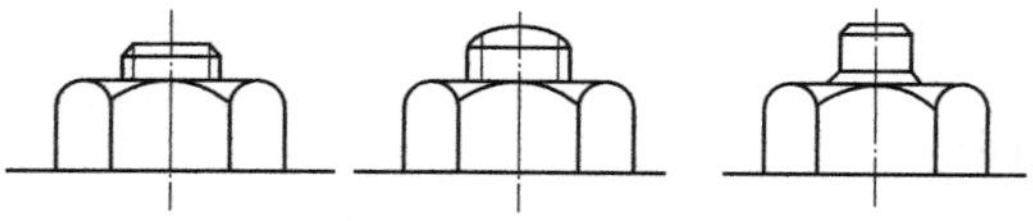	对于经常拆卸螺母的场合,螺栓头部容易被碰坏,因此不宜采用平头或圆头的结构,而应把外露的螺纹切去,制成圆柱头
9	必须保证螺母全高范围内所有螺纹正确旋合	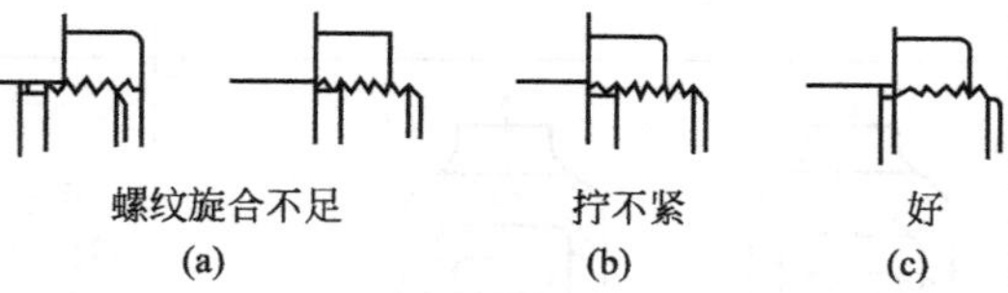 螺纹旋合不足 (a)　拧不紧 (b)　好 (c)	螺母全高范围内各扣螺纹都与螺杆的螺纹旋合,才能保证足够的强度,如图(c)所示;不能保证全部旋合的结构,都是不允许的,如图(a)、(b)所示
10	对于防松要求较高的螺栓连接,不能只锁紧螺母	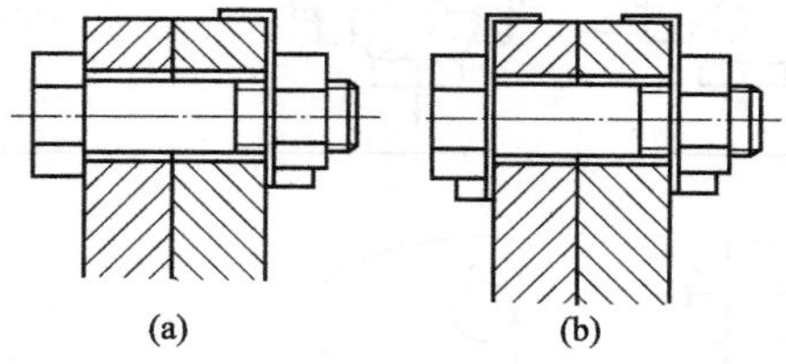 (a)　(b)	必须把螺钉和螺母都加锁紧装置才能保证可靠的锁紧,如图(b)所示;只锁紧螺母不够可靠,如图(a)所示
11	按压力要求设计螺栓连接	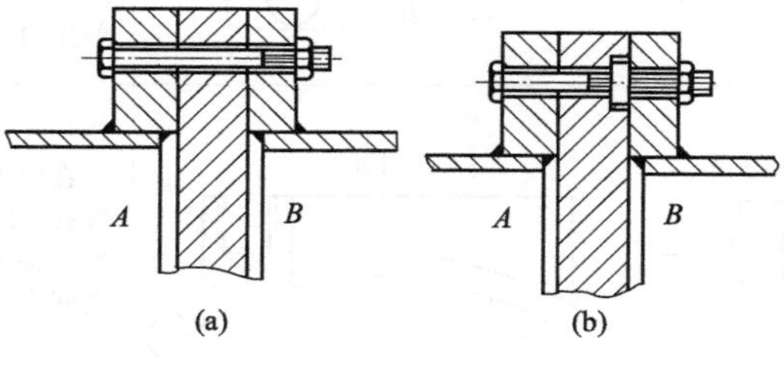 A　B　(a)　A　B　(b)	左图所示,热换器中间有隔板的结构,形成 A、B 两个空间,连接处由三层板组成。如图(a)所示,空间 A、B 的压力差比较大,用同一直径的螺栓连接,难以兼顾两边的压力载荷对强度和刚度的要求,而且维修时不能只拆一部分,这样会导致维修不便。可以按压力要求设计成不同直径的带凸肩的螺栓连接,如图(b)所示

续表

序号	设计应注意的问题	图例	说明
12	螺钉装配要求采用适当的工具	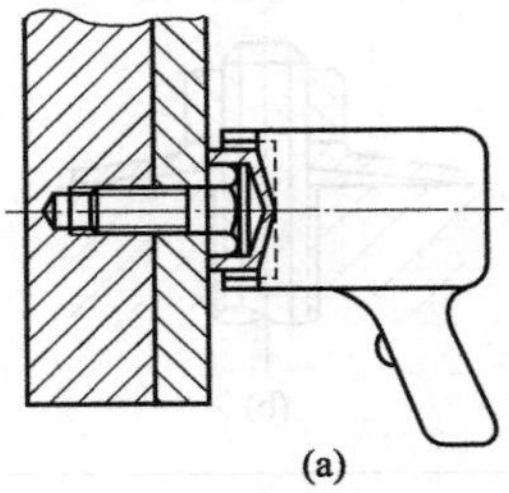 (a) 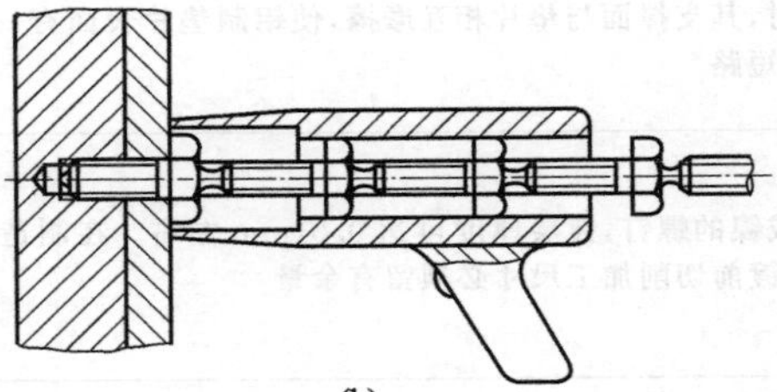 (b)	螺钉装配工作量大，而准确地控制扭紧力矩，对提高它的性能和可靠性有很大的关系。图(a)所示是普通的扭紧工具。而图(b)所示的装置，一次装入几个螺钉，提高了工作效率，在达到一定转矩时，连接处细杆部分扭断，而自动控制扭紧力矩；但破断处不美观，而且会碰伤人手，还需要进一步改进

(3) 合理设计被连接件

合理设计被连接件见表13-3。

表13-3 合理设计被连接件

序号	设计应注意的问题	图例	说明
1	避免在拧紧螺母(或螺钉)时，被连接件产生过大的变形	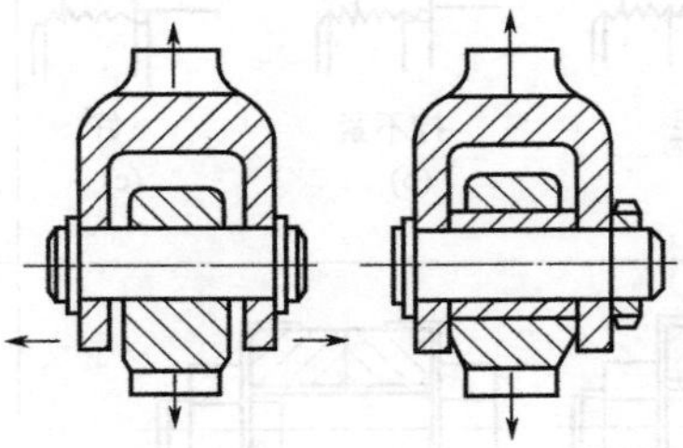	由于螺钉的预紧力过大，使叉形零件变形，杆件不能灵活转动；加一套筒撑住叉形零件，可以使叉形零件变形受到限制，从而保证了转动的灵活性
2	法兰结构的螺栓直径、间距及连接处厚度要选择适当	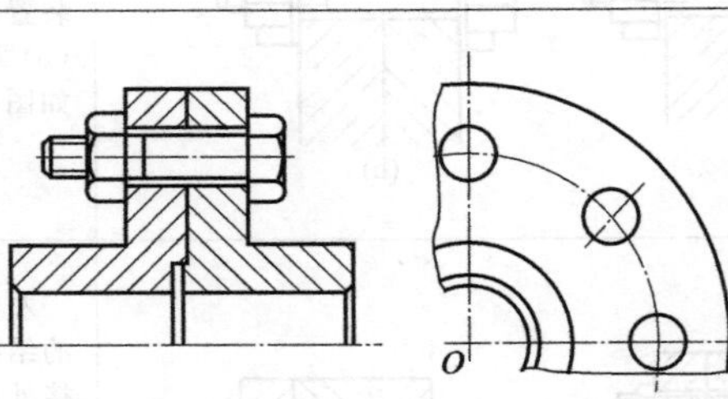 O	化工设备的管道接头法兰或热交换器的设计要执行规定的有关标准 对于有压力密封要求的连接，螺栓强度、法兰的刚性、螺栓的紧固操作三个要素中任何一个要素不适当，都会影响在密封面全长上接触压力的均匀性
3	不要使螺孔穿通，以防止泄漏	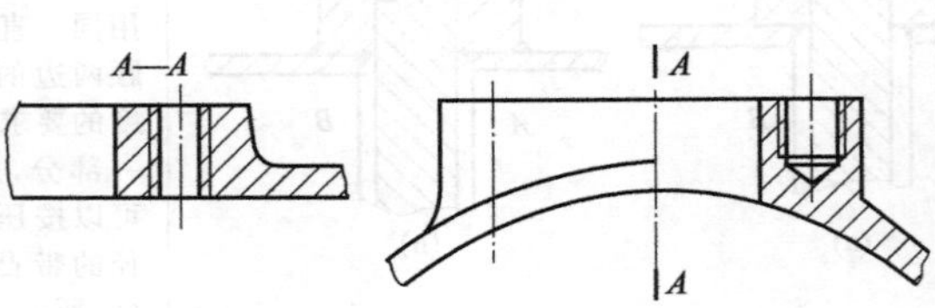 A—A A A	在壁厚不够的位置尽量不开螺纹孔(或者不开通孔)，否则容易发生泄漏现象。因为螺栓与螺纹孔之间有间隙(主要在螺纹顶部及根部)，所以会产生泄漏

续表

序号	设计应注意的问题	图例	说明
4	螺纹孔不应穿过两个焊接件	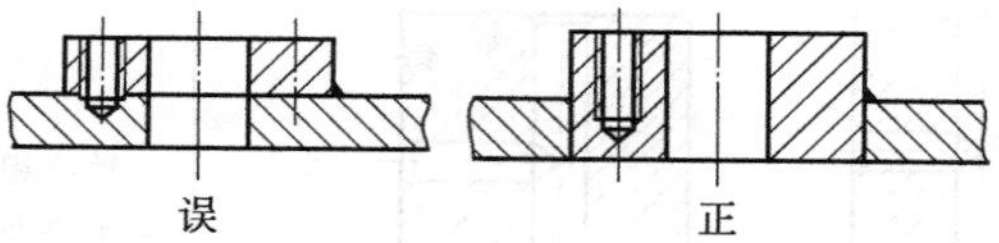 误　正	对焊接构件，螺孔既不要开在搭接处也不要穿通，防止泄漏和降低连接强度
5	靠近基础混凝土端部处不宜布置地脚螺栓	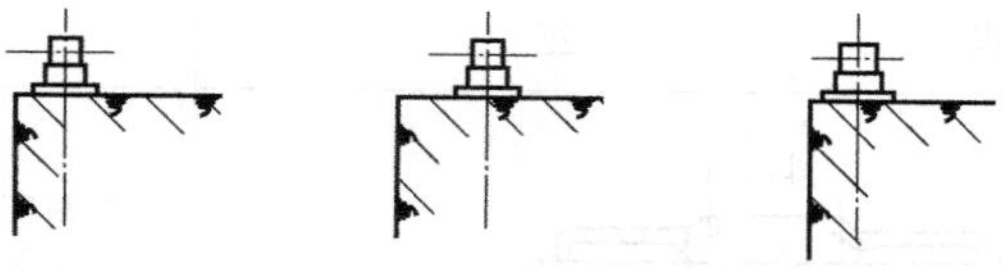	如果在混凝土基础的端部设置有轴承等，则常常容易使混凝土破损 解决办法是尽量远离基础端部，在不得已靠近端部时，要把混凝土基础加厚，提高强度
6	埋在混凝土地基中的地脚螺栓应避免受拉力		因为如图所示地脚螺栓受向上拉力的能力较差，所以应尽可能使其受向下的力
7	高速旋转体紧固螺栓的头部不要伸出	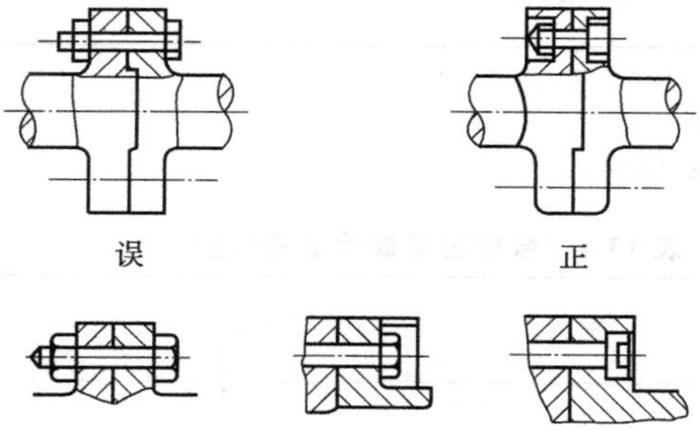 误　正	如果高速旋转轴的联轴器的螺栓头部、螺母等超出法兰面，由于高速旋转面搅动空气，会造成不良影响，也是不安全因素
8	螺孔的孔边要倒角	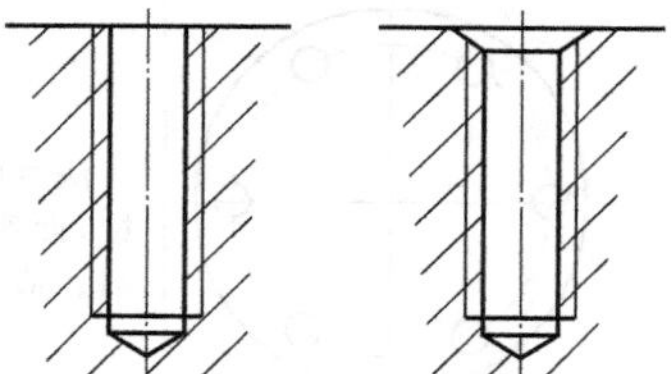	螺纹孔孔边的螺纹容易碰坏，碰坏后会导致装拆困难。将钉孔口倒角，可以避免这种情况的发生
9	对较深的螺孔，应在零件上设计相应的凸台	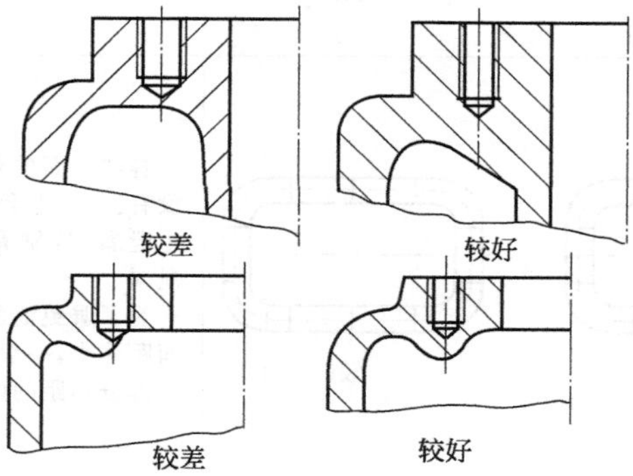 较差　较好 较差　较好	对于较深的螺孔，需要有凸台结构，为了防止由于凸台错位而造成螺孔穿通，设计时要留出一定的余量

续表

序号	设计应注意的问题	图例	说明
10	要避免螺孔相交	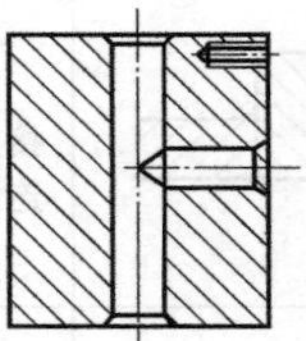 误 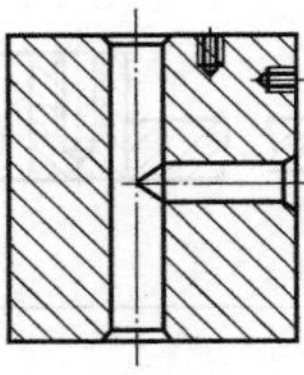　正	轴线相交的螺孔碰在一起，会削弱机体的强度和螺钉的连接强度
11	避免螺栓穿过有温差变化的腔室	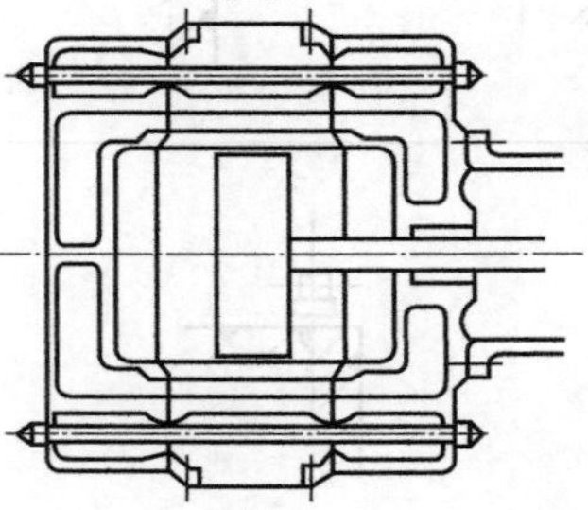 排出口 吸入口	如图所示，当螺栓穿过按环圈分为三块的压缩机气缸时，穿过吸入侧腔室的螺栓在停止和运转时的温度变化不大，因为这一部分的气缸有水冷却；穿过排出侧腔室的螺栓，工作时，由于温度的升高使拉紧的螺栓变得松弛，如再拧紧，则又增加了螺栓的应力。因此，在这样的地方要避免使用螺栓，在不得已的情况下，应使用高强度螺栓

(4) 合理布置螺栓或螺栓组

合理布置螺栓或螺栓组见表13-4。

表 13-4　合理布置螺栓或螺栓组

序号	设计应注意的问题	图例	说明
1	法兰螺栓不要布置在正下面	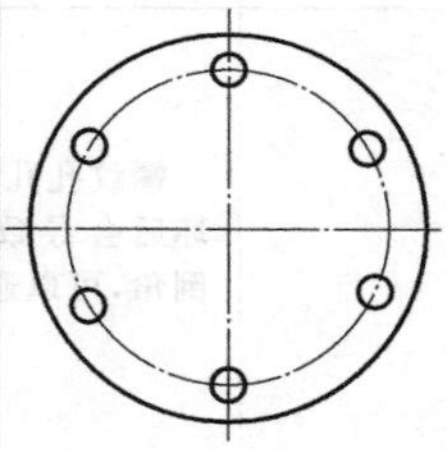 较差 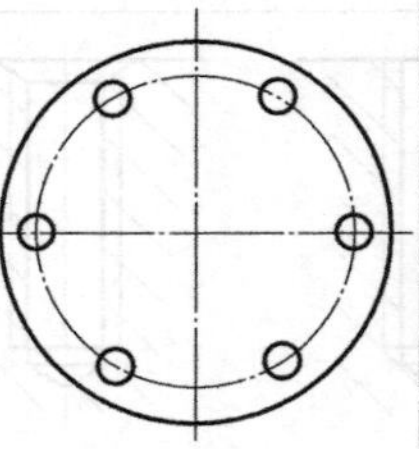　较好	法兰的正下面的螺栓容易受泄水的腐蚀，而影响螺栓的连接性能，且易产生泄漏。适当改变螺栓的布置，效果较好
2	侧盖的螺栓间距应考虑密封性能	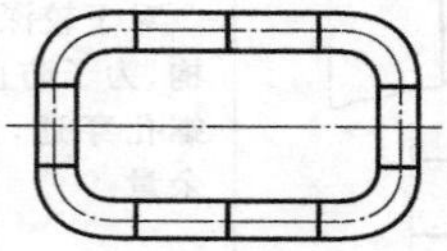 较差 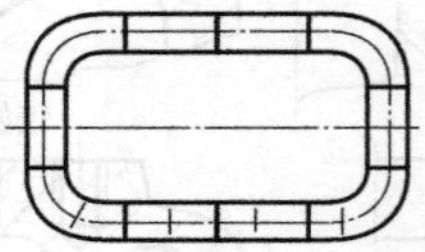　较好	容器侧面的观察窗等的盖子，即使内部没有压力，也会有油的飞溅等情况，从而产生泄漏，特别是在下半部分更容易产生泄漏 为了避免泄漏，需要把下半部分的螺栓间距缩小，一般上半部分的螺栓间距是下半部分间距的两倍

续表

序号	设计应注意的问题	图例	说明
3	螺钉应布置在被连接件刚度最大的部位	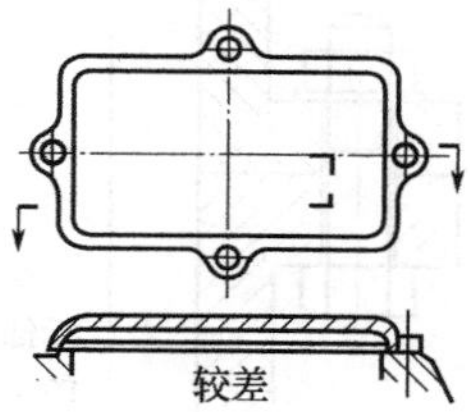 较差 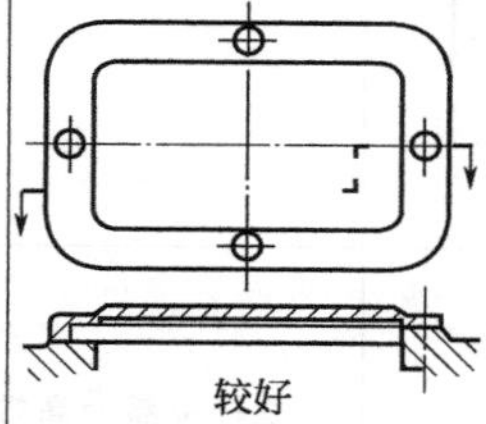　较好 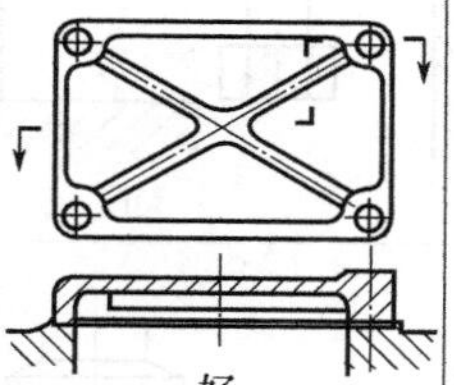　好	螺钉布置在被连接件刚度较小的凸耳上不能可靠地压紧被连接件 加大边缘部分的厚度，可使结合面贴合得好一些 在被连接件上面加十字或交叉对角线的肋，可以提高刚度，提高螺钉连接的紧密性
4	紧定螺钉只能加在不承受载荷的方向上	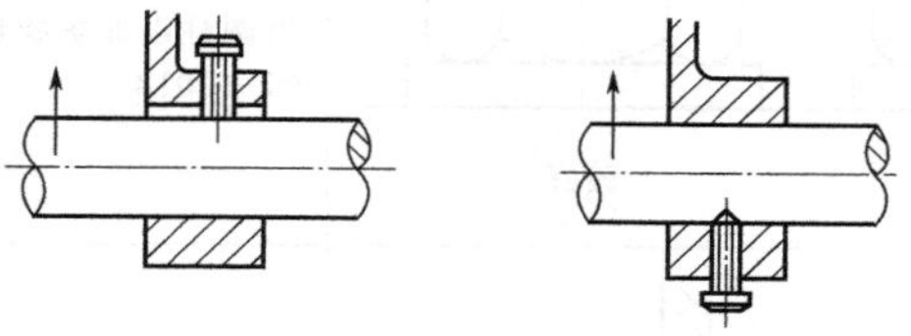	使用紧定螺钉进行轴向定位止动时，要在不受轴的载荷作用的方向进行紧定，否则会简单地压坏，而不起紧定作用 当轴承受变载荷时，用紧定螺钉止动是不合适的

(5) 考虑装拆的设计

考虑装拆的设计见表 13-5。

表 13-5　考虑装拆的设计

序号	设计应注意的问题	图例	说明
1	避免从多个方向安装螺钉	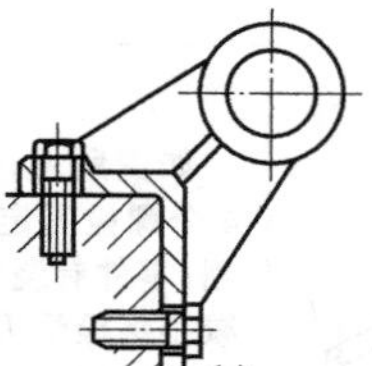 (a) 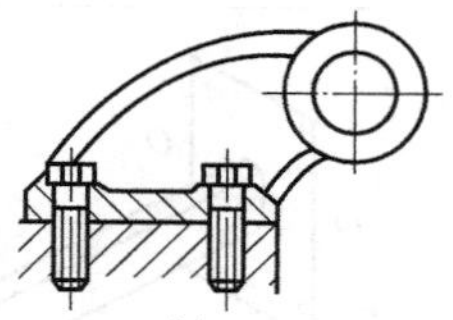　(b)	图(a)所示结构从不同方向安装螺钉，结合面、螺孔的加工和装配都很困难。图(b)所示结构合理
2	紧固件应该布置在容易装拆的位置	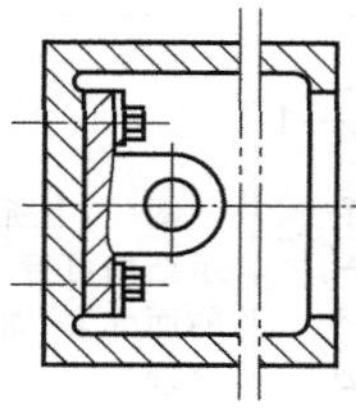 (a) 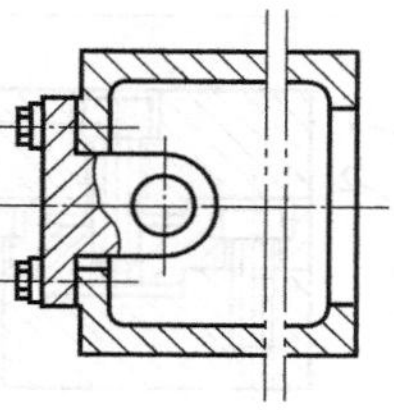　(b)	图(a)所示螺钉布置在箱体内，拆装、加工都很困难。图(b)所示结构较好

续表

序号	设计应注意的问题	图例	说明
3	要保证螺栓的安装与拆卸的空间	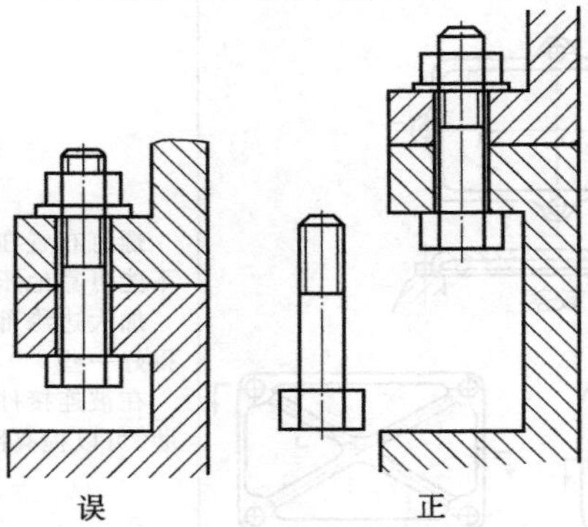 误　正	进行结构设计时要留出螺栓的安装与拆卸的空间，以保证螺栓在装拆时有足够的空间使螺栓能顺利地装入或取出
4	螺杆顶端螺纹有碰伤的危险时，应有圆柱端以保护螺纹	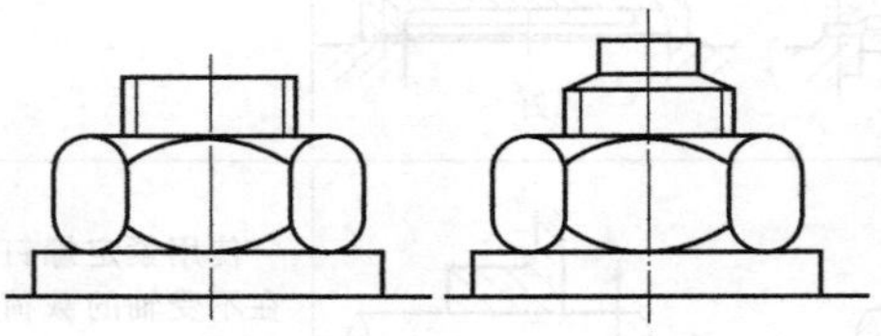 较差　较好	螺杆头部为高端时，螺纹易被碰坏，使螺母装拆困难。应在螺杆端部倒角，并设置圆柱以保护螺纹，参见国家标准 GB/T 27—2013
5	考虑螺母拧紧时有足够的扳手空间	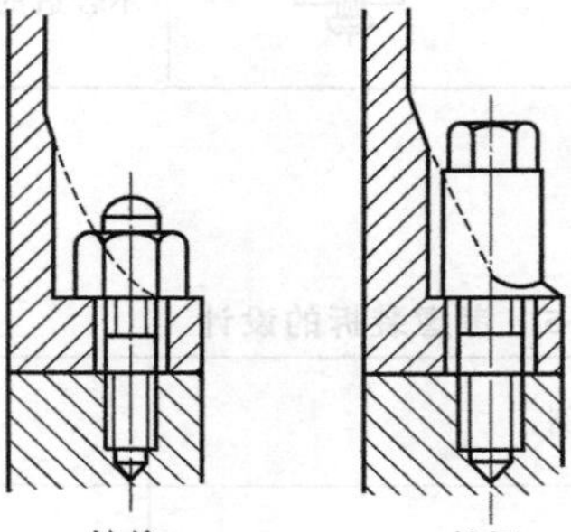 较差　较好	部分箱体的接合面法兰部分和箱体壁面有壁厚差，所以希望壁厚变化尽量平缓，又希望缩小螺栓间距，所以容易造成锪孔非常深，或由于螺母太靠近壁面导致扳手空间不够导致不容易拧紧。可以设法提高钉头或螺母的位置，以加大扳手空间
6	受倾覆力矩的螺栓组，螺栓的位置应远离对称轴线	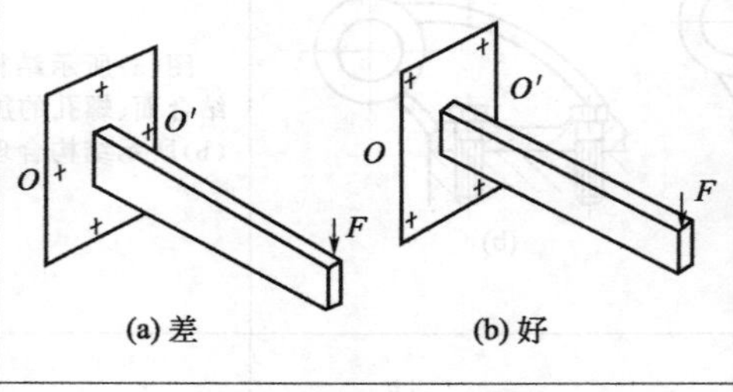 (a) 差　(b) 好	如图所示，悬臂杆端受力 F，该零件用4个螺栓固定在墙壁上。由于力 F 的作用，零件有绕轴线 $O—O'$ 翻转的倾向。为减小螺栓受力，其位置应远离绕其翻转的对称轴线 $O—O'$，如图(b)所示，更不宜把螺栓布置在 $O—O'$ 线上，如图(a)所示
7	考虑螺钉安装的可能性	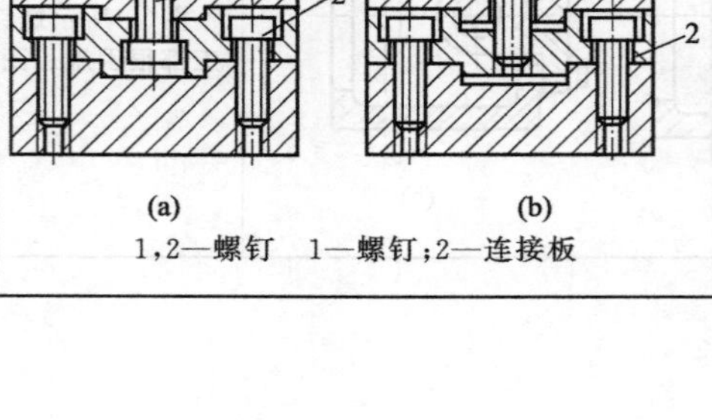 (a) 1，2—螺钉　(b) 1—螺钉；2—连接板	图(a)中所示螺钉1无法安装，图(b)所示结构可行。又图(a)所示结构要求配合的面太多，加工困难；图(b)所示结构较合理

(6) 螺纹连接防松结构设计

螺纹连接防松的结构设计见表 13-6。

表 13-6　螺纹连接防松的结构设计

序号	设计应注意的问题	图例	说明
1	对顶螺母高度不同时，不要装反	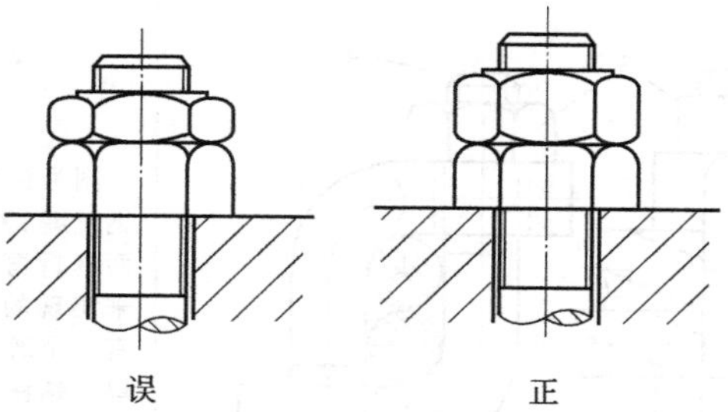 误　正	使用对顶螺母是常用的防松方法之一。两个对顶螺母拧紧后，使旋合螺纹间始终受到附加应力和摩擦力的作用。根据旋合螺纹接触情况分析，下螺母螺纹牙受力较小，其高度可小些。但是，使用中常出现下螺母厚、上螺母薄的情况，这主要是由于扳手的厚度比螺母厚，不容易拧紧，通常为了避免装错，两螺母的厚度取相等为最佳方案
2	防松的方法要确实可靠	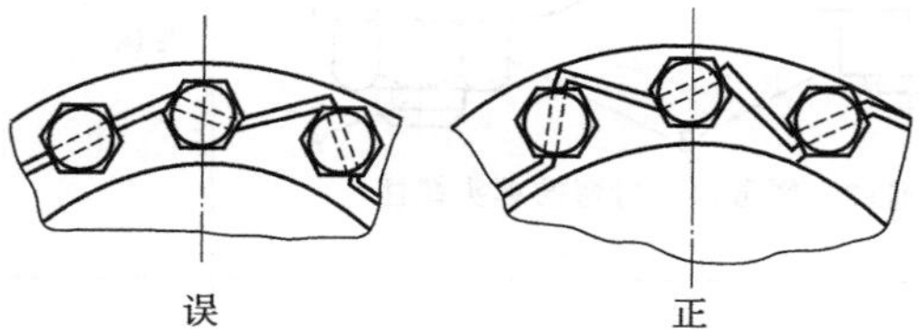 误　正	用钢丝穿入各螺钉头部的孔内，将各螺钉串起来，以达到防松的目的时，必须注意钢丝的穿入方向
3	防松方法结构应简单	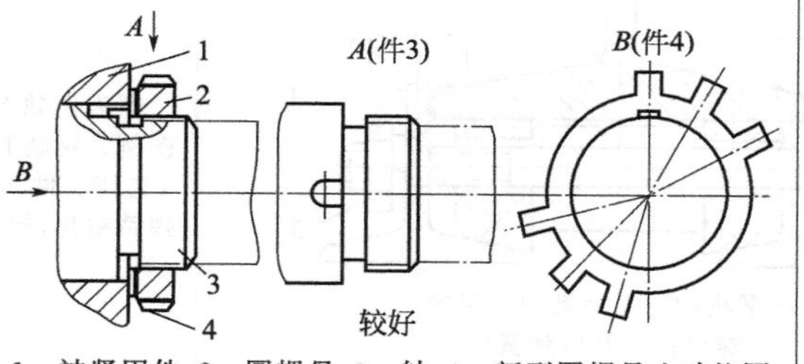 A　1　2　B　3　4　A(件3)　B(件4)　较好 1—被紧固件；2—圆螺母；3—轴；4—新型圆螺母止动垫圈	采用止动垫圈防松时，如果垫圈的舌头没有完全插入轴侧的竖槽里，则不能止动 使用新螺母止动垫圈，轴槽加工量较少，省去了去除螺纹毛刺的工作，防松的可靠性达到 100%，对轴强度削弱较少
4	带锁紧装的调整螺钉，要求容易调整、锁紧可靠	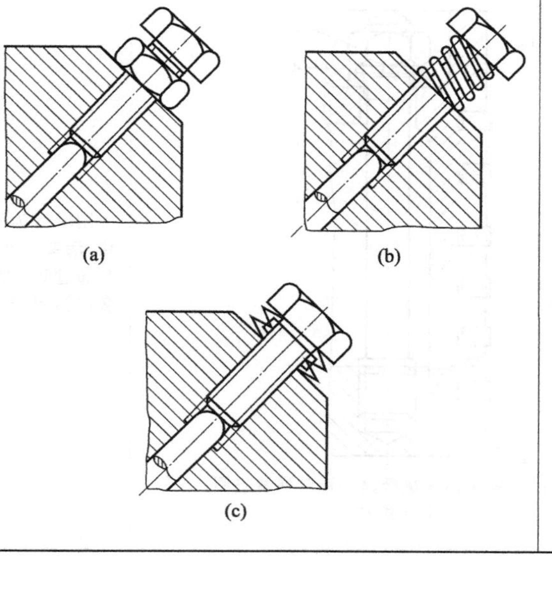 (a)　(b)　(c)	如图所示，调整螺钉对调整和可靠锁紧两项要求常难以同时满足 用防松螺母，如图(a)所示，锁紧可靠，但难以精确调整，尤其对于比较狭窄的环境更是如此 用螺旋弹簧，如图(b)所示，容易调整，但容易因为振动而自动改变其预先设定的位置 用带齿的盘形弹簧，如图(c)所示，在机器工作中可以迅速地调整

(7) 螺纹连接的应用图例

螺纹连接的应用图例见表 13-7。

表 13-7 螺纹连接的应用图例

序号	设计应注意的问题	应用图例	说明
1	钢丝绳末端的连接	1,2—钢丝绳;3—螺母;4—折弯的单头螺柱	图为钢丝绳末端连接应用图例。钢丝绳1和2在末端的连接是通过两套折弯的单头螺柱4和螺母3来实现的。单头螺柱4的另一端有一个通孔且是光孔,穿过另一套单头螺柱的螺纹端,通过拧紧螺母3,使钢丝绳1和2被夹紧而实现连接
2	钢轨和工字梁的连接	1—钢轨;2—工字梁;3—螺栓;4—螺母;5—开口弹簧垫片	图为钢轨与工字梁的连接应用图例。钢轨1与工字梁2通过螺栓3连接。件4是螺母,件5是开口弹簧垫片,起防松作用
3	活塞与塞底的连接	1—活塞;2—塞底;3—螺母;4—开口弹簧垫圈;5—双头螺柱	图所示为活塞与塞底的螺纹连接,活塞1上的通孔和塞底2的盲孔通过双头螺柱5连接,螺母3可多次拆卸,开口弹簧垫圈4可防松

续表

序号	设计应注意的问题	应用图例	说明
4	双头螺柱连接	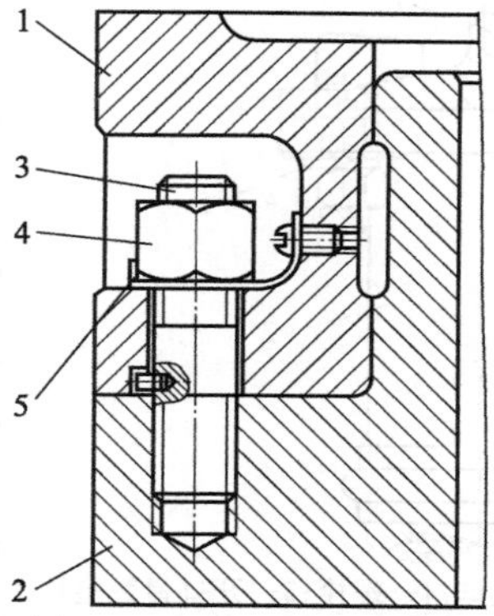 1,2—被连接件;3—双头螺柱;4—螺母;5—止动垫片	图所示为被连接件 1 和 2 通过双头螺柱 3 和螺母 4 连接,止动垫片 5 是用于连接防松的
5	中心架上的连接	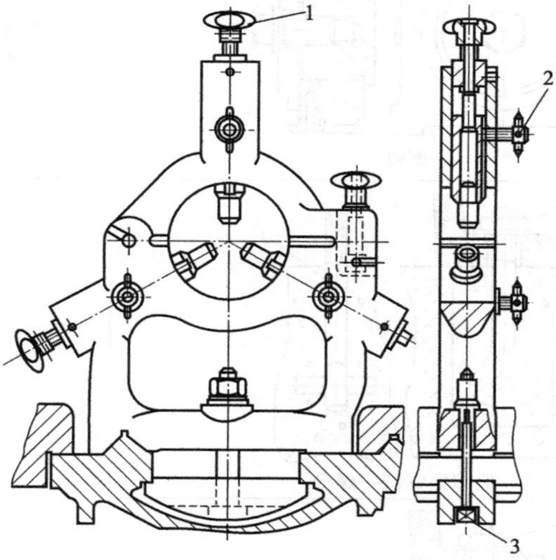 1—中心架卡爪;2—锁紧螺钉;3—中心架与架座的连接螺钉	图为中心架上的螺纹连接应用图例。中心架的三套卡爪 1 调整到位之后,通过锁紧螺钉 2 将卡爪 1 的位置锁紧固定。螺纹 3 是用于连接中心架与架座的
6	连杆上的连接	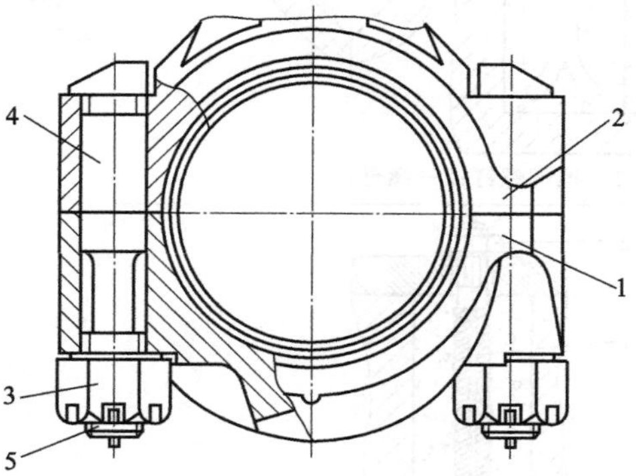 1—连杆盖;2—连杆体;3—六角开槽螺母;4—螺栓;5—销	图为连杆上的螺纹连接应用图例。连杆盖 1 与连杆体 2 通过两组螺栓进行连接。件 4 是螺栓,件 3 是六角开槽螺母。将六角开槽螺母拧紧后,将开口销穿入螺栓尾部小孔和螺母的槽内,并将开口销尾部掰开与螺母侧面贴紧

续表

序号	设计应注意的问题	应用图例	说明
7	工字梁和立柱的连接	1—工字梁；2—立柱；3—螺母；4—螺栓；5—开口弹簧垫片	图为工字梁与立柱的连接应用图例。工字梁1与立柱2通过两组螺栓进行连接。件3是螺母，件4是螺栓，开口弹簧垫片5起防松作用
8	钻床夹具上的连接	1—螺钉	图为钻床夹具上的连接应用图例。通过螺钉1调整夹紧工件
9		1—地脚螺钉；2—螺母	
10	地脚螺钉的几种应用	1—地脚螺钉；2—螺母	当机座或机架固定在地基上时，需要用特殊螺钉连接，即地脚螺钉连接
11		1—地脚螺钉；2—螺母	

(8) 螺纹装置应用图例

螺纹装置的应用图例见表 13-8。

表 13-8　螺纹装置的应用图例

序号	基本形式	应用图例	说明
1	基本螺纹装置	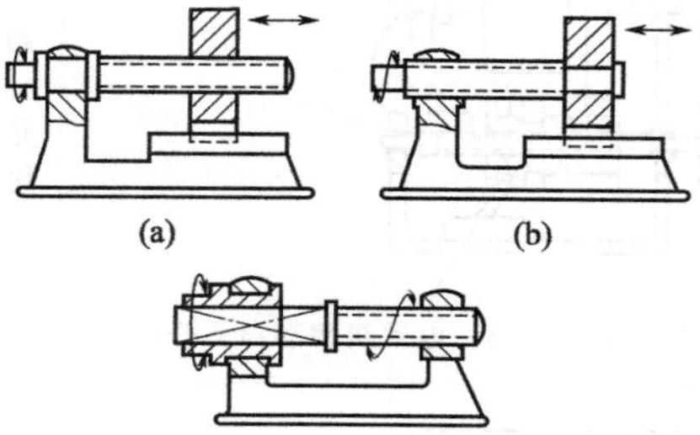 (a) (b) (c)	图中，螺纹运动转换包括：从旋转运动转换为直线运动，如图(a)所示；从螺旋运动转换为直线运动，如图(b)所示；从旋转运动转换为螺旋运动，如图(c)所示。如果螺纹没有自锁，这些转换都是可逆的(当螺纹的效率超过 50%的时候，它是可逆的)
		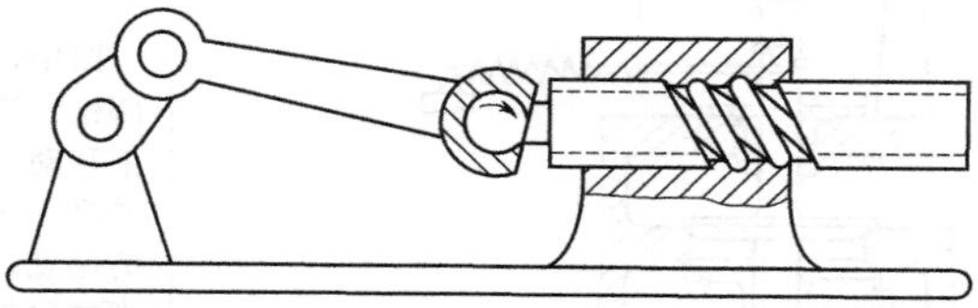	图中，标准的四连杆机构用螺纹代替滑块。这样输出的是螺旋运动而不是直线运动
		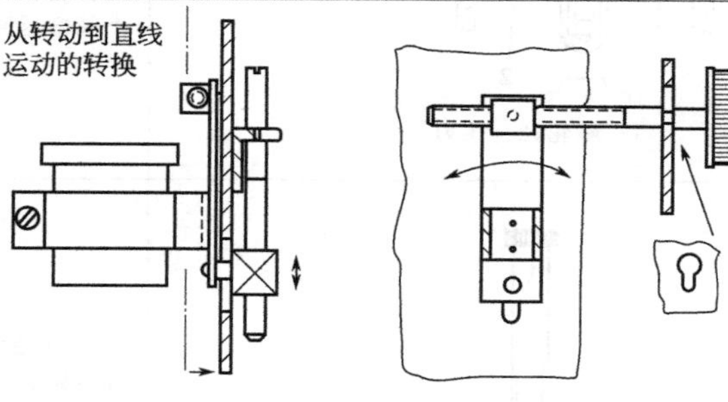 从转动到直线运动的转换 (a) (b)	图中，靠螺纹驱动的灯泡双向调整的机构可以使灯泡上下移动。如图(b)所示，旋钮调整灯泡作绕一支点的转动
		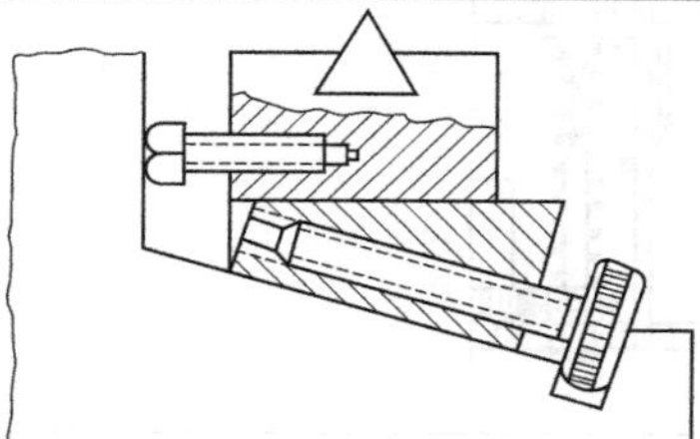	图中，一个螺纹驱动的楔块可以使锋刃支撑上升或者下降。另两个螺钉一个对锋刃进行侧面定位，另一个使其锁紧
		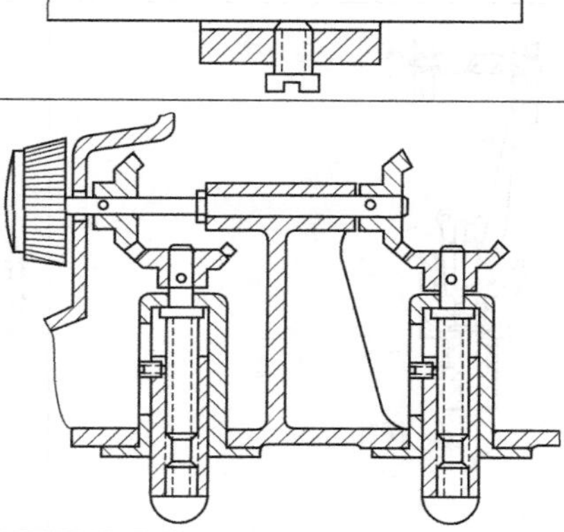	图中，双螺纹的平行安装结构可以均匀地升高投影仪

续表

<table>
<tr><th>序号</th><th>基本形式</th><th>应用图例</th><th>说明</th></tr>
<tr><td rowspan="2">1</td><td rowspan="2">基本螺纹装置</td><td>1—输出齿轮；2—发条保护罩；3—电动机驱动；4—开关</td><td>图中，通过用螺栓和螺母来控制电动机的开关可以使自动发条一直处于拉紧状态。电动机驱动必须是自锁的，否则只要开关关闭，发条就会松开</td></tr>
<tr><td>1—棘轮；2—压力</td><td>图中，阀杆有两个反向移动的阀锥。当打开后，上阀锥首先向上移动，直到它接触挡块。阀轮的进一步旋转迫使下阀锥离开它的位置。与此同时弹簧被卷紧。当棘轮松开时，这个弹簧拉着两个阀锥返回它们原来的位置</td></tr>
<tr><td rowspan="2">2</td><td rowspan="2">从直线运动转换为旋转运动</td><td></td><td>图中，金属条或方形杆能够被缠绕做成一个长的导向螺纹。它很适合于把直线运动转换为旋转运动。这里是一个照相机卷胶片的按钮机构。通过改变这个金属条的缠绕可以很容易地改变转的圈数或者输出齿轮的停顿次数</td></tr>
<tr><td>探针</td><td>图中，探针量规通过一个双连杆机构放大了探针的运动，然后转换为旋转运动来移动刻度指针</td></tr>
</table>

续表

序号	基本形式	应用图例	说明
2	从直线运动转换为旋转运动	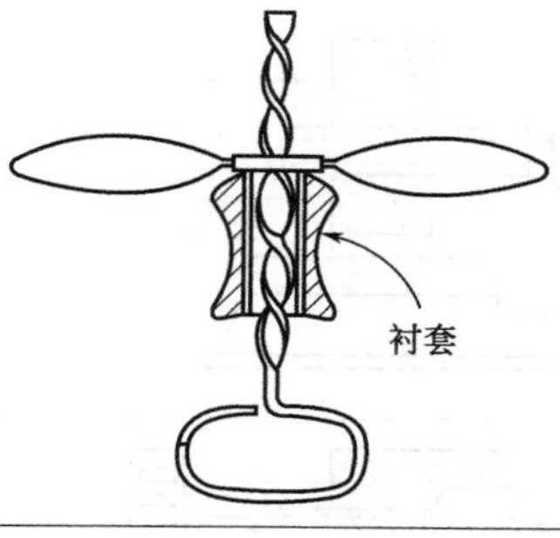 衬套	图中，通过推动带螺纹的衬套向上并脱离螺纹，这是我们所熟悉的飞行螺旋桨玩具的工作原理
3	自锁机构	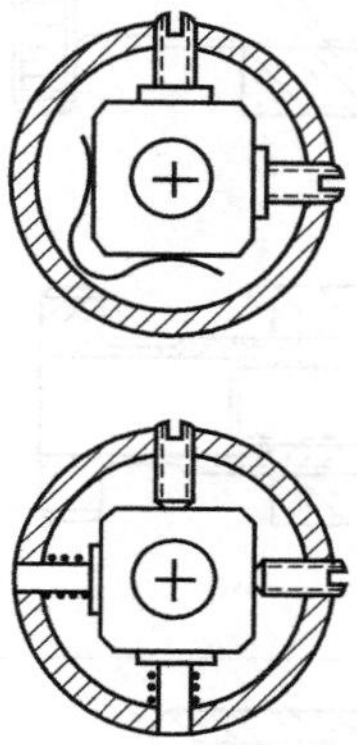	图中，对于望远镜瞄准器的驱动和弹簧返回的调整，有两种方法可供选择
		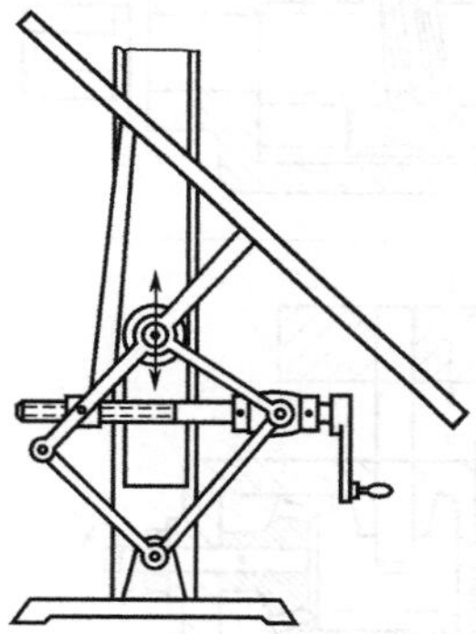	图中，对于复杂的连杆机构，这种螺钉和螺母能形成自锁驱动
		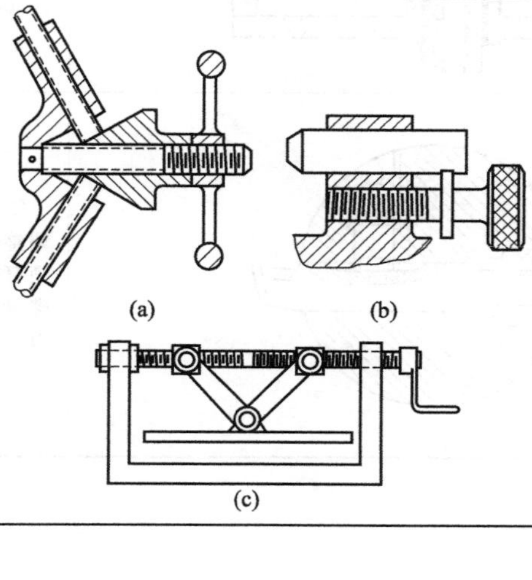 (a)　(b)　(c)	图所示为力的转换。在图(a)中，螺纹手柄推动锥形衬套，从而推动其外表面上的两个杆形成平衡压力。在图(b)中，螺栓是为了保持和驱动定位销以便进行锁紧。图(c)中，左右两个轴提供压力

续表

序号	基本形式	应用图例	说明
4	双螺旋机构	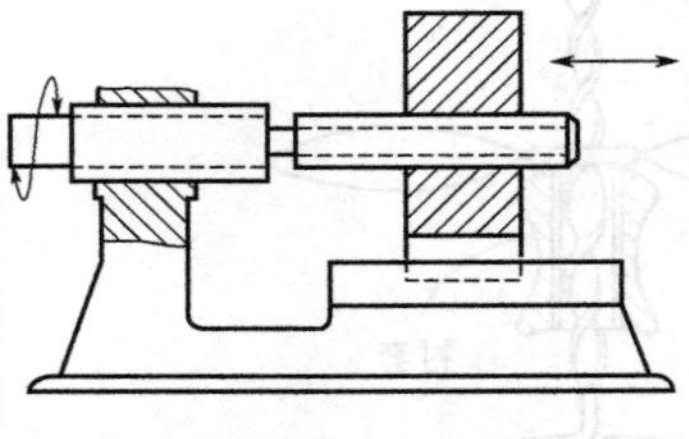	图中，当作为差动器使用时，双螺纹螺栓可以用相对低的价格对精密设备进行很好的调整
		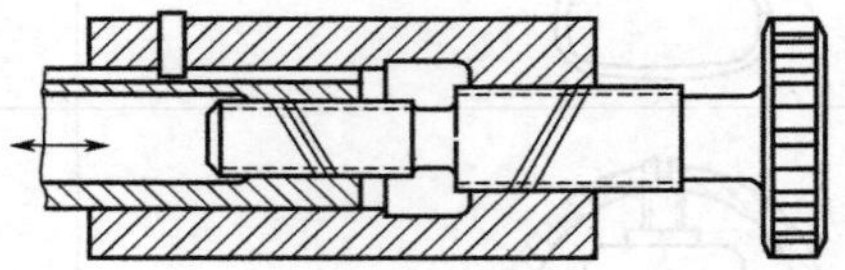 (a) 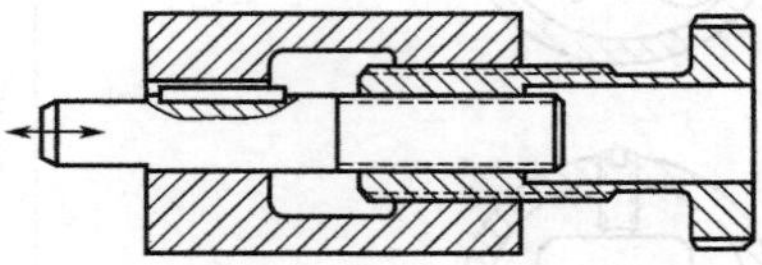 (b)	差动螺纹机构可以有多种形式。 如图所示两种结构形式：图(a)中，两个反向螺纹在一个轴上。而在图(b)中，同向螺纹在两个不同的轴上
		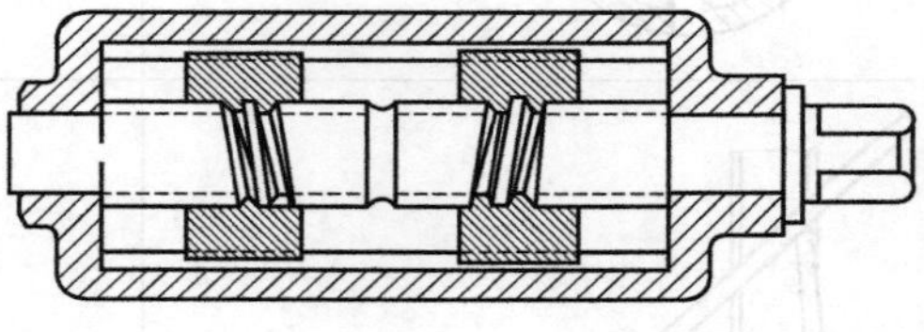	图中，两个反向螺纹螺栓可以使两个移动的螺母产生高速的对中夹紧
		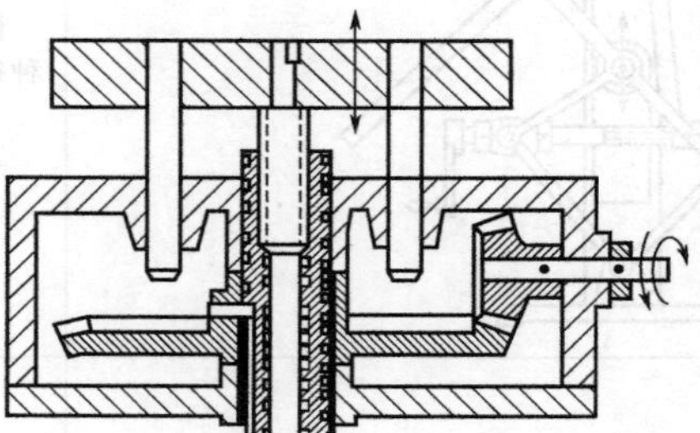	图中，输入斜齿轮的转动可以使测量工作台缓慢地上升。在精密螺纹系列中，如果两个螺纹分别是 1.5～12 和 0.75～16，那么输入齿轮每旋转一圈，这个测量工作台将大约上升 0.01016cm (0.004in)
		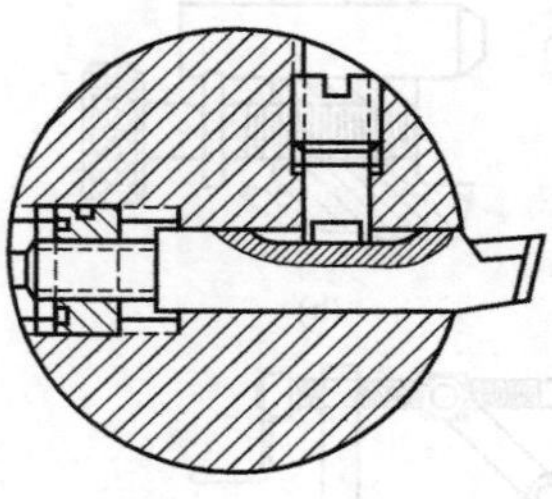	图中，通过调整差动螺纹可以调整钻杆里的车刀。一对特制的销钉扭转中间的螺母，从而在使螺母向前的同时拉紧带螺纹的车刀。然后车刀靠固定螺钉夹紧

续表

序号	基本形式	应用图例	说明
4	双螺旋机构	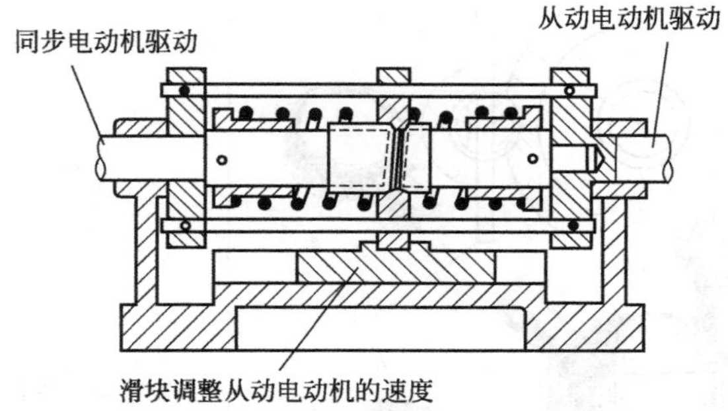 同步电动机驱动 从动电动机驱动 滑块调整从动电动机的速度	图中，两个电动机与两个差动螺纹轴连接，一个是小型同步电动机，另一个将变为变速电动机。当可移动螺母和滑块运动时，两个电动机回转圈数不同，从而提供电调速补偿
		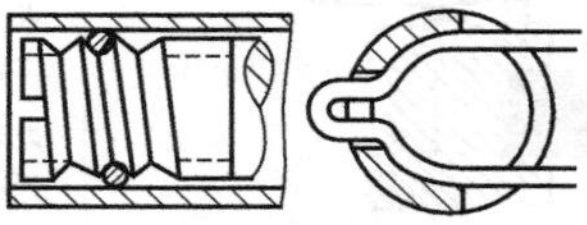	图为简单的管螺纹装置，其中，金属线叉子就是螺母
		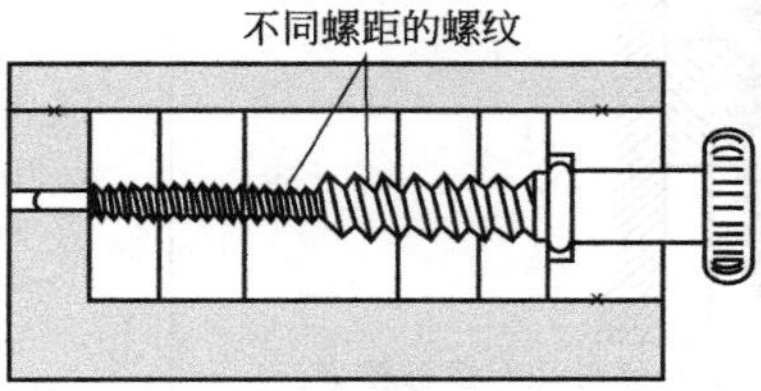 不同螺距的螺纹	图中，机械光锥包括一个作为螺钉的弹簧和一个作为螺母的开口环或者金属弯线

(9) 7 种特殊的螺纹装置

差分、双向和其他类型的螺纹能提供快慢进给、时间调整和很强的夹紧作用。表 13-9 所示为 7 种特殊的螺纹装置。

表 13-9　7 种特殊的螺纹装置

序号	基本形式	应用图例	说明
1	移动量很小的运动机构	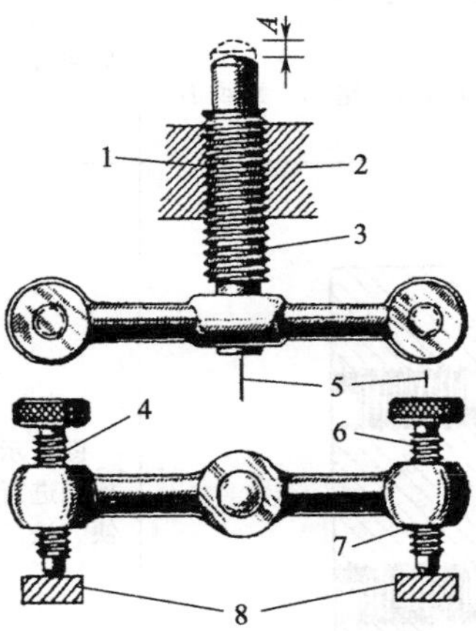 A 1　2　3　4　5　6　7　8 1—高级螺纹(没有间隙)；2—固定的螺母；3—螺纹 B(导程$=L_B$)；4—螺纹 C；5—R；6—螺纹 C(导程$=L_C$)；7—高级螺纹(没有间隙)；8—可移动挡块	图所示为移动量很小的运动机构。例如，显微镜测量设备就是具有这种特性的一个装置。当 N 等于螺纹 C 的圈数时，A 的移动量等于 $N(L_BLc)12\pi R$

续表

序号	基本形式	应用图例	说明
2	快慢进给机构	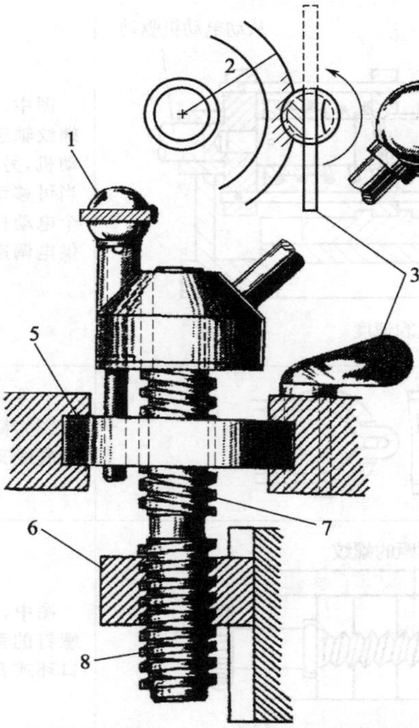 1—螺母驱动销；2—活动螺母；3—螺母锁紧；4—转动手柄；5—浮动螺母；6—滑块；7—螺纹 A（导程$=L_A$）；8—螺纹 B（导程$=L_B$）	图所示为快慢进给机构。螺母固定时，采用左右旋螺纹每转一圈的滑动运动等于 L_A 加 L_B；当螺母不固定时，每转一转的滑动运动等于 L_B。当螺纹是差动时，可以获得带快速回程的精确进给运动
3	旋转运动快速转换为精确直线运动的机构	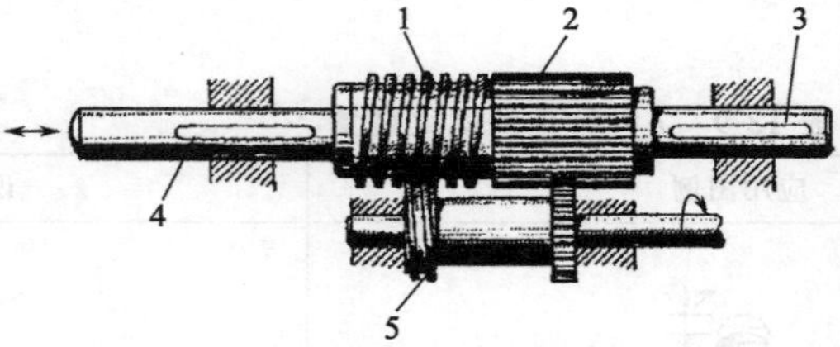 1—螺纹 A；2—齿轮传动比 1/1；3，4—键；5—螺纹 B	图中，旋转运动快速转换为精确的直线运动是可能的，这种装置适合于轻载。螺纹是左旋和右旋。L_A 等于 L_B 加上或减去一个小的增量。当 $L_B=1/10$ 和 $L_A=1110.5$ 时，螺纹 A 每转产生的线性运动将是 0.05in（0.127cm）。当螺纹具有相同旋向时，线性运动等于 L_A+L_B
4	支撑调整机构	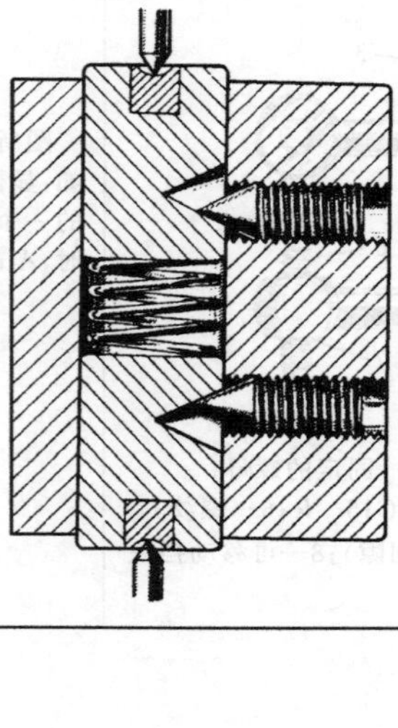	图所示为支撑调整机构。这种螺纹机构是进行支撑调整和过载保护的一种简便方法

续表

序号	基本形式	应用图例	说明
5	减振螺纹机构	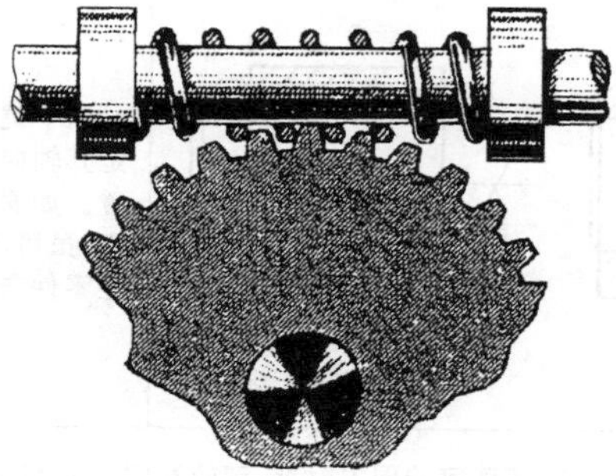	图所示为减振螺纹机构。当把图示的缠绕弹簧用于轻载的蜗轮驱动时，它们的优点是可以吸收较大的冲击振荡
6	消除间隙机构	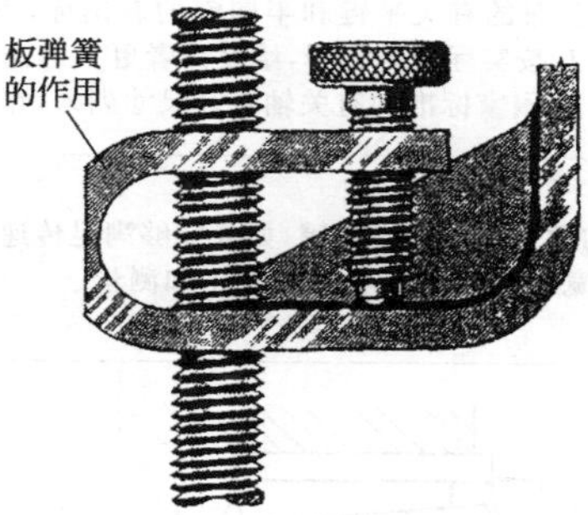 板弹簧的作用	图为消除间隙机构。大的螺杆被锁紧后，当小的螺钉被拧紧时，所有间隙被消除，手指即可产生足够的转矩
7	差动夹头	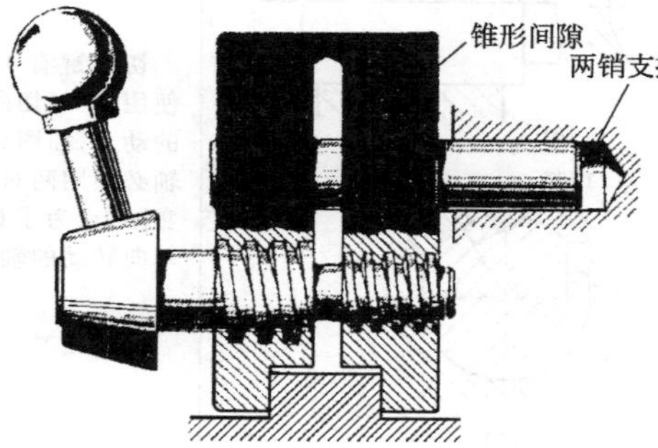 锥形间隙 两销支撑	图为差动夹头。使用差动螺纹使夹头夹紧的方法是使用大小不一的螺纹与高夹紧力相结合。夹紧力 $P=Te[R(\tan\varphi+\tan\alpha)]$。式中，$T$ 为手动转矩；R 为螺纹的平均半径；φ 为摩擦角（大约为 0.1）；α 为平均螺距或螺旋角；e 为螺钉的效率（一般取 0.8）

13.2.2　键连接图例及结构设计禁忌

键是常用的轴与轮毂的连接零件。键的种类有平键、半圆键、斜键、花键等。按轴的尺寸、传递转矩的大小和性质、对中要求、键在轴上是否要做轴向运动等选择键的形式和尺寸。键槽会引起应力集中，削弱轴和轮毂的强度。此外，有些类型的键会引起轴上零件的偏心，引起振动和噪声。对于高转速的、大转矩或大直径的键连接和花键连接结构设计，应该特别注意选择合理键连接结构形式、尺寸和材料。

（1）正确选择键的形式和尺寸

键的形式和尺寸的正确选择见表 13-10。

表 13-10　键的形式和尺寸的正确选择

序号	设计应注意的问题	图例	说明
1	钩头斜键不宜用于高速场合	钩头斜键打入后，使轴上零件对轴产生偏心，高速零件离心力较大而产生振动。外伸钩头容易引起安全事故，高速下更危险	

续表

序号	设计应注意的问题	图例	说明
2	平键加紧定螺钉引起轴上零件偏心	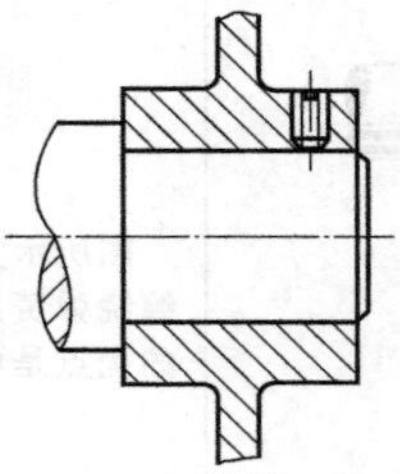 较差 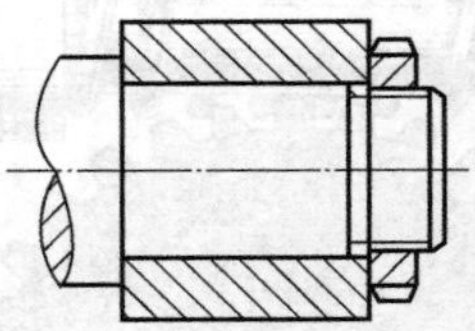　较好	用平键连接的轴上零件，当要求固定其轴向位置时，需附加轴向固定装置。如安装一紧定螺钉，顶在平键上面，虽可固定其轴向位置，但会使轴上零件产生偏心
3	按照平键和半圆键的新国标，键断面尺寸与轴直径无关	按1979年发布、1990年确定的国家标准，键的宽度b、高度h由所在轴的直径确定。而按照2003～2004年公布的有关平键和半圆键的新国标，不再推荐按轴直径确定断面尺寸，键的宽度b、高度h按实际需要选择，给设计者更大的选择余地。有些手册，为了设计者的方便，仍把1979年国家标准的有关轴直径尺寸列入，作为参考	
4	轴上两个平键，如果能够满足传力要求，则键的截面应该取相同尺寸	轴上不同轴段上的两个平键或半圆键，如果能够满足传递力矩的要求，则按新的国家标准，应该选用同一的宽度b和高度h，以便加工和测量	
5	双向转动的轴使用切向键时，不可只用一对工作面	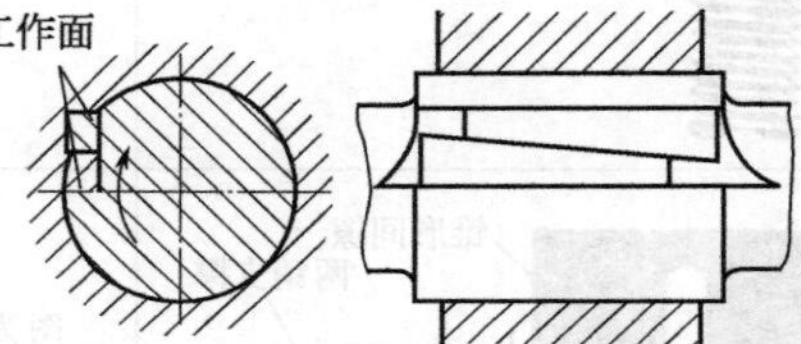 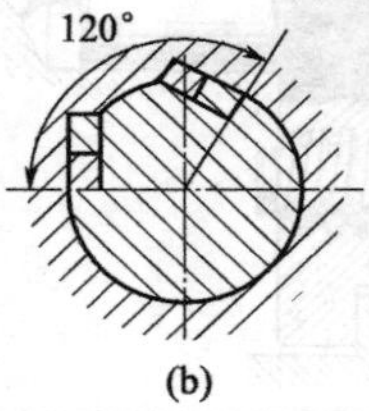 工作面 (a) 120° (b)	切向键有1∶100的斜度，要成对使用，一对切向键只能传递单向传动的动力，如图(a)所示。双向转动的轴必须用两对切向键，如图(b)所示。实际上，为了确定轴和轮毂的位置，单向转动的轴也用两对切向键

(2) 合理设计被连接轴和轮毂的结构

合理设计被连接轴和轮毂的结构应用图例见表13-11。

表13-11　合理设计被连接轴和轮毂的结构应用图例

序号	设计应注意的问题	图例	说明
1	键槽长度不宜开到轴的阶梯部位	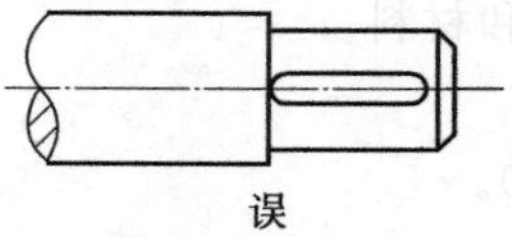 误 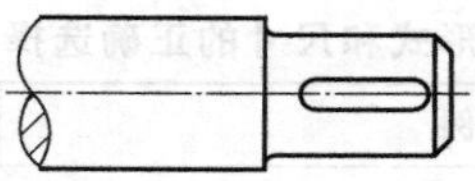 正	阶梯轴的两段连接处有较大的应力集中。如果轴上键槽也达到轴的过渡圆角部位，则由于键槽终止处也有较大的应力集中，会使两种应力集中源叠加起来，对轴的强度不利

续表

<table>
<tr><th>序号</th><th>设计应注意的问题</th><th>图例</th><th>说明</th></tr>
<tr><td>2</td><td>键槽不要开在零件的薄弱部位</td><td> 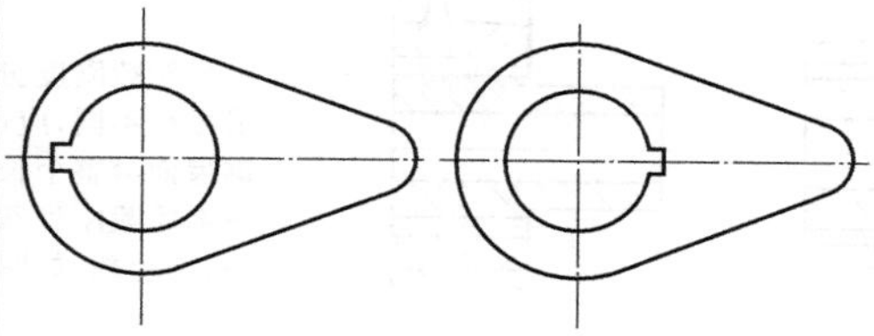误　正</td><td>轮毂或轴上开键槽后，其强度即被削弱，因此应避免在轮毂很薄、距轴上零件薄弱部位(如齿轮的齿根，零件上的螺钉孔、销钉孔等)很近的地方开键槽</td></tr>
<tr><td>3</td><td>使用键连接的轮毂应该有足够的厚度(参见本表中序号 2 的图)</td><td colspan="2">键槽与轮毂外缘应该有一定的距离，以免轮毂因受力过大而损坏。建议轮毂厚度可以参考下表进行选取
mm
<table>
<tr><td colspan="2">轴的直径 d</td><td>20</td><td>60</td><td>100</td><td>140</td><td>180</td><td>220</td><td>260</td></tr>
<tr><td rowspan="2">轮毂外直径 D</td><td>钢轮毂</td><td>30</td><td>86</td><td>140</td><td>190</td><td>235</td><td>285</td><td>335</td></tr>
<tr><td>铸铁轮毂</td><td>34</td><td>90</td><td>145</td><td>195</td><td>245</td><td>295</td><td>345</td></tr>
</table></td></tr>
<tr><td>4</td><td>键槽底部圆角半径应该够大</td><td>r　d
误　正</td><td>键槽底部的圆角半径 r 对应力集中系数影响很大。键槽底部的应力由两种原因引起：一是轴所受的转矩；二是由于键打入键槽时，如果配合很紧，则会在键槽根部引起较大的应力。而上述两者联合作用，再加键槽根部应力集中的影响，对轴强度影响很大。根据资料的数据，r/d 应大于 0.03，至少应大于 0.015(d 为轴直径)</td></tr>
<tr><td>5</td><td>平键两侧应该有较紧密的配合</td><td>误　误　正</td><td>平键的两侧应该与轴和轮毂的键槽有较紧密的配合，当受冲击较大时，配合应更紧些。键的顶面与键槽底面应有 0.2～0.4mm 的间隙。如能按国家标准确定键和键槽的尺寸和公差，则能保证以上要求</td></tr>
<tr><td>6</td><td>锥形轴用平键尽可能平行于轴线</td><td>误　正</td><td>锥形轴上安装的平键有两种结构：键槽平行于轴线的结构，键槽加工方便，但键两端嵌入高度不同，适用于锥度较小的轴；当锥度较大(大于 1∶10)或键较长时，宜采用键槽平行于轴表面的结构</td></tr>
<tr><td>7</td><td>对花键轴端部强度应予以特别注意</td><td> 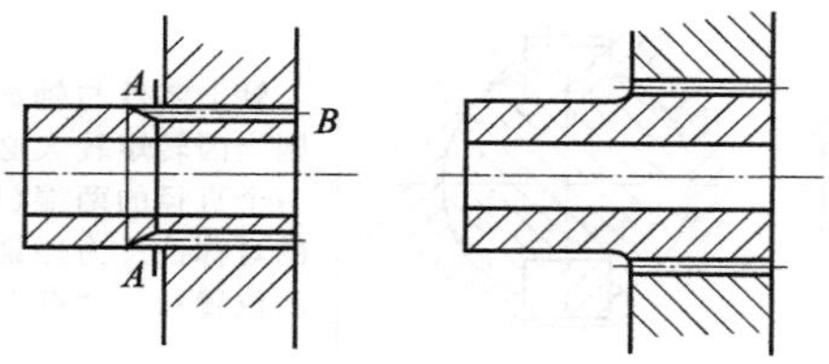A　B　A
(a) 较差　(b) 较好</td><td>花键连接的轴上零件，由 B 至 A，轴所受扭矩逐渐加大，在 A—A 断面不但所受扭矩最大，还有花键根部的弯曲应力。因此这一断面的强度必须满足，可以把花键小径加大到比轴直径大 15%～20%</td></tr>
</table>

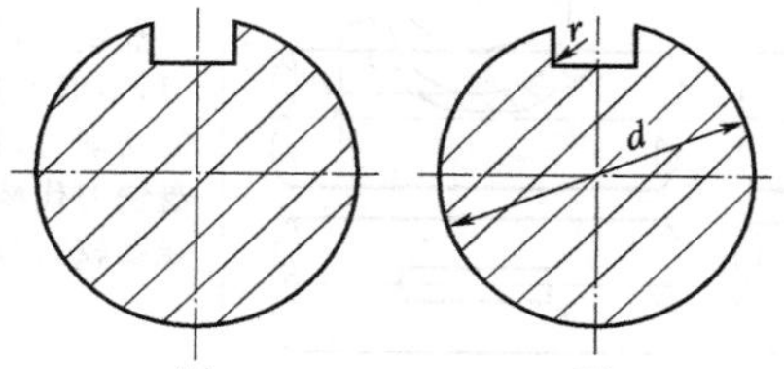

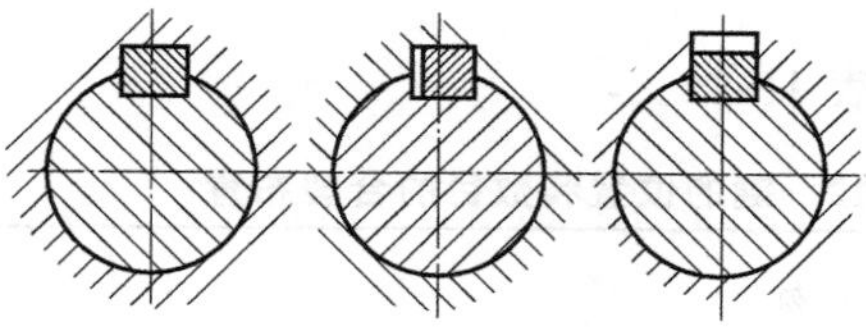

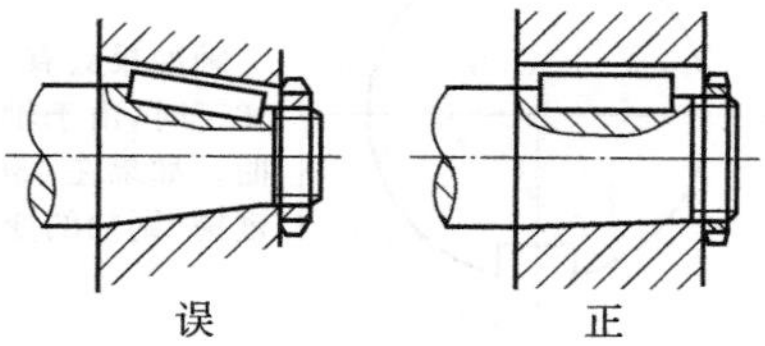

续表

序号	设计应注意的问题	图例	说明
8	注意轮毂的刚度分布，不要使转矩只由部分花键传递	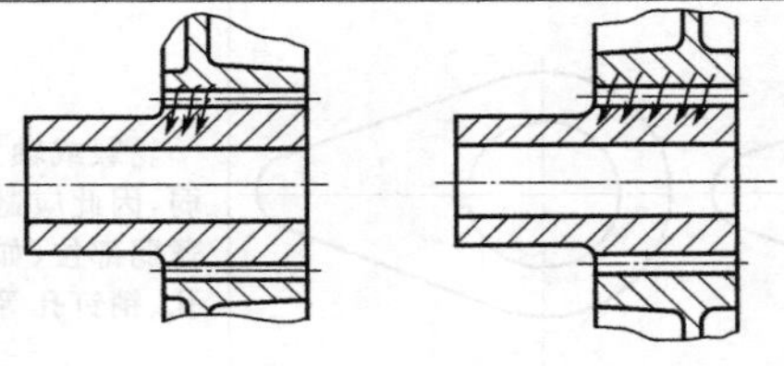 (a) 较差　(b) 较好	当轮毂刚度分布不同时，花键各部分受力也不同，应适当设计轮毂刚度，使花键齿面沿整个长度均匀受力。原结构的右部轮毂刚度很小，主要由左部花键传力，不合理，如图(a)所示
9	有冲击和振动的场合，斜键应有防脱出的装置	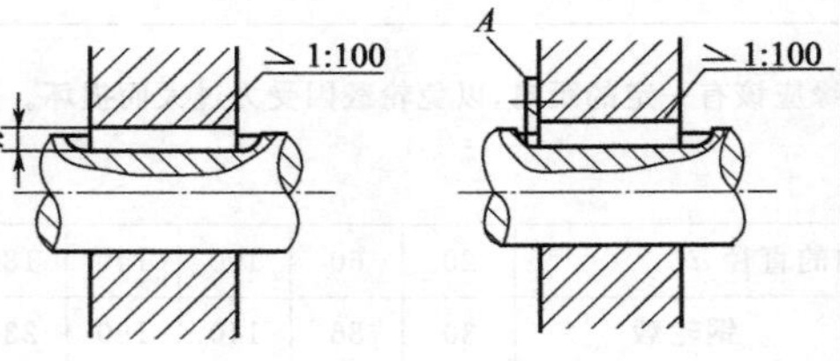 ≥1:100　h　A　(a)　(b)	由于斜键有 1∶100 的斜度，如图(a)所示，在冲击振动作用下，会由键槽中脱出。某重型设备中，由于未能及时发现而发生严重事故。此种情况下应有防止斜键在键槽内由轴向滑出的装置 A，如图(b)所示，此装置应有足够的强度和可靠性
10	用盘铣刀加工键槽，刀具寿命比用指状铣刀长	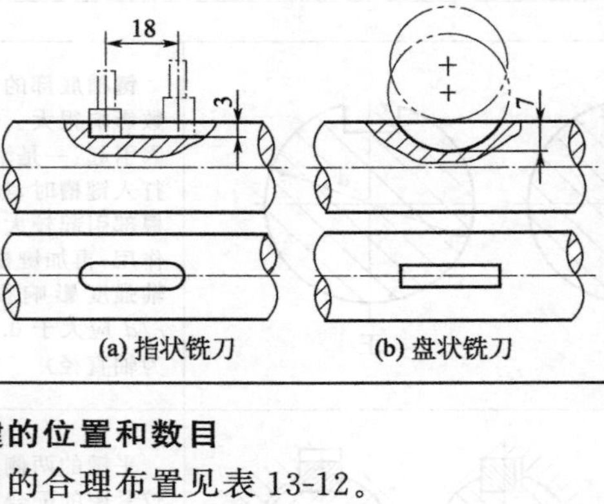 18　3　7　(a) 指状铣刀　(b) 盘状铣刀	盘铣刀的强度高于圆柱形的指状铣刀，不但刀具寿命长，而且可以承受较大的切削力，提高加工速率。因此可以用盘铣刀代替指状铣刀加工键槽。当轴的强度较高时，可以用半圆键代替平键

(3) 合理布置键的位置和数目

键的位置和数目的合理布置见表 13-12。

表 13-12　键的位置和数目的合理布置

序号	设计应注意的问题	图例	说明
1	一面开键槽的长轴容易弯曲	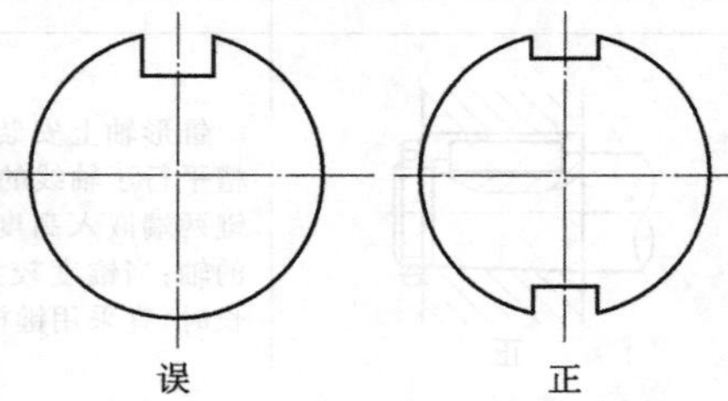 误　正	轴如果只有一面开有键槽，而且很长，则在加工时，由于轴结构的不对称性容易产生弯曲。如果在 180°处对称地再开一同样大小的键槽，则轴的变形可以减轻
2	当一个轴上零件采用两个平键时，要求较高的加工精度	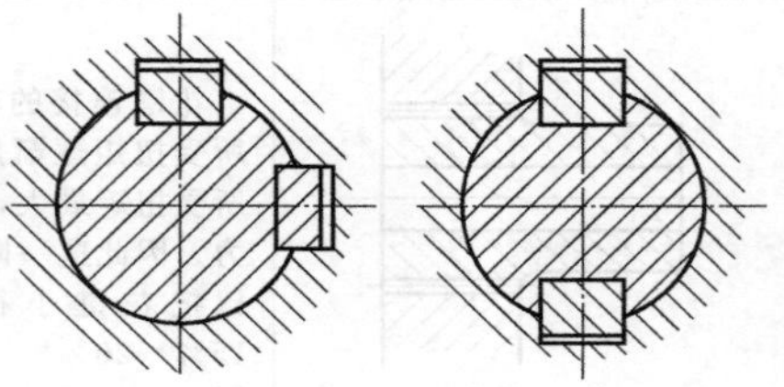 误　正	轴上零件与轴如采用平键连接传递扭矩，则当因转矩较大必须用双键时，两键应位于一个直径的两端(即相差 180°)，以保证受力的对称性。为保证两键均匀受力，键和键槽的位置和尺寸都必须有较高的精度

续表

序号	设计应注意的问题	图例	说明
3	轴上用平键分别固定两个零件时，键槽应在同一母线上	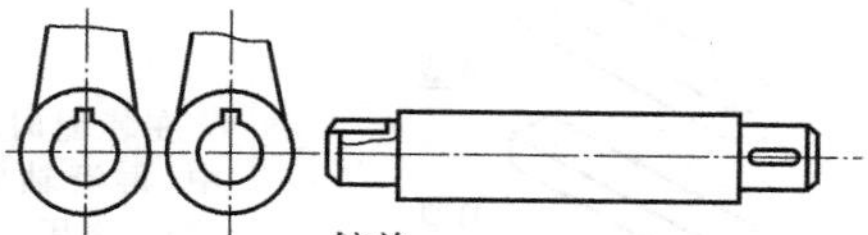 较差 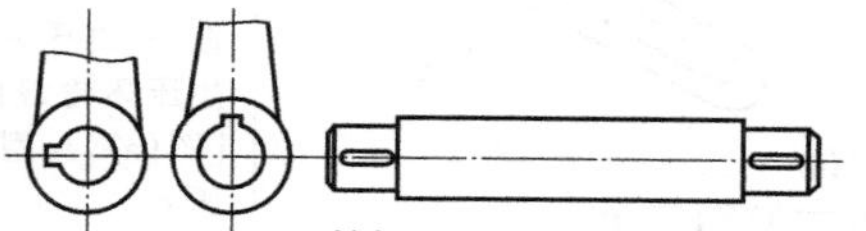 较好 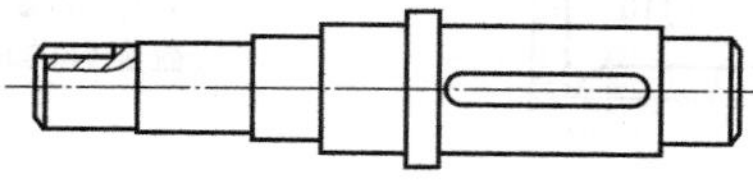 误 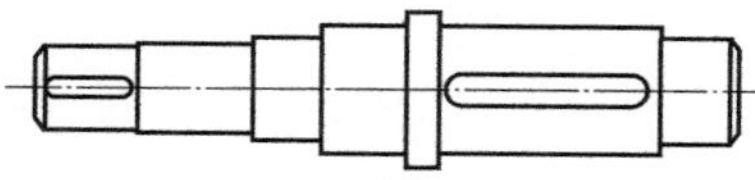 正	在一根轴上用平键分别固定两个零件时，要在轴上开两个键槽；为了铣制键槽时加工方便，键槽应布置在同一母线上。如轴上两个零件要求错开某一角度，则以零件上的键槽位置来确定轴上零件位置为好，轴上键槽仍应在同一母线上
4	有几个零件串在轴上时，不宜分别用键连接	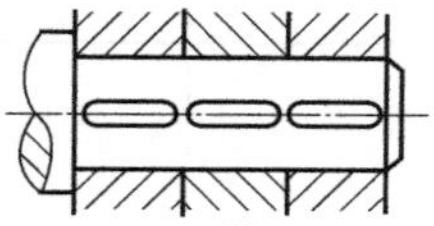 误 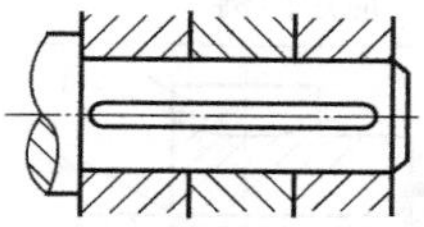　正	如一个轴上有几个零件，孔径相同，则在与轴连接时，不应用几个键分段连接。因为各键方向不完全一致，所以使安装时推入轴上零件困难，甚至不可能安装。宜采用一个连通的键来进行连接
5	采用两个斜键时要相距 90°～120°	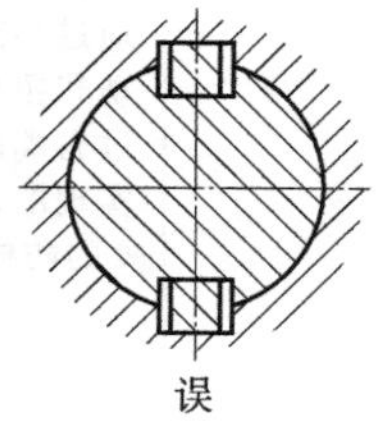 误 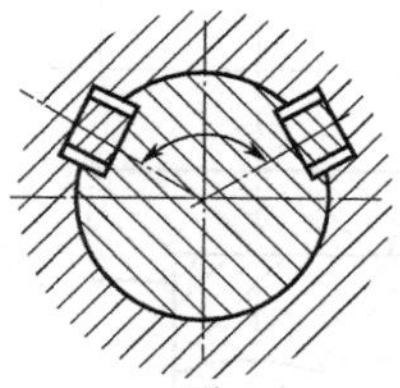　正	同一零件如采用两个斜键与轴连接，则不可将两个斜键布置为相距 180°，因为这样布置能传递的转矩与一个键相同。布置为相距 90°～120°效果最好，如两键相距更近，虽对传递转矩有利，但是因为键槽相距太近，使轴强度降低较多
6	采用两个半圆键时，应布置在轴向同一母线上	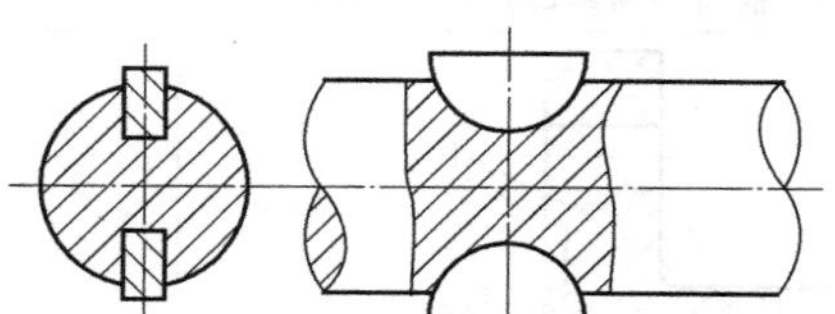 误 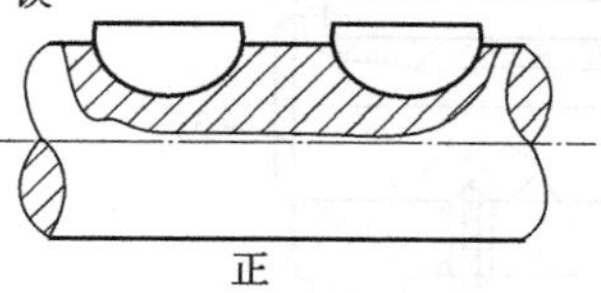 正	两个半圆键不宜布置在同一剖面内。因为半圆键是靠侧面传力的，如在一个剖面内布置，则应相差 180°。但因为半圆键键槽较深，如布置在同一剖面内，则对轴的强度削弱严重。由于半圆键长度较短，因此可在同一母线上，沿轴向安排两个键

(4) 考虑装拆的设计

考虑装拆的设计应用图例见表 13-13。

表 13-13 考虑装拆的设计应用图例

设计应注意的问题	图例	说明
一般情况下不宜采用平头平键	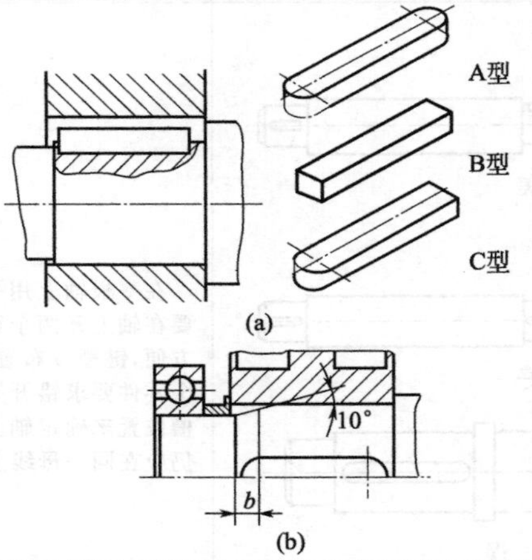 A型 B型 C型 (a) 10° b (b)	在装配时，先把键放入轴上键槽中，再沿轴向安装轴上零件（如齿轮）。采用平头平键[图(a)，B型]时，若轮毂上键槽与轴上的键对中有偏差，则压入轮毂发生困难，甚至发生压坏轮毂的情况。采用圆头平键[图(a)，A型]则可以自动调整，顺利压入。 图(b)所示轴端有10°的锥度，起引导作用，装配更方便，特别适用于过盈配合的轴与孔

(5) 键连接应用图例

键连接应用图例见表 13-14。

表 13-14 键连接应用图例

序号	应用名称	应用图例	说明
1	将蜗轮固定在轴上	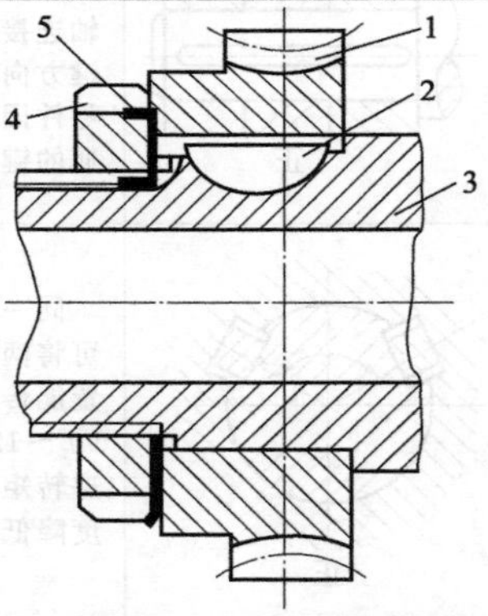 5 4 1 2 3 1—蜗轮；2—半圆键；3—轴；4—圆螺母；5—止动垫片	图为将蜗轮固定在轴上的应用图例。蜗轮1与轴的周向固定是通过半圆键2实现的，能传递运动和扭矩；蜗轮的轴向固定是通过右端的轴肩和左端的圆螺母4实现的；止动垫片5用于圆螺母4的防松
2	将圆盘固定在轴上	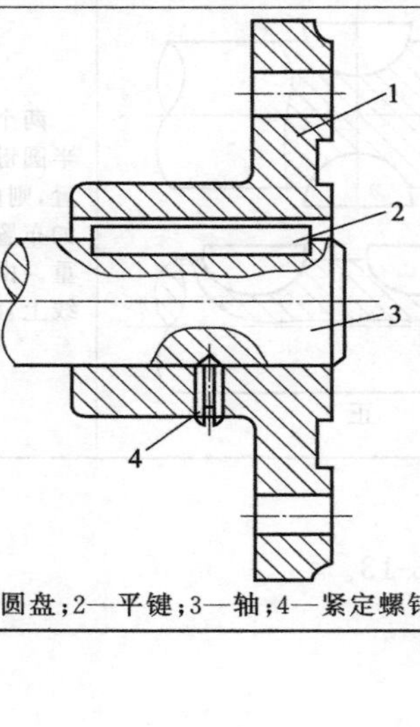 1 2 3 4 1—圆盘；2—平键；3—轴；4—紧定螺钉	图为将圆盘固定在轴上的应用图例。圆盘1与轴3是通过平键2连接的，实现圆盘1的周向固定，能传递运动和扭矩；圆盘1的轴向固定是通过紧定螺钉4实现的

续表

序号	应用名称	应用图例	说明
3	用半圆键固定锥形盘	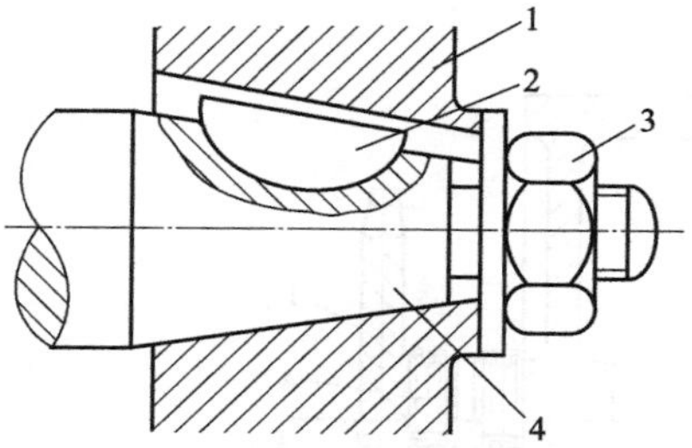 1—锥形盘；2—半圆键；3—螺母；4—轴	图为用半圆键将锥形盘固定在轴上的应用图例。锥形盘 1 与锥形轴端是通过半圆键 2 实现周向固定的，能传递运动和扭矩；锥形盘 1 的左端轴向固定是通过轴孔与轴的锥度实现的，其右端轴向固定是通过轴端挡圈和螺母 3 实现的
4	用半圆键固定链轮及滚筒	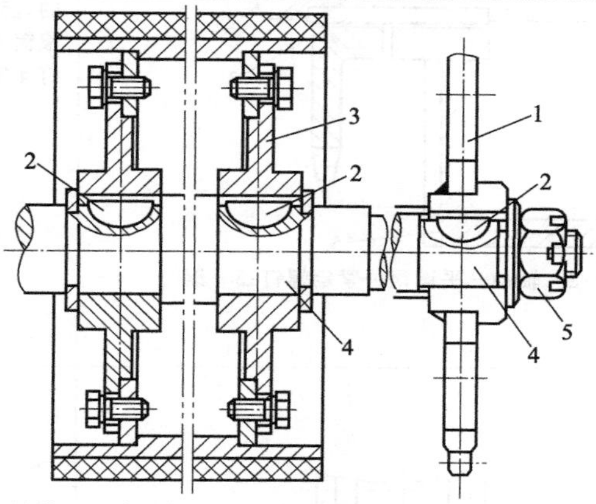 1—链轮；2—半圆键；3—滚筒组件；4—轴 5—六角开槽螺母	图为链轮及滚筒固定在轴上的应用图例。链轮 1 和滚筒组件 3 都是通过半圆键 2 实现与轴 4 的周向固定的，能传递运动和扭矩；滚筒组件 3 的轴向固定是通过轴肩和弹性卡圈实现的；链轮 1 的轴向固定是通过套筒和轴端挡圈及六角开槽螺母 5 实现的
5	用钩头楔键连接轴和齿轮	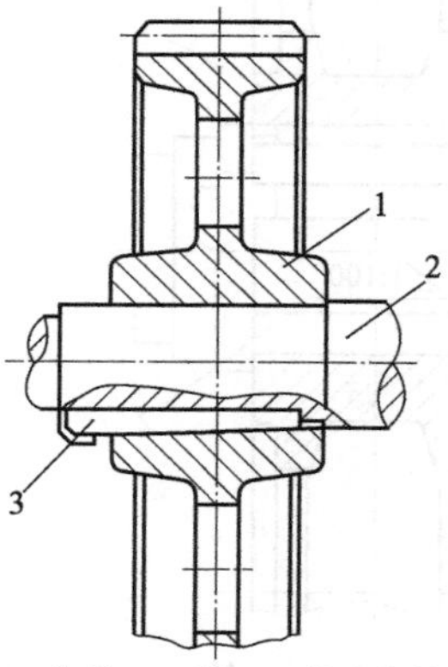 1—齿轮；2—轴；3—钩头楔键	图为用钩头楔键连接轴和齿轮的应用图例。齿轮 1 与轴 2 的周向固定是通过钩头楔键 3 实现的，能传递运动和扭矩；齿轮 1 的轴向固定是通过钩头楔键的锥度与右端的轴肩实现的
6	用钩头楔键连接支撑轮和芯轴	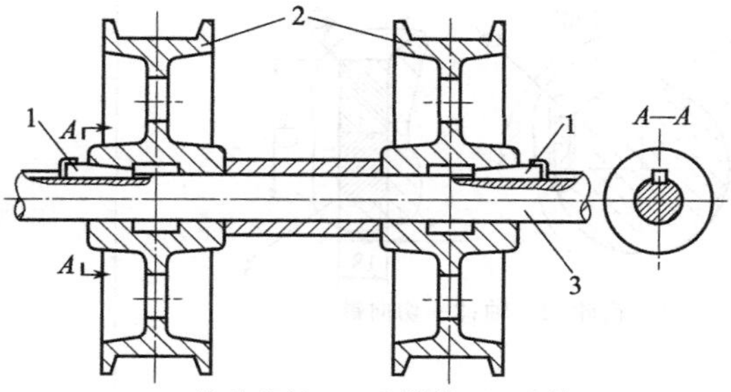 A—A 1—钩头楔键；2—支撑轮；3—芯轴	图为支撑轮与芯轴的连接的应用图例。支撑轮 2 与芯轴 3 的周向固定是通过钩头楔键 1 实现的，能传递运动和扭矩；支撑轮 2 的轴向固定通过钩头楔键的锥度和中间的套筒实现的

续表

序号	应用名称	应用图例	说明
7	将链轮固定在轴上	1—链轮;2—轴;3—平键;4—紧定螺钉;5—滚筒	图为链轮固定在轴上的应用图例。链轮 1 和滚筒 5 与轴 2 的周向固定是通过平键 3 连接实现的,能传递运动和扭矩;链轮 1 和滚筒 5 的轴向固定是通过紧定螺钉 4 实现的
8	用切向键固定齿轮的应用	A—A　M 3:1　1—齿轮;2—轴;3—切向键	图为用切向键固定齿轮的应用图例。齿轮 1 和轴 2 的周向固定是通过两组切向键 3 实现的,能传递运动和扭矩;其轴向固定是通过切向键 3 的锥度和右端轴环实现的

续表

序号	应用名称	应用图例	说明
9	平键及半圆键的综合应用	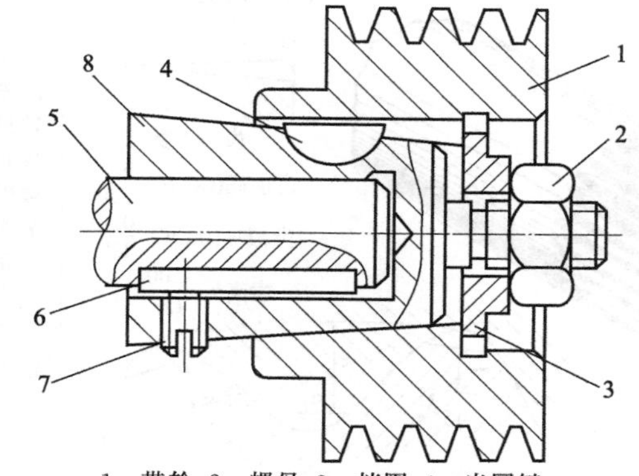 1—带轮；2—螺母；3—挡圈；4—半圆键；5—轴；6—平键；7—紧定螺钉；8—轴套	图所示为平键及半圆键的综合应用。带轮 1 与轴套 8 是通过半圆键 4 实现周向连接固定的；带轮 1 的轴向固定是通过轴套 8 的外圆锥面的锥度和轴端挡圈 3 及螺母 2 实现的；轴套 8 与轴 5 是通过平键 6 实现周向固定的，能传递运动和扭矩；轴套 8 的轴向固定是通过紧定螺钉 7 实现的
10	滑键在变速箱上的应用	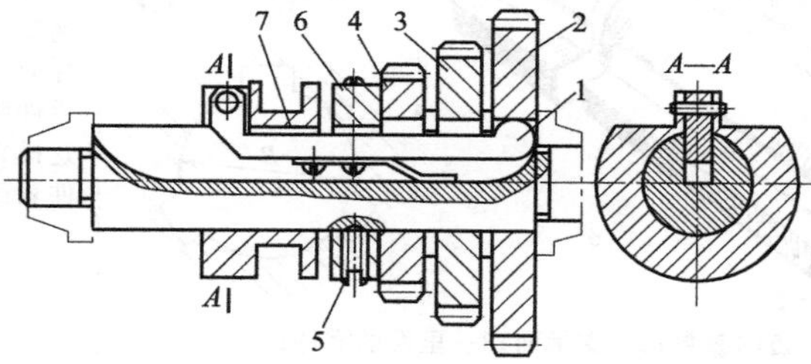 1—滑键；2～4—齿轮；5—紧钉螺钉；6—定位套筒；7—滑移环	图是滑键在变速箱上的应用图例。齿轮 2、3、4 与轴的周向固定是通过滑键 1 实现动态固定的；其轴向固定是通过轴环和定位套筒 6 实现的。紧定螺钉 5 将套筒 6 固定在轴上。滑键的轴向滑移是通过滑移环实现的

13.2.3　花键连接图例及结构设计禁忌

（1）花键连接形式

花键连接的形式见表 13-15。

表 13-15　花键连接的形式

序号	应用名称	应用图例	说明
1	圆柱形花键		正方形花键可以简单连接。它们主要用在精确定位要求高的场合来传递小的载荷，这种花键一般用在机床上，需要用螺钉辅助固定元件

续表

<table>
<tr><th>序号</th><th>应用名称</th><th>应用图例</th><th>说明</th></tr>
<tr><td rowspan="3">1</td><td rowspan="3">圆柱形花键</td><td> 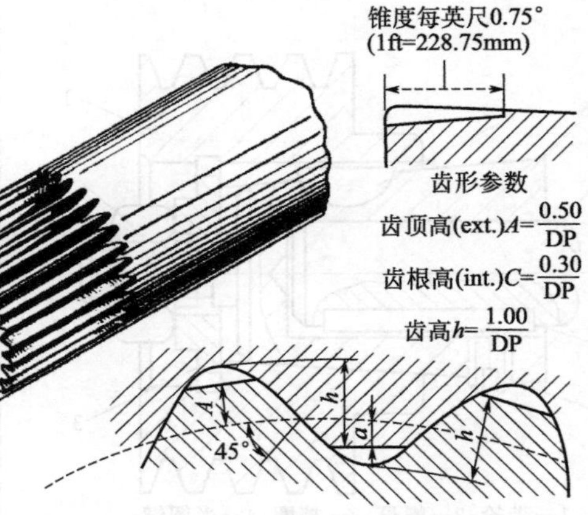锥度每英尺0.75°
(1ft=228.75mm)
齿形参数
齿顶高(ext.)$A=\frac{0.50}{DP}$
齿根高(int.)$C=\frac{0.30}{DP}$
齿高$h=\frac{1.00}{DP}$</td><td>小尺寸的细齿花键大多数用来传递小载荷。这个花键轴被压入较软材料的孔中实现较经济的连接。最初花键被做成直齿的而且仅限于小节距，45°细齿花键已经被标准化，且具有大的节距，直径最大可以达到254mm(10in)，为实现过盈配合，细齿被做成锥形的</td></tr>
<tr><td> 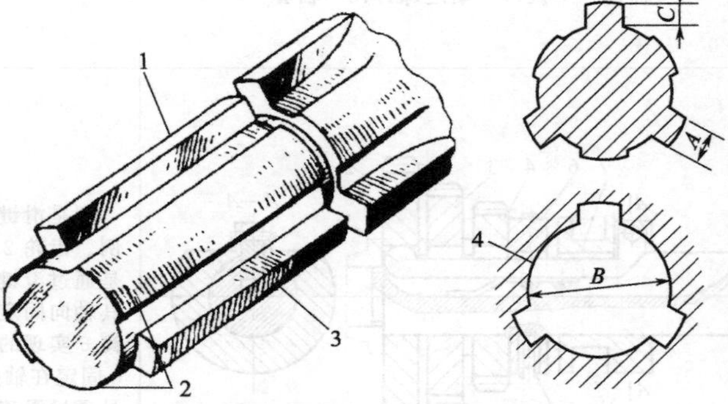1—齿的参数；2—支承面；3—里面的零件；
4—外面的零件；$A=0.25B$；$C=0.3A$</td><td>机床花键在花键间有很宽的缺口，这允许精确地磨削圆柱面，以便精确定位。里面的零件能够很容易地进行磨削，这样它们就可以与外面的零件表面紧密配合</td></tr>
<tr><td> 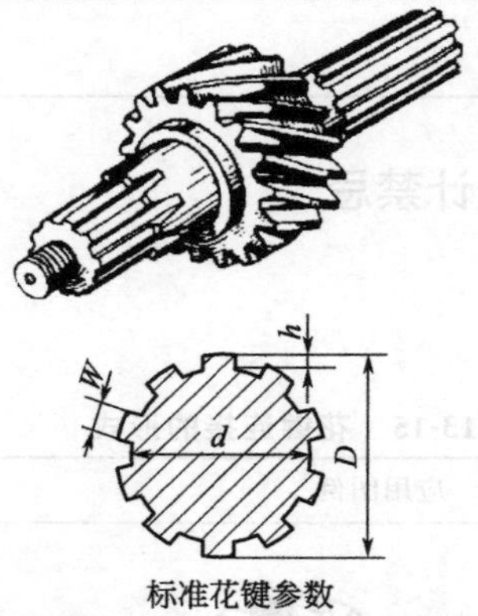标准花键参数
<table>
<tr><td colspan="3">花键数</td><td>4</td><td>6</td><td>10或16</td></tr>
<tr><td colspan="2">花键宽</td><td>W</td><td>0.241D</td><td>0.250D</td><td>0.156D</td></tr>
<tr><td colspan="2">紧配合</td><td>h</td><td>0.075D</td><td>0.050D</td><td>0.045D</td></tr>
<tr><td rowspan="2">滑动配合</td><td>非加载</td><td>h</td><td>0.125D</td><td>0.075D</td><td>0.070D</td></tr>
<tr><td>加载</td><td>h</td><td>—</td><td>0.100D</td><td>0.095D</td></tr>
<tr><td colspan="6">16齿花键的宽度是0.0980</td></tr>
<tr><td colspan="6">齿根直径$d=D-2h$</td></tr>
</table></td><td>直齿的花键在自动化领域有广泛的应用，这样的花键经常用于滑动件。根部的尖角限制了转矩承受能力，在花键的投影面积上能承受能力大约1000Pa的压力。根据不同的应用，齿的高度可以改变，如图中的表所示</td></tr>
</table>

续表

序号	应用名称	应用图例	说明
1	圆柱形花键	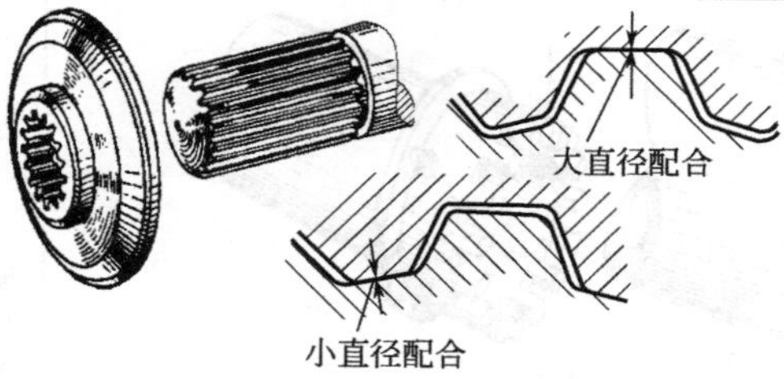 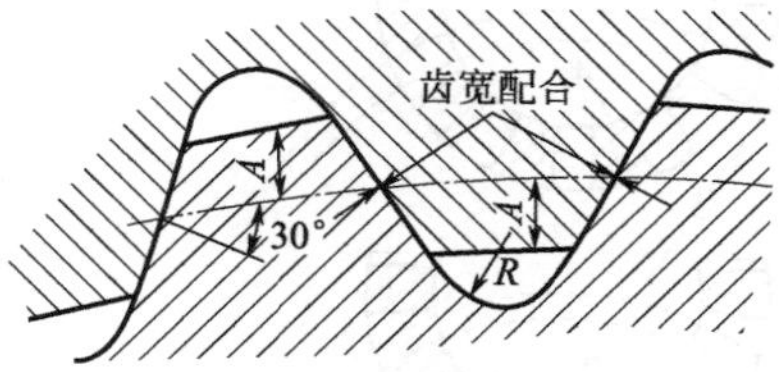	渐开线花键用于传递大载荷的场合。齿的设计参数以一个 30°的短齿为基础。如图(a)所示，花键能够靠大直径或小直径的过盈配合来定位。如图(b)所示，齿宽或齿侧定位的使用具有在齿根获得全角半径的优势。花键可以是平行的或螺旋状的。精密、硬化处理的花键可以承受 400Pa 的接触压力。图中所示的径节等于齿与节圆直径的比
2	面花键	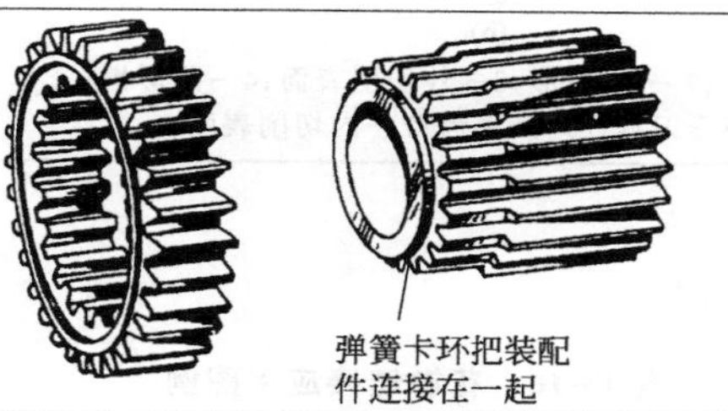	特殊的渐开线花键根据齿轮轮齿的比例加工。使用大切深的齿轮，接触面积就可能越大。左图中所示的复合齿轮是由修整过的较小的齿轮齿和里面做成花键的大一点的齿轮齿组成的
		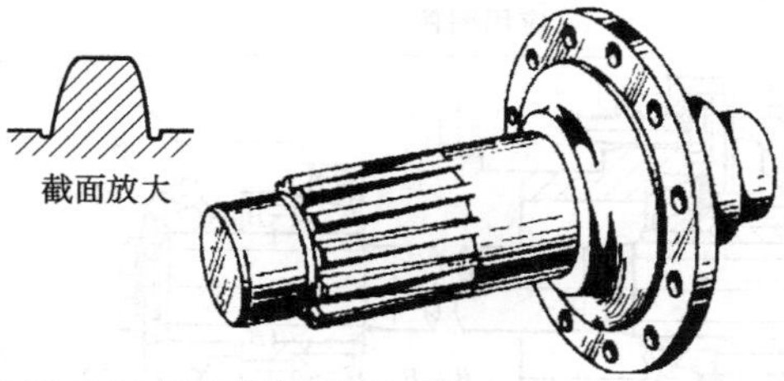	根部是锥状的花键用在需要准确定位的驱动器上，这种方法能够使零件牢固地配合。这种带有 30°渐开线短齿的花键比根部平行的花键具有更高的强度，并且在一定的锥度范围内能够用滚刀滚齿
		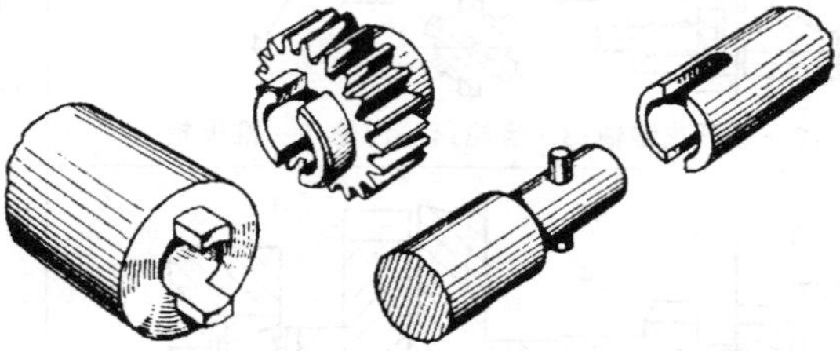	在轴心或轴上机加工出来的槽可以用于成本较低的连接。这种花键仅限于较轻的载荷，并且需要一套锁紧装置来保持正确的啮合。对于较小的转矩和定位精度要求不高的场合，可以采用销钉和套筒的方法
		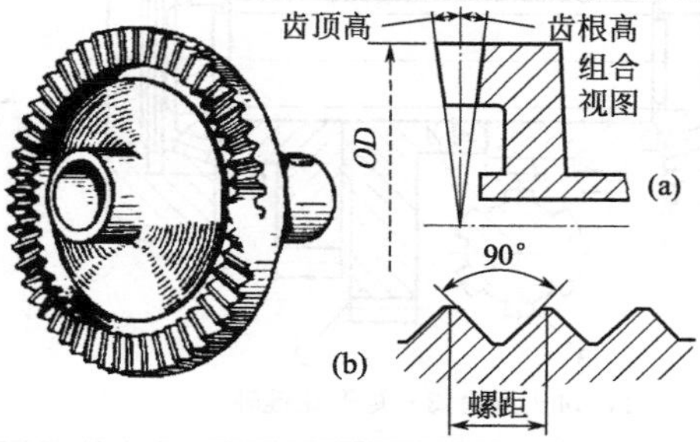	通过铣削或成形加工的径向花键形成简单的连接。如图(a)所示，齿宽比沿径向缩小。如图(b)所示，齿可以是直边的(类似城堡形有许多缺口的)或是倾斜的，常见的为 90°角

续表

序号	应用名称	应用图例	说明
2	面花键	(a) (b) 1—直边齿形；2—30°齿形；3—外切削表面；4—凹形齿；5—环形刀具；6—凸形齿；7—内切削表面	弯曲连轴节的齿由面铣刀加工。当使用硬度大的零件时需要精确定位，齿可以磨削加工。如图(a)所示，这个过程加工出来的齿有同样的深度。它们能够在任意的压力角下加工，但是常用的是30°角。如图(b)所示，由于切削的作用，在一个零件上齿的形状是凹形的，而在另外一个需要与其装配在一起的零件上的齿是凸形的

(2) 花键连接应用图例

花键连接应用图例见表13-16。

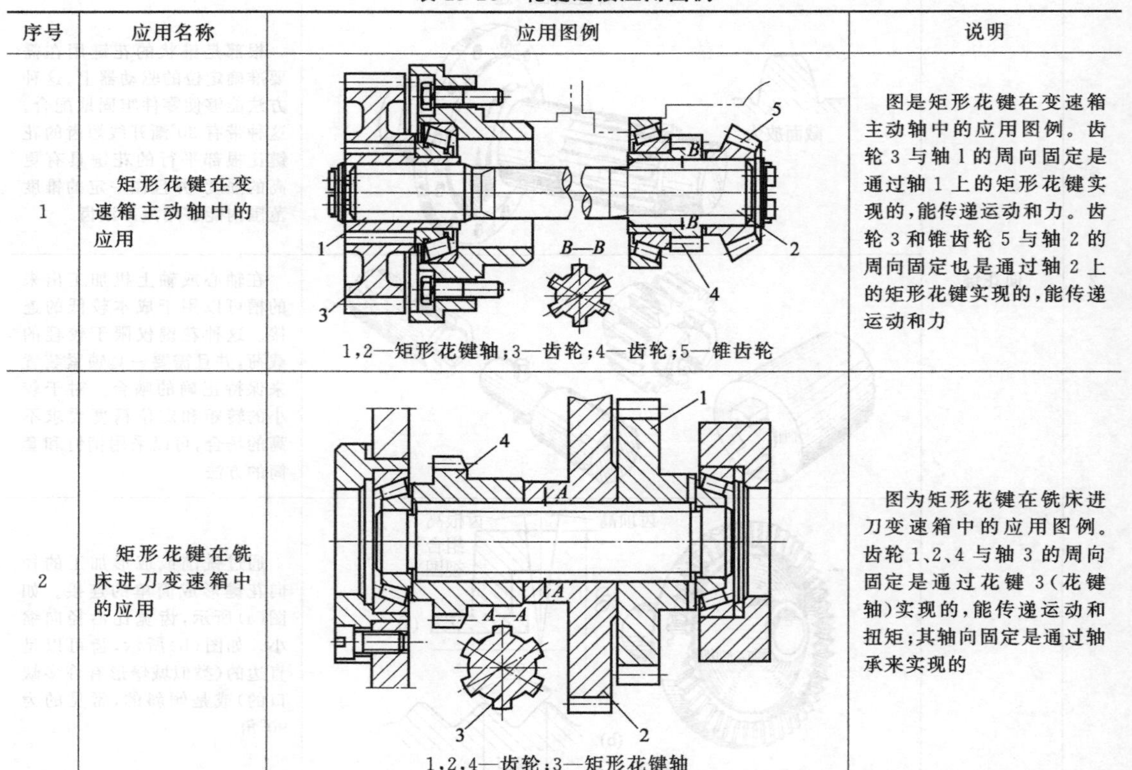

表 13-16　花键连接应用图例

序号	应用名称	应用图例	说明
1	矩形花键在变速箱主动轴中的应用	1,2—矩形花键轴；3—齿轮；4—齿轮；5—锥齿轮	图是矩形花键在变速箱主动轴中的应用图例。齿轮3与轴1的周向固定是通过轴1上的矩形花键实现的，能传递运动和力。齿轮3和锥齿轮5与轴2的周向固定也是通过轴2上的矩形花键实现的，能传递运动和力
2	矩形花键在铣床进刀变速箱中的应用	1,2,4—齿轮；3—矩形花键轴	图为矩形花键在铣床进刀变速箱中的应用图例。齿轮1、2、4与轴3的周向固定是通过花键3(花键轴)实现的，能传递运动和扭矩；其轴向固定是通过轴承来实现的

续表

序号	应用名称	应用图例	说明
3	矩形花键在汽车变速箱中的应用	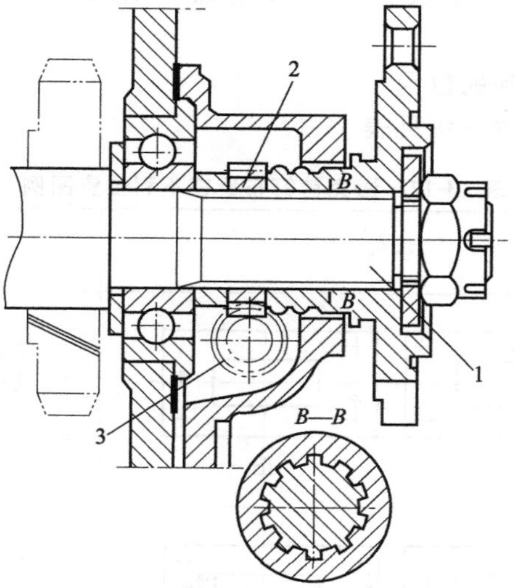 1—矩形花键轴；2—蜗轮；3—蜗杆	图为矩形花键在汽车变速箱中的应用图例。矩形花键轴 1 与蜗轮 2 的周向连接是通过轴 1 上的矩形花键实现的，能传递运动和扭矩。蜗轮 2 与蜗杆 3 啮合传递运动和力
4	三角形花键连接凸轮和杠杆的应用	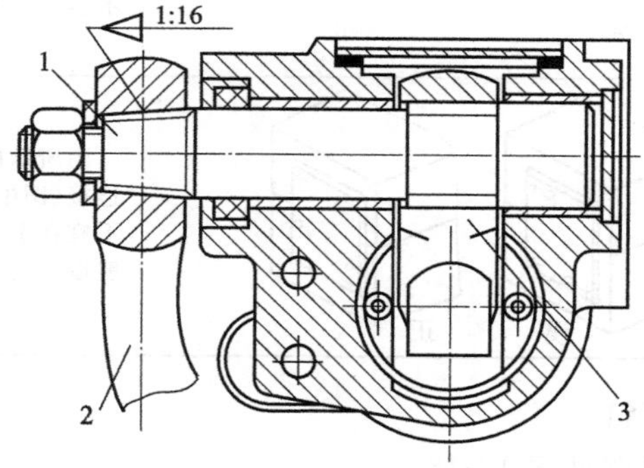 1—三角形花键轴；2—杠杆；3—凸轮	图为三角形花键连接凸轮和杠杆的应用图例。杠杆 2 与轴的周向固定是通过锥形轴段上的三角形花键来实现的，能传递运动和力；杠杆 2 的轴向固定右端靠锥形轴端的锥度实现，左端靠轴端挡圈和螺母实现

13.2.4　销连接图例及结构设计禁忌

常用的销钉有圆柱销和圆锥销。圆柱销有两种：不淬硬钢圆柱销和奥氏体不锈钢圆柱销（GB/T 119.1—2000），公称直径为 0.6～50mm，公差为 m6 或 h8；淬硬钢和马氏体不锈钢圆柱销（GB/T 119.2—2000），公称直径为 1～20mm，公差为 m6，分为 A 型（普通淬火）和 B 型（表面淬火）。圆锥销有 1∶50 的锥度，装拆比较方便。

为了定位准确，销孔都需要铰制，圆锥销定位精度较高。

对于在加工、装配、使用和维修过程中，需要多次装拆而能准确地保持相互位置的零件，采用定位销来确定零件的相互位置。因此要求定位销定位准确，装拆方便。

销钉也可以用于传递力或转矩，如蜗轮的铜合金轮缘与铸铁轮芯用螺栓连接，还可以装两个销钉作为定位元件和辅助的传力手段，帮助螺栓传递转矩。

设计时应注意使销钉定位有效，装拆方便，受力合理；还应注意不要因为在零件上设置销钉孔而使零件强度严重削弱，导致断裂失效。

为了装拆方便，还可使用弹性圆柱销（GB/T 13829.1～GB/T 13829.9 多种结构形式），可以多次装拆，但定位精度较差。槽销上有3条纵向沟槽，销孔不必铰制，不易松脱，用于有振动和冲击的场合。

此外，销轴（GB/T 882—2008）和无头销轴（CJBIT 880—2008）可以作短轴或铰链用。

(1) 避免销钉布置在不利的位置

避免销钉布置在不利位置图例见表13-17。

表13-17　避免销钉布置在不利位置图例

序号	设计应注意的问题	图例	说明
1	两定位销之间距离应尽可能远	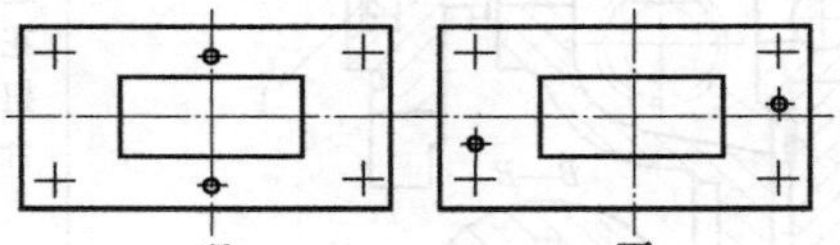 误　正	为了确定零件位置，常要采用两个定位销。这两个定位销在零件上的位置，应尽可能采取距离较大的布置方案，这样可以获得较高的定位精度
2	对于对称结构的零件，定位销不宜布置在对称的位置	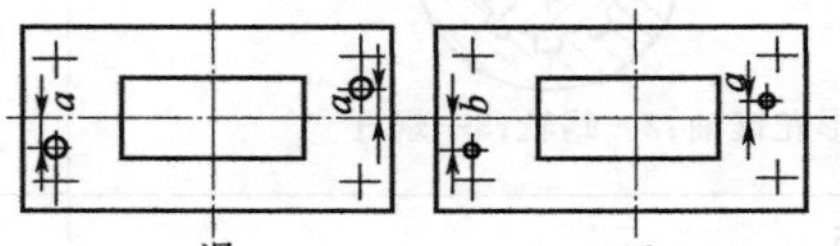 误　正	对于对称结构的零件，为保持与其他零件准确的相对位置，不允许反转180°安装。因此定位销不宜布置在对称位置，以保证不会反转安装零件
3	两个定位销不宜布置在两个零件上	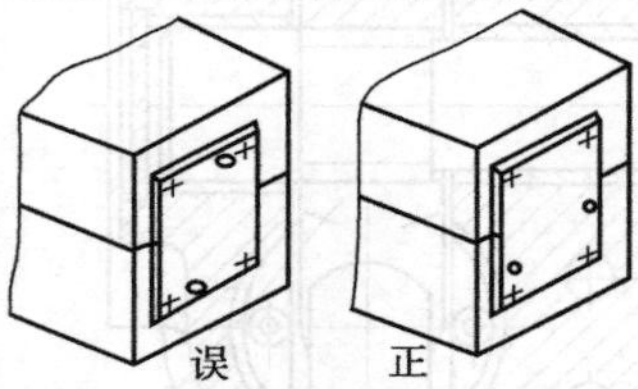 误　正	图所示的箱体由上下两半合成，用螺栓连接(图中未表示)，侧盖固定在箱体侧面，不宜在上、下箱体中各布置一个定位销，一般以把定位销固定在下箱上为好

(2) 避免不易加工的销钉

避免不易加工的销钉图例见表13-18。

表13-18　避免不易加工的销钉图例

序号	设计应注意的问题	图例	说明
1	定位销要垂直于接合面	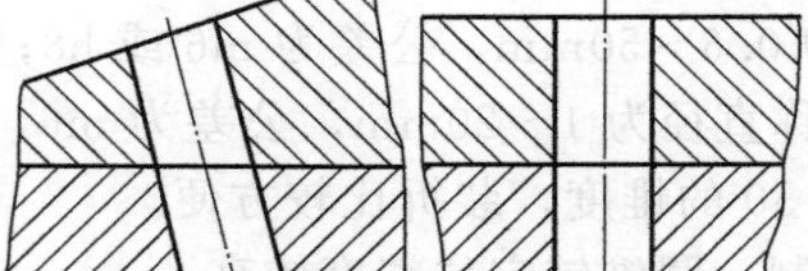 误　正	定位销与接合面不垂直时，销钉的位置不易保持精确，定位效果较差
2	相配零件的销钉孔要同时加工	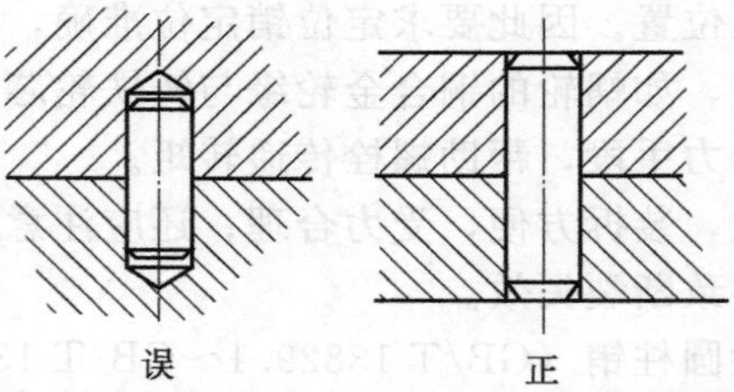 误　正	对于相配零件的销钉孔，一般采用配钻、铰的加工方法，以保证孔的精度和可靠的对中性。用划线定位、分别加工的方法不能满足要求

续表

序号	设计应注意的问题	图例	说明
3	淬火零件的销钉孔也应配作	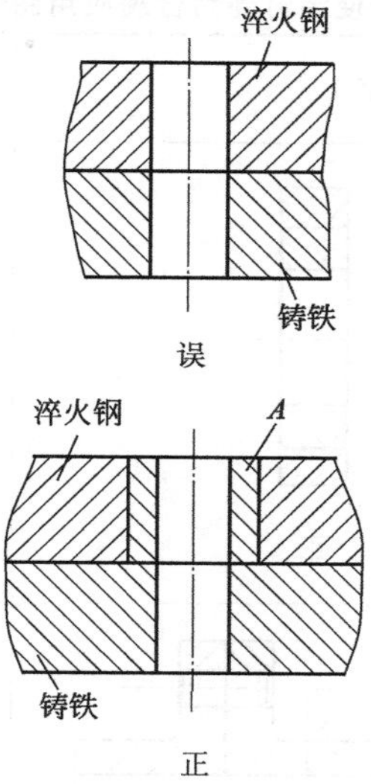 淬火钢 铸铁 误 淬火钢　A 铸铁 正	淬火零件的销钉孔也必须配作，但淬火后不能配钻、铰，可以在淬火件上先做一个较大的孔（大于销钉直径），淬火后，在孔中装入由软钢制造的环形件 A，此环与淬火钢件做过盈配合。再在件 A 孔中进行配钻、铰（配钻以前，件 A 的孔小于销钉直径）

（3）避免不易装拆的销钉

避免不易装拆的销钉图例见表 13-19。

表 13-19　避免不易装拆的销钉图例

序号	设计应注意的问题	图例	说明
1	安装定位销不应使零件拆卸困难	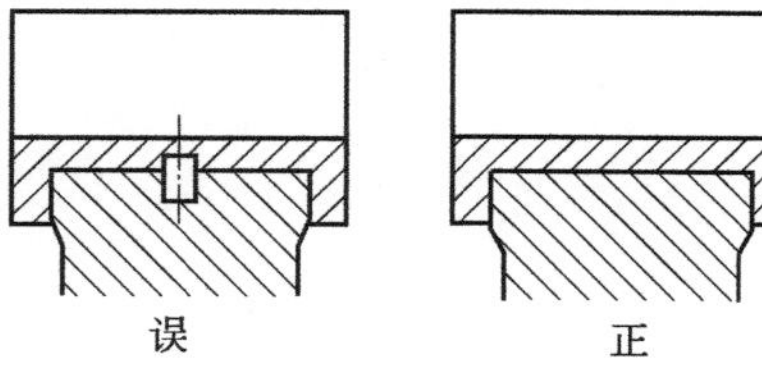 误　正	有时，安装定位销会妨碍零件拆卸。如图所示，支承转子的滑动轴承轴瓦，只要把转子稍微吊起，转动轴瓦即可拆下。如果在轴瓦下部安装了防止轴瓦转动的定位销，则上述装拆方法不能使用，必须把轴完全吊起，才能拆卸轴瓦（防转销还是必要的，请思考安放位置）
2	必须保证销钉容易拔出	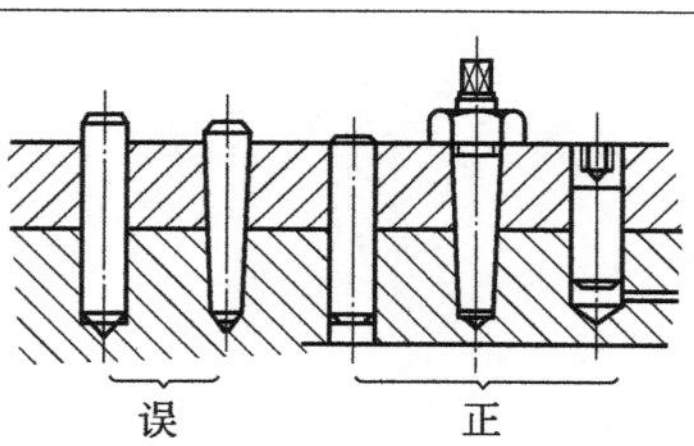 误　正	销钉必须容易由销钉孔中拔出。取出销钉的方法：把销钉孔做成通孔，采用带螺纹尾的销钉（有内螺纹和外螺纹）等；对不通孔，为避免孔中封入空气引起装拆困难，应该设有通气孔
3	对不易观察的销钉装配要采用适当措施	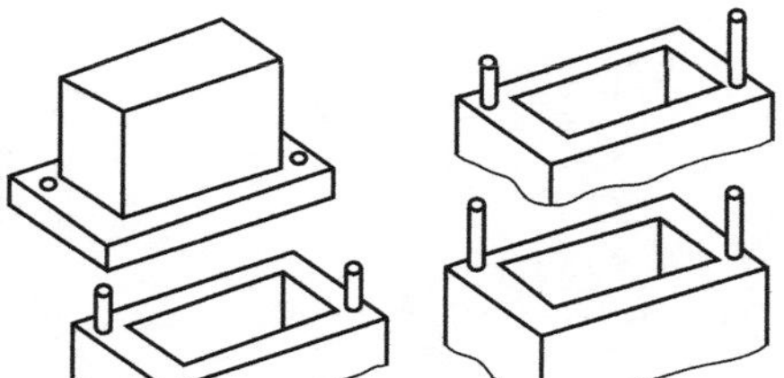 误　正	如图所示，在底座上有两个销钉，上盖上面有两个销孔，装配时难以观察销孔的对中情况，装配困难。可以把两个销钉设计成不同长度，装配时依次装入，比较容易。也可以将销钉加长，端部有锥度以便对准

(4) 注意使销钉受力合理

注意使销钉受力合理应用图例见表 13-20。

表 13-20 注意使销钉受力合理应用图例

序号	设计应注意的问题	图例	说明
1	在过盈配合面上不宜装定位销	误　正	在过盈配合面上，如果设置定位销，则会由于钻销孔而使配合面张力减小，减弱了配合面的固定效果
2	用销钉传力时要避免产生不平衡力	较差　较好	如图所示的销钉联轴器，用一个销钉传力时，销钉受力为 $F=T/r$，T 为所传转矩，此力对轴有弯曲作用。如果采用两个销钉，则每个销钉受力为 $F=T/2r$，而且二力组成一个力偶，对轴无弯曲作用

第14章

轴

14.1 概述

14.1.1 轴的功用和类型

轴的作用是支承轴上零件做旋转运动，并传递动力，因此轴必须满足强度和刚度要求。要考虑轴和轴上零件的布置和定位，要采用合理的固定形式，使之合理受力，还要考虑轴承类型、结构和尺寸，轴的加工和装配工艺要求，以及节约材料、减轻重量等。对高速轴还要考虑振动和动平衡问题。

轴是机器中的重要零件之一，用来支持旋转的机械零件和传递转矩。根据承受载荷的不同，轴可分为转轴、传动轴和芯轴三种。转轴既传递转矩又承受弯矩，如齿轮减速器中的转轴，如图 14-1 所示；传动轴只传递转矩而不承受弯矩或弯矩很小，如图 14-2 所示的汽车的传动轴；芯轴则只承受弯矩而不传递转矩，如图 14-3 所示铁路车辆轴和图 14-4 所示自行车的前轴。

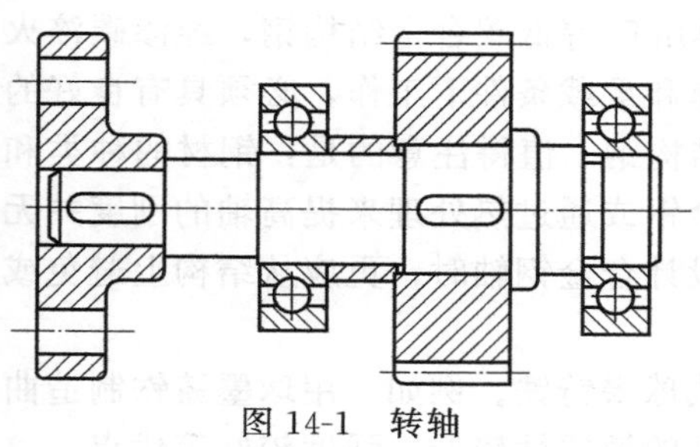
图 14-1　转轴

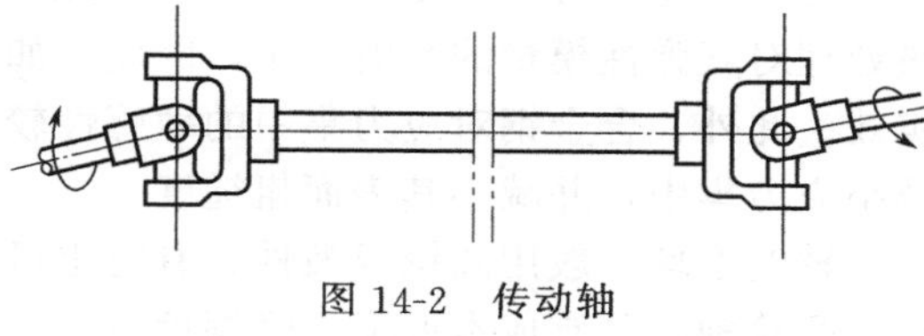
图 14-2　传动轴

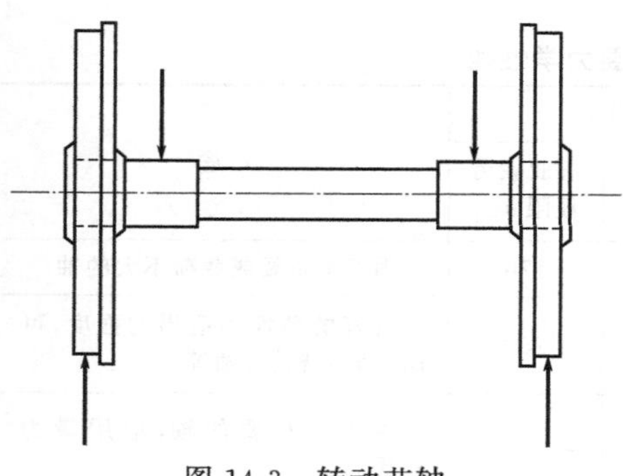
图 14-3　转动芯轴

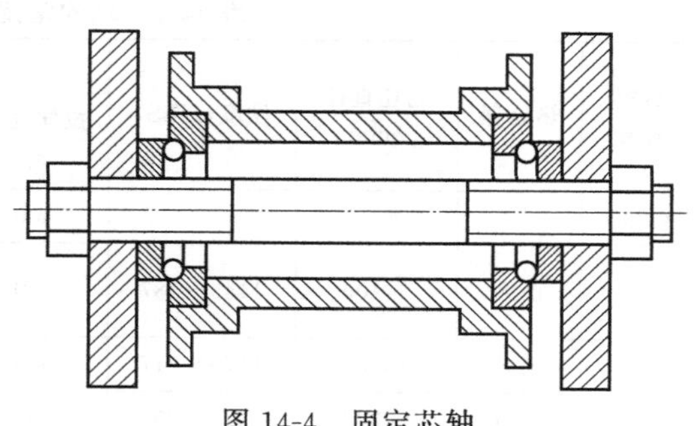
图 14-4　固定芯轴

按轴线的形状，轴还可分为直轴（图 14-1～图 14-4）、挠性钢丝轴（图 14-5）和曲轴（图 14-6）。曲轴常用于往复式机械中。挠性钢丝轴是由几层紧贴在一起的钢丝层构成的，可以把转矩和旋转运动灵活地传到任何位置，常用于振捣器等设备中。

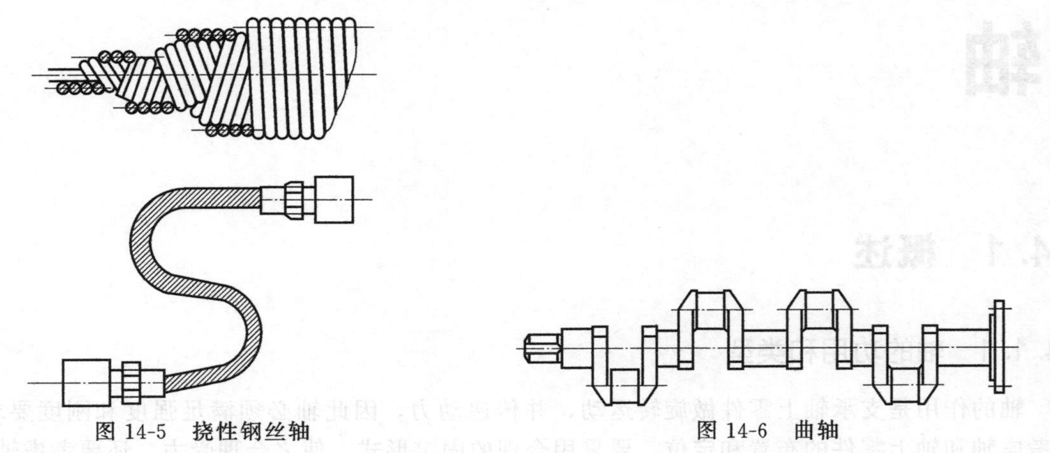

图 14-5　挠性钢丝轴　　　图 14-6　曲轴

14.1.2　轴的材料

轴的材料常采用碳素钢和合金钢。

碳素钢 35、45、50 等优质碳素结构钢因具有较高的综合力学性能，应用较多，其中以 45 钢用得最为广泛。为了改善其力学性能，应进行正火或调质处理。不重要或受力较小的轴，则可采用 Q235、Q275 等碳素结构钢。

合金钢具有较高的力学性能与较好的热处理性能，但价格较贵，多用于有特殊要求的轴。例如：采用滑动轴承的高速轴，常用 20Cr、20CrMnTi 等低碳合金结构钢，经渗碳淬火后可提高轴颈耐磨性；汽轮发电机转子轴在高温、高速和重载条件下工作，必须具有良好的高温力学性能，常采用 40CrNi、38CrMoAIA 等合金结构钢。值得注意的是：钢材的种类和热处理对其弹性模量的影响甚小，因此，如欲采用合金钢或通过热处理来提高轴的刚度并无实效。此外，合金钢对应力集中的敏感性较高，因此设计合金钢轴时，更应从结构上避免或减小应力集中，并减小其表面粗糙度。

轴的毛坯一般用圆钢或锻件，有时也可采用铸钢或球墨铸铁。例如，用球墨铸铁制造曲轴、凸轮轴，具有成本低廉、吸振性较好、对应力集中的敏感性较低、强度较好等优点。

几种轴的常用材料及其主要力学性能见表 14-1。

表 14-1　轴的常用材料及其主要力学性能

材料牌号	热处理	毛坯直径/mm	硬度(HBS)	力学性能/MPa			用途
				拉伸强度 σ_b	屈服强度 σ_s	弯曲疲劳极限 σ_{-1}	
Q235				400	240	170	用于不重要或载荷不大的轴
35	正火	≤100	1149～187	520	270	250	有好的塑性和适当的强度，可作一般曲轴、转轴等
45	正火	≤100	1170～217	600	300	275	用于较重要的轴，应用最为广泛
45	调质	≤200	1217～255	650	360	3300	

续表

材料牌号	热处理	毛坯直径/mm	硬度(HBS)	力学性能/MPa			用途
				拉伸强度 σ_b	屈服强度 σ_s	弯曲疲劳极限 σ_{-1}	
40Cr	调质	25		1000	800	500	用于载荷较大，而无很大冲击的重要轴
		≤100	1241～286	750	550	350	
		>100～300	1241～266	700	550	340	
40MnB	调质	25		1000	800	485	性能接近于 40Cr，用于重要的轴
		≤200	1241～286	750	500	335	
35CrMo	调质	≤100	1207～269	750	550	390	用于重载荷的轴
20Cr	渗碳淬火回火	15	156～62HRC	850	550	375	用于要求强度、韧性及耐磨性均较高的轴
		≤60		620	400	280	

14.2 轴结构设计图例及禁忌

轴的结构设计就是使轴的各部分具有合理的形状和尺寸。其主要要求如下。

① 轴应便于加工，轴上零件要易于装拆（制造安装要求）。

② 轴和轴上零件要有准确的工作位置（定位）。

③ 各零件要牢固而可靠地相对固定（固定）。

④ 改善受力状况，减小应力集中和提高疲劳强度。

14.2.1 提高轴的疲劳强度的结构设计图例及禁忌

提高轴的疲劳强度的结构设计图例及禁忌见表 14-2。

表 14-2　提高轴的疲劳强度的结构设计图例及禁忌

序号	设计应注意的问题	图例	说明
1	要注意轴上键槽引起的应力集中的影响	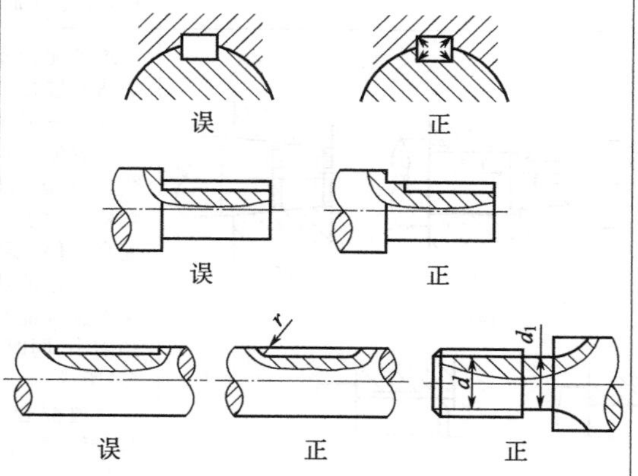 误　正 误　正 r　d_1　d 误　正　正	轴上有键槽部分一般是轴的较弱部分，因此对这部分的应力集中要给予注意 必须按 GB/T 1095 的规定给出键槽圆角半径 r 为了不使键槽的应力集中与轴阶梯部分的应力集中相重合，要避免把键槽铣削至阶梯部分 用盘铣刀铣出的键槽要比用端铣刀铣出的键槽应力集中小。渐开线花键的应力集中要比矩形花键小。花键的环槽直径 d_1 不宜过小，可取其等于花键的小径 d

续表

序号	设计应注意的问题	图例	说明
2	尽量减小轴的截面突变处的应力集中	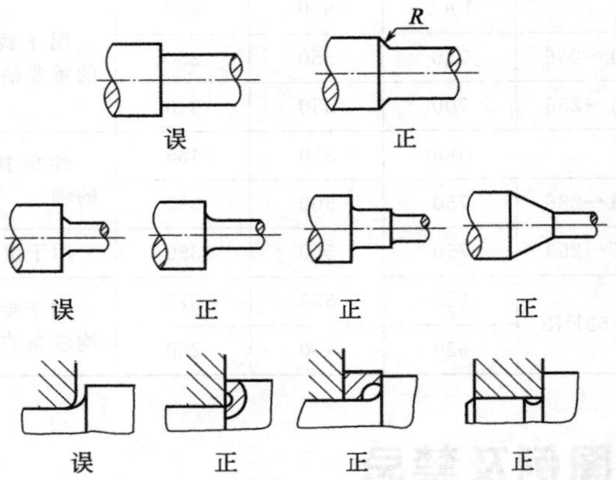 R 误 正 误 正 正 正 误 正 正 正	为了改善轴的抗疲劳强度，轴的结构应尽量避免形状的突然变化，当需要制成阶梯结构时，宜采用较大的过渡圆角，以减小应力集中 阶梯轴相邻轴段的直径不宜相差太大，过渡部分要平缓，圆角半径应尽可能取大些，必要时可将过渡部分结构增设一阶梯轴段或锥形轴段，借以缓和轴的截面变化 如轴肩或轴环处的圆角半径受到固定在轴上零件的限制，则可用凹切圆角或加装隔离肩环 为了磨削退出砂轮或为了放置弹性卡圈以固定轴上零件而必须设置的环形槽，由于有较大的应力集中，只允许在受轻载的轴段上或轴端使用
3	要减小轴在过盈配合处的应力集中	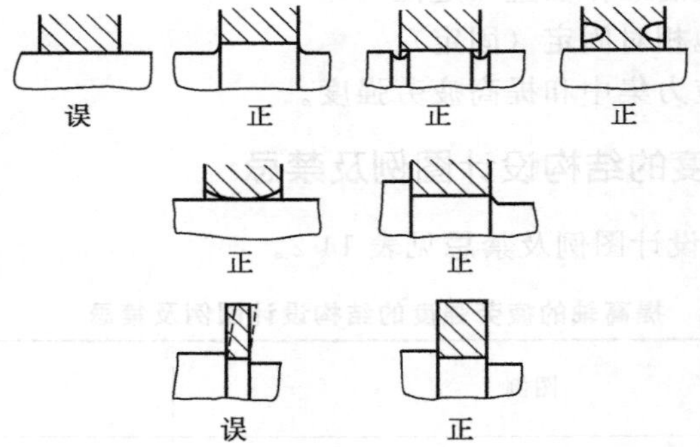 误 正 正 正 正 正 误 正	当轴上零件与轴为过盈配合时，轴上配合边缘处为应力集中之源，从而使局部应力增大。因此，除应在保证传递载荷的前提下尽量减小过盈量外，还可以采用增大配合处直径、轴上开减载槽和零件轮毂两端开减载槽等方法，以减小配合边缘处的应力集中 另外，还可以采用逐渐减少过盈配合端部过盈量的方法。对于阶梯轴，为不使由过盈引起的端部应力集中相叠加，也要考虑逐渐减少阶梯部分附近的过盈量等减轻应力集中的措施 将轴向宽度比较薄的零件用过盈配合装到轴的阶梯部分上时，由于应力集中的影响会使零件产生变形而弯向一侧，为了避免这种情况的出现，要适当加大零件的宽度
4	要减小过盈配合零件装拆的困难	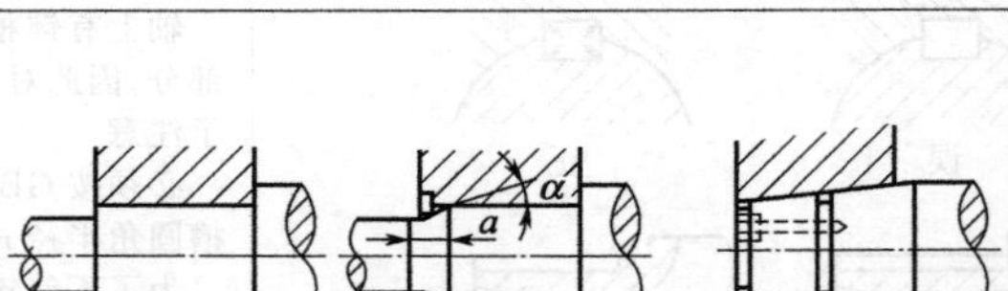 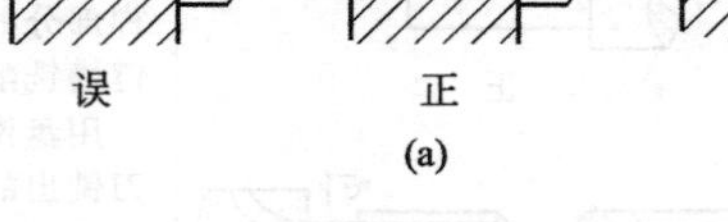 α a 误 正 正 (a) 误 正 (b)	过盈配合零件一般要用压入法或加热法进行安装，装拆都不甚方便，所以要特别注意减小其装拆难度 过盈配合表面多为圆柱面，为便于装配，在配合轴段的一端要制成锥形结构。对于大型、重载或圆锥面过盈配合零件，要考虑利用液压装拆，装拆时高压油从轮毂或轴中油孔通过油沟进入配合表面，使毂孔胀大、轴颈缩小，同时施加一定轴向力，如图(a)所示 过盈配合表面较长，装拆也很困难，因此在满足传递载荷的条件下，要使过盈配合的长度限制在必要的最小尺寸，而使其余部分稍有间隙，如图(b)所示

续表

序号	设计应注意的问题	图例	说明
4	要减小过盈配合零件装拆的困难	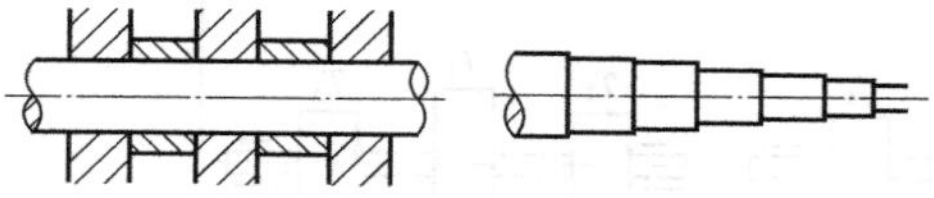 误　正 (c) 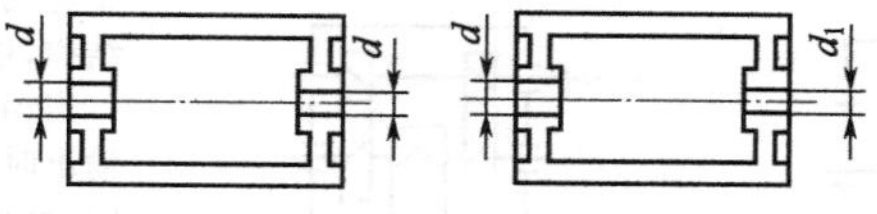 d　d　d　d_1 误　正 (d)	在一根轴上安装有多个过盈配合的零件时，要在各段逐一给予少许的阶梯差，安装部分以外不要加过盈量。同一零件在轴上有几处过盈配合时也要符合上述要求。在不能给予自由的微小尺寸的阶梯差的场合（如用滚动轴承支承的多支点轴），应考虑利用带斜度的紧固套配合
5	改善轴的表面品质，提高轴的疲劳强度	轴的表面品质对轴的疲劳强度有很大的影响，因此必须注意改善表面状态 由于疲劳裂缝常出现在表面粗糙的部位，因此应十分注意轴的表面粗糙度的参数值，即使是自由表面也不应忽视。合金钢对应力集中更为敏感，因此降低表面粗糙度（参考值）尤为重要 采用碾压、喷丸、渗碳淬火、氮化、高频淬火等表面强化方法，可以显著提高轴的疲劳强度	
6	空心轴的键槽下部壁厚不要太薄	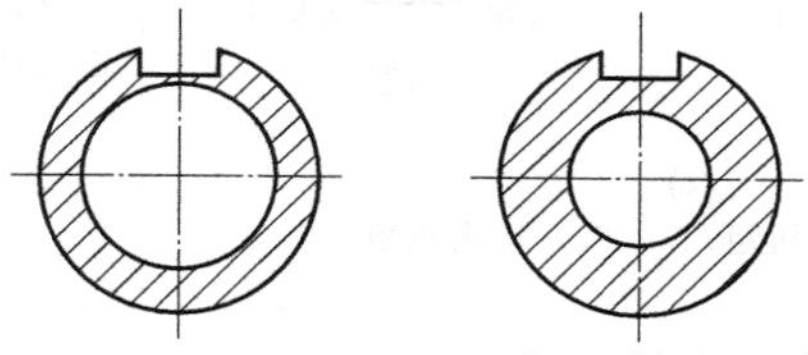 误　正	在空心轴段上采用键连接时，要注意空心轴的壁厚 如果键槽下部太薄，就有可能使其过分变弱而导致轴的损坏
7	传动轴的悬伸端受力应靠近支承点	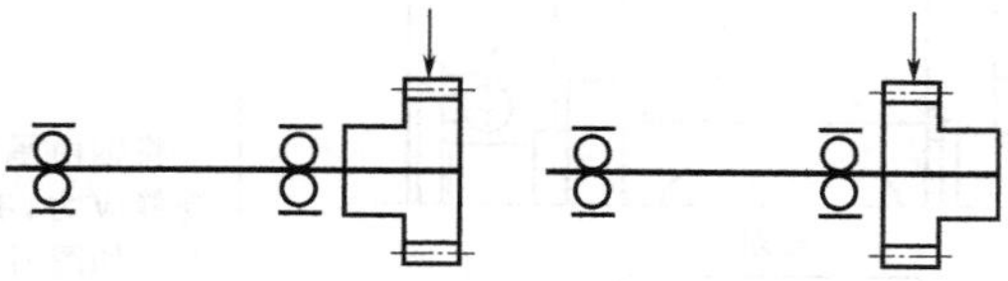 较差　较好	对于具有悬伸端的传动轴，传动件的悬臂受力长度应尽可能小，而支承跨距在结构允许的情况下则宜大，这有利于改善轴的受力状况，提高轴的强度和刚度，在高速条件下悬臂端引起的变形和不平衡重量也会相应减小。另外，还应注意减轻传动件的重量
8	轴上多键槽位置的设置要合理	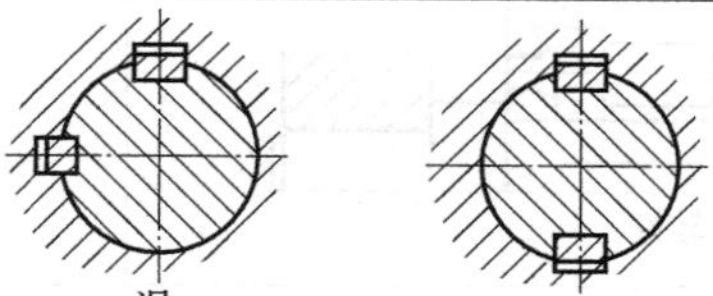 误　正 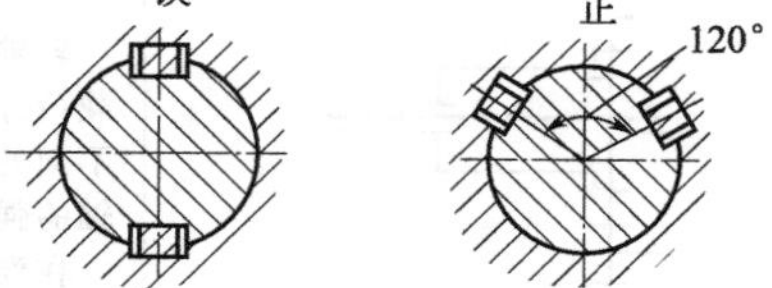 120° 误　正 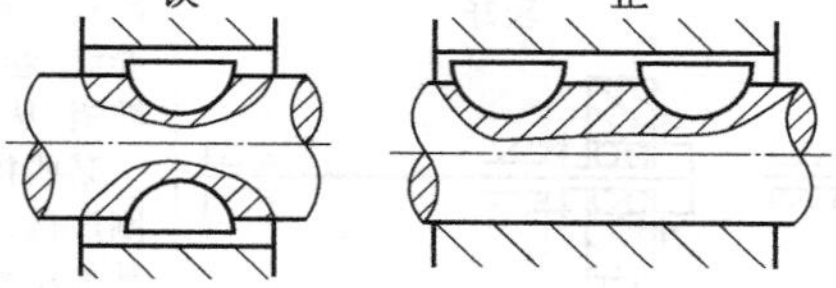 误　正 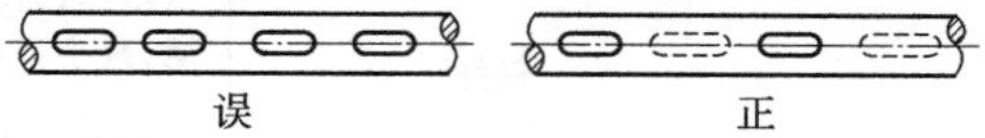 误　正	轴毂采用两个键连接时，轴上键槽位置要保证有效的传力和不过分削弱轴的强度 当采用两个平键时，一般设置在同一轴段上相隔 180°布置，这样有利于平衡和轴的截面变形均匀性。当采用两个楔键时，为不使轴毂之间传递转矩的摩擦力相互抵消，两键槽应相隔 120°左右。当采用两个半圆键时，为不过分削弱轴的强度，则常将其设置在轴的同一母线上 在长轴上要避免在一侧开多个键槽或长键槽，因为这会使轴丧失全周的均匀性，易造成轴的弯曲。因此，要交替相反地在两侧布置键槽，长键槽也要相隔 180°对称布置

续表

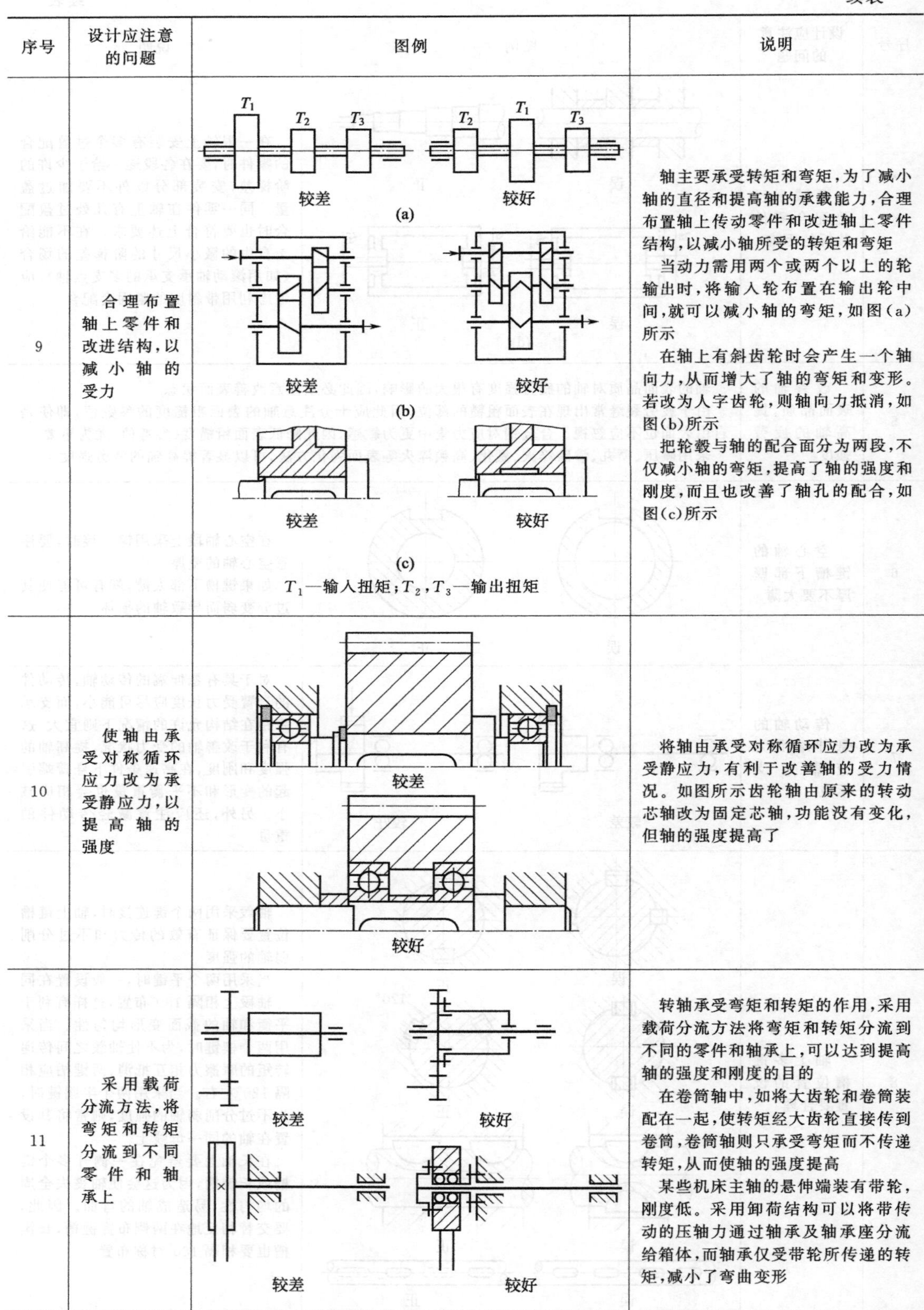

序号	设计应注意的问题	图例	说明
9	合理布置轴上零件和改进结构，以减小轴的受力	T_1 T_2 T_3 较差　T_2 T_1 T_3 较好 (a) 较差　较好 (b) 较差　较好 (c) T_1—输入扭矩；T_2，T_3—输出扭矩	轴主要承受转矩和弯矩，为了减小轴的直径和提高轴的承载能力，合理布置轴上传动零件和改进轴上零件结构，以减小轴所受的转矩和弯矩 当动力需用两个或两个以上的轮输出时，将输入轮布置在输出轮中间，就可以减小轴的弯矩，如图(a)所示 在轴上有斜齿轮时会产生一个轴向力，从而增大了轴的弯矩和变形。若改为人字齿轮，则轴向力抵消，如图(b)所示 把轮毂与轴的配合面分为两段，不仅减小轴的弯矩，提高了轴的强度和刚度，而且也改善了轴孔的配合，如图(c)所示
10	使轴由承受对称循环应力改为承受静应力，以提高轴的强度	较差 较好	将轴由承受对称循环应力改为承受静应力，有利于改善轴的受力情况。如图所示齿轮轴由原来的转动芯轴改为固定芯轴，功能没有变化，但轴的强度提高了
11	采用载荷分流方法，将弯矩和转矩分流到不同零件和轴承上	较差　较好 较差　较好	转轴承受弯矩和转矩的作用，采用载荷分流方法将弯矩和转矩分流到不同的零件和轴承上，可以达到提高轴的强度和刚度的目的 在卷筒轴中，如将大齿轮和卷筒装配在一起，使转矩经大齿轮直接传到卷筒，卷筒轴则只承受弯矩而不传递转矩，从而使轴的强度提高 某些机床主轴的悬伸端装有带轮，刚度低。采用卸荷结构可以将带传动的压轴力通过轴承及轴承座分流给箱体，而轴承仅受带轮所传递的转矩，减小了弯曲变形

续表

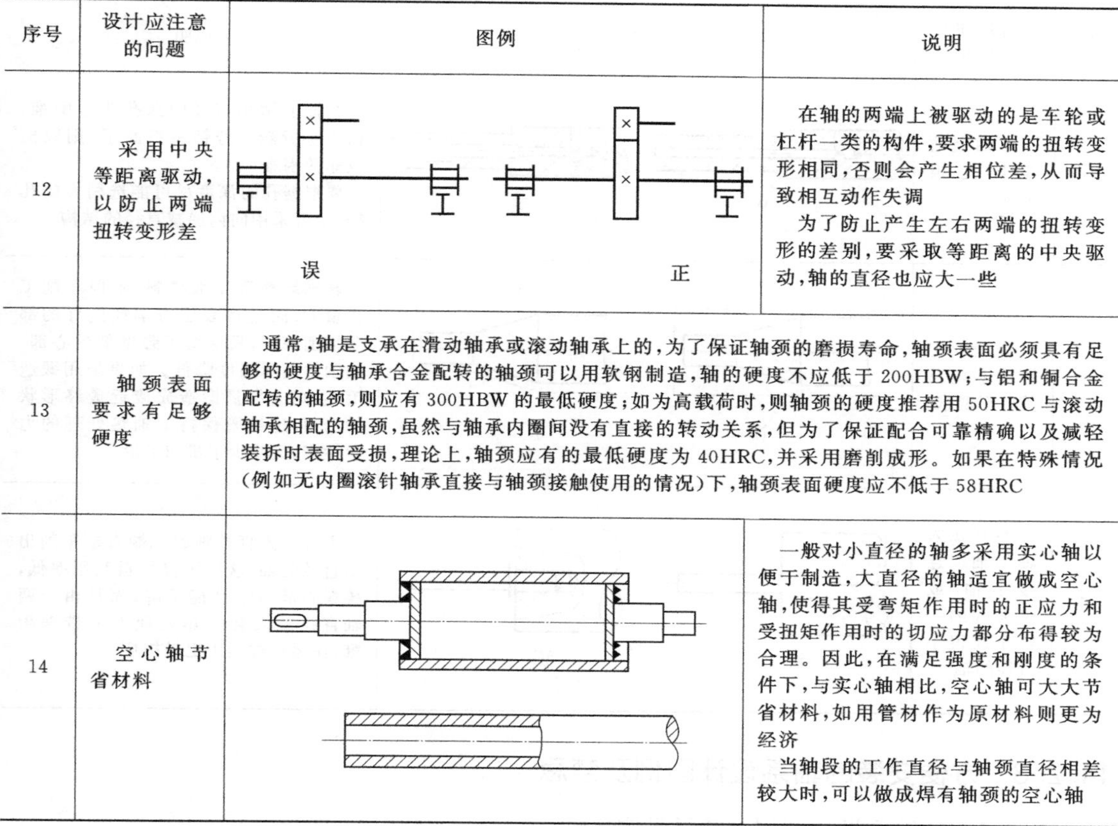

序号	设计应注意的问题	图例	说明
12	采用中央等距离驱动，以防止两端扭转变形差	误　　正	在轴的两端上被驱动的是车轮或杠杆一类的构件，要求两端的扭转变形相同，否则会产生相位差，从而导致相互动作失调 为了防止产生左右两端的扭转变形的差别，要采取等距离的中央驱动，轴的直径也应大一些
13	轴颈表面要求有足够硬度	通常，轴是支承在滑动轴承或滚动轴承上的，为了保证轴颈的磨损寿命，轴颈表面必须具有足够的硬度与轴承合金配转的轴颈可以用软钢制造，轴的硬度不应低于 200HBW；与铝和铜合金配转的轴颈，则应有 300HBW 的最低硬度；如为高载荷时，则轴颈的硬度推荐用 50HRC 与滚动轴承相配的轴颈，虽然与轴承内圈间没有直接的转动关系，但为了保证配合可靠精确以及减轻装拆时表面受损，理论上，轴颈应有的最低硬度为 40HRC，并采用磨削成形。如果在特殊情况(例如无内圈滚针轴承直接与轴颈接触使用的情况)下，轴颈表面硬度应不低于 58HRC	
14	空心轴节省材料		一般对小直径的轴多采用实心轴以便于制造，大直径的轴适宜做成空心轴，使得其受弯矩作用时的正应力和受扭矩作用时的切应力都分布得较为合理。因此，在满足强度和刚度的条件下，与实心轴相比，空心轴可大大节省材料，如用管材作为原材料则更为经济 当轴段的工作直径与轴颈直径相差较大时，可以做成焊有轴颈的空心轴

14.2.2 方便加工的轴系设计图例及禁忌

方便加工的轴系设计图例及禁忌见表 14-3。

表 14-3　方便加工的轴系设计图例及禁忌

序号	设计应注意的问题	图例	说明
1	一根轴上的键槽应在同一母线上	误 正	当一根轴上两个以上的轴段都有键槽时，应将键槽置于同一加工直线上，槽宽应尽可能统一，以利于加工
2	刨削的键槽要求有退刀槽	卧式铣床铣键槽　　刨削键槽	在轴上加工键槽时，要考虑因加工设备和加工方法的不同而需要相适应的退刀槽，否则会导致加工困难

续表

序号	设计应注意的问题	图例	说明
3	在轴上钻细长孔很困难	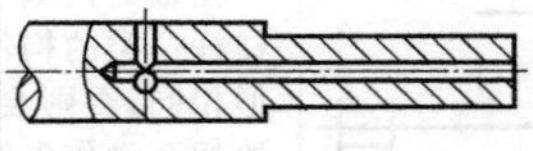 误 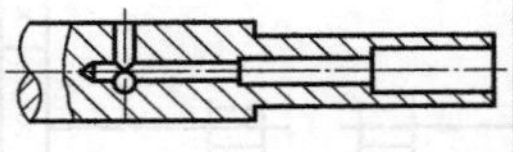　正	在轴上钻小直径的深孔非常困难，钻头易折断。若钻头折断了，则取出也非常困难 要根据孔的深度尽可能选稍大的孔径，或者采用向内递减直径的结构
4	合理确定轴的毛坯及其外形要求	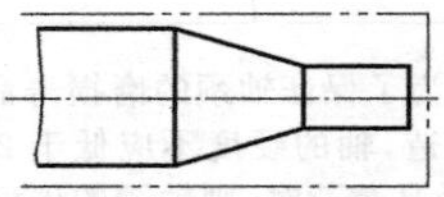 误 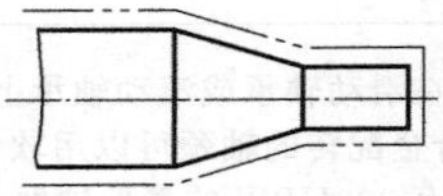　正	转轴坯料采用大棒料，不但车削工作量大，而且将表层力学性能好的部分切削掉了，只保留了强度低的心部，使轴的实际强度降低。如果采用锻造毛坯，则应尽量锻造成接近最终形状的造型，这样既保持了轴热处理的力学性能，又减少了机加工量
5	不宜在大轴的轴端连接小轴，或将大轴的一端车成很小直径的轴	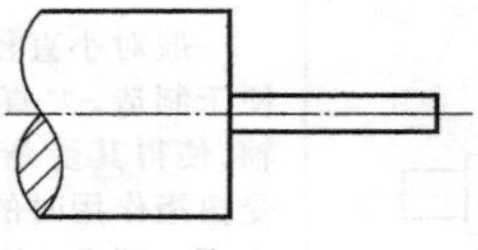 误 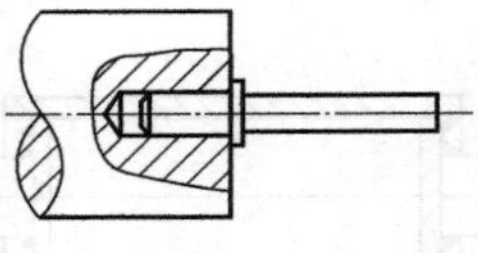　正	不宜在大直径轴的一端直接车削出小直径的轴，这样不仅材料利用率低，棒料心部力学性能下降，而且由于两轴直径差大会给热处理工艺带来困难，在运输过程中也易损坏

14.2.3 方便安装的轴系设计图例及禁忌

方便安装的轴系设计图例及禁忌见表14-4。

表 14-4　方便安装的轴系设计图例及禁忌

序号	设计应注意的问题	图例	说明
1	装配起点不宜成尖角，两配合表面起点不要同时装配	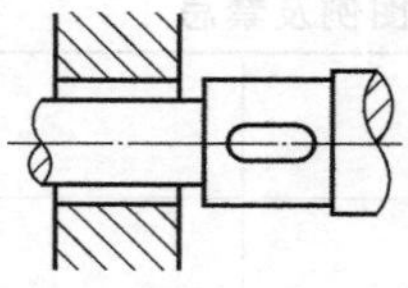 误 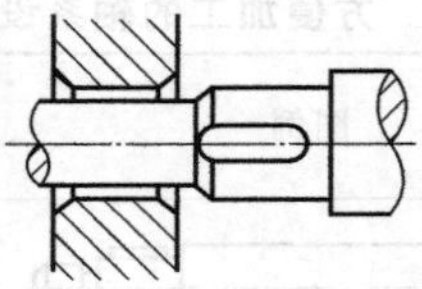　正 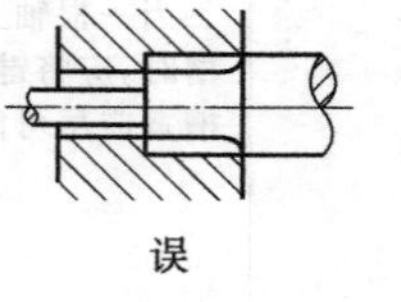 误 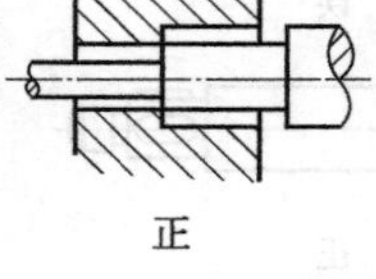　正	为了使安装容易且平稳，两零件或者至少其中一件的装配起点要有适当的倒角或锥度，键应尽量靠近装配起点 两处装配起点的尺寸为同时安装时，要错开两处的相关位置，首先安装一处，以此为支承，再安装另一处
2	圆锥面配合不能轴向精确定位	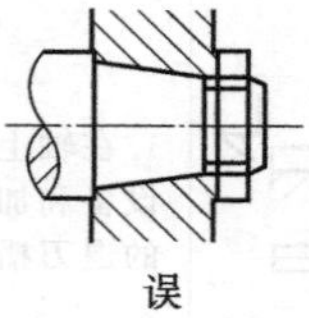 误 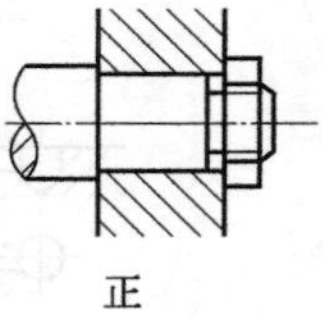　正	圆锥形轴端能使轴上零件与轴保持较高的同心度，且连接牢靠，装拆方便，但是不能限定零件在轴上的正确位置。需要限定准确的轴向位置时，只能改用圆柱形轴端加轴肩

续表

序号	设计应注意的问题	图例	说明
3	不通孔中装入过盈配合轴时应考虑排出空气	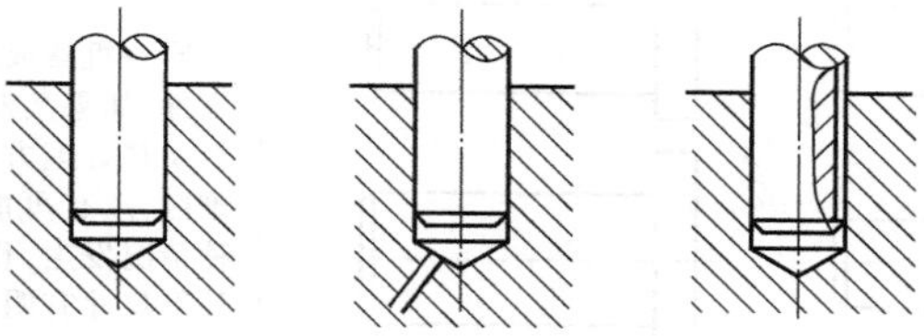 误　正　正	不通孔中装入过盈配合轴时，如果孔内部形成封闭空间，则会使安装困难，在拔出时由于内部成为真空，因此使拔出更为困难 为避免形成封闭空间，必须设置供通气用的小孔或沟槽
4	轴上零件的定位要采用轴肩或轴环	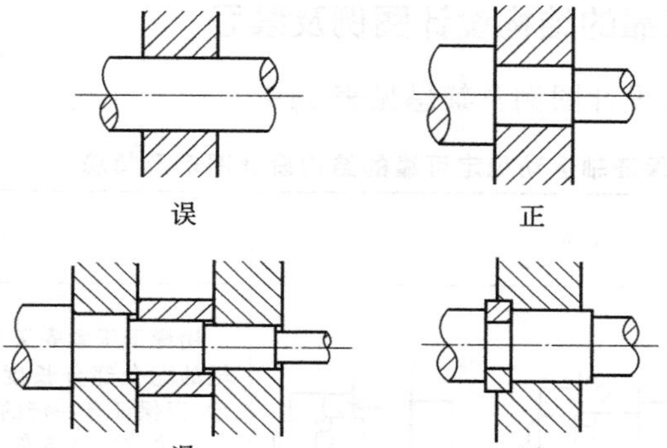 误　正 误　正	为了将零件安装到轴的正确位置上，轴必须制有阶梯形轴肩或轴环 如受某些条件限制，轴的阶梯差很小或不便加工出轴肩的地方，则可采用加定位套筒，或者加对开的轴环进行定位
5	轴的结构一般不宜设计成等径轴	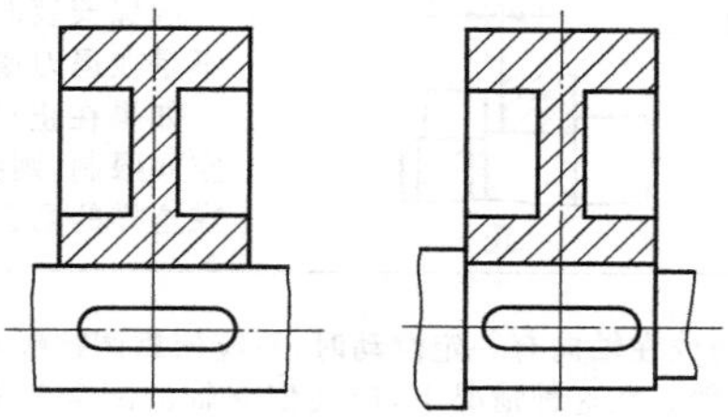 误　正	轴的外形决定于许多因素，如轴的毛坯种类，工艺性要求，轴上受力的大小和分布，轴上零件和轴承的类型、布置和固定方式等。为满足不同要求，实际的轴多做成阶梯形轴 如图所示，阶梯轴的轴肩一方面可以限定轴上零件的正确位置和承受轴向力；另一方面又使零件装配容易，使轴的重量减小 只有对于一些简单的芯轴和一些有特殊要求的转轴，才会将其做成等径轴
6	对于轴与滚筒零件的连接，不要在两轮毂处都加工出键槽	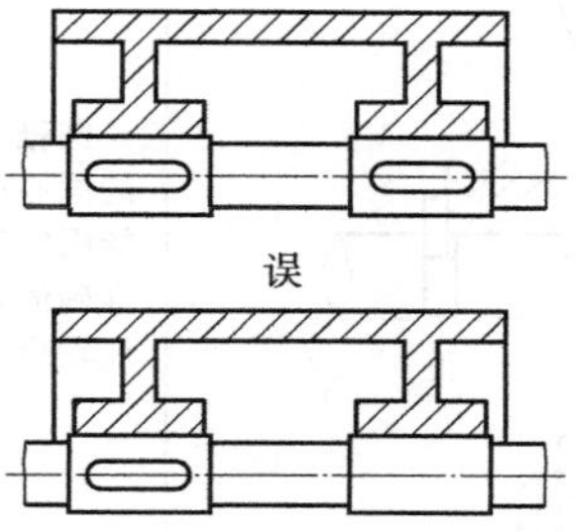 误 正	对于轴与滚筒类零件的连接，由于滚筒较长，常制成两处轮毂与轴连接，如果在两轮毂处都加工出键槽，则由于键槽位置精度不易保证，导致轴与滚筒的装配有困难。因此，在满足传递力矩的情况下，应只在一个轮毂处加工出键槽

续表

序号	设计应注意的问题	图例	说明
7	在同一设备中，材料及热处理不同的轴或销轴，其外形尺寸应有区别	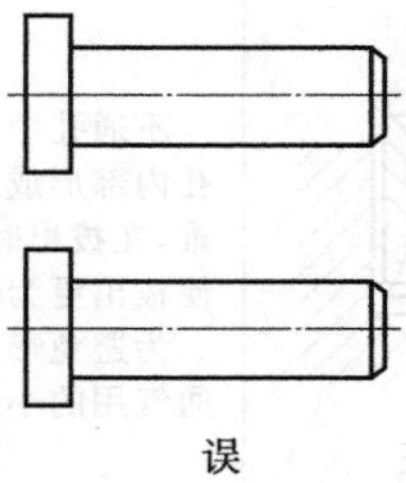 误 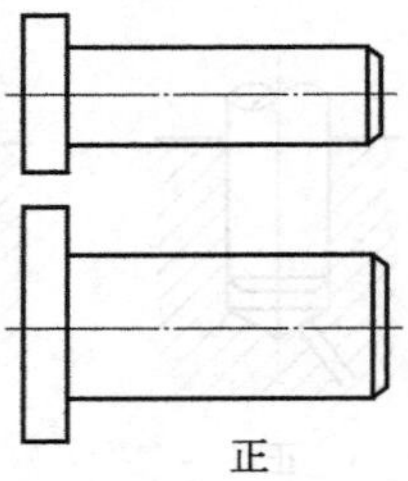　正	同一机器或部件中采用的轴或销轴零件，如果其外形尺寸完全相同，仅材料及热处理方式不同，则在装配时很难区分，有可能会装错。为了避免这种情况发生，设计时应使这种零件的外形尺寸有明显区别

14.2.4 保证轴运动稳定可靠的结构设计图例及禁忌

保证轴运动稳定可靠的结构设计图例及禁忌见表14-5。

表 14-5　保证轴运动稳定可靠的结构设计图例及禁忌

序号	设计应注意的问题	图例	说明
1	保证轴与安装零件的压紧的尺寸差	要求轴向压紧 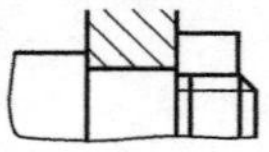 误 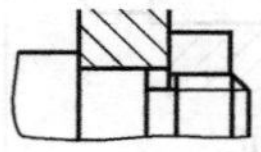　正 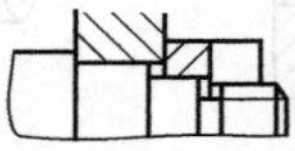　正	用螺母压紧安装在轴上的零件时，要使轴的配合部分长度稍短于安装零件的宽度，以保证有一定的压紧尺寸差 如果在安装零件和螺母(或其他定位零件)之间有隔离套筒，则也要按照上述原则保证有关部分的尺寸差
2	确保止动垫圈在轴上的正确安装	要求轴上零件能转动 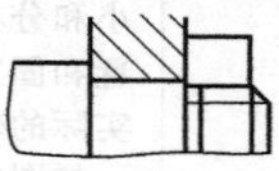 Δ 误 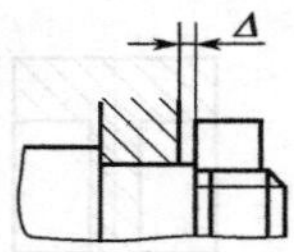　正	确保安装时内侧舌片处于轴的沟槽内而不是在退刀槽内 如果在止动垫圈安装的周围有障碍或受空间限制，则会出现不能弯折卡爪的情况，在这样的场合要改用其他止动方法
3	保证轴与安装零件间隙的尺寸差	当要求安装件在轴上转动或在轴向有一定游动时，不应依靠调整螺母的松紧来给出间隙，而要拧紧螺母，使其与轴的阶梯接触。在这种情况下，应使依靠轴的配合部分长度稍大于安装件的宽度，以保证预定的间隙	
4	要避免弹性挡圈承受轴向力	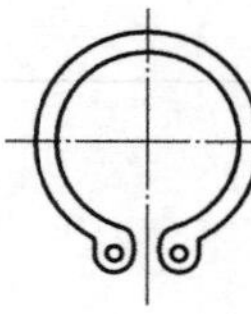 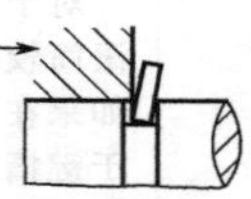 误 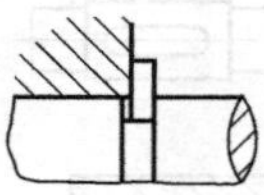　正 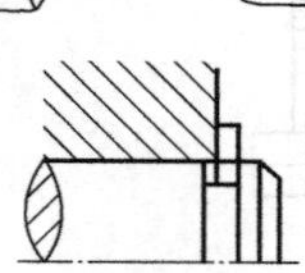 正	圆锥形轴端能使轴上零件与轴保持较高的同心度，且连接牢靠，装拆方便，但是不能限定零件在轴上的正确位置。需要限定准确的轴向位置时，只能改用圆柱形轴端加轴肩

续表

序号	设计应注意的问题	图例	说明
5	在旋转轴上切削螺纹时，要有利于紧固螺母的防松	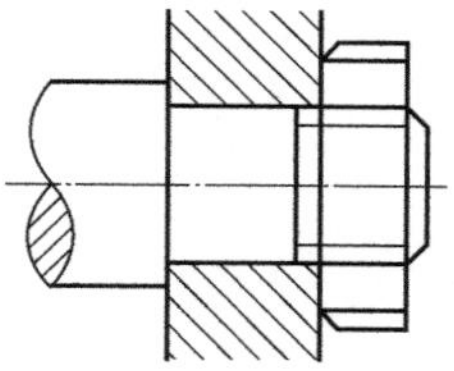	轴上零件常用螺母紧固，为了不致在启动、旋转和停车时使螺母松动，螺纹的切制应遵循轴的旋转方向有助于旋紧的原则 如果轴向左旋转，就取左旋螺纹，如果向右旋转，就取右旋螺纹，但是，如果在驱动一侧装有制动器，则反复进行快速减速和急停车的轴系例外且应与上述情况相反
6	确保止动垫圈在轴上的正确安装	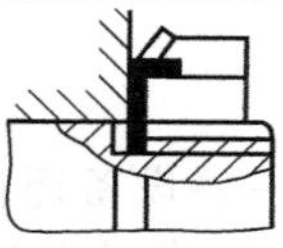 误 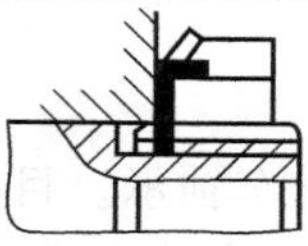　正 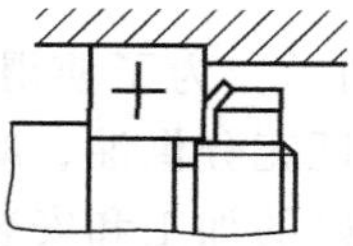误 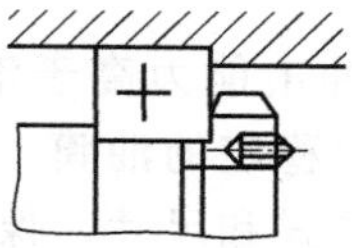　正	要注意止动垫圈内侧舌片如处于轴上退刀槽部分时，往往就起不到止转的作用。因此，轴上的螺纹退刀槽必须加工得靠里一些，以确保安装时，内侧舌片处于轴的沟槽内
7	避免轴的支承反力为零	在轴的两个滑动轴承中，如果其中一个的支承反力为零或接近于零，则在这个载荷为零的轴颈等位置就很不稳定，容易发生油膜振动	
8	不要使轴的工作频率与其固有频率相一致或靠近	必须使轴的工作频率避开其固有频率。若轴的工作频率很高，还应考虑使其避开相应的二次、三次或四次高阶固有频率	
9	高速轴的挠性联轴器要尽量靠近轴承	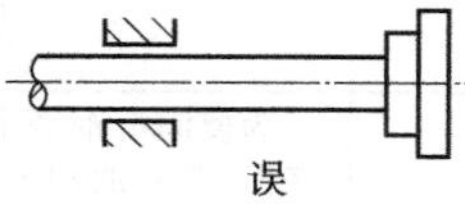 误 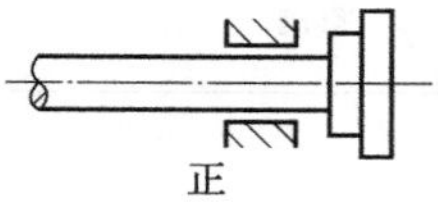　正	在高速轴的悬臂端上安装有挠性联轴器的场合，如果悬伸量越大，则轴的固有振动频率越低，越容易引起轴的振动。因此，要尽量将联轴器设置在靠近轴承的位置上，并且尽可能选择重量轻的联轴器
10	转轴上的润滑油要从小轴段处进油，大轴段处出油	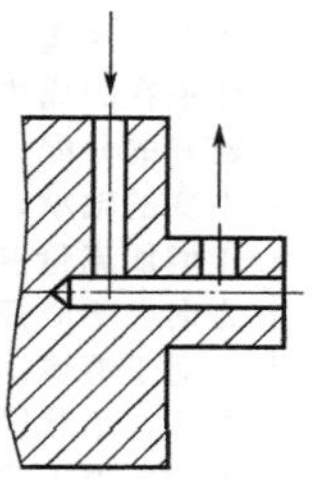 误 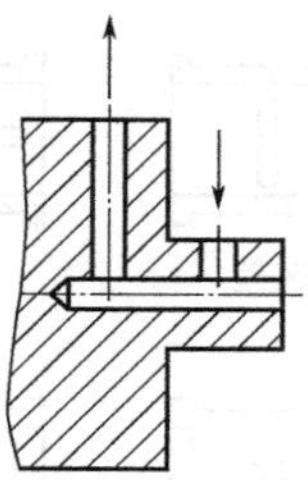　正	在同样转速下的转轴上，大直径轴段的离心力大于小直径轴段的离心力。因此，在设计轴上的润滑油路孔时，不要从大直径轴段处进油，这是因为逆着大离心力方向注油，油不易注入。如设计成从小直径轴段进油，再向大直径轴段出油，则油易顺大离心力方向流动，从而保证润滑点的供油

第15章

滑动轴承

15.1 滑动轴承概述

滑动轴承逐渐被滚动轴承代替，如火车轴承。目前也有一些设备还在使用滑动轴承，例如内燃机曲轴（用滚动轴承安装困难），还有些大型、高速、要求径向尺寸很小的轴承采用滑动轴承。

滑动轴承的承载面是面接触，受冲击能力高于滚动轴承。为了使滑动轴承保持正常工作，在轴与轴承工作面之间应该有一层稳定的油膜，以保证充分供油、减少发热。

设计滑动轴承时应正确选择轴承形式和尺寸，保证良好的加工和安装条件，按规定进行保养维护，及时检修。

15.2 滑动轴承图例及结构设计禁忌

15.2.1 必须保证良好润滑的结构设计图例及禁忌

必须保证良好润滑的结构设计图例及禁忌见表15-1。

表 15-1 必须保证良好润滑的结构设计图例及禁忌

序号	设计应注意的问题	图例	说明
1	轴承应开设油沟，使润滑油能顺利地进入摩擦表面	较差　较差　尚可 较好　较好　较好	为使润滑油顺利进入轴承全部摩擦表面，要开油沟使油、脂能沿轴承的周向和轴向得到适当的分配 油沟通常有半环形油沟、纵向油沟、组合式油沟和螺旋槽式油沟，后两种可使油在圆周方向和轴向方向都能得到较好的分配。对于转速较高、载荷方向不变的轴承，可以采用宽槽油沟，有利于增加流量和加强散热。油沟在轴向方向上不应开通 对于液体动压润滑轴承，不允许将油沟开在承载区，因为这会破坏油膜并使承载能力下降。对于非液体摩擦润滑轴承，应使油沟尽量延伸到最大压力区附近，这对承载能力影响不大，却能在摩擦表面起到良好的储油和分配油的作用 用于分配润滑脂的油沟要比用于分配稀油的油沟宽些，因为这种油沟还要求具有储存干油的作用

续表

序号	设计应注意的问题	图例	说明
2	润滑油不应从承载区引入轴承	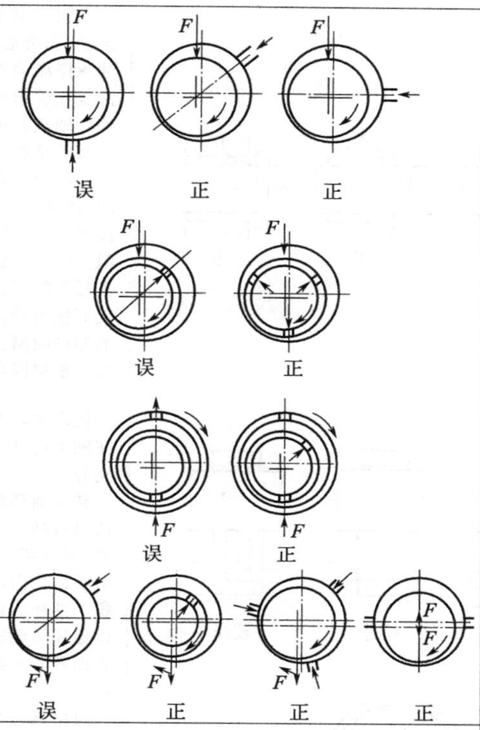 误　正　正 误　正 误　正 误　正　正　正	不应当把进油孔开在承载区，因为承载区的压力很大。显然，压力很低的润滑油是不可能进入轴承间隙中的，反而会从轴承中被挤出 当载荷方向不变时，进油孔应开在最大间隙处。若轴在工作中的位置不能预先确定，习惯上就把进油孔开在与载荷作用线成 45°角之处，对于剖分轴瓦，进油孔也可开在接合面处 因结构需要从轴中供油时，若油孔出口在轴表面上，则轴每转一转油孔通过高压区一次，轴承周期性地进油，油路上易产生脉动，因此最好做出三个油孔 当轴不转，轴承旋转，外载方向不变时，进油孔应从非承载区由轴中小孔引入 当作用在轴上的载荷方向随轴的旋转而变化时，应从轴上小孔中引入润滑油，油孔应大致位于载荷方向的对面。当因结构需要从轴承中进油时，不能采用一个油孔，因为轴每转一次，进油孔会被高压区压住一次，造成供油不连续，所以应采用三个进油孔。当轴受上下方向的交变载荷时，油孔可开在轴瓦的两侧
3	不要使全环油槽开在轴承中部	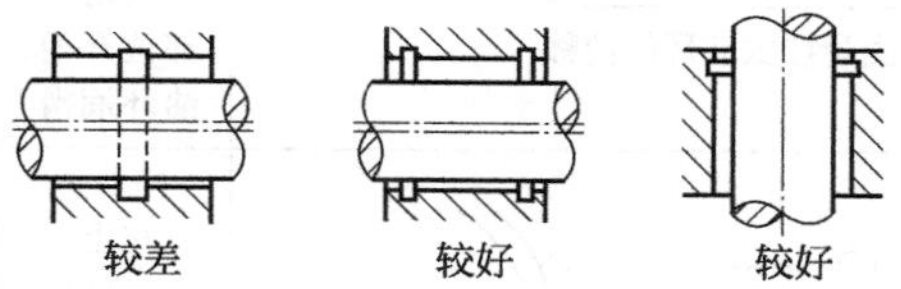 较差　较好　较好	为了加大供油量和加强散热，有时在轴承中切有环形油槽，布置在轴承中部，具有较大宽度和深度的全环油槽把轴承一分为二，实际上成为两个短轴承，这就破坏了轴承油膜，使承载能力降低 如果将全环油槽开设在轴承的一端或两端，则油膜的承载能力可降低得较少些 比较好的方法是在非承载区切出半环形的宽槽油沟，既利于增加流量，又不降低承载能力 对于竖直放置的轴承，全环油槽宜开设在轴的上端
4	不要形成润滑油的不流动区	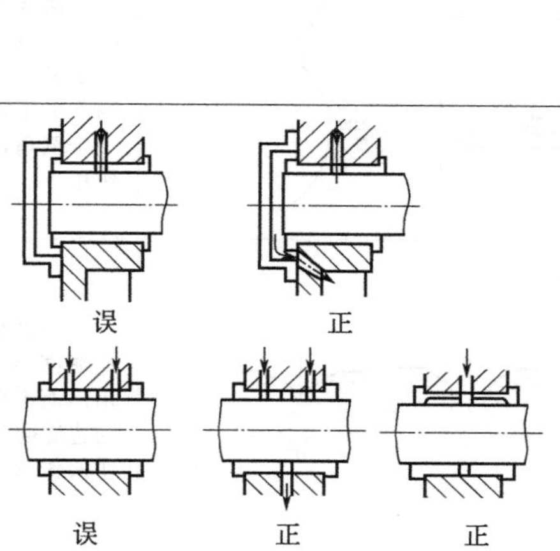 误　正 误　正　正	对于循环供油，要注意油流的畅通，如果油存在着流到尽头之处，则油在该处处于停滞状态，以致热油聚集并逐渐变质劣化，不能起正常的润滑作用，这是造成轴承烧伤的原因 如果轴承端盖是封闭的或轴与轴承端部被闷死，则油不会流向端盖或闷死的一侧，那里将成为高温区。由于在端盖处设置了排油通道，因此从轴承中央供给的油才能在轴承全宽上正常流动

续表

序号	设计应注意的问题	图例	说明
4	不要形成润滑油的不流动区	误　正　正	在同一轴承中从两个相邻的油孔处给油，润滑油向里侧的流动受阻，那里油流停滞会造成轴承烧伤。改进的办法是在轴承中部空腔处开泄油孔或使油由轴承非承载区的空腔中引入 对于承受轴向力的带有凸缘的轴承，由于油的出口被轴上的止推轴肩所封闭，使油流受阻，轴瓦凸缘抵住轴肩的过渡圆角，也同样使油的侧向流动受阻。轴瓦凸缘与轴肩间还同时发生非常强烈的磨损。正确的结构是在止推表面做出径向槽或在非承载区做出通油的纵向槽。凸缘要有倒角，使其不会抵住轴肩圆角
5	要使油环给油充分可靠	较差　较好　较好 25° 自由悬挂式油环的位移	使用油环润滑的场合，要尽量使悬挂在轴上的轴环容易转动，否则给油就不充分 转动油环的力来自与轴接触面的摩擦，妨碍转动的力来自侧面的摩擦。因此，对油环要选择宽度方向大而厚度方向小的截面尺寸，以增加与轴的接触面积。油环应该做得重些(钢或铜合金)，以保证滑动很小。根据试验，在油环内表面开若干条纵向槽时，润滑效果最为良好 自由悬挂在轴上的油环工作时，轴心和油环中心的连接线要位移 20°～25°，这点在设计轴承壳和轴瓦时必须加以考虑 当轴承的上部承受载荷时，不宜用油环润滑，因为这时必须在轴瓦受载荷的部位开槽。轴做摆动运动时，不宜采用油环润滑
6	剖分轴瓦的接缝处宜开油沟		在上、下两轴瓦组成的剖分式轴承中，通常在两侧接缝处开有不太深的油沟或油腔。这可以消除轴瓦接缝处向里弯曲变形对轴瓦工作的有害影响，同时可以将磨屑等杂质积存在油沟中，以减少发生擦伤的危险，要注意接缝处的油沟也不宜开得太宽，有的也可以做成一个倒角，以免对承载油膜产生不良的作用
7	防止出现切断油膜的锐边或棱角	误　正　正	为使供给的油顺畅地流入润滑面，轴瓦油槽、剖分面处要尽量做成平滑的圆角面而不宜出现锐边或棱角，因为尖锐的边缘会使轴承中油膜被切断并有刮伤的作用

续表

序号	设计应注意的问题	图例	说明
7	防止出现切断油膜的锐边或棱角	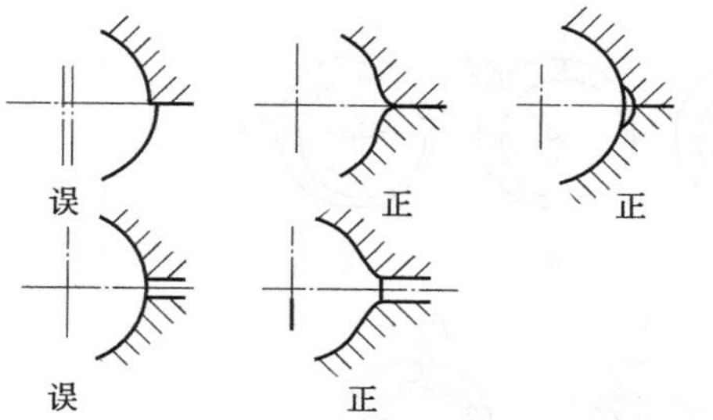 误　正　正 误　正	轴瓦剖分面的接缝处，相互之间多少会产生一些错位，错位部分要做成圆角或不大的油腔 在轴瓦剖分面处加调整垫片时，要使垫片侧面离轴颈远一些
8	加油孔不要被堵塞	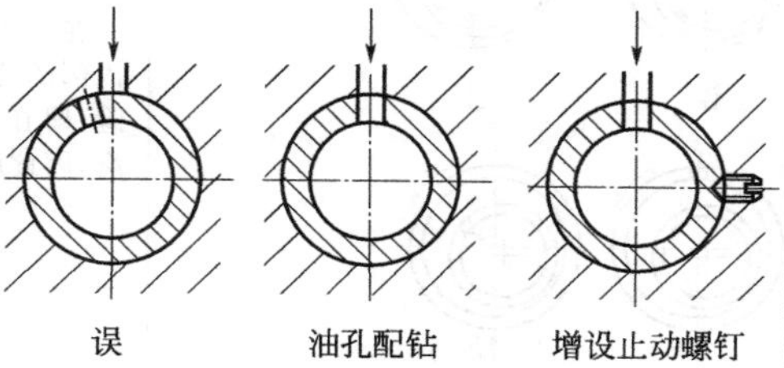 误　油孔配钻　增设止动螺钉	加油孔的通路部分，如果由于安装轴瓦或轴套时其相对位置偏移或在运转过程中其相关位置偏移，其通路就会被堵塞，从而导致润滑失效 所以，在组装后对加油孔可采用配钻方法，以及对轴瓦增设止动螺钉
9	设环状油槽，使加油孔畅通	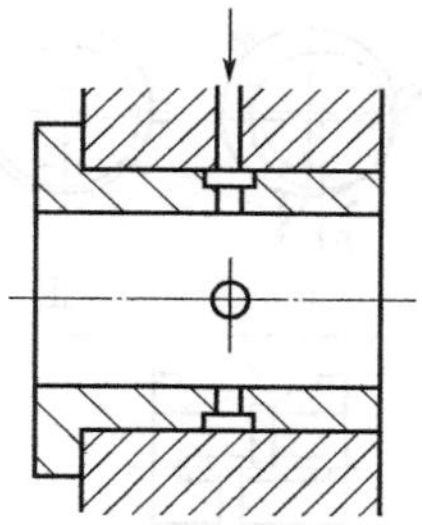 加工储油槽 使装配简单	对于组装前单独加工了孔的轴瓦或轴套，或者在更换备件等场合，其位置不一定能与相配合的孔对准，此时，需要根据加工和组装的偏差程度，预先考虑不使其发生故障 在轴瓦外圆进油孔处加工出环状储油槽，则在装配轴瓦时不须严格辨别方向，使装配简单，更有效地防止油孔堵塞

15.2.2　避免严重磨损和局部磨损的结构设计图例及禁忌

避免严重磨损和局部磨损的结构设计图例及禁忌见表 15-2。

表 15-2　避免严重磨损和局部磨损的结构设计图例及禁忌

序号	设计应注意的问题	图例	说明
1	防止发生阶梯磨损	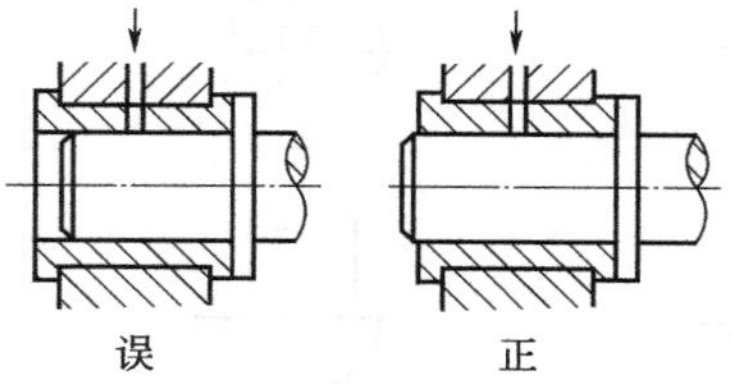 误　正	相互滑动的同一面内，如果存在着完全不相接触的部分，则会由于该部分未磨损而形成阶梯磨损 轴颈工作表面在轴承内终止，轴颈在磨合时将在较软的轴承合金层上磨出轴肩。它将妨碍润滑油从端部流出，从而引起过高的温度和造成轴承烧伤的危险。这种场合需要将较硬轴颈的宽度加长，使之等于或稍大于轴承的宽度

续表

序号	设计应注意的问题	图例	说明
2	轴颈表面不可有环形槽	F 误 F 正 F 正 F F 误 正 F F 误 正 F 误 F 正 F 正 F F 正	在轴颈上加工出一条位于轴承内部的环形沟槽，这同样会造成危险，即在磨合过程中形成一条棱肩，因此应尽量将油槽开在轴瓦上
3	轴瓦表面不可有环形槽	误 正	对于青铜轴瓦等高载荷低速轴承轴瓦，在相当于圆周上油槽部分的轴颈也发生阶梯磨损，这种场合有时需要将上、下半油槽的位置错开，以消除不接触的地方
4	避免止推轴承局部磨损	误 正	轴的止推环外径小于轴承止推面外径时，也会造成较软的轴承合金层上出现阶梯磨损，原则上其尺寸应使磨损多的一侧全面磨损 但是，在有的情况下，由于事实上不可避免双方都受磨损，最好是能够避免修配困难的一方（如轴的止推环）出现阶梯磨损
5	推力轴承与轴颈不宜全部接触	误 正 误 正	非液体摩擦润滑推力轴承的外侧和中心部分滑动速度不同，磨损很不均匀，轴承中心部分润滑油难以进入，造成润滑条件劣化。因此，轴颈和轴承的止推面不宜全部接触，在轴颈或轴承的中心部分切出凹坑，不仅改善了润滑条件，也使磨损趋于均匀

续表

序号	设计应注意的问题	图例	说明
6	不要使轴瓦的止推端面为线接触	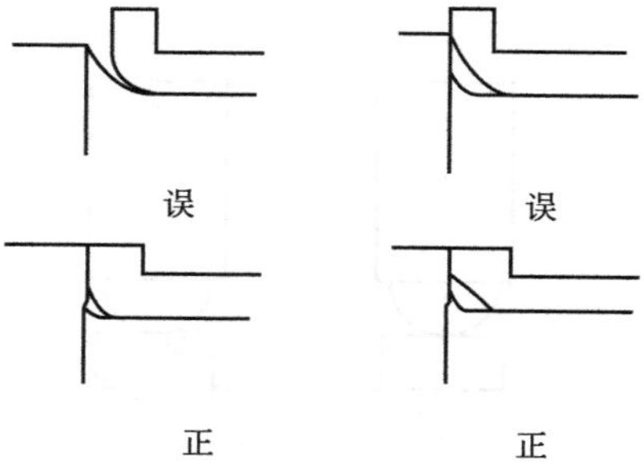 误　误 正　正	滑动接触部分必须是面接触，如果是线接触，则局部压强异常增大而成为强烈磨损和烧伤的原因 轴瓦止推端面的圆角必须比轴的过渡圆角大，并必须保持有平面接触
7	要减少中间轮和悬臂轴的支承轴承产生的边缘压力	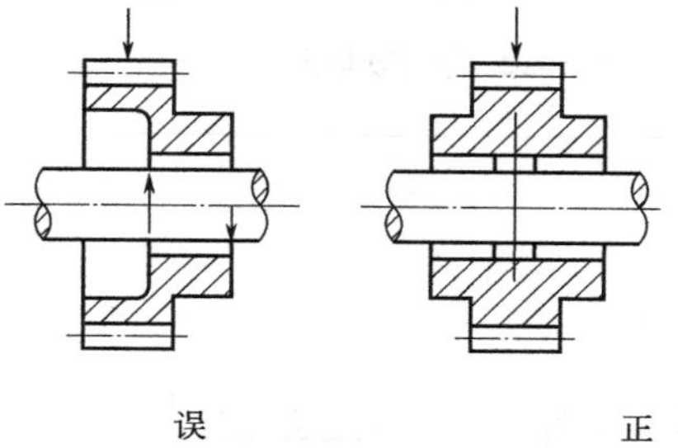 误　正	中间轮的支承装置不宜做成悬臂的，因为作用在轴承上的力是偏心的，它使得轴承一侧产生很高的边缘压力，加速了轴承的磨损。比较好的结构是力的作用平面通过轴承中心的结构齿轮悬臂轴的支承轴承最易产生边缘压力，支承在一个轴承中的齿轮轴产生轴向力和径向力，会导致轴承产生边缘压力
8	不可以用一个轴承支承悬臂安装的齿轮	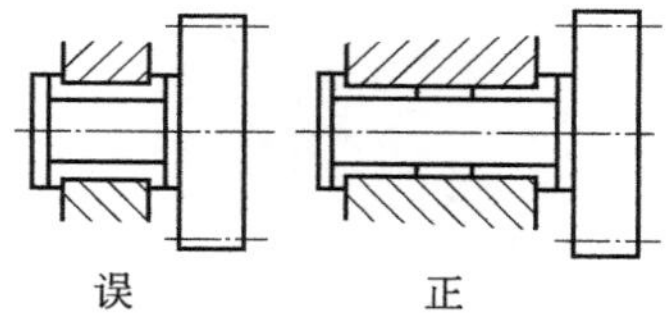 误　正	图所示为一种不合理的结构，在接近于齿轮一侧轴承的边缘压力大，齿轮容易歪斜，把轴承分成两个，加工比较简单，边缘压力可以减少，缺点是两个轴承载荷不相等，比较合理的结构是使接近于齿轮一侧的轴承直径大一些，使两个轴承压强大致相等
9	在轴承座孔不同心或在受载后轴线发生挠曲变形的条件下，要选择自动调心滑动轴承	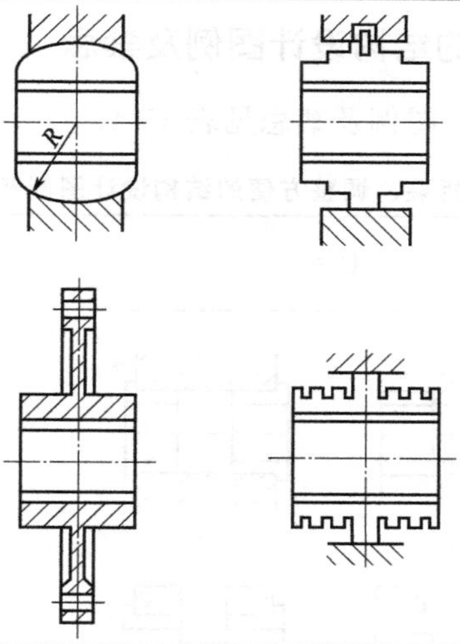 R	轴颈在轴承中过于倾斜时，靠近轴承端部会出现轴颈与轴瓦的边缘接触，使轴早期损坏。对于用铸铁之类脆性材料制造的轴瓦，边缘接触特别有害。消除边缘接触的措施一般是采用自动调心轴承 轴瓦外支承表面为窄环形突起，靠突起的较低刚度也可达到调心的目的 依靠柔性的膜板式轴承壳体和采用降低轴承边缘刚度的办法也能达到部分调心的目的

15.2.3　保证较大的接触面积的结构设计图例及禁忌

保证较大的接触面积的结构设计图例及禁忌见表 15-3。

表 15-3 保证较大的接触面积的结构设计图例及禁忌

序号	设计应注意的问题	图例	说明
1	球面推力轴承宜采用综合曲率半径大的接触面	(a) (b) (c) 综合曲率半径依次增大	球面接触的推力轴承的接触强度和接触刚度都与接触点的综合曲率半径有关，设法增大接触点的综合曲率半径是提高其工作能力的重要措施 图(c)所示结构的综合曲率半径最大，有利于改善球面支承的接触强度和刚度，也有利于形成油膜，改善润滑性能
2	对于承受载荷或温升较高的轴承，不要把轴承座和轴瓦接触表面中间挖空	误 正	通常，对于轴瓦与轴承座的接触面，在中间开槽或挖空以减小加工量。可是对于承受重载荷的轴承，如果轴瓦薄，则会由于油膜压力的作用，在挖空的部分轴瓦向外变形，从而降低承载能力 为了加强热量从轴瓦向轴承座上的传导，对温升较高的轴承也不应在两者之间存在不流动的空气泡 在以上两种场合，都应使轴瓦具有必要的厚度和刚性，并使轴瓦与轴承座全面接触

15.2.4 应使拆装、调整方便的结构设计图例及禁忌

应使拆装、调整方便的结构设计图例及禁忌见表 15-4。

表 15-4 应使拆装、调整方便的结构设计图例及禁忌

序号	设计应注意的问题	图例	说明
1	不要发生轴瓦或衬套等不能装拆的情况	误 正 误 正	整体式轴瓦或圆周衬套只能从轴向进行安装、拆卸，所以要使其有能装拆的轴向空间，并考虑卸下的方法

续表

序号	设计应注意的问题	图例	说明
2	考虑磨损后的间隙调整	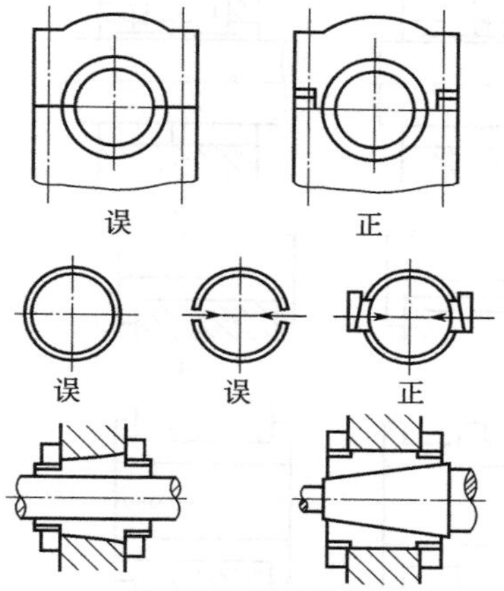 误　正 误　误　正 带锥形表面的轴套	滑动轴承在工作中发生磨损是不可避免的，为了保持适当的轴承间隙，要根据磨损量对轴承间隙进行相应调整 磨损不是全周一样的，而是有显著的方向性的，因此需要考虑针对此方向的易于调整的措施或结构 对于结构上不可调整间隙的轴承，如果达到极限磨损量，就要更换新的轴瓦

15.2.5　轴瓦、轴承衬结构设计图例及禁忌

轴瓦、轴承衬结构设计图例及禁忌见表 15-5。

表 15-5　轴瓦、轴承衬结构设计图例及禁忌

序号	设计应注意的问题	图例	说明
1	轴瓦和轴承座不允许有相对移动	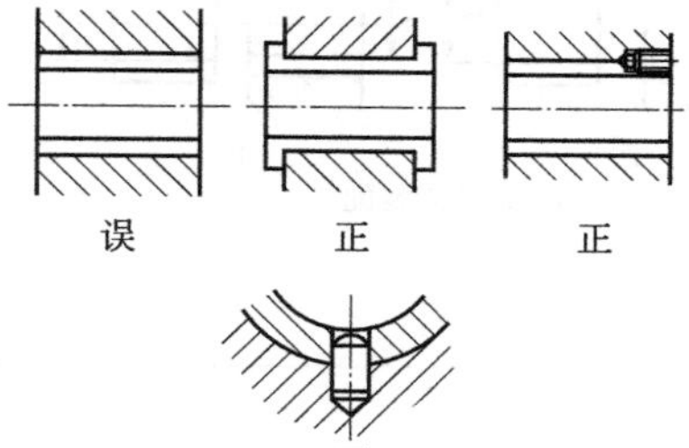 误　正　正 正	轴瓦装入轴承座中，应保证在工作时轴瓦与轴承座不得有任何相对的轴向和周向移动 为了防止轴瓦沿轴向和周向移动，可将其两端做出凸缘来作为轴向定位和用紧定螺钉或销钉将其固定在轴承座上
2	要使双金属轴承中两种金属贴附牢靠	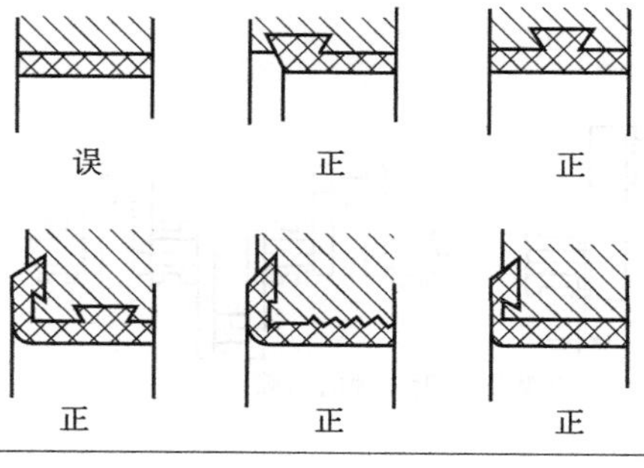 误　正　正 正　正　正	为了提高轴承的减摩、耐磨和跑合性能，常应用轴承合金、青铜或其他减摩材料覆盖在铸铁、钢或青铜轴瓦的内表面上以制成双金属轴承 双金属轴承中两种金属必须贴附得牢靠，不会松脱，这就必须考虑在底瓦内表面制出各种形式的榫头或沟槽，以增加贴附性，沟槽的深度以不过分削弱底瓦的强度为原则
3	白合金轴承衬不宜采用铸铁轴瓦	铸铁中碳的质量分数在 2%以上，而体积分数则超过 10%。白合金与碳的粘接强度很差，因而白合金与铸铁轴瓦的连接牢固性很低。常把连接表面做出燕尾槽等形状加固。结构钢中碳的质量分数一般不大于 0.045%，与白合金轴瓦连接较牢固。而青铜中含碳极少，连接最牢固，而且由于青铜是一种很好的耐磨材料，在白合金磨损以后，青铜轴瓦可以起保护安全的作用	

续表

序号	设计应注意的问题	图例	说明
4	设计塑料轴承时不能按金属轴承处理	误 正 误 正 误 正	塑料轴承的导热性差，线胀系数大，吸油吸水后体积会膨胀，故应充分注意轴承的润滑和散热。建议塑料轴承间隙应取得尽可能大一些，壁厚在允许范围内做成最薄，轴承宽径比 B/d 也应小一些。如果在不得已情况下必须采用宽轴承，则建议将轴瓦分成两段 塑料的抗弯强度低，塑料轴瓦与座接触应全部密贴而不要中间有空 考虑到塑料弹性大，轴瓦应尽量使壁厚均匀相等，中间不要有凸起部分
5	确保合理的运转间隙	热膨胀的附加间隙 $d-\Delta$ d d $d+\Delta$ 误 正 过盈配合装配	滑动轴承依据使用目的和不同的工作条件需要合适的间隙 轴承间隙因轴承材质、轴瓦装配条件、运转引起的温度变化及其他因素的不同而发生变化，所以事先要对这些因素进行预测，然后合理选择间隙 工作温度较高时，需要考虑轴颈膨胀时的附加间隙。尼龙等非金属材料轴瓦，由于热导率低，易膨胀，也要考虑附加间隙 对于轴承衬套用过盈配合装入轴承的情况，由于存在装配过盈量，安装后衬套内径比装配前的尺寸缩小
6	保证轴工作时热膨胀所需要的间隙	热膨胀的附加轴向间隙	为保证轴系能正常工作且不发生轴向窜动，支承轴系的滑动轴承的轴瓦通常带有止推凸缘。运转过程中轴的温度和其支承机架的温度之间产生差别则发生相对伸缩，所以各轴承的轴瓦凸缘和轴接触时就有可能发生卡住的现象 对于普通工作温度下的短轴，为允许轴工作时有少量热膨胀，应在轴瓦凸缘与轴接触处留有一定轴向附加间隙。当轴较长、工作温度较高或多支点支承时，则只需使轴向定位的一个轴承的凸缘止推面接触，而其他轴承在轴向全部是游动的，不接触

续表

序号	设计应注意的问题	图例	说明
7	滑动轴承不宜和密封圈组合	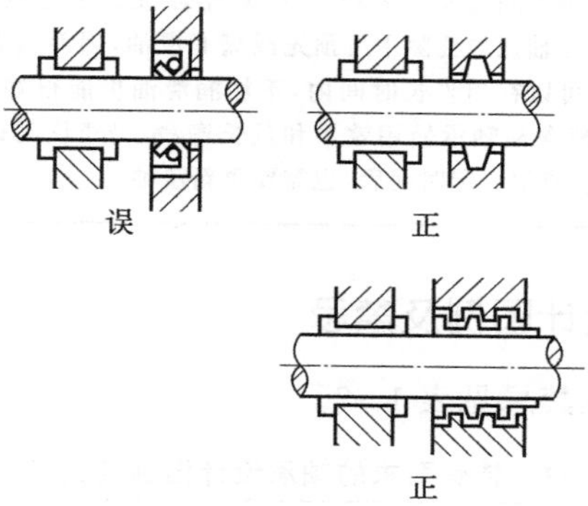 误　正 正	滑动轴承在工作中会产生磨损，如果磨损了就会发生轴心的偏移。密封圈不适用于轴心偏移的地方，特别是动态移动的地方 如果必须使用滑动轴承和密封组合，则密封要采用即使轴心偏移也不致发生故障的其他密封方法或使密封圈与滚动轴承相组合
8	在轴承盖或上半箱体提升过程中不要使轴瓦脱落	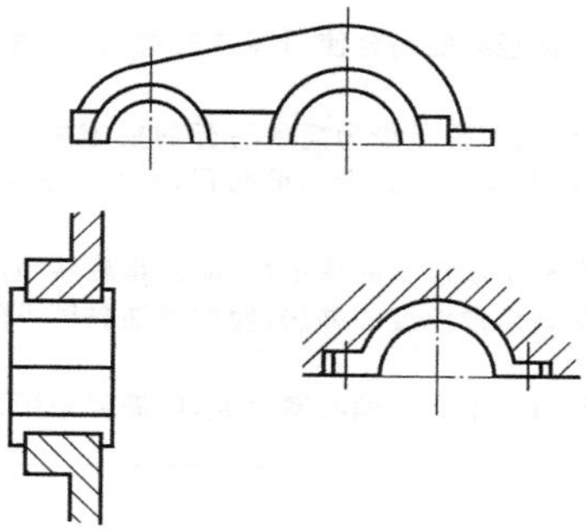	在一些大型机器中，提升轴承盖或上半箱体时，轴承上的轴瓦由于油的渗入而贴在轴承盖或箱体上，最初常常是一起上升，在提升过程中轴瓦有脱落的危险 为了防止轴瓦脱落，要将轴瓦用螺钉或其他装置固定在轴承或箱体上

15.2.6　合理选用轴承材料的禁忌

合理选用轴承材料的禁忌说明见表 15-6。

表 15-6　合理选用轴承材料禁忌说明

序号	设计应注意的问题	说明
1	轴瓦和轴不宜用相同的材料	轴瓦材料不仅要求有一定的强度和刚度，而且需要较好的跑合性、减摩性和耐磨性。如果轴瓦和轴使用同质材料，则相同材料的摩擦副最容易产生黏着胶合现象，导致胶合失效，从而造成事故。轴瓦材料应采用减摩性和耐磨性较好的材料，如铸铁、青铜等
2	含油轴承不宜用于高速或连续旋转的用途	轴承的润滑，除为降低摩擦和减少磨损的目的外，对轴承进行散热和冷却也是主要目的之一 含油轴承和其他的自润滑轴承所含润滑油仅是为自身减摩降磨的目的，然而在高速或连续运转的场合，还应考虑摩擦热的散发和冷却滑动的需要 因此，含油轴承一般只宜用于平稳无冲击载荷及中低速度发热不大的场合

续表

序号	设计应注意的问题	说明
3	含油轴承并非完全不用供油	含油轴承是用不同金属粉末经压制、烧结而成的多孔质轴承材料。其孔隙度占总容积的15%～35%。在轴瓦的孔隙中可预先浸满润滑油，因而具有自润滑性。一般在速度较低、载荷较轻的场合可以在相当长时间内，不加润滑油仍能很好地工作。如果需要长时间连续工作，或为了提高含油轴承使用效果和延长寿命，仍建议附设供油装置，以定期补充供油。另外，当含油轴承使用一定时间后，也需要重新浸油

15.2.7 特殊要求的轴承设计图例及禁忌

特殊要求的轴承设计图例及禁忌见表15-7。

表 15-7　特殊要求的轴承设计图例及禁忌

序号	设计应注意的问题	图例	说明
1	在高速轻载条件下使用的圆柱形轴瓦要防止失稳	圆柱形轴瓦在高速轻载的场合使用容易失稳，使轴发生剧烈振动而失效，因此需要采取措施予以防止 减少轴承面积、增大压强是最为简单易行的措施之一，如减少轴承的宽径比或尽量扩展油槽的宽度，使接触面积变窄以减少轴承面积，轴承压强增大以后，则轴承偏心率增加，有利于消除不稳定现象 增大轴承间隙有利于增加轴的稳定性，缺点是旋转精度降低，故不宜用于精密机械 现场中常通过提高供油温度的办法，使润滑油黏度下降，或通过提高供油压力，以增加轴的稳定性 对于重要的机器由于不允许偏心率过大，则需要采用抗振性好的轴承	
2	高速轻载条件下使用的轴承要选用抗振性好的轴承	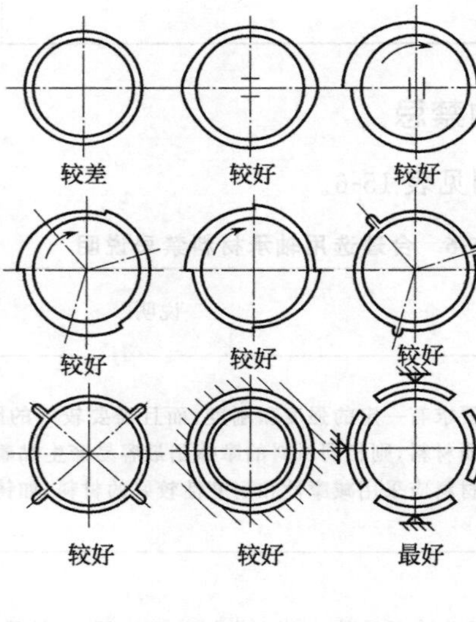 较差　较好　较好 较好　较好　较好 较好　较好　最好	高速旋转轴的轴承载荷非常小或接近零的场合，由于轴承偏心率很小，轴颈在外部微小干扰力的作用下而偏离平衡位置，因此油膜有可能出现不稳定状态，并引起半速涡动和油膜振荡，使轴发生强烈振动而导致轴承工作失稳 为防止轴承工作失稳，需要选择抗振性好的轴承。双油楔、多油楔和多油叶形状轴承或浮环轴承等的抗振性都比普通圆形轴瓦好 可倾瓦块轴承的轴瓦由3～5块扇形块组成，扇形块背面有球面形支承，轴瓦的倾斜度可随轴颈位置不同而自动调整，以适应不同的载荷、转速、轴的弹性变形和偏斜。该轴承是抗振性最好的轴承
3	重载大型机械的高速旋转轴的启动需要有高压顶轴系统的轴承	重载大型机械的转子自重大，启动转矩非常大，在启动时也容易产生异常磨损和烧伤 在一些场合应用一种高压顶轴系统。由高压油使转子浮起，以解决启动瞬间轴与轴承金属摩擦带来的困难 动静压轴承特别适用于要求带载启动而又要长期连续运行的场合。重载大型机械中的动静压轴承多有两套供油系统。一套高压小流量系统用于满载启动、制动或减速时，一套低压大流量系统用于正常工作时的轴承润滑	

续表

序号	设计应注意的问题	图例	说明
4	对于单项回转的可倾瓦动压滑动轴承轴系，其支点不应布置在弧形瓦的几何中心	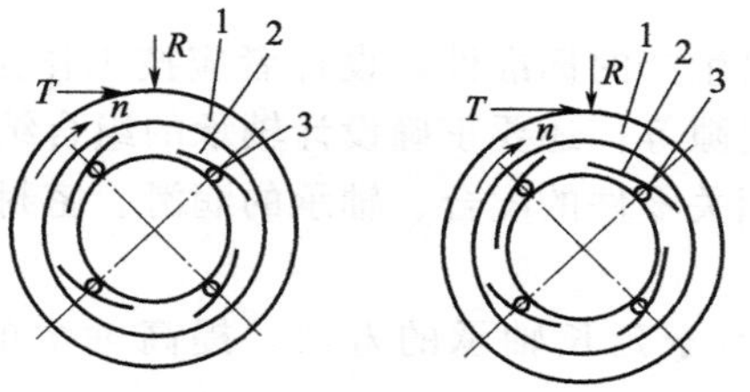 (a) 可倾瓦支点位于瓦块几何中心 (b) 可倾瓦支点偏于出口 1—从动大齿圈；2—可倾瓦动压轴承；3—支点	可倾瓦动压滑动轴承由多个弧形瓦组成，当轴单向运转时，瓦可顺着轴颈的转向绕支点摆动，以形成不同楔角的多个油楔，支承运转的轴系。油楔的进、出口处的油膜厚度 h_1 和 h_2 之比（h_1/h_2）称为间隙比，它反映了楔角的大小，是影响可倾瓦轴承承载能力的主要参数。在弧形瓦一定的弧长和瓦宽的情况下，油楔的支点位置的改变会使间隙比变化，楔角也随之改变，使承载能力大小受到影响。液体动压润滑理论指出：为得到最大承载能力和最优间隙比，支点要偏于出口，而不是在几何中心，具体数据可从有关资料中查阅。当轴颈双向回转时，则只能采取折中方案，将支点取在几何中心处 左图中示出从动大齿圈 1，它采用了四块可倾瓦 2 组成径向滑动轴承支承，承受切向力 T 及径向力 R 如图(a)所示的可倾瓦支点 3 选在瓦块几何中心处，不能发挥出轴承最大的承载能力 如图(b)所示的可倾瓦支点 3 的位置是根据液体动压润滑理论，在选定的弧形瓦长宽比的情况下，由最大承载能力及最优间隙比决定的，它靠近出口

第16章

滚动轴承

16.1 滚动轴承概述

滚动轴承是由专业工厂大量生产的标准件，设计者应按工作条件选择合适的标准型号，包括轴承类型、尺寸、精度、间隙等；还要正确设计轴承的组合结构，考虑滚动轴承的配合和装拆、定位和固定、轴承与相关零件的配合、轴承的润滑、密封和提高轴承支持系统的刚度等。

正确合理的支承结构设计对于延长轴承的寿命、提高轴承的精度和可靠性都有重要作用。

16.2 滚动轴承结构设计图例及禁忌

16.2.1 滚动轴承的类型选择图例及禁忌

滚动轴承的类型选择图例及禁忌见表16-1。

表16-1 滚动轴承的类型选择图例及禁忌

序号	设计应注意的问题	图例	说明
1	安装和拆卸比较频繁时，宜采用可分离型轴承		圆柱滚子轴承，圆锥滚子轴承、滚针轴承等属于内、外圈可分离的轴承，具有安装拆卸方便的优点。因此，在装卸频繁和困难的机器中，在满足支承工作性能的同时应尽可能优先采用可分离型的轴承。此外，还可使用带内锥或紧固套轴承
2	不宜用于高速旋转的滚动轴承		滚针轴承的滚动体是直径小的长圆柱滚子，相对于轴的转速，滚子本身的转速高，无保持架的轴承滚子相互接触，摩擦大，且长而不受约束的滚子具有歪斜的倾向，因而限制了它的极限转速。承受大的径向载荷、径向结构要求紧凑、低速是这种类型轴承的适用场合

续表

序号	设计应注意的问题	图例	说明
2	不宜用于高速旋转的滚动轴承		调心滚子轴承适合于承受大的径向载荷或冲击载荷，还能承受一定程度的轴向载荷。但是，由于结构复杂，精度不高，接触区的滑动比圆柱滚子轴承大，因此这类轴承也不适用高速旋转 圆锥滚子轴承在承受大的径向载荷的同时，还能承受较大的单向轴向载荷。由于滚子端面和内圈挡边之间呈滑动接触状态，且在高速运转条件下，因离心力的影响使施加充足的润滑油变得困难，因此它的极限转速一般只能达到中等水平 推力球轴承在高速下工作时，因离心力大，钢球与滚道、保持架之间的摩擦和发热比较严重。推力滚子轴承在滚动过程中，滚子内、外尾端会出现滑动。因此，推力轴承不适用于高速旋转的场合 其他类型的滚动轴承在内径相同的条件下，外径越小，则滚动体越小，运动时加在外圈滚道上的离心惯性力也越小，因而超轻、特轻及轻系列轴承更适于在高转速下工作
3	要求支承刚性高的轴，宜使用刚性高的轴承	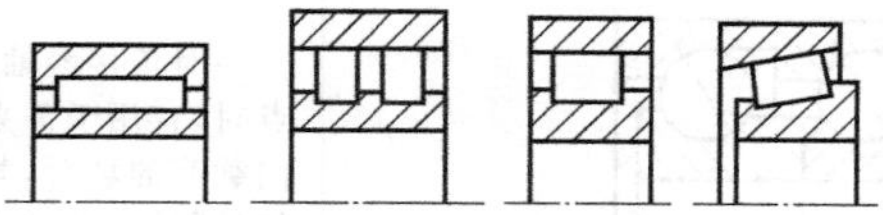 刚性高的轴承	要提高支承的刚性，首先应选用刚性高的轴承。一般滚子轴承（尤其是双列）的刚性比球轴承的刚性高。滚针轴承具有特别高的刚性，但由于容许转速不高，应用受到很大限制。圆柱滚子和圆锥滚子轴承也具有很高的刚性，角接触球轴承的刚性虽然比上述轴承小，但与同尺寸的向心球轴承相比较，仍具有较高的径向刚性 承受轴向力的推力轴承轴向刚性最高。其他类型的轴承的轴向刚性则取决于轴承接触角的大小，接触角大，则轴向刚性高。圆锥滚子轴承的轴向刚性比角接触球轴承高
4	角接触轴承的不同排列方式对支承刚性的影响	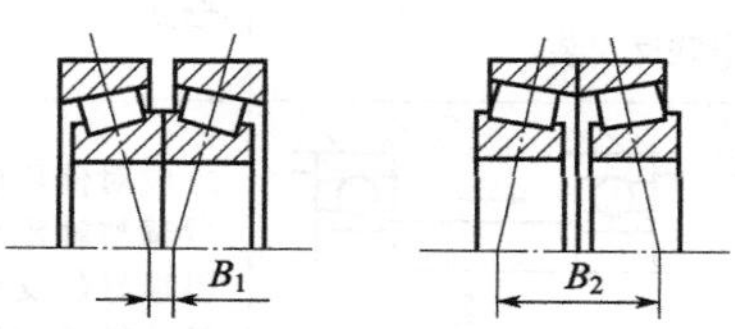 B_1 正安装(X型) B_2 反安装(O型) 圆锥滚子轴承的并列组合	同样的轴承作不同排列，轴承组合的刚性将不同。一对角接触轴承（或圆锥滚子轴承）可以有正安装（X 型）和反安装（O 型）两种排列方案 一对圆锥滚子轴承并列组合为一个支点时，反安装方案两轴承反力在轴上的作用点距离 B_2 较大，支承有较高的刚性和对轴的弯曲力矩具有较高的抵抗能力。正安装方案两轴承反力在轴上的作用点距离 B_1 较小，支承的刚性较小。如果估计到可能发生轴的弯曲或轴承的不对中，就应选用刚性较小的正安装方案

续表

序号	设计应注意的问题	图例	说明
4	角接触轴承的不同排列方式对支承刚性的影响	较差　较好 较好　较差 角接触轴承组合的刚性	一对角接触轴承分别处于两支点时应根据具体受力情况分析其刚性。当受力零件在悬伸端时，反安装方案刚性好；当受力零件在两轴承之间时，正安装方案刚性好
5	利用预紧力方法提高角接触轴承的支承刚性	(a) 磨窄座圈控制预紧量 (b) 加装垫片控制预紧量 (c) 改变套筒长度控制预紧量	在成对使用的角接触轴承中，常利用预紧方法来提高轴承的支承刚性。轴承的预紧是指在安装时采取一定措施使轴承中的滚动体和内、外圈之间产生一定量的预变形，以保持内、外圈处于压紧状态。通过预紧可以提高轴承的刚性及精度，减小工作时的噪声和振动 获得预紧的方法有：通过磨窄座圈控制预紧量；通过在座圈间加装垫片控制预紧量；通过改变座圈间的套筒长度控制预紧量等 预紧量的大小要严格控制，因为预紧的作用会使轴承的摩擦阻力增大，工作寿命缩短
6	角接触轴承同向串联安装，宜用于需要承受一个方向的极高轴向载荷的场合	(a) 同向串联 (b) 串联反安装	一对角接触轴承同向串联安装为一个支点时，宜用于需要承受一个方向的极高轴向载荷的场合，特别是由于速度和空间地位的限制，不允许使用较大的轴承或较简单的安排的场合。对于异常高的轴向载荷也可以使用三个以上同向串联的组合。当一个方向的轴向载荷很大而另一个方向也存在一定的轴向载荷时，那就应该采用两个同向串联的轴承和另外一个单独的轴承组成反安装形式，使成为"串联反安装"。如果两个方向的轴向载荷都很大，那么可以使用两对同向串联的轴承组成反安装的形式
7	角接触轴承不宜与非调整间隙轴承成对组合	误　正 误　正	成对使用的角接触轴承的应用是为了通过调整轴承内部的轴向和径向间隙，以获得最好的支承刚性和旋转精度。如果角接触球轴承或圆锥滚子轴承与向心球轴承等非调整间隙轴承成对使用，则在调整轴向间隙时会迫使球轴承也形成角接触状态，使球轴承增加较大附加轴向载荷而缩短轴承寿命

续表

序号	设计应注意的问题	图例	说明
8	游轮、中间轮不宜用一个滚动轴承支承	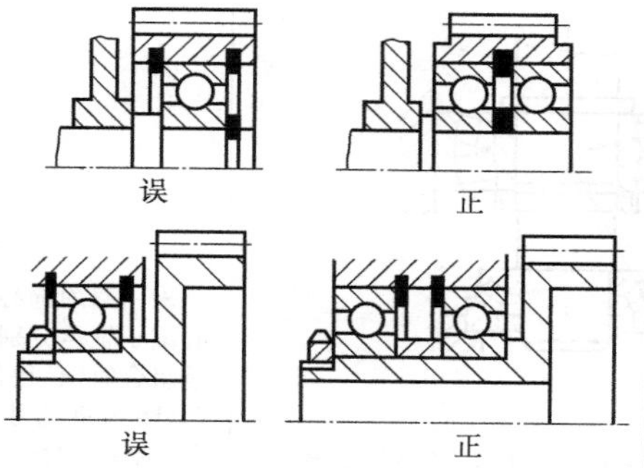 误　正 误　正	对于游轮、中间轮等支承零件，尤其当为悬臂装置时，如采用一个滚动轴承支承，则球轴承内、外圈的倾斜会引起零件的歪斜，在弯曲力矩的作用下会使形成角接触的球体产生很大的附加载荷，使轴承工作条件恶化并导致过早失效。正确的结构是采用两个滚动轴承支承
9	对于在两机座孔不同心或在受载后轴线发生挠曲变形条件下使用的轴，要选择具有调心性能的轴承	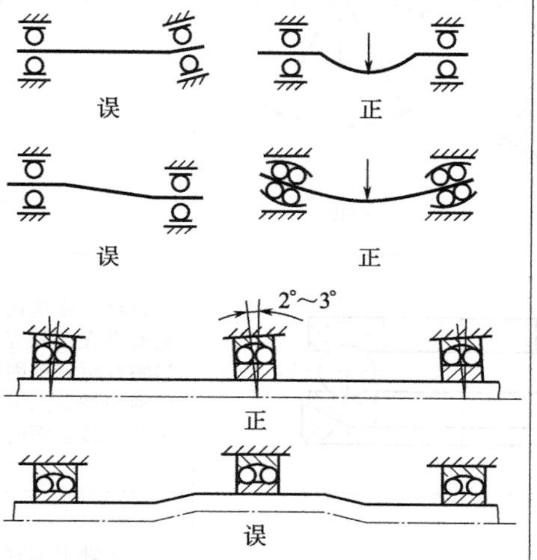 误　正 误　正 2°～3° 正 误	当两机座孔不同心或轴挠曲变形较大时，会使轴承内、外圈倾斜角较大，此时应选用调心轴承。这是因为不具有调心性能的滚动轴承在内、外圈的轴线发生相对偏斜的状态下工作时，滚动体将楔住而产生附加载荷，从而使轴承寿命缩短 即使采用了调心轴承，也不能在多支点轴承的轴承座孔间有过大的偏心，这时只允许有 2°～3°的偏转
10	设计等径轴多支点轴承时，要考虑中间轴承安装的困难	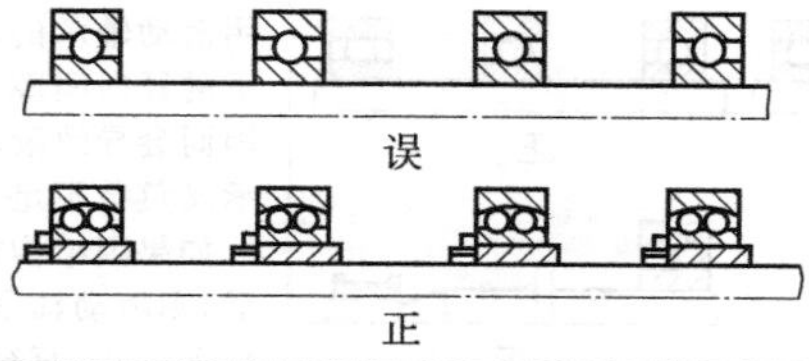 误 正	因为滚动轴承的尺寸是标准的，所以在长轴上安装几个滚动轴承时，里面的轴承安装非常困难。此时，要使用装有锥形紧定套的轴承，以使装拆无困难
11	调心轴承应合理配置	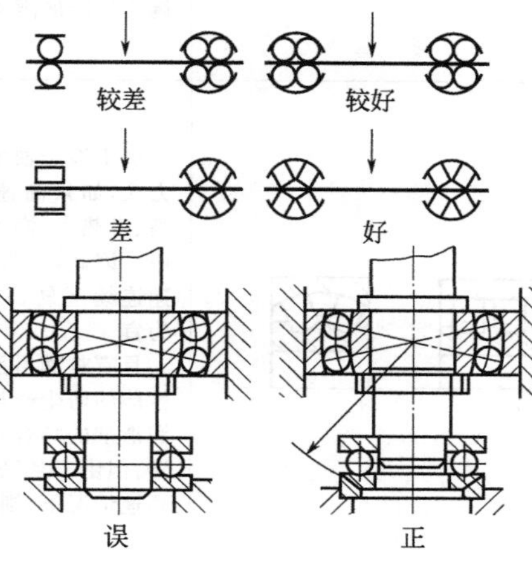 较差　较好 差　好 误　正	当轴采用调心轴承和深沟球轴承支承时，由于轴和机座孔的加工和安装的同心度误差，轴在工作中发生的挠曲变形，使深沟球轴承内外圈中心线不可能保持重合，会产生一定的偏斜，造成滚动轴承内部接触应力分布不均，导致轴承寿命缩短。圆柱滚子轴承对此种情况更加敏感。所以在刚性较差的轴的支承中，不宜采用上述轴承配置，而应使用成对的调心轴承 将普通的平面推力轴承与调心轴承配置在一个支承上也是不适宜的，为使推力轴承工作良好，应使滚动体承载均匀，轴不允许歪斜，这就阻碍了自动调心作用。如要求调心性能，则将平面推力轴承改为带球面座垫的推力轴承是合理的，但球面座垫的球面中心必须与调心轴承的球面中心重合，否则也不能实现正常的自动调心

续表

序号	设计应注意的问题	图例	说明
12	径向调心轴承和推力调心轴承组合时,两调心运动中心忌不重合	O O_1 O_2 误　O O_1 正	采用双列调心滚子(或球)轴承和推力调心滚子轴承分别承受径向力和轴向力的轴承组合时,必须使两轴承的调心运动中心(外圈滚道的曲率中心)重合。如果不重合,则调心时运动相互干涉,既达不到调心自位的目的,又容易使轴承损坏
13	带球面座垫的推力轴承,不宜用于轴摆动大的场合		带球面座垫的推力球轴承,可以补偿安装时存在的外壳配合面的角度误差;但是,当轴在运转中因挠曲变形或其他误差产生的横向摆动大时,不宜靠它来进行调整,因为球面接触面的摩擦性过大
14	滚动轴承不宜和滑动轴承联合使用	误　正　误　正	一般轴上不宜使用既采用滚动轴承又采用滑动轴承的联合结构,这是因为滑动轴承的径向间隙和磨损比滚动轴承大许多,因而会导致滚动轴承过载和歪斜而滑动轴承又负载不足 如果因结构需要不得不采用这种装置的话,则滑动轴承应设计得尽可能距滚动轴承远一些,直径尽可能小一些,或采用具有调心性能的滚动轴承
15	用脂润滑的滚子轴承和防尘、密封轴承容易发热		由于滚子轴承在运转时搅动润滑脂的阻力大,如果高速连续长时间运转,则温升高、发热大,润滑脂很快变质恶化而丧失作用。因此,用脂润滑的滚子轴承不适于高速连续运转,以限于低速或不连续使用为宜 具有将润滑脂密封、组装后不需补充等性能的防尘密封轴承用于安装后不能补充润滑剂的场合很合适,并且能用于高速旋转,但由于是密封的,因此,如果用在连续高速情况下,则温升发热是不可避免的

续表

序号	设计应注意的问题	图例	说明
16	要求紧凑的轴承可以采用特殊的结构	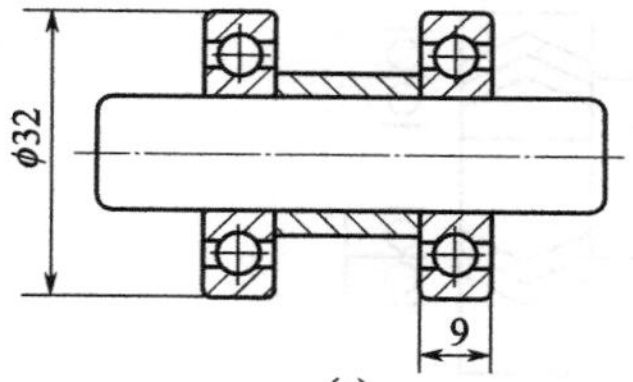 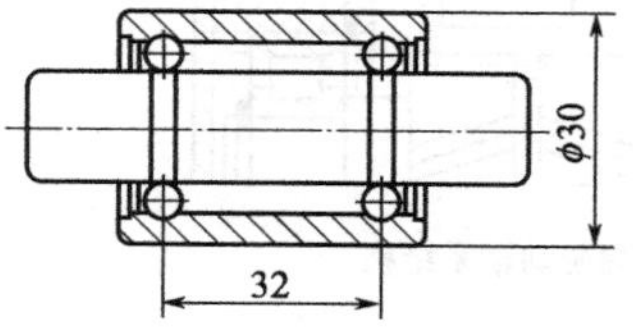 φ32 9 (a) φ30 32 (b)	图所示为水泵支座用滚动轴承。如图(a)所示，为使结构紧凑，采用轴套和滚珠结构，如图(b)所示。新结构尺寸较小，安装迅速，但是应该有一定的批量

16.2.2　轴承组合的布置和轴系结构图例及禁忌

轴承组合的布置和轴系结构图例及禁忌见表 16-2。

表 16-2　轴承组合的布置和轴系结构图例及禁忌

序号	设计应注意的问题	图例	说明
1	轴承组合要有利于载荷均匀分布	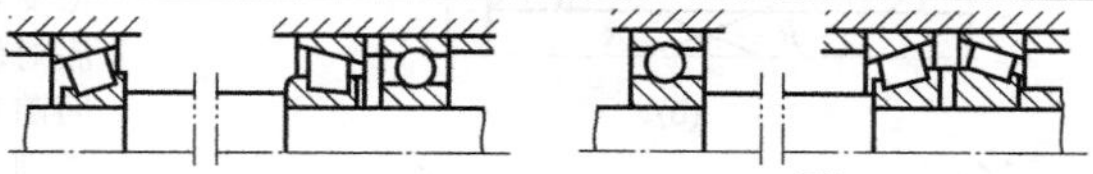 误　正 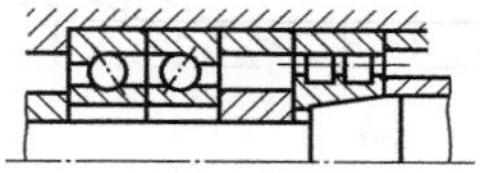 (a) 角接触球轴承不受径向力的结构 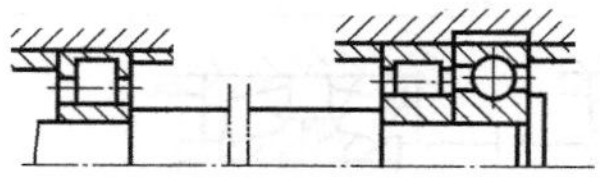 (b) 向心球轴承只受轴向力的结构	同一支承处使用可调整和不可调整间隙的两种不同类型的轴承是不合适的，因为圆锥滚子轴承在装配时必须调整以得到最适宜的间隙，而向心轴承的间隙是不可调整的，所以有可能由于径向间隙大而没有受到径向载荷的作用。合理的结构是将同一类型的两个圆锥滚子轴承组合在一个支承上，而把向心轴承安置在另一支承上
2	轴承的固定要考虑温度变化时轴的膨胀或收缩的需要	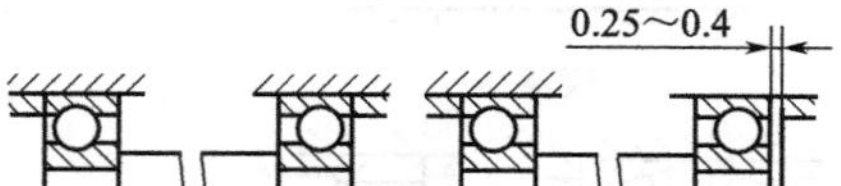 0.25～0.4 误　正 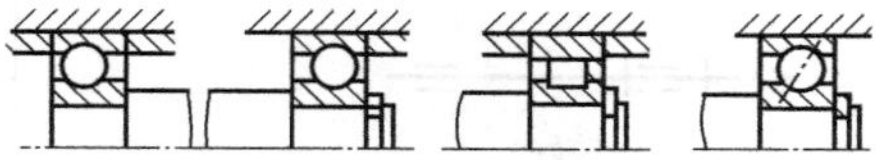 误　正　误 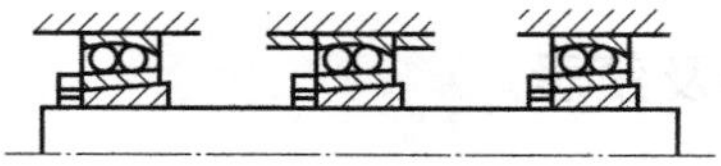 正	当同一支承处需要使用两种类型轴承时，角接触轴承可成对使用并自行相互调整间隙，其内圈或外圈可与轴颈或轴承座孔间留有间隙，则轴向载荷和径向载荷分别由两种类型的轴承承担 当径向力较大而轴向力不大时，可用圆柱滚子轴承承受径向力，但其外圈与机座孔间应留有间隙，以保证只承受纯轴向力而不承受径向力

续表

序号	设计应注意的问题	图例	说明
3	当轴的轴向位置由其他零部件限定时，轴的两个支承不应限制轴的轴向位移	两端游动轴系结构	由于工作温度的变化而引起轴的热膨胀或冷收缩，将使两端都固定的支承结构产生较大的附加轴向力而导致轴承提前损坏，应避免发生这种情况 普通工作温度下的短轴（跨距≤400mm）采用两端固定方式时，为允许轴工作时有少量热膨胀，轴承安装应留有0.25～0.4mm的间隙
4	考虑内、外圈的温度变化和热膨胀时，圆锥滚子轴承的组合	R R 正安装的锥尖R的位置 R (a) R R (b) R R (c) 反安装的锥尖R的位置	工作时，一般轴的温度高于机座孔的温度，轴的轴向和径向膨胀大于机座孔，这样在正安装（X型）结构中就减小了预先调整好的间隙 反安装（O型）结构需分三种情况：第一种情况，如果两个外滚道锥尖R重合，则轴向和径向膨胀得到平衡而使预先调整的间隙保持不变。第二种情况，轴承间距小时，外滚道锥尖R交错，则径向膨胀比轴向膨胀对轴承间隙的影响大，这样间隙就会减小。第三种情况，当轴承间距大时，外滚道锥尖R不能相交，则径向膨胀比轴向膨胀对轴承间隙影响小，这样间隙就会增大。所以装配时对轴承可不留间隙，甚至可以少量过盈
5	要求轴向定位精度高的轴，宜使用可调轴向间隙的轴承	较差 较好	轴向定位精度要求高的主轴，宜使用可调整的角接触轴承或推力轴承来固定轴的轴向位置。固定轴承应装置在靠近主轴前端处，另一端为游动端，热胀后，轴向后伸长，对轴向定位精度影响小，轴向刚度也高

16.2.3 轴承座结构设计图例及禁忌

轴承座结构设计图例及禁忌见表16-3。

表 16-3　轴承座结构设计图例及禁忌

序号	设计应注意的问题	图例	说明
1	轴承座受力方向宜指向支承底面	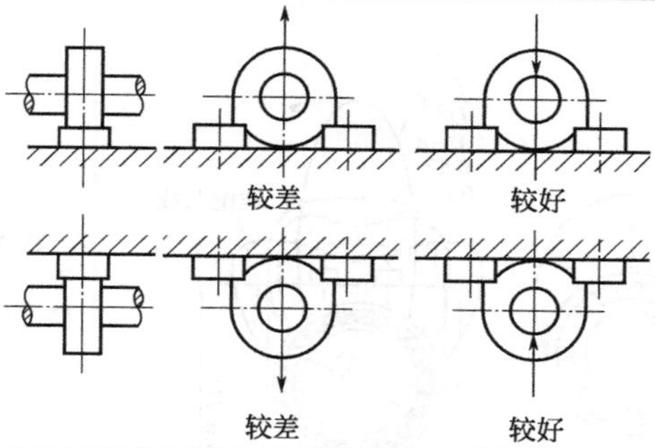 较差　较好 较差　较好	对于安装于机座上的轴承座，轴承受力方向应指向与机座连接的接合面，使支承牢固可靠。如果受力方向相反，则轴承座支承的强度和刚性会大大减弱 在不得已用于受力方向相反的场合时，要考虑即使万一损坏轴也不会飞出的保护措施
2	轴承箱体形状和刚性对滚动体受力分布的影响	 外圈	如果采用薄壳带加强肋的部位刚性小，则在承受大载荷时即产生变形，成为左图中虚线所示形状。有加强肋的部位承受的载荷量大，易引起早期损伤，所以载荷增大时，也应当相应地增加箱体壁厚
3	一般轴承座各部分刚度应接近	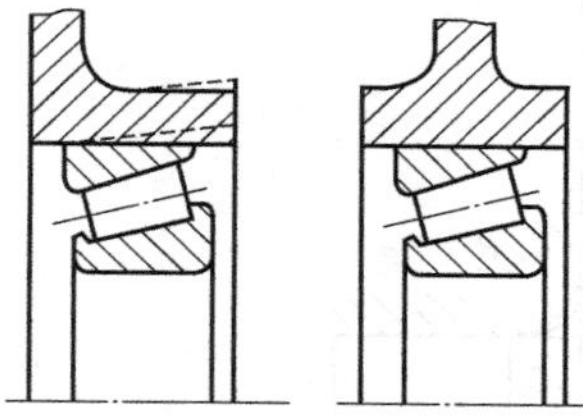	圆锥滚子轴承箱体中箱体支承部位靠近一侧，壁厚较薄的部分易产生变形，使滚子大端承载小，而小端承载反倒很大。所以应采用支承在中部的箱体结构
4	按轴承各点受力情况，调整轴承座刚度	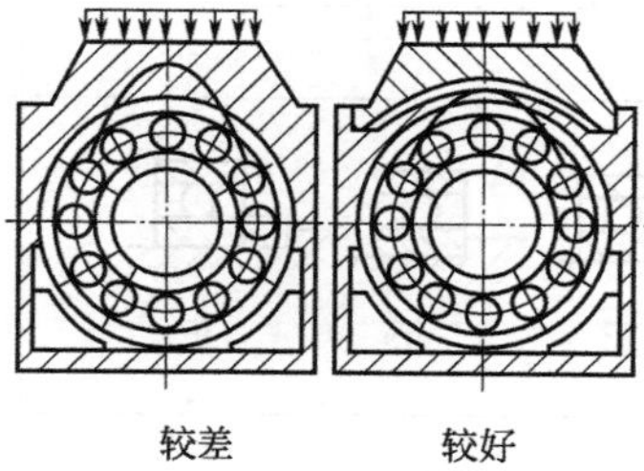 较差　较好 箱体刚性对受力分布的影响	承受径向载荷时，无间隙轴承理论上是半圈滚动体受力，各滚动体之间受力极不均匀。合理设计轴承箱结构，使之具有不同的刚性，可以改善各滚动体受力不均匀状况。例如，在铁路轴承箱中，具有一定柔性的箱体结构比刚性结构对改善各个滚动体的受力分布更有利
5	轴承座厚度不可以太薄，两支点距离不可太近	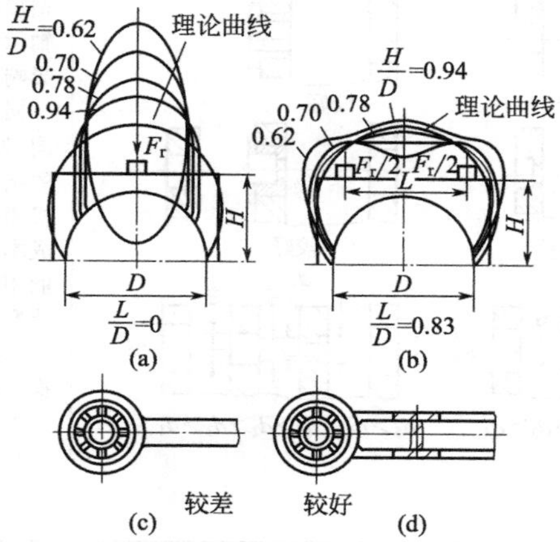 $\frac{H}{D}$=0.62　0.70　0.78　0.94　理论曲线　F_r　H　D　$\frac{L}{D}$=0 (a) $\frac{H}{D}$=0.94　0.70　0.78　0.62　理论曲线　$F_r/2$　$F_r/2$　L　H　D　$\frac{L}{D}$=0.83 (b) 较差　较好 (c)　(d)	如图所示，D 为滚动轴承外径，H 为轴承座厚度，L 为两支点之间的距离。如图(a)所示，轴承座由一个支点传力($L=0$)，如图(b)所示，轴承座由距离为 $L=0.83D$ 的两个支点支持。由图(a)可知，由一个支点传力且轴承座壁厚不同时，对各滚动体受力影响很大，轴承寿命短。而两个支点距离适当时，H/D 的变化影响较小，轴承寿命较长。图(c)、图(d)所示为按以上考虑设计的连杆结构

续表

序号	设计应注意的问题	图例	说明
6	支点距离是重要的影响因素		在无间隙、轴承座无变形的情况下，各滚动体受力（理论曲线）及不同 L/D 对载荷分布的影响
7	定位轴肩圆角半径应小于轴承圆角半径（轴承内圈与轴）		为了使轴承端面可靠地紧贴定位表面，轴肩的圆角半径必须小于轴承的圆角半径，如果由于减小轴肩的圆角半径，使轴的应力集中增大而影响到轴的强度，则可以采用凹切圆角或加装轴肩衬环，使轴肩圆角半径不致过小
8	定位轴肩圆角半径应小于轴承圆角半径（轴承外圈与孔）		轴承外圈如靠轴承孔的孔肩定位，则孔肩圆角半径也必须小于轴承外圈圆角半径。轴承的圆角半径尺寸可查轴承手册
9	机座上安装轴承的各孔应力求简化镗孔步骤		对于一根轴上的轴承机座孔须精确加工，并保证同心度，以避免轴承内外圈轴线的倾斜角过大而影响轴承寿命 同一根轴的轴承孔直径最好相同，如果直径不同，则可采用衬套的结构，以便于机座孔一次镗出。机座孔中有止推凸肩时，不仅增加成本，而且加工精度也低，要尽可能用其他结构代替，例如带有止推凸肩的套筒；当承受的轴向力不大时，也可以用孔用弹性挡圈代替止推凸肩 如果采用联动镗床加工，则各孔直径可以阶梯式地缩小

续表

<table>
<tr><th>序号</th><th>设计应注意的问题</th><th>图例</th><th>说明</th></tr>
<tr><td>10</td><td>不宜采用轴向紧固的方法来防止轴承配合表面的蠕动</td><td> 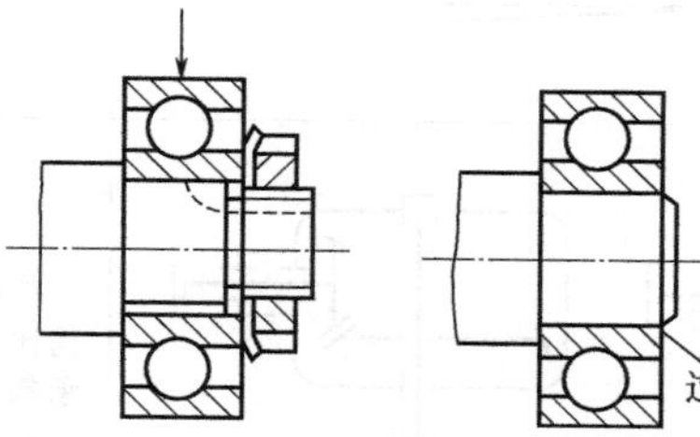</td><td>承受旋转负荷的轴承套圈应选用过盈配合。如果承受旋转负荷的内圈选用带间隙配合的松配合，则负荷将迫使内圈绕轴蠕动。因为配合处有间隙存在，内圈的周长略比轴颈的周长大一些，所以内圈的转速将比轴的转速略低一些，这就造成了内圈相对轴缓慢转动，这种现象称为蠕动。由于配合表面间缺乏润滑剂呈干摩擦或边界摩擦状态，因此当在重负荷作用下发生蠕动现象时，轴和内圈极易磨损，引起发热，配合面间还可能引起相对滑动，使温度急剧升高，最后导致烧伤
避免配合表面间发生蠕动现象的唯一方法是采用过盈配合。采用圆螺母将内圈端面压紧或其他轴向紧固方法不能防止蠕动现象，因为这些紧固方法并不能消除配合表面的间隙，它们只是用来防止轴承脱落的
合理的轴承配合是保证轴承正常工作，使之不发生有害蠕动的必要条件。不同工作条件下轴承配合的选择可参见 GB/T 275—2015</td></tr>
<tr><td>11</td><td>轴承游隙大，则其滚子受力不均性增大，轴承寿命短</td><td> 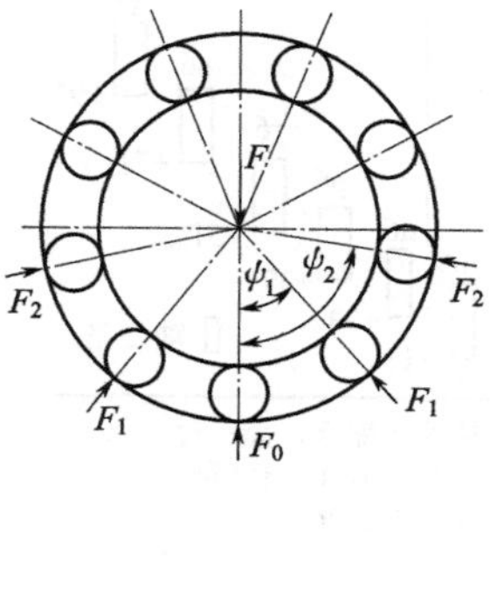</td><td>如图所示，6208 型深沟球轴承受径向载荷 $F=1000$N，当径向游隙 μ_1 为 0.25μm、50μm 时，各滚动体受力(N)如下表所示。
<table>
<tr><th>μ_r \ ψ</th><th>0°</th><th>±40°</th><th>±80°</th></tr>
<tr><td>0</td><td>467</td><td>327</td><td>35</td></tr>
<tr><td>25μm</td><td>560</td><td>294</td><td>0</td></tr>
<tr><td>50μm</td><td>623</td><td>255</td><td>0</td></tr>
</table>
<table>
<tr><th>μ_r \ ψ</th><th>±120°</th><th>±160°</th></tr>
<tr><td>0</td><td>0</td><td>0</td></tr>
<tr><td>25μm</td><td>0</td><td>0</td></tr>
<tr><td>50μm</td><td>0</td><td>0</td></tr>
</table>
由此可知，随着径向游隙增大，滚动体的最大载荷相应增大，而滚动轴承寿命与滚动体载荷的三次方成反比，因此游隙对轴承寿命有显著影响</td></tr>
</table>

续表

序号	设计应注意的问题	图例	说明
12	在轴向载荷 F_a、径向载荷 F_r 和倾覆力矩 M 联合作用下，加大游隙会使轴承寿命缩短	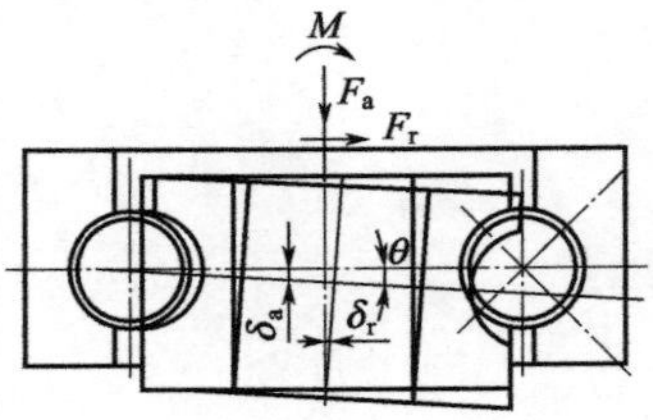 M F_a F_r θ δ_a δ_r	单排四点接触球转盘轴承的游隙对载荷分布的影响：取轴承游隙 G 分别为 -0.04mm、0.04mm、0.08mm 时，承担载荷的滚动体数目逐渐减少，而承受载荷最大的滚动体受力增大
13	锥齿轮轴应避免悬臂结构	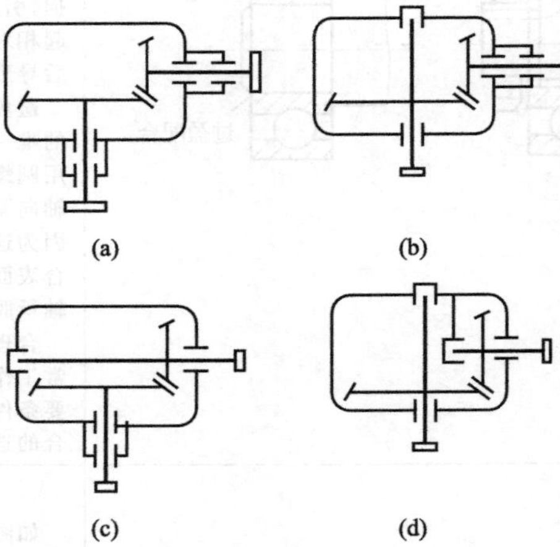 (a) (b) (c) (d)	如图 (a) 所示，锥齿轮轴系结构比较简单，但每个轴的两个轴承都在齿轮的同一侧，成为悬臂结构，轴承和轴受力不合理，而且由于轴的变形大，导致齿轮沿齿向接触长度较小，并随载荷变化而变化。因此该结构只用于要求较低、载荷稳定的传动。 图 (b)、图 (c) 所示为有一根轴为简支的结构，工作情况有改善，图 (b) 所示结构应用最广。图 (d) 所示结构避免了悬臂结构，但布置有难度
14	与滚动轴承内圈配合的轴不可按一般的基孔制过盈配合选择公差	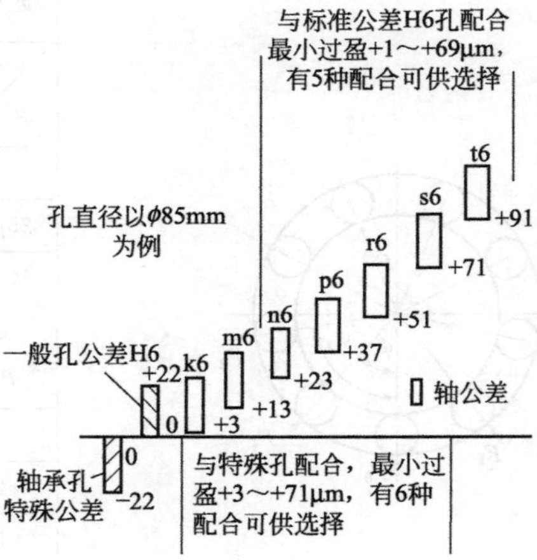 与标准公差H6孔配合最小过盈+1～+69μm，有5种配合可供选择 孔直径以φ85mm为例 一般孔公差H6 +22 0 k6 +3 m6 +13 n6 +23 p6 +37 r6 +51 s6 +71 t6 +91 轴公差 轴承孔特殊公差 0 −22 与特殊孔配合，最小过盈+3～+71μm，有6种配合可供选择	因为滚动轴承内圈较薄，其间隙对过盈大小比较敏感，所以，为了精细地控制过盈，把孔公差设定为负值，用一般的过渡配合得到过盈配合，而过渡配合级别差较小。如图以 ϕ85mm 孔为例，最小过盈为 3～71μm，对轴承孔，轴有 k6、m6、n6、p6、r6、s6 六种配合可供选择，而对一般孔 H6，则只有 5 种配合可供选择

16.2.4 保证轴承装拆方便设计图例及禁忌

保证轴承装拆方便设计图例及禁忌见表 16-4。

表 16-4　保证轴承装拆方便设计图例及禁忌

序号	设计应注意的问题	图例	说明
1	对于内、外圈不可分离的轴承，在机座孔中的装拆应方便	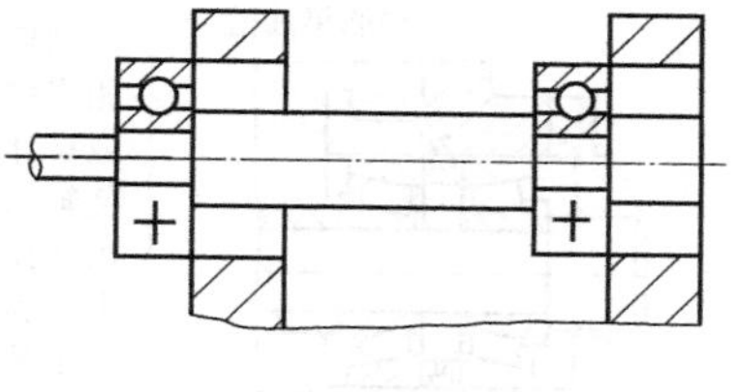 较差	当在一根轴上使用两个内、外圈不可分离的轴承，并且采用整体式机座时，应注意装拆简易方便 图中所示结构因为在安装时两个轴承要同时装入机座孔中，所以很不方便，如果依次装入机座孔，则比较合理
2	必须考虑轴承装拆	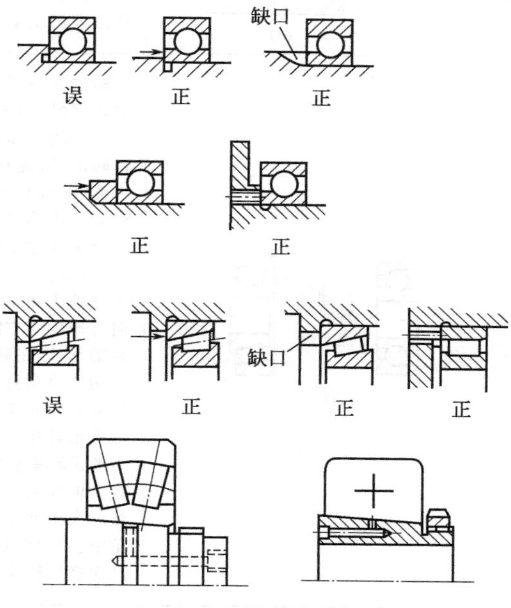 缺口 误　正　正 正　正 缺口 误　正　正　正 用油压方法拆卸	滚动轴承的安装和拆卸都要注意不使力作用于滚动体和内外圈滚道面之间，目的是避免轴承损坏。从轴颈上拆卸轴承时施力于内圈，从轴承座中取出轴承时则施力在外圈上 因此，轴承的定位轴肩或孔肩应有一个适当的尺寸，它的高度既要能提供足够的支承面积，又要不妨碍轴承的拆卸。一般情况下，不应超过座圈厚度的 2/3～3/4，当不得不超过上述界限时，应在结构设计上采取措施，使得轴承能够拆卸，如开设供拆卸用的缺口、槽孔或螺孔等；有些特殊的结构不保证拆卸要求，则零件与轴承应同时更换 大型轴承的拆卸是非常困难的，往往不能用一般的拆卸工具或压力法来进行拆卸，此时应考虑特殊的拆卸方法，如借助油压方法拆卸。为此需要在轴上设置孔，从孔中输入压力油而把内孔扩张。在一些带紧定套的滚动轴承中，紧定套或退卸套中就已设有这些油孔可供输油之用
3	避免在轻合金或非金属箱体的轴承孔中直接安装轴承	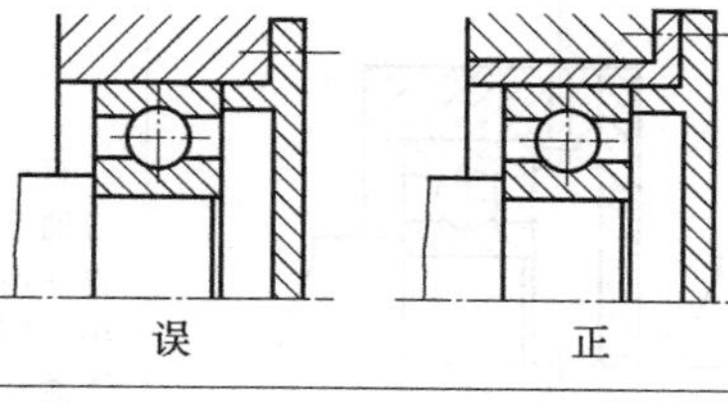 误　正	在轻合金或非金属材料箱体的轴承孔中，不宜直接安装轴承，因为箱体材料强度低，轴承在工作过程中容易产生松动，所以应加钢制衬套与轴承配合，这样不仅增加了轴承相配处的强度，也提高了轴承支承处的刚性
4	按工作情况选择润滑方法	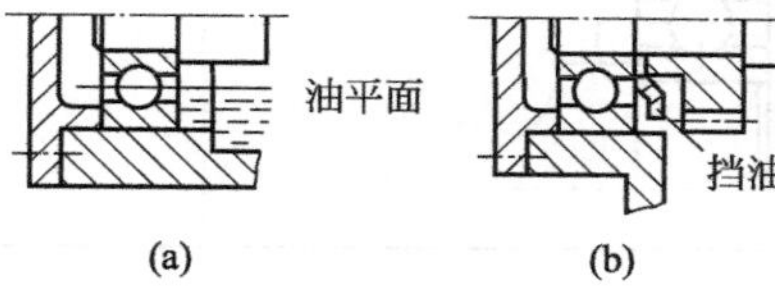 油平面　挡油板 (a)　(b)	轴承油润滑的方法很多，但应注意使用条件和经济性，以期获得最佳效果 油浴和飞溅润滑一般适用于低、中速的场合。油浴润滑的浸油不宜超过轴承最低滚动体中心，如图(a)所示。如果是立轴，油面只能稍稍触及保持架，否则会导致搅油厉害，温度上升。利用旋转轴上装有齿轮或简单叶片等零件进行飞溅润滑时，齿轮宜靠近轴承，为防止过量的油进入轴承和磨损、异物等进入轴承，最好采用密封轴承或在轴承一侧装有挡油板，如图(b)所示

续表

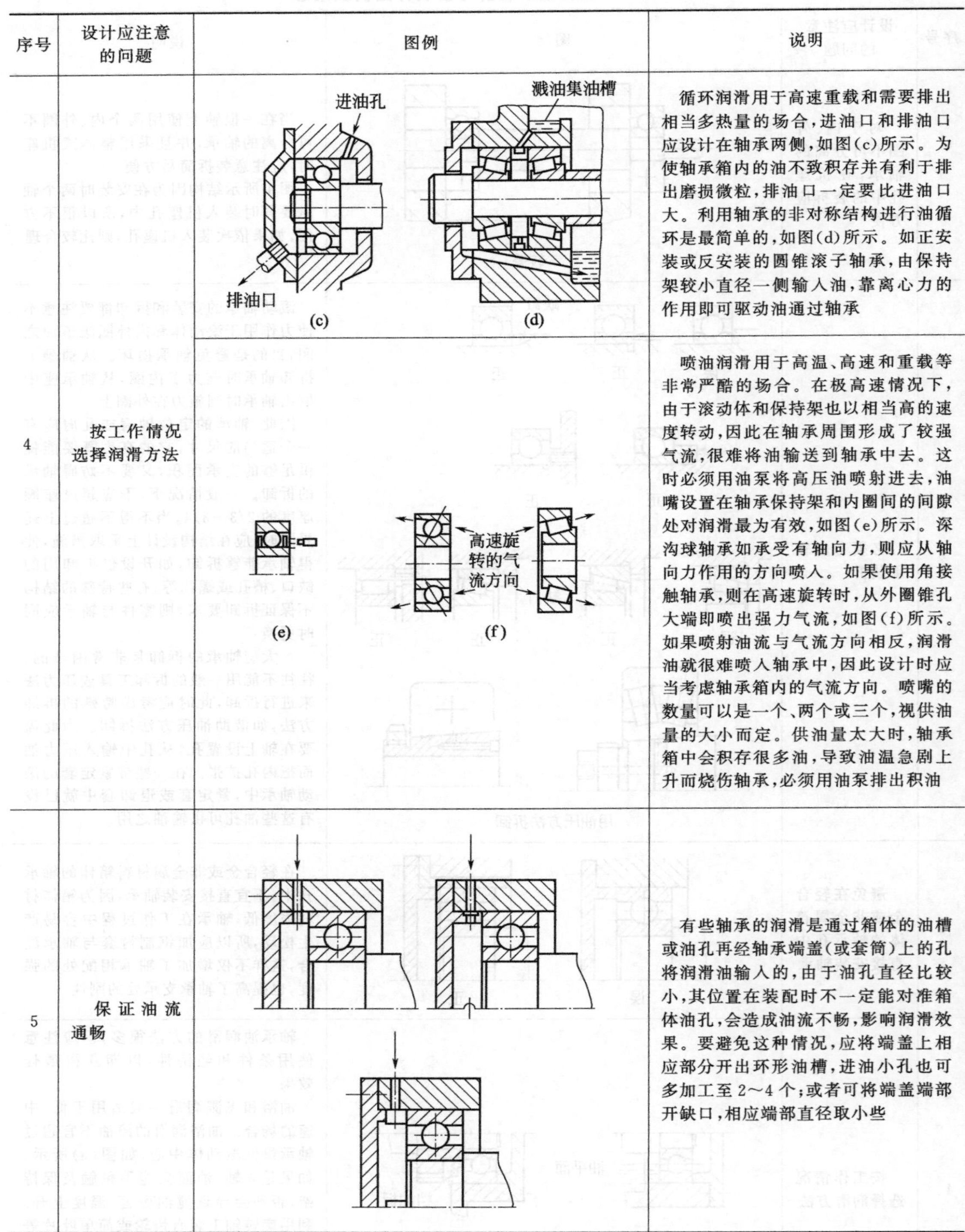

序号	设计应注意的问题	图例	说明
4	按工作情况选择润滑方法	(c) (d)	循环润滑用于高速重载和需要排出相当多热量的场合，进油口和排油口应设计在轴承两侧，如图(c)所示。为使轴承箱内的油不致积存并有利于排出磨损微粒，排油口一定要比进油口大。利用轴承的非对称结构进行油循环是最简单的，如图(d)所示。如正安装或反安装的圆锥滚子轴承，由保持架较小直径一侧输入油，靠离心力的作用即可驱动油通过轴承
		(e) (f)	喷油润滑用于高温、高速和重载等非常严酷的场合。在极高速情况下，由于滚动体和保持架也以相当高的速度转动，因此在轴承周围形成了较强气流，很难将油输送到轴承中去。这时必须用油泵将高压油喷射进去，油嘴设置在轴承保持架和内圈间的间隙处对润滑最为有效，如图(e)所示。深沟球轴承如承受有轴向力，则应从轴向力作用的方向喷入。如果使用角接触轴承，则在高速旋转时，从外圈锥孔大端即喷出强力气流，如图(f)所示。如果喷射油流与气流方向相反，润滑油就很难喷入轴承中，因此设计时应当考虑轴承箱内的气流方向。喷嘴的数量可以是一个、两个或三个，视供油量的大小而定。供油量太大时，轴承箱中会积存很多油，导致油温急剧上升而烧伤轴承，必须用油泵排出积油
5	保证油流通畅		有些轴承的润滑是通过箱体的油槽或油孔再经轴承端盖(或套筒)上的孔将润滑油输入的，由于油孔直径比较小，其位置在装配时不一定能对准箱体油孔，会造成油流不畅，影响润滑效果。要避免这种情况，应将端盖上相应部分开出环形油槽，进油小孔也可多加工至2～4个；或者可将端盖端部开缺口，相应端部直径取小些

16.2.5 钢丝滚道轴承设计图例及禁忌

钢丝滚道轴承设计图例及禁忌见表16-5。

表 16-5 钢丝滚道轴承设计图例及禁忌

序号	设计应注意的问题	图例	说明
1	避免填入过量的润滑脂，不要形成润滑脂流动尽头	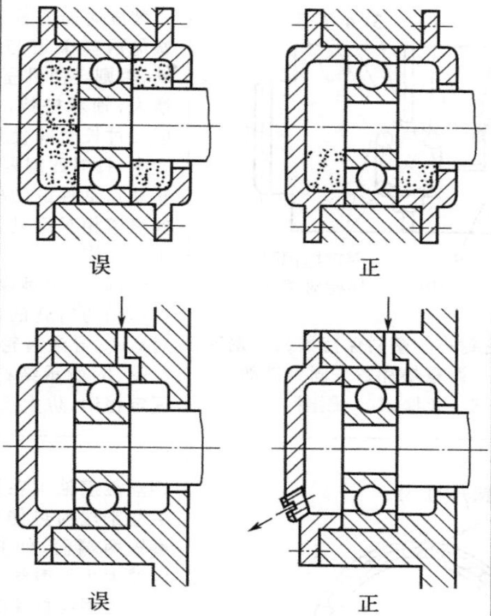 误 正 误 正	采用脂润滑的滚动轴承不需要特殊的成套设备，密封也最简单 在低速、轻载或间隙工作的场合，在轴承箱和轴承空腔中一次性加入润滑脂后就可以连续工作相当长时间而无需补充或更换新脂。一般用途的轴承箱，其内部宽度以轴承宽度的1.5～2倍为宜，而润滑脂的填入量以占有空间容积的1/3～1/2为佳。若加脂太多，则会由于搅拌发热，使脂变质恶化或软化而丧失作用 在较高速度和载荷的情况下使用脂润滑时，则需要油脂的输入和排出的通道，以便能定期补充新的润滑脂并排出旧脂，若轴承箱盖是封闭的，则进入这一部分的润滑脂就没有出口，新补充的脂就不能流到这一头，持续滞流的旧脂会恶化变质而丧失润滑性，所以一定要设置润滑脂的出口。在定期补充润滑脂时，应该先打开下部的放油塞，然后从上部打进新的润滑脂
2	用脂润滑的角接触轴承安装在立轴上时，要防止发生脂从下部脱离轴承的情况	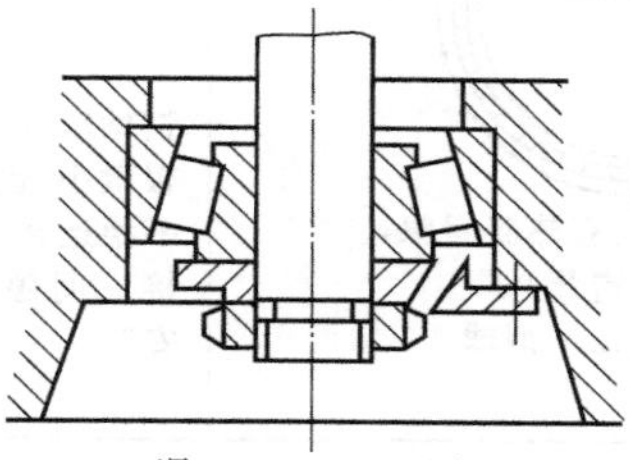 误 正	安装在立轴上的角接触轴承，由于离心力和重力的作用会发生脂从下部脱离轴承的情况。对于这种情况，应安装一个与轴承的配合件构成一道窄隙的滞流圈来避免
3	挡油圈的设置	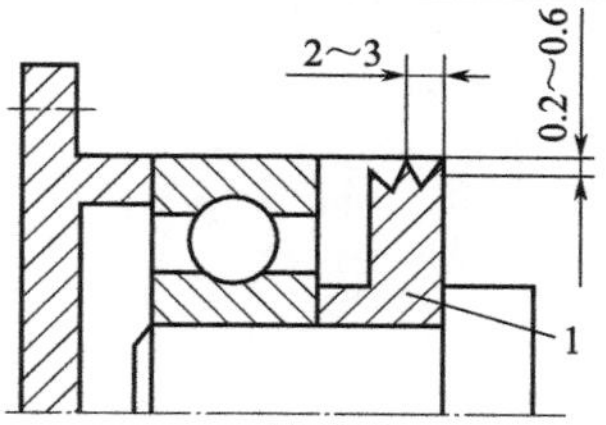 2～3 0.2～0.6 1 1—挡油圈	为防止油进入轴承及脂流出，应在轴承靠油池一侧加设挡油圈1。挡油圈随轴旋转，可将流入的油甩掉。挡油圈外径与轴承孔之间的间隙为0.2～0.6mm
4	钢丝滚道轴承的钢丝要防止与机座有相对运动	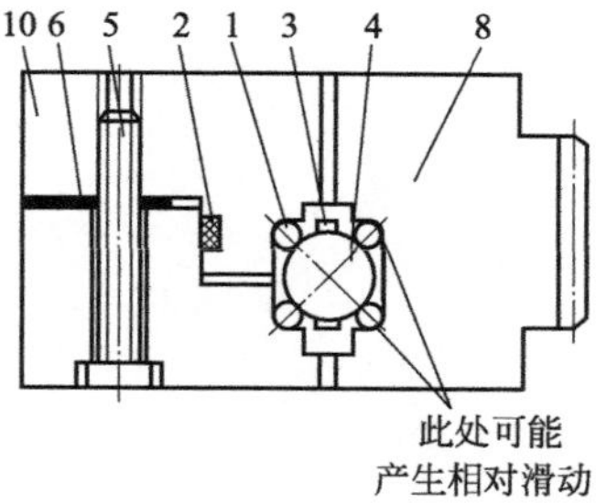 10 6 5 2 1 3 4 8 此处可能产生相对滑动 (a)	钢丝滚道轴承作为大型回转支承普遍应用于军工、纺织、医疗器械及大型的回转科学仪器中。它的特点是总体尺寸可能很大(最大范围直径可超过10mm)，但断面尺寸却极为紧凑(可小于$10mm^2$)，既能承受径向载荷，又能承受轴向载荷，还能承受倾翻力矩。它由四条经过淬火的合金钢丝、钢球和塑料保持器组成，四条钢丝分别嵌入在相对回转和相对固定的机座环形凹槽内形成滚道，分离的机座用螺钉锁紧，使钢丝和机座没有相对运动，它相当于普通滚动轴承的内、外圈，四条钢丝内侧为经过研磨的圆弧滚道，装在塑料保持器内的钢球就在圆弧滚道内滚动

续表

序号	设计应注意的问题	图例	说明
4	钢丝滚道轴承的钢丝要防止与机座有相对运动	固定挡销阻挡相对滑动 (b) 1—钢丝滚道；2—密封；3—塑料保持器；4—钢球；5—锁紧螺钉；6—调整垫片；7—固定挡圈；8—齿轮；9—机座；10—压圈	装配时需要控制锁紧螺钉的锁紧力，以避免钢丝滚道与机座在运转中有相对运动，否则会使机座和运动件凹槽磨损，间隙增大，轴承松弛，导致钢丝滚道轴承失效。但经过长时间使用，仍然可能有相对运动发生，针对此问题，可以在钢丝间隙处的机座和运动件的凹槽内插入固定销来防止钢丝滚道相对运动，以保证钢丝滚道轴承的正常工作 图(a)所示是没有采取防止钢丝滚道相对运动的措施的结构，长期工作可能有相对运动，导致齿轮和机座凹槽磨损 图(b)所示结构是在齿轮和机座内插入固定挡销，防止钢丝滚道的相对运动
5	钢丝滚道轴承的每条钢丝都安装在机座中，两端不能接触，应留有热胀间隙	间隙(相互错开90°) 钢丝滚道两端应具有热胀间隙，并且要相互错开 90° 1—钢丝滚道；2—钢球	钢丝滚道轴承在运转过程中会升温，因而引起钢丝的热伸长，所以在装配过程中应磨短两端面，使其装配后留有热胀间隙。间隙大小与钢丝长度、型号和温升有关，一般取为钢丝直径的 1/3
6	钢丝滚道轴承的四条钢丝的接头间隙应相互错开安装		钢球滚动到钢丝接头间隙处时，尽管间隙很微小，也必然会影响到钢丝滚道轴承的平稳运转，所以在装配时，应将四条钢丝的接头间隙在圆周方向相互错开 90°进行安装

第17章 联轴器

17.1 联轴器概述

联轴器主要用于轴与轴之间的连接，使它们一起回转并传递转矩。用联轴器连接的两根轴，只有在机器停车后，经过拆卸才能把它们分离。联轴器分刚性和弹性两大类。刚性联轴器由刚性传力件组成，又可分为固定式和可移式两类。固定式刚性联轴器不能补偿两轴的相对位移；可移式刚性联轴器能补偿两轴的相对位移。弹性联轴器包含有弹性元件，能补偿两轴的相对位移，并具有吸收振动和冲击的能力。

联轴器一般已经标准化了。一般可先依据机器的工作条件选定合适的类型，然后按照计算转矩、轴的转速和轴端直径从标准中选择所需的型号和尺寸，必要时还应对其中某些零件进行验算。

17.2 联轴器应用图例及设计禁忌

17.2.1 联轴器应用图例

(1) 联轴器的应用图例

联轴器的应用图例见表17-1。

表 17-1 联轴器的应用图例

名称	机构图例	说明
用于平行轴连接的联轴器(一)		一种连接轴的方法，它用齿轮代替了链条、带轮摩擦驱动。它的主要限制是要求有足够的中心距。尽管如此，可用一惰轮来缩短中心距，如图所示，这可以是一个普通小齿轮或是一个内啮合齿轮。传递是恒速的并且有一个轴向自由度
用于平行轴连接的联轴器(二)		这种连接包括两个万向联轴器和一个短轴。如果输入和输出两个轴始终保持平行，并且两端的连接对称地设置。那么在输入和输出轴之间速度的传递是恒定的。在转动期间，中间轴的转速是变化的，在高速或夹角较大时会产生振动。轴的偏心可以改变，但是轴向位移要求其中一个轴是花键连接

续表

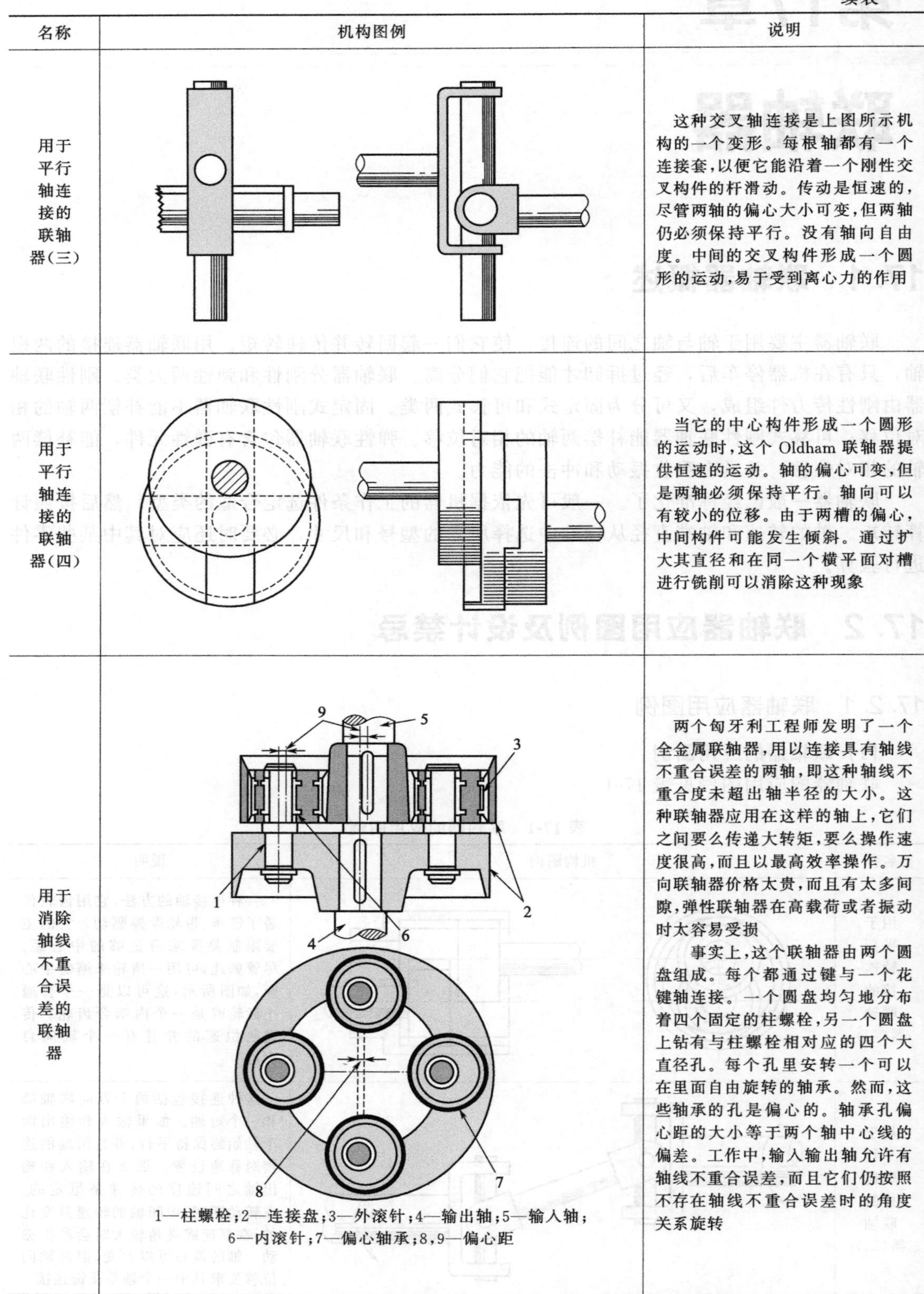

名称	机构图例	说明
用于平行轴连接的联轴器(三)		这种交叉轴连接是上图所示机构的一个变形。每根轴都有一个连接套,以便它能沿着一个刚性交叉构件的杆滑动。传动是恒速的,尽管两轴的偏心大小可变,但两轴仍必须保持平行。没有轴向自由度。中间的交叉构件形成一个圆形的运动,易于受到离心力的作用
用于平行轴连接的联轴器(四)		当它的中心构件形成一个圆形的运动时,这个 Oldham 联轴器提供恒速的运动。轴的偏心可变,但是两轴必须保持平行。轴向可以有较小的位移。由于两槽的偏心,中间构件可能发生倾斜。通过扩大其直径和在同一个横平面对槽进行铣削可以消除这种现象
用于消除轴线不重合误差的联轴器	1—柱螺栓;2—连接盘;3—外滚针;4—输出轴;5—输入轴;6—内滚针;7—偏心轴承;8,9—偏心距	两个匈牙利工程师发明了一个全金属联轴器,用以连接具有轴线不重合误差的两轴,即这种轴线不重合度未超出轴半径的大小。这种联轴器应用在这样的轴上,它们之间要么传递大转矩,要么操作速度很高,而且以最高效率操作。万向联轴器价格太贵,而且有太多间隙,弹性联轴器在高载荷或者振动时太容易受损 事实上,这个联轴器由两个圆盘组成。每个都通过键与一个花键轴连接。一个圆盘均匀地分布着四个固定的柱螺栓,另一个圆盘上钻有与柱螺栓相对应的四个大直径孔。每个孔里安转一个可以在里面自由旋转的轴承。然而,这些轴承的孔是偏心的。轴承孔偏心距的大小等于两个轴中心线的偏差。工作中,输入输出轴允许有轴线不重合误差,而且它们仍按照不存在轴线不重合误差时的角度关系旋转

续表

名称	机构图例	说明
用于偏心轴连接的新型连杆联轴器	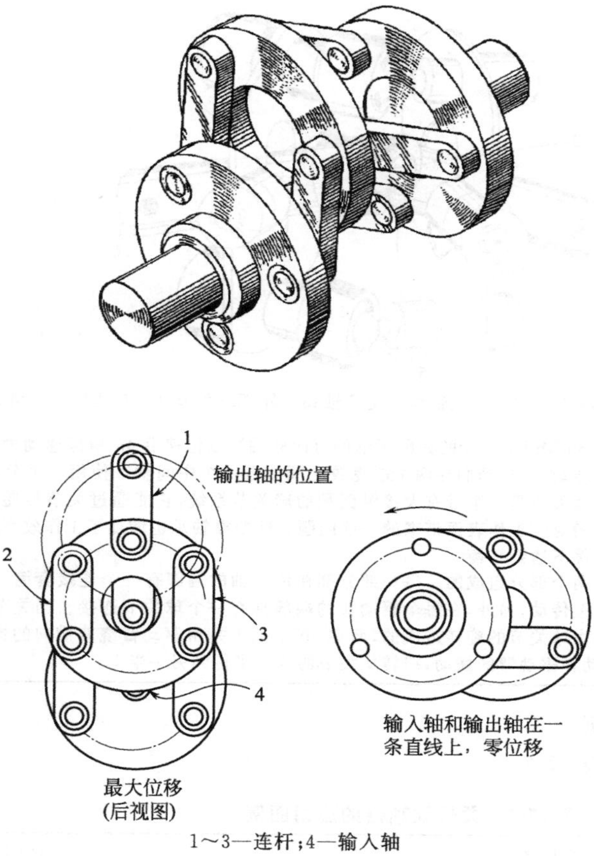 输出轴的位置 1 2 3 4 输入轴和输出轴在一条直线上，零位移 最大位移 (后视图) 1～3—连杆；4—输入轴	非正统的、非常简单的连杆和圆盘装置是一个具有广泛用途的平行轴连接机构的基础。当它受力旋转时，这种连接实质上是三个圆盘的统一旋转和由六个连杆的一系列的内部连接，它能够适应较大的轴向位移变化。径向位移的变化不影响输入输出轴向间的恒速关系，也不会影响可能导致系统不平衡的初始径向力。这些特征展现了它在汽车、轮船、机床和滚磨机上不寻常的应用。 这个联轴器是由 Richard Schmidt 发明的，他发现中心圆盘可以自由地选择它的旋转中心。在实际工作中，三个圆盘都以等速旋转 连杆与圆盘是用轴承连接的，这些轴承在等直径的节圆上以 120°相等的间隔均匀地分布。轴间距能够连续地从零到最大值变化，最大值是连杆的两倍长
适用于传递转矩导致内部锁紧空间框开始弯曲的联轴器	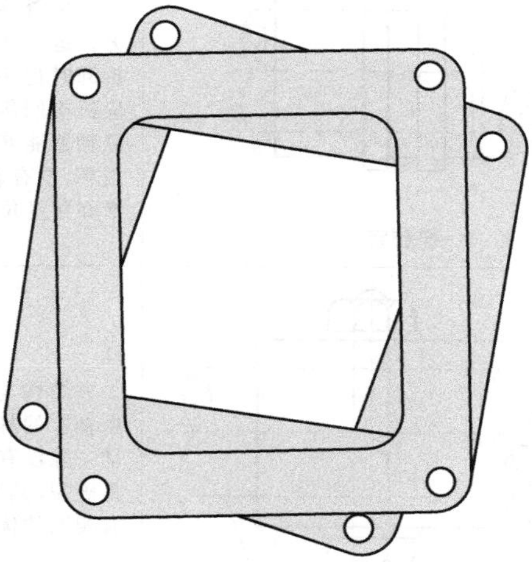	在大转矩传递中，柔性传动联轴器能够允许产生不寻常的大角度误差和轴向运动。并且，在有角度误差的传动中，从动构件的旋转速度保持恒速。换句话说，就像使用一个万向联轴器或一个胡克铰一样，他们不会产生周期性跳动 如图所示的联轴器基本上是由一系列的正方形空间框构成的，每个框的弯曲都会在对角上产生偏转，并且每个框都与临近的框用螺栓以交替对角的方式连接

续表

名称	机构图例	说明
以恒速沿45°角传递动力的联轴器	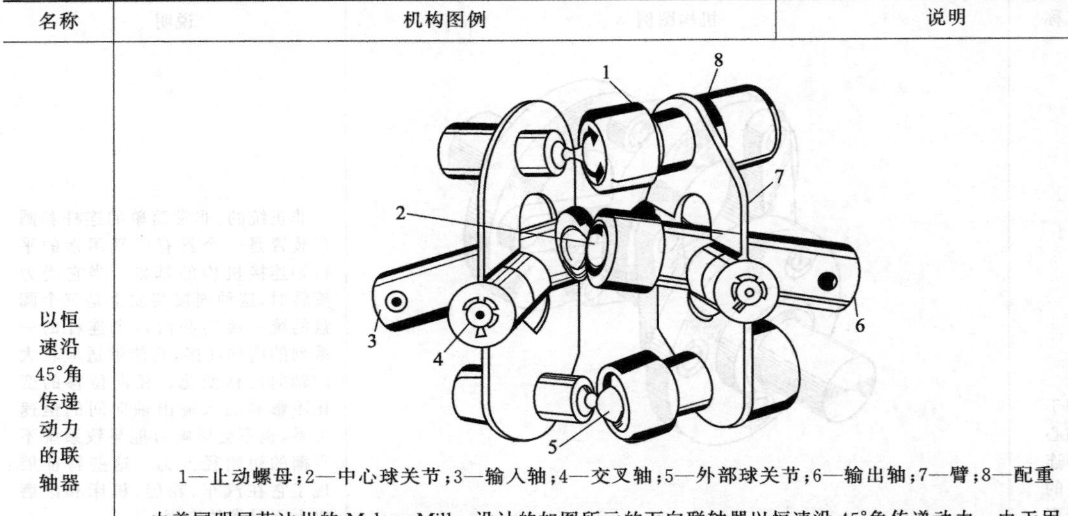 1—止动螺母；2—中心球关节；3—输入轴；4—交叉轴；5—外部球关节；6—输出轴；7—臂；8—配重	由美国明尼苏达州的 Malton Miller 设计的如图所示的万向联轴器以恒速沿 45°角传递动力。由于用一个万向联轴器还不能实现恒速转动，工程师们在两个胡克铰之间放置一个中间轴或使用一个分杆式万向联轴器来获得所需要的结果。实速关节是一个带有大接触面积的球关节系统，它能通过关节传递转矩。这种装置可以减少轴承的高压力对相对应工作表面带来的一些问题。低摩擦轴承也增加了工作效率。这种关节可以在高速保持振动最小的条件下达到平衡 这种关节是由驱动和从动两个部分组成的。每一部分都在传动轴的端部有一个连接套筒，一个驱动臂相对并在穿过连接套的交叉销上传动，另外，在每个驱动臂的端部都有一个球关节连接。当关节旋转时，在一个关节平面上的角度弯曲是由球关节的旋转造成的，而在 90°平面上是由驱动臂绕着横向的销摆动产生的。当转动时，通过球关节的转动和驱动臂的摆动，扭转从关节的这一半传到另一半上

(2) 柔性联轴器的应用图例

柔性联轴器的应用图例见表 17-2。

表 17-2　柔性联轴器的应用图例

序号	机构图例	说明
1	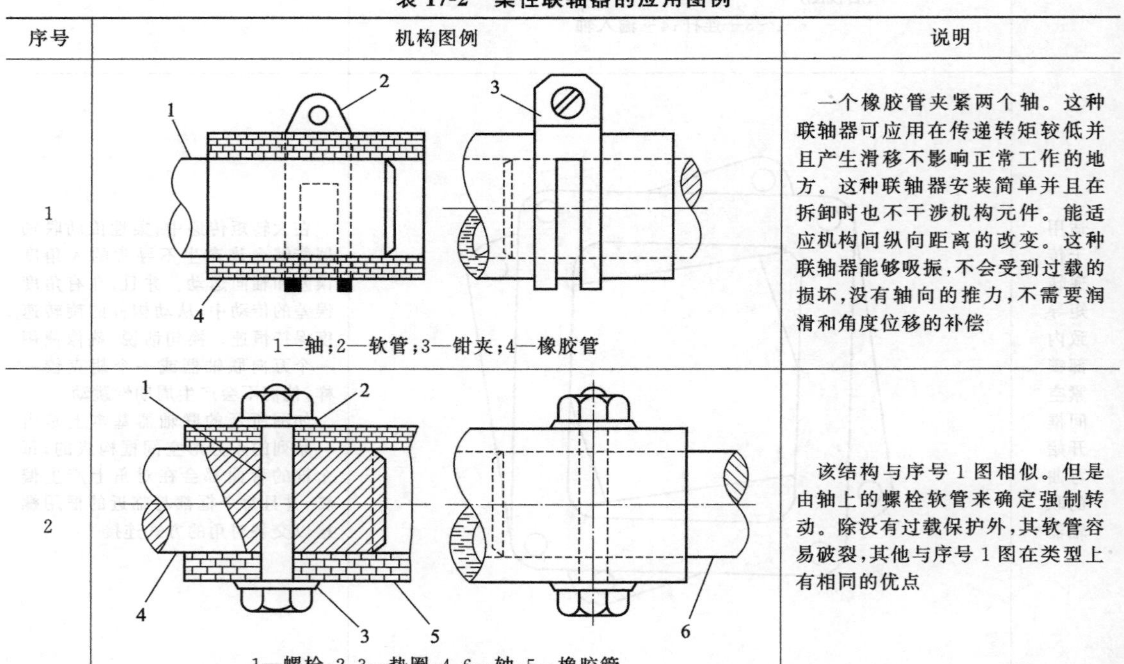 1—轴；2—软管；3—钳夹；4—橡胶管	一个橡胶管夹紧两个轴。这种联轴器可应用在传递转矩较低并且产生滑移不影响正常工作的地方。这种联轴器安装简单并且在拆卸时也不干涉机构元件。能适应机构间纵向距离的改变。这种联轴器能够吸振，不会受到过载的损坏，没有轴向的推力，不需要润滑和角度位移的补偿
2	1—螺栓；2，3—垫圈；4，6—轴；5—橡胶管	该结构与序号 1 图相似。但是由轴上的螺栓软管来确定强制转动。除没有过载保护外，其软管容易破裂，其他与序号 1 图在类型上有相同的优点

续表

序号	机构图例	说明
3	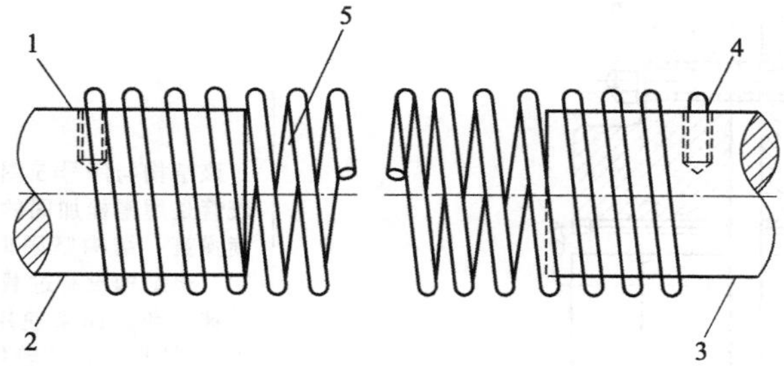 1,4—孔;2,3—轴;5—弹簧	使用螺旋弹簧固定在轴上,与软管的作用不同。吸振特性非常好,但是扭转振动还是不可避免的。允许有轴向间隙,但是这种情况会产生轴向力,其他优点如序号 1 图和序号 2 图所示。在各个方向都有位移补偿
4	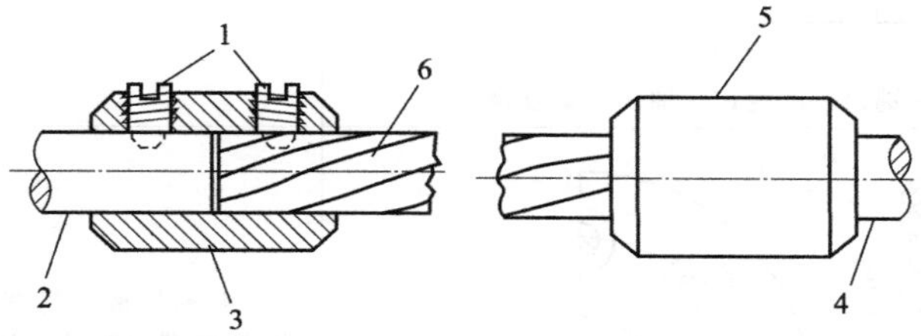 1—定位螺钉;2,4—轴;3,5—联轴器;6—绞线	为了低的转矩和单向转动,使用一个简单有用的联轴器。绞线提供正传动并且有很好的弹性。转动部分的惯性低。容易安装并且拆卸时也不干涉轴。绞线可以被缠绕起来,也可以伸长,以便实现直角弯曲,例如用在牙钻和速度计上。绞线的两头被焊接或用金属丝捆扎,以防止松散
5	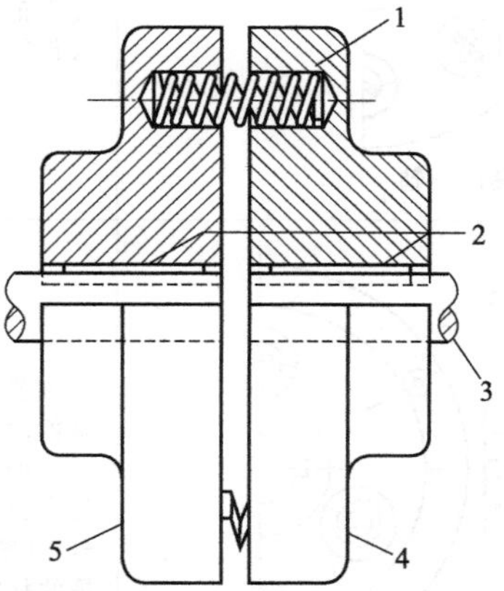 1—螺旋弹簧;2—键;3—轴;4,5—法兰	两个法兰盘和一系列的螺旋弹簧提供了高弹性。只有轴无自由端时使用。无须润滑、吸振并且具有过载保护,但是会有扭转振动。为了得到任意的柔韧度,弹簧可以是圆的或方的簧丝,并且其簧丝直径和弹簧的节圆尺寸也可变化
6	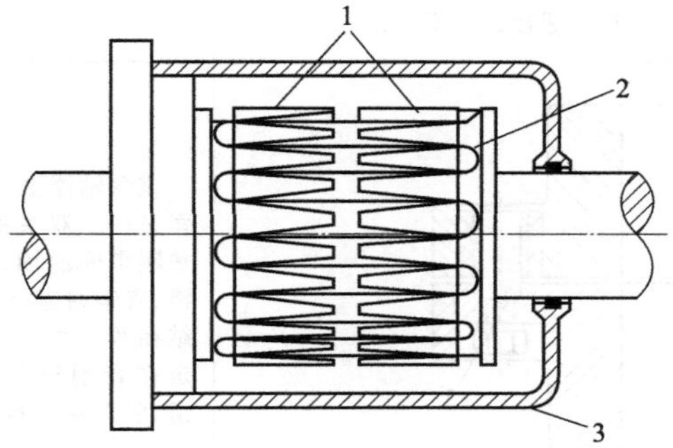 1—轮毂;2—弹簧;3—套子	蛇形弹簧联轴器与序号 5 图所示同一原理,但是用一个片弹簧代替了一系列的螺旋弹簧。通过在工件上涂润滑脂保证正常运转

续表

序号	机构图例	说明
7	1—螺栓;2—垫圈;3—键;4—法兰;5—轴;6—橡胶管	该结构与序号5图相似,除了橡胶管是用螺栓加固的,用来代替螺旋弹簧。结构坚固但是弹性受限制。该结构没有过载保护,螺栓容易被剪断。如果使用较厚的橡胶管,则抗振动特性较好。该链接容易拆卸
8	1—橡胶管;2—法兰;3—键;4—轴	一些销把橡胶衬套固定在法兰上,联轴器很容易安装。法兰加工精确并且具有相同的尺寸使得调整精确。允许轴上有较小的轴隙,提供正转动,其转动在各个方向都有很好的弹性
9	1—橡胶衬套;2—青铜衬套;3—双头螺栓;4—安全销	该装置是用齿轮工作的挠性联轴器,衬套中有安全销用来提供过载保护。结构中的双头螺栓、橡胶衬套、自动润滑、轴承大体上与序号10图相似。可更换的安全销选择的材料比剪切销管的材料更软
10	1—橡胶衬套;2—青铜衬套;3—双头螺栓	该联轴器由Ajax柔性联轴器公司设计。双头螺栓与螺母和锁紧垫圈牢固的固定并且可以自动润滑,青铜衬套把两个法兰分开。胶结在两个法兰上的厚橡胶衬套固定在青铜衬套上,由于能自动润滑,所以联轴器的寿命得到了增长

续表

序号	机构图例	说明
11	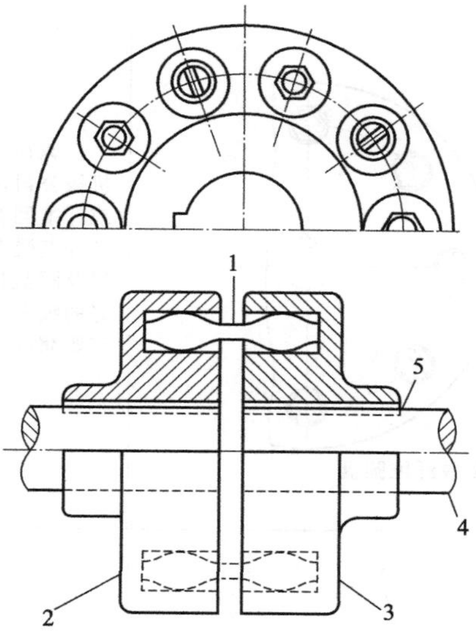 1—销；2，3—法兰；4—轴；5—键	该装置是另一种用齿轮工作的联轴器。弹性是通过有金属或纤维制成的圆锥形的固定销获得的。这种类型的销能够提供正转动，在各个方向都具有弹性
12	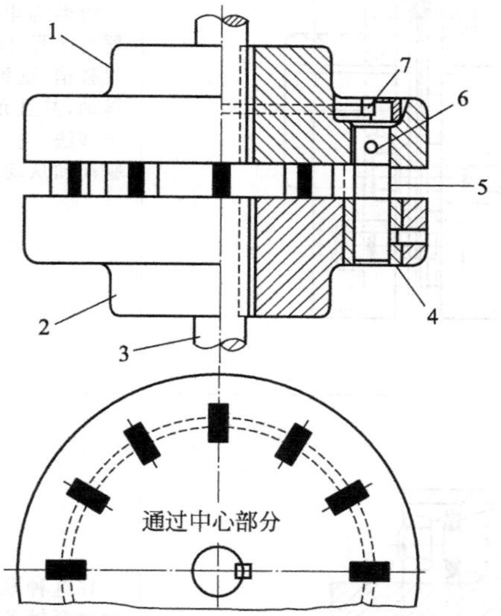 通过中心部分 1，2—法兰；3—轴；4—衬套；5—片弹簧；6—锁片销；7—弹簧扣环	这种联轴器弹性是通过层压回火弹簧销叶片获得的。锁片销是弹簧片的支持器。磷青铜轴承条被焊接到外部的弹簧片上，装进经过硬化的刚性矩形小孔，最后装进法兰里。销可以在法兰末端朝上的部分自由滑动，但是在另一个法兰上被弹簧卡环锁紧。这种联轴器适用于海运和陆运中比较严峻的环境下
13	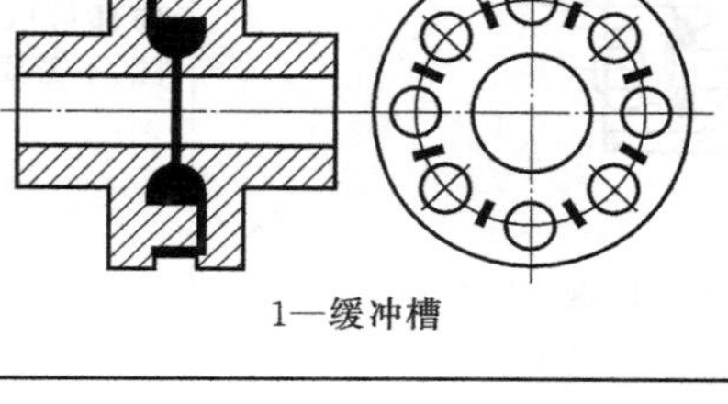 1—缓冲槽	布朗工程公司在弹性联轴器层压皮革中增加了缓冲槽。这些槽可以吸收冲击载荷和扭转振动，在平衡度偏差或冲击载荷下，缓冲槽能够覆盖它的整个宽度，但是在角度偏差中只能覆盖一面

续表

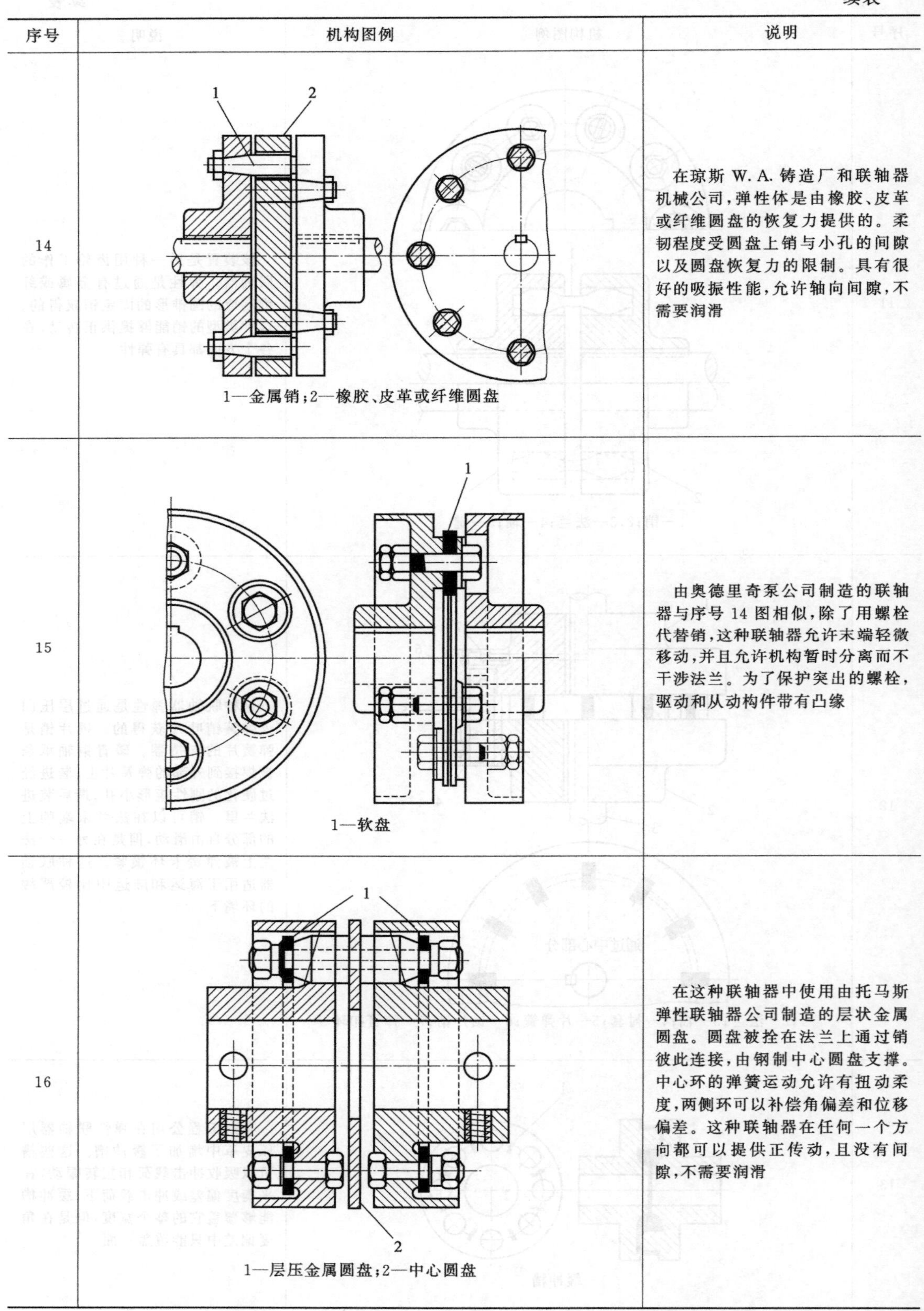

序号	机构图例	说明
14	1—金属销；2—橡胶、皮革或纤维圆盘	在琼斯 W. A. 铸造厂和联轴器机械公司，弹性体是由橡胶、皮革或纤维圆盘的恢复力提供的。柔韧程度受圆盘上销与小孔的间隙以及圆盘恢复力的限制。具有很好的吸振性能，允许轴向间隙，不需要润滑
15	1—软盘	由奥德里奇泵公司制造的联轴器与序号 14 图相似，除了用螺栓代替销，这种联轴器允许末端轻微移动，并且允许机构暂时分离而不干涉法兰。为了保护突出的螺栓，驱动和从动构件带有凸缘
16	1—层压金属圆盘；2—中心圆盘	在这种联轴器中使用由托马斯弹性联轴器公司制造的层状金属圆盘。圆盘被拴在法兰上通过销彼此连接，由钢制中心圆盘支撑。中心环的弹簧运动允许有扭动柔度，两侧环可以补偿角偏差和位移偏差。这种联轴器在任何一个方向都可以提供正传动，且没有间隙，不需要润滑

续表

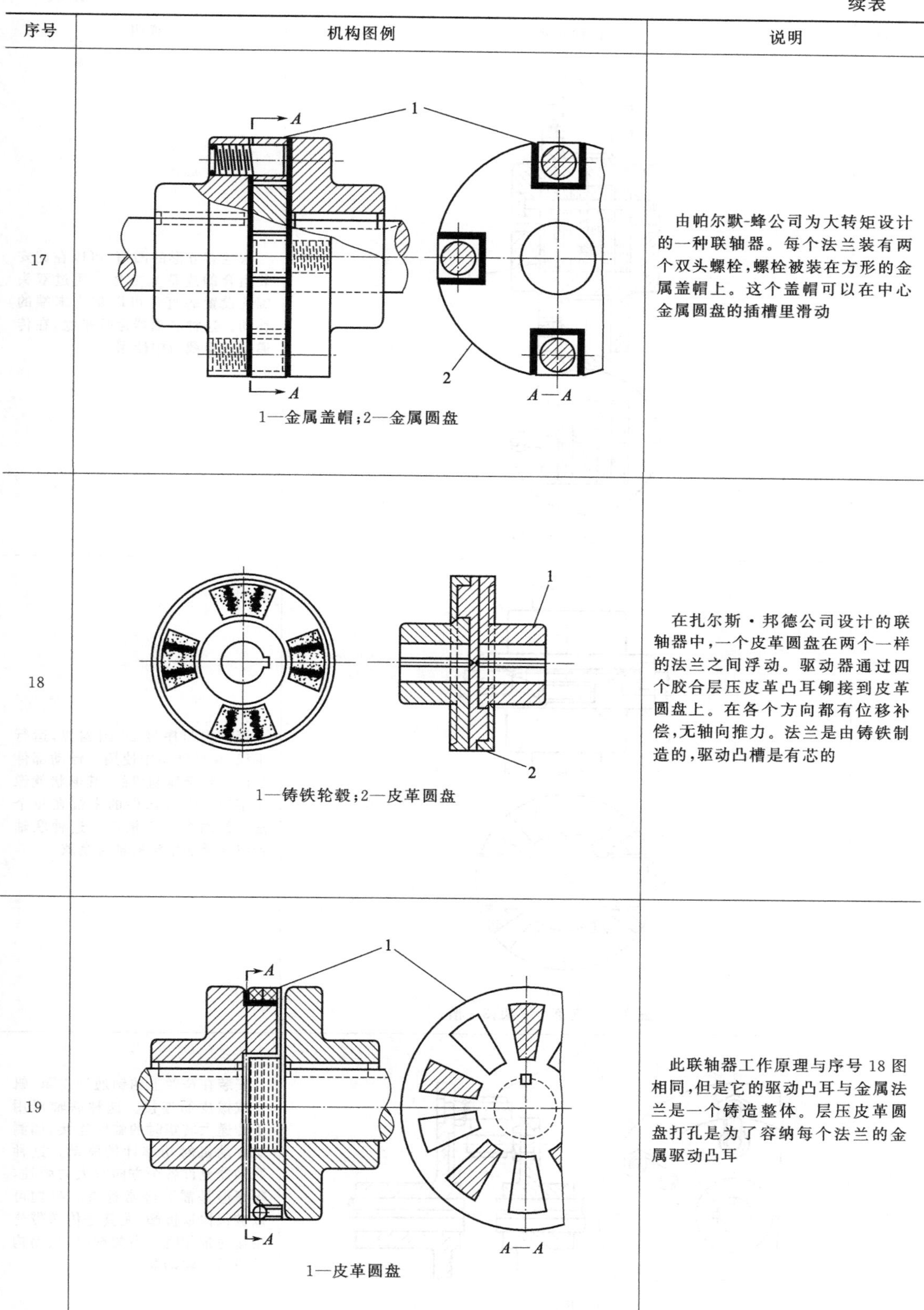

序号	机构图例	说明
17	1—金属盖帽；2—金属圆盘	由帕尔默-蜂公司为大转矩设计的一种联轴器。每个法兰装有两个双头螺栓，螺栓被装在方形的金属盖帽上。这个盖帽可以在中心金属圆盘的插槽里滑动
18	1—铸铁轮毂；2—皮革圆盘	在扎尔斯·邦德公司设计的联轴器中，一个皮革圆盘在两个一样的法兰之间浮动。驱动器通过四个胶合层压皮革凸耳铆接到皮革圆盘上。在各个方向都有位移补偿，无轴向推力。法兰是由铸铁制造的，驱动凸槽是有芯的
19	1—皮革圆盘	此联轴器工作原理与序号 18 图相同，但是它的驱动凸耳与金属法兰是一个铸造整体。层压皮革圆盘打孔是为了容纳每个法兰的金属驱动凸耳

续表

序号	机构图例	说明
20	1—皮革立方体	法兰有方形的凹槽，可以在此安装组合的皮革立方体。通过双头螺栓设置的直角可以防止末端的移动。这种联轴器运行平稳，在传递低转矩载荷中使用
21	*A*—*A* 1—法兰；2—皮革十字架；3—槽	该结构与序号 20 图相似，运行平稳，在低转矩中使用。浮动部件是由层状金属制成的，其形状就像十字架。中心部件的末端在每个法兰的两个空心槽中。这种联轴器将会承受限定的轴端余隙
22	1—传送带	安装在法兰上的销通过皮革、帆布或橡皮筋连接。这种联轴器用于传递大转矩时的临时连接，如测试发动机时功率计的驱动。这种联轴器允许各个方向有大的弹性，吸振但是需要经常检查。机构可以被很快地拆卸，尤其是传送带使用输送带扣时。当欠载时，从动构件滞后于驱动器

续表

序号	机构图例	说明
23	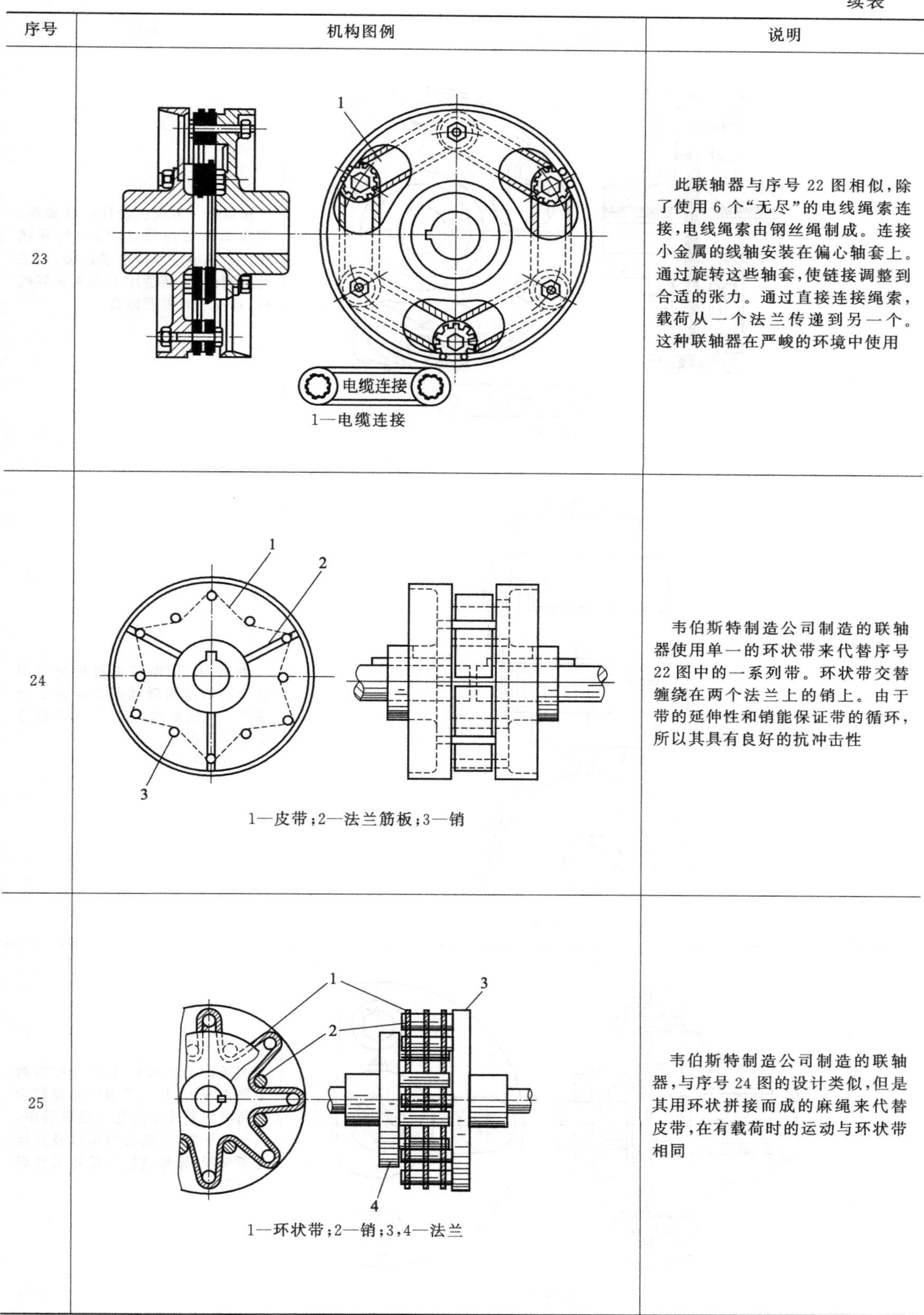 1—电缆连接	此联轴器与序号 22 图相似，除了使用 6 个“无尽”的电线绳索连接，电线绳索由钢丝绳制成。连接小金属的线轴安装在偏心轴套上。通过旋转这些轴套，使链接调整到合适的张力。通过直接连接绳索，载荷从一个法兰传递到另一个。这种联轴器在严峻的环境中使用
24	1—皮带；2—法兰筋板；3—销	韦伯斯特制造公司制造的联轴器使用单一的环状带来代替序号 22 图中的一系列带。环状带交替缠绕在两个法兰上的销上。由于带的延伸性和销能保证带的循环，所以其具有良好的抗冲击性
25	1—环状带；2—销；3，4—法兰	韦伯斯特制造公司制造的联轴器，与序号 24 图的设计类似，但是其用环状拼接而成的麻绳来代替皮带，在有载荷时的运动与环状带相同

续表

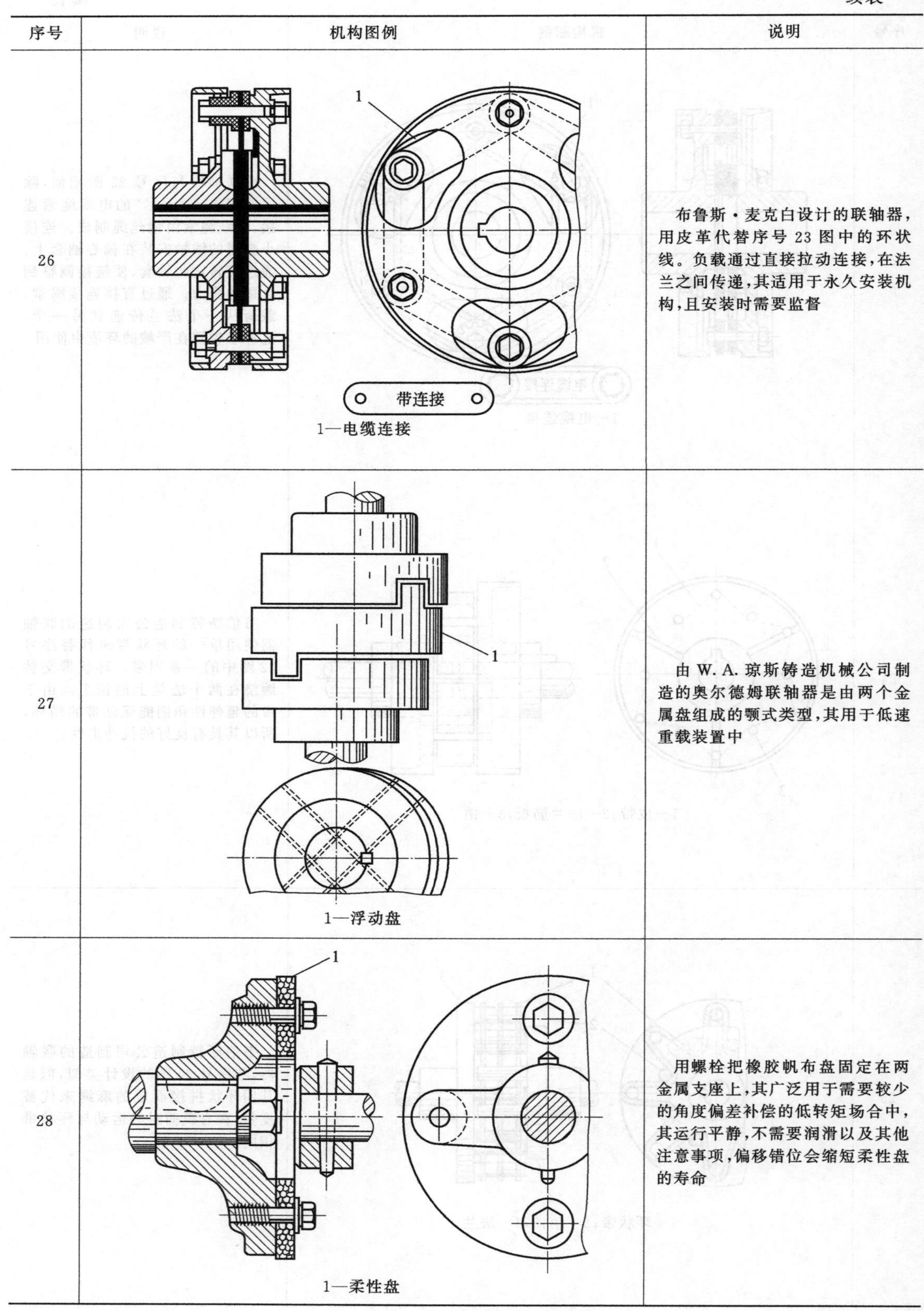

序号	机构图例	说明
26	1—电缆连接	布鲁斯·麦克白设计的联轴器，用皮革代替序号 23 图中的环状线。负载通过直接拉动连接，在法兰之间传递，其适用于永久安装机构，且安装时需要监督
27	1—浮动盘	由 W. A. 琼斯铸造机械公司制造的奥尔德姆联轴器是由两个金属盘组成的颚式类型，其用于低速重载装置中
28	1—柔性盘	用螺栓把橡胶帆布盘固定在两金属支座上，其广泛用于需要较少的角度偏差补偿的低转矩场合中，其运行平静，不需要润滑以及其他注意事项，偏移错位会缩短柔性盘的寿命

续表

序号	机构图例	说明
29	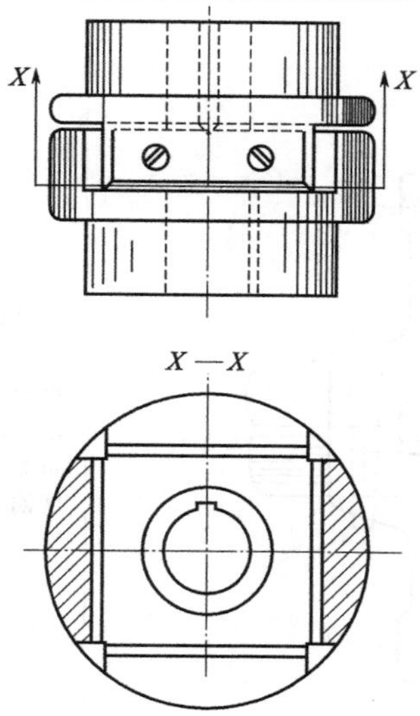 X　X X—X	一个金属浮动中心块用于美国柔性联轴器公司的设计中。由于采用可拆卸的纤维带和脂润滑，所以其运行平静、安全，并且容易安装，其运行时并不依赖于柔性材料。通过采用没有接触的硬木作为浮动单元可以减小其尺寸
30	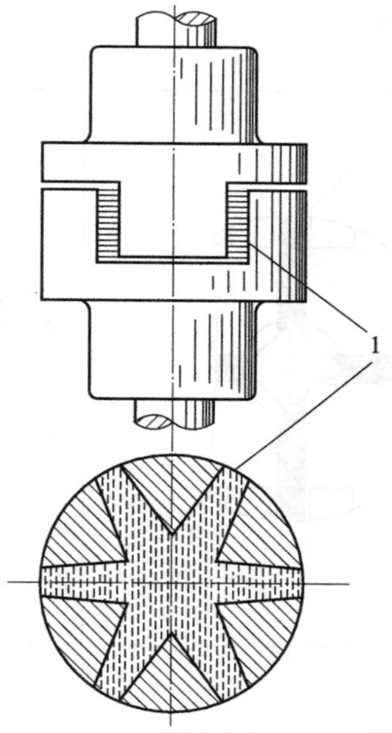 1 1—星形皮革	扎尔斯·邦德公司生产的星形联轴器与序号 21 图中的十字形类似。星形浮动装置由层叠皮革组成。每个法兰上有三个颚，多出的两个颚增加了额定转矩。这种联轴器的使用受到一定限制
31	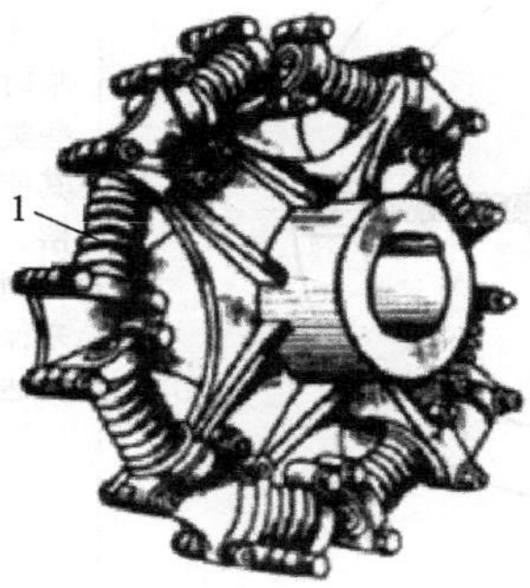 1 1—弹簧	西屋纳托尔公司生产的联轴器是一种具有优良的扭转灵活性的全金属类型。八个弹簧可以补偿位移和角度，允许轴有少许浮动，能在两个方向上进行高转矩传输。另外，此装置需要润滑

续表

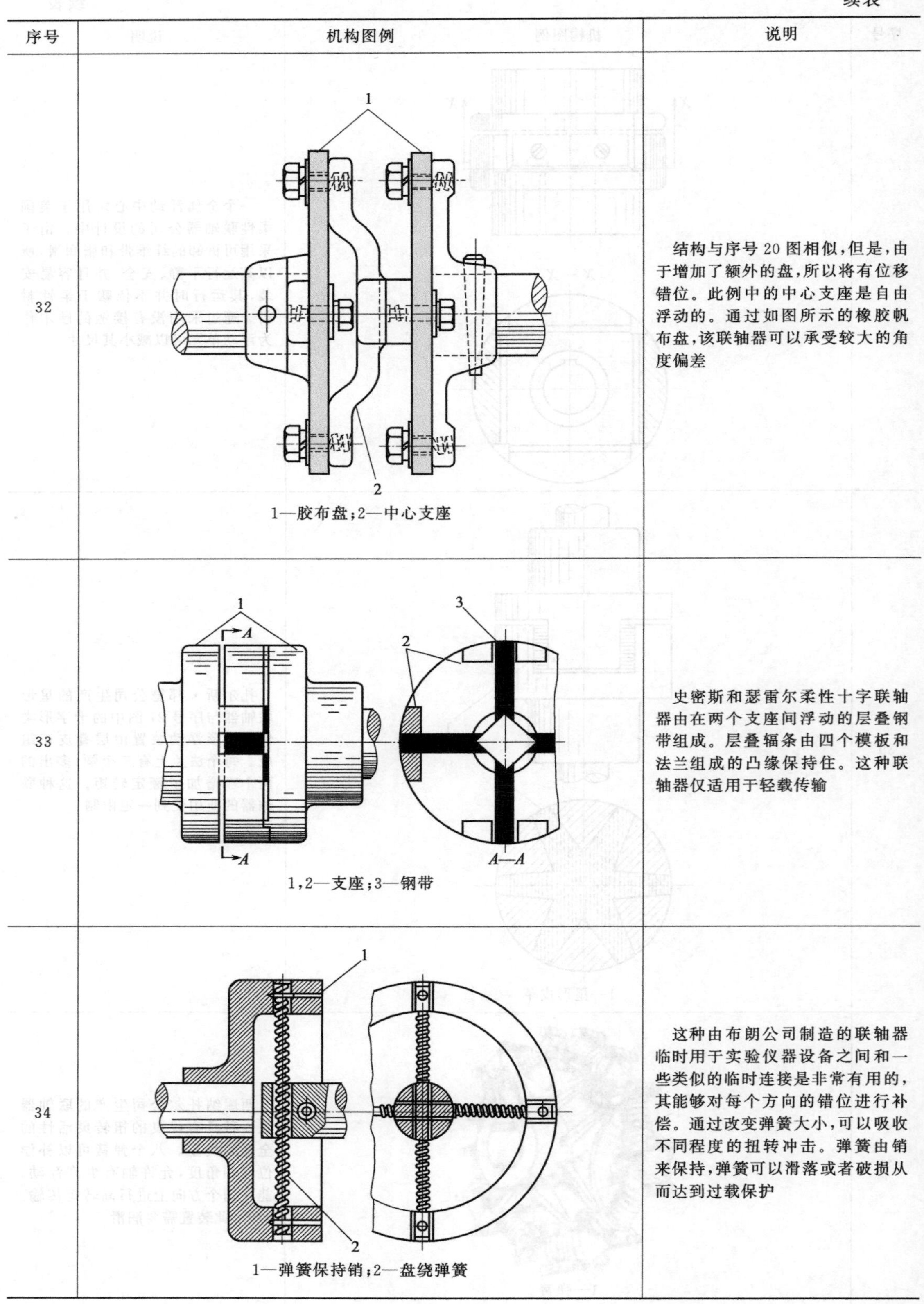

序号	机构图例	说明
32	1—胶布盘;2—中心支座	结构与序号20图相似,但是,由于增加了额外的盘,所以将有位移错位。此例中的中心支座是自由浮动的。通过如图所示的橡胶帆布盘,该联轴器可以承受较大的角度偏差
33	1,2—支座;3—钢带	史密斯和瑟雷尔柔性十字联轴器由在两个支座间浮动的层叠钢带组成。层叠辐条由四个模板和法兰组成的凸缘保持住。这种联轴器仅适用于轻载传输
34	1—弹簧保持销;2—盘绕弹簧	这种由布朗公司制造的联轴器临时用于实验仪器设备之间和一些类似的临时连接是非常有用的,其能够对每个方向的错位进行补偿。通过改变弹簧大小,可以吸收不同程度的扭转冲击。弹簧由销来保持,弹簧可以滑落或者破损从而达到过载保护

续表

序号	机构图例	说明
35	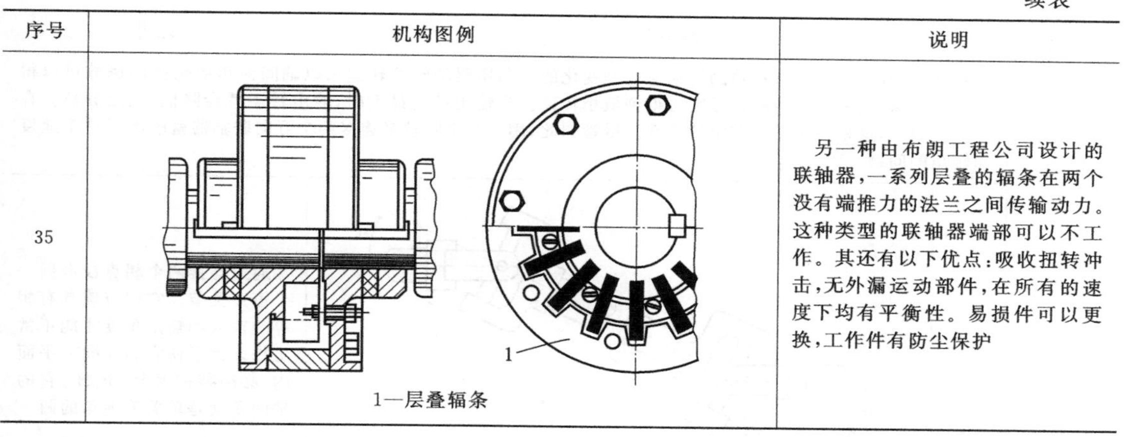1—层叠辐条	另一种由布朗工程公司设计的联轴器，一系列层叠的辐条在两个没有端推力的法兰之间传输动力。这种类型的联轴器端部可以不工作。其还有以下优点：吸收扭转冲击，无外漏运动部件，在所有的速度下均有平衡性。易损件可以更换，工作件有防尘保护

(3) 万向联轴器的应用图例

万向联轴器的应用图例见表 17-3。

表 17-3　万向联轴器的应用图例

名称	序号	机构图例	说明
胡克铰	胡克铰是最常用的联轴器。它能够有效地传递转矩，轴间角度最大可达 36°。在低速运动的手工机械中，两个轴之间的夹角可以达到 45°。胡克铰的装配简单，是靠两个叉形轴的端部与一个十字形零件的连接来完成的		
	1		胡克铰适用于重载传递，经常用到精密的防摩擦轴承
	2		球销轴连接代替了十字形零件，从而获得更加紧凑的关节
	3		球槽关节是球销关节的改进。套筒上的转矩传到球上。槽中转矩的滑动接触越大，在传递大转矩和大的轴间角时，关键零件的润滑就更容易
	4		销筒联轴器固定在一个轴上，并且与另一个轴上开有槽的球形端部相连接，形成一个关节，它也允许有轴向运动。然而，在该例中，轴间的夹角必须很小，而且这个关节也只适用于低转矩传动场合

续表

<table>
<tr><th>名称</th><th colspan="2">机构图例</th><th>说明</th></tr>
<tr><td rowspan="5">恒速联轴器</td><td colspan="3">单胡克铰的缺点是，从动轴的转动速度是变化的。利用驱动轴的转速乘以轴间夹角的余弦的倒数可以得到最大转速，而乘以夹角的余弦则可得到最小转速。当输出速度最大时，输出转矩就会降低，反之亦然。在一些机构中，这是一个需要克服的特性。尽管如此，用一个中间轴来连接两个万向联轴器就解决了这个速度和转矩的问题</td></tr>
<tr><td>1</td><td> 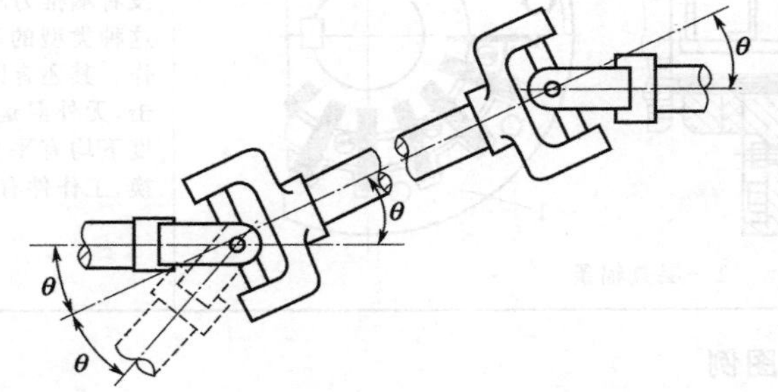θ θ θ θ</td><td>通过连接两个胡克铰得到一个恒速关节。它们应该具有相等的输入和输出角度才能正常工作。为了使它们在同一平面内，必须装配叉架，这样，它的轴间角就是单关节夹角的两</td></tr>
<tr><td>2</td><td> 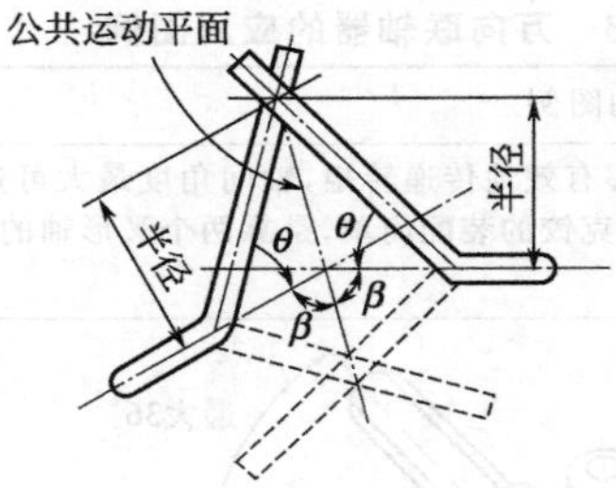公共运动平面
半径
半径
θ θ β β</td><td>这个恒速联轴器是基于两个构件的连接点必须总处于共同的运动平面上的原理。因为每一个构件到连接点的半径总是相等的，所以它们的旋转速度就会相等。这个简单的联轴器对于玩具、仪表和其他轻载机构来说是比较理想的</td></tr>
<tr><td>3</td><td> 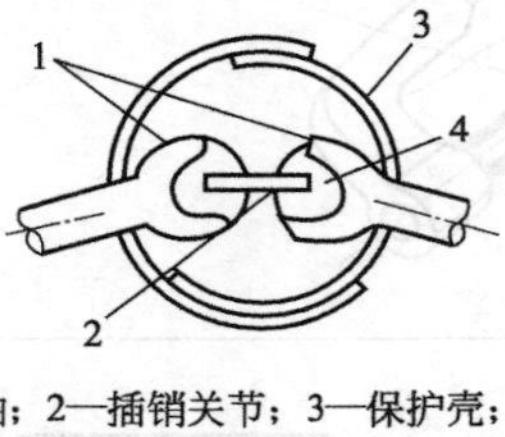1 2 3 4
1—叉形轴；2—插销关节；3—保护壳；4—开槽关节
(a) 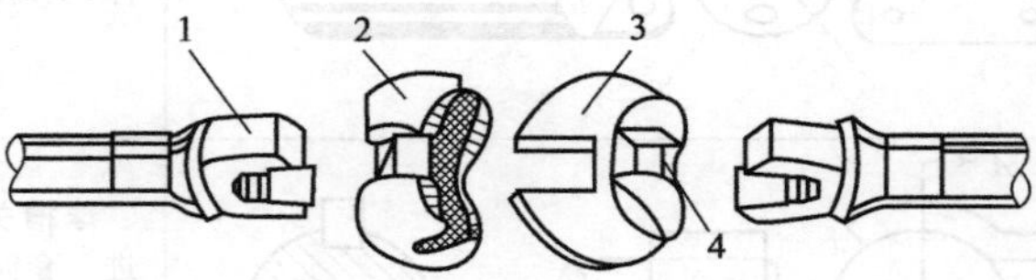
1 2 3 4
1—带叉的轴；2—开槽关节；3—插销关节；4—套间
(b)</td><td>对于像军用车前轮驱动这样的重载情况，可以用如图这个更加复杂的联轴器。它用一个滑动构件将连个关节紧密连接。分解图(b)中展示了这些构件。重载万向联轴器还有其他设计形式，一种是大家所知道的球笼式万向联轴器，它由一个保持六个圆球始终在公共运动屏幕上的支架组成。另一种是恒速联轴器，即邦迪克斯·维斯联轴器，也包含圆球</td></tr>
<tr><td>4</td><td> 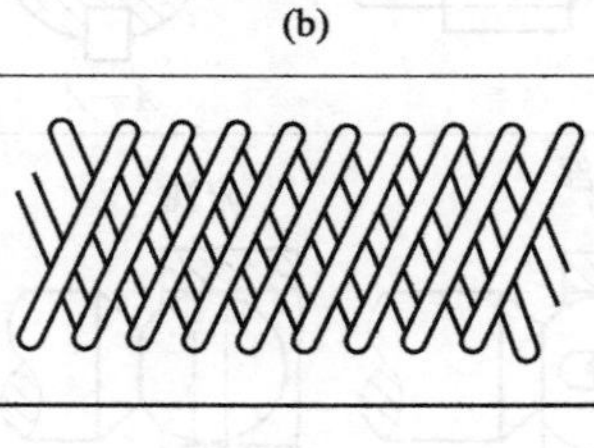</td><td>这个柔性轴可以实现任意角。如果轴很长，应避免反冲和打卷</td></tr>
</table>

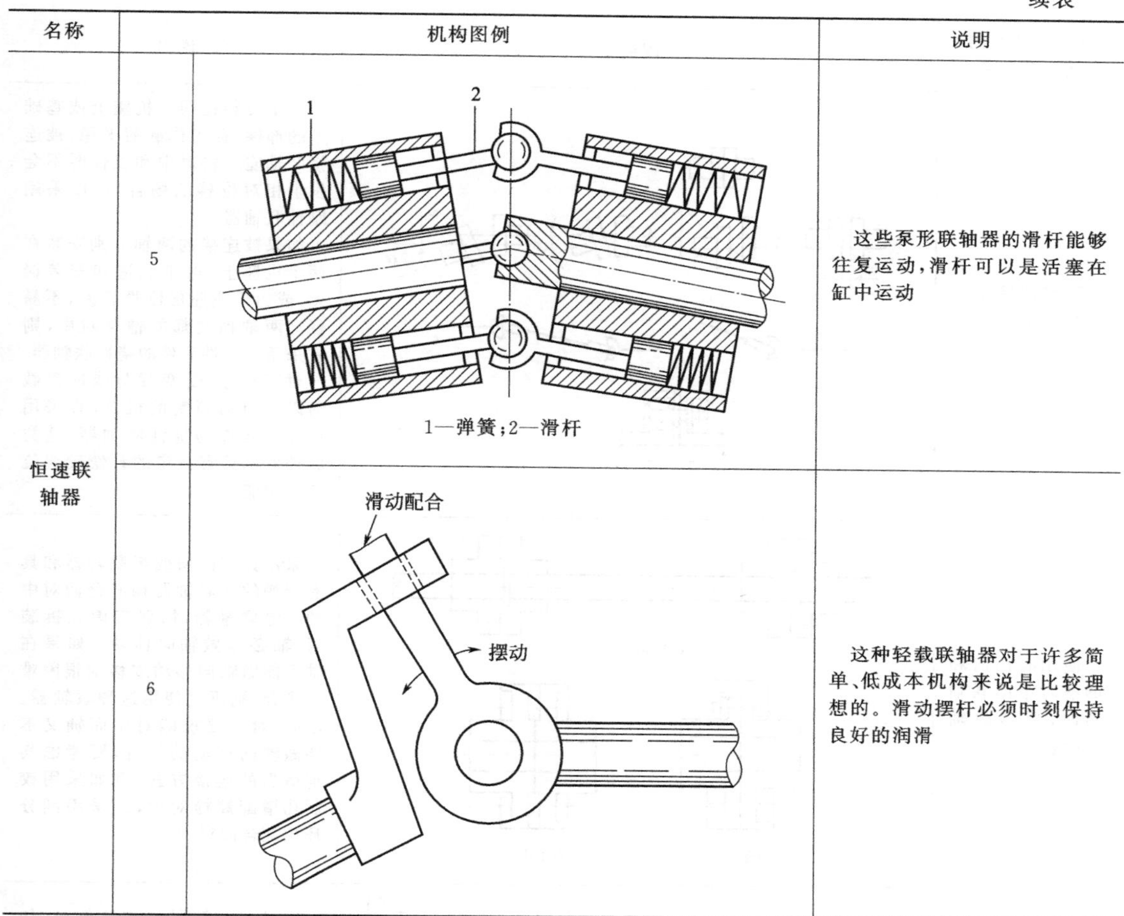

续表

名称		机构图例	说明
恒速联轴器	5	1—弹簧；2—滑杆	这些泵形联轴器的滑杆能够往复运动，滑杆可以是活塞在缸中运动
	6	滑动配合；摆动	这种轻载联轴器对于许多简单、低成本机构来说是比较理想的。滑动摆杆必须时刻保持良好的润滑

17.2.2　联轴器结构设计禁忌

(1) 联轴器类型选择应注意的问题及禁忌

联轴器类型选择应注意的问题及禁忌见表 17-4。

表 17-4　联轴器类型选择应注意的问题及禁忌

设计应注意的问题及禁忌	图例	说明
轴的两端传动件要求同步转动时，不宜使用有弹性元件的挠性联轴器	有弹性元件的挠性联轴器 (a) 误 无弹性元件的挠性联轴器 (b) 正	在轴的两端上被驱动的是车轮等一类的传动件，要求两端同步传动，否则会产生动作不协调或发生卡住的情况 如果采用联轴器和中间轴传动，则联轴器一定要使用无弹性元件的挠性联轴器，否则会由于弹性元件变形关系使两端扭转变形不同，达不到同步转动

续表

设计应注意的问题及禁忌	图例	说明
不宜选择不适用的联轴器形式	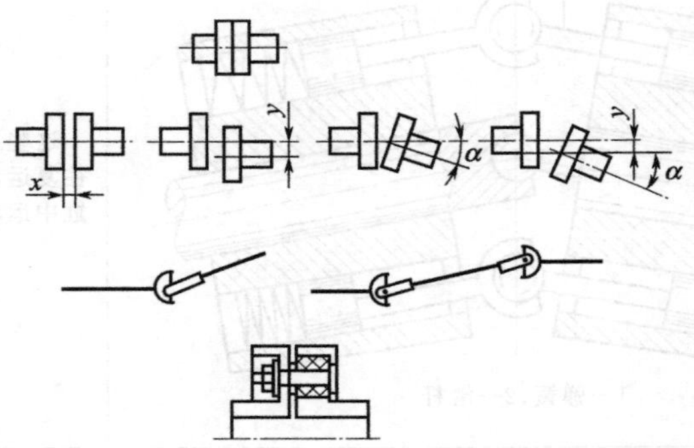 x y α y α	对于安装在同一机座上或基础上的部件，在工作载荷平稳，被连接两轴能严格对中和工作时不会发生相对位移的场合，可以采用刚性联轴器 如果被连接的两轴分别安装在两个机座上，由于制造和安装误差，或由于机座的刚性较差，不易保证两轴轴线都能精确对中，则宜采用无弹性元件的挠性联轴器 对于高速、受变载荷或冲击载荷以及启动频繁的机器，宜采用有弹性元件的挠性联轴器，这类联轴器都具有一定的补偿轴线位移的功能
使用有凸肩和凹槽对中的联轴器时，要考虑轴的拆装	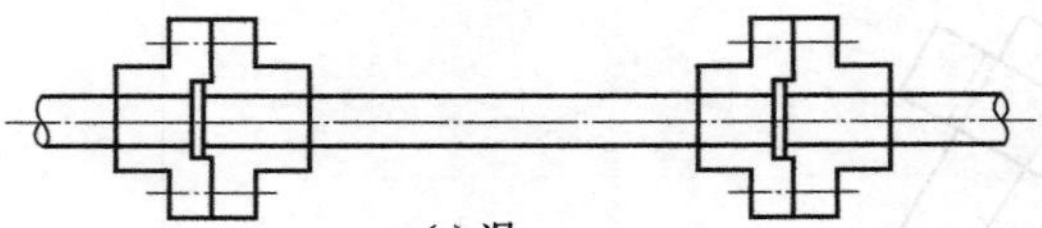 (a) 误 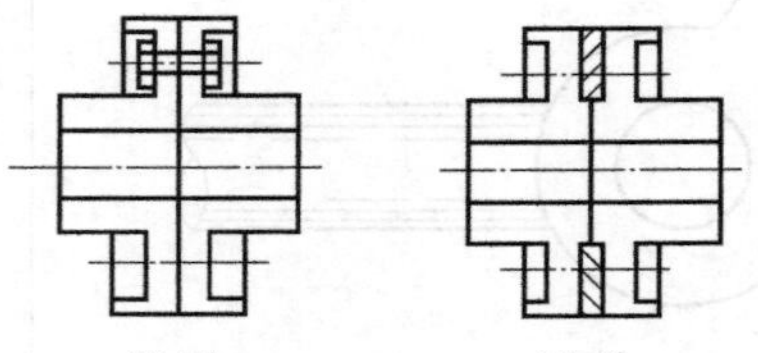 (b) 正 (c) 正	采用具有凸肩的半联轴器和具有凹槽的半联轴器相嵌合而对中的凸缘联轴器时，要考虑在拆装时，轴必须做轴向移动。如果在轴不能做轴向移动或移动很困难的场合，则不宜使用这种联轴器。因此，对于要求能对中而轴又不能做轴向移动的场合，要考虑其他适当的连接方式，例如采用铰制孔精配螺栓对中，或采用剖分环相配合而对中
中间轴无轴支撑时，两端不要采用十字滑块联轴器	 (a) 误 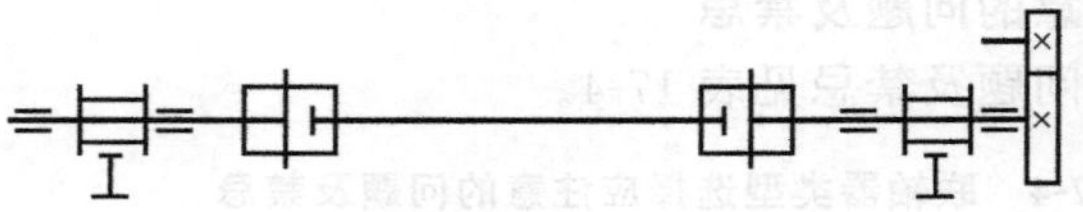 (b) 正	通过中间轴驱动传动件时，如果中间轴是没有轴承支撑的，则在其两端不能采用十字滑块联轴器与其相邻的轴连接 因为十字滑块联轴器中的十字盘是浮动的，容易造成中间轴运转不稳，甚至掉落，在这种情况下，可以采用具有中间轴的齿轮联轴器
不要利用齿轮联轴器的外套作制动轮	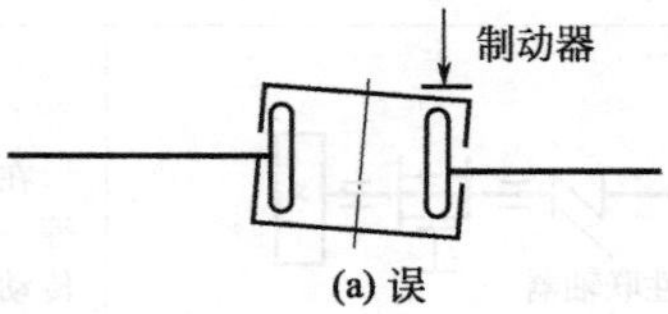 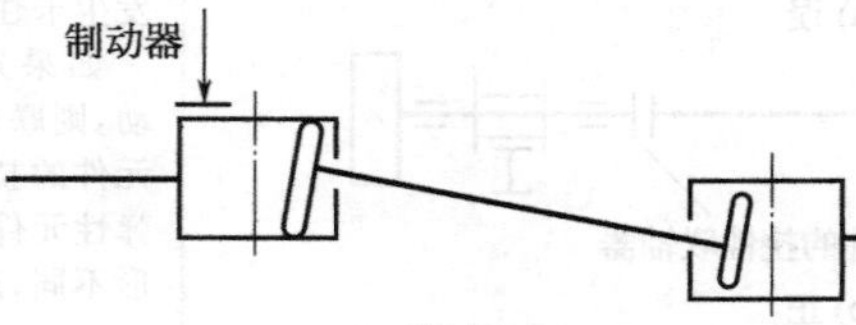 制动器 (a) 误 制动器 (b) 正	在需要采用制动装置的机器中，在一定条件下，可以利用联轴器中的半联轴器改为钢制后作为制动轴使用 对于齿轮联轴器，由于它的外套是浮动的，当被连接的两轴有偏移时，外套会倾斜，因此不宜将齿轮联轴器的浮动外套当作制动轮使用，否则容易造成制动失灵 只有在使用具有中间轴的齿轮联轴器的场合，才可以在其外套上改制或连接制动轴使用

续表

设计应注意的问题及禁忌	图例	说明
弹性套柱销联轴器和十字滑块联轴器应分别设置在减速器的高速轴和低速轴，而不宜相反设置	(a) 误 (b) 正 1—十字滑块联轴器；2—减速器；3—弹性套柱销联轴器；4—电动机	在减速传动中，减速器的输入轴和输出轴有时都需要采用联轴器 十字滑块联轴器由于无缓冲减振作用，工件易磨损，在安装有径向误差时，有较大的离心力，不适用于转速高的两轴连接，因而不宜将其布置在减速器的高速轴端。而弹性套柱销联轴器也不宜布置在减速器的低速轴端，因为低速轴端受力大，致使联轴器尺寸大且又不能充分发挥其缓冲吸振的优点。因此，这两种联轴器应相互对调其位置
单万向联轴器不能实现两轴的同步转动	(a) 误 (b) 正 (c) 正	若要求在相交的两轴或平行的两轴之间实现同步转动，则应采用双万向联轴器，并且必须使联轴器的中间轴与主、从动轴之间的夹角相等，联轴器中间轴两端叉形接头的叉口应位于同一平面内。这样，角速度的变化能互相抵消，从而实现同步转动
尽可能不采用十字滑块联轴器（浮动盘联轴器）		图所示的联轴器结构简单，允许径向位移，但在有径向对中误差时离心力较大，不宜用于高速场合。当轴直径 $d \leqslant 100\mathrm{mm}$ 时，$n_{\max} = 250\mathrm{r/min}$；当轴直径 $d \leqslant 150\mathrm{mm}$ 时，$n_{\max} = 100\mathrm{r/min}$。这种联轴器没有国家标准，不推荐选用

(2) 联轴器结构设计应注意的问题及禁忌

联轴器结构设计应注意的问题及禁忌见表 17-5。

表 17-5 联轴器结构设计应注意的问题及禁忌

设计应注意的问题及禁忌	图例	说明
高速旋转的联轴器不能有突出在外的突起物	(a) (b)	在高速旋转的条件下，如果联轴器连接螺栓的头、螺母或其他突出物等从凸缘部分突出，则会由于高速旋转而搅动空气，增加损耗，或成为其他不良影响的根源，而且还容易危及人身安全。所以，一定要考虑使突出物埋入联轴器凸缘的防护边中

续表

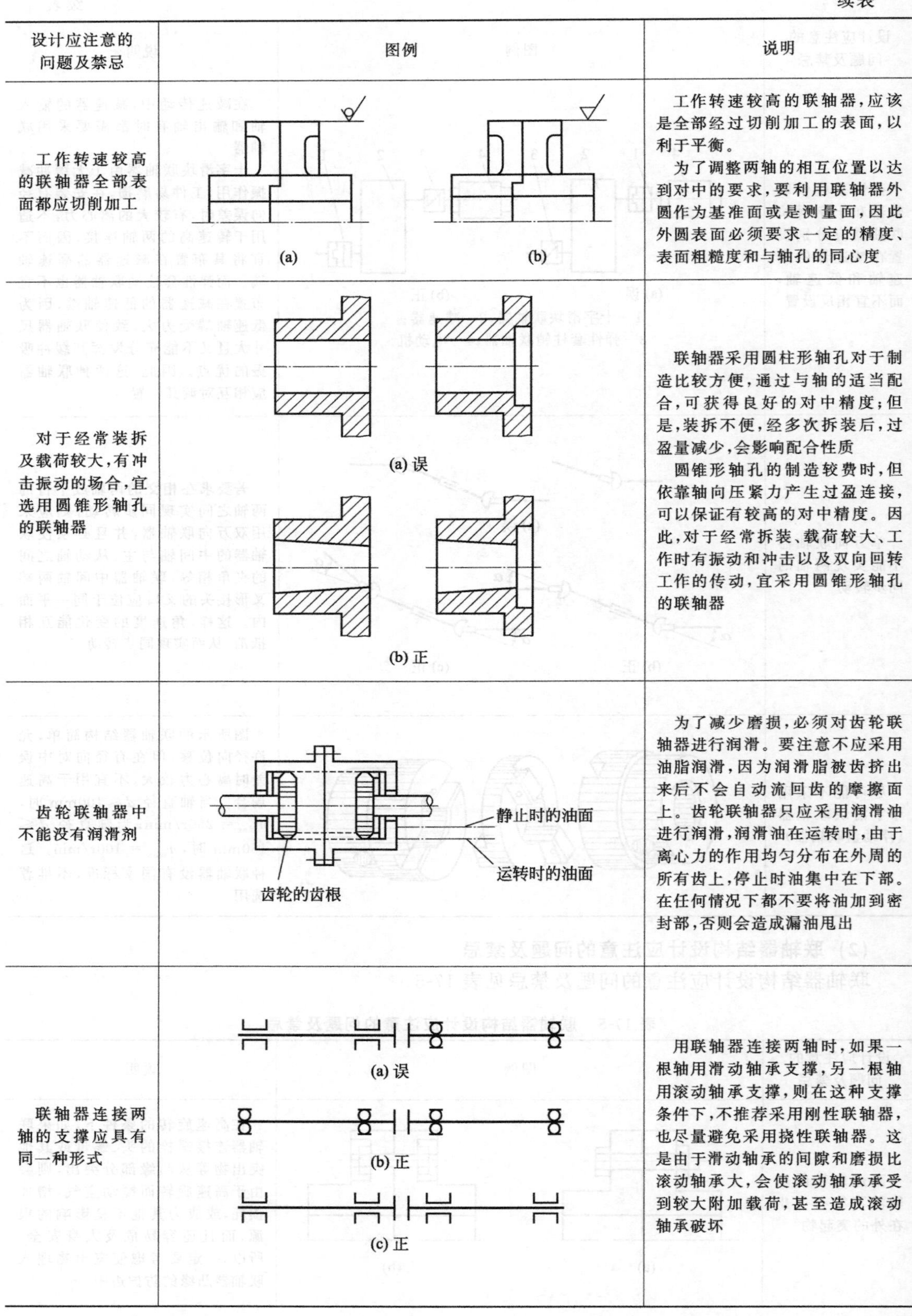

设计应注意的问题及禁忌	图例	说明
工作转速较高的联轴器全部表面都应切削加工	(a) (b)	工作转速较高的联轴器，应该是全部经过切削加工的表面，以利于平衡。 为了调整两轴的相互位置以达到对中的要求，要利用联轴器外圆作为基准面或是测量面，因此外圆表面必须要求一定的精度、表面粗糙度和与轴孔的同心度
对于经常装拆及载荷较大，有冲击振动的场合，宜选用圆锥形轴孔的联轴器	(a) 误 (b) 正	联轴器采用圆柱形轴孔对于制造比较方便，通过与轴的适当配合，可获得良好的对中精度；但是，装拆不便，经多次拆装后，过盈量减少，会影响配合性质 圆锥形轴孔的制造较费时，但依靠轴向压紧力产生过盈连接，可以保证有较高的对中精度。因此，对于经常拆装、载荷较大、工作时有振动和冲击以及双向回转工作的传动，宜采用圆锥形轴孔的联轴器
齿轮联轴器中不能没有润滑剂	静止时的油面 运转时的油面 齿轮的齿根	为了减少磨损，必须对齿轮联轴器进行润滑。要注意不应采用油脂润滑，因为润滑脂被齿挤出来后不会自动流回齿的摩擦面上。齿轮联轴器只应采用润滑油进行润滑，润滑油在运转时，由于离心力的作用均匀分布在外周的所有齿上，停止时油集中在下部。在任何情况下都不要将油加到密封部，否则会造成漏油甩出
联轴器连接两轴的支撑应具有同一种形式	(a) 误 (b) 正 (c) 正	用联轴器连接两轴时，如果一根轴用滑动轴承支撑，另一根轴用滚动轴承支撑，则在这种支撑条件下，不推荐采用刚性联轴器，也尽量避免采用挠性联轴器。这是由于滑动轴承的间隙和磨损比滚动轴承大，会使滚动轴承承受到较大附加载荷，甚至造成滚动轴承破坏

续表

设计应注意的问题及禁忌	图例	说明
尼龙绳联轴器的两半联轴器端面不能贴紧	(a) 误　　(b) 正	尼龙绳联轴器是以尼龙绳为弹性元件连接两半联轴器并传递动力的。 为防止两半联轴器的端面相互贴紧而产生滑动摩擦，在穿紧尼龙绳时一定要使两端面保持一定的间隙。这一间隙的大小由设置在两半联轴器之间的滚珠来控制
有滑动摩擦的联轴器要注意保持良好的润滑条件	有些联轴器，例如十字滑块联轴器、齿轮联轴器、链条联轴器、万向联轴器等挠性联轴器，它们互相接触的元件间会产生滑动摩擦，工作时需要保持良好的润滑条件 因此，在联轴器上必须考虑相应的加油润滑系统，并经常保持良好的润滑，注意定期检查，及时更换新油和已损坏的密封件	

第18章

离合和制动装置

18.1 离合和制动装置概述

离合器主要用于轴与轴之间的连接，使它们一起回转并传递转矩。使用离合器连接的两根轴，在机器工作中就能方便地使它们分离或接合。

离合器主要分牙嵌式和摩擦式两类。另外，还有电磁离合器和自动离合器。电磁离合器在自动化机械中作为控制转动的元件而被广泛应用。自动离合器能够在特定的工作条件下自动接合或分离。

制动器是用来降低机械运转速度或迫使机械停止运动的装置。在车辆、起重机等机械中，广泛采用各种形式的制动器。

18.2 离合和制动装置图例及禁忌

18.2.1 离合器应用图例及禁忌

离合器应用图例及禁忌见表 18-1。

表 18-1　离合器应用图例及禁忌

<table>
<tr><th>序号</th><th>设计应注意的问题</th><th>图例</th><th>说明</th></tr>
<tr><td>1</td><td>在转速差大的场合接合时，不宜采用牙嵌式离合器</td><td colspan="2">牙嵌式离合器接合牙由金属制成，刚性大，在转速差大接合时，会产生相当大的冲击，引起陡振和噪声，特别是在有负载情况下高速接合，有可能使凸牙因受冲击而断裂。因此，牙嵌式离合器只能用在两轴静止时或两轴的转速差很小，在空载或轻载的情况下进行接合的传动系统中</td></tr>
<tr><td>2</td><td>要求分离迅速的场合不要采用油润滑的摩擦盘式离合器</td><td>蝶形</td><td>在某些场合下，要求主、从动轴的分离迅速，在分离位置处没有拖滞。此时，不宜采用油润滑的摩擦盘式离合器
由于润滑油具有黏性，使主、从动摩擦盘间容易粘连，致使不易迅速分离，造成拖滞现象。若必须采用摩擦盘式离合器，则应采用干摩擦盘式离合器或将内摩擦盘做成碟形，松脱时，由于内盘的弹力作用可使迅速与外盘分离</td></tr>
<tr><td>3</td><td>在高温工作的情况下，不宜采用多盘式摩擦离合器</td><td colspan="2">多盘式摩擦离合器能够在结构空间很小的情况下传递较大的转矩，这有利于它的广泛应用
但是要注意，对于承受高温的离合器，在滑动时间长的情况下还会产生大热量，容易导致损坏，因此，宁可采用摩擦面少的离合器，例如单盘摩擦离合器</td></tr>
</table>

续表

序号	设计应注意的问题	图例	说明
4	避免将离合器设置在传动系统的输出端	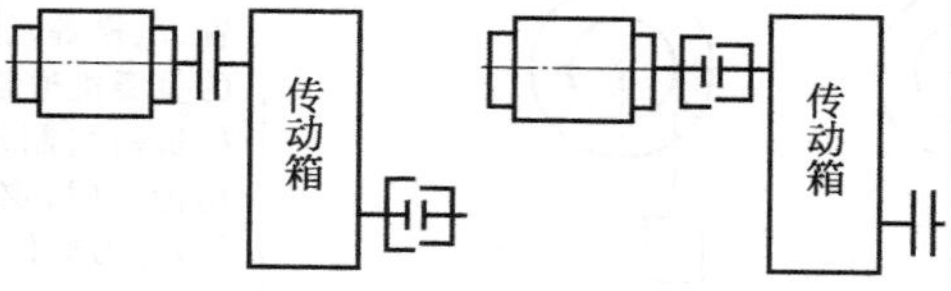 传动箱　传动箱 误　正	在机器中应尽量避免将离合器设置在传动系统或传动箱的输出端，因为当离合器脱开时，虽然工作结构并不工作，但传动箱中的轴、轴承及齿轮等均在转动，功率做了无用的消耗，且使箱中机件磨损加快，寿命缩短。所以，如非特殊需要，一般应将离合器设置在传动系统输入端即电动机的输出端上，这有利于较为平稳启动工作，减少有害冲击
5	离心离合器不宜用于变速传动和启动过程太长的场合	离心离合器是靠离心体产生离心力，通过摩擦力来传递扭矩，以达到自动分离和接合。它所传递的转矩与转速的平方成正比，因此不宜采用于变速传动和低速传动系统。由于离心体相对于从动体的接合过程实际上是一个摩擦打滑的过程，在主、从动侧未达到同步前，伴随有摩擦发热和磨损及能量的消耗，因此离心离合器也不宜用于频繁启动工况和在启动过程太长的场合	
6	带负载直接启动困难的机械，宜采用离合器取代联轴器	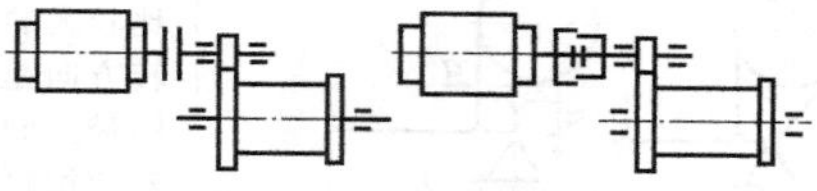 差　好 用离合器取代联轴器实现平稳启动	某些大型机械带负载直接启动困难，且启动功率和转矩很大，宜用离合器代替联轴器以实现平稳启动。例如将柱销联轴器改为气压离合器，实现分离启动，启动平稳，延长了电动机和机械设备的寿命
7	启动频繁且需要经常正、反转的传动系统中，宜设置离合器	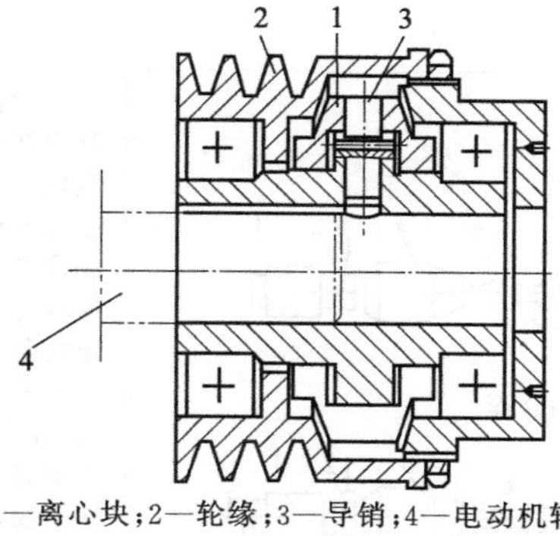 2　1　3 4 1—离心块；2—轮缘；3—导销；4—电动机轴	在传动系统中，如果电动机启动频繁，且需要经常正、反转，在较大的启动电流作用下，电动机易发热烧毁。在这种情况下，宜在传动系统中设置离合器，使电动机能够实现空载启动 例如，一般机械常在电动机轴上安装主动带轮，如在带轮内设置离心离合器，则使电动机启动时离合器处于分离状态，随着电动机转速增加，离合器的三块锥面离心块 1 沿导销 3 做径向移动，直至与轮缘 2 内锥面紧紧接触，从而带动带轮做正向转动。当电动机反向时，其过程必然是逐渐减速到零再反转，离心块 1 上的离心力也逐渐减少至零，离心块与带轮内缘分离。当电动机反转逐渐增速时，离心块又受离心力作用沿导销飞出，使离心块压紧皮带轮内锥面，从而带动带轮做反向转动。由此不论正转或反转均实现了空载平稳启动，保护了电动机

18.2.2 制动器应用图例及禁忌

制动器应用图例及禁忌见表 18-2。

表 18-2　制动器应用图例及禁忌

序号	设计应注意的问题	图例	说明
1	对于重要的机械装置，不要把自锁的蜗杆机构当制动器使用	误　正	蜗杆机构的自锁作用是不够可靠的，因为当它磨损时就有可能失去自锁作用，会导致发生严重事故，对于起重装置、电梯等，自锁失效会引起严重后果的重要机械装置，所以不要用自锁的蜗杆机构当制动器使用。当采用蜗杆机构传动时，必须另设置制动器或停止器，因为蜗杆机构本身只起辅助的制动作用
2	尽量不采用单瓦块制动器	差　好	瓦块制动器结构简单，但无论是外抱式瓦块或内胀式瓦块都尽量不采用单瓦块制动器，因此在制动时，制动轴承将承受严重的弯曲 采用对称布置的双瓦块制动器，在制动时可使制动轮轴免受弯曲，因而得到了广泛的应用
3	要注意带式制动器中制动轮轴的回转方向(一)	a　d　b 正　误　正 双向回转带式制动器	带式制动器结构简单、紧凑，可产生比较大的制动力矩，但是制动轮轴的回转方向是有一定要求的。图所示简单的带式制动器，在正常情况下，制动带轮应按顺势针方向回转，如果回转方向改变，则制动力矩会减小，因此不宜用于需要双向回转的机械中
4	要注意带式制动器中制动轮轴的回转方向(二)	如果制动轮轴需要双向回转，则应使用带的两端力臂相同的制动器，这样制动力矩就不受制动轮轴回转方向的影响了	
5	对于高安全性的传动系统，应设置两级以上	5　4　3　2　1　6 (a) 误 5　3　2　1　4　6　7 (b) 正 1—电动机；2，4—电磁制动器；3—行星齿轮减速器；5—锥齿轮；6—低速级驱动绳轮；7—制动轮	一般情况下，制动器应设置在传动系统中转速较高的轴上，这样所需制动力矩较小，制动器尺寸就可以小。但是对于安全性要求很高或起吊危险物品等场合则需要设置两级制动器，甚至在低速轴上，也有必要加装足够大的制动力矩的制动器 例如，图(a)所示为一客运索道传动机构，在行星齿轮减速器 3 前后各装一电磁制动器 2 和 4，调整两级制动可使索道平稳制动停车。但是，如果电磁制动器 4 以后的零件发生断裂，则索道会失去控制，发生危险。改图(b)所示结构，在低速级驱动绳轮 6 上设置事故制动轮 7，可保安全，在电动机 1 两端设置制动器 2、4 可以达到两级制动效果 另外，在提升机构中，用一个原动机来驱动几个机构时，每个机构也应单独设置制动器

第19章

弹簧

19.1 弹簧概述

19.1.1 弹簧的功用和类型

弹簧受外力作用后能产生较大的弹性变形，在机械设备中广泛应用弹簧作为弹性元件。弹簧的主要功用有：①控制机构的运动或零件的位置，如凸轮机构、离合器、阀门以及各种调速器中的弹簧；②缓冲及吸振，如车辆弹簧和各种缓冲器中的弹簧；③存储能量，如钟表、仪器中的弹簧；④测量力的大小，如弹簧秤中的弹簧。

弹簧的种类很多，从外形看，有螺旋弹簧、环形弹簧、碟形弹簧、平面涡卷弹簧和板簧等。

螺旋弹簧是用金属丝（条）按螺旋线卷绕而成，由于制造简便，所以应用最广。按其形状可分为圆柱形、截锥形等。按受载情况又可分为拉伸弹簧、压缩弹簧和扭转弹簧，见表 19-1。

表 19-1 螺旋弹簧

序号	名称	图例	序号	名称	图例
1	圆柱形拉伸弹簧		3	截锥形压缩弹簧	
2	圆柱形压缩弹簧		4	圆柱形扭转弹簧	

环形弹簧和碟形弹簧都是压缩弹簧，在工作过程中，一部分能量消耗在各圈之间的摩擦上，因此具有很高的缓冲吸振能力，多用于重机械的缓冲装置。平面涡卷弹簧（或盘簧）轴向尺寸很小，常用作仪器和钟表的储能装置。板弹簧是由许多长度不同的钢板叠合而成，主要用作各种车辆的减振装置，见表 19-2。

表 19-2 环形弹簧、碟形弹簧，平面涡卷弹簧（或盘簧）和板弹簧

序号	名称	图例	序号	名称	图例
1	环形弹簧		3	平面涡卷弹簧或盘簧	
2	碟形弹簧		4	板弹簧	

19.1.2 弹簧的制造和材料

(1) 弹簧的制造

螺旋弹簧的制造过程包括卷绕、两端面加工（指压簧）或挂钩的制作（指拉簧和扭簧）、热处理和工艺性试验等。

大批生产时，弹簧的卷制是在自动机床上进行的，小批生产则常在普通车床上或者手工卷制。弹簧的卷绕方法可分为冷卷和热卷两种。当弹簧丝直径小于 10mm 时，常用冷卷法。冷卷时一般用冷拉的碳素弹簧钢丝在常温下卷成，不再淬火，只经低温回火消除内应力。热卷的弹簧卷成后须经过淬火和回火处理。弹簧在卷绕和热处理后要进行表面检验及工艺性试验，以鉴定弹簧的质量。

弹簧制成后，如再进行强压处理，可提高承载能力。强压处理是将弹簧预先压缩到超过材料的屈服极限，并保持一定时间后卸载，使簧丝表面产生与工作应力方向相反的残余应力，受载时可抵消一部分工作应力，因此提高了弹簧的承载能力。经强压处理的弹簧，不宜在高温、变载荷及有腐蚀性介质的条件下应用。因此在上述情况下，强压处理产生的残余应力是不稳定的。受变载荷的压缩弹簧，可采用喷丸处理提高其疲劳寿命。

(2) 弹簧的材料

弹簧在机械中常承受具有冲击性的变载荷，所以弹簧材料应具有高的弹性极限、疲劳极限、一定的冲击韧性、塑性和良好的热处理性能。常用的弹簧材料有优质碳素弹簧钢、合金弹簧钢和有色金属合金，见表 19-3。

表 19-3 常用的弹簧材料

序号	名称	说明
1	碳素弹簧钢	含碳量在 0.6%～0.9%之间，如 65、70、85 等碳素弹簧钢。这类钢廉价易得，热处理后具有较高的强度、适宜的韧性和塑性，但当弹簧丝直径大于 12mm 时，不宜淬透，故仅适用于小尺寸的弹簧
2	合金弹簧钢	承受变载荷、冲击载荷或工作温度较高的弹簧，需采用合金弹簧钢，常用的有硅锰钢和铬钒钢等
3	有色金属合金	在潮湿、酸性或其他腐蚀性介质中工作的弹簧，宜采用有色金属合金，如硅青铜、锡青铜、铍青铜等

选择弹簧材料时应充分考虑弹簧的工作条件（载荷的大小及性质、工作温度和周围介质的情况）、功用及经济性等因素。一般应优先采用碳素弹簧钢丝。

19.2 弹簧图例及禁忌

19.2.1 弹簧实用图例

(1) 平弹簧及应用

平弹簧在机构中的应用见表 19-4。

表 19-4 平弹簧在机构中的应用

序号	图例	说明
1		适合长度的 U 形弹簧可使这个装置获得近似的恒力。两个销钉不能在同一直线上，否则弹簧将脱落
2	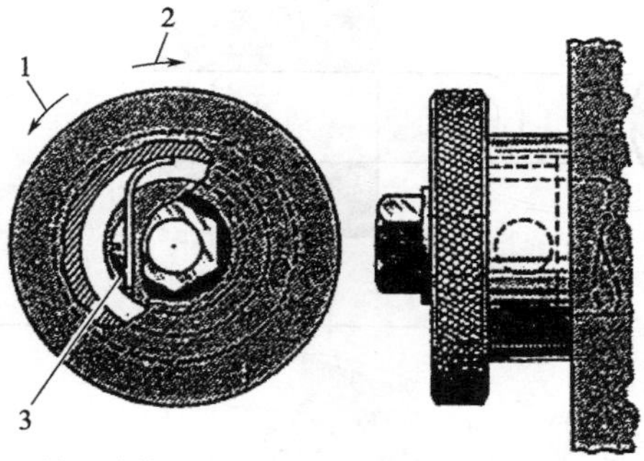 1—旋钮转轴；2—滑动旋钮；3—弹簧通常是平直的	平的线形挡圈在装配旋钮前是平直的，装配旋钮后，张紧力将有助于挡圈单向的锁紧
3	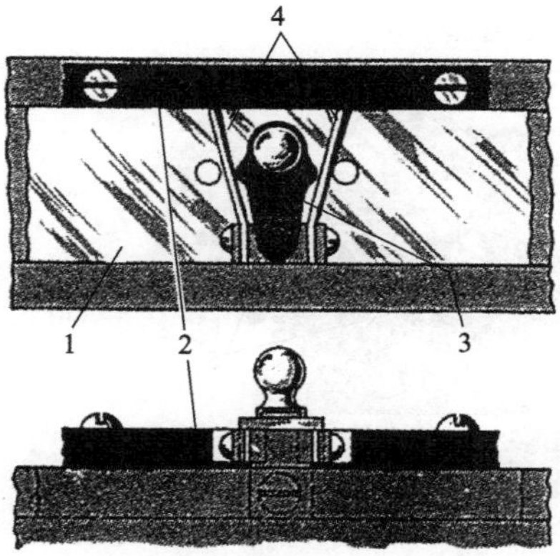 1—滑块；2—压紧条；3—手柄；4—压紧弹簧被提前预紧	当手柄 3 销推动压紧弹簧与压紧条 2 脱离接触时，可以使滑块 1 很容易地定位

续表

序号	图例	说明
4	1—片弹簧；2—滑块	靠弹簧加载的滑块2在弹簧伸展时总是要返回它的初始位置，除非它一直被压着
5	1—上板；2—下板	当增加上、下板上的载荷时，板间增加的支撑区域靠一个环形弹簧来提供
6		弹簧中近似恒定的张紧力和作用在滑块上的力都是靠一个单线圈弹簧来提供的
7	1—机架	这个螺旋形弹簧使轴向机架方向移动，从而得到最大的轴向位移
8	1—复位弹簧；2—弹性挡圈；3—滑块；4—从动摩擦圆盘驱动齿轮；5—驱动滚子(没有被固定在齿轮上)	复位弹簧1确保这个双向驱动装置的操作手柄总是能返回它的中间位置

续表

序号	图例	说明
9	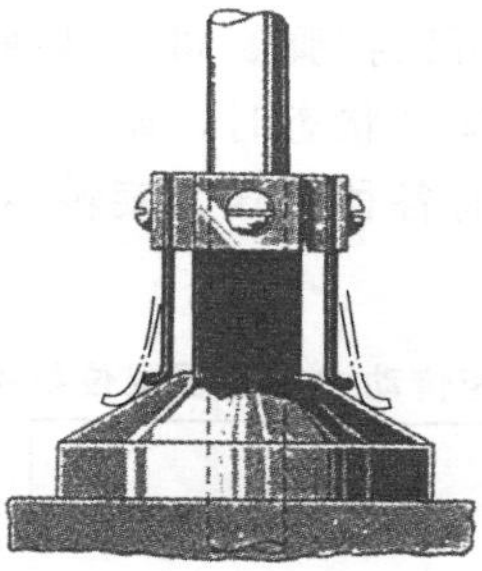	因为锥角很小，所以这个缓冲器装置能迅速增加弹簧张紧力。这个装置的反弹也是最小的
10	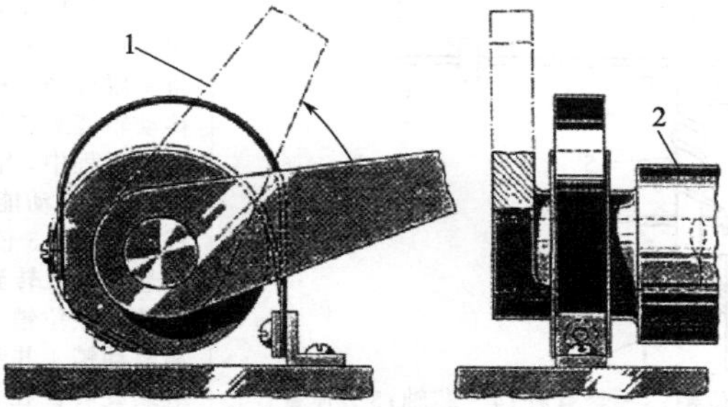 1—手柄的最大位置处；2—摩擦驱动器	当旋转手柄推动摩擦驱动器时，这个靠弹簧固定的圆盘将改变其中心位置。这个圆盘也可以充当内置的挡块
11	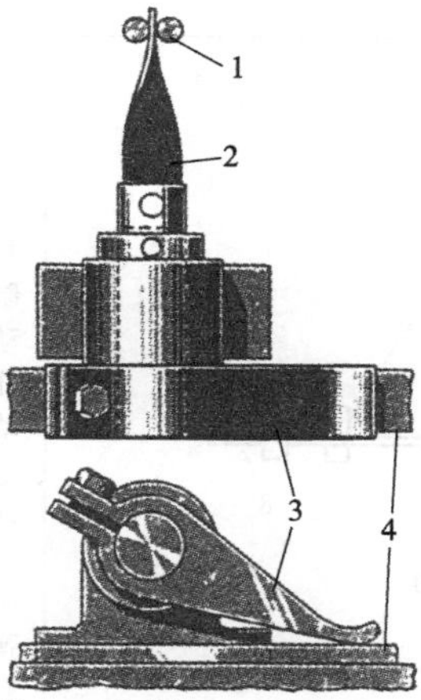 1—支撑栓；2—平弹簧；3—装夹杠杆；4—工件	这个压力装夹装置中的平弹簧 2 在装配时有个预先扭曲，以便可以对薄零件提供夹紧力
12	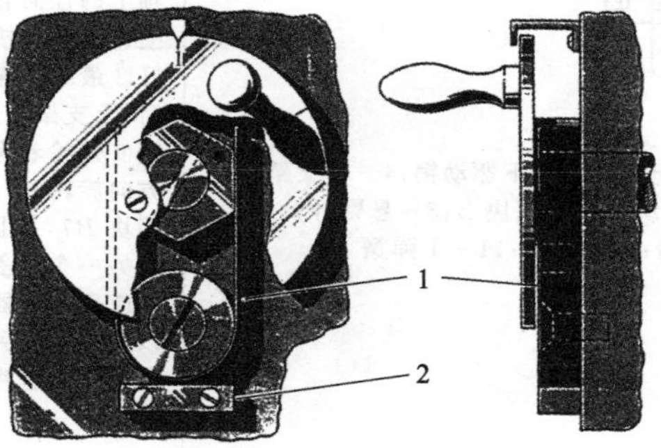 1—弹簧；2—弹簧支撑	借助于图中的平弹簧的安装，分度可以在简单、有效和价格便宜的情况下实现

(2) 低转矩传动中的弹簧限位机构

在仪器和控制设计中限位弹簧机构应用广泛。表19-5所示的装置都在输出运动达到极限位置时进行限位。例如，在一个装置中可以把弹簧机构放置在传感元件和标识元件之间，起到过载保护的作用。当输入轴处于自由运动状态时，调节控制器的指针停止前沿正向被拨到其极限位置。这里所述的前六种机构具有各种形式的旋转运动，最后一种机构具有很短的线性运动。

表19-5 低转矩传动中的弹簧限位机构

序号	名称	图例	说明
1	单向限位机构	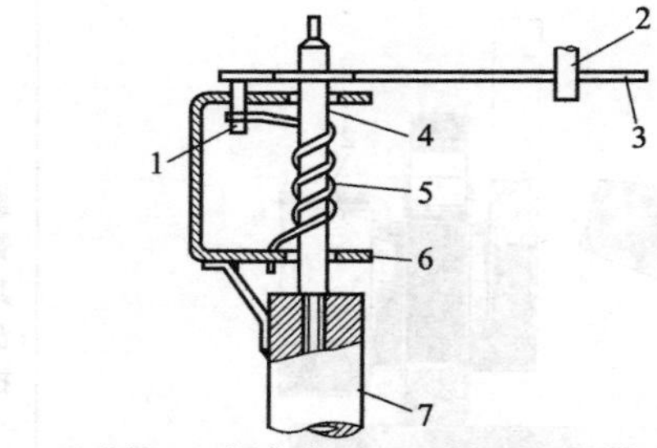 1—驱动销；2—限位销；3—悬臂杆；4—芯轴；5—弹簧；6—支架；7—驱动轴	这个机构中的悬臂杆几乎能旋转360°。它的移动仅仅受限位销2的限制。在一个方向上，驱动轴7的运动也将受限位销2的限制。但在反方向上，传动轴能旋转越过限位销2将近270°。操作过程中，当驱动轴7沿顺时针方向旋转时，运动能够通过支架传递给悬臂杆3。弹簧5依靠驱动销1支撑支架。当悬臂杆3转到设定位置时，它撞上可调整的限位销2。然而，通过将支架移离驱动销1并卷紧弹簧5，驱动销1能继续旋转。在设备中使用动力驱动元件(如双金属元件)时，采用限位机构是很重要的，以防止在过载区域造成破坏
2	双向限位机构	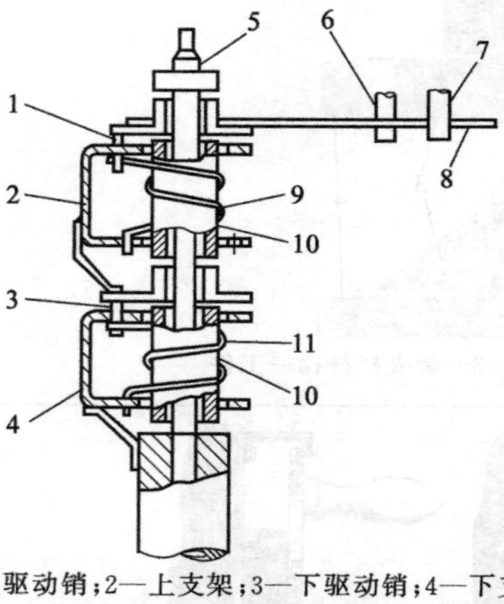 1—上驱动销；2—上支架；3—下驱动销；4—下支架；5—芯轴；6—挡块A；7—挡块B；8—悬臂杆；9—上弹簧；10—垫片；11—下弹簧	这个机构与上图的机构类似，只是它有两个限位销来限制悬臂杆的运动。并且输入运动能在任何一个方向上控制输出运动。采用这个装置，只需将驱动轴总转动中的一小部分传递给悬臂杆8，这一小部分可以发生在驱动轴转动范围的任何地方。驱动轴的运动通过下支架4传递到下驱动轴上，这个驱动销在下支架4上的弹簧拉紧。下驱动销3通过上支架2向上驱动销1依次传递运动。另一个在上支架2上的弹簧拉紧上驱动销1。当上悬臂杆8没有到达挡块A6或B7的位置时，由于上驱动销1和悬臂杆8相连，所以驱动轴上的任何转动都能传递到这个杠杆上。驱动轴按逆时针方向旋转时，悬臂杆8最终将撞上可调整的挡块A6。然后，上支架2远离上驱动销1，并且上弹簧9开始卷紧。驱动驱动轴按顺时针方向旋转时，悬臂杆8将撞上可调整的挡块B7，并且下支架4远离下驱动销3，另一个弹簧卷紧。限位弹簧机构主要应用在仪器仪表中，但重载机械也可以通过增加弹簧和其他承载元件的强度来应用这些机构

续表

序号	名称	图例	说明
3	双向、限行程限位机构	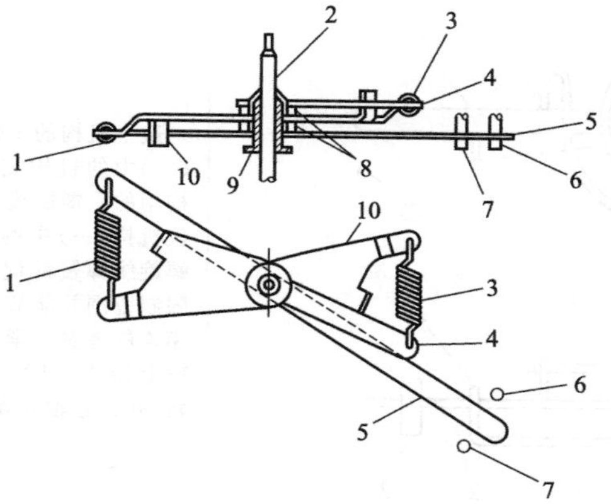 1—弹簧 A；2—芯轴；3—弹簧 B；4—芯轴杠杆；5—悬臂杆；6—挡块 B；7—挡块 A；8—垫圈；9—衬套；10—支架	这个机构除了在每个方向上的最大控制角度限制到 40°外，其功能与上图的机构完全相同。相比之下，上图中的机构能转动 270°。这个机构适用于需要最大部分的输入运动以及很小的在两个方向上远离挡块的运动。当芯轴 2 旋转时，运动由芯轴杠杆 4 传递到支架 10。芯轴杠杆 4 通过弹簧 $B3$ 与支架 10 发生联系。然后，通过弹簧 $A1$ 拉动悬臂杆 5，支架 10 的运动以相似的方式传递给悬臂杆 5，直到杠杆到达挡块 $A7$ 或 $B6$ 的位置。当芯轴 2 逆时针旋转时，悬臂杆 5 最终停留在挡块 $B6$ 的位置。如果芯轴杠杆 4 继续推动支架 10，弹簧 $A1$ 将被压紧
4	单向 90°限位机构（一）	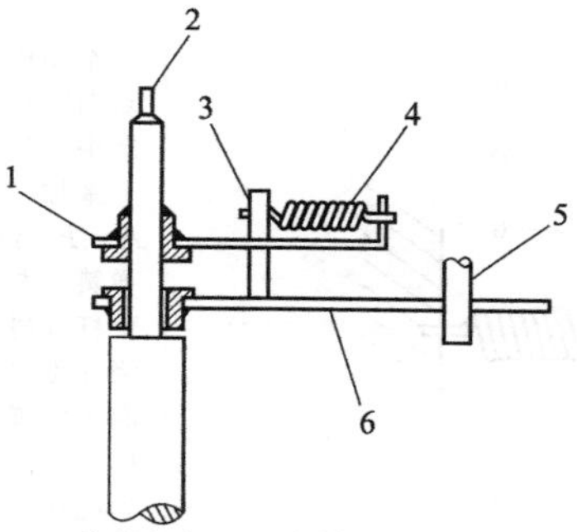 1—芯轴杠杆；2—芯轴；3—驱动销；4—弹簧；5—可调挡块；6—悬臂杆	这是一个独立的限位机构，允许以挡块为起始位置的最大旋转角达 90°。图示机构为顺时针方向转动的，但也可以做成逆时针方向转动的。安装到芯轴 2 上的芯轴杠杆 1 将芯轴的转动传递给悬臂杆 6。芯轴杠杆 1 上的弹簧 4 拉紧驱动销 3，直到悬臂杆 6 到达可调挡块 5 的位置。此后，如果芯轴 2 继续转动，弹簧 4 将处于拉紧状态。在逆时针方向上，驱动销 3 将直接接触到芯轴杠杆 1，所以不能进行限位
5	双向 90°限位机构	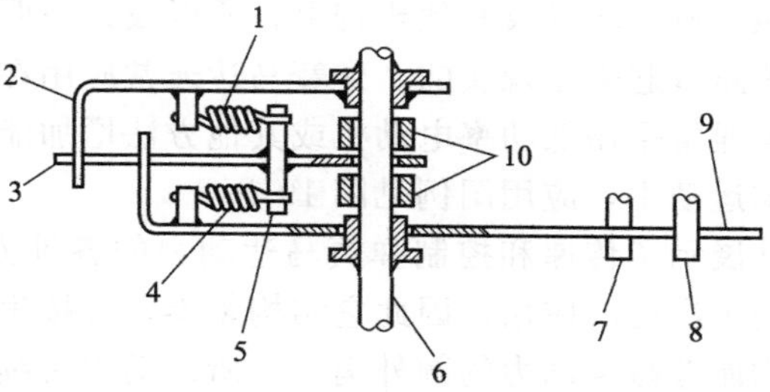 1—弹簧 A；2—支架；3—芯轴杠杆；4—弹簧 B；5—芯轴销；6—芯轴；7—挡块 A；8—挡块 B；9—悬臂杆；10—垫片	这个双向限位机构允许每个方向的最大转角达到 90°，当芯轴 6 转动时，运动由支架 2 传递到芯轴杠杆 3，然后再到悬臂杆 9。支架 2 和悬臂杆 9 被在芯轴杠杆 3 上的弹簧 $A1$ 和 $B4$ 拉紧。当芯轴 6 逆时针旋转时，悬臂杆 9 碰上挡块 $A7$。由于芯轴杠杆 3 与悬臂杆 9 固连，所以安装在芯轴 6 上的支架 2 继续旋转并与芯轴杠杆 3 脱离，是弹簧 $A1$ 张紧。当芯轴 6 顺时针旋转时，悬臂杆 9 碰到挡块 $B8$，并且支架 2 推动芯轴杠杆 3，使弹簧 $B4$ 张紧

续表

序号	名称	图例	说明
6	单向90°限位机构(二)	1—弹簧 A；2—悬臂杆；3—挡块；4—芯轴杠杆 B；5—芯轴	这个机构的工作与单向90°限位机构(一)中的机构完全相同。只是这个机构用的平螺旋线弹簧代替了单向90°限位机构(一)中的螺旋形线圈弹簧。平螺旋线弹簧的优点是可以获得较大的限制范围并能节省空间。与芯轴杠杆4相连的弹簧拉紧悬臂杆2。当悬臂杆2碰上挡块3时，芯轴杠杆4能继续旋转，并且芯轴5卷紧弹簧1
7	双向限位的线性位移机构	1—挡块 A；2—挡块 B；3—悬臂杆；4—输入杠杆 B；5—弹簧；6—支点 A；7—支点 B；8—支点 C	本图所示的是针对小的线性运动的双向限位机构，它也可以被用在旋转运动中。当在绕 C 点转动的输入杠杆4上施加一个力时，运动直接通过支点 $A6$、$B7$ 传到悬臂杆3上，悬臂杆3通过弹簧5与这两个支点紧密接触。当悬臂杆3碰到可调挡块 $A1$ 时，悬臂杆3绕支点 $A6$ 旋转，并且脱离支点 $B7$，从而压紧弹簧5。当撤销作用力时，输入杠杆4沿反方向运动直到悬臂杆3碰到挡块 $B2$，这使悬臂杆3绕支点 $B7$ 旋转，而支点 $A6$ 脱离悬臂杆3

(3) 弹簧马达应用

弹簧马达广泛应用在钟表、照相机、玩具及其他机构上，所以设计在明确的时间范围内工作的机构时，应用弹簧马达的思路看起来是现实的。弹簧马达通常应用在小功率、其他动力源不可用或不实用的情况下，但通常采用低功率电动机或其他方法增加能量，弹簧马达还可以用在需要大转矩或高速的间隙运动中，应用图例见图19-1。

下面几个弹簧马达的专利设计展示了传递和控制弹簧马达动力的各种方法，见图19-2。安装在卷筒内的平螺旋形弹簧得到了广泛的应用，因此它结构紧凑，直接生成转矩，允许大的角位移。齿轮传动链和反馈机构能够减少动力的额外消耗，所以动力持续时间长。调节器通常用来控制角速度。

(4) 空气弹簧

① 用空气弹簧驱动的机构

用空气弹簧驱动机构的8种方式见表19-6。

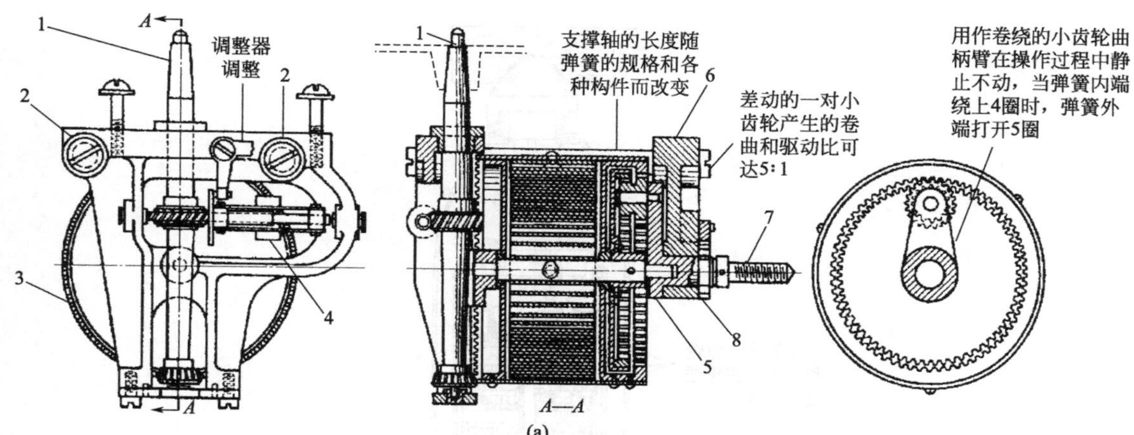

(a)

1—转动轴；2—支撑轴；3—驱动齿轮；4—调整器；5—小齿轮曲臂轴；6—后机架；7—卷轴*A*；8—卷绕棘轮

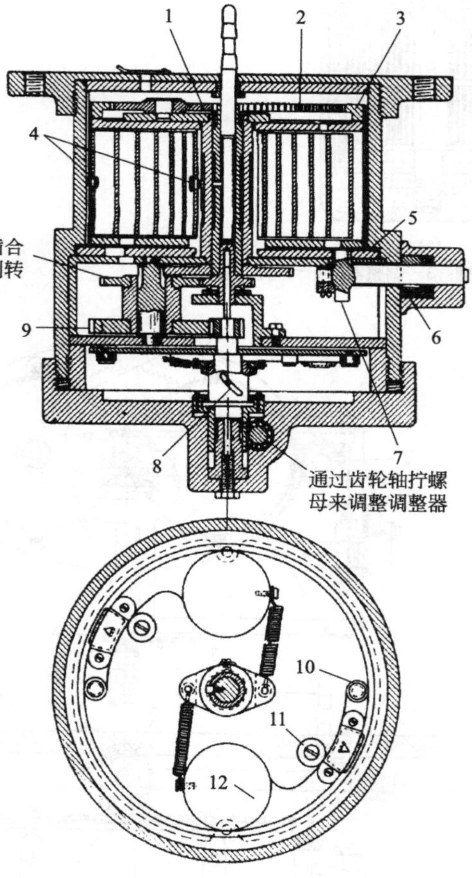

传递啮合
运动到转
动轴

通过齿轮轴拧螺
母来调整调整器

齿轮滑入实
现啮合，滑
出脱离啮合

(b)

1—空套齿轮；2—驱动小齿轮；3—内驱动齿轮；4—弹簧端部；5—缠绕盘；6—单方向转动的凸轮滚子；7—缠绕小齿轮；8—调整器弹簧调整凸轮；9—调整器传动齿轮；10—支点；11—挡块；12—重物

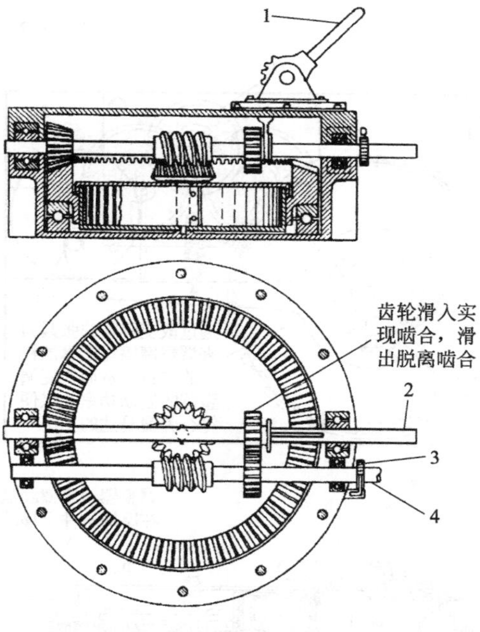

(c)

1—齿轮轴杆；2—驱动轴；3—棘轮机构；4—卷轴

图 19-1 弹簧马达的典型应用

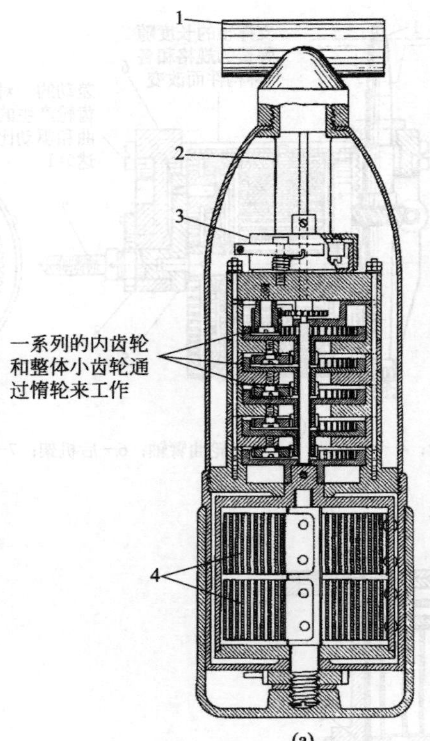

(a)

1—剃刀；2—高速轴；3—调整器；4—弹簧马达

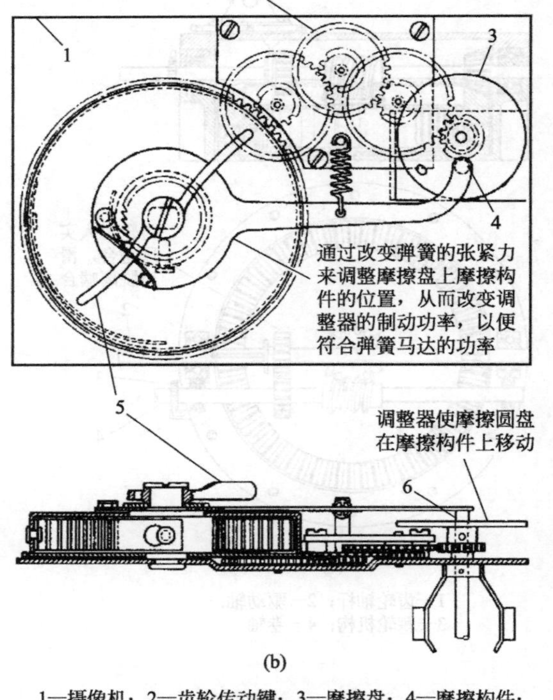

(b)

1—摄像机；2—齿轮传动键；3—摩擦盘；4—摩擦构件；
5—卷紧扳手；6—弹簧马达

罩绕着固
定的小齿
轮旋转

(c)

1—卷曲弹簧元件；2—驱动轴；3—棘爪；4—棘轮；5—机架；
6—卷轴；7—驱动齿轮；8—调整器；9—缠绕机构

图 19-2　常见弹簧马达的专利设计

表 19-6　用空气弹簧驱动机构的 8 种方式

序号	名称	图例	说明
1	线性动力连杆机构	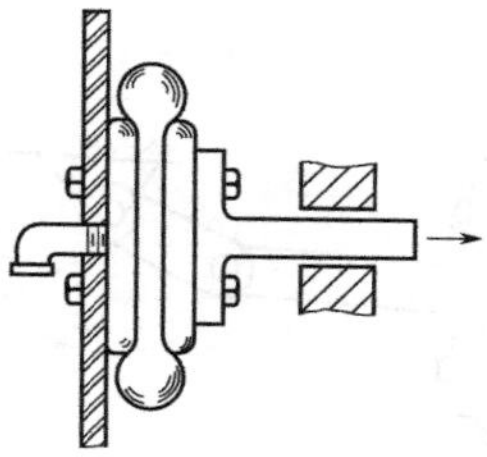	用一个或两个褶合的空气弹簧来驱动导杆。这个导杆通过重力、反向力、金属弹簧或者有时靠空气弹簧的内部刚性返回初始位置
2	旋转动力连杆机构	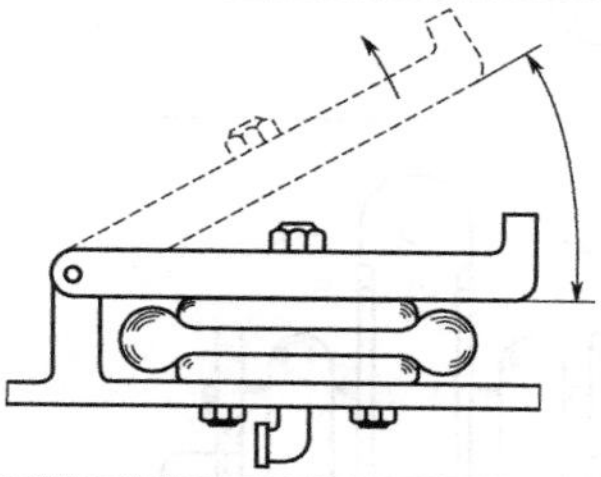	旋转圆盘可由一个或两个褶合的空气弹簧驱动，实现 30°角的旋转。角度大小的限制取决于弹簧可实现多大的偏转
3	夹钳	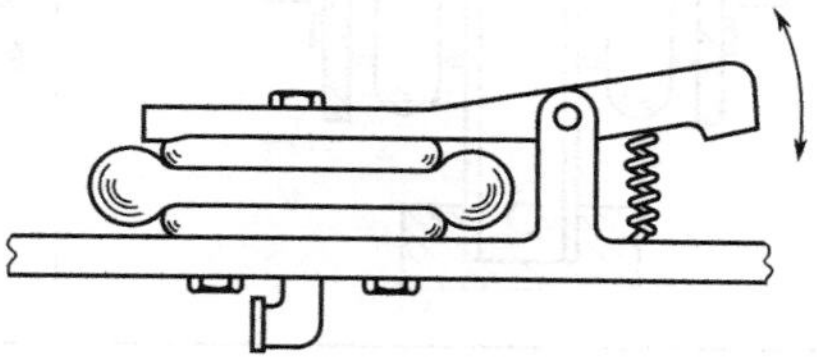	夹头通常由金属弹簧撑开。开空气弹簧使夹钳合紧。夹钳的夹头张开的角度可以达到 30°
4	直接作用的压力机	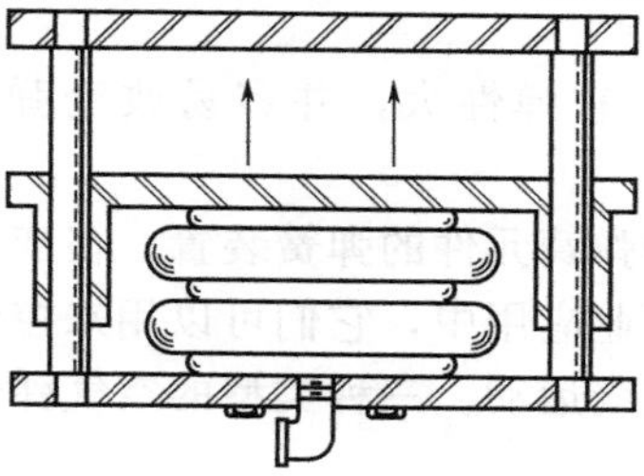	将一个、两个或三个褶合的空气弹簧单独安装或组成一组，它们组成使用时会自动稳定，重力使平台返回它的初始位置
5	旋转轴驱动器	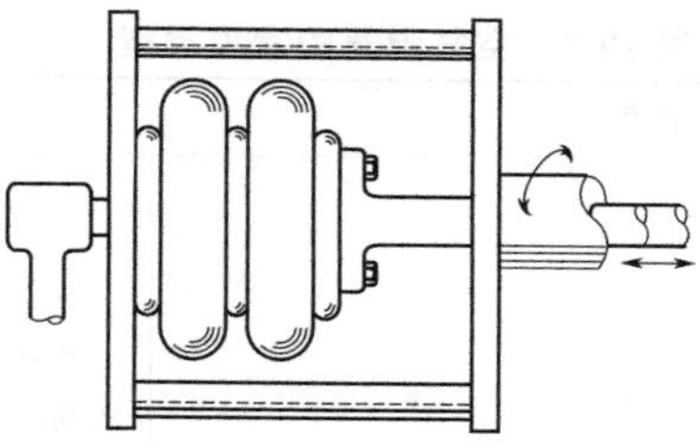	当轴旋转时，驱动器使轴纵向移动。可以采用一个、两个或三个褶合的空气弹簧。在旋转轴与空气弹簧需要一个标准的接头
6	往复线性动力的连杆机构	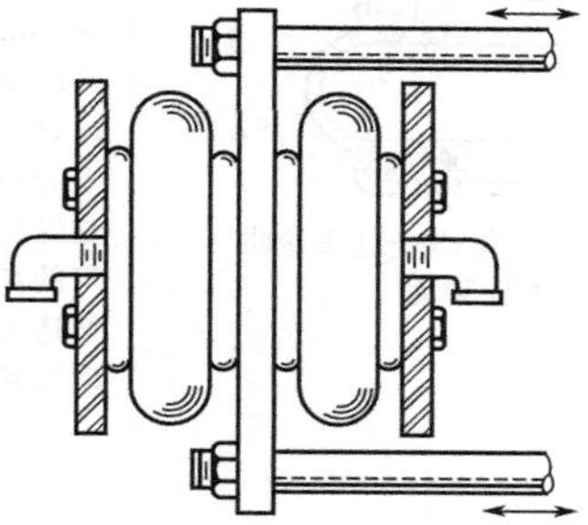	它与一个、两个或者三个背靠背安装的褶合的空气弹簧一起做往复运动。采用两个或者三个褶合的空气弹簧时，它们的动力杆需要导向

续表

序号	名称	图例	说明
7	摆动机构		它通过曲轴 145°的摆动使从动杆转动。由于连杆销的圆弧轨迹，它允许有一个小于 30°的倾角。用金属弹簧或反向力使连杆回位
8	往复转动机构		它由两个褶合的空气弹簧组成。能摆动达 30°。可以将一个大的空气弹簧与一个小的弹簧或一个加长的杠杆配对使用

② 空气弹簧的常见类型

空气是一种理想的负载介质。它弹性大，并容易改变弹簧的弹性系数，不产生永久变形。

空气弹簧是利用压缩空气作为弹簧元件的弹簧装置。在变载荷下，空气弹簧也能保持柔软的乘坐和固定的车辆高度。在工业应用中，它们可以用来控制振动（隔离或放大振动）和驱动连杆机构，以便提供转动或直线运动。三种类型的空气弹簧（气囊、滚用套筒和滚动膜板）见表 19-7。

表 19-7 空气弹簧的常见类型

序号	名称	图例	说明
1	褶合气囊	2 1 2 3 4 1—管螺纹;2—底座孔或螺栓孔;3—边缘卷曲的侧边盖板;4—柔性弹簧	一个单独的褶合空气弹簧从侧面看像一个轮胎,它虽然行程有限,但是弹性系数比较高。对于大多数尺寸的弹簧,不需附加装置,它的自然频率就可以达到 2.5Hz(150 周/min),对于最小的尺寸来说,频率高达 4Hz(240 周/min)。其横向刚性很高。因此,弹簧在用于工业振动的隔离时,其横向十分稳定。它可以通过手动操作充满或通过连接压力调节器填充空气,使其膨胀到固定的高度。当需要短的轴向长度时,这类弹簧还可以驱动连杆机构,但它很少被用在机动车辆的悬挂系统中

续表

序号	名称	图例	说明
2	滚动套筒式弹簧	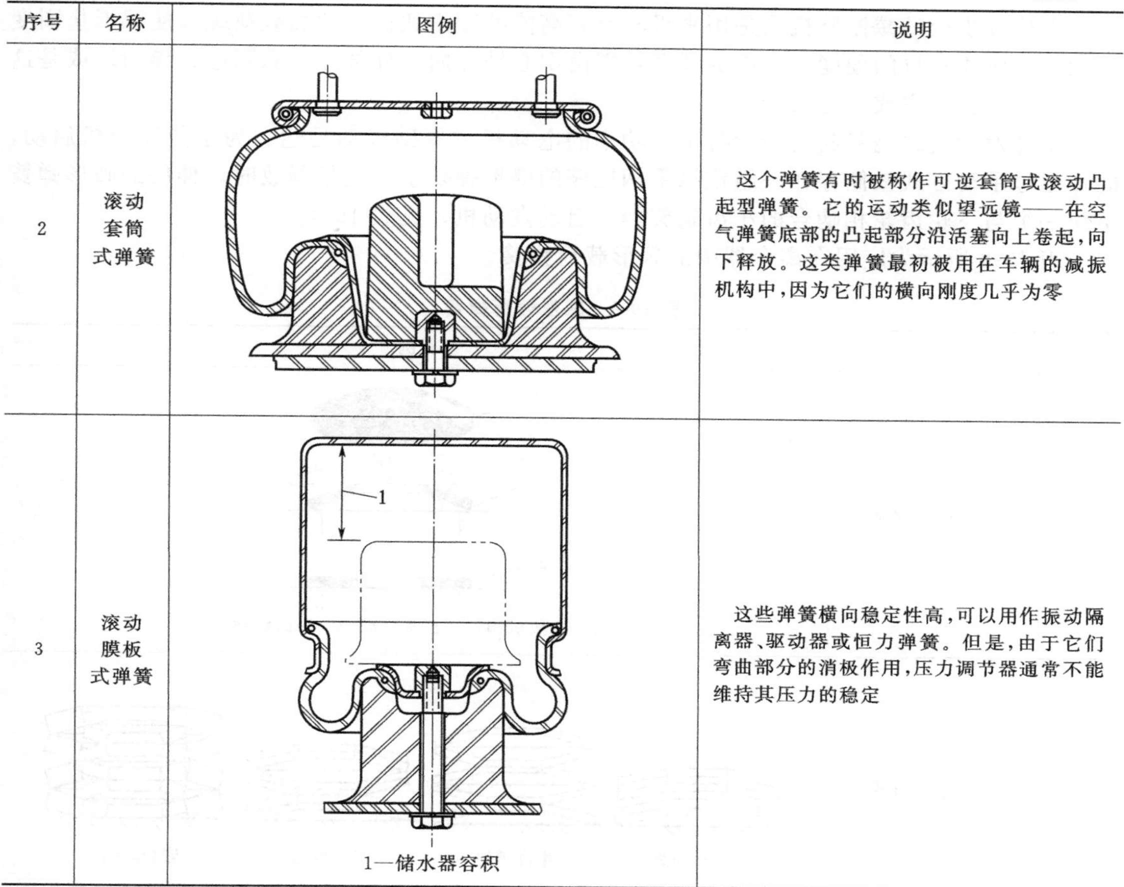	这个弹簧有时被称作可逆套筒或滚动凸起型弹簧。它的运动类似望远镜——在空气弹簧底部的凸起部分沿活塞向上卷起，向下释放。这类弹簧最初被用在车辆的减振机构中，因为它们的横向刚度几乎为零
3	滚动膜板式弹簧	1—储水器容积	这些弹簧横向稳定性高，可以用作振动隔离器、驱动器或恒力弹簧。但是，由于它们弯曲部分的消极作用，压力调节器通常不能维持其压力的稳定

(5) 碟形弹簧

碟形弹簧是一种具有不同高度（h）和厚度（t）比的低矮轮廓的锥度环，碟形弹簧常有四种组合方式，见表 19-8。

碟形弹簧具有各种广泛的应用。

① 当弹簧的高度、厚度比（h/t）约为 0.4 时，具有近似线性弹性系数和小变形的高抗载荷能力。

② 当弹簧的高度、厚度比在 0.8 和 1.0 之间时，作为紧固件和支撑件及在组成使用时，几乎能达到线性弹性系数。

③ 当弹簧的高度、厚度比在 1.6 左右时，从 60%的变形开始达到一个固定弹性系数(与完全压缩平面的位置有关)，并逐步达到平面位置，如果有需要，可反向变形达 140%。在多数应用中，水平位置是运动的极限位置。如果变形超过水平位置，那么必须允许接触件做自由运动。

具有固定弹性系数的碟形弹簧可以应用在车床尾部部件的活动芯轴上。由于尾部部件受热膨胀，碟形弹簧能吸收部件长度的变化而不增加任何负载，所以车床能正常工作。

④ 当弹簧的高度、厚度比超过 2.5 时，弹簧是刚性的。如果稳态点（曲线的最高点）被超过，弹性系数为负，使抵抗力迅速下降。如果允许，碟形弹簧将迅速通过它的平面位置。换句话说，它将使自己内外颠倒。

成组工作、并行排列安装的组成碟形垫圈已经成功应用在各种情况下。

手枪或步枪的减振器机构是用来吸收反复高能的冲击载荷。预加载荷螺母使碟形垫圈变形到它们所要抵抗的硬度。组成的碟形垫圈由中心轴导向，外部导向靠圆柱、导向环或是这些部件的组合来完成，见表 19-8。

柴油发动机的绕紧起动器代替了大功率的电动机或辅助气动马达。为了使发动机启动，能量通过手动方式被储存在一组依靠手柄压缩的碟形弹簧里。能量释放时，伸展的碟形弹簧组使一个与飞轮齿轮相啮合的小齿轮旋转，启动发动机，见表 19-8。

表 19-8 所示为应用在离合器中的碟形载荷弹簧。

表 19-8　碟形载荷弹簧

序号	名称	图例
1	基本碟形弹簧	1 2 P t h 3 P_0 1—经典机构；2—正常负载；3—平面负载
2	四种组合方式	串行排列　串行排列　并串组合　嵌套排列
3	高冲击能的减振机构	1 2 3 1—冲击表面；2—正常负载；3—平面负载

续表

序号	名称	图例
4	柴油发动机的绕紧起动器	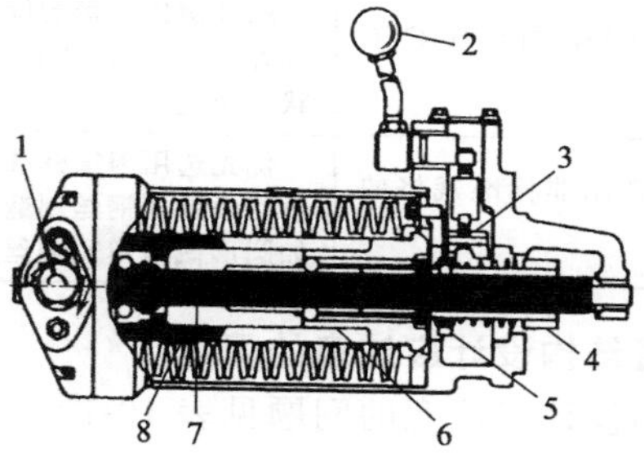 1—绕紧轴;2—控制手柄;3—棘爪;4—小齿轮;5—棘轮;6—球螺母;7—主轴;8—套筒
5	离合器负载弹簧	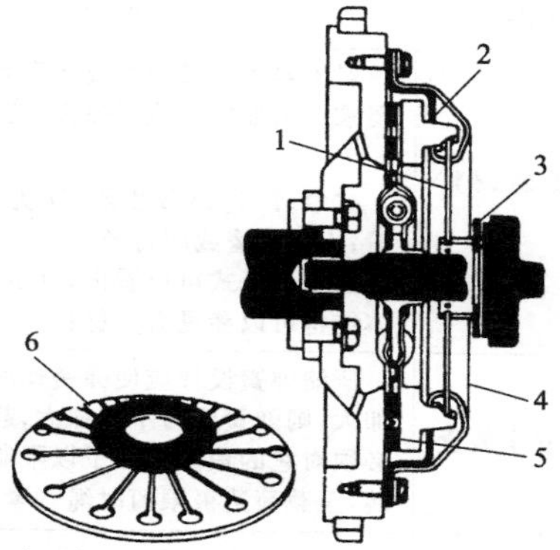 1—带槽弹簧;2—传动平板;3—释放环;4—端盖;5—摩擦面;6—带槽弹簧的详图

(6) 圆柱螺旋扭转弹簧

扭转弹簧的外形和拉压弹簧相似，但承受的是绕弹簧轴线的外加力矩，主要用于压紧和储能，例如门上的铰链复位，电机中保持电刷的接触压力等。为了便于加载，其端部常做成图 19-3 所示的结构形式。

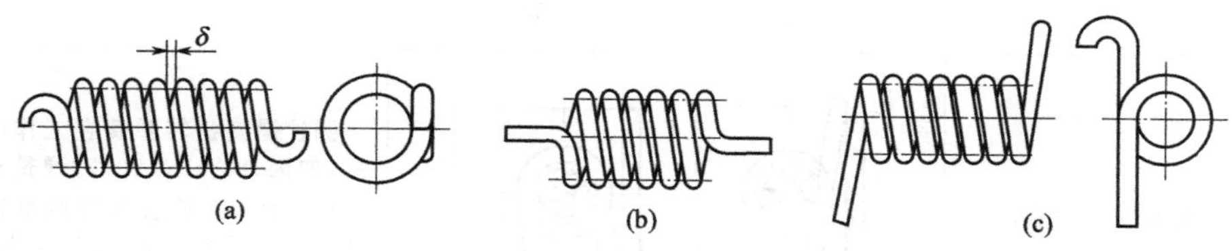

图 19-3　扭转弹簧端部结构

19.2.2　弹簧结构设计禁忌

(1) 正确确定弹簧系数

确定弹簧系数应注意的问题见表 19-9。

表 19-9　确定弹簧系数应注意的问题

序号	设计应注意的问题	说明
1	螺旋压缩弹簧受最大工作载荷时应有一定余量	随着弹簧受力不断增加，螺旋压缩弹簧的弹簧丝逐渐靠近，在达到工作载荷时，各弹簧丝之间必须留有间隙，以保证此时弹簧仍有弹性，否则在最大载荷下，弹簧各丝并拢，失去弹性，无法工作

续表

序号	设计应注意的问题	说明
2	圆柱螺旋弹簧的旋绕比 C 不宜太大或太小	圆柱螺旋弹簧的旋绕比 $C=D/d$，式中，D 为弹簧中径；d 为弹簧丝直径。推荐 $C=4\sim16$（GB/T 23935—2009）。C 太小则缠绕困难，C 太大则弹簧形状不稳定
3	尽量避免选用非标准规格的材料	优先选用国家标准（或部标准）规定的尺寸规格和截面形状。正方形或矩形截面弹簧钢丝制造的螺旋弹簧，吸收能量大，可减小弹簧体积，但来源不如圆形截面弹簧钢丝广泛，价格高、成形难，应避免选用

(2) 螺旋弹簧结构设计应注意的问题

螺旋弹簧结构设计应注意的问题见表 19-10。

表 19-10　螺旋弹簧结构设计应注意的问题

序号	设计应注意的问题	图例	说明
1	弹簧应有必要的调整装置	对于要求弹簧的力或变形数值比较精确的弹簧，只靠控制弹簧尺寸往往难以达到要求。例如螺旋拉压弹簧，其变形量 λ 可由下式计算： $\lambda=8FD^3n/Gd^4$ 式中，F 为弹簧载荷；D 为弹簧中径；n 为弹簧有效圈数；G 为弹簧材料的切变模量；d 为弹簧截面直径。 由以上公式可以看出，D、d 的较小误差会引起变形量 λ 的较大变化。调整装置具体结构可以参见有关材料	
2	拉伸弹簧应有安全装置	压缩弹簧设计应使弹簧丝所受应力接近其屈服强度时，弹簧丝并拢，此时如外载再加大，则弹簧应力不再加大，起安全作用。但拉伸螺旋弹簧没有对自身的保护作用，必须对它的最大变形予以限制。最简单的方法是在弹簧内装一棉线绳，拴在弹簧两端，至载荷达极限值时绳张紧，限制了弹簧继续伸长	
3	组合螺旋弹簧旋向应相反	误　正	圆柱螺旋弹簧受力较大而空间受到限制时，可以采用组合螺旋弹簧，使小弹簧装在大弹簧里面，可做成双层甚至三层的结构。为避免弹簧丝的相互嵌入，内、外弹簧旋向应相反。此外，为避免内、外弹簧相碰，应使弹簧端面平整
4	注意螺旋扭转弹簧的加力方向	P_1　P_2+P_1　P_2 P_2-P_1　P_1　P_2 (a) 误　(b) 正	圆柱螺旋扭转弹簧在工作中承受扭矩，如因外力 P_1、P_2 对弹簧产生扭矩作用。图(a)所示结构弹簧轴受力为 P_1+P_2，受力较大，而对于图(b)所示的结构，P_1、P_2 方向相反，使弹簧轴受力较小
5	自动上料的弹簧要避免互相缠绕，弹簧应采用封闭端结构	(a) 误　(b) 正	有些弹簧在机械上自动装配，用自动上料装置送到装配工位。这种弹簧设计应避免有钩、凹槽等，以免在供料时互相接触而嵌入纠结。如图(a)所示拉伸弹簧端部的钩宜改为环状

续表

序号	设计应注意的问题	图例	说明
6	用弹簧保持零件定位时，要求有一定的预压力		图所示装置要求中间零件在没有外力作用时，停留在一定中间位置。如果此时两个弹簧的受力均为零，则中间零件在离开中间位置后不能克服轴承阻力，自动回到原来的位置。因此，两个弹簧必须有足够的初压力，作为中间零件的复原力
7	弹簧应避免应力集中	弹簧多由高屈服强度的材料制造，含碳量较高，并经过热处理，以提高其屈服强度，因此弹簧材料对应力集中敏感。且弹簧多在变载荷下工作，由于应力集中会引起疲劳失效，所以，弹簧应避免剧烈的弯折、太小的圆角等	

(3) 其他弹簧结构设计应注意的问题

其他弹簧结构设计应注意的问题见表 19-11。

表 19-11　其他弹簧结构设计应注意的问题

序号	设计应注意的问题	图例	说明
1	多片碟簧叠合使用时，应有导向定位装置	当碟簧受变载荷作用，载荷多次循环变化时，其中心将发生径向位移。为避免径向位移，应在孔中装钢制导向杆。导向杆表面须经渗碳淬火，渗碳厚度达 0.8mm，硬度高于碟簧，达 55HRC 以上，表面粗糙度不超过 $Ra2.5\mu m$	
2	碟簧叠合片数不可超过 3 片	承受变载荷的碟形弹簧如果片数过多，则各片之间的摩擦会产生大量的热，当叠合片数达到 4 片时，作用给弹簧的能量有 20%将转化为热量	
3	应注意板弹簧销的磨损和润滑	板弹簧销	板弹簧工作时，支持弹簧的销与板弹簧两端的环形套之间有相对转动。这一部位会发生磨损，因此必须有注油孔、油沟，有时甚至采用青铜套
4	环形弹簧应考虑其复位问题		环形弹簧靠内环的收缩和外环的胀大产生变形，圆锥面相对滑动产生轴向变形。这种弹簧摩擦很大，摩擦所消耗的功可占加载所做功的 60%～70%。因此对这种弹簧应设置另一圆柱螺旋压缩弹簧以帮其复位

第20章

气动、液动机构

20.1 气动、液动机构概述

20.1.1 气动机构概述

气压传动简称气动，指以压缩空气为工作介质来传递动力和控制信号，控制和驱动各种机械和设备，以实现生产过程机械化、自动化的一门技术。

气动机构优缺点见表 20-1。

表 20-1 气动机构优缺点

优点	缺点
①空气随处可取，取之不尽，节省购买、储存、运输介质的费用；用后直接排入大气，对环境无污染 ②因空气黏度小，在管内流动阻力小，压力损失小，便于集中供气和远距离输送 ③与液压相比，气动反应快，动作迅速，维护简单 ④气动元件结构简单，容易制造，便于标准化、系列化、通用化 ⑤气动系统对工作环境适应性好，特别是在易燃、易爆、多尘、强磁、辐射、振动等恶劣工作环境中，安全可靠性优于液压、电子和电气系统 ⑥空气具有可压缩性，使气动系统能够实现过载自动保护 ⑦排气时因气体膨胀而温度降低，因而气动设备可以自动降温 ⑧气动便于实现自动控制	①空气具有可压缩性，当载荷变化时，动作稳定性差 ②工作压力较低（一般为 0.4～0.8MPa），又因结构尺寸不宜过大，因而输出功率较小 ③气信号传递的速度比光、电子速度慢，故不宜要求高传递速度的复杂回路中，但对一般机械设备，气动信号的传递速度是能够满足要求的 ④排气噪声大，需要加消音器

20.1.2 液动机构概述

流体传动是以液体为工作介质进行能量转换、传递和控制的传动。包括液体传动和气体传动。液体传动是以液体为工作介质的流体传动，它包括液力传动和液压传动：液力传动主要是利用液体动能的液体传动；液压传动主要是利用液体压力能的液体传动。

与机械传动、电气传动机构相比，液动机构优缺点见表 20-2。

表 20-2 液动机构优缺点

优点	缺点
①液压传动的各种元件，可根据需要方便，灵活地布置 ②重量轻、体积小、运动惯性小、反应速度快 ③操纵控制方便，可实现大范围的无级调速（调速范围达 2000：1）	①由于液体流动的阻力损失和泄漏较大，所以效率较低 ②工作性能易受温度变化影响，因此不宜在很高或很低的温度条件下工作

续表

优点	缺点
④可自动实现过载保护 ⑤一般采用矿物油为工作介质，相对运动面可自行润滑，使用寿命长 ⑥很容易实现直线运动 ⑦容易实现机器的自动化	③液压元件的制造精度要求高，因而价格较贵 ④由于液体介质的泄漏及压缩性的影响，不能得到严格的定传动比 ⑤液压传动出故障时不易找出原因，使用和维修要求较高的技术水平

20.2　气动、液动机构图例

20.2.1　气缸或液压缸驱动的机构图例

气缸或液压缸驱动的机构图例见表 20-3。

表 20-3　气缸或液压缸驱动的机构图例

序号	名称	图例	序号	名称	图例
1	一个带有一级杠杆的气缸	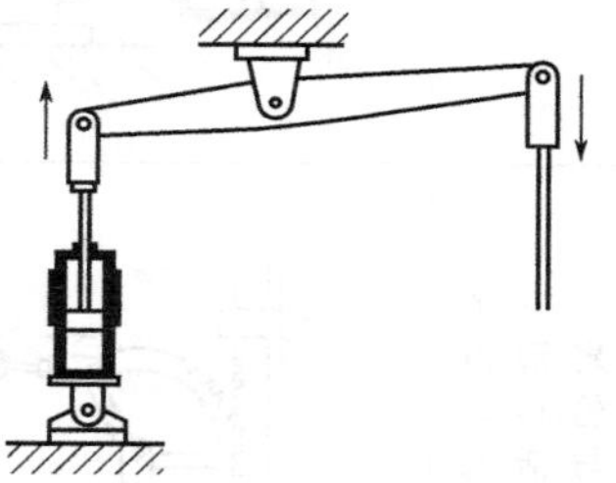	5	一个在行程末端减少推力的弹簧	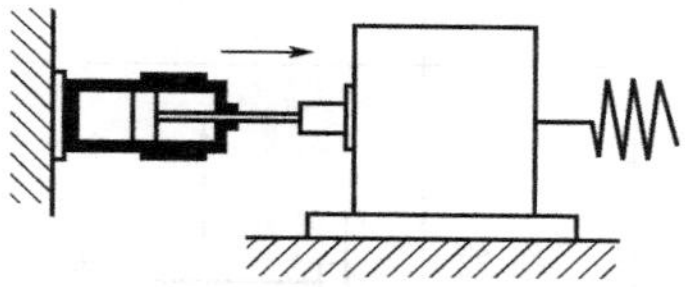
2	一个带有二级杠杆的气缸	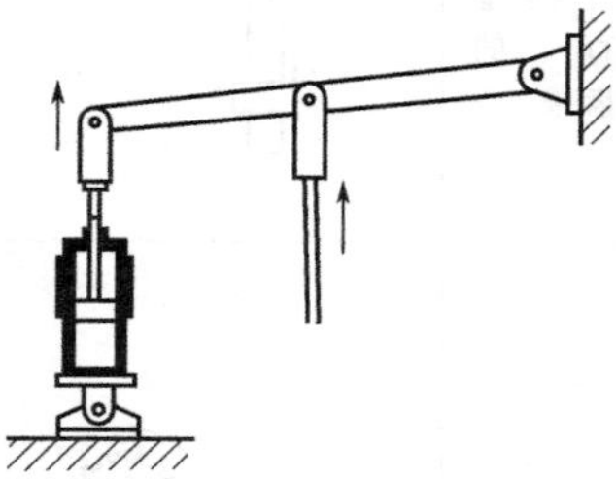	6	力的作用点跟随推力的方向	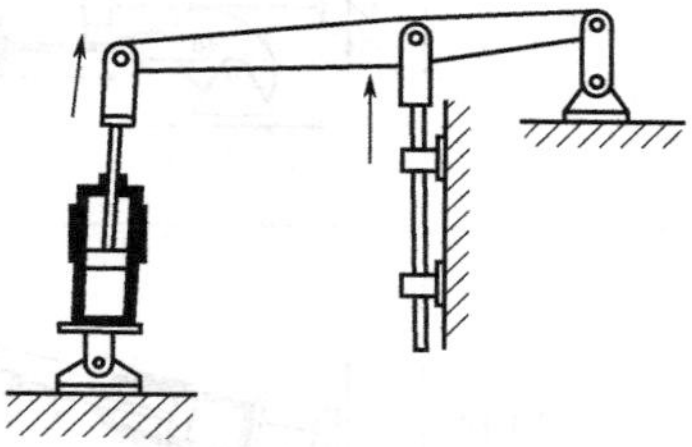
3	一个带有三级杠杆的气缸	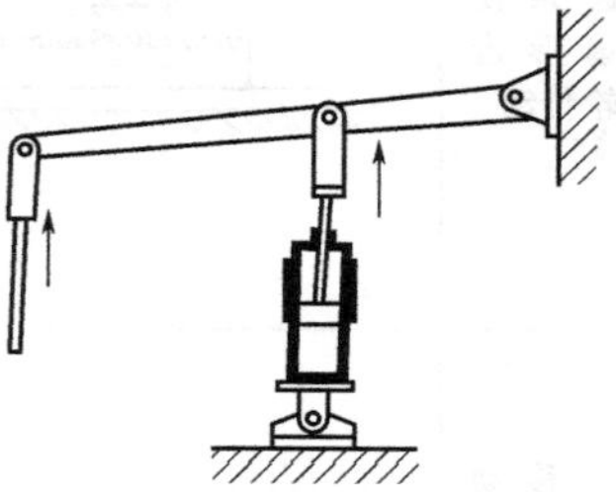	7	一个带有弯曲杠杆的气缸	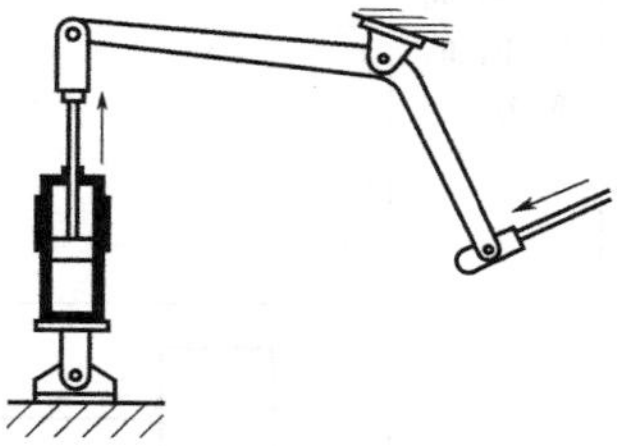
4	一个能直接连接在负载上的气缸	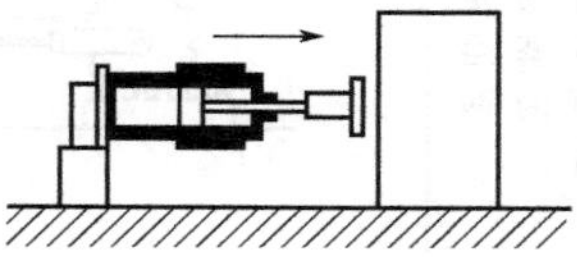	8	一个带有约束圆盘的气缸	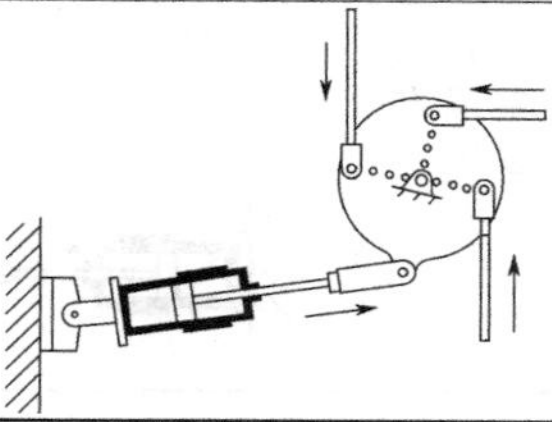

续表

序号	名称	图例	序号	名称	图例
9	两个具有固定行程的活塞可以在四个任意位置放置的载荷	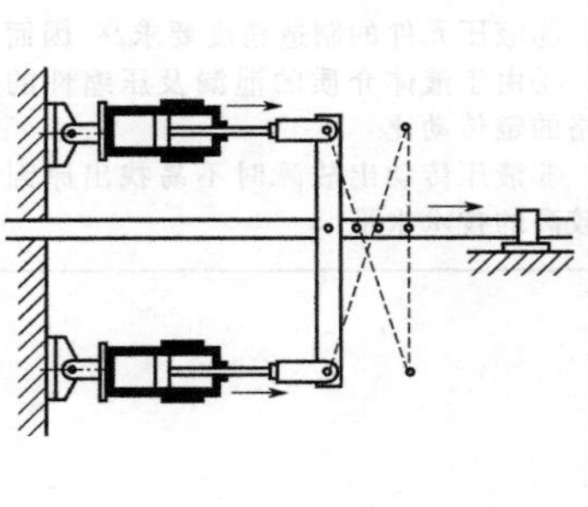	14	通过滑轮系统可以改变力	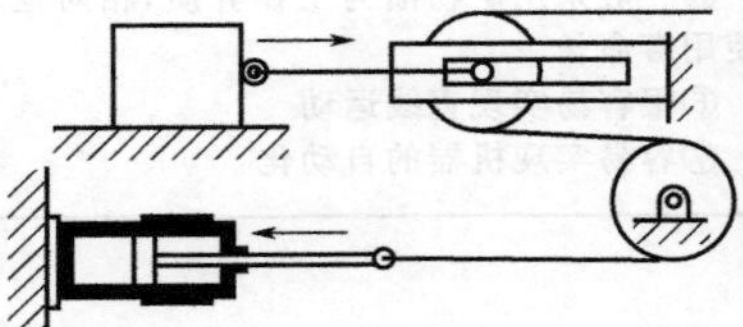
10	一个能被气缸驱动的肘杆机构	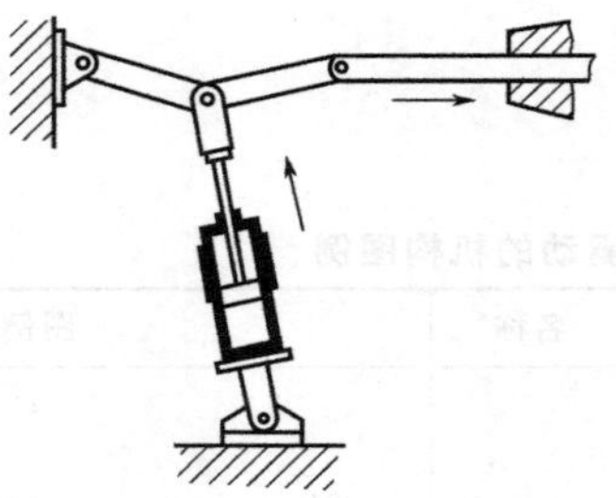	15	通过楔形块可以改变力	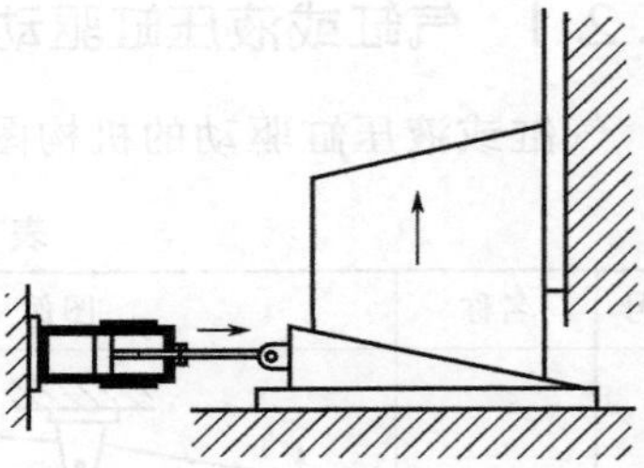
11	在完成行程后凸轮支撑负载	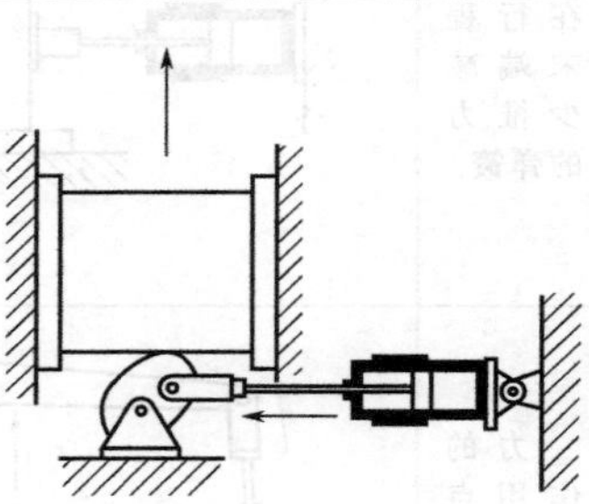	16	一个扇形齿轮移动与活塞行程垂直的齿条	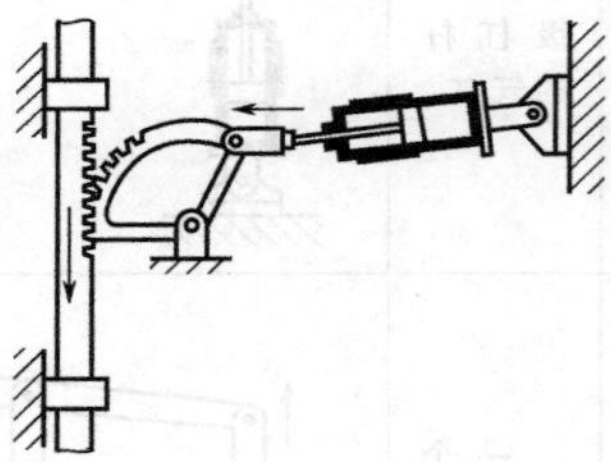
12	同时获得两个不同方向的推力	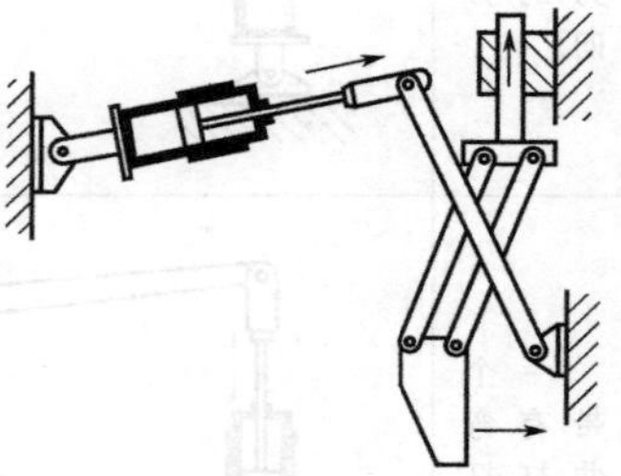	17	一个齿条使扇形齿轮传动	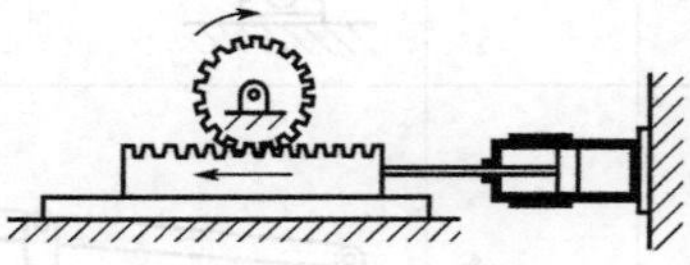
13	通过缆绳传递力	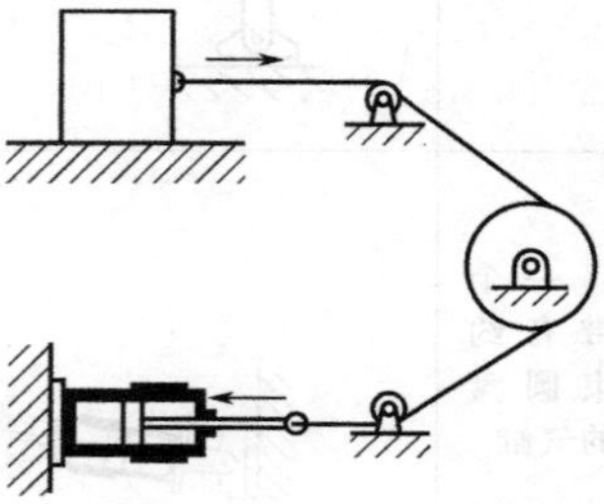	18	移动齿条的运动是活塞运动的两倍	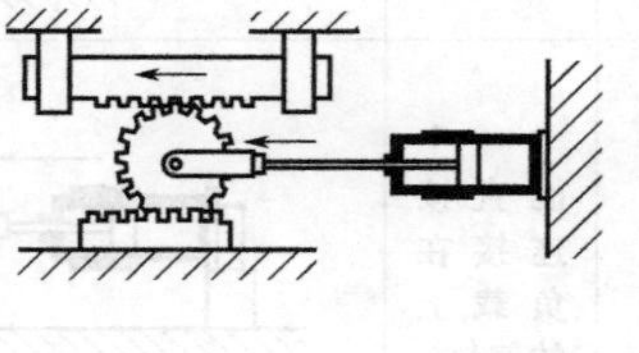

续表

序号	名称	图例	序号	名称	图例
19	一个作用到轴上的转矩能被传送到较远的点	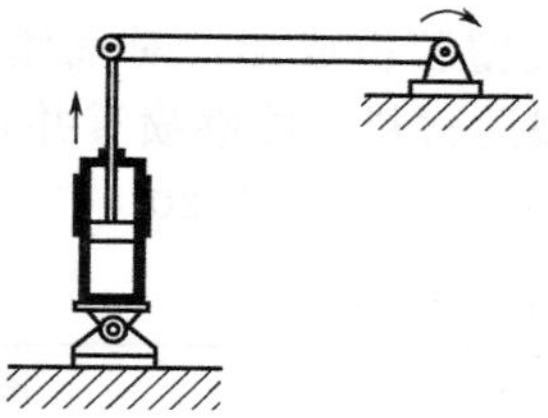	22	一个螺母使轴产生一个旋转运动	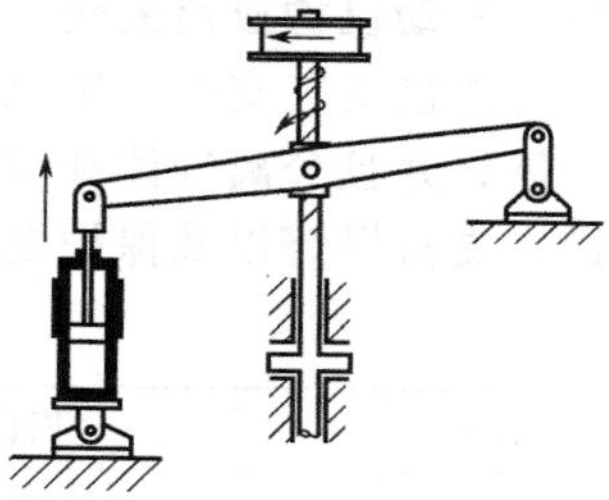
20	转矩可以通过带和滑轮作用到轴上	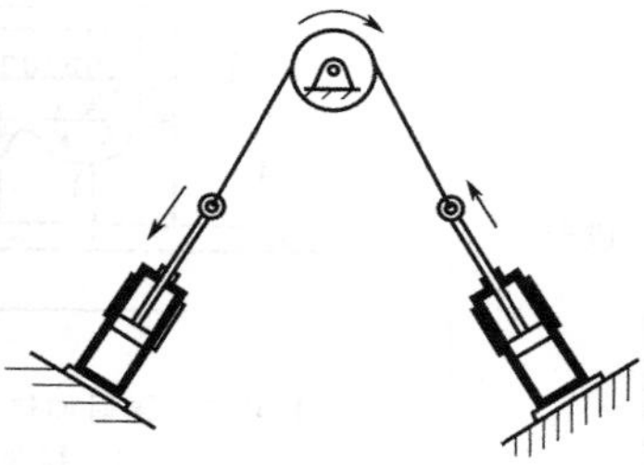	23	一个带齿盘在运动平面内产生旋转运动	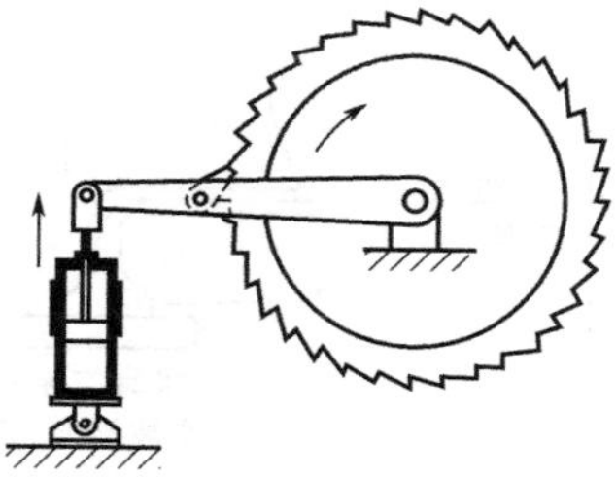
21	一个运动可以传递到运动平面的远点	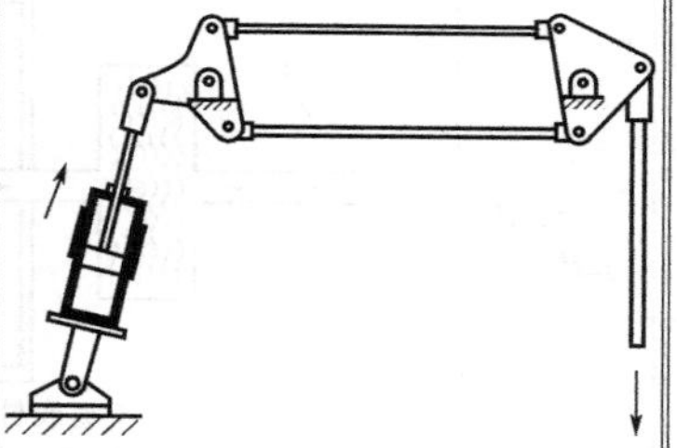	24	一个双齿盘可以使旋转更接近连续	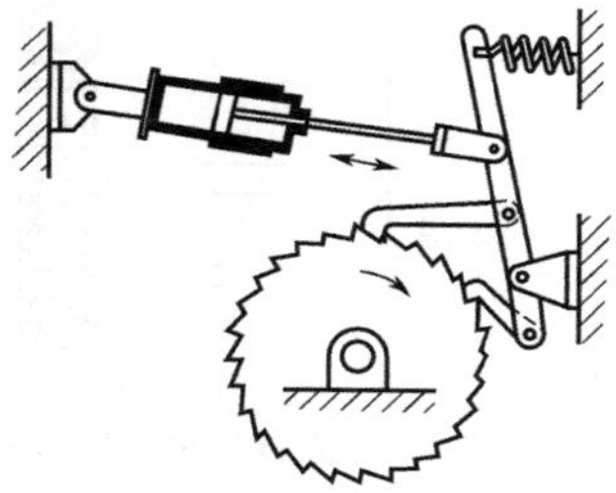
25	当主线开关关闭时，起重机的制动系统工作	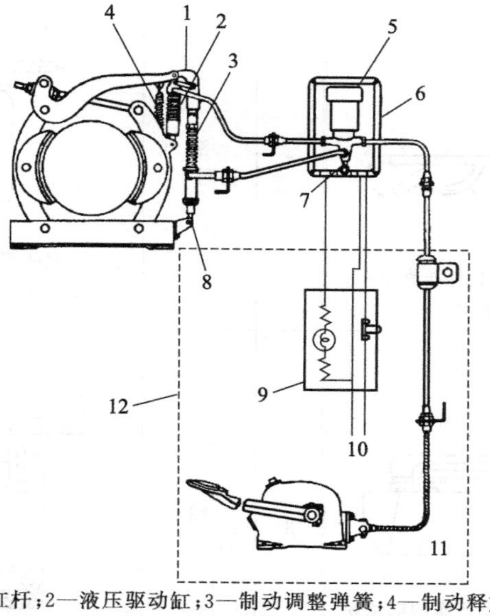 1—制动杠杆；2—液压驱动缸；3—制动调整弹簧；4—制动释放弹簧；5—电磁单向阀；6—制动控制单元；7—液压开关；8—液压释放缸；9—带信号灯的常闭按钮；10—主线；11—液压操纵缸装置；12—虚线框内所示的零件被安装在起重机的控制室内 操纵缸踏板被踩到底后使安装在液压释放缸上的制动调整弹簧压缩。当制动调整弹簧被完全压缩后，液压开关关闭，接通电路并且激活单向电磁阀。只要单向电磁阀被激活，弹簧就能够保持压缩，因为单向阀限制了液压释放气缸里的液体。放开脚踏板，制动杠杆被制动释放弹簧下拉，如此便释放了制闸瓦			

20.2.2 气动机构和其他应用图例

(1) 气动机构应用图例

吸力能进给、支撑、定位和提升零件，并且能使塑胶板成形，对气体取样，检验泄漏，搬运固体，并且分离气体和液体。压缩的空气能够搬运材料，能够喷雾并且搅动液体，加速热传递，支持燃烧以及保护电缆。气动机构的15个应用图例见表20-4。

表 20-4 气动机构的15个应用图例

序号	名称	图例	序号	名称	图例
1	进给零件	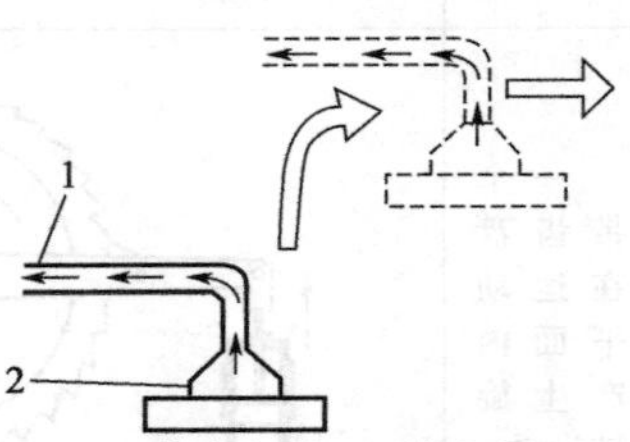 1—接真空泵；2—真空杯 零件被拾取、定位或移动	5	真空成形	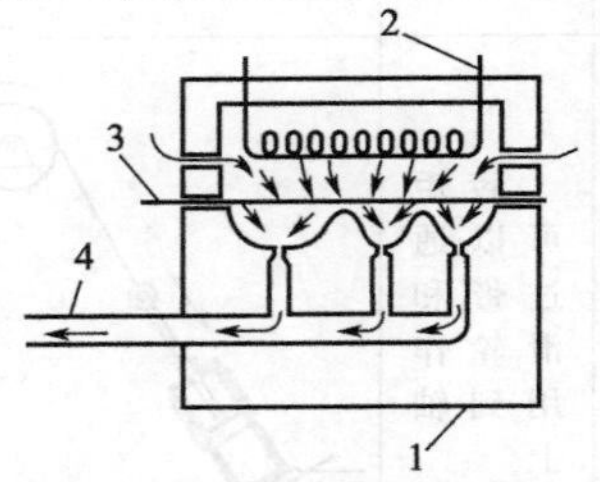 1—模子；2—辐射加热器；3—塑料板；4—接泵
2	吸持零件	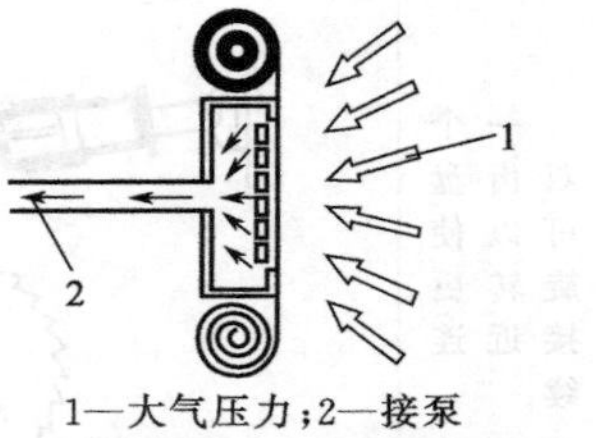 1—大气压力；2—接泵 来自卷轴的纸、平板材料和形成的片状零件被吸盘吸持	6	气体采样	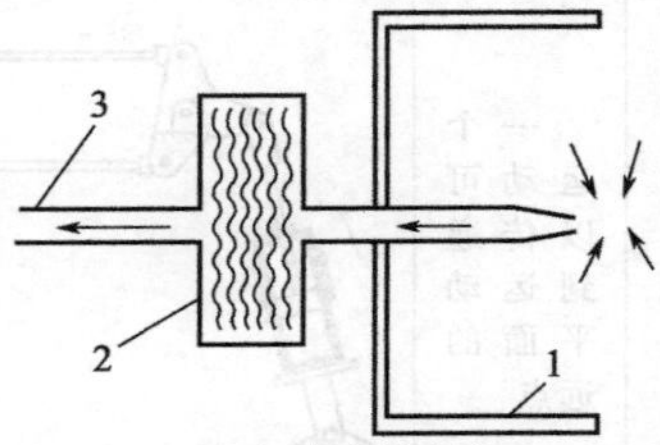 1—大气室或处理室； 2—灰尘过滤器或气体分析仪；3—接泵
3	定位零件	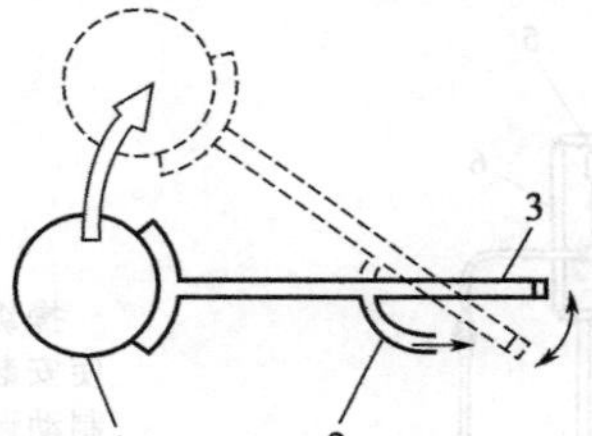 1—零件、罐或箱；2—软管接真空泵； 3—机械驱动	7	漏气检测	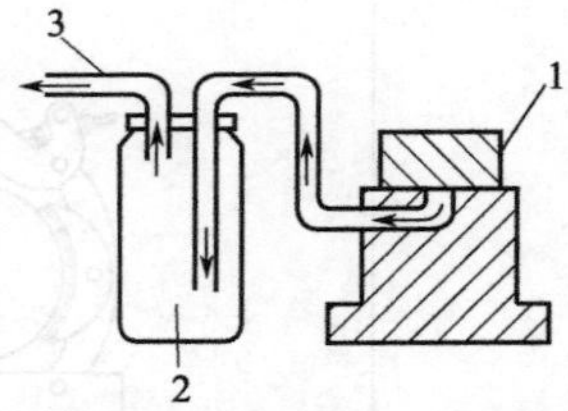 1—检测的零件需要有配合或平行度要求； 2—如果泄漏会存在气泡；3—接泵
4	提升零件	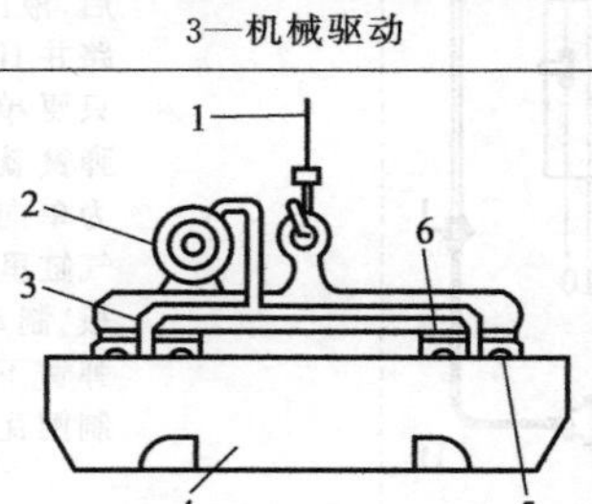 1—起重机；2—有安全气囊的电动泵和真空泵；3—软管；4—大工件；5—O形垫圈；6—真空杯在杯口的提升力可达96.5kPa	8	输送固体	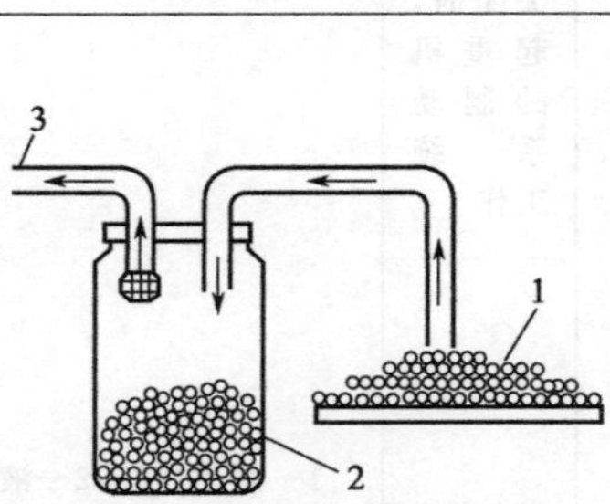 1—小零件或颗粒状物体； 2—截气弯管或容器；3—接泵

续表

序号	名称	图例	序号	名称	图例
9	去除高黏度的液体	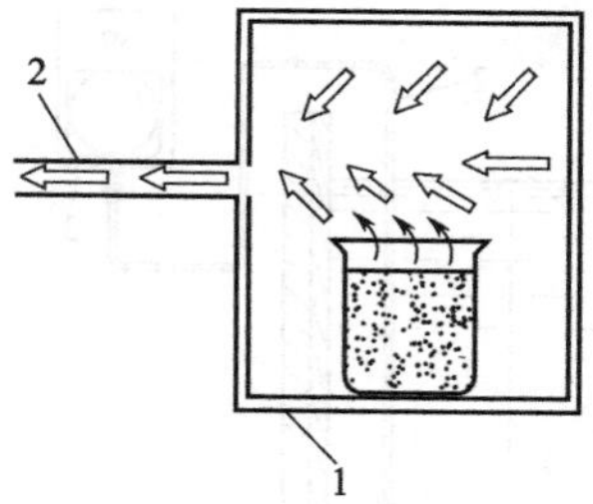 1—检测的零件需要有配合或平行度要求；2—如果泄漏会存在气泡	13	黏结	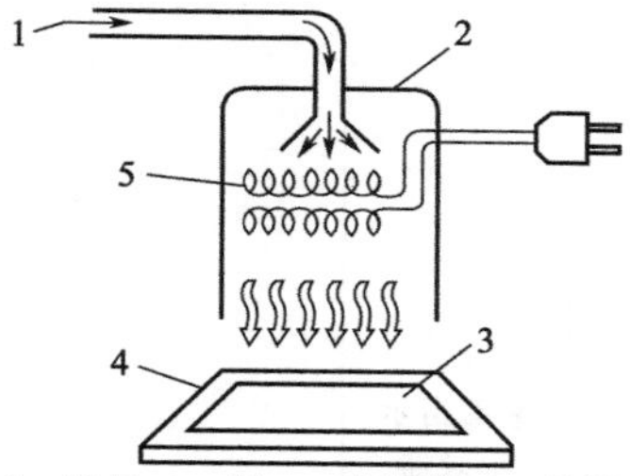 1—空气；2—罩；3—热敏带；4—材料被黏结；5—加热元件
10	输送材料	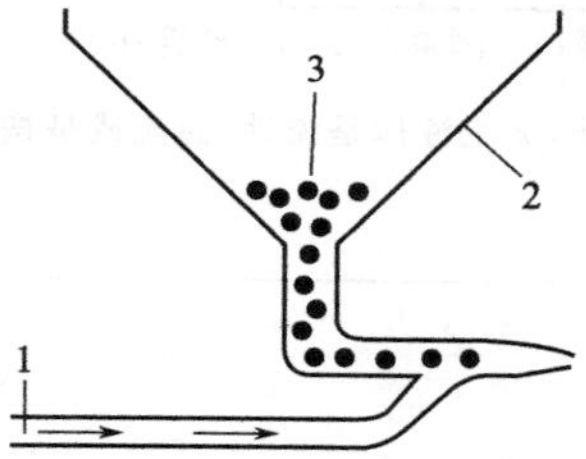 1—来自压缩机的空气；2—潮湿或干燥的可流动的材料；3—石膏、水泥或粉末等	14	支持燃烧	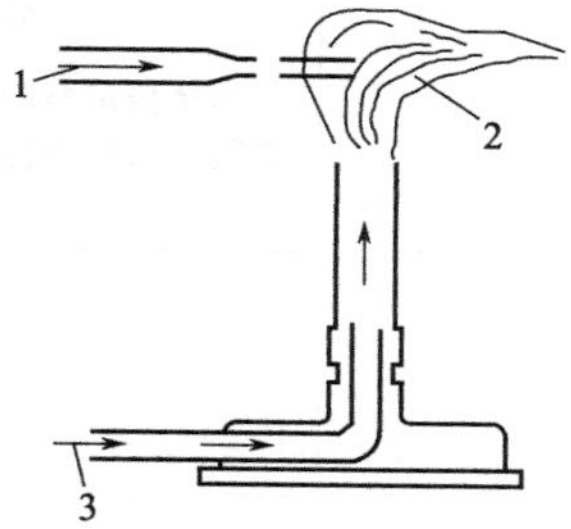 1—空气；2—热的火焰；3—供给气体
11	液体雾化	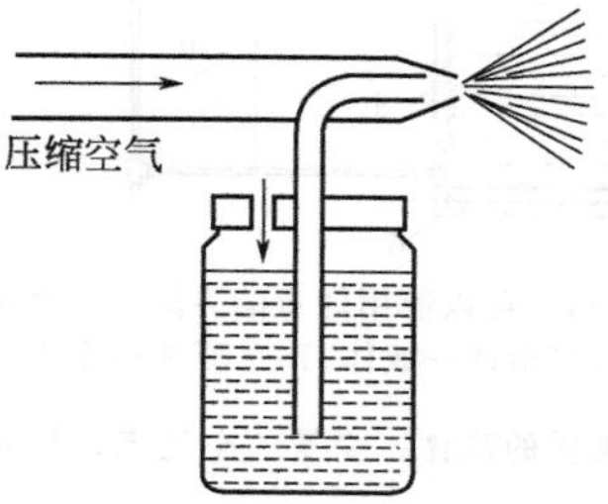 压缩空气	15	增压电缆	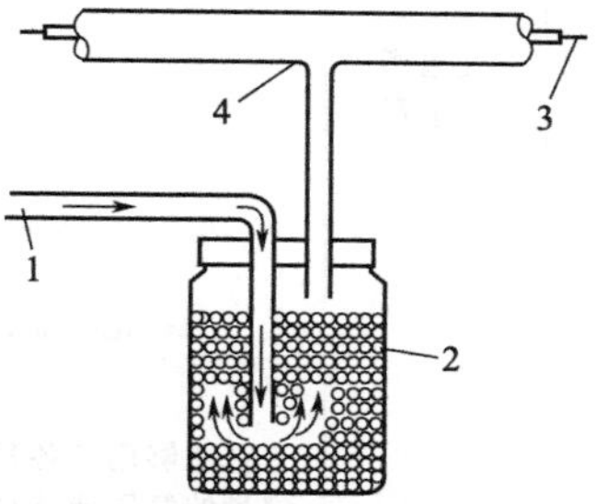 1—空气；2—硅石凝胶体用于干燥空气；3—电视转播电缆；4—导管保持电缆干燥
12	搅动液体	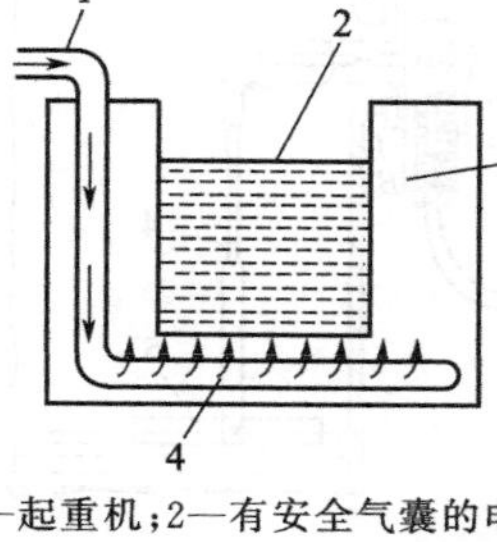 1—起重机；2—有安全气囊的电动泵和真空泵；3—软管；4—大工件			

（2）其他应用图例

其他应用图例见表 20-5。

表 20-5 其他应用图例

序号	名称	图例
1	液面指示记录器	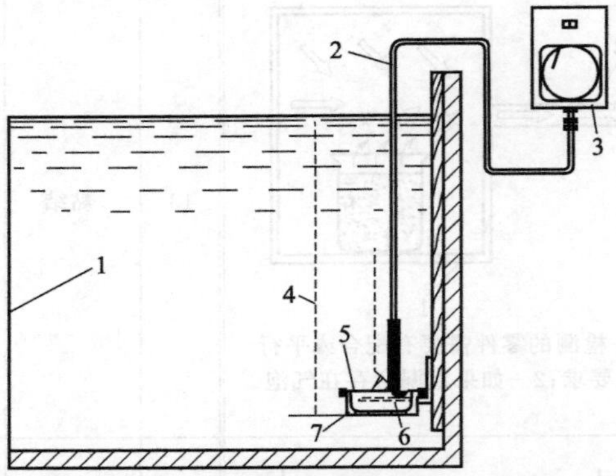 1—蓄水池;2—导管;3—指示记录器;4—测量深度;5—球管;6—空气;7—隔膜 驱动指示器的一个隔膜可在任何液体中工作,无论液体是流动、湍流或是携带有固体物质,可以安装在水箱或储水池水平面的上面或下面。
2	气泡型记录器	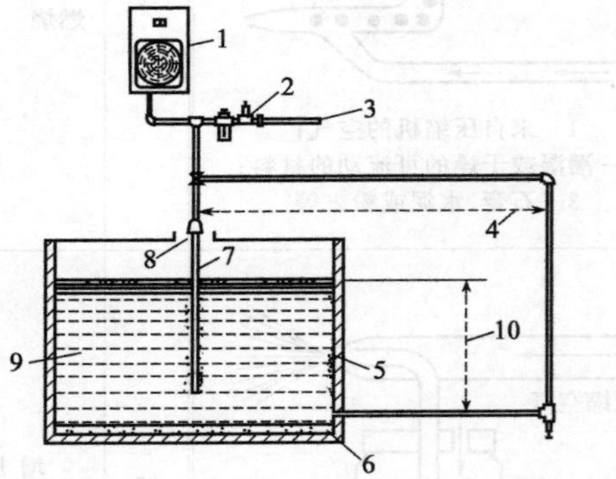 1—记录器;2—气泡夹子;3—空气供给;4—可以使用任意的方法;5—气泡;6—沉淀物;7—铁或黄铜管;8—开口水箱;9—液体;10—测量高度 H 它能够用于各种液体,包括那些携带固体物质的液体。少量的空气流入侵入水中的管。计量器测量的气压能移动液体。
3	波纹管驱动指示器	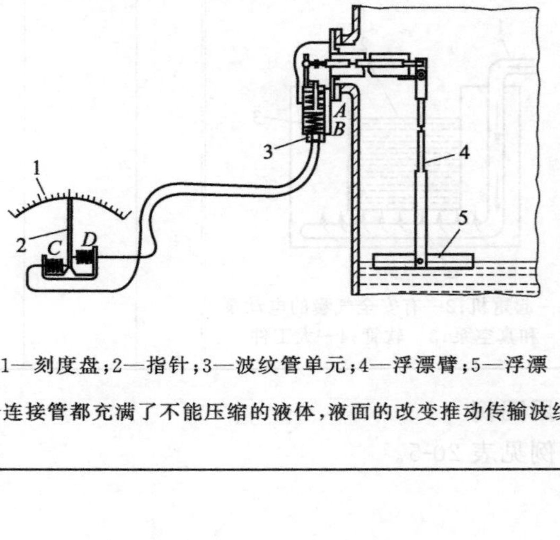 1—刻度盘;2—指针;3—波纹管单元;4—浮漂臂;5—浮漂 两个波纹管和一个连接管都充满了不能压缩的液体,液面的改变推动传输波纹管和指示器

续表

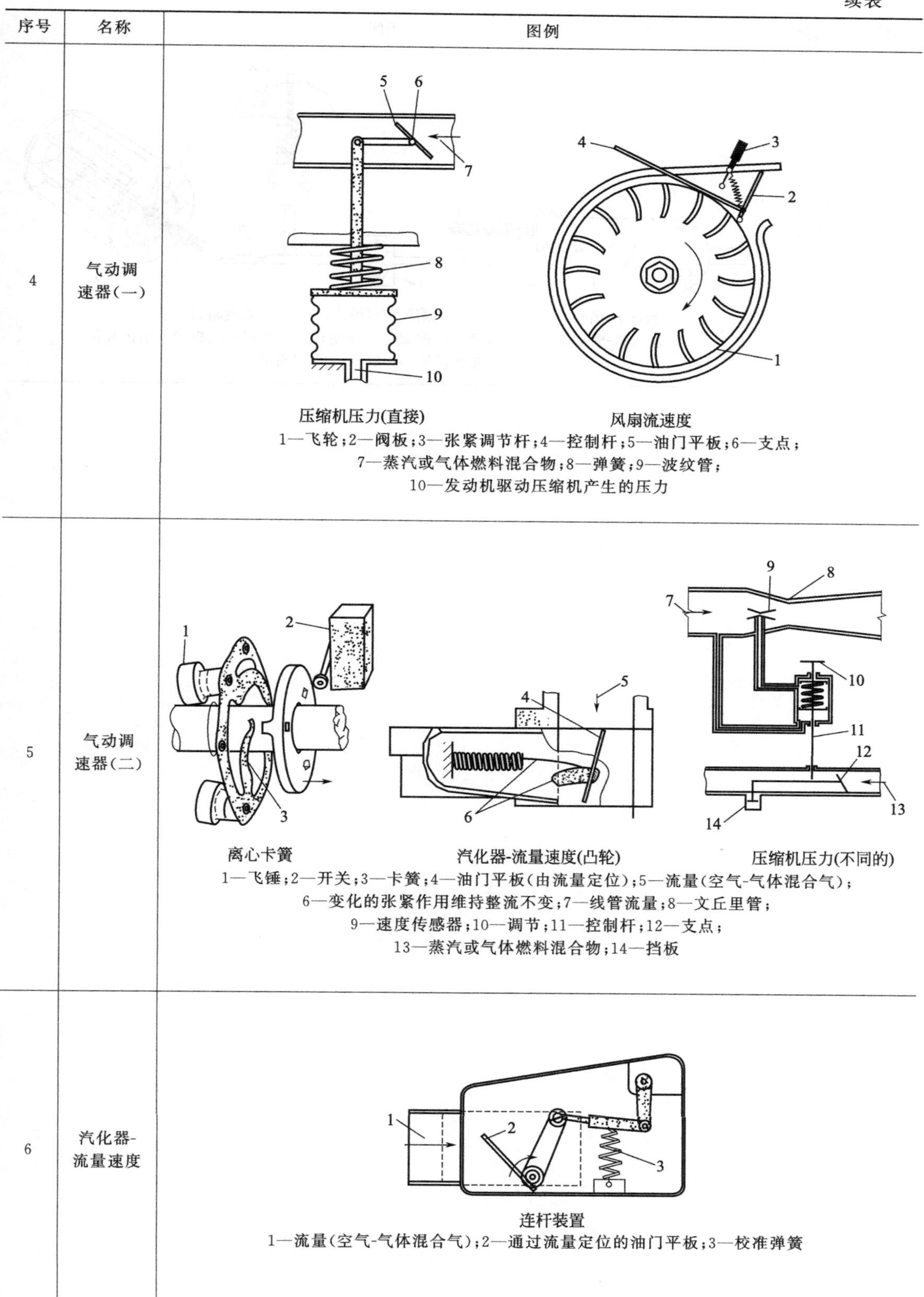

序号	名称	图例
4	气动调速器(一)	压缩机压力(直接)　风扇流速度 1—飞轮；2—阀板；3—张紧调节杆；4—控制杆；5—油门平板；6—支点；7—蒸汽或气体燃料混合物；8—弹簧；9—波纹管；10—发动机驱动压缩机产生的压力
5	气动调速器(二)	离心卡簧　汽化器-流量速度(凸轮)　压缩机压力(不同的) 1—飞锤；2—开关；3—卡簧；4—油门平板(由流量定位)；5—流量(空气-气体混合气)；6—变化的张紧作用维持整流不变；7—线管流量；8—文丘里管；9—速度传感器；10—调节；11—控制杆；12—支点；13—蒸汽或气体燃料混合物；14—挡板
6	汽化器-流量速度	连杆装置 1—流量(空气-气体混合气)；2—通过流量定位的油门平板；3—校准弹簧

续表

序号	名称	图例
7	液压调速器	泵压力(离心式)　泵压力(容积式)　黏性阻力 1—发动机-驱动泵；2—波纹管；3—弹簧；4—控制杆；5—泵；6—孔板；7—输出控制；8—充满流体；9—发动机-驱动叶轮

第21章

电磁机构

21.1 电磁机构概述

电磁机构由磁路系统和励磁线圈组成，它广泛用于电器中作为电器的感测元件（接受输入信号）、驱动机构（实行能量转换）以及灭弧装置的磁吹源。它既可以单独成为一类电器，如牵引电磁铁、制动电磁铁、起重电磁铁和电磁离合器等；也可作为电器的部件，如各种电磁开关电器和电磁脱扣器的感测部件、电磁操动机构的执行部件。

(1) 电磁机构的作用

电磁机构的磁路系统包含由磁性材料制成的磁导体和各种气隙。当励磁线圈从电源吸取能量后，其周围空间内就建立了磁场，使磁导体磁化，产生电磁吸力，吸引磁导体中的衔铁，借其运动输出机械功，以达到某些预定目的。因此，电磁机构兼具能量转换和控制两方面的作用。

(2) 电磁机构的分类

根据磁路形状、衔铁运动方式以及线圈接入电路的方式不同，电磁机构可分成多种形式和类型。不同形式和类型的电磁机构可构成多种类型的电磁式电器，具体分类见表21-1。

表21-1 电磁机构的分类

分类方式	类别名称	结构特点	图例	说明
按磁路形状和衔铁运动方式分	U形拍合式	铁芯制成U形，而衔铁的一端绕棱角或转轴做拍合运动	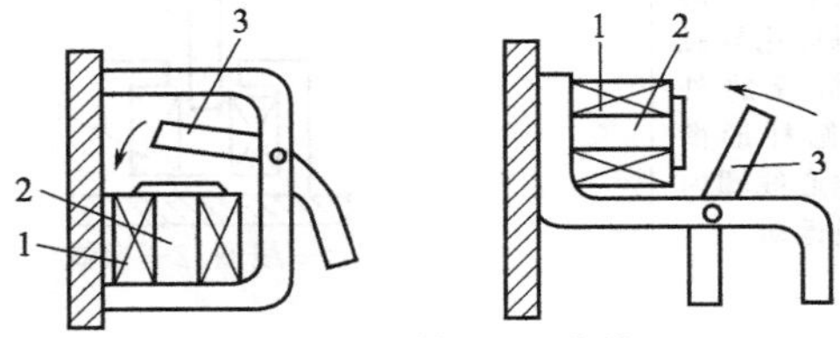 1—线圈；2—铁芯；3—衔铁	主要用于直流电磁式电器(如直流接触器和直流继电器)，其铁芯和衔铁均由工程软铁制成
			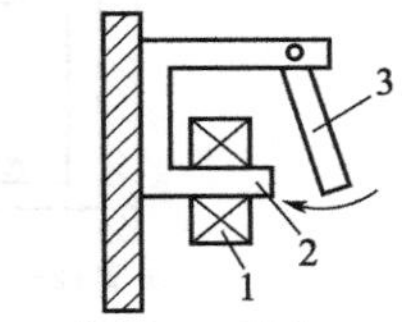 1—线圈；2—铁芯；3—衔铁	主要应用于交流电磁式电器中，其铁芯和衔铁均由电工钢片叠成，而衔铁绕转轴转动

续表

分类方式	类别名称	结构特点	图例	说明
按磁路形状和衔铁运动方式分	E形拍合式	铁芯和衔铁均制成E字形，线圈套装在中间铁芯柱上，且均由电工钢片叠成。这两种形式的电磁机构均用于交流电磁式电器中	1—线圈；2—铁芯；3—衔铁	主要用于60A及以上的交流接触器中
	E形直动式		1—线圈；2—铁芯；3—衔铁	主要用于40A及以下的交流接触器和交流继电器中
	空心螺旋式	电磁机构中没有铁芯，而只有线圈和圆柱形衔铁，且衔铁在空心线圈内做直线运动	1—线圈；2—衔铁	这种形式的电磁机构主要用于交流电流继电器和交流时间继电器中
	装甲螺管式	在空心线圈的外面罩以用导磁材料制成的外壳，而圆柱形衔铁在空心线圈内做直线运动	1—线圈；2—衔铁	这种电磁机构常用于交流电流继电器中
	回转式	铁芯用电工钢片叠成后制成C形，衔铁是Z形转子，两个可串联或并联的线圈分别绕在铁芯开口侧的铁芯柱上	1—线圈；2—铁芯；3—衔铁	这种电磁机构主要应用于供配电系统中的交流电流继电器上

续表

分类方式	类别名称	结构特点	图例	说明
按线圈在电路中的接入方式分	串联电磁机构	电磁机构的线圈是串联在电路中的，这种接入方式的线圈称为电流线圈，具有这种电磁机构的电器都属于电流型电器		衔铁动作与否取决于线圈中电流的大小，而线圈中电流的变化不会引起衔铁的动作。按电路中电流的种类又可把串联电磁机构分为直流串联电磁机构和交流串联电磁机构。为了不影响电路中负载的端电压和电流，通常要求串联电磁机构的线圈匝数少，导线截面积大，以取得较小的线圈内阻
	并联电磁机构	电磁机构的线圈是并联在电路中的，这种接入方式的线圈又称为电压线圈，具有这种电磁机构的电器均属于电压型电器		衔铁动作与否取决于线圈两端电压的大小，直流并联电磁机构衔铁的动作不会引起线圈中电流的变化，但对于交流并联电磁机构，衔铁的动作会引起线圈阻抗的变化，从而会引起线圈中电流的变化

21.2　电磁机构应用图例

21.2.1　永久磁铁应用图例

永久磁铁应用图例见表 21-2。

表 21-2　永久磁铁应用图例

名称	图例
一种悬架	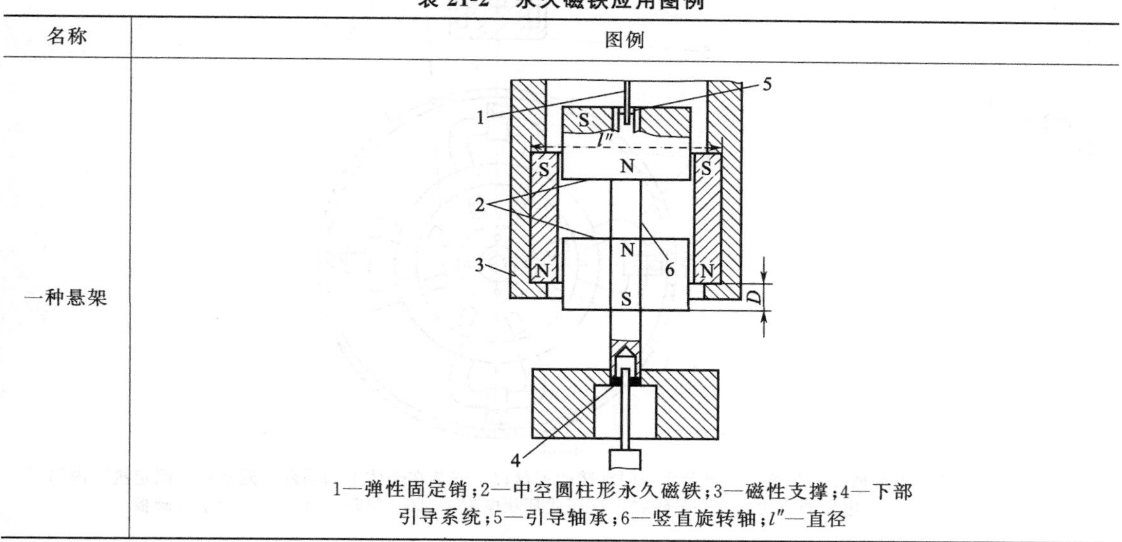 1—弹性固定销；2—中空圆柱形永久磁铁；3—磁性支撑；4—下部引导系统；5—引导轴承；6—竖直旋转轴；l″—直径

续表

名称	图例
张紧装置	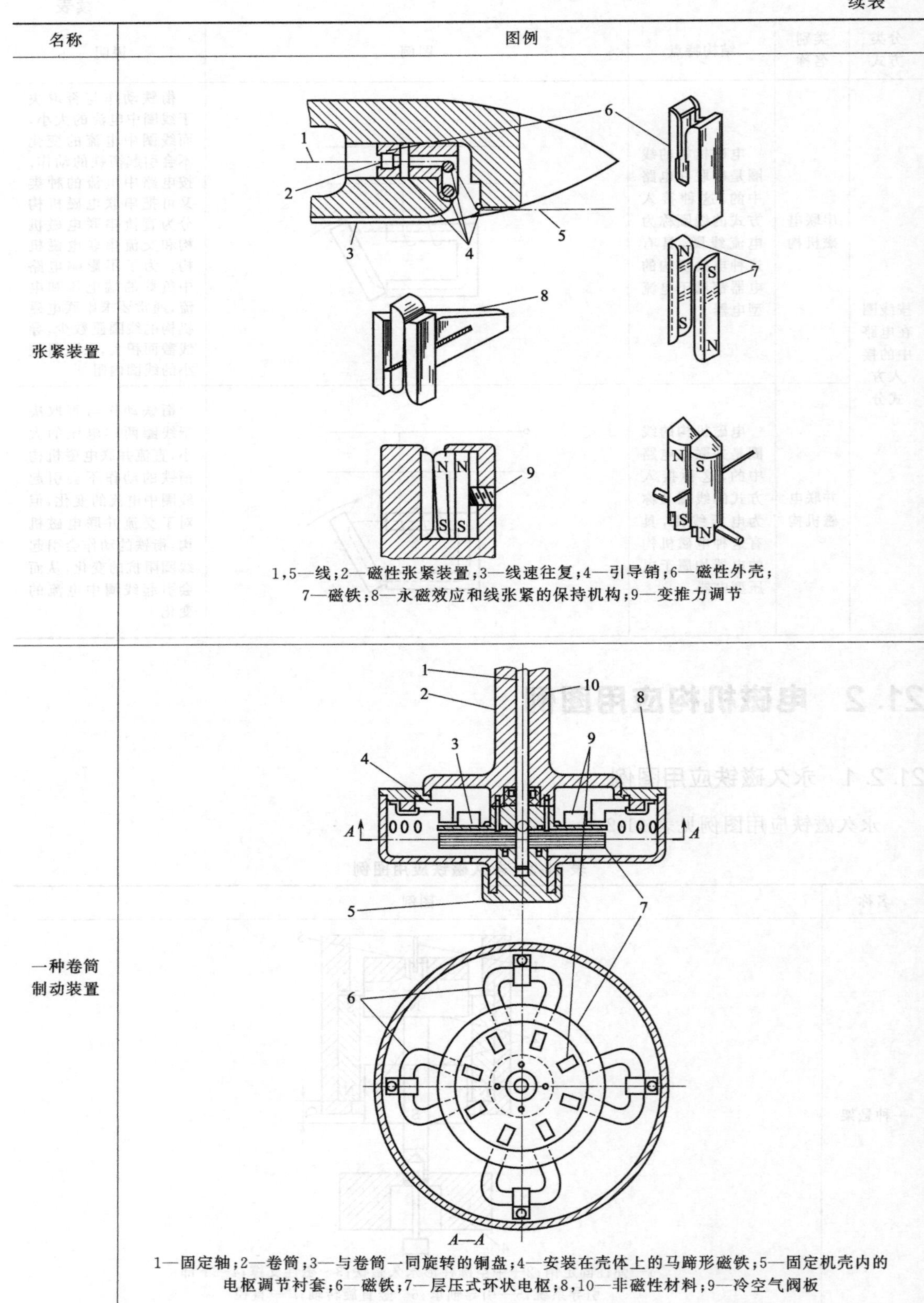 1,5—线;2—磁性张紧装置;3—线速往复;4—引导销;6—磁性外壳;7—磁铁;8—永磁效应和线张紧的保持机构;9—变推力调节
一种卷筒制动装置	A—A 1—固定轴;2—卷筒;3—与卷筒一同旋转的铜盘;4—安装在壳体上的马蹄形磁铁;5—固定机壳内的电枢调节衬套;6—磁铁;7—层压式环状电枢;8,10—非磁性材料;9—冷空气阀板

续表

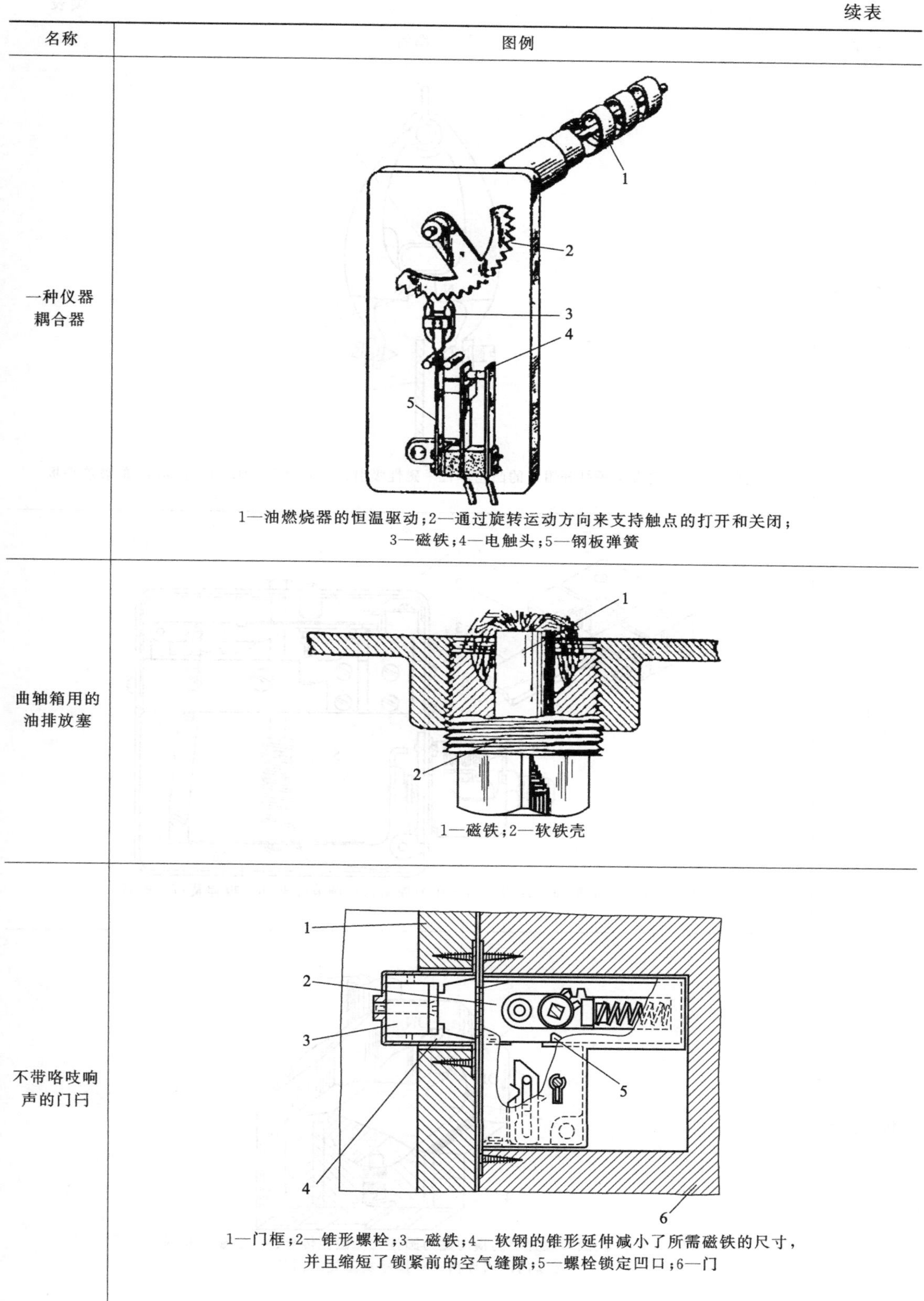

名称	图例
一种仪器耦合器	1—油燃烧器的恒温驱动；2—通过旋转运动方向来支持触点的打开和关闭；3—磁铁；4—电触头；5—钢板弹簧
曲轴箱用的油排放塞	1—磁铁；2—软铁壳
不带咯吱响声的门闩	1—门框；2—锥形螺栓；3—磁铁；4—软钢的锥形延伸减小了所需磁铁的尺寸，并且缩短了锁紧前的空气缝隙；5—螺栓锁定凹口；6—门

续表

名称	图例
一种夹具	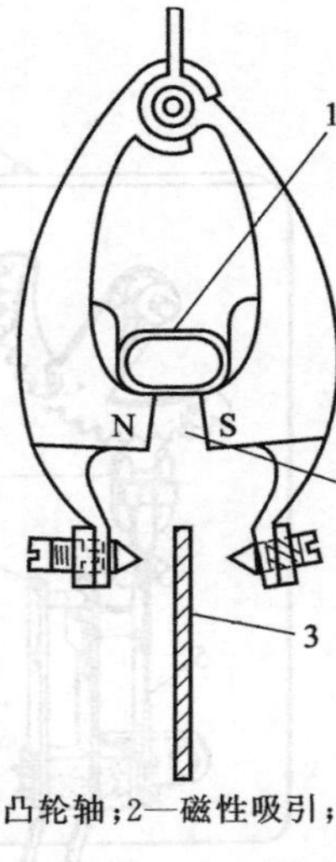 1—通过两个或更多夹子打开钳口的凸轮轴；2—磁性吸引；3—回火至621.1℃（1150℉）的玻璃平板
一种快开开关	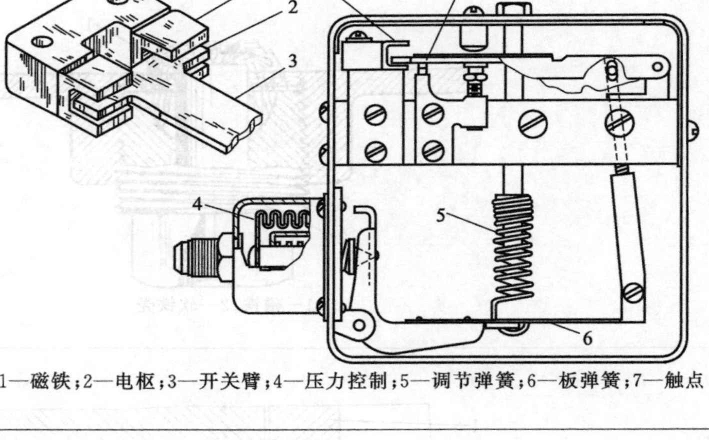 1—磁铁；2—电枢；3—开关臂；4—压力控制；5—调节弹簧；6—板弹簧；7—触点
仪器卡盘	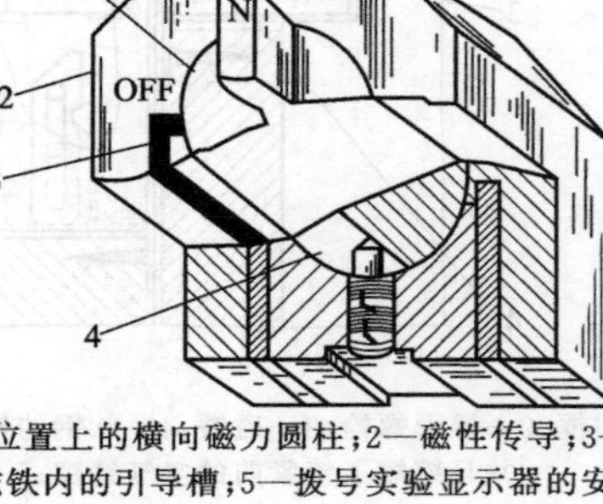 1—在短、圆形位置上的横向磁力圆柱；2—磁性传导；3—非磁性材料；4—磁铁内的引导槽；5—拨号实验显示器的安装轴

续表

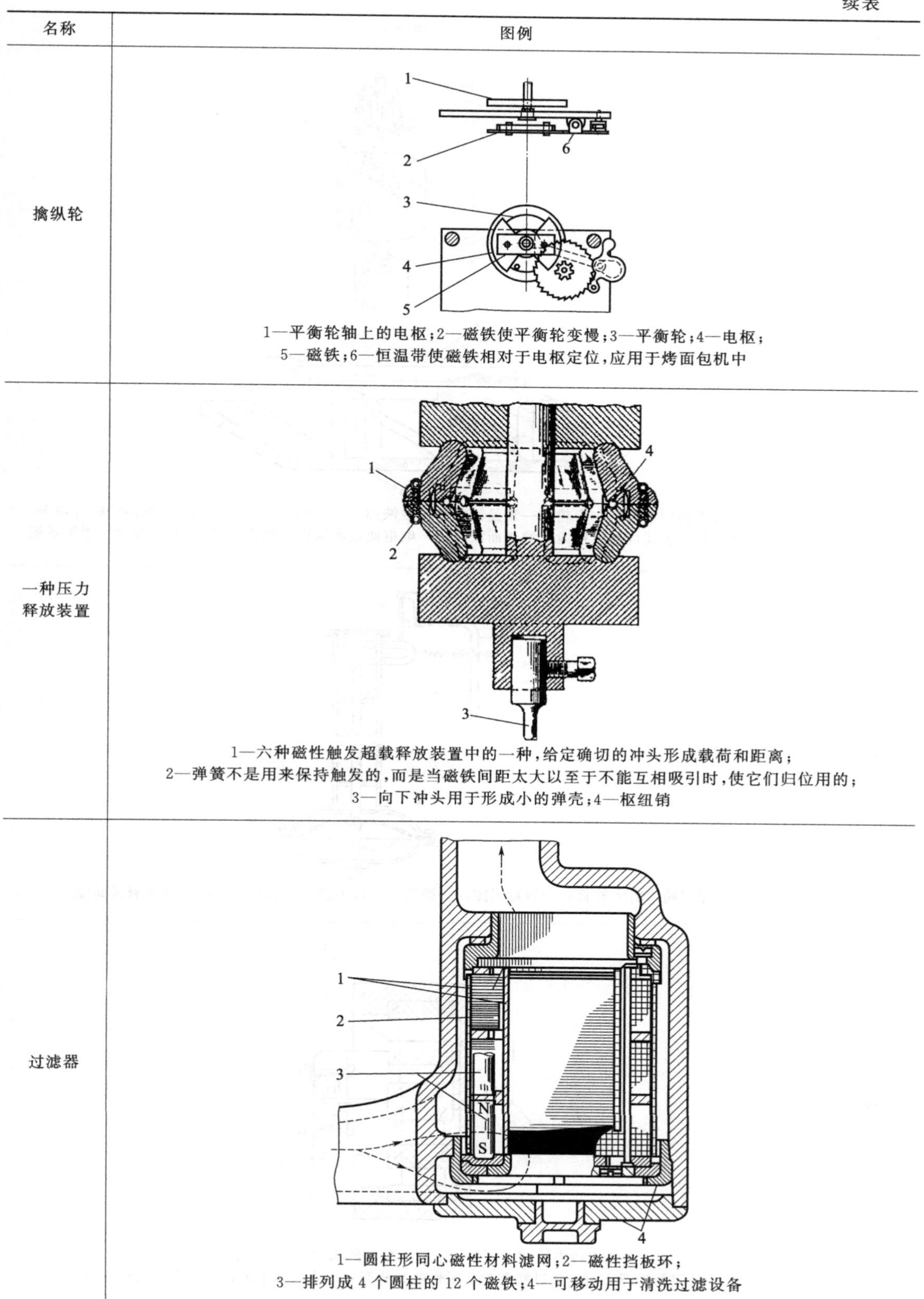

名称	图例
擒纵轮	1—平衡轮轴上的电枢；2—磁铁使平衡轮变慢；3—平衡轮；4—电枢； 5—磁铁；6—恒温带使磁铁相对于电枢定位，应用于烤面包机中
一种压力释放装置	1—六种磁性触发超载释放装置中的一种，给定确切的冲头形成载荷和距离； 2—弹簧不是用来保持触发的，而是当磁铁间距太大以至于不能互相吸引时，使它们归位用的； 3—向下冲头用于形成小的弹壳；4—枢纽销
过滤器	1—圆柱形同心磁性材料滤网；2—磁性挡板环； 3—排列成 4 个圆柱的 12 个磁铁；4—可移动用于清洗过滤设备

续表

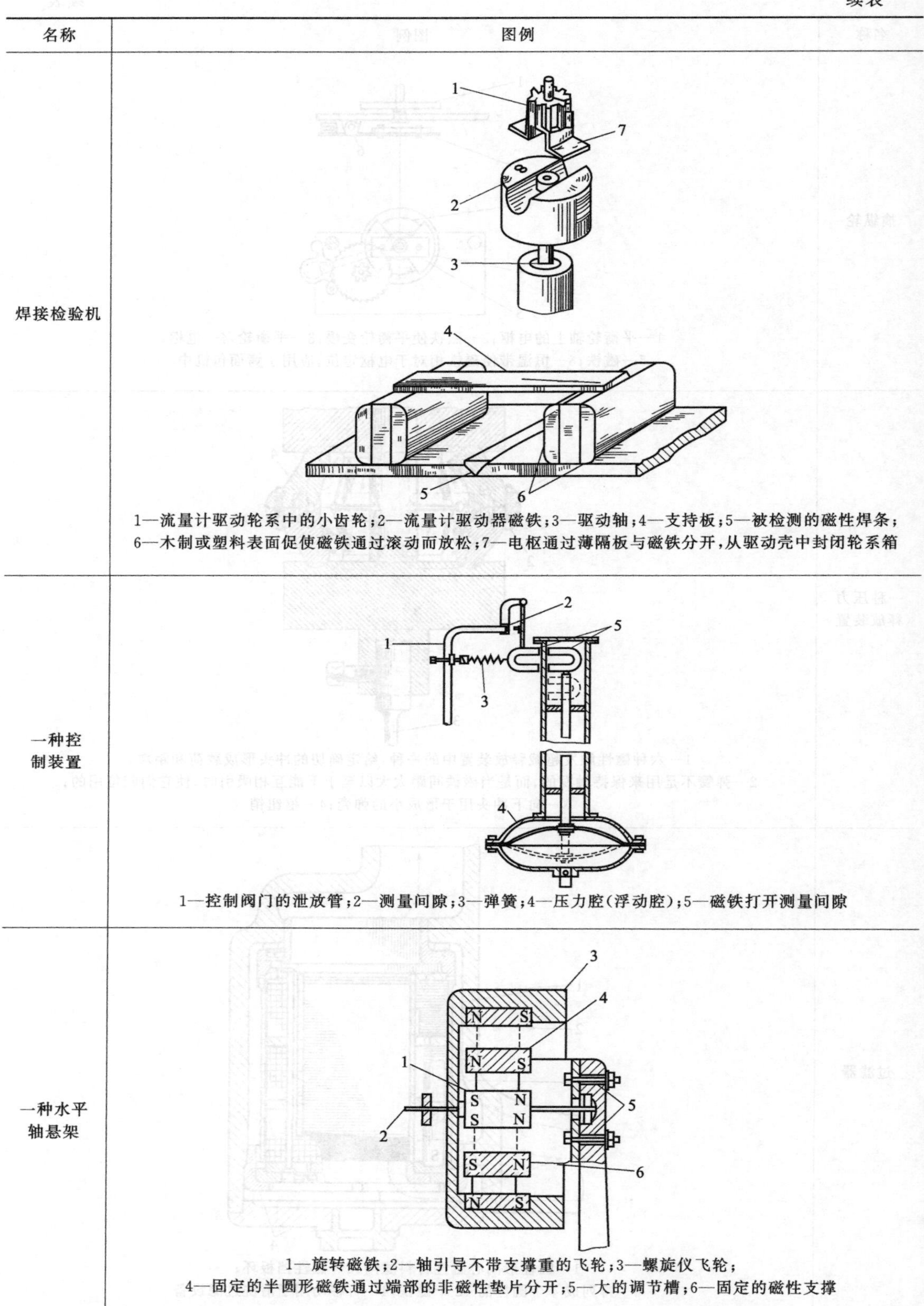

名称	图例
焊接检验机	1—流量计驱动轮系中的小齿轮；2—流量计驱动器磁铁；3—驱动轴；4—支持板；5—被检测的磁性焊条；6—木制或塑料表面促使磁铁通过滚动而放松；7—电枢通过薄隔板与磁铁分开，从驱动壳中封闭轮系箱
一种控制装置	1—控制阀门的泄放管；2—测量间隙；3—弹簧；4—压力腔(浮动腔)；5—磁铁打开测量间隙
一种水平轴悬架	1—旋转磁铁；2—轴引导不带支撑重的飞轮；3—螺旋仪飞轮；4—固定的半圆形磁铁通过端部的非磁性垫片分开；5—大的调节槽；6—固定的磁性支撑

续表

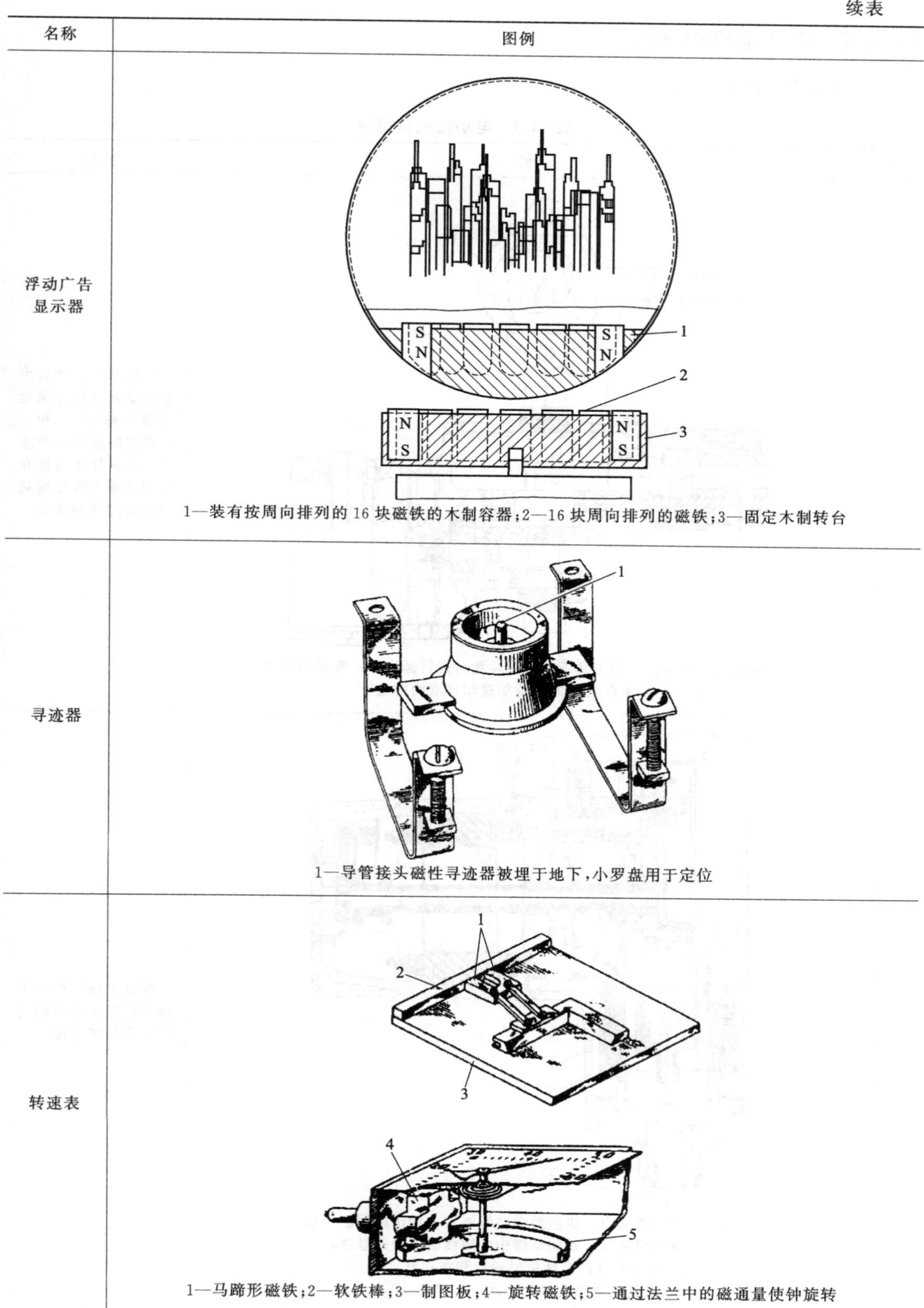

名称	图例
浮动广告显示器	1—装有按周向排列的 16 块磁铁的木制容器；2—16 块周向排列的磁铁；3—固定木制转台
寻迹器	1—导管接头磁性寻迹器被埋于地下，小罗盘用于定位
转速表	1—马蹄形磁铁；2—软铁棒；3—制图板；4—旋转磁铁；5—通过法兰中的磁通量使钟旋转

21.2.2 电动锤机构图例

电动锤机构图例见表 21-3。

表 21-3 电动锤机构图例

序号	图例	说明
1	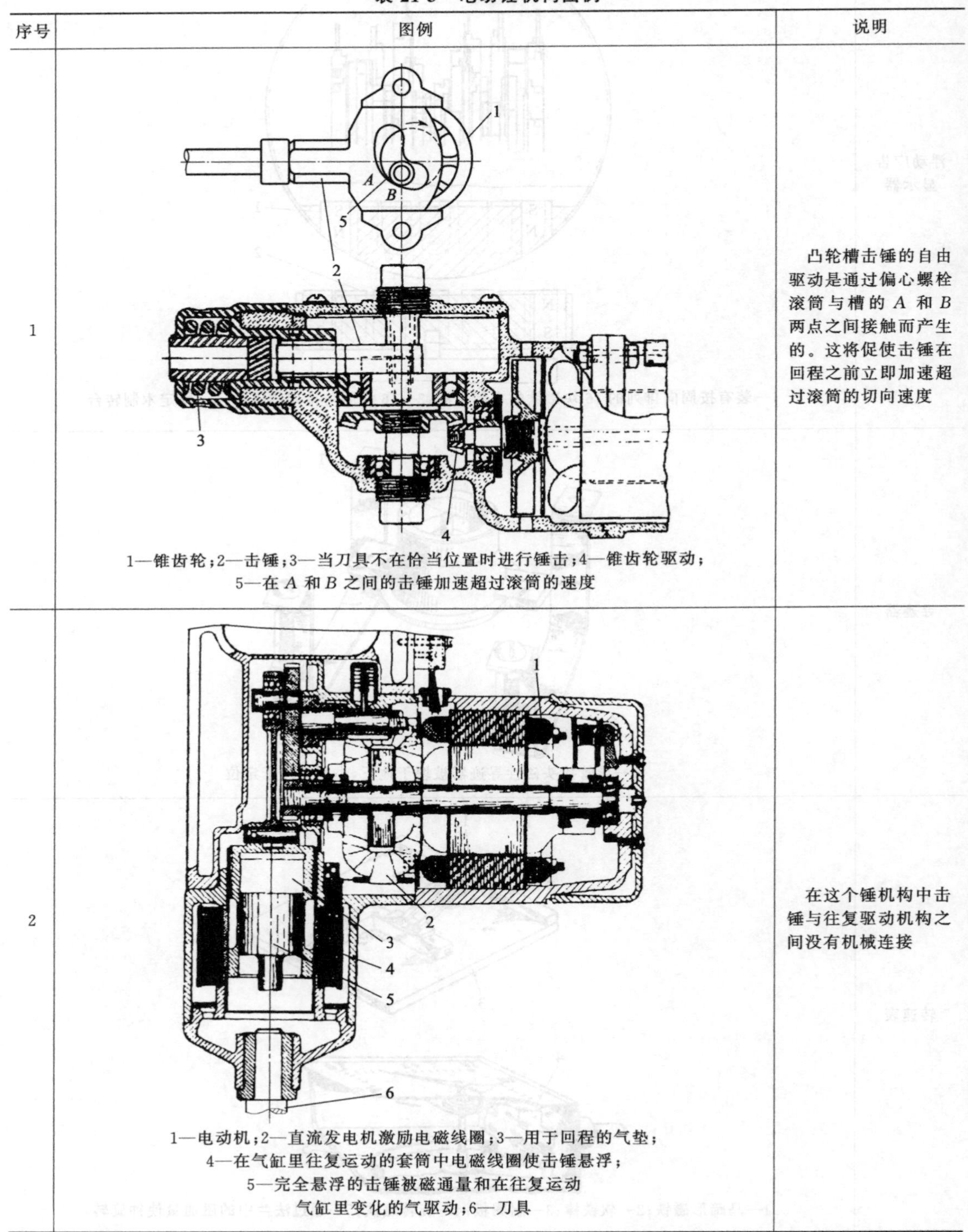 1—锥齿轮；2—击锤；3—当刀具不在恰当位置时进行锤击；4—锥齿轮驱动； 5—在 A 和 B 之间的击锤加速超过滚筒的速度	凸轮槽击锤的自由驱动是通过偏心螺栓滚筒与槽的 A 和 B 两点之间接触而产生的。这将促使击锤在回程之前立即加速超过滚筒的切向速度
2	1—电动机；2—直流发电机激励电磁线圈；3—用于回程的气垫； 4—在气缸里往复运动的套筒中电磁线圈使击锤悬浮； 5—完全悬浮的击锤被磁通量和在往复运动 气缸里变化的气驱动；6—刀具	在这个锤机构中击锤与往复驱动机构之间没有机械连接

续表

序号	图例	说明
3	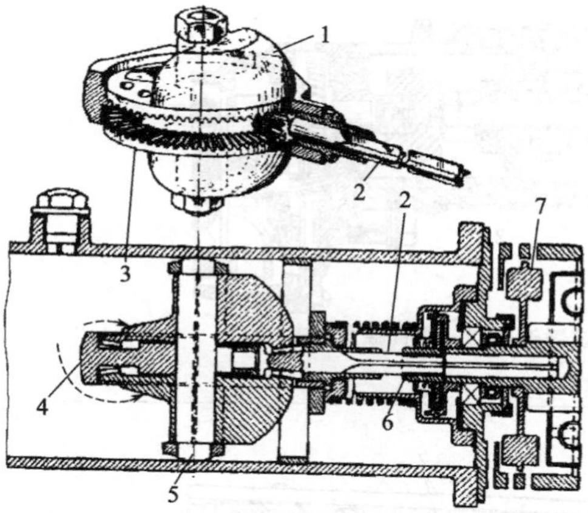 1，4—击锤；2—滑动花键轴；3—带有不平衡重力块的锥齿轮沿着相反的方向旋转；5—机体内装配的击锤和往复运动的花键轴；6—花键圆盘；7—鼓风机	相反方向旋转的重力块的离心力使击锤运动。通过一个滑动花键轴与动力保持连接。图中没有显示的导轨阻止了击锤的旋转
4	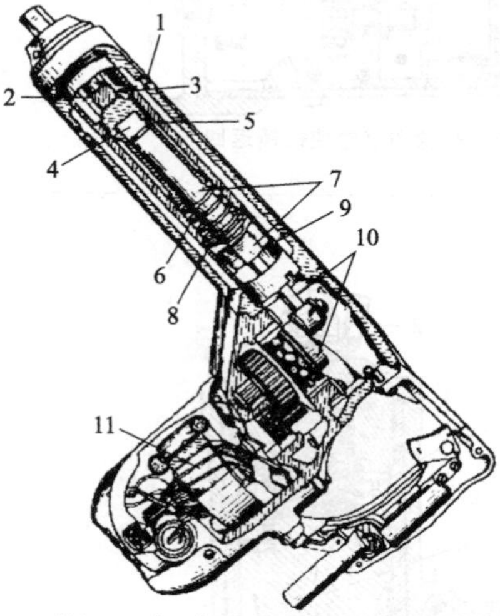 1—排气口；2—刀柄；3—当刀柄没有被夹紧时惰轮保证击锤不撞击；4—在活塞与击锤之间的气垫；5—真空使击锤完成回程运动；6—活塞和击锤的圆柱套筒；7—活塞；8—弹簧吸收击锤的反作用力；9—排气输送管；10—曲轴和连杆；11—电动机	这个锤机构中包含一个由机械、气动和弹簧作用组成的组合体
5	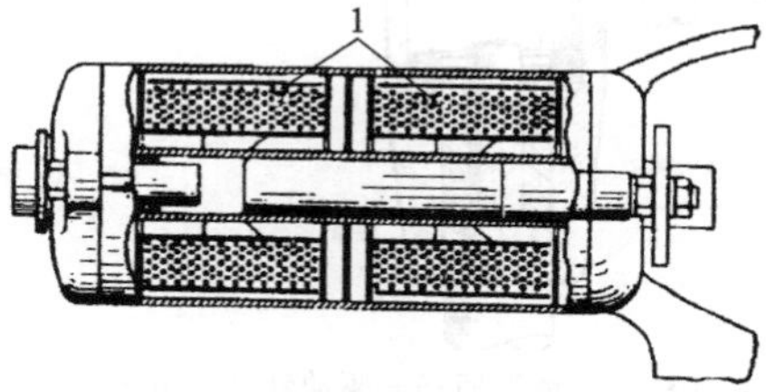 1—交替励磁的电磁铁	两个电磁石操纵这个锤子。打击的力量可以通过改变线圈中的电流或者通过接触器的气隙调节使电流定时反向来进行控制

续表

序号	图例	说明
6	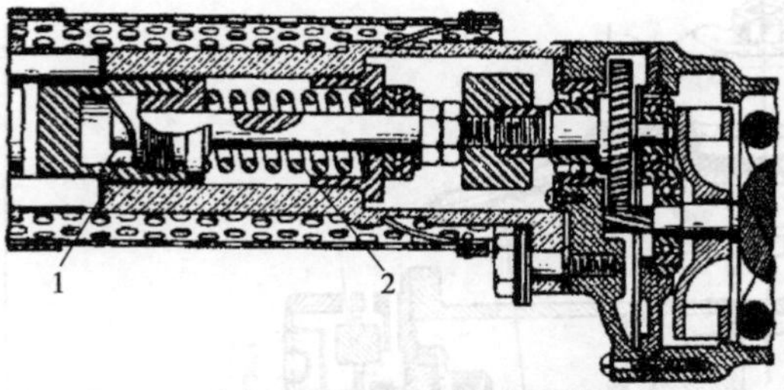 1—凸轮使击锤返回;2—弹簧触发撞击	这个弹簧操作的锤机构包含一个在凸轮上旋转的轴，这个凸轮使击锤返回
7	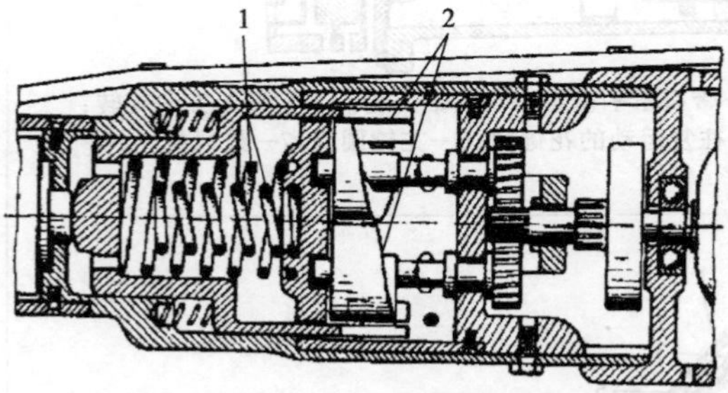 1—弹簧触发撞击;2—凸轮和滚轮使击锤返回	这个弹簧操作的锤机构有两个固定的旋转圆柱凸轮，它们借助于击锤套筒两侧的两个滚筒使击锤返回。辅助弹簧防止击锤撞击固定的圆柱体。这一机构中还包含有图中没有显示的旋转刀具
8	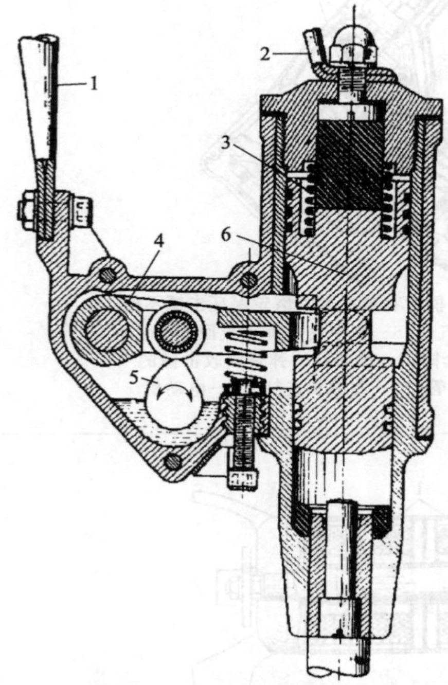 1,2—手柄;3—弹簧触发撞击;4—摇杆使击锤返回;5—驱动轴;6—击锤	带有用于实现回程的凸轮和摇杆的这个弹簧操作锤机构有一个可以调节撞击力的螺钉

续表

序号	图例	说明
9	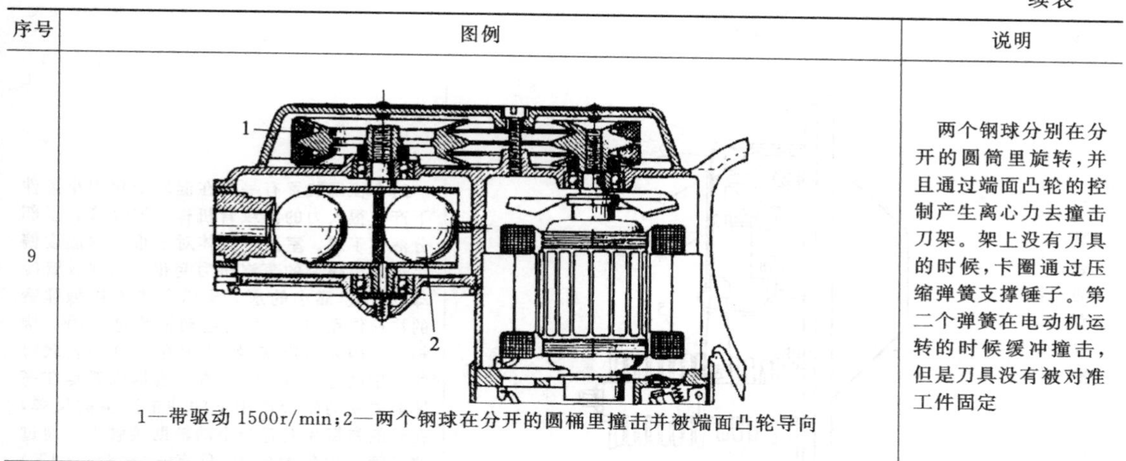 1—带驱动 1500r/min；2—两个钢球在分开的圆桶里撞击并被端面凸轮导向	两个钢球分别在分开的圆筒里旋转，并且通过端面凸轮的控制产生离心力去撞击刀架。架上没有刀具的时候，卡圈通过压缩弹簧支撑锤子。第二个弹簧在电动机运转的时候缓冲撞击，但是刀具没有被对准工件固定

注：正如上面图中所显示的便携式电动锤一样，控制冲击力功能可应用在特殊的固定机械中。这类机构已经在振动机械、制钉机及其他特殊的机器中应用。在便携式电动锤中，它们能有效地进行钻、凿、挖、切削、夯实、铆接以及需要既快速又集中打击的相似操作。示例中的击锤机构是通过弹簧、凸轮、磁力、空气和真空室以及离心力来工作的。图中只显示了击锤机构。

21.2.3　恒温机构图例

恒温机构图例见表 21-4。

表 21-4　恒温机构图例

名称	图例	说明
温度计	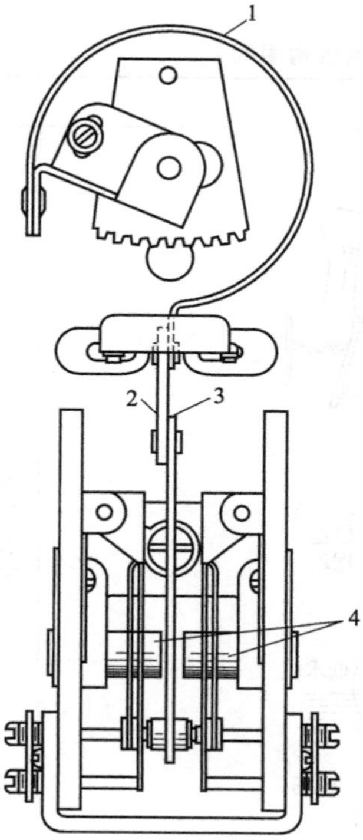 1—双金属；2—绝缘；3—钢片；4—永久磁体	夏天和冬天的室温均可在很大的范围内被这个温度计里的一个单独的黄铜和不胀钢制成的大直径线圈所控制。为了避免震颤，一个小的永久磁体被安装在钢接触片的两侧上。磁力吸引钢片产生一个快速接触，而吸引力与它们之间距离的平方成反比

续表

名称	图例	说明
重载的室温控制装置	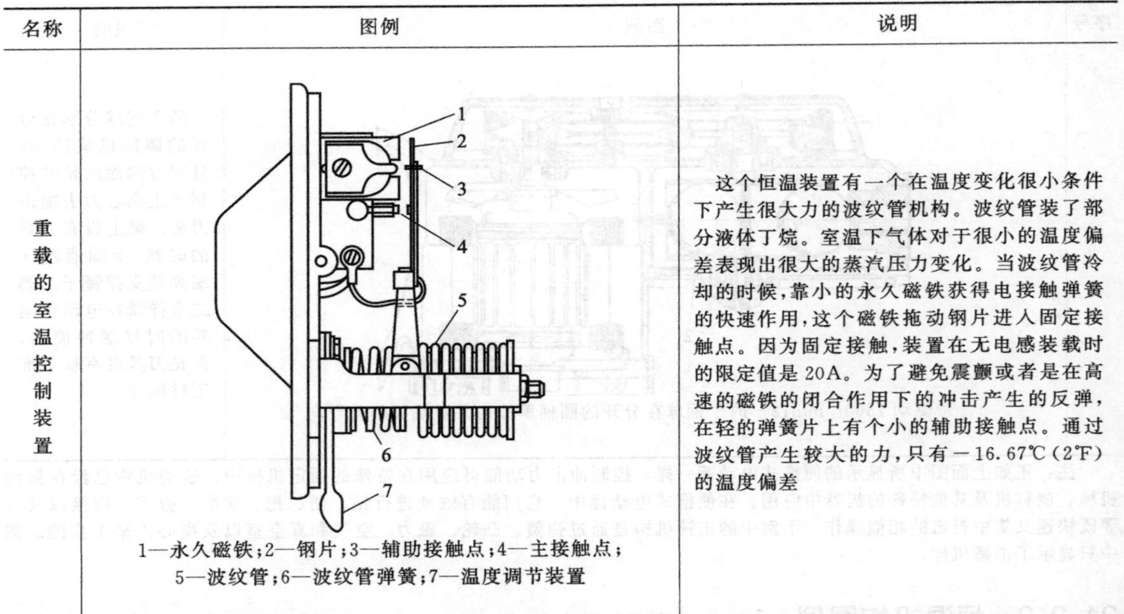1—永久磁铁；2—钢片；3—辅助接触点；4—主接触点；5—波纹管；6—波纹管弹簧；7—温度调节装置	这个恒温装置有一个在温度变化很小条件下产生很大力的波纹管机构。波纹管装了部分液体丁烷。室温下气体对于很小的温度偏差表现出很大的蒸汽压力变化。当波纹管冷却的时候，靠小的永久磁铁获得电接触弹簧的快速作用，这个磁铁拖动钢片进入固定接触点。因为固定接触，装置在无电感装载时的限定值是20A。为了避免震颤或者是在高速的磁铁的闭合作用下的冲击产生的反弹，在轻的弹簧片上有个小的辅助接触点。通过波纹管产生较大的力，只有－16.67℃(2℉)的温度偏差

注：对于给定的温度，装置的灵敏度或偏差取决于所选择的粉状化合物和双金属零件的尺寸。灵敏度与长度平方值成正比，而与厚度成反比。当给定温度发生变化时，力的改变也取决于双金属的类型。然而，恒温片的许用工作载荷与宽度和厚度的平方成正比。因此，双金属零件的设计与灵敏度和工作载荷密切相关。

21.2.4 其余电磁机构图例

其余电磁机构图例见表21-5。

表 21-5 其余电磁机构图例

名称	图例	说明
一个电磁液面控制器	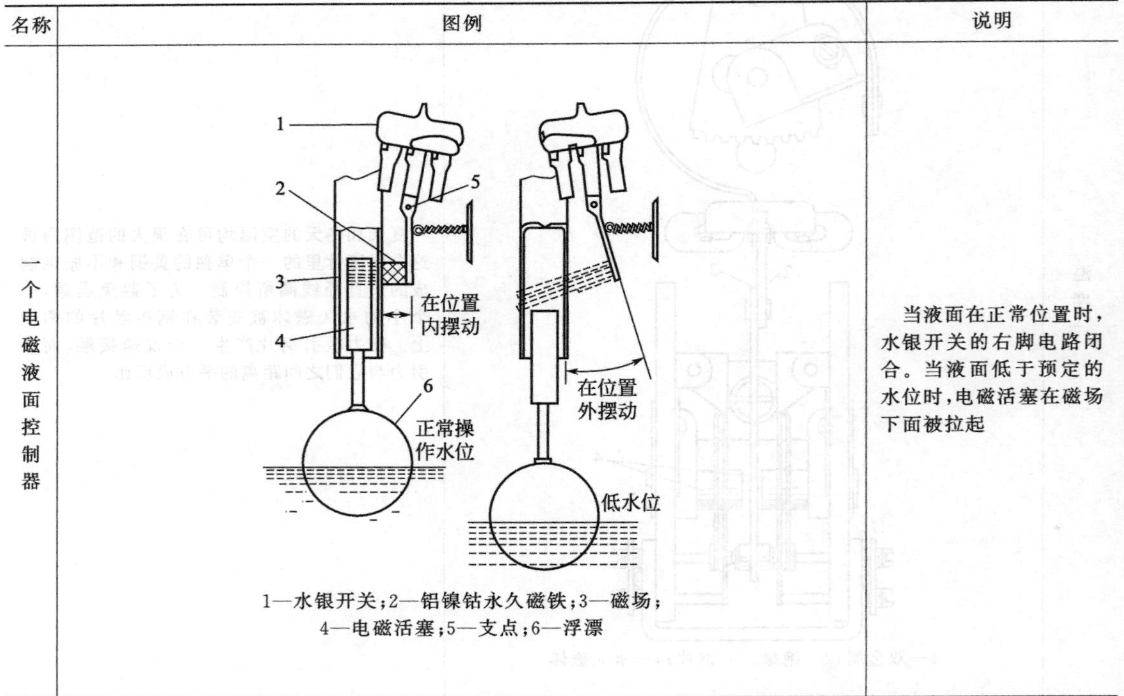1—水银开关；2—铝镍钴永久磁铁；3—磁场；4—电磁活塞；5—支点；6—浮漂	当液面在正常位置时，水银开关的右脚电路闭合。当液面低于预定的水位时，电磁活塞在磁场下面被拉起

续表

名称	图例	说明
电动调速器	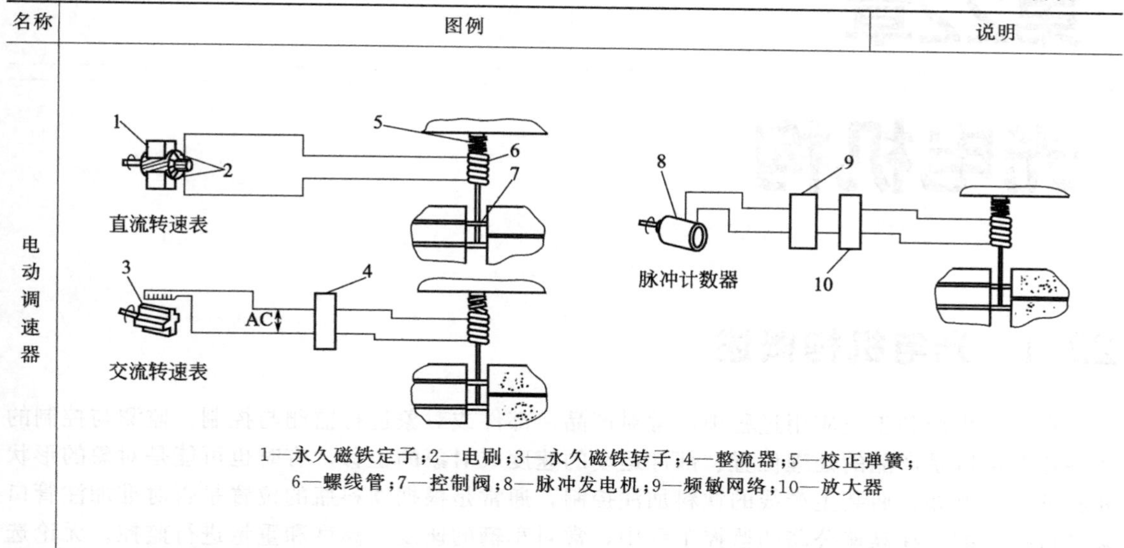 1—永久磁铁定子；2—电刷；3—永久磁铁转子；4—整流器；5—校正弹簧；6—螺线管；7—控制阀；8—脉冲发电机；9—频敏网络；10—放大器	

第22章

光电机构

22.1 光电机构概述

在工业生产和工程应用过程中，常对产品、部件或对象进行监测与控制。监测与控制的条件通常可以是产品的处理位置、部件运动的速度或对象的位移，有时也可能是对象的形状和特征等。例如，瓶装生产线的饮料加注控制，通常是根据饮料瓶的位置是否对准加注管口来进行控制的。在高速公路的监控工程中，常对车辆的速度、高度和重量进行监控。无论选择哪些变量进行监控，都可以采用光电控制机构来实现。由于光电传感器具有体积小，容易安装且测量精确度高，速度快和无接触的特点，可编程控制器具有数字控制与通信和抗干扰能力强的优点，使得光电控制技术被越来越广泛地应用。光电控制技术已经在航空航天工程、能源工程、机器人系统、生产流水线、制造过程、交通车辆控制、工程测量系统、安全监控系统中得到了广泛的应用。

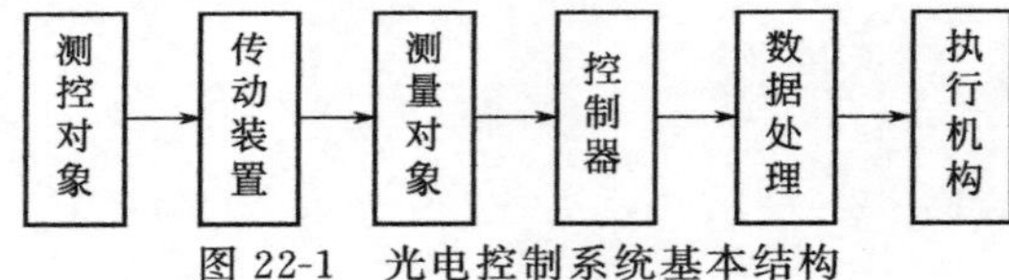

图 22-1　光电控制系统基本结构

光电控制系统是集测控对象、光电传感器检测、数字控制器、通信系统和控制执行（驱动）机构于一体的综合测控系统。其基本结构见图 22-1。

22.2 光电机构应用图例

光电机构应用图例见表 22-1。

表 22-1　光电机构应用图例

名称	图例及说明
自动称重和填料装置	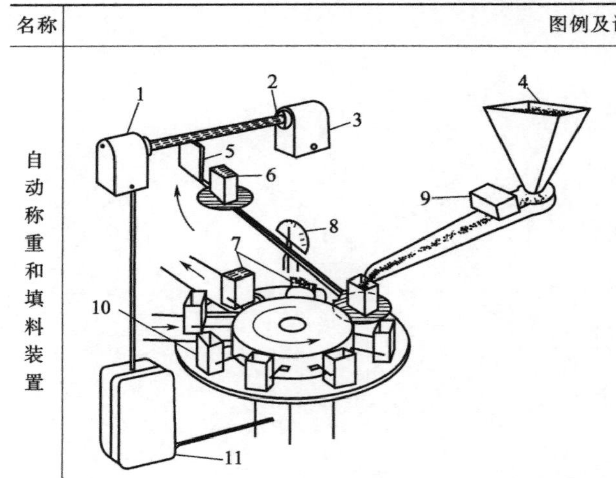 1—光传感器；2—光防护罩；3—光源；4—料斗进给；5—标记尺；6—样品盒或重物；7—填满料的盒；8—天平；9—振动器；10—空盒；11—充电控制器 工作的任务是用准确数量的产品来填满每个盒子，例如螺钉。一个电动的进给装置通过一个斜道来振动零件并注入一个小天平一端的盒子里。这个光电控制器被安放在天平的后面，一个很小的光学缝隙使光线限制在一个很小的尺寸范围内。定位这个控制器，以便当盒子达到适当的重量时，固定在天平一端的平衡悬臂就把光线截断。随后光电控制器通过减弱进给装置的能量来使零件的流动停止。同时，一个分度机构被启动来移走装满的盒子，并用一个空盒子来代替。分度完成后会自动接通进给装置的电流，继续开始螺钉的流动进给

续表

名称	图例及说明
操作者的安全保障装置	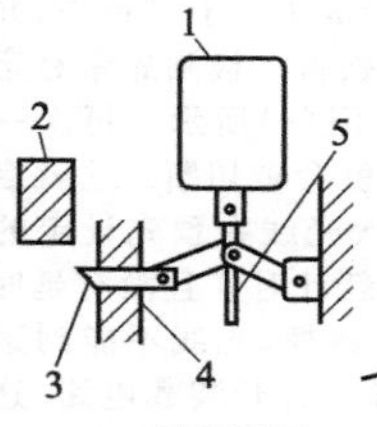 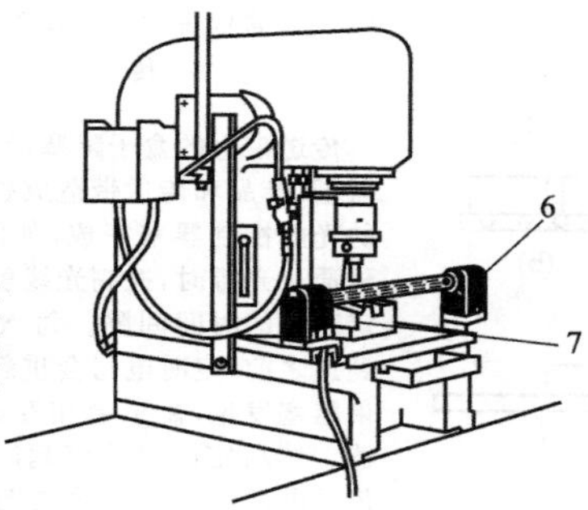 锁紧装置 1—电磁线圈；2—离合器控制杆；3—弹簧锁；4—支撑；5—弹簧；6—光传感器；7—光源 大多数压力都是靠脚踏板来施加的，这个脚踏板使操作者的双手解放出来用于加载和卸载工件，但同时它也增加了安全隐患。机械阀门系统的采用降低了生产的效率。采用光电控制系统，多重光源和光扫描仪可以发射一束光，当光线在任意一点被操作者的手阻断的时候，控制器激活一个机械锁定装置来阻止冲压机工作。光线被阻断同时，电路和能量的断开使控制发生作用。此外，光线通常被当作激活控制装置来使用。因为只要操作者的手离开压力机工作台上的模具，离合器就被释放
对三种装有不同对象的盒子进行归类的装置	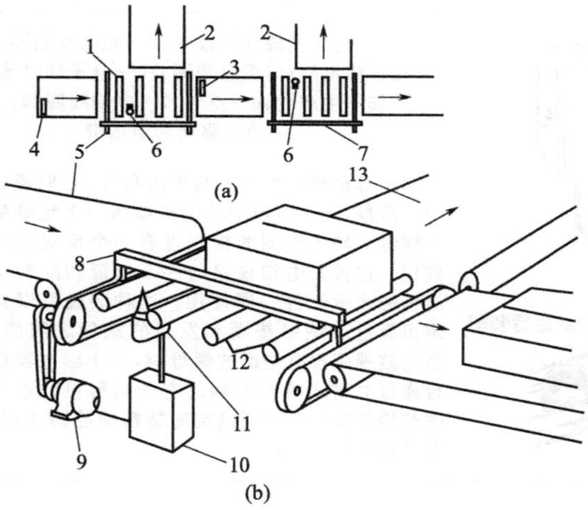 (a) (b) 1,12—滚子；2,13—分发传送带；3,4—带；5—主传送带；6,11—复合光源和光电管；7,8—推杆；9—横向驱动电动机；10—光电控制器 因为盒子里的物体在尺寸上差别很大，根据盒子的大小和形状来分类是不可行的。可以将一个小的反射带通过生产线上的打包机固定在盒子上。对于第一种类型的物体，反射带被固定在底部的边缘，且延伸到中部。对于第二种类型的物体，反射带被放在同样的边缘，但是从中间开始贴到相反的一边。对于第三种类型的物体，没有任何反射带。盒子被放到传送带上，以使反射带与传送方向成直角。图(a)中光电控制器“看见”了这个反射带并操作。图(b)中所示的推杆机构，这将推动盒子到适当的分发传送带上。没有反射带的盒子直接通过
切割机	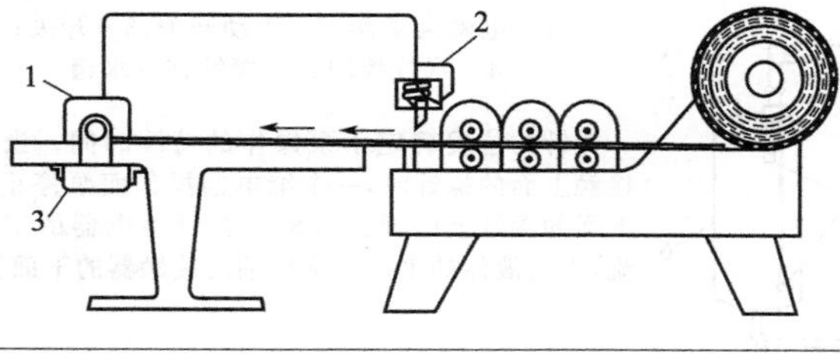 1—光源；2—驱动剪切的电磁线圈；3—光电控制器 这个切割机配置了一个光电控制器，它可以帮助因为质量太轻而不足以操作机械限位开关的条形材料。条形材料的前端阻断光线，于是激活了切割操作。光源和控制器装在机床端部的可调工作台上，以便随被加工毛坯材料的长度而改变位置
热处理传送带装置	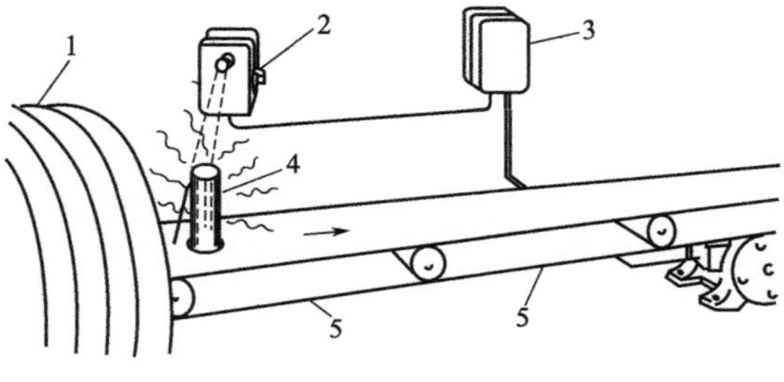 1—炉子；2—光电控制器；3—电子定时器；4—红外源发光物体；5—动力驱动的传送带 热处理传送带装置有一个和光电控制器配套的电子定时器。它被用来从 1260℃（2300℉）的炉子里运出零件。传送装置只有在工件处于传送带上边时才工作，并只运动到达下一个工序所需要的距离。工件以不同的速度被放到传送带上。当使用机械开关时，会因高温问题使传送失败。当高温工件一进入视野，它的红外线就激活光电控制器。控制器操作传送带把工件带出炉子同时启动定时器。按照预先设定的时间长度，定时器控制传送带的运行，使其把工件传到下一个操作位置

续表

名称	图例及说明
阻塞检测器	1—动力驱动的传送带；2—光源；3—驱动电动机；4—定时器；5—光电控制器；6—靠重力进给传送带；7—装置平台 传送带上的盒子阻塞造成生产上的损失，并会对盒子、产品和传送带造成损害。检测靠带有定时器的光电控制器来完成，如图(a)所示。每次一个盒子通过光源时，控制光线就会被切断。这就启动了定时器的时间间隔。每次光线在预先设定的时间到达之前，定时电路会重新计时并且没有延时。如果阻塞发生，盒子会相互碰撞，光线不能到达控制器。然后定时电路将超时，打开装载电路，这就使传送电动机停止。通过把光源和传送器按一定角度放置，如图(b)所示，当盒子太接近时，动力驱动的传送带可以延时，但是盒子并不会相互碰撞
自动检测装置	1—复合光源和扫描仪；2—光电控制器；3—移走螺母(没有垫圈)；4—电子计时器；5—生产线；6—空气；7—电磁线圈阀；8—动力驱动的传送带 当螺母被传送到最后装配阶段时，它们经历一个中间阶段，这个阶段中装配机器将一个绝缘垫圈插入螺母。缺失垫圈的检查点有一个反应型光电扫描仪。这种光电扫描仪与一个光源和配备了普通透镜的光敏元件一同使用。这种装置可以立刻分辨出黑色的绝缘垫圈和发亮的螺母之间的差别。当它监视到没有垫圈的螺母时，一个继电器启动一台通过电磁线圈阀控制的空气喷射机。空气喷射的开始和持续时间通过定时器精确控制，因此不会有其他螺母被移走
电子水位控制器	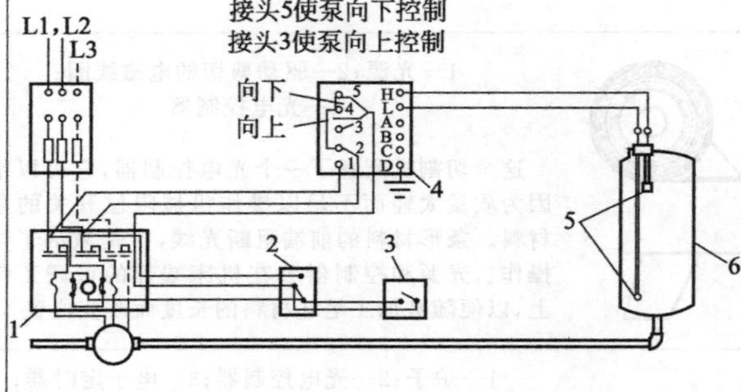 1—电磁启动器；2—手动开关；3—开关；4—水位控制；5—探针；6—水箱 探针的位置确定了泵操作的持续时间。当液体接触上面的探针时，一个继电器操作而泵停止。在下面的探针上的辅助接触器提供继电器的工作电流，直到液体的水位下降到辅助接触器的下面为止

第 3 篇

机构运动分析与仿真

第23章 机构运动分析与仿真方法

23.1 机构运动分析方法

（1）图解法

图解法就是在已知机构尺寸及原动件运动规律的情况下，根据机构的运动关系，按选定比例尺进行作图求解的方法。图解法的特点是形象直观，当需要简捷直观地了解机构的某个或某几个位置的运动特性时，特别是对构件少的简单的平面机构，一般情况下用图解法比较方便，而且精度也能满足实际问题的要求。

图解法主要有速度瞬心法和矢量方程图解法两种：速度瞬心法尤其适用于简单机构的速度分析。矢量方程图解法又称相对运动图解法，其所依据的基本原理是理论力学中的运动合成原理。在对机构进行速度和加速度分析时，首先要根据运动合成原理列出机构运动的矢量方程，然后再按方程作图求解。

（2）解析法

解析法的特点是直接用机构已知参数和应求的未知量建立数学模型进行求解，从而可获得精确的计算结果。由于在建立和推导机构的位置、速度和加速度方程时所采用的数学工具不同，所以解析法有很多种。比较容易掌握且便于应用的方法有矢量方程解析法、复数法和矩阵法。当需要精确地知道或要了解机构在整个运动循环过程中的运动特性时，采用解析法并借助计算机，不仅可获得很高的计算精度及一系列位置的分析结果，并能绘出机构相应的运动线图，同时还可把机构分析和机构综合问题联系起来，以便于机构的优化设计。

随着现代数学工具的日益完善和计算机的飞速发展，快速、精确的解析法已占据主导地位，并具有广阔的应用前景。

（3）实验法

实验法是一种检测实验方法，原理是利用传感器把机械量转化成电量，如电流、电压等参数，通过信号采集器等设备读取数据，输入计算机中进行处理，从而得到分析结果。

23.2 机构运动分析仿真方法

现如今，人们对机械产品的要求越来越趋于多样化和高层次化，对于产品设计的复杂性和精确性要求也日趋提高。采用传统的设计方法对机构进行设计和运动分析非常费时，并常会导致机构设计的不准确。而随着计算技术的发展产生的计算机仿真技术，使机械设计人员在计算机屏幕上通过机构的动态显示，不仅可以直观地看到机构的整个运动过程，而且可以分析运动的完成时间、运动轨迹、运动干涉情况以及机构运动学参数等。这样，设计人员不需等待试制样机就可以提前对设计中可能出现的问题作出精确的预测、分析和改进，从而将设计中可能存在的问题消除在萌芽状态，减少试制样机的费用和时间，从而大大缩短产品的更新周期。尤其对于复杂的空间机构的设计，了解运动构件在空间的相对位置关系，开展空间机构的最优布局研究，进而得到具有创意性的设计结果是十分重要的。因此，计算机仿真技术已经成为现代机构学重要的科研手段，在可行性论证、工程设计和寻求最佳方案等方面发挥着重要作用。因而，为计算机仿真提供准确数据来源的运动分析和动力分析也显得尤为重要。

通过机构的运动和动力分析，可以了解已有机构的运动特性和动力性能，便于更合理有效地使用现有的各种机构，或者根据机构的性能对某些机械提供改进设计的有关数据，使得机构改型时有所遵循。对于设计新的机构来说，进行机构的运动和动力分析，是设计师在设计过程中，检查机构是否符合设计要求的必要步骤。通过分析得到有关数据，才能切实说明设计满足使用要求，或者尚存在不足，并以此为依据改进设计方案，修改原设计。由此可见，机构的运动和动力分析也是现代机构设计中不可或缺的组成部分。

(1) 利用 PRO/ENGINEER 的机构运动仿真分析

PRO/ENGINEER 系统提供了机构仿真分析功能，其中的机构分析模块 Mechanism，可以进行装配的运动学、动力学分析和仿真，使得原来在二维图纸上难以表达和设计的运动，变得非常直观和易于修改，并且能够大大简化机构的设计开发过程，缩短其开发周期，减少开发费用，同时提高产品质量。在 PRO/ENGINEER 中，机构仿真的结果不但可能以动画的形式表现出来，还能以参数的形式输出，从而可以获知零件之间是否干涉，干涉的体积有多大等。根据仿真结构对所设计的零件进行修改，直到不产生干涉为止。

可使用机构设计来移动机构，并可对其进行运动分析。在机构动态中，可以应用电动机来生成要进行研究的运动类型，并可使用凸轮和齿轮扩展设计。当准备好要分析运动时，可以观察并记录分析，或测量诸如位置、速度、加速度、力等量，然后以图形表示这些测量。也可以创建轨迹曲线和运动包络，以用物理方法描述运动。

(2) 利用 SOLIDWORKS 的机构运动仿真分析

SolidWorks 是基于 Windows 平台的三维设计软件，是由美国 SolidWorks 公司研制开发的。它是基于 PARASOLID 几何造型核心，采用 VC＋＋编程和面向对象的数据库来开发的，具有基于特征的参数化实体造型、复杂曲面造型、实体与曲面融合、基于约束的装配造型等一系列先进的三维设计功能及工具，所具有的特征管理器，使复杂零部件的细节和局部设计安排条理清晰，操作简单；它采用了自顶向下的设计方法，设计数据 100％可以编辑，尺寸、相互关系和几何轮廓形状可以随时修改；它的全相关技术使得零部件之间和零部件与图纸之间的更新完全同步；它支持 IGES、DxF、STEP、DWG、ASC 等多种数据标准，可以很容易地将目前市场上几乎所有的机械 CAD 软件集成到设计环境中来；为了方便用户进行二次开发，SolidWorks 提供了大量的 API 函数。目前，SolidWarks 已经成为微机平台上的主流三维设计软件。

SolidWorks 的特点主要有以下几点。

① 具有独特的特性管理器，特性管理器中设计历史树同具体的实体模型是实时的动态连接。

② 具有强大的实体、曲面建模功能和直观的 Windows 用户界面。

③ 双向关联的尺寸驱动机制。

④ 提供了可供 VB、VC＋＋和其他支持 OLE 和 COM 技术的开发语言接口。

(3) 利用 UG 的机构运动仿真分析

UG 是一个 CAD/CAM/CAE 集成软件，其 Modeling 模块和 Assemblies 模块提供了极

强的造型和装配能力。在UG中，基于参数化、变量化及相关性的原则，可以很方便地建立机构的二维或三维装配模型，此物理模型称为主模型，是仿真分析的基础。创建运动分析方案时，运动分析模块（Scenario For Motion）自动复制主模型的装配文件，并建立一系列不同的运动分析方案。每个运动分析方案均可独立修改，而不影响装配主模型，一旦完成优化设计方案，就可直接更新装配主模型，以反映优化设计的结果，这也是相关性设计优点的体现。

(4) 利用 ADAMS 的机构运动仿真分析

ADAMS（Automatic Dynamic Analysis of Mechanical Systems）是由密歇根大学开发的，作者是 N. Orlender 和 M，A. Chace。目前，ADAMS是世界上使用范围最广，最负盛名的机械系统仿真分析软件。它可以产生复杂机械系统的虚拟样机，真实地仿真其运动过程，并且可以迅速地分析和比较多种参数方案，获得优化的工作性能；但它的实体造型功能比较差，只能通过其提供的10种简单几何实体通过布尔运算来创建零件，所以对于稍微复杂的模型，一般需要通过 ADAM/EXCHANGE 转换，将其他 CAD 中的实体模型传到 ADAMS 中。

(5) 利用 MATLAB 的机构运动仿真分析

MATLAB 软件由美国 Math Works 公司于1982年推出，它提供了强大的矩阵处理和绘图功能。MATLAB 以数值计算称雄，其图形可视能力强大，所带的 Simulink 软件包是 Matlab 的扩展，是一个用于对系统进行建模、仿真和综合分析的软件包，所选用的系统非常广泛，支持连续、离散及二者混合的线性和非线性系统，也支持具有多种采样速率的多速率系统。Simulink 能够方便地对机构进行动态仿真，可以实现数值模拟、动画仿真、影视制作和过程控制等虚拟技术。

23.3 常用机构运动仿真实例

23.3.1 连杆机构仿真实例

连杆机构仿真实例见表 23-1。

表 23-1 连杆机构仿真实例

名称	图例及说明
十字滑块联轴器	1 2 3 示意图 1—转动滑块 1；2—十字导杆；3—转动滑块 2 图中所示的十字滑块联轴器，是传递两偏移轴的运动机构，也是双转块机构应用的具体实例。当其中一个轴（转动滑块 1）主动旋转时，另一个轴（转动滑块 2）同步转动，两轴角速度相同，用十字导杆连接并传递运动

续表

<table>
<tr><th>名称</th><th>图例及说明</th></tr>
<tr><td>四杆导杆机构</td><td>
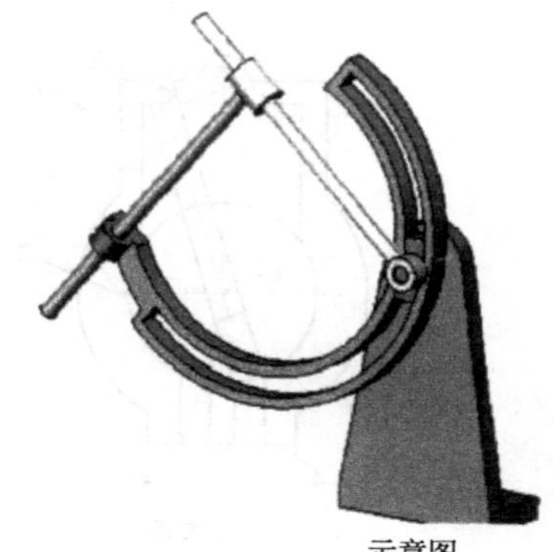

示意图

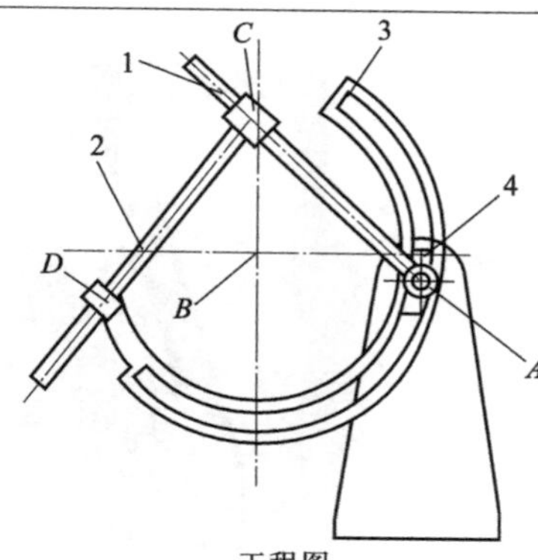

工程图

1,2—导杆;3—圆弧导杆;4—圆弧滑块

图中所示为四杆导杆机构示意图和工程图,它的三个活动构件的角速度始终相等,工程图中导杆 1 绕固定在机架上的圆弧滑块 4 上的 A 点转动,与导杆 1 组成滑动副 C 的导杆 2 可在导杆 1 上滑动;导杆 2 又与圆弧导杆 3 在 D 处组成滑动副,其结果是圆弧导杆 3 沿圆弧滑导块 4 绕 B 点转动。导杆 1、导杆 2 与圆弧导杆 3 角速度相等
</td></tr>
<tr><td rowspan="3">平行四杆机构做停歇送料机构</td><td>

示意图

1—机架;2—转盘;3—推板

图中所示的机构用于包装生产线上,它可将输送线上的物料按照设定节拍推送到包装线上,使物料等间距排布,以便进行包装。利用平行四杆机构中做平动的连杆,把物料从输送线的垂直方向推送到包装线上
</td></tr>
<tr><td>
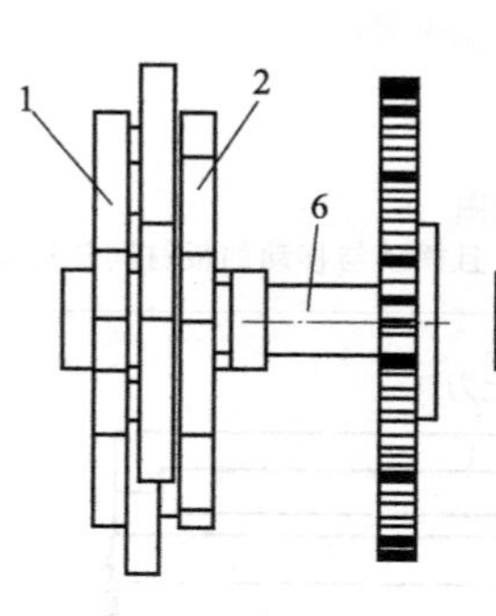

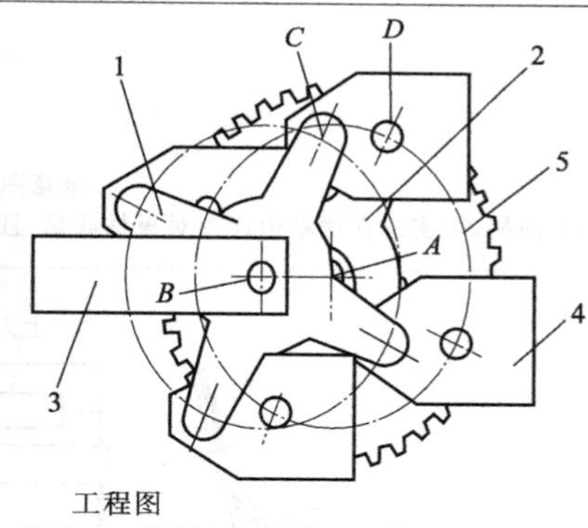

工程图

1,2—转盘;3—机架;4—推板;5—齿轮;6—轴
</td></tr>
<tr><td>

实际应用照片

1—推板;2—包装线;3—包装物;4—输送线

工程图中,$ABCD$ 为其中一组平行四杆机构。AB 为机架,BC 与 AD 为曲柄,CD 为连杆。两个有相同尺寸的转盘 1、2 用转动副分别与机架 3 在 B 点、A 点铰接。四个尺寸相同的推板 4 分别在 C、D 两点与上下转盘 1、2 铰接,均匀分布;上下转盘的中心距离等于 AB;该机构尺寸满足 $AB=CD$,$AD=BC$。主动的齿轮 5 与轴 6 及下转盘 2 固接,转速应满足物料输送的节拍要求;四组平行四杆机构匀速绕 A 点转动,做平动的推板 4 按设定间隔时间,把物料推送到包装线上。要根据物料的尺寸确定机构各构件的大小,注意防止各构件间的相互干涉
</td></tr>
</table>

续表

<table>
<tr><th>名称</th><th>图例及说明</th></tr>
<tr><td>摆动式油泵</td><td>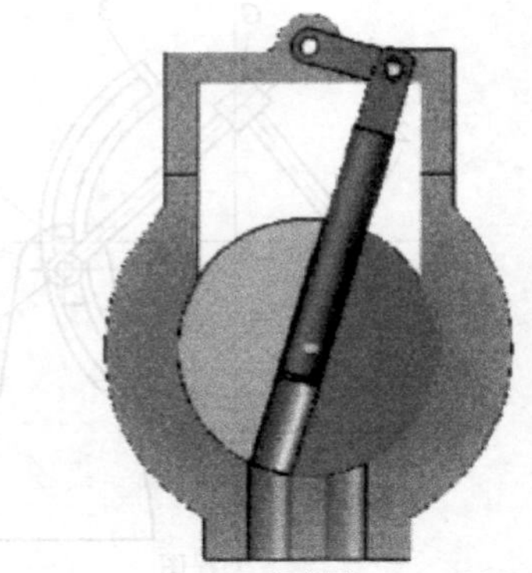
示意图
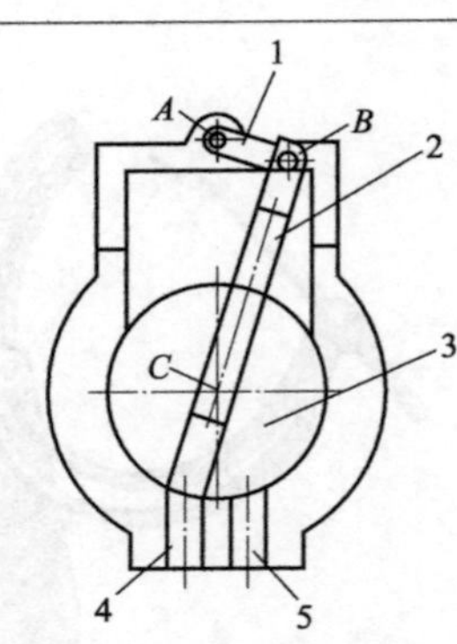

工程图
1—曲柄；2—导杆；3—摇块；4—出油孔；5—吸油孔

图中所示的摆动式油泵机构是利用曲柄摇块机构的运动原理制作的，工程图中曲柄 1 绕机架上的 A 点转动，带动与其在 B 点铰接的导杆 2(柱塞)绕 C 点摆动，摇块 3(泵体)随着绕 C 点摆动。导杆 2 摆动的同时，还在摇块 3 的径向孔中滑动，完成吸油和排油动作</td></tr>
<tr><td rowspan="2">摆动式飞剪机构</td><td>
示意图
该机构采用两个曲柄，可实现在摆动中连续对板材剪裁，且摆动与移动的板材同步运动</td></tr>
<tr><td>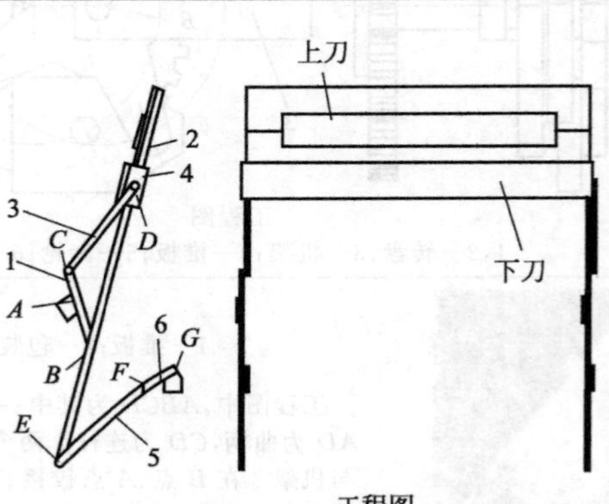

工程图
1,6—主动曲柄；2—摆动导杆；3,5—连杆；4—上滑块

工程图中，主动曲柄 1 绕机架上的 A 点转动，通过铰接点 B 带动导杆 2(龙门架)上下移动；通过连杆 3 使滑块 4 在导杆 2 上滑动，C、D 均为转动副；导杆 2 上安装上刀，滑块 4 上安装下刀，转动的曲柄使上下刀分离与闭合。另一个曲柄 6 通过连杆 5 在 E 点与导杆 2 铰接，并带动导杆 2 前后摆动，摆动的速度与被剪切的板材一致。在曲柄 1、6 的共同作用下，实现连续剪裁</td></tr>
</table>

23.3.2　轮系仿真实例

轮系仿真实例见表 23-2。

表 23-2　轮系仿真实例

名称	图例及说明
	 演示用手动双联外啮合行星轮系机构
手动双联行星机构	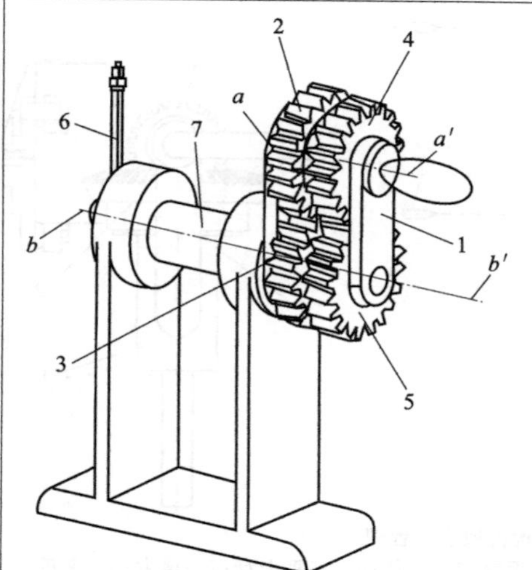 手动双联行星机构工程图 1—系杆；2—双联行星轮，$2z=20$；3—齿轮，$3z=19$；4—双联行星轮；5—齿轮，$5z=20$；6—指针；7—轴 齿轮 3 为固定的中心轮；齿轮 5 与轴及指针固接为一体，可绕 b—b 轴转动，轴与齿轮 3 同轴并铰接；双联行星轮 2 和轴 4 用转动副与轴 a—a' 连接；带有手柄的系杆可绕 b—b' 轴转动。系杆上端用转动副与 a—a'轴铰接，下端与轴铰接。各齿轮齿数如工程图所示，当系杆 1 带动双联行星齿轮绕 b—b'轴转动时，与从动齿轮 5 的传动比为 $$u_{51}=1-\frac{z_3z_4}{z_2z_5}=\frac{39}{400}\approx\frac{1}{10}$$ 即系杆转 10 周，轴(指针)转 1 周
圆锥齿轮行星机构机械手(一)	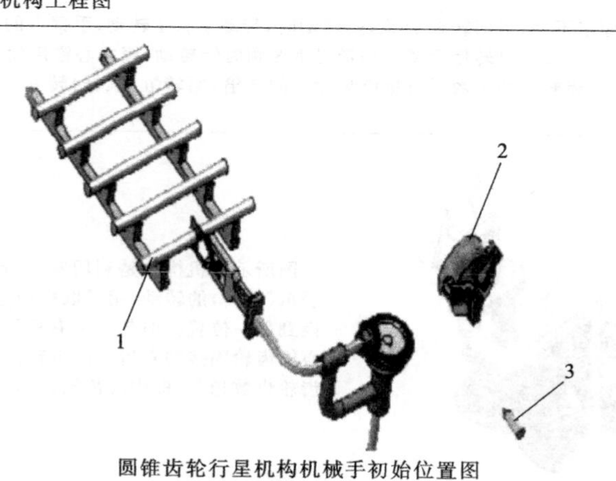 圆锥齿轮行星机构机械手初始位置图 1—工件；2—三爪卡盘；3—顶尖

续表

名称	图例及说明
圆锥齿轮行星机构机械手(一)	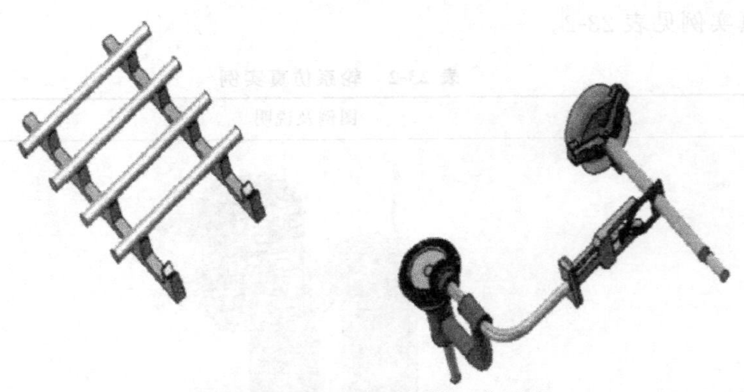 圆锥齿轮行星机构机械手终止位置图 图中所示的机构是采用行星锥齿轮机构，利用行星轮的自转与公转复合运动，完成工件的传送与方位的改变
	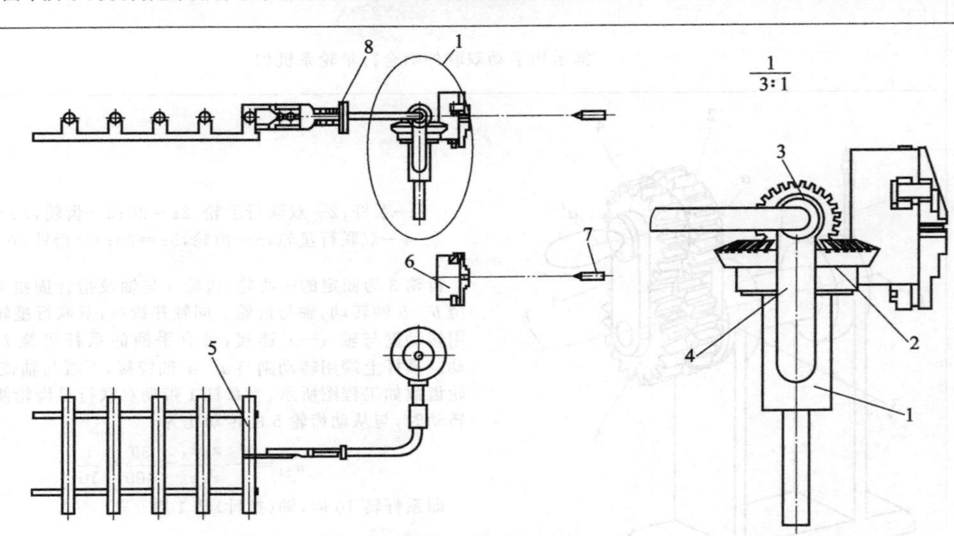 圆锥齿轮行星机构机械手工程图 1—回转缸；2—中心锥齿轮；3—行星锥齿轮；4—手臂；5—工件；6—三爪卡盘；7—顶尖；8—夹爪 中心锥齿轮 2 固定不动，当回转缸 1(系杆)转动时，带动手臂 4 转动，手臂上的夹爪 8 抓取工件 5；与手臂铰接的行星锥齿轮 3 自转与公转，自转使手臂 4 携带夹爪 8 顺时针转动，绕中心锥齿轮 2 公转将工件转到三爪卡盘 6 与顶尖 7 之间；中心锥齿轮 2 的齿数是行星锥齿轮 3 的 2 倍，回转缸(系杆)转 90°，行星锥齿轮自转 180°，完成下料动作
圆锥齿轮行星机构机械手(二)	 圆锥齿轮行星机械手示意图 图所示的机构也是利用圆锥行星齿轮运动，通过手臂(公转)与手爪(自转)的转动，用抓取机构把零件翻转 180°，并从一个位置转换到另一位置。但与上例有所不同。第一，用齿条驱动一个与中心锥齿轮固接的直齿圆柱齿轮作为过渡轮；第二，中心齿轮与行星齿轮齿数相等，即中心齿轮转 180°，行星齿轮也转 180°

续表

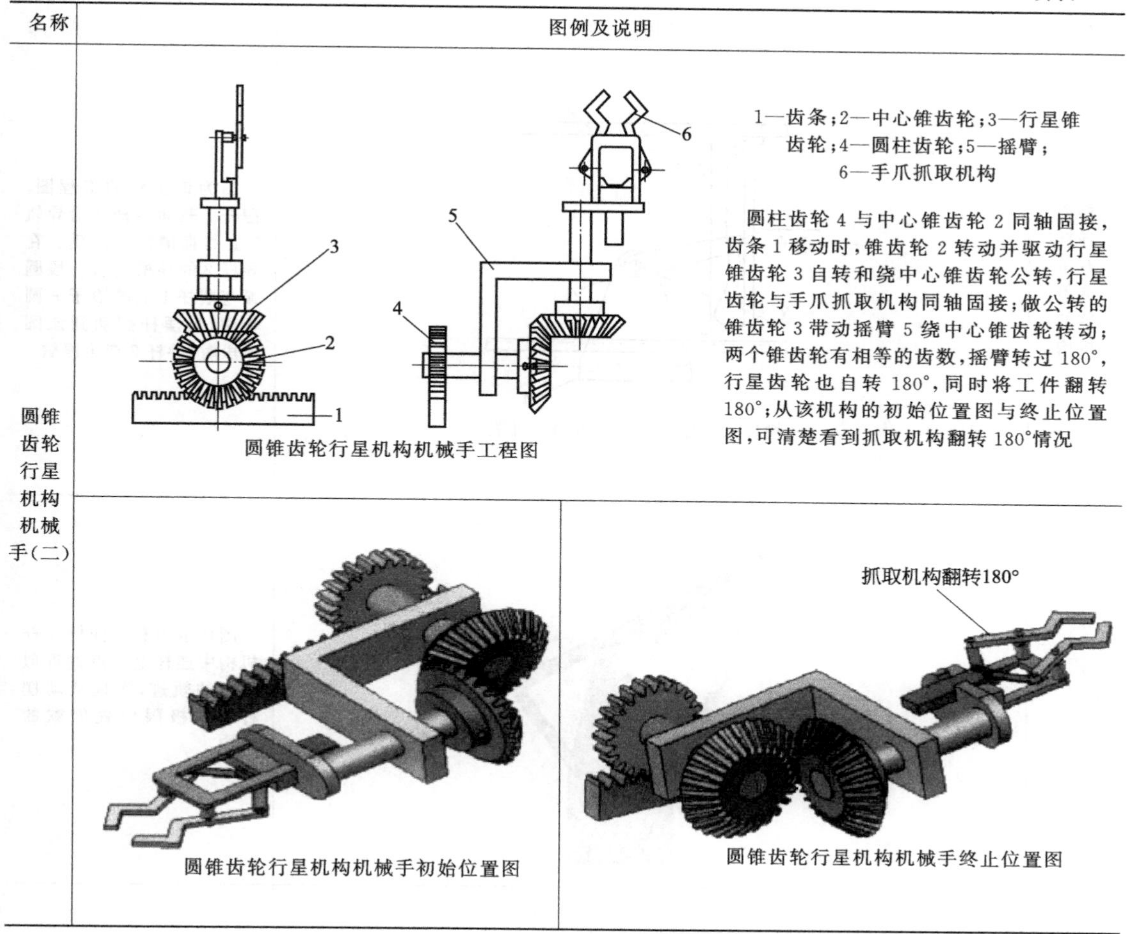

名称	图例及说明
圆锥齿轮行星机构机械手(二)	1—齿条；2—中心锥齿轮；3—行星锥齿轮；4—圆柱齿轮；5—摇臂；6—手爪抓取机构 圆柱齿轮 4 与中心锥齿轮 2 同轴固接，齿条 1 移动时，锥齿轮 2 转动并驱动行星锥齿轮 3 自转和绕中心锥齿轮公转，行星齿轮与手爪抓取机构同轴固接；做公转的锥齿轮 3 带动摇臂 5 绕中心锥齿轮转动；两个锥齿轮有相等的齿数，摇臂转过 180°，行星齿轮也自转 180°，同时将工件翻转 180°；从该机构的初始位置图与终止位置图，可清楚看到抓取机构翻转 180°情况 圆锥齿轮行星机构机械手工程图 抓取机构翻转180° 圆锥齿轮行星机构机械手初始位置图 圆锥齿轮行星机构机械手终止位置图

23. 3. 3　间歇运动机构仿真实例

间歇运动机构仿真实例见表 23-3。

表 23-3　间歇运动机构仿真实例

名称	图例	说明
移动导杆有单侧停歇的机构		图所示的机构使用一个摆杆驱动一个移动导杆，当导杆上的导槽右侧与摆杆的转动半径相同时，在左侧极限位置有停歇

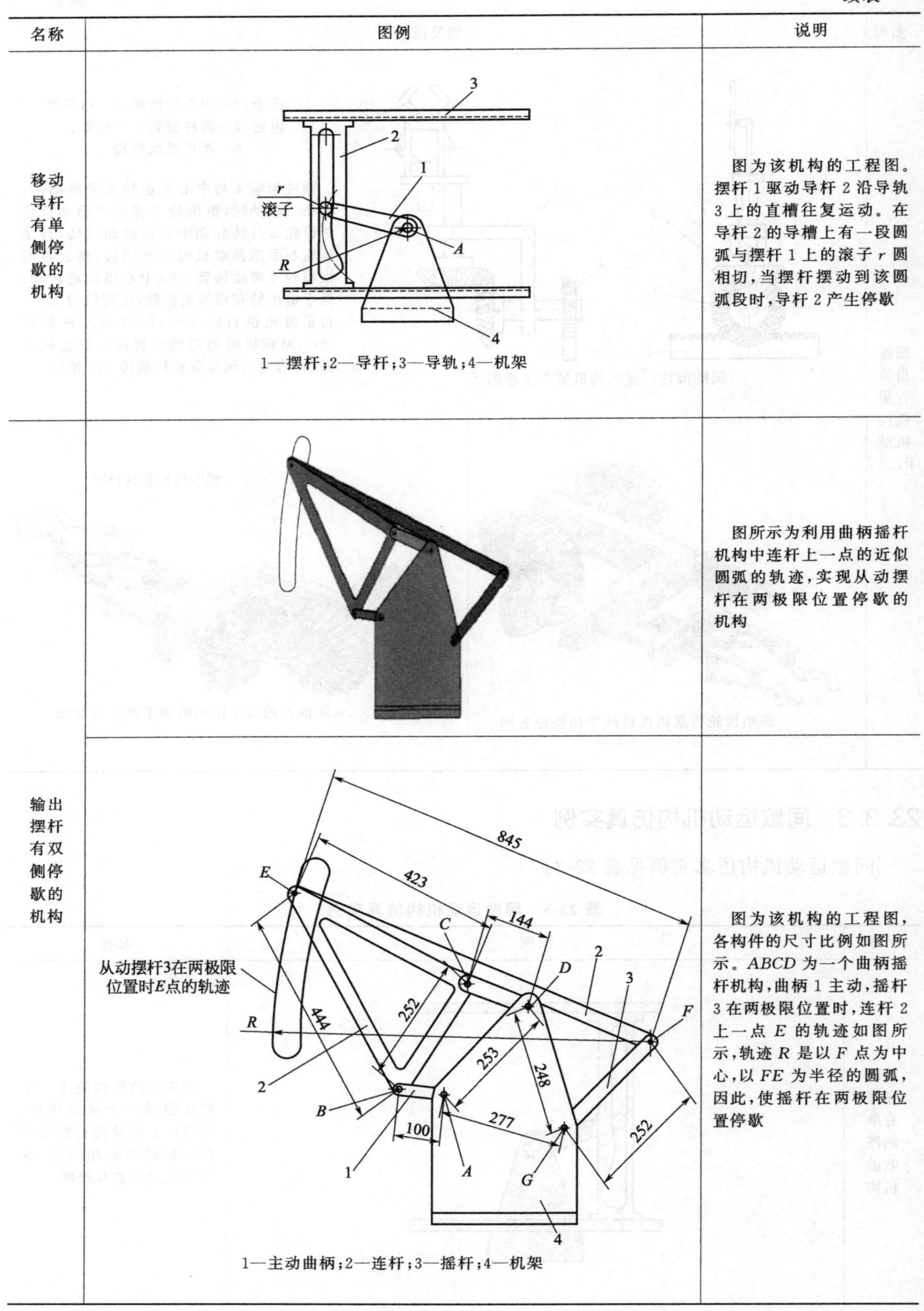

续表

名称	图例	说明
移动导杆有单侧停歇的机构	1—摆杆；2—导杆；3—导轨；4—机架	图为该机构的工程图。摆杆1驱动导杆2沿导轨3上的直槽往复运动。在导杆2的导槽上有一段圆弧与摆杆1上的滚子r圆相切，当摆杆摆动到该圆弧段时，导杆2产生停歇
输出摆杆有双侧停歇的机构		图所示为利用曲柄摇杆机构中连杆上一点的近似圆弧的轨迹，实现从动摆杆在两极限位置停歇的机构
	1—主动曲柄；2—连杆；3—摇杆；4—机架	图为该机构的工程图，各构件的尺寸比例如图所示。$ABCD$为一个曲柄摇杆机构，曲柄1主动，摇杆3在两极限位置时，连杆2上一点E的轨迹如图所示，轨迹R是以F点为中心，以FE为半径的圆弧，因此，使摇杆在两极限位置停歇

续表

<table>
<tr><th>名称</th><th>图例</th><th>说明</th></tr>
<tr><td rowspan="2">输出构件做停歇摆动机构</td><td> 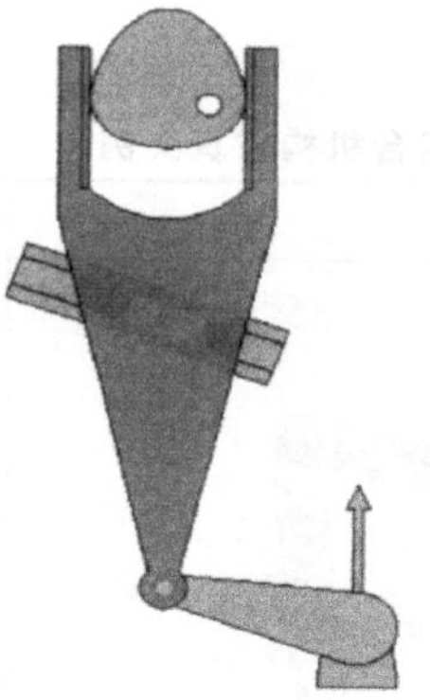</td><td>图所示的机构为采用一个转动的等宽凸轮，实现从动摆杆的停歇摆动的机构</td></tr>
<tr><td> 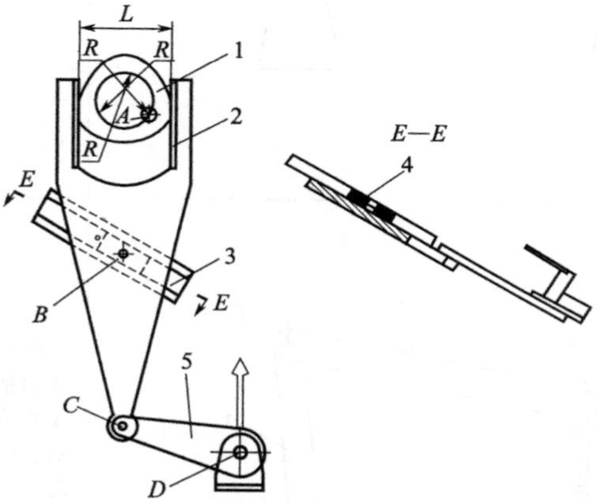L R R 1 A R 2 E E—E 4 3 B E 5 C D
1—凸轮；2—连杆；3—导轨；4—滑块；5—从动杆</td><td>图所示为该机构的工程图。凸轮 1 轮廓有三段等圆弧 R，当绕机架上的 A 点转动时，带动连杆 2 绕滑块 4 上的 B 点摆动，滑块 4 在导轨 3 的直槽上滑动，使从动杆 5 绕机架上的 D 点摆动，凸轮转动到等圆弧段，从动杆 5 在滑块 4 左右两个极限位置时停歇
该机构连杆 2 槽口宽度 L 应等于凸轮接触点切线的距离，改变导轨的倾斜角度可改变从动杆的摆动角度</td></tr>
<tr><td rowspan="2">等宽凸轮移动间歇机构</td><td> 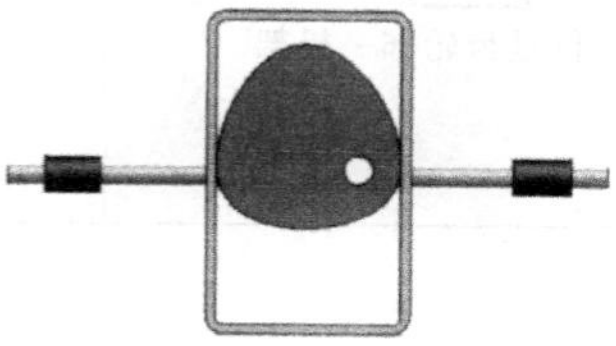</td><td>图所示的机构为利用旋转的等宽凸轮，使导杆左右移动同时还有停歇的机构</td></tr>
<tr><td> 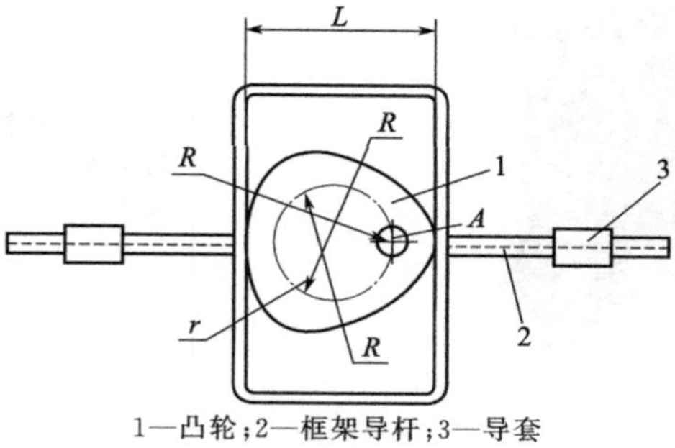L R R 1 3 A r R 2
1—凸轮；2—框架导杆；3—导套</td><td>图为此机构工程图。等宽凸轮 1 绕机架上的点 A 转动时，框架导杆 2 在导套 3 上做直线移动，并在凸轮转到等圆弧处停歇</td></tr>
</table>

23.3.4 组合机构仿真实例

组合机构仿真实例见表 23-4。

表 23-4 组合机构仿真实例

名称	图例	说明
齿轮-连杆组合机构		图所示的机构为典型齿轮与连杆组合的实例，该实例中，曲柄摇杆机构的曲柄铰接两个相啮合行星齿轮，当曲柄匀速转动时，中心齿轮做非匀速转动
	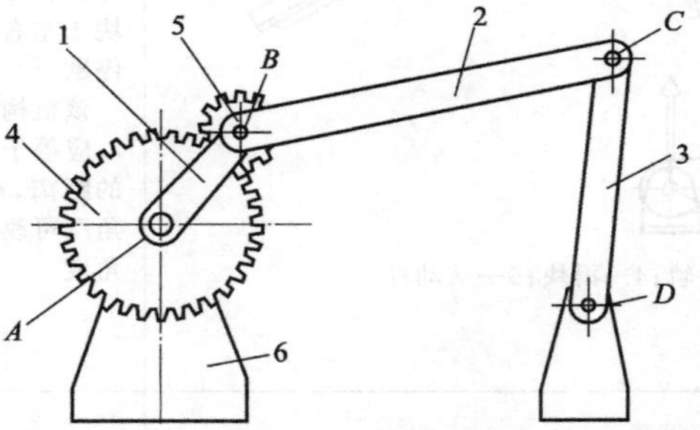 1—曲柄；2—连杆；3—摇杆；4—齿轮；5—行星齿轮；6—机架	图所示为该机构的工程图。$ABCD$ 为曲柄摇杆机构，曲柄 1 与齿轮 4 在 A 点同铰接在机架 6 上，与齿轮 4 相啮合的行星齿轮 5 在 B 点与曲柄及连杆 2 铰接；曲柄的长度等于两啮合齿轮的中心距，曲柄主动，行星齿轮自转的同时还随连杆上 B 点绕 A 点做变速转动（公转），从而使输出齿轮 4 做变速转动
带轮驱动的导杆机构	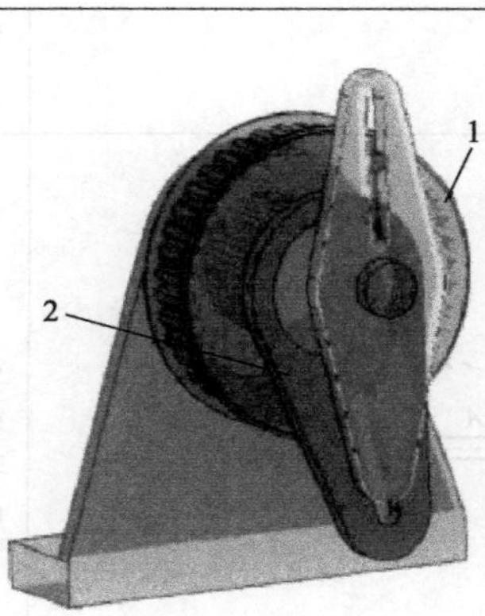 1—带轮；2—导杆	图所示机构示意图中，主动带轮做匀速转动时，导杆绕同一轴做变角速度转动

续表

名称	图例	说明
带轮驱动的导杆机构	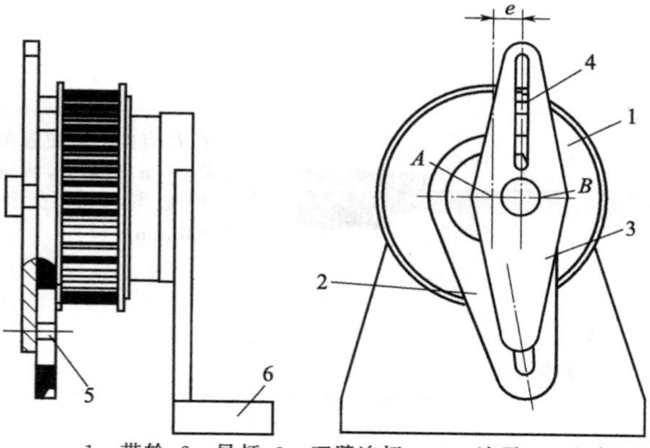 1—带轮；2—导杆；3—双臂连杆；4，5—滚子；6—机架	图为该机构的工程图。在匀速转动带轮 1 上固接的滚子 4 拨动双臂连杆 3 绕 B 轴转动，B 轴线为双臂连杆 3 的几何中心，该中心与带轮 1 中心的偏心距为 e；双臂连杆 3 下部固接滚子 5，该滚子可在导杆 2 的直槽中滑动；导杆 2 也铰接在 A 点与带轮同轴，均可绕 A 点转动；在双臂连杆的驱动下，从动的导杆 2 以变角速度输出
活塞行程可调节的行星齿轮机构	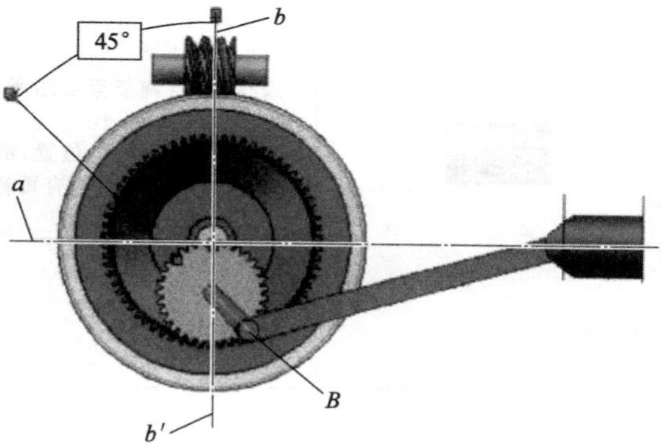	图所示的机构为活塞行程可调节的行星齿轮机构。机构的设计要点是用调整节点初始位置的方法来调节活塞的行程。其中心轮节圆半径与行星轮节圆半径的比例为 2∶1，因此，行星轮节圆上任意一点的轨迹是一条通过中心轮中心的直线。这样就可以通过调整节点初始位置的办法来调节活塞的行程。如将 B 点调节到与 $b—b'$ 面重合，活塞的行程最小；如将 B 点调节到图中所示的位置，活塞的行程为 48.59mm
	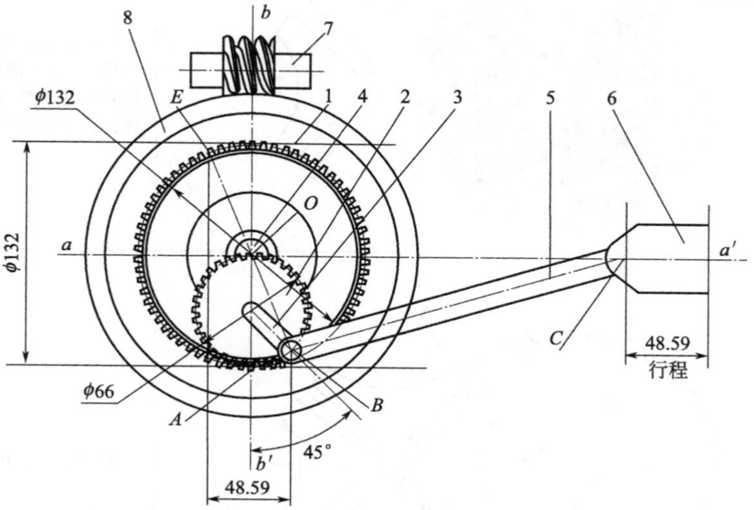 1—中心轮；2—行星轮；3，5—连杆；4—系杆；6—活塞；7—蜗杆；8—蜗轮	
	图所示为该机构的工程图。活塞 6 的轴线与 $a—a'$ 面重合，连杆 3 与行星轮固接，B 点是行星轮 2 的节点，将 OB 两点的连线延长到中心轮 1 节圆上的 E 点，BE 连线与 $b—b'$ 平面的夹角等于 45°，BE 两点连线在水平而 $a—a'$ 上的投影长度为 48.59mm。用连杆 5 连接 B 点与活塞的连接孔 C，48.59mm 就是活塞 6 的行程。因此，改变 B 点的初始位置也就调节了活塞的行程。蜗轮 8 与中心轮 1 固接，转动蜗杆 7 调节了 B 点的位置，也就调节了活塞的行程	

续表

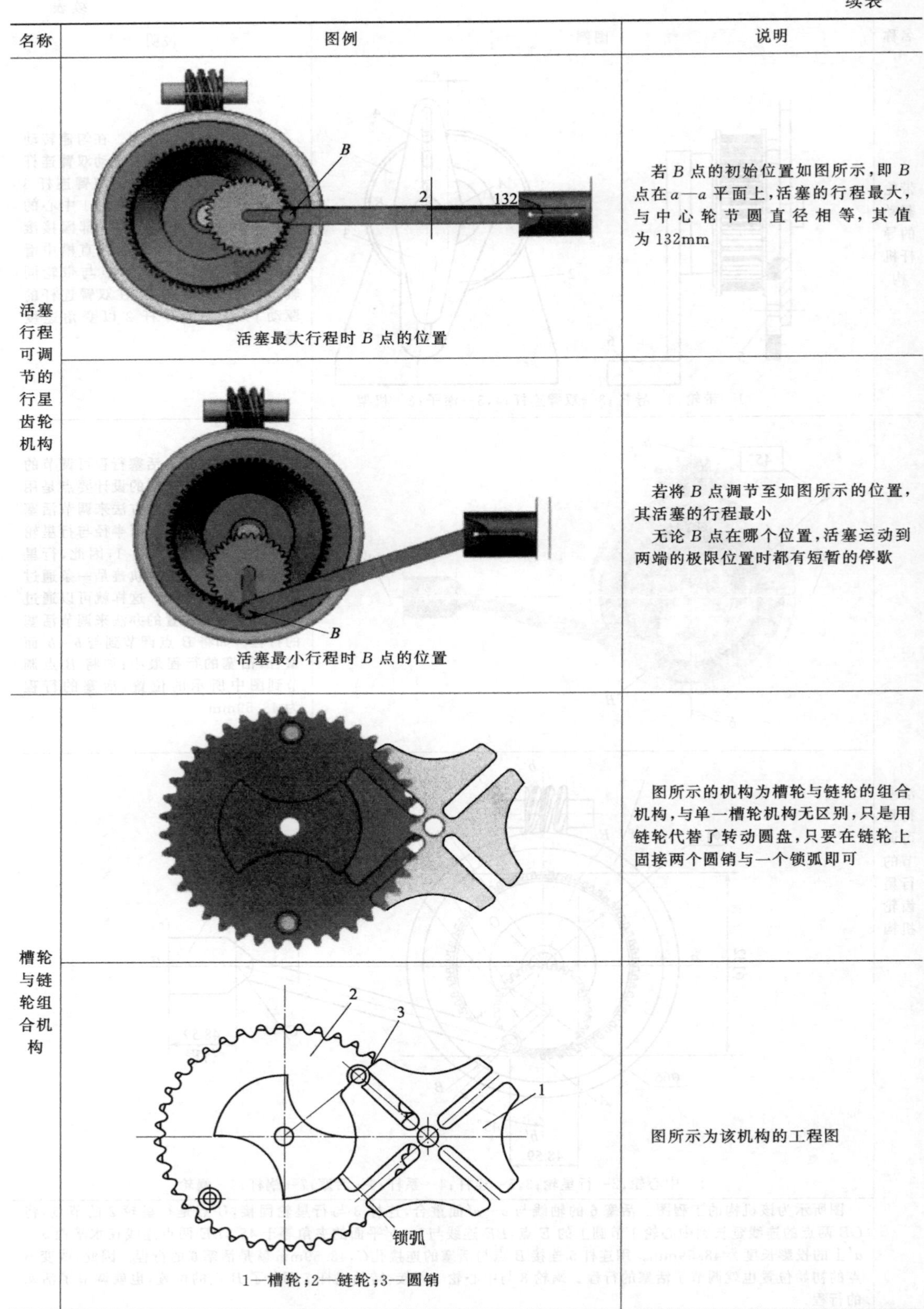

名称	图例	说明
活塞行程可调节的行星齿轮机构	活塞最大行程时 B 点的位置	若 B 点的初始位置如图所示，即 B 点在 $a—a$ 平面上，活塞的行程最大，与中心轮节圆直径相等，其值为 132mm
	活塞最小行程时 B 点的位置	若将 B 点调节至如图所示的位置，其活塞的行程最小 无论 B 点在哪个位置，活塞运动到两端的极限位置时都有短暂的停歇
槽轮与链轮组合机构		图所示的机构为槽轮与链轮的组合机构，与单一槽轮机构无区别，只是用链轮代替了转动圆盘，只要在链轮上固接两个圆销与一个锁弧即可
	1—槽轮；2—链轮；3—圆销	图所示为该机构的工程图

续表

名称	图例	说明
凸轮齿轮机构		图所示的机构是利用固接在行星齿轮上的凸轮来调节输出轴转速的机构
	7 a 6 5 a′ 4 8 1 2 3 1—轴；2—系杆；3—行星齿轮；4—凸轮；5—转臂；6—中心齿轮；7—从动轴；8—机架	图所示为该机构工程图。主动轴 1 与系杆 2 固接；行星齿轮 3 与凸轮 4 固接；转臂 5 与从动轴 7 固接，其上的凸轮滚子轴承与行星齿轮 3 上的凸轮轮廓接触；中心齿轮 6 与机架 8 固接；主动轴、从动轴、系杆、转臂轴线与 $a—a'$轴线重合 系杆 2 在主动轴 1 驱动下带动行星齿轮 3 转动，凸轮随行星齿轮自转的同时，驱使转臂 5 绕 $a—a'$ 轴做变速转动，其结果使从动轴也做变速转动。这从仿真模型运动过程中可以看到，分别装在主动轴与从动轴上的两个指针的相对位置是不断变化的。为保证转臂上的滚轮与凸轮的良好接触，应在系杆与转臂间用一个拉簧(图中未画出)拉紧

23.3.5　无级变速器仿真实例

无级变速器仿真实例见表 23-5。

表 23-5　无级变速器仿真实例

名称	图例及说明
钢球无级变速器	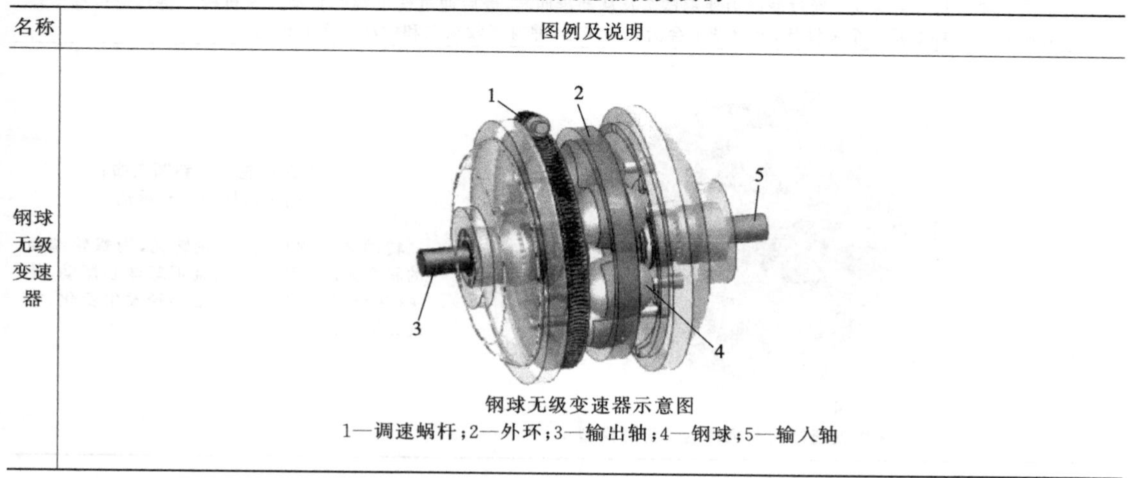 钢球无级变速器示意图 1—调速蜗杆；2—外环；3—输出轴；4—钢球；5—输入轴

续表

<table>
<tr><th>名称</th><th>图例及说明</th></tr>
<tr><td rowspan="3">钢球无级变速器</td><td>
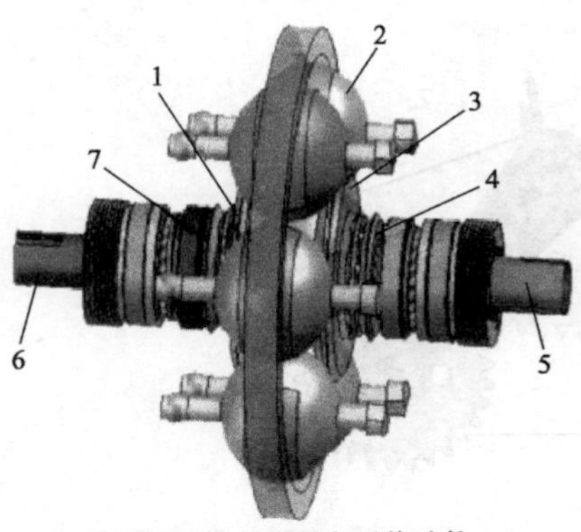

钢球无级变速器主要传动件
1—从动盘；2—钢球；3—主动盘；4—输入端自动加压机构；5—输入轴；6—输出轴；7—输出端自动加压机构
</td></tr>
<tr><td>
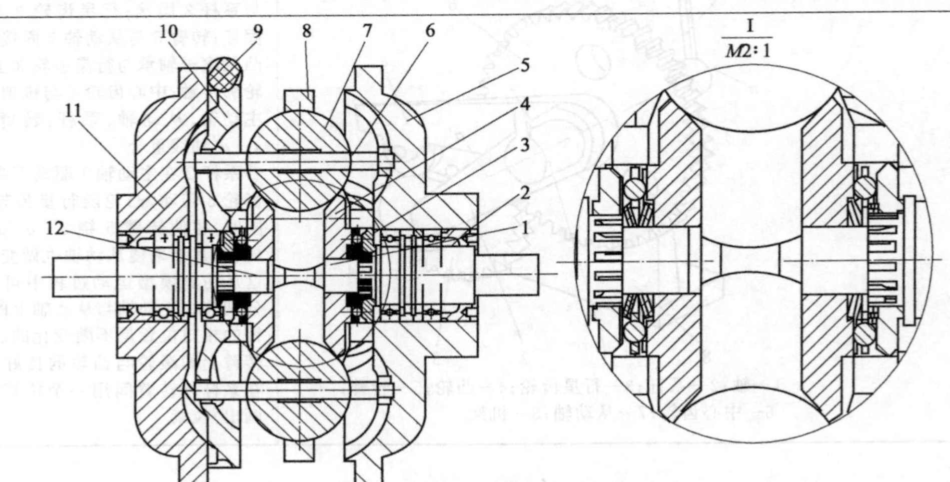

钢球无级变速器工程图
1—输入轴；2—调节螺母；3—自动加压机构；4—主(从)动盘；5—右端盖；6—支承轴；
7—钢球；8—外环；9，10—调速蜗轮蜗杆；11—左端盖；12—输出轴

当输入轴 1 转动时，输入侧的自动加压机构 3 带动主动盘 4 回转。在圆周方向均匀分布 7 个钢球 7，钢球 7 套装在支承轴 6 上。主动盘 4 通过摩擦力使钢球 7 及从动盘回转，最后通过输出端的自动加压机构 3 将转速传递给输出轴 12。外环 8 是一个弹性环，使钢球不会沿径向飞出，并有吸收振动和搅动右面的作用
</td></tr>
<tr><td>
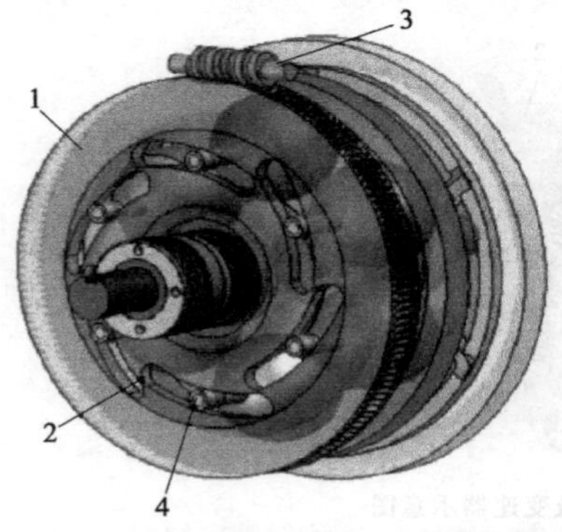

钢球无级变速器调速机构运动仿真模型

1—调速蜗轮；2—斜圆弧槽；
3—调速蜗杆；4—支承轴

转动调速蜗杆，使蜗轮转动，用蜗轮端面的斜圆弧槽迫使支承轴绕钢球球心摆动，使主(从)动盘与钢球的接触半径发生变化，实现无级调速
</td></tr>
</table>

续表

名称	图例及说明
钢球无级变速器	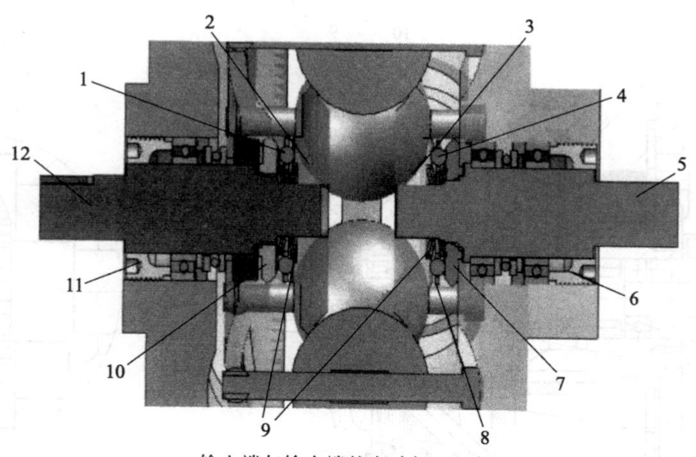 输入端与输出端的自动加压机构 1,4—加压钢球;2—从动盘;3—主动盘;5—输入轴;6,11—调节螺母;7—输入端加压盘;8—保持架;9—碟形弹簧;10—输出端加压盘;12—输出轴
	输入端自动加压机构放大图 1—主动盘;2—加压盘;3—输入轴; 4—保持架;5,6—加压钢球 输入端加压盘与输入轴以花键连接,主动盘空套在输入轴上;在主动盘和加压盘的端面上各有数条 V 形槽,加压钢球放置其间,保持架使钢球不沿径向飞出;碟形弹簧背对背放置,其间隔着调整垫圈。在没有载荷时,钢球位于 V 形槽的底部,与 V 形槽的两个侧壁同时接触。此时加压机构不产生轴向力,而是靠碟形弹簧的预紧力产生初始压力。当有负载时,加压盘与主动盘 V 形槽有一定错位,而产生一个水平力,载荷越大,水平力也越大,使钢球的摩擦力越大
棱锥无级变速器	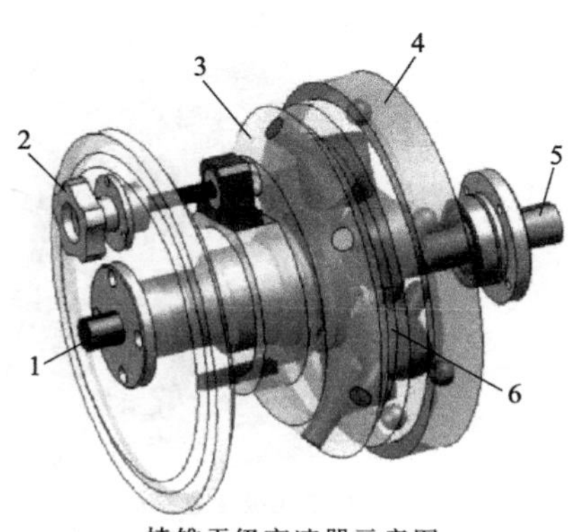 棱锥无级变速器示意图 1—输入轴;2—调速手柄;3—支架;4—输出端自动加压机构;5—输出轴;6—棱锥

续表

<table>
<tr><th>名称</th><th>图例及说明</th></tr>
<tr><td>棱锥无级变速器</td><td>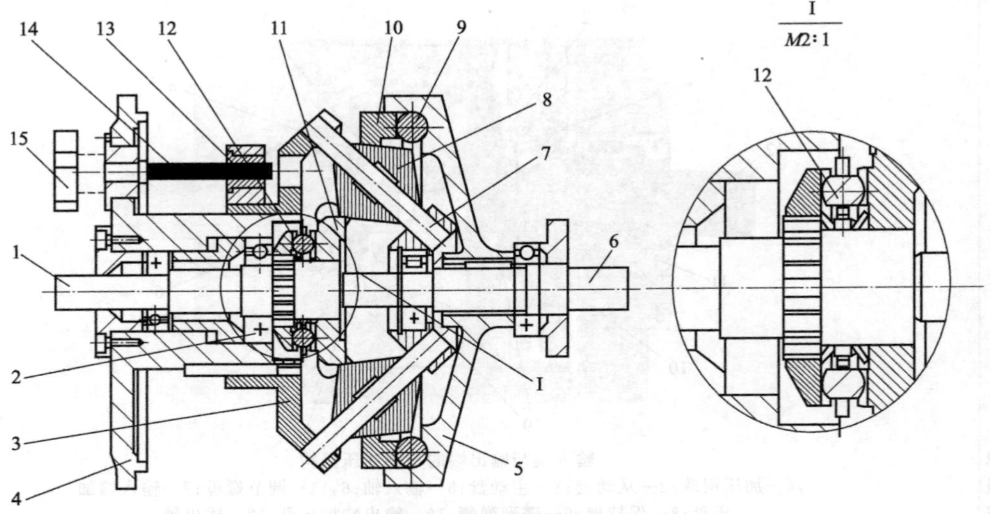

棱锥无级变速器工程图
1—输入轴;2—加压盘;3—支架;4—端盖;5—转盘;6—输出轴;7—支承轴;8—棱锥;9—输出端自动加压机构;10—外环;11—主动盘;12—输入端自动加压机构;13—螺母;14—丝杠;15—手柄

棱锥无级变速器的主要传动件是主动盘 11、棱锥 8 和外环 10。在输入端和输出端各采用了一套自动加压机构,以保证摩擦传动件之间产生必要而适宜的压紧力
当输入轴 1 转动时,输入端自动加压机构 12 带动主动盘 11 回转。在支架 3 的圆周方向均匀分布着 8 个棱锥,在摩擦力的作用下,主动盘 11 迫使棱锥 8 及外环 10 转动,进而再通过输出端自动加压机构 9 带动转盘 5 及输出轴 6 回转
输入轴端的轴承盖是一个调整环节,用来压缩输入端自动加压机构 12 中的碟形弹簧,在各摩擦传动件之间产生初始压力
螺母 13 装在支架 3 上,当转动调速小丝杠 14 时,支架 3 即沿端盖 4 上的导向圆柱轴向移动,棱锥 8 在随支架 3 水平移动的同时,还自动地沿支承轴 7 的轴线方向相应移动,使主动盘 11 及外环 10 与棱锥 8 的接触点位置发生变化,从而实现无级调速(调速机构见右图)

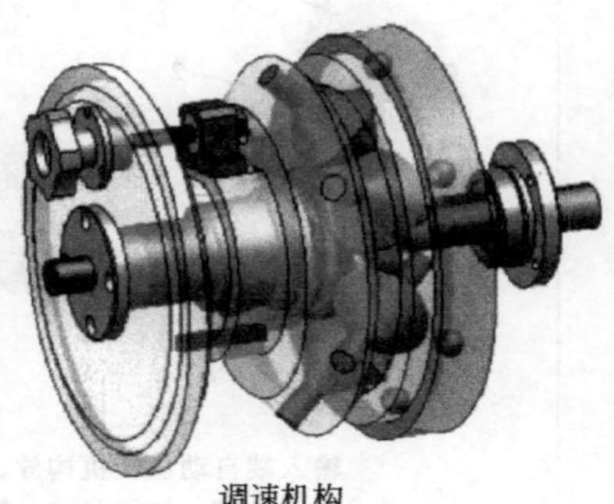
调速机构</td></tr>
<tr><td>行星锥无级变速器</td><td>

行星锥无级变速器示意图
1—输出轴;2—斜齿轮套;3—蜗杆;4—行星锥;5—外环;6—驱动轮;7—拨盘;8—输入轴;9—保持架</td></tr>
</table>

续表

<table>
<tr><th>名称</th><th>图例及说明</th></tr>
<tr><td>行星锥无极变速器</td><td>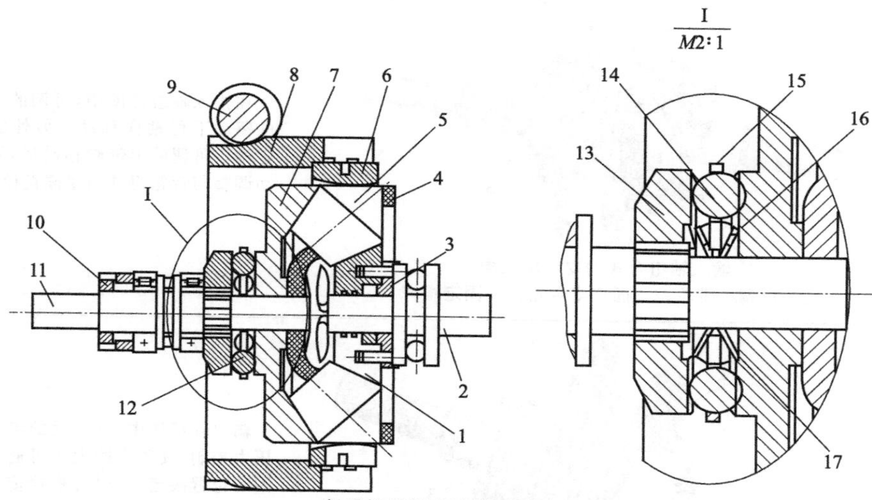
行星锥无级变速器工程图
1—驱动轮；2—输入轴；3—拨盘；4，15—保持架；5—行星锥；6—外环；7—从动盘；8—斜齿轮套；9—蜗杆；10—调节螺母；11—输出轴；12—自动加压机构；13—加压盘；14—加压钢球；16—碟形弹簧；17—调整垫圈
行星锥无级变速器具有恒扭矩的输出特性。驱动轮 1 空套在输入轴 2 上，靠与其固接拨盘 3 带动。在圆周方向上等距分布着 5 个行星锥，用保持架 4 将它们隔开。外环 6 不能转动，但可以沿水平方向做轴向移动。在驱动轮 1 及外环 6 的作用下，行星锥 5 围绕本身轴线自转，同时还绕驱动轮 1 公转，并通过摩擦使从动盘 7 随之转动。从动盘空套在输出轴 11 上，并通过自动加压机构 12 将运动传递给输出轴 11
用手转动调速蜗杆 9，使斜齿轮套 8 一方面转动，另一方面带着外环 6 轴向移动，使外环 6 与行星锥 5 接触点位置发生变化，从而实现无级调速
调整螺母 10 用于压缩自动加压机构的碟形弹簧，以便在摩擦传动件之间产生必要的初始压力
行星锥无级变速器输入轴与输出轴同轴线，结构紧凑，体积小。行星锥做行星运动，因此可得到较大的变速范围，静止和运转状态均可调速</td></tr>
<tr><td>宽三角带式机械无级调速器</td><td>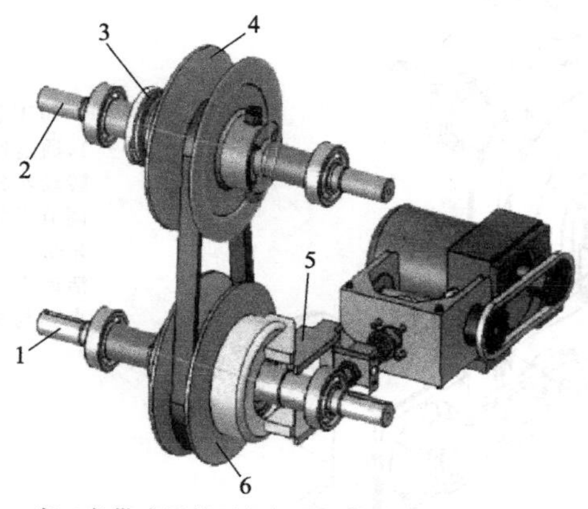
宽三角带式机械无级调速机构内部结构示意图
1—输入轴组件；2—输出轴组件；3—加压弹簧；4，6—活动半带轮；5—驱动斜块
该机械无级调速机构采用组合式的皮带轮，利用两个半皮带轮在轴向的分离与靠近来改变与皮带接触圆直径的大小，从而实现无级调速的目的</td></tr>
</table>

续表

<table>
<tr><th>名称</th><th>图例及说明</th><th></th></tr>
<tr><td rowspan="3">宽三角带式机械无级调速器</td><td>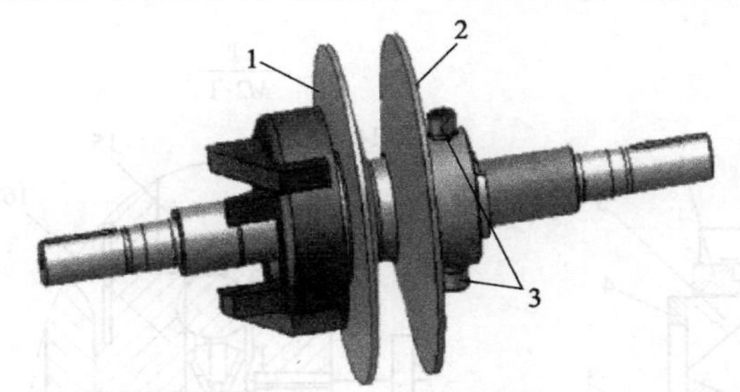

输入轴组合式的皮带轮机构
1—可调半带轮；2—固定半带轮；3—固定螺钉</td><td>在输入轴组件图中，可调的半带轮在斜块的驱动下可轴向移动。另外的半带轮是固定的。可调的半带轮移动后，宽三角带会自动调整与带轮组件的摩擦直径</td></tr>
<tr><td>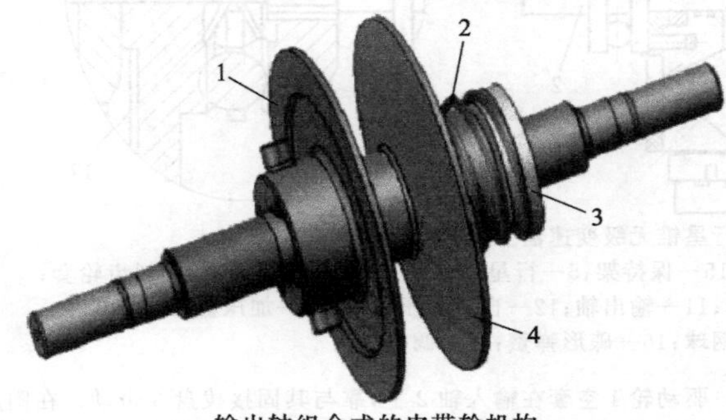

输出轴组合式的皮带轮机构
1—固定半带轮；2—调压弹簧；3—弹簧挡圈；4—活动半带轮</td><td>输出轴组件中，可活动的半带轮受压簧的压力控制，其压力的大小可通过调整弹簧挡圈的位置决定，一般应根据传递的最大负载来确定弹簧压缩量的大小，所以为恒压装置。当压力过大时，调节斜块所受的摩擦力越大，磨损也越快，这也是该机构常见的问题之一</td></tr>
<tr><td>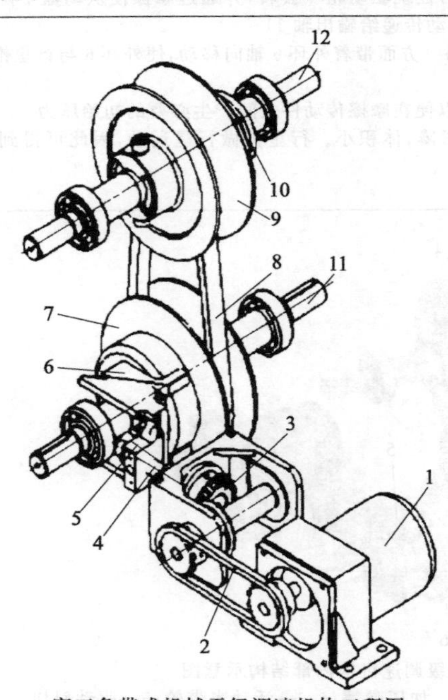

宽三角带式机械无级调速机构工程图
1—电动机；2—同步带；3—锥齿轮；4—丝杠；5—驱动斜块；
6—斜块；7—可调节半轮；8—宽三角带；9—活动半带轮；
10—压簧；11—输入轴；12—输出轴</td><td>如工程图所示，需要调速时，启动电动机1，通过同步带2驱动一对啮合的锥齿轮3，转动丝杠4，使驱动斜块5前后移动，推动可调节半轮7在输入轴11上滑动，改变与宽三角带8的接触圆直径的大小，输出轴12上的活动半轮9在压簧10的作用下沿轴向移动，直到与宽三角带接触</td></tr>
</table>

参 考 文 献

[1] 国家质量监督检验检疫总局. GB/T 4457.4—2002 机械制图图样画法图线. 北京：中国标准出版社，2004.

[2] 国家质量技术监督局. 技术制图. 北京：中国标准出版社，2009.

[3] 机械设计手册编委会. 机械设计手册. 第 1 卷. 北京：机械工业出版社，2007.

[4] 机械设计手册编委会. 机械设计手册. 第 2 卷. 北京：机械工业出版社，2007.

[5] 机械设计手册编委会. 机械设计手册. 第 3 卷. 北京：机械工业出版社，2007.

[6] 陈铁鸣. 新编机械设计课程设计图册. 北京：化学工业出版社，1999.

[7] 吴宗泽，罗圣国. 机械设计课程设计手册. 北京：高等教育出版社，2003.

[8] 吴宗泽. 机械设计禁忌 1000 例. 北京：机械工业出版社，2011.

[9] 陈屹，谢华. 现代设计方法及其应用. 北京：国防工业出版社，2004.

[10] 蒲良贵，陈国定等. 机械设计. 北京：高等教育出版社，2013.

[11] 申冰冰. 实用机构图册. 北京：机械工业出版社，2013.

[12] Neil Sclater，Nicholas P. Chironis. 机械设计实用机构与装置图例. 第 5 版. 邹平译. 北京：机械工业出版社，2014.

[13] Robert O. Parmley，P. E. 机械设计零件与实用装置图册. 邹平译. 北京：机械工业出版社，2013.

[14] 杨可桢，程光蕴等. 机械设计基础. 北京：高等教育出版社，2013.

[15] 孙开元，张丽杰. 常见机构设计及应用图例. 第 3 版. 北京：化学工业出版社，2017.

[16] 张春林，李志香，赵自强. 机械创新设计. 第 3 版. 北京：机械工业出版社，2017.

[17] 吕仲文. 机械创新设计. 北京：机械工业出版社，2012.

[18] 冯仁余，张丽杰. 机械设计典型应用图例. 北京：化学工业出版社，2016.

[19] 孙开元，张丽杰. 常见机械机构结构设计与禁忌图例. 北京：化学工业出版社，2014.

[20] 冯仁余，王海兰. 机械设计禁忌与图例. 北京：化学工业出版社，2018.

[21] 张丽杰，冯仁余. 机械创新设计及图例. 北京：化学工业出版社，2018.

[22] 柴树峰，张学玲. 机构设计及运动仿真分析实例. 北京：化学工业出版社，2014.

[23] 朱金生. 机械设计实用机构运动仿真图解. 第 2 版. 北京：电子工业出版社，2014.

[24] CAD/CAM/CAE 技术联盟. UG NX10.0 中文版从入门到精通. 北京：清华大学出版社，2016.

[25] 吕英波，张莹. 中文版 SolidWorks 2016 完全实战技术手册. 北京：清华大学出版社，2016.

[26] 李增刚. ADAMS 入门详解与实例. 北京：国防工业出版社，2014.

[27] 余胜威. MATLAB 数学建模经典案例实战. 北京：清华大学出版社，2015.